Habitation et milieu de vie

Habitation et milieu de vie

L'évolution du logement au Canada 1945 à 1986

Sous la direction de

John R. Miron

avec le concours de

Larry S. Bourne, George Fallis, A. Skaburskis,

Marion Steele et Patricia A. Streich

McGill-Queen's University Press
Montréal & Kingston • London • Buffalo

Société canadienne d'hypothèques et de logement (SCHL)
Ottawa

CMHC SCHL

ISBN 0-7735-1121-0

Dépôt légal 1er trimestre 1994
Bibliothèque nationale du Québec
Imprimé au Canada sur papier sans acide

Données de catalogage avant publication (Canada)

Vedette principale au titre :

Habitation et milieu de vie : l'évolution du logement
au Canada, 1945 à 1986

Traduction de : House, home and community.
Publ. en collab. avec : Société canadienne
d'hypothèques et de logement.
Comprend des références bibliographiques
et un index.
ISBN 0-7735-1121-0

1. Logement — Canada — Histoire — 20e siècle.
I. Miron, John R., 1947-
II. Bourne, L.S. (Larry Stuart), 1939-
III. Société canadienne d'hypothèque et de logement.

HD7305.A3H6514 1994 363.5'0971'0904 C94-900058-2

Les éditeurs expriment leur gratitude à l'endroit du
Centre for Urban and Community Studies
de l'Université de Toronto.

Les auteurs expriment leur gratitude pour l'aide financière
de la Société canadienne d'hypothèques et de logement.
Les opinions exprimées dans ce livre sont celles des auteurs
et n'engagent en rien la Société.

This publication is also available
in English under the title
*House, Home, and Community: Progress
in Housing Canadians, 1945–1986.*
ISBN 0-7735-0995-X

À LA MÉMOIRE DE

Joan Simon et John Bradbury
dont le travail témoigne de la détermination
des spécialistes des sciences sociales à comprendre
le logement à la fois comme conséquence et comme cause
du comportement social et économique des individus
et des institutions parmi lesquelles nous vivons.

Collaborateurs

John Bossons, Département d'économie, Université de Toronto

Larry S. Bourne, Centre for Urban and Community Studies et Département de géographie et d'urbanisme, Université de Toronto

John H. Bradbury (décédé), autrefois du Département de géographie, Université McGill

Francine Dansereau, Institut national de la recherche scientifique — Urbanisation, Montréal (Québec)

George Fallis, Département d'économie, Université York

Lynn Hannley, The Communitas Group Ltd., Edmonton (Alberta)

Richard Harris, Département de géographie, Université McMaster

John Hitchcock, Département de géographie et d'urbanisme, Université de Toronto

Deryck Holdsworth, Département de géographie, Pennsylvania State University

J. David Hulchanski, Faculté de service social, Université de Toronto

Janet McClain, Département de science politique, Université Western Ontario

James McKellar, Programme d'aménagement immobilier, Université York

John R. Miron, Centre for Urban and Community Studies et Division des sciences sociales, Collège Scarborough, Université de Toronto

Eric G. Moore, Département de géographie, Université Queen's

Jeffrey Patterson, Institute for Urban Studies, Université de Winnipeg

James V. Poapst, Faculté de gestion, Université de Toronto

Damaris Rose, Institut national de la recherche scientifique — Urbanisation, Montréal (Québec)

Joan Simon, (décédée) autrefois du Département des études des consommateurs, Université de Guelph

A. Skaburskis, École de planification urbaine et régionale, Université Queen's

Marion Steele, Département d'économie, Université de Guelph

Patricia A. Streich, Forma Consulting, Kingston (Ontario)

Martin Wexler, Service de l'habitation et du développement urbain, Ville de Montréal

Table des matières

Prologue

CETTE MONOGRAPHIE est l'aboutissement d'un projet conçu au début des années 80 à la Société canadienne d'hypothèques et de logement. Ce projet a donné naissance à deux ouvrages, un premier sur l'industrie de l'habitation (Clayton Research Associates Limited 1988) et l'autre — le présent volume — sur l'évolution du logement au Canada, qui visait quatre objectifs :

- tracer les grandes lignes de l'évolution du logement au Canada depuis 1945;
- étudier les aspects importants de la situation actuelle et future du logement;
- définir les grands sujets et les priorités de la recherche sur le logement au Canada à moyen et à long termes;
- dégager les problèmes importants en matière de politique du logement qui risquent d'apparaître au Canada à moyen ou à long terme.

Pour la rédaction de cette monographie, la SCHL a fait appel à une équipe d'universitaires coordonnée par le Centre for Urban and Community Studies de l'Université de Toronto. Ces chercheurs ont proposé un plan inusité — irréaliste aux yeux de certains — en vertu duquel la monographie devait être rédigée par 21 auteurs de tout le Canada, tant des universitaires que des praticiens et des gens d'action, appartenant à diverses disciplines. Certes, les anthologies sont nombreuses dans le domaine du logement, mais celle-ci devait se distinguer en ce qu'elle serait « sans couture », c'est-à-dire qu'elle paraîtrait être l'œuvre d'un seul auteur, tout en reflétant la richesse et les points de vue divers de l'expérience canadienne en matière de logement.

Les travaux ont commencé en janvier 1986 et se sont terminés par la présentation d'un rapport définitif en août 1989. Celui-ci comprenait 23 chapitres. Cet ouvrage en est une version abrégée, chaque chapitre du rapport définitif ayant été substantiellement raccourci. Faute de place, le chapitre 12 du rapport définitif sur les indicateurs de la suffisance des logements (de Streich et Hannley) ne figure pas dans le présent ouvrage; les chapitres subséquents ont été renumérotés en conséquence.

Les auteurs qui ont participé à la monographie ont pu s'inspirer de deux études parallèles commanditées dans le cadre de ce projet: « Évolution de la situation du logement locatif à Montréal », par le professeur Marc Choko (Université du Québec à Montréal) et « Housing in Rural Areas and Small Towns », par Andy Rowe (NORDCO Ltée). Des éléments de ces études ont été intégrés à divers chapitres de la monographie. Les auteurs ont également bénéficié des remarques de nombreux lecteurs, y compris neuf lecteurs internes qui ont rencontré les auteurs dans le cadre de deux ateliers, en 1986, pendant la rédaction de la première version: R. Adamson (SCHL, retraité), S. Carreau (Ville de Montréal), T. Carter (Université de Winnipeg), F. Clayton (Clayton Research Associates), W. Grigsby (Université de la Pennsylvanie), A. McAfee (Ville de Vancouver), P. Tomlinson (Ville de Toronto), G. Wanzel (Technical University of Nova Scotia) et R. Langlais (Langlais, Hurtubise). En outre, on a demandé à onze lecteurs externes de commenter la première version, soit M. Audain (Polygon Properties), R. Bellan (Université du Manitoba), B. Carroll (Université McMaster), F. DesRosiers (Université Laval), J. Friedlander (Alcan Ltée, retraité), M. Goldberg (Université de la Colombie-Britannique), A. Hansen (Conseil national de recherches, retraité), J. Mercer (Université de la Colombie-Britannique), M. Qadeer (Université Queen's), J. Todd (Ecoanalysis Consulting Services) et W. Michelson (Université de Toronto). D'autre part, la SCHL a commenté longuement chaque version du manuscrit et consulté divers organismes provinciaux ou territoriaux de logement.

En parcourant le volume, le lecteur devrait tenir compte des facteurs suivants:

- le texte porte en grande partie sur des faits et des données antérieures à 1986 (date de la rédaction de la première version);
- bien que l'ouvrage traite des problèmes de logement auxquels ont fait face les divers paliers de gouvernement du Canada, l'accent est mis sur ceux qui relèvent du gouvernement fédéral;
- l'ouvrage tente de refléter autant les divers aspects du Canada que la diversité des expériences en matière de logement (par exemple, les régions peuplées par rapport à l'arrière-pays, les régions métropolitaines par rapport aux régions non métropolitaines, les villes par rapport aux campagnes, les autochtones par rapport aux non-autochtones, le nord par rapport au sud, les riches par rapport aux pauvres);
- les opinions exprimées sont celles des auteurs qui, en leur qualité de chercheurs et de défenseurs des droits en matière de logement sont généralement d'accord pour estimer qu'un logement convenable et abordable pour chacun constitue un objectif important de la société canadienne;
- l'ouvrage met l'accent sur les faits, les politiques et les données concrètes

plutôt que sur la théorie, bien que certains exposés sur la situation de logement des Canadiens pourraient s'avérer fort utiles dans un cours universitaire sur le logement;
- afin d'éviter le plus possible les répétitions, certains renseignements communs à plusieurs chapitres ont été placés dans deux annexes que les lecteurs pourront consulter avec profit au fur et à mesure de la lecture des chapitres.

Le présent ouvrage se veut une vue d'ensemble de la situation du logement au Canada. À de nombreux égards, il y réussit. On pourrait le considérer comme l'un des livres sur le logement les plus marquants au Canada. Il aborde tous les aspects de la question. Chaque chapitre est bien documenté, rigoureux et provocateur. Cet ouvrage constituera encore pendant une bonne partie du siècle prochain la principale source de renseignements sur l'expérience du logement au Canada dans l'après-guerre (1945–1986).

Pourtant, avec le recul, il apparaît que certains dossiers et certaines questions auraient pu être traités plus en profondeur. Par exemple, l'ouvrage porte surtout sur le parc de logements privés (c'est-à-dire non collectifs). On aurait pu s'arrêter davantage aux groupes, peu nombreux mais souvent défavorisés, de Canadiens qui habitent des foyers collectifs, des hôtels, des établissements institutionnels et d'autres logements collectifs. On aurait pu aussi mieux distinguer entre le parc de logements construits en vue de la location (le parc locatif traditionnel) et le parc de logements construits pour l'occupation par le propriétaire mais qui sont actuellement loués (le parc locatif non traditionnel) : par exemple, certains logements en copropriété, les maisons individuelles isolées converties en appartements et les maisons louées. Le parc locatif non traditionnel a acquis une importance plus considérable dans l'offre globale de logements locatifs ces dernières années; il nous faudrait mieux comprendre les facteurs qui motivent les fournisseurs de ce parc. Enfin, on aurait pu approfondir la question de l'entretien des logements. Les réparations, les remplacements et les ajouts reçoivent une part croissante de l'ensemble des nouveaux investissements en matière de logement au Canada. Il nous faut mieux comprendre ce qui détermine le niveau de ces investissements et leurs répercussions sur la qualité et le prix des logements.

Même si cet ouvrage a été rédigé en 1986 et révisé au cours des trois années suivantes, l'information qu'il contient et les questions qu'il soulève demeurent actuelles. Des marchés concurrentiels et efficaces restent importants pour répondre aux besoins de logement de nombreux Canadiens. Des logements inabordables et un accès restreint aux avantages de la propriété pour les Canadiens défavorisés demeurent les problèmes clés de la politique du logement aujourd'hui, et cette situation ne risque pas de changer dans un avenir prévisible. À l'échelle du pays, le revenu des consommateurs continue d'afficher au mieux une croissance lente depuis 1986 (même avant le début de la récession en 1990) et la formation nette de nouveaux ménages est demeurée faible, c'est-à-dire au niveau du début des années 80. À l'échelon local, le débat sur les appartements accessoires et sur les divers types de logements abordables se poursuit de plus belle. Et puisque les rapports entre le logement et le bien-être des individus et des familles sont devenus plus complexes au fil des années, il demeure utile d'aborder les questions de logement à partir de points de vue différents.

Cependant, les auteurs de cette monographie n'étaient pas omniscients. Ils n'ont pas prévu les changements sociaux et économiques importants qui se sont produits depuis 1986, ou n'en ont pas compris l'importance. Par exemple, l'ouvrage parle peu du problème des sans-logis, auquel le public est sensibilisé depuis quelques années. Les auteurs n'ont pas non plus pressenti la gravité ni la durée de la récession qui a commencé en 1990, ni les effets qu'elle aurait sur la consommation de logements et le bien-être collectif. Ils n'avaient pas prévu l'abolition de la taxe de vente fédérale en janvier 1991 et son remplacement par la taxe sur les produits et services (TPS). Enfin, ils ne s'attendaient pas non plus au marasme qui a touché de nombreux marchés canadiens de l'habitation en 1989.

Les auteurs n'avaient pas mesuré non plus l'ampleur que prendraient, ces six dernières années, plusieurs débats publics importants sur des dossiers qui ont des répercussions sur le logement, notamment les questions environnementales. La contamination du sol, le radon, le traitement des déchets solides, la pollution de l'eau et de l'air, la qualité de l'air intérieur, le développement durable et la réduction de l'utilisation de l'énergie, par exemple, ont des effets directs sur le logement et sur la politique du logement. Il faut mentionner également la sensibilisation à la violence systémique contre les femmes et les enfants et aux questions qui touchent la sécurité personnelle en général. Les répercussions sur le logement — qu'il s'agisse de refuges pour les femmes battues ou de sécurité des quartiers — occupent dans ce livre une place moins importante que dans une étude plus contemporaine. Les auteurs n'ont pas non plus pressenti l'importance des reprises et des ratés des négociations constitutionnelles. L'accord du lac Meech et les événements qui l'ont suivi ont sensibilisé le public aux divers dossiers qui entourent le partage des pouvoirs entre le gouvernement fédéral et les gouvernements provinciaux ainsi que l'autonomie gouvernementale des autochtones. Le présent ouvrage n'aborde guère ces dossiers. En outre, cette monographie a été rédigée avant la conclusion de l'accord de libre-échange entre le Canada et les États-Unis (sans parler de l'ALÉNA qui a été négocié dernièrement) et ne traite donc pas des effets de la libéralisation du commerce sur l'industrie de l'habitation, ni sur les prix à la consommation.

Enfin, depuis la rédaction du rapport définitif, il y a eu des changements notables dans les données dont disposent les gouvernements et dans les mesures qu'ils utilisent pour dégager les besoins et les problèmes en matière d'habitation. Par exemple, les gouvernements fédéral et provinciaux (à partir de données de l'Enquête sur le revenu des ménages et l'équipement ménager (ERMEM) de 1988) ont déterminé une mesure du besoin impérieux fondée sur la norme nationale d'occupation en ce qui concerne la taille des logements. De même, en

1989, la SCHL a mis au point un indice de l'abordabilité de la propriété pour les ménages locataires. C'est également en 1989 que Statistique Canada lançait un nouveau rapport annuel sur les dépenses de remplacement et de réparations par les propriétaires-occupants.

Au chapitre des politiques, les gouvernements ne sont pas restés immobiles après 1986. Par exemple, le programme ACT (Abordabilité et choix toujours) — appliqué par la Fédération canadienne des municipalités, l'Association canadienne des constructeurs d'habitations et l'Association canadienne d'habitation et de rénovation urbaine et commandité par la SCHL — encourage depuis quelques années l'amélioration de la réglementation et des procédures qui touchent la production et le prix de l'habitation. De plus, le gouvernement fédéral a aussi :

1987 élargi les prestations offertes dans le cadre du Régime de pensions du Canada;

1988 abrogé le Programme de garantie des prêts destinés à l'amélioration de maisons; permis l'assurance des prêts sur hypothèque mobilière pour l'occupation de maisons mobiles autrement qu'à long terme; et délégué certains de ses pouvoirs aux termes de la Loi nationale sur l'habitation aux provinces et aux organismes provinciaux.
Mentionnons aussi un point de détail : les articles de la LNH ont été renumérotés (Lois révisées du Canada, 1985); nous continuons d'utiliser ici l'ancienne numérotation;

1989 accru les montants offerts aux organismes de logement social sans but lucratif et aux coopératives d'habitation en vue de l'élaboration de propositions; récupéré les allocations familiales et la pension de vieillesse des contribuables à revenu élevé;

1990 mis en place une nouvelle assurance de portefeuille aux termes de la LNH, l'assurance des prêts pour maisons mobiles, des titres hypothécaires à échéances variables et des produits hypothécaires de six mois; imposé un plafond de 5 % à la croissance des dépenses du Régime d'assurance publique du Canada (RAPC) en Ontario, en Alberta et en Colombie-Britannique;

1991 accru les prestations pour congé de maternité, congé parental et congé de maladie dans le cadre de l'assurance-chômage; augmenté la période d'admissibilité à l'assurance-chômage et réduit la période de prestations; réduit les prestations d'assurance-chômage pour les travailleurs qui quittent leur emploi sans raison valable;

1992 réduit la mise de fonds nécessaire pour les prêts hypothécaires assurés en vertu de la LNH; cessé de financer de nouveaux ensembles dans le cadre du programme fédéral des coopératives d'habitation.

Par ailleurs, il y a eu un débat public de plus en plus important sur la nature, l'ampleur, la valeur et l'utilisation des droits de lotissement et d'aménagement.

Certains font valoir que ces droits sont exorbitants et n'ont d'autre effet que de restreindre indûment le développement; d'autres soutiennent que ces droits sont nécessaires afin d'éviter des augmentations d'impôt foncier trop lourdes pour les résidants déjà établis.

Enfin, les auteurs n'examinent ni la valeur ni l'efficacité de ce qui, en 1986, constituait une innovation dans le domaine de la politique d'habitation : les ententes de logement social conclues entre le gouvernement fédéral et chacune des provinces. Au moment de la rédaction de l'ouvrage, nous n'avions tout simplement pas le recul suffisant pour évaluer le fonctionnement de ces ententes.

Ces lacunes sont toutefois négligeables compte tenu des points forts de la monographie; il faut féliciter les auteurs d'avoir réussi à produire un ouvrage qui fera époque : une vue d'ensemble de l'évolution du logement au Canada pendant quatre décennies. Si ce livre occupe une place à part à la fois par sa portée historique, l'éventail des disciplines en cause et le nombre de dossiers importants pour la politique du logement qui y sont abordés, cela tient aussi en partie à l'énergie, aux efforts, aux commentaires et à l'appui enthousiaste de la SCHL, particulièrement des directeurs de programme, d'abord Philip Brown, puis Peter Spurr.

John R. Miron
Toronto
Septembre 1992

CHAPITRE PREMIER

L'évolution du logement au Canada

John R. Miron

LE LOGEMENT EST important pour les Canadiens. Pour la plupart d'entre nous, l'achat d'une maison constitue la plus grosse dépense d'investissement de notre vie. Et qu'on soit propriétaire ou locataire, les coûts d'habitation constituent généralement une composante importante du budget du ménage. Le logement constitue d'ailleurs un élément si important des dépenses de consommation qu'il sert, à l'échelle mondiale, d'indicateur du niveau de vie. En outre, depuis le bois d'œuvre, les briques et les clous jusqu'aux appareils électriques en passant par les accessoires de salle de bain et la moquette, chaque nouveau logement construit a des effets importants sur l'ensemble de l'économie. Au Canada, dans les années 80, il s'est construit environ un nouveau logement toutes les 2,5 minutes. Lorsqu'on dépense autant pour le logement, il est tout naturel de se demander : « Est-ce que cet argent a été dépensé judicieusement? » Avons-nous trop dépensé pour le logement, aux dépens d'autres formes de consommation ou d'investissement? Ou peut-être aurions-nous dû dépenser encore davantage?

Si les Canadiens se préoccupent du logement, c'est aussi en partie en raison du climat. Depuis les premiers établissements de l'explorateur français Samuel de Champlain au début du XVIIe siècle, les documents historiques font état des hivers rigoureux et donc de la nécessité d'un logement convenable et durable. Les premières constructions étaient en général peu isolées, reposaient sur de mauvaises fondations, n'avaient que peu de fenêtres, des planchers en terre battue ou en planches, pas d'eau courante ni de toilette intérieure, et pas de chauffage central. En raison de la difficulté du transport des matériaux de construction, on utilisait ceux qu'on trouvait sur place, d'où les variantes régionales dans les types de bâtiment. Presque partout au Canada, cependant, le problème a toujours été le même : protéger convenablement les ménages contre des hivers longs et difficiles. Être mal logé, c'est ouvrir la porte à l'inconfort, à la maladie, à la rigueur des éléments, à la dégradation de ses biens, voire à des blessures.

Non seulement le logement protège-t-il ses habitants contre les éléments, mais c'est aussi un facteur de la qualité de vie individuelle et de la réalisation de divers objectifs sociaux. Des conditions de logement satisfaisantes peuvent contribuer à l'égalité des chances, à la redistribution de la richesse et à la promotion de la dignité et de la liberté de choix de l'individu. Le logement répond aussi à notre besoin d'intimité. C'est chez soi qu'on dort habituellement, qu'on prépare et qu'on consomme sa nourriture, qu'on s'occupe de ses besoins physiques et émotifs et qu'on vit sa vie de famille. C'est aussi l'endroit où l'on peut jouir de la compagnie de ses parents ou de ses amis, l'endroit où l'on peut s'isoler de la société, à l'abri des présences et des regards indiscrets. On peut dire que le logement et les besoins de logement jouent un rôle direct ou indirect dans la plupart des aspects de la vie quotidienne.

Le cadre historique

L'année 1945 constitue un bon point de départ pour étudier l'histoire moderne du logement au Canada. À la fin de la Seconde Guerre mondiale, les Canadiens s'apprêtaient à faire face à un avenir incertain, n'ayant pas encore oublié les misères et les malheurs de la Crise des années 30. L'emploi avait augmenté pendant la guerre, mais les salaires demeuraient bas et les biens de consommation étaient rationnés. On craignait le retour du marasme économique au moment de la démobilisation. On s'inquiétait aussi de la baisse du taux de natalité au Canada. Après une baisse régulière dans les années 20 et 30, le taux de natalité approchait d'un niveau susceptible d'entraîner une baisse démographique absolue, ce qui aurait encore accentué le marasme économique en réduisant la demande globale.

LE PARC DE LOGEMENTS VERS 1945

Le recensement de 1941 révèle qu'un peu plus de la moitié des Canadiens habitent des régions urbaines (tableau 1.1). Quelques-unes de ces personnes (368 000) habitent des logements « collectifs », tels les hôpitaux, les maisons de repos, les hôtels, les pensions, les camps de travail, les résidences d'employés ou d'étudiants, ou les casernes militaires. La très grande majorité (11,1 millions de personnes) occupent environ 2,6 millions de logements « privés » — soit en moyenne 4,5 personnes par logement. Environ 40 % des logements privés dans les zones urbaines sont occupés par le propriétaire, en comparaison de 75 % dans les campagnes. Un peu plus de 70 % des logements du Canada sont des maisons individuelles, mais ce chiffre n'est que de 50 % dans les régions urbaines[1]. Les logements privés comptent en moyenne 5,3 pièces[2].

Ces chiffres globaux ne nous renseignent guère sur l'état ou la qualité du parc résidentiel. Les recenseurs ont constaté que 27 % des logements privés nécessitaient des réparations majeures en 1941[3]. Les logements urbains, de même que ceux qui étaient situés dans les provinces prospères de l'Ontario, du Québec et de la Colombie-Britannique, étaient en général plus grands ou mieux équipés que ceux du reste du Canada. Environ 60 % des logements étaient chauffés au moyen de poêles ou de fournaises de plancher et 93 % utilisaient le charbon, le coke ou le bois comme combustible[4]. Si la plupart des logements urbains étaient pourvus d'électricité, ce n'était le cas que de 20 % des logements ruraux, dont bon nombre n'avaient qu'un courant de 25 hertz. Seulement 21 % des logements privés avaient un réfrigérateur; la plupart des autres utilisaient des gla-

Tableau 1.1
Comparaison des conditions de logement des Canadiens, 1941 et 1986

	1941	1986
Population totale (en milliers)	11 507	25 354
Dans les régions urbaines	6 252	19 392
Dans des logements collectifs	368	434
Logements privés occupés (en milliers)	2 573	8 992
Nombre de pièces par logement	5,3	5,8
Nombre de personnes par logement	4,5	2,8
Nombre de personnes par pièce	0,8	0,5
Maisons appartenant à l'occupant (%)	57	62
Dans les régions urbaines	40	57
Maisons individuelles (%)	71	58
Dans les régions urbaines	49	49
Logements (%)		
Nécessitant des réparations majeures	27	7†
Utilisant un poêle ou une fournaise de plancher	61	7†
Utilisant le charbon, le coke ou le bois comme combustible	93	4†
Avec réfrigérateur	21	98‡
Avec eau courante	61	96‡
Avec toilette intérieure avec chasse d'eau	56	94‡
Avec baignoire ou douche installée	45	91‡

SOURCE : D'après le *Recensement du Canada* de 1941 et 1986. La population totale pour 1986 comprend les estimations des réserves indiennes et établissements indiens partiellement dénombrés.
† Les données proviennent du *Recensement du Canada* de 1981 et sont les dernières connues.
‡ Les données proviennent du *Recensement du Canada* de 1971 et sont les dernières connues.

cières. Seulement 60 % des logements avaient l'eau courante; 56 % avaient une toilette à l'eau intérieure et 45 % une baignoire ou une douche privée[5]. On a également estimé que l'âge moyen des logements privés au Canada à cette époque était d'environ 30 ans (Firestone 1951, 49).

De nombreux ménages, surtout à faible revenu, habitaient des logements mal adaptés à leurs besoins ou trop coûteux pour leur revenu[6]. Le rapport Curtis (Canada 1944, 110–22) estimait que chez le tiers inférieur de revenu des ménages locataires métropolitains en 1981, 89 % consacraient plus d'un cinquième de leur revenu au loyer et que 28 % habitaient des locaux où il y avait plus d'une personne par pièce. Chez le tiers médian des locataires, les chiffres correspondants étaient de 51 % et de 21 %. Dans l'ensemble, le rapport Curtis (Canada 1944, 12–13) estimait qu'il fallait 230 000 logements urbains de plus, 23 000 logements ruraux non agricoles, 125 000 logements ruraux agricoles pour 1946 — soit près de 15 % du parc de 1941 — pour remplacer les logements en mauvais état et surpeuplés.

Traditionnellement, le logement a surtout été fourni au Canada par le secteur privé, bien qu'avec une importante réglementation publique, des subventions directes et indirectes et l'intervention des gouvernements. Avant 1945, la participation du secteur public était relativement restreinte. Néanmoins, en 1945, on avait déjà mis à l'essai les principaux éléments de la politique fédérale de logement pour l'après-guerre. Le premier exemple moderne d'un programme de logement est le programme de prêts, d'une valeur de 25 millions de dollars, qui offrait en 1918 des fonds hypothécaires pour la construction de maisons pour accédants à la propriété. Le programme offrait des prêts hypothécaires à faible taux d'intérêt, avec une petite mise de fonds et une longue période de remboursement. Cette politique avait pour premier but d'aider les jeunes soldats démobilisés à se loger. Un programme semblable a été adopté au cours de la Seconde Guerre mondiale. Entre les deux, il y a eu la Loi fédérale sur le logement de 1935. Pour accélérer la relance après la Crise, cette loi prévoyait des prêts sur hypothèque de premier rang, adaptables et bon marché, pour les acheteurs de maisons neuves à prix modéré. On visait le jeune acheteur à revenu modeste. La Loi sur le prêt agricole canadien de 1927 accordait une aide semblable (pour la construction de maisons d'agriculteurs) tout comme le Programme de logements à loyer modique et à recouvrement intégral entré en vigueur en 1938 (bien qu'on ait mis un terme à l'application de ce programme en raison de la Seconde Guerre mondiale). En outre, au cours de la Seconde Guerre mondiale, le gouvernement fédéral a mis en place plusieurs programmes visant à loger les travailleurs des industries de production de guerre dans des logements à loyer modique (par exemple, un régime de transformation des maisons, un régime d'agrandissement des maisons et un programme d'hébergement d'urgence). Destinés à aider l'acheteur à revenu modeste et le locataire à faible revenu, les programmes mis en œuvre avant et pendant la guerre annonçaient les deux groupes-cibles visés par la politique de logement de l'après-guerre.

L'ÉVOLUTION DEPUIS 1945

Au début des années 40, peu de gens prévoyaient les explosions démographiques et économiques qui allaient secouer le Canada. Sur le plan démographique, une nouvelle vague d'immigration, déclenchée par la relocalisation des réfugiés européens après la guerre, constituait un changement spectaculaire par rapport aux quelques décennies précédentes; la dernière grande vague d'immigration avait eu lieu au cours de la première décennie du siècle. Cette fois-ci, l'effet de la hausse de l'immigration a été renforcé par une poussée du taux de natalité, une baisse de la mortalité infantile et une augmentation générale de l'espérance de vie. En conséquence, la population canadienne a plus que doublé entre 1941 et 1986. Cette croissance s'accompagnait d'une évolution de la composition démographique. La longévité continuant de s'améliorer, le nombre de personnes âgées, particulièrement de veuves, a beaucoup augmenté. Il en a été de même pour le nombre d'adultes non mariés après la fin des années 60, en raison, d'une part, du nombre des baby boomers et, d'autre part, d'une augmentation des divorces et d'une diminution des mariages. Pour diverses raisons, un nombre de plus en plus grand de personnes en sont venues à vivre à l'extérieur de la famille nucléaire. Néanmoins, le nombre de familles a également connu une croissance rapide dans les années 60 et 70, puisque la génération du baby-boom arrivait à l'âge adulte et à l'âge du mariage. Même si la proportion de ceux qui choisissaient de se marier était plus petite, le nombre total de familles a augmenté.

Sur le plan économique, une expansion rapide de l'emploi a été rendue possible après la guerre en raison de la valeur des nouveaux investissements. Entre 1945 et 1985, l'emploi total a augmenté de près de 150 % (soit à un rythme qui est la moitié de celui de la population), et le revenu disponible par habitant a augmenté de près de 200 %, même en tenant compte de l'inflation. Les régimes de soutien du revenu (comme l'assurance-chômage, la pension de vieillesse et le supplément de revenu garanti ainsi que les régimes publics et privés de pensions) ont réparti cette richesse sur un nombre plus grand de Canadiens. Aussi, pendant l'après-guerre, la consommation subventionnée (soins de santé, enseignement supérieur et logement public, par exemple) s'est répandue, ce qui a augmenté le revenu réel, particulièrement chez les pauvres.

Ces changements démographiques et économiques ont accru la demande de logements de trois façons principales. En premier lieu, en période de croissance démographique, il faut loger un plus grand nombre d'habitants. Deuxièmement, l'évolution de la composition de la population canadienne a contribué aussi à accroître la demande de logements. Les jeunes célibataires et les jeunes familles, les divorcés et les veufs et veuves ont tous contribué à accélérer la formation de ménages. Troisièmement, une richesse croissante qui a duré jusqu'à la fin des années 70, s'ajoutant à une augmentation modeste du coût du logement, a permis de mettre un terme à la cohabitation des familles et de loger à part les adultes ne faisant pas partie d'une famille. Tandis que la population du Canada doublait, le nombre des ménages est passé de 2,6 millions en 1941 à 9,0 millions en 1986. Plus de six millions de logements neufs ont été construits. Ces chiffres portent surtout sur la construction de résidences principales. Dans l'après-guerre, au Canada, le parc des maisons saisonnières et secondaires a également connu une forte augmentation.

Cette croissance remarquable s'est accompagnée de déplacements géographiques importants. En 1986, la population canadienne était devenue surtout urbaine. En outre, il y avait migration depuis les provinces atlantiques, les Prairies et le Québec vers l'Ontario, l'Alberta et la Colombie-Britannique — des déplacements qui auraient accru la demande de logements à l'échelle nationale même sans croissance démographique générale.

Il y a aussi eu évolution des types de logement. Le nombre de personnes habitant des logements collectifs, exprimé en pourcentage de l'ensemble de la population canadienne, a diminué entre 1941 et 1986. Le fait que la population ait augmenté plus lentement que le nombre de logements privés a eu pour effet net de faire chuter la taille du ménage moyen à 2,8 personnes en 1986. En outre, cette même année, 56 % des logements urbains étaient occupés par le propriétaire — augmentation qui traduisait une aisance croissante, l'attrait des gains de capital et des dégrèvements fiscaux, ainsi que l'apparition de nouvelles formes de propriété, comme la copropriété et la propriété conjointe. L'incidence de la propriété a aussi augmenté dans les milieux ruraux. Les années 60 et le début des années 70 ont également été marquées par l'augmentation du nombre de grands immeubles d'appartements appartenant au secteur privé dans les régions urbaines. Avec l'urbanisation et le développement des métropoles, la proportion des maisons individuelles a chuté à seulement 57 % de l'ensemble des habitations. Cependant, dans les zones urbaines, les changements se sont produits surtout dans d'autres types de logement (par exemple les maisons jumelées, les maisons en rangée, les duplex et les immeubles d'appartements de faible ou de grande hauteur) ; exprimée en pourcentage de l'ensemble du parc de logements urbains, la maison individuelle n'a connu qu'une baisse modeste au cours de cette période.

L'après-guerre a aussi été marqué par l'amélioration de la qualité des logements. En 1986, seulement 7 % de l'ensemble des logements privés avaient besoin de réparations majeures[7]. Rares étaient ceux qui utilisaient des poêles ou des appareils de chauffage autonomes ou qui utilisaient le charbon, le coke ou le bois comme combustible. En 1971, l'électrification rurale et le courant de 60 hertz étaient presque universels, tout comme les réfrigérateurs, l'eau courante, les toilettes intérieures à chasse d'eau et les baignoires ou douches privées. Cependant, le parc résidentiel vieillit. En 1986, seulement 25 % des logements avaient été construits au cours de la décennie précédente, soit une diminution par rapport aux 33 % enregistrés en 1981 et aux 29 % de 1971. Par ailleurs, la qualité de construction de la maison canadienne moyenne s'est améliorée. Les constructeurs ont graduellement utilisé de nouveaux matériaux et de nouvelles technologies pour la construction et la rénovation : revêtements de contreplaqué, poutres d'acier, nouveaux matériaux résistant au feu, mise à la terre du système électrique, normes plus élevées d'isolation, composantes préfabriquées telles les fermes de toit, les fenêtres isolées à double et triple vitrage et les armoires de cuisine. En même temps, les cas de surpeuplement diminuaient. Par exemple, en 1986, le nombre moyen de personnes par pièce n'était que de 0,5 et moins de 3 % des logements privés comptaient plus d'une personne par pièce.

Sur cette toile de fond d'amélioration globale, il importe de ne pas oublier que ce ne sont pas tous les Canadiens qui sont maintenant mieux logés. Il subsiste des différences régionales importantes. Les logements inférieurs aux normes demeurent généralement plus répandus dans les régions rurales et dans les provinces atlantiques, moins aisées, et dans une mesure moindre dans les Prairies. Quant aux Autochtones du Canada, qu'ils soient Inuit, Indiens ou Métis, ils sont dans l'ensemble moins bien logés que les non-Autochtones (figure 1.1).

Depuis 1945, les cibles de la politique de logement se sont déplacées. En règle générale, les objectifs sont demeurés les mêmes : veiller à ce que tous les

FIGURE 1.1 Ensemble des logements selon l'état, ménages autochtones et non-autochtones : Canada, 1981.

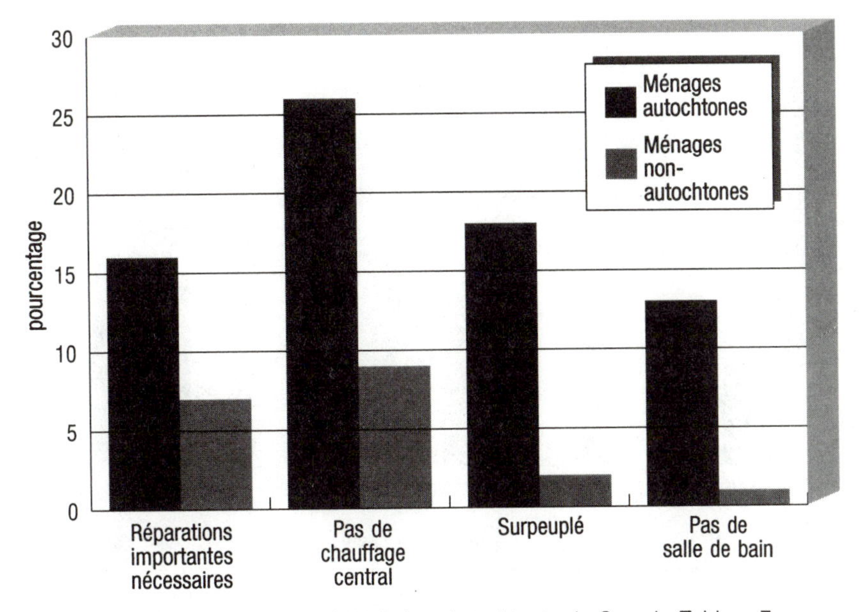

SOURCE : Statistique Canada (1984). *Les Autochtones du Canada*, Tableau 7.

Canadiens soient convenablement logés à un prix raisonnable. Au début de l'après-guerre, on s'efforçait surtout de faciliter l'accession à la propriété pour les familles à revenu modeste. Ensuite, les gouvernements ont concentré leurs efforts sur l'amélioration des logements locatifs pour les familles à faible revenu, les personnes âgées, les étudiants, les Autochtones et les personnes handicapées.

Au cours des années, les ménages qui avaient des problèmes d'accessibilité financière sont demeurés la cible principale des politiques de logement de tous les paliers de gouvernement. Toutefois, il s'est avéré difficile de cerner cette cible. Dans le cas des propriétaires, il n'est pas simple de mesurer le coût du logement étant donné la valeur d'actif de la maison (c'est-à-dire en tenant compte des gains de capital et des loyers théoriques). Tant chez les locataires que chez les propriétaires, il est difficile de distinguer dans l'évolution temporelle des coûts de logement les composantes de qualité et de prix.

Les variations du prix des maisons après la guerre reflétaient en partie la vigueur de l'économie canadienne. Dans les premières années de l'après-guerre, le prix des maisons a augmenté aussi rapidement que la prospérité. Cependant, vers 1957, le boom économique était terminé et le prix des maisons a connu un ralentissement. Depuis la fin des années 50 jusqu'au début des années 60, l'économie canadienne était en récession et le prix du logement a baissé par rapport

FIGURE 1.2 Revenus réels des particuliers et des ménages : Canada, 1941–1986.

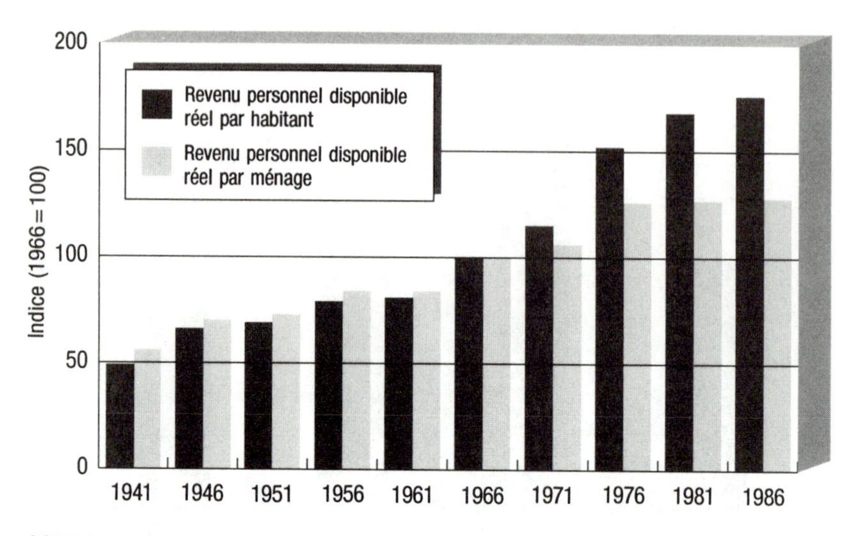

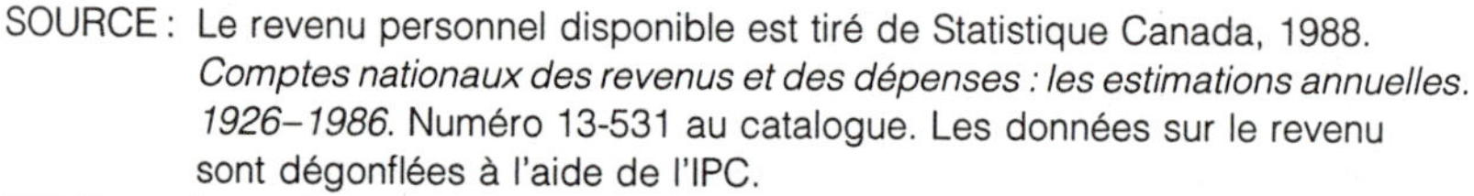
SOURCE : Le revenu personnel disponible est tiré de Statistique Canada, 1988. *Comptes nationaux des revenus et des dépenses : les estimations annuelles. 1926–1986.* Numéro 13-531 au catalogue. Les données sur le revenu sont dégonflées à l'aide de l'IPC.

NOTE : Les ménages pour 1946 sont interpolés à partir des chiffres de 1941 et 1951.

aux autres biens de consommation. Les prix ont remonté pendant le boom économique du milieu des années 60 et ont connu une croissance frénétique dans les années 70 avant le ralentissement provoqué par la récession du début des années 80. Cette dernière vague de prospérité s'expliquait aussi par des raisons démographiques, les membres de la génération du baby-boom grossissant les rangs des jeunes acheteurs de maison.

La plupart des changements dans les conditions de logement des Canadiens ont trouvé réponse dans les marchés privés, tant dans le cas des locataires que dans celui des propriétaires. En ce sens, nous pouvons voir dans ces changements l'aboutissement de l'évolution de la demande et de l'offre de logements. En examinant la croissance démographique, nous avons déjà commencé à étudier les facteurs de la demande. On estime qu'environ les deux tiers de la formation des ménages dans l'après-guerre étaient directement attribuables à l'évolution de la taille et de la composition démographique de la population (Miron 1988, 119). Toutefois, le tiers restant résultait d'une plus forte tendance à vivre seul, particulièrement chez les personnes hors-famille. Ce phénomène s'expliquait entre autres par l'augmentation des revenus (figure 1.2), conjuguée à une hausse modérée du prix du logement (au moins pour les locataires) par rapport aux autres prix à la consommation. Les Canadiens ont utilisé une partie de leur prospérité croissante pour s'offrir la maîtrise de leur cadre de vie. D'ordinaire, cela signifiait un logement à part. En 1986, 88 % des familles nucléaires du Canada habitaient seules, soit une augmentation par rapport aux 79 % enregistrés en 1961. Chez les personnes hors-famille, le chiffre correspondant était de 47 %, en comparaison de 14 % en 1951. L'effet de l'augmentation du revenu réel sur la formation des ménages au Canada a été considérable et il représente un neuvième à un sixième de la formation des ménages dans l'après-guerre (Miron 1999, chapitre 6).

CE QU'ON A TENTÉ

La période de l'après-guerre a aussi été marquée par l'effet des politiques sociales, dont certaines n'étaient même pas directement liées au logement. Il s'agit notamment des nouveaux programmes de soutien du revenu pour les personnes âgées[8], les chômeurs[9] et les familles et particuliers à faible revenu ainsi que des programmes de subvention ou d'assurance pour des services de base comme l'éducation et les soins médicaux. Ces programmes ont permis aux individus et aux familles à faible revenu de consacrer des sommes plus importantes à la consommation du logement. Selon de subtiles modalités, les programmes de soutien du revenu pour les personnes âgées ont également servi à réduire le rôle traditionnel de la maison comme pécule pour la retraite.

Les politiques sociales d'après-guerre comprenaient aussi un effort concerté de la part des gouvernements en vue de réduire la taille de la population canadienne vivant en établissement institutionnel.[10] Un débat public sur la « désinstitutionnalisation » a commencé dans les années 50 et 60. Certains faisaient valoir que les pensionnaires seraient mieux logés dans le secteur privé, tandis que d'autres soutenaient que les conditions et les services spécialisés offerts dans les établissements publics ne pourraient pas être assurés à l'extérieur. Souvent, c'est la solution du secteur privé qui a été retenue. Quels que soient les avantages de la désinstitutionnalisation, elle a eu pour effet de pousser de nombreuses personnes hors-famille, souvent marginales quant à leur revenu ou à leur potentiel salarial, dans le marché privé du logement.

Il faut mentionner l'importance des dépenses fiscales qu'implique le traitement des propriétaires et des locataires aux termes des lois canadiennes de l'impôt sur le revenu. Les gouvernements du Canada n'ont jamais imposé les gains de capital réalisés sur la vente d'une résidence principale; cependant, ils n'ont pas non plus permis de déduire les intérêts hypothécaires du revenu imposable, comme cela se fait aux États-Unis. Depuis 1972, les gains de capital sur de larges catégories d'autres actifs sont imposables. La maison devient donc un placement plus intéressant que ces actifs imposables. En outre, les gouvernements n'ont jamais tenté d'imposer le rendement théorique sur l'avoir que représente son logement pour un propriétaire-occupant, ce qui rend d'autant plus intéressante la situation de propriétaire par rapport à celle de locataire.

Ces remarques nous amènent à l'examen de questions d'ordre général sur les instruments de la politique du logement. Pendant l'après-guerre, on a eu recours à cinq grandes catégories d'instruments :

- les dépenses fiscales (p. ex., les IRLM, d'autres déductions et exemptions de l'impôt sur le revenu ainsi que les abattements et les crédits pour les impôts fonciers) ;
- des dépenses directes de la part de tous les gouvernements pour la production et la consommation du logement, y compris les prêts hypothécaires directs;
- la réglementation (p. ex., les règlements municipaux de zonage et le contrôle des aménagements, les codes provinciaux du bâtiment, le contrôle des loyers, les lois sur la location immobilière et sur la garantie des maisons neuves, les restrictions du lotissement ainsi que la réglementation fédérale du financement, des matériaux de construction et des normes de construction pour les logements produits aux termes de la LNH) ;
- diverses activités des sociétés d'État et des ministères gouvernementaux (p. ex. les programmes fédéraux TTEB et R-2000 pour promouvoir l'efficacité énergétique, l'aide financière au CCRUR, au CIRUR ainsi que d'autres activités d'établissement de normes, de recherche et de développement ou de coordination) ;
- des garanties de prêt (p. ex. aux termes de l'assurance LNH).

Au cours de la période de l'après-guerre, il y a eu évolution de l'importance relative de ces divers instruments. Les chapitres à venir analyseront la valeur de ces outils et les motifs qui ont poussé les gouvernements à en changer.

Les politiques canadiennes de logement dans l'après-guerre se divisent en deux grandes catégories.[11] La première visait à éliminer des lacunes dans le marché du logement. Pour diverses raisons, on estimait que le marché privé était incapable de produire une offre suffisante de logements, et on a mis en place des politiques visant à réglementer, aider ou encourager les fournisseurs à corriger cette insuffisance. La seconde catégorie de politiques portait sur les questions d'équité et de justice sociale en matière de logement. Encore ici, on estimait que le marché privé, même s'il fonctionnait efficacement, était incapable de fournir un logement convenable à un coût abordable pour chaque Canadien.

Politiques visant à accroître l'efficacité du marché

L'un des principaux objectifs de la politique fédérale du logement dans l'après-guerre concernait l'offre de fonds hypothécaires. On pensait que les prêteurs éventuels pourraient être découragés par le risque, le manque de flexibilité ou le peu de liquidité des prêts hypothécaires. Vers 1945, il existait peu de grandes institutions de crédit[12], aucun marché secondaire pour les créances hypothécaires et aucune compagnie privée d'assurance-prêt hypothécaire. On croyait que les petits prêteurs hésitaient à se lancer dans le marché et qu'ils étaient trop prudents lorsqu'ils le faisaient. Cette situation nuisait tant à la production d'un nombre suffisant de logements qu'à la croissance économique en général[13]. Après 1945, le gouvernement fédéral a commencé à développer les méthodes utilisées pour le programme de prêts de 1918, la Loi fédérale sur le logement de 1935 et la Loi nationale sur l'habitation de 1938. Jusqu'en 1954, cette méthode a consisté à consentir des prêts conjoints. Plus tard, ces prêts ont été remplacés par un régime autofinancé d'assurance-prêt hypothécaire pour les logements à prix modéré. Depuis le milieu des années 80, le gouvernement fédéral a accru encore l'offre de fonds hypothécaires par le lancement des titres hypothécaires, qui rendent les placements hypothécaires plus liquides. On a également accordé des subventions aux propriétaires pour leur permettre de gérer leur logement de façon plus efficace; il s'agit notamment du Programme de prêts pour l'amélioration des maisons, du Programme d'isolation thermique des résidences canadiennes (PITRC) et du Programme canadien de remplacement du pétrole (PCRP).

Si l'industrie canadienne de la construction de maisons a vu apparaître quelques grandes entreprises, elle est surtout constituée de petites sociétés. Aux paliers fédéral et provincial, on s'est inquiété du fait que ces entreprises sont tout simplement trop petites ou trop fragmentées pour encourager les activités de recherche et de développement à long terme qui sont nécessaires pour stimuler l'innovation et l'efficacité. Au début de l'après-guerre, le Conseil national de recherches et la SCHL ont reçu le mandat d'élaborer des normes pour la construction neuve et d'étudier de nouvelles technologies et de nouvelles techniques[14]. Dans les années 70, une partie de cette activité était assumée par les organismes provinciaux de logement[15].

Ce qui nous amène à un autre aspect important de la politique du logement de l'après-guerre. La construction de maisons est une technologie complexe. Lorsque les consommateurs achètent l'habitation, à titre de locataires ou de propriétaires, on ne peut d'ordinaire s'attendre à ce qu'ils sachent si le logement est bien construit. Dans un marché privé, le consommateur doit s'en remettre la plupart du temps à l'intégrité du constructeur ou du propriétaire. Sur le plan économique, cette information imparfaite crée un risque qui réduit l'efficacité du marché, ce qui n'est pas sans rappeler les problèmes de risque que connaissent les petits prêteurs. La politique du logement de l'après-guerre visait à réduire cette incertitude. L'apparition de codes du bâtiment partout au Canada assurait les occupants de logements neufs que ces derniers étaient bien construits. De même, il y a eu la création de lois sur les garanties de maisons neuves pour les propriétaires-occupants et sur l'entretien des propriétés pour les locataires. D'une façon plus générale, on peut également signaler le fait que tous les paliers de gouvernement ont adopté une réglementation concernant le lotissement, le zonage et l'aménagement afin d'assurer les occupants ou les voisins que certaines normes d'urbanisme seraient respectées.

Le traitement fiscal des pertes liées aux propriétés locatives constitue un dossier connexe. Avant 1972, le propriétaire-bailleur pouvait déduire les pertes entraînées par l'exploitation de propriétés locatives de ses autres revenus, y compris les pertes dues à l'amortissement. Après 1972, la plupart des propriétaires-bailleurs ne pouvaient plus déduire les pertes de leurs autres revenus si ces pertes provenaient de l'amortissement. On peut donc soutenir que la Loi de l'impôt sur le revenu de 1972 rendait les logements locatifs moins intéressants pour les petits investisseurs. En 1974, le gouvernement fédéral a tenté de remédier à cette situation à l'aide du programme des IRLM (immeubles résidentiels à logements multiples), grâce auquel les petits propriétaires pouvaient déduire la totalité des coûts d'amortissement; ce programme a pris fin au début des années 80.

Politiques visant à favoriser l'équité et la justice sociale

La politique de logement de l'après-guerre au Canada s'est aussi beaucoup préoccupée de la répartition équitable du logement. Cette préoccupation s'est surtout traduite par une aide au logement à loyer modique pour les Canadiens les plus démunis. La LNH de 1938 autorisait des prêts hypothécaires conjoints subventionnés pour la construction de logements publics par les commissions locales de logement. Les modifications apportées en 1944 à la LNH introduisaient la possibilité de logements à « dividendes limités », des programmes de rénovation urbaine et les loyers proportionnés au revenu. Cependant, le logement public n'a vraiment démarré qu'avec la modification de 1949 qui permettait la mise en place du programme fédéral-provincial de logement public. En 1969, on a créé les suppléments de loyer pour subventionner les ménages à faible revenu habitant des logements locatifs privés. Les gouvernements fédéral et provinciaux offraient d'autres subventions pour encourager la construction de logements locatifs privés dans les années 70 et 80.

En outre, plusieurs politiques accordaient des subventions aux propriétaires-occupants à faible revenu. Au palier fédéral, ces mesures comprenaient notamment le PAREL (Programme d'aide à la remise en état des logements), mis en place en 1973, qui accordait de petits prêts susceptibles de remise pour l'amélioration de logements inférieurs aux normes exigées, le RCRH (Régime canadien de renouvellement hypothécaire) et le PPTH (Programme de protection des taux hypothécaires) (1981–83) qui aidaient les propriétaires au moment du renouvellement hypothécaire, ainsi que le Programme de logement pour les ruraux et les autochtones (LRA). De plus, le gouvernement fédéral a expérimenté certains programmes en vue d'encourager les familles à revenu modeste à accéder à la propriété. Au palier provincial, on a introduit des subventions, y compris le report des impôts fonciers, des abattements et des crédits pour les personnes âgées.

Dans les années 70, on se préoccupait de plus en plus de la protection du consommateur. On voulait notamment améliorer l'efficacité du marché en réduisant l'information imparfaite. À d'autres égards toutefois, et en dernière analyse, c'était une question d'équité ou de justice sociale. Dans le domaine du logement, cette préoccupation s'est manifestée en particulier par la création, au palier provincial, de lois sur la sécurité d'occupation. Ces lois limitaient le droit des propriétaires d'imposer des clauses onéreuses dans les baux, de chasser les locataires et (dans certaines provinces) de fixer le loyer. Les nouvelles lois sur les garanties de maison, adoptées vers la même époque, participent également de la même tendance. On pourrait peut-être aussi mentionner comme exemple le régime fédéral de protection des taux hypothécaires qui protège les emprunteurs contre de fortes augmentations des taux d'intérêt au moment du renouvellement hypothécaire.

QUE NOUS RÉSERVE L'AVENIR?

La période écoulée depuis 1945 représente donc un changement radical par rapport à celle qui l'avait précédée. De même, si nous nous tournons vers l'avenir, nous pouvons peut-être nous demander si les années 80 signalent aussi la fin d'une époque et le début d'une autre. La croissance démographique rapide est maintenant chose du passé. Les Canadiens entrevoient en général une période de croissance lente pour les quelques décennies à venir. Depuis la fin des années 70, la croissance du revenu réel a aussi été lente par moments. Certes, il ne faudrait pas oublier le contraste entre les projections pessimistes faites vers 1945 et ce qui s'est effectivement produit. Néanmoins, la période qui va de 1945 à 1985 constitue un bloc intéressant pour l'analyse. Dans quelle mesure les leçons tirées de cette période peuvent-elles être appliquées à l'avenir? Dans quelle mesure l'avenir sera-t-il différent, et qu'est-ce que cela signifie pour le logement? Est-ce que les politiques d'habitation qui ont été menées à bien entre 1945 et 1985 continueront d'avoir de bons résultats à l'avenir? Quelles autres politiques devrions-nous envisager?

Comment définir le progrès en matière de logement

Le présent ouvrage traite de l'évolution du logement, expression à laquelle on peut donner deux sens différents. Le premier comporte uniquement une idée de mouvement, d'orientation ou de changement, tandis que le second est un mouvement ou un changement pour le mieux. C'est ce dernier sens qui est utilisé ici. Toutefois, l'amélioration est une question d'appréciation personnelle. Certains aimeront les plafonds de 3,5 mètres des maisons victoriennes en rangées, tandis que d'autres ne pourront souffrir l'étroitesse des fenêtres. La façon dont nous pondérons les divers éléments du logement relève de critères personnels.

Pendant l'après-guerre, les programmes de logement visaient à promouvoir des objectifs sociaux, comme la redistribution du revenu, l'égalité des chances ou la justice sociale. En d'autres termes, on estimait que l'ensemble des Canadiens devraient bénéficier d'une répartition du logement axée sur de tels buts. Bien sûr, la valeur de ces bénéfices se détermine d'après l'importance qu'attache le citoyen à chaque objectif, importance qui peut évidemment varier d'un individu à l'autre. Un tel estimera que l'égalité des chances est importante, mais pas son voisin. De telles divergences d'opinion quant aux objectifs sociaux constituent un autre élément du point de vue de chacun. La qualité, la dimension, l'emplacement et le coût de notre logement influencent notre santé et notre bien-être, notre sentiment d'appartenance à une communauté, notre estime de soi, en plus de déterminer notre accès aux installations publiques, aux services, aux possibilités d'éducation et d'emploi. C'est là une partie intégrante de notre niveau de vie et de notre vision de la société idéale. Dans une société pluraliste, il n'est donc pas étonnant de trouver des divergences de points de vue.

Chacun peut se faire une idée de la mesure dans laquelle le logement des Canadiens s'est amélioré — ou non — depuis 1945 et des répercussions des politiques gouvernementales dans ce domaine. Mais c'est toujours une source d'étonnement pour un profane de constater que deux personnes, tout aussi informées sur un sujet, puissent soutenir des opinions contraires. De telles différences s'expliquent habituellement soit par un désaccord sur les faits, soit par une divergence de points de vue.

Cet ouvrage a été rédigé par un groupe d'auteurs — 22 en tout. Chacun et chacune est spécialiste d'un aspect particulier du logement. Le groupe comprend des urbanistes, des architectes, des économistes, des géographes et des sociologues. Ils proviennent de milieux bien différents : universités, monde de l'urbanisme et celui des experts-conseils. Ils viennent de diverses régions du Canada, de grandes et de petites villes. Chacun d'entre eux a sa propre expérience de la recherche, des politiques ou de l'application des programmes en matière de logement. En conséquence, ils ne partagent pas tous le même point de vue. Les chapitres à venir révéleront des différences importantes entre eux.

Ce livre n'impose donc pas un point de vue unique à ses auteurs. Ce sont les auteurs qui choisissent leur point de vue et leurs conclusions en dépendent. Il s'agit de préciser le débat et de faire prendre conscience au lecteur des divers points de vue sur l'évolution du logement et sur les répercussions et la valeur des diverses politiques. En même temps, le livre expose également ce que nous savons de la demande, de l'offre et de la répartition du logement. Il ne se contente pas de refléter le débat. Il recherche les éléments communs — tant sur le plan des faits que sur celui des perspectives — et les sources des différences d'opinions.

Plan de l'ouvrage

Le livre se divise en six sections. La première examine les facteurs économiques, démographiques et institutionnels qui expliquent la demande de logement dans l'après-guerre. Au chapitre 2, John R. Miron examine la formation des ménages et la consommation de logements dans l'après-guerre et évalue l'importance des facteurs démographiques et économiques. Marion Steele décrit, dans le chapitre 3, l'évolution du mode d'occupation dans l'après-guerre et ses causes, les rapports entre le bien-être économique et le choix du mode d'occupation, et les raisons qui expliquent le soutien du gouvernement à l'accession à la propriété. Pour sa part, J. David Hulchanski retrace l'évolution du fondement juridique de la propriété absolue et de la location privée au chapitre 4.

La deuxième section traite des principaux aspects de l'offre de logement : le financement, les facteurs économiques, la technologie et la réglementation. Au chapitre 5, George Fallis parle des fournisseurs de logements et des facteurs qui influencent leurs décisions. James V. Poapst examine pour la période de l'après-guerre la réglementation gouvernementale des marchés hypothécaires, la participation des institutions financières, les sources de demande de prêts hypothécaires résidentiels, l'utilisation de l'avoir propre et les dispositions des contrats de prêt au chapitre 6. Au chapitre 7, John Bossons traite de la portée, de l'ampleur et de la raison d'être de la réglementation de la production des logements. James McKellar, au chapitre 8, évalue l'effet de la technologie de la construction et de l'organisation du processus de production sur la forme, le coût et la qualité du logement.

La troisième section retrace les effets de l'évolution des courbes de demande et d'offre sur la croissance et la qualité du parc de logements. Andrejs Skaburskis étudie au chapitre 9 les façons de mesurer les composantes de l'évolution du parc de logements et traite du rôle de la réglementation gouvernementale et des programmes de stimulation sur l'évolution du parc résidentiel. Au chapitre 10, Skaburskis et Eric G. Moore mettent au point une méthode d'inventaire pour décrire les transitions du parc de logements dans l'après-guerre, dégager les points névralgiques susceptibles d'intervention et reconnaître les interactions entre les transitions du parc et les politiques de l'État qui exigent d'autres recherches. Joan Simon et Deryck Holdsworth, au chapitre 11, traitent de l'évolution de la conception des formes de logement dans l'après-guerre et étudient les nouveaux besoins de logement des familles ainsi que l'évolution du concept de quartier.

La quatrième section examine la manière dont les changements de l'offre ont correspondu à l'évolution de la demande. Au chapitre 12, Lynn Hannley passe en revue les indicateurs des logements inférieurs aux normes, fait ressortir l'ampleur du problème avant 1945, étudie les politiques mises en œuvre dans l'après-guerre et suggère des indicateurs et des politiques pour l'avenir. Au chapitre 13, Janet McClain retrace l'évolution d'après-guerre en ce qui concerne le besoin de logements avec services ainsi que des services connexes, traite de la nature de la demande des consommateurs et du rôle des politiques de logement et passe en revue l'emplacement et l'offre des logements pour besoins spéciaux selon le type, le niveau de soins, le financement et l'organisme de parrainage. Damaris Rose et Martin Wexler examinant, au chapitre 14, la suffisance du parc de logements de l'après-guerre à la lumière de changements sociaux et économiques importants. Au chapitre 15, Patricia A. Streich approfondit le concept de l'accessibilité financière au logement et la mesure dans laquelle l'ampleur du problème de l'abordabilité est conditionnée par sa définition.

La cinquième section analyse l'évolution du parc de logements par rapport à son cadre. Au chapitre 16, Larry S. Bourne décrit comment le mode d'organisation et de peuplement du territoire canadien a évolué dans l'après-guerre et étudie comment le processus de développement des collectivités a contribué à ce changement ainsi qu'à l'évolution du logement. Au chapitre 17, Francine Dansereau retrace l'évolution des disparités intraurbaines sur le plan socio-économique, ethnique et physique et en examine les répercussions pour la qualité des quartiers et l'évolution du logement. Au chapitre 18, Richard Harris s'intéresse à la diversité sociale en tant qu'objectif de la politique d'après-guerre en matière de développement communautaire et de logement. Au chapitre 19, Jeffrey Patterson étudie les rapports entre le logement et le développement communautaire, en mettant l'accent sur les origines du mouvement moderne de réforme urbaine et le fait que, dans l'après-guerre, l'accent des politiques est passé de la rénovation urbaine à l'amélioration des quartiers. Quant à John H. Bradbury, il évalue au chapitre 20 les besoins et les politiques de logement dans les collectivités qui ne comptent qu'une seule entreprise.

Les chapitres de la sixième section proposent des leçons à tirer de l'expérience de l'après-guerre, des points de vue sur ce que les quelque 10 ou 20 années à venir pourraient nous réserver et les problèmes que posent ces scénarios. Miron propose certaines solutions pour répondre aux besoins de l'avenir d'après l'expérience du passé, au chapitre 21. Au chapitre 22, John Hitchcock traite quant à lui des orientations futures et des défis qui se posent aux consommateurs, à l'industrie et aux gouvernements.

L'ouvrage comporte deux annexes : un lexique et une chronologie des principaux événements. Le lexique sera utile aux lecteurs qui ne connaissent pas bien les noms propres et les sigles utilisés tout au long de l'ouvrage. Quant à la chronologie des principaux événements, c'est une liste historique des principaux événements qui ont marqué pendant l'après-guerre l'évolution du logement au Canada.

Notes

1 Les moyennes peuvent être trompeuses. À Montréal, les maisons individuelles constituaient moins de 7 % de l'ensemble des logements en 1941, en comparaison de 37 % pour Toronto et de 75 % pour Vancouver.

2 Pour le compte des pièces dans les logements privés, les recensements excluent les corridors, les salles de bain, les placards, les dépenses et les alcôves, les greniers et les sous-sols, à moins qu'ils ne soient finis et habitables, ainsi que les solariums et les vérandas, sauf ceux qui sont fermés et peuvent être occupés en toute saison.

3 Selon la définition du recensement, un logement a besoin de réparations majeures si la fondation est affaissée ou pourrie, le toit ou la cheminée défectueux, les escaliers intérieurs ou extérieurs dangereux ou si l'intérieur a grand besoin de réparations (par exemple, s'il manque des quantités importantes de plâtre aux murs ou aux plafonds).

4 Dans les grandes villes, peu de logements étaient chauffés au moyen de poêles, sauf à Montréal (62 % des ménages) et à Québec (64 %). En Alberta, qui compte d'importantes réserves de gaz et de pétrole, on utilisait davantage le gaz naturel comme combustible.

5 Ces installations étaient plus fréquentes dans les logements urbains. Parmi les grandes villes, ce n'est qu'à Edmonton que moins de 80 % des logements avaient une toilette avec chasse d'eau et ce n'est qu'à Edmonton et à Québec que moins de 75 % des logements avaient une baignoire ou une douche.

6 Carver (1948, 74) signale que les ménages de Toronto dont le revenu annuel était inférieur à 1 000 $ consacraient en moyenne environ 40 % de leur revenu au logement en 1941. Chez les ménages dont le revenu se situait entre 1 500 $ et 2 000 $, le pourcentage n'était que de 21 %.

7 Dans le recensement de 1981, on a demandé aux répondants de dire si leur logement avait besoin de réparations, à l'exclusion toutefois de réaménagements ou d'ajouts souhaitables. Les réponses possibles étaient les suivantes : « A seulement besoin d'entretien régulier », « A besoin de petites réparations, » et « A besoin de grosses réparations. » On précisait aux répondants que les grandes réparations comprenaient des défectuosités de la plomberie ou du filage électrique, des réparations structurales aux murs, aux plafonds ou aux planchers.

8 Pension de sécurité de la vieillesse, Supplément de revenu garanti, Régime de pensions du Canada et Régime des rentes du Québec.

9 Y compris l'assurance-chômage, les programmes de travail ainsi que toute une variété de programmes de bien-être social relevant des provinces ou des gouvernements locaux.

10 Dear et Wolch (1987) décrivent plus longuement le processus de désinstitutionnalisation ainsi que le problème contemporain des sans-abri qu'il a suscité.

11 Traditionnellement, la politique fédérale du logement au Canada a servi un troisième but : favoriser la croissance économique ou la reprise après une récession. La construction de nouveaux logements crée directement des emplois dans l'industrie de la construction de maisons, en plus d'avoir des effets positifs sur l'emploi dans l'industrie des fournitures de maisons et dans d'autres industries connexes. Parmi les politiques qui visaient surtout la création d'emplois mentionnons le Programme d'encouragement de la construction de maisons en hiver de 1963 à 65, le Régime canadien de construction de logements locatifs (RCCLL) de 1981–84 ainsi que le Programme canadien de rénovation des maisons (PCRM) et le Programme canadien d'encouragement à l'accession à la propriété (PCEAP) de 1982–83.

12 Avant 1954, il était interdit aux banques à charte de consentir des prêts hypothécaires résidentiels. Même après 1954, elles devaient se restreindre aux prêts hypothécaires assurés aux termes de la LNH. Ce n'est qu'en 1967 qu'on a autorisé les banques à charte à consentir des prêts hypothécaires résidentiels conventionnels.

13 La SCHL a toujours consenti quelques prêts de dernier recours lorsque les prêteurs privés ne voulaient pas collaborer. En 1957, les taux d'intérêt du marché ayant dépassé le plafond fixé pour les prêts hypothécaires LNH, le gouvernement fédéral a envisagé la possibilité de prêts directs généralisés. Au total, 17 000 logements ont été financés en 1957, et 27 000 chaque année en 1958 et 1959.

14 Mentionnons tout particulièrement le Code national du bâtiment élaboré par le CNR, code qui a été largement adopté par les provinces comme norme de construction nouvelle.

15 La première utilisation contemporaine de normes minimales de logement pourrait bien avoir été le fait d'un organisme d'un gouvernement local — il s'agissait de l'ensemble résidentiel Spruce Court de la Toronto Housing Company en 1914.

CHAPITRE DEUX

Les facteurs démographiques et économiques de la demande de logements

John R. Miron

EN QUOI le marché du logement de l'après-guerre diffère-t-il de celui de l'avant-guerre? La première différence porte sur la composition des ménages. En 1941, 11,5 millions de personnes habitaient au Canada 2,6 millions de résidences « habituelles » (c.-à-d. des ménages ou, l'équivalent, des logements privés occupés), à l'exclusion des maisons saisonnières et secondaires. En 1986, la population avait atteint 25,2 millions d'habitants, mais le nombre des résidences habituelles avait connu une croissance encore plus rapide pour atteindre 9,0 millions de logements. Le nombre moyen de personnes dans une résidence habituelle a chuté du tiers (de 4,5 à 2,8 personnes) entre 1941 et 1986, et la proportion des ménages composés d'une personne vivant seule a triplé. Si l'on ajoute les résidences secondaires et saisonnières, la croissance du parc de logements est encore plus remarquable[1].

Une deuxième différence touche la hausse des dépenses consacrées au logement. En 1986, les Canadiens ont dépensé 67,5 milliards de dollars pour le loyer (y compris les loyers théoriques pour les logements de propriétaires-occupants), le combustible et l'électricité — en comparaison de seulement 1,2 milliard de dollars en 1946 (tableau 2.1). Même compte tenu de l'inflation, les dépenses réelles totales ont augmenté de sept fois et les dépenses réelles par habitant ont triplé. Au moins pendant les années 60, les dépenses de logement avaient tout simplement suivi le rythme de la croissance du revenu. Exprimés en pourcentage du total des dépenses de consommation, les coûts de logement ont commencé d'augmenter dans les années 70 et 80.

La façon dont les logements sont produits au Canada, leur prix, leur répartition entre les consommateurs et leur consommation dépendent en grande partie de l'état du marché. Est-ce que cette évolution de l'après-guerre reflète tout simplement l'évolution des préférences et des revenus des consommateurs? Les choix des consommateurs n'ont-ils pas plutôt été guidés par les produits offerts sur le marché?

Concepts, définitions et données

Il n'est pas facile de définir ou de mesurer le « mode de résidence ». Pour réduire au minimum les omissions et le double compte, les recenseurs visitent tous

Tableau 2.1
Produit intérieur brut et certaines composantes de dépenses
(en milliards de dollars courants; chiffres non rectifiés
en fonction de l'inflation) : Canada, 1946–1986

	Produit intérieur brut	Total brut du loyer, du combustible et de l'électricité	Loyer théorique brut	Loyer brut payé
1946	12,2	1,2	0,5	0,3
1956	32,9	3,4	1,7	0,8
1966	64,3	6,8	3,7	1,7
1976	197,9	20,9	11,8	5,0
1986	509,9	67,5	40,1	15,4

SOURCE : Statistique Canada (1988).

les lieux de résidence connus et recensent les personnes qui y résident habituellement, y compris celles qui sont temporairement absentes. Chaque personne étant affectée à son lieu de résidence habituelle, les recenseurs ont tendance à négliger les logements où personne ne réside habituellement, par exemple les logements saisonniers et inoccupés. On sous-estime ainsi la consommation en matière de logement de même que l'importance du parc résidentiel.

Les données du recensement soulèvent aussi le problème de la définition du ménage. Pour le recensement, un ménage est un particulier ou un groupe de particuliers habitant un logement. Un logement est un ensemble « structuralement distinct » de pièces d'habitation avec une entrée privée. Par ensemble structuralement distinct on entend que les occupants du logement ne doivent pas traverser les pièces d'habitation d'autres personnes pour se rendre à leur propre logement. Avec qui on partage un « lieu de résidence habituelle » peut dépendre de la définition que l'on donne à ce lieu de résidence. Depuis 1945, bon nombre de personnes qui habitaient dans un ménage plus grand vivent maintenant seules. Certaines ont cessé de cohabiter avec d'autres dans une maison pour habiter seules en appartement. Certains ménages ont profité de leur aisance croissante pour se séparer de leurs pensionnaires et des membres de leur parenté. Les appartements du sous-sol et de l'étage ont été dotés de cloisons, des entrées privées ont été aménagées, des cuisines et des salles de bain ajoutées, ce qui permettait de créer deux ménages ou davantage là où précédemment il n'y en avait eu qu'un seul. Parfois, ces changements ont des conséquences importantes sur le mode de vie; dans d'autres cas, les réaménagements sont mineurs et n'ont guère d'effets sur la vie quotidienne.

De même, il peut être trompeur d'utiliser les dépenses de loyer, de combustible et d'électricité comme indicateurs de la consommation de logement. Les économistes ont tendance à penser qu'un logement fournit des « services » qui sont consommés par les résidants. Ils estiment qu'un logement plus grand, mieux équipé ou de plus grande qualité offre davantage de services, et entraîne donc une plus forte consommation. Le problème ici est de préciser ce qui constitue la consommation de logement, comment la mesurer et comment en calculer le prix.

L'évolution des conditions de vie dans l'après-guerre

Dans les premières années de l'après-guerre, la tendance était aux mariages précoces et plus nombreux, à des premières naissances hâtives et à des familles plus nombreuses. Avec les années 60 et 70, on a vu des mariages plus tardifs, un plus grand nombre de célibataires, un plus grand nombre de divorces, moins d'enfants et des naissances remises à plus tard. L'évolution de la formation des familles s'est traduite par de nouvelles façons de vivre qui influençaient les types d'habitations construites, qui à leur tour influençaient les façons de vivre.

Tout cela se produisait sur la toile de fond d'une croissance démographique soutenue. Le rythme fut particulièrement rapide jusque vers 1961. La croissance s'est poursuivie par la suite, mais à un rythme plus lent. Dans l'ensemble, l'évolution de la natalité, l'augmentation de la longévité et les mouvements migratoires ont contribué à doubler la population canadienne entre 1945 et 1985.

- *Natalité*: Entre le moment où l'on a commencé à tenir la statistique moderne de l'état civil, dans les années 20, jusqu'en 1939, le nombre de naissances se situait aux environs de 230 000 à 250 000 par année. Après le début de la Seconde Guerre mondiale, le nombre des naissances a augmenté régulièrement. Poursuivant sa hausse après la guerre, il a atteint un plateau à la fin des années 1950, se stabilisant à un peu moins de 480 000 par année. Le taux global de natalité par période est passé de 2 654 en 1939 à un sommet de 3 935 en 1959. La période qui va en gros de 1946 au début des années 60 est communément appelée le « baby-boom » de l'après-guerre. En 1968, toutefois, le nombre des naissances avait chuté à seulement 364 000. Il a continué de chuter, se stabilisant dans les années 70 à environ 340 000 à 360 000 naissances par année. En 1980, le taux global de natalité par période avait chuté à 1 746, soit un niveau bien inférieur au niveau de remplacement. La période qui débute avec les années 60 est caractérisée par ce qu'on appelle l'effondrement démographique.
- *Mortalité*: La période de l'après-guerre a également été marquée par l'accroissement de la longévité. Entre 1945 et 1980–82, l'espérance de vie à la naissance a augmenté de 7,2 années, passant à 71,9 ans pour les hommes et de 11,0 années pour les femmes, passant à 79,0 ans.[2] Cette longévité croissante était elle-même source de croissance démographique. Plus on vit longtemps, plus on a de chances de compléter le cycle de ses années de fertilité et de chances d'être encore vivant au moment de la naissance de ses petits-enfants ou des générations subséquentes. L'amélioration de la longévité pourrait représenter près d'un dixième

de la croissance démographique au Canada dans l'après-guerre (Miron 1988, chapitre 3). L'amélioration de la longévité s'explique surtout de deux façons : la réduction de la mortalité infantile et la réduction de la mortalité chez les personnes d'âge moyen et les personnes âgées[3].

- *Immigration et migration* : Les années 50 ont été marquées par une forte immigration venant d'Europe. Une seconde vague, surtout en provenance d'Asie et des Antilles, a deferlé en 1965 pour ralentir en 1974 avec la mise en place de contrôles plus rigoureux de l'immigration. Depuis 1960, le volume annuel varie entre 70 000 et 214 000 personnes. En raison de ces fluctuations, l'importance de l'immigration pour expliquer la croissance démographique du Canada a varié. L'immigration a été un facteur de croissance particulièrement important pour les régions métropolitaines du Canada. La migration interne a aussi joué un rôle non négligeable à cet égard. Dans l'ensemble, les migrants ont quitté les zones rurales et les petites villes pour les grandes agglomérations urbaines. En 1986, 31 % des Canadiens habitaient les trois principales régions métropolitaines, en comparaison de seulement 19 % en 1941. À l'exception du boom énergétique de la fin des années 70 où l'on a assisté à une forte migration vers l'Alberta, la migration typique de l'après-guerre se faisait à partir des provinces de l'Atlantique, du Québec, de la Saskatchewan et du Manitoba vers l'Ontario et la Colombie-Britannique.

Mises ensemble, ces forces démographiques ont créé une croissance démographique soutenue qui rend compte d'une partie de la croissance rapide du nombre des ménages au cours de l'après-guerre. En même temps, toutefois, d'autres facteurs ont aussi contribué à modifier la taille et la composition des ménages.

Un premier facteur a été l'explosion des mariages entre 1945 et environ 1960, période où la probabilité de se marier, et de se marier jeune, a été particulièrement forte. L'âge médian au premier mariage, pour les femmes, qui était de 23 ans avant la guerre, a chuté à 21 ans seulement. Au cours de la période d'effondrement des mariages qui a suivi, l'incidence du divorce et du célibat a augmenté, tandis que l'âge médian au premier mariage, pour les femmes, augmentait d'environ 0,5 an. L'époque du baby-boom se caractérise par une augmentation du nombre de personnes vivant dans des familles, en raison à la fois de la brusque augmentation des mariages et d'un fort taux de natalité. La période d'après 1960, au contraire, se caractérise par un nombre relativement faible d'enfants, moins de personnes mariées, un plus grand nombre d'adultes célibataires, séparés ou divorcés et un plus grand nombre de familles monoparentales (tableau 2.2). Le nombre de personnes vivant en famille a augmenté de 60 % entre 1941 et 1961, mais de seulement 25 % au cours des deux décennies suivantes. Malgré le déclin du mariage, le nombre total de personnes habitant avec un conjoint a continué d'augmenter, les cohortes du baby-boom arrivant à

Tableau 2.2
Population et familles selon le mode de résidence, Canada, 1941–1986

	1941	1951	1961	1971	1981	1986
	(en milliers de personnes)					
Population totale (résidants habituels) [1]	11 490	13 984	18 238	21 568	24 203	25 207
Dans des logements privés						
Membres de la famille						
Habitant avec un conjoint [2]	4 432	5 923	7 600	9 184	11 222	11 763
Chef de famille monoparentale	309	326	347	479	714	854
Enfant	5 144	5 967	8 149	9 189	8 667	8 579
Personnes hors famille [3]	1 237	1 384	1 659	2 323	3 195	3 578
Dans des logements collectifs	368	384	484	393	406	434
	(en milliers de familles)					
Ensemble des familles [4]	2 525	3 287	4 147	5 076	6 325	6 735
Occupant leur propre logement [5]	2 333	2 967	3 912	4 915	6 133	6 534
Habitant seule	—	—	3 263	4 286	5 556	5 939
Autres personnes présentes	—	—	649	629	577	596
N'occupant pas leur propre logement [6]	192	321	235	161	192	201

SOURCE : *Recensement du Canada*, diverses années. Le signe – indique que les données ne sont pas disponibles.

[1] Les chiffres ayant été arrondis, leur somme peut ne pas correspondre aux totaux indiqués.

[2] Depuis 1981, les couples en union de fait sont recensés comme des gens mariés. Dans les recensements antérieurs, lorsque ces couples choisissaient de ne pas se déclarer mariés, ils étaient comptés soit comme des personnes seules (s'il n'y avait pas d'enfant), soit comme des familles monoparentales (s'il y avait des enfants). Ainsi, les recensements depuis 1981 indiquent un plus grand nombre de famille époux-épouses et moins de familles monoparentales et de personnes seules qu'on ne l'aurait fait antérieurement.

[3] Inclut des individus dont le statut familial ne pouvait pas être précisé.

[4] Le dénombrement du recensement exclut les familles dans les logements collectifs depuis 1981. Les familles dans les logements collectifs sont incluses dans les dénombrements antérieurs.

[5] Aux termes de la définition du ménage selon le recensement de 1941, soit une unité ménagère, il pouvait y avoir deux ménages ou plus par logement. Par rapport à la définition utilisée par la suite, qui ne compte qu'un seul ménage par logement, le nombre de familles primaires était exagéré et le nombre de familles secondaires sous-estimé en 1941.

[6] Depuis le recensement de 1981, le statut de soutien dépend si oui ou non le soutien du ménage (c'est-à-dire la personne qui paie la plupart des frais de logement) est un membre résidant de la famille. Dans certains cas, comme une famille habitant seule mais dont les besoins financiers sont assurés de l'extérieur, il n'y avait pas de famille principale. Avant 1981, une famille vivant seule était toujours comptée comme famille principale. Ainsi, depuis 1981, les recensements tentent à surestimer les familles principales par rapport aux recensements antérieurs.

l'âge adulte. En même temps, le nombre de mères seules de moins de 35 ans a plus que quadruplé entre 1961 et 1986.

Il y a eu aussi une évolution importante du nombre et de l'espacement des naissances. Tout au long de l'après-guerre, les naissances ont diminué chez les femmes de plus de 35 ans, tout comme la fréquence d'une quatrième naissance ou plus. Au cours de l'explosion démographique, d'autres tendances sont apparues. Les femmes donnaient naissance à leur premier et à leur second enfant plus jeunes; elles avaient plus de chances d'avoir un troisième enfant et moins de femmes demeuraient sans enfant. Ces tendances se sont inversées lors de l'effondrement démographique qui a suivi. Dans l'ensemble, cette période d'effondrement se caractérise par des naissances moins nombreuses et plus rapprochées. Au cours de la période de l'effondrement démographique, les couples vivaient un plus grand nombre d'années ensemble avant la première naissance ainsi qu'après le départ des enfants. Au cours des décennies antérieures, à l'époque où les naissances étaient étalées sur une période plus longue, les couples passaient une plus grande partie de leur vie avec au moins un enfant à la maison.[4] Le recensement des familles selon la taille nous renseigne sur les tendances en matière de natalité et d'espacement des naissances. Il constitue également une source d'information sur les jeunes adultes qui quittent la maison : pendant les années 60 et 70, les enfants avaient plus de chances de quitter le foyer familial au début de l'âge adulte, tendance qui s'est inversée dans les années 80.

Enfin, la différence dans l'espérance de vie selon le sexe constitue une autre donnée significative. Les femmes ont toujours survécu aux hommes au Canada. Conjuguée à l'explosion des mariages, une longévité accrue par rapport à leurs conjoints signifiait qu'il était plus fréquent que les femmes connaissent le veuvage à un moment donné de leur vie, et pour une durée plus longue. Souvent, veuvage signifiait vivre seule.

Cette évolution de la composition et de la taille de la famille s'accompagnait de modifications importantes des modes de résidence. De façon générale, dans l'histoire du Canada, chaque famille occupe son logis. Voilà une façon de faire quasi universelle. Si la cohabitation de familles nucléaires (comme dans les ménages composés d'une famille élargie) n'a jamais été très répandue, elle est devenue encore plus rare après 1945. En outre, il est devenu encore plus fréquent que les familles nucléaires habitent seules, c'est-à-dire sans aucune autre personne dans le logement. Le départ des particuliers hors-famille constituait une seconde forme de non-cohabitation. Les données présentées au tableau 2.2 révèlent que les deux formes étaient importantes, bien qu'à des moments différents. Le pourcentage de familles ayant leur propre logement est passé de 90 % en 1951 à environ 96 % au milieu des années 60, après quoi il est demeuré, grosso modo, constant. En 1986, 88 % des familles vivaient seules, en comparaison de 80 % en 1961.

La croissance des ménages d'une seule personne est un phénomène d'après-guerre. Encore en 1951, les particuliers habitant seuls étaient rares, comme en témoigne l'observation suivante :

Tableau 2.3
Personnes hors famille par groupe d'âge (en milliers de personnes) :
Canada, 1961 à 1986

	1961	1971	1981	1986
Moins de 35 ans	673	937	1 429	1 501
35 à 44 ans	205	220	266	399
45 à 54 ans	240	267	264	294
55 ans ou plus	883	1 151	1 236	1 385
Total	2 002	2 575	3 195	3 578

SOURCE : *Recensement du Canada*, diverses années. Les chiffres ayant été arrondis, il se peut que le total des colonnes ne corresponde pas au résultat de l'addition. Les données de 1981 et 1986 comprennent uniquement les personnes seules dans des logements privés. Les données antérieures comprennent aussi des personnes seules dans des habitations collectives.

> Les pourcentages les plus élevés de ménages d'une seule personne ont été trouvés dans les régions rurales non agricoles et, comme dans le recensement de 1941, les ménages d'une seule personne étaient beaucoup plus fréquents dans les provinces à l'ouest des Grands Lacs qu'ailleurs au Canada. Si l'on en juge par la répartition géographique de ces ménages, il est probable qu'un fort pourcentage d'entre eux soient composés de chasseurs, de piégeurs, de pêcheurs de la côte Ouest, de gardes-forestiers, de guides et de personnes ayant des occupations semblables (Recensement du Canada 1951, 10 : 368).

Dans les décennies qui ont suivi, le fait de vivre seul s'est répandu surtout dans les centres urbains, et il est devenu un phénomène fréquent. D'où provenaient ces ménages? En partie, du nombre croissant de personnes hors-famille (tableau 2.3). Dans l'ensemble, le nombre de personnes hors-famille a augmenté de près de 80 %, et le nombre de ces personnes de moins de 35 ans a plus que doublé entre 1961 et 1986. Cela traduit une incidence croissante du célibat et du divorce. Aussi, même si l'écart de longévité entre les sexes avait commencé de s'atténuer à la fin des années 70, l'après-guerre a été marqué, dans l'ensemble, par un nombre croissant de veuves âgées. En même temps, le pourcentage des personnes hors-familles habitant seules a grimpé. En conséquence, le nombre de ménages d'une seule personne a plus que quadruplé dans l'ensemble et a presque décuplé chez les moins de 35 ans entre 1961 et 1986 (tableau 2.4).

L'évolution de la consommation de logements dans l'après-guerre

Puisque chaque ménage occupe précisément un seul logement habituel, la description donnée ci-dessus de l'évolution du mode de résidence représente aussi dans une large mesure l'augmentation globale du nombre de logements. Toutefois, cela ne suffit pas à décrire la croissance du parc résidentiel dans

Tableau 2.4
Personnes vivant seules par groupe d'âge (en milliers de personnes) :
Canada, 1961 à 1986

	1961	1971	1981	1986
Moins de 25 ans	17	70	201	154
25 à 34 ans	40	96	347	395
35 à 44 ans	45	73	159	241
45 à 54 ans	64	99	162	185
55 à 64 ans	86	154	247	280
65 ans et plus	172	320	566	680
Total	425	811	1 681	1 935

SOURCE : *Recensement du Canada*, diverses années. Les chiffres ayant été arrondis, leur somme peut ne pas correspondre aux totaux indiqués.

l'après-guerre. Le parc a évolué de façon sensible sur le plan qualitatif, pour ce qui est du type de logement, de la qualité de la construction, de la conception, des aménagements, du mode d'occupation et de l'état des lieux. En outre, bien que le manque de données empêche d'étudier cette question à fond, il semble que la consommation de logements secondaires ait augmenté.

Le chapitre 1 met en évidence plusieurs changements importants. Depuis 1945, la superficie d'habitation par ménage et par habitant a connu une forte hausse; si le nombre de pièces dans le logement typique a augmenté légèrement, le nombre de personnes par pièce a diminué fortement. Le nombre de logements ayant besoin de réparations majeures, ou sans installations sanitaires, chauffage central ou réfrigérateur a également chuté. En outre, le type de logement consommé par les Canadiens a évolué après 1945. Par rapport à la totalité des logements privés occupés, le pourcentage de maisons individuelles a diminué après 1941. Il faut notamment remarquer l'augmentation considérable de la construction d'appartements entre le milieu des années 60 et le milieu des années 70, et celle de la construction de maisons en rangée qui a suivi (figure 9.2).

La progression de la valeur en dollars de la consommation de logement dans l'après-guerre est encore plus spectaculaire. La valeur globale en dollars courants du parc de logements du Canada par ménage s'est en effet multipliée par plus de 18 (tableau 2.5). Même en tenant compte de l'inflation de l'ensemble des prix à la consommation, cette valeur a quadruplé. En dollars courants, la valeur du parc a augmenté beaucoup plus rapidement que le revenu dont disposait chaque ménage, surtout au cours de la fin des années 40. Ce phénomène reflète en partie l'escalade du prix des maisons dans l'après-guerre. Il reflète aussi en partie la volatilité de la nouvelle construction résidentielle. Pendant les années 70, par exemple, l'investissement résidentiel a dépassé la croissance du revenu; au cours de la récession du début des années 80, par contre, l'investissement a chuté, malgré une légère augmentation des revenus.

Tableau 2.5
Valeur en dollars courants du parc résidentiel, de l'investissement en logement, de la consommation en logement et du revenu annuel personnel disponible par ménage (en dollars par ménage) Canada, 1946–1986

	Parc résidentiel	Investissement résidentiel	Revenu personnel disponible	Consommation de logement
1946	2 517	138	4 309	414
1951	4 412	235	4 585	441
1956	5 179	462	5 513	846
1961	6 022	391	5 950	1 043
1966	8 346	500	7 906	1 269
1971	11 930	928	10 132	1 823
1976	22 607	1 982	17 895	2 917
1981	34 291	2 487	28 699	4 902
1986	46 567	3 428	37 601	7 153

SOURCES : Jusqu'à 1961, la valeur du parc résidentiel est estimée d'après Statistique Canada (1984e, 284). Après 1961, le parc est estimé à partir de l'ensemble des éléments d'actif non financiers dans les immeubles résidentiels. Voir Statistique Canada (1986a). La valeur en dollars courants de la consommation de logement (loyers théoriques, loyers bruts versés, combustible et électricité), de l'investissement résidentiel (formation brute de capital fixe) et du revenu personnel disponible est tiré de Statistique Canada (1988).

Pourquoi l'évolution des conditions de vie?

Pourquoi la taille du ménage moyen a-t-elle chuté si abruptement? Nous avons déjà signalé la croissance globale de la population canadienne et les importants changements démographiques dont elle s'accompagne. L'effondrement des mariages en est un. La baisse du nombre des mariages et l'augmentation des divorces signifiaient un plus grand nombre de particuliers hors-famille et de familles monoparentales. Le rapprochement des naissances (les premières étant plus tardives et les dernières plus hâtives), ajouté au départ plus hâtif de la maison des jeunes adultes et à une augmentation générale de la longévité, a prolongé chez les parents le temps passé à la maison sans enfants. En outre, la différence croissante de longévité entre les sexes a augmenté fortement le nombre de veuves âgées.

Ces explications aident à comprendre pourquoi il y avait davantage de particuliers hors-famille et pourquoi les familles étaient en général plus petites. Étant donné la tendance générale des familles et des personnes hors-famille à ne pas cohabiter, et avec comme toile de fond le baby boom et une baisse de l'immigration, ces changements démographiques pourraient être responsables d'environ les deux tiers de la formation nette de ménages de l'après-guerre (Miron 1988, chapitre 5). Ces facteurs n'expliquent toutefois pas la forte hausse de la tendance à vivre seul, tant chez les familles que chez les personnes hors-famille.

Une explication possible de ce phénomène serait la baisse de l'immigration au Canada. Les immigrants avaient en effet beaucoup plus de chances de cohabiter. La diminution de la cohabitation dans l'après-guerre pourrait être attribuable en partie à l'évolution de l'importance ou de la composition de l'immigration durant cette période. Qu'est-ce qui poussait les immigrants à cohabiter? Était-ce un phénomène culturel? S'agissait-il plutôt d'une stratégie rationnelle pour faire face au problème du logement dans un marché nouveau, différent et coûteux? Cette dernière hypothèse suggère une autre explication.

Cette explication tient à l'aisance qui caractérise l'après-guerre. En fait, entre 1945 et 1981, le revenu moyen des Canadiens a plus que doublé (compte tenu de l'inflation). Le niveau de vie a monté en partie en raison de la hausse du nombre de ménages à deux revenus, accroissant ainsi le revenu des familles. Cette aisance reflète aussi une amélioration relative du revenu des personnes hors-famille. (Voir la figure 2.1, qui montre également les effets de la récession de 1982 et la détérioration du revenu réel des Canadiens pendant la première moitié des années 80.) Il ne faut pas non plus négliger l'effet de redistribution des nouveaux programmes de transfert de revenu et des autres programmes sociaux de l'après-guerre qui étaient particulièrement avantageux pour les particuliers et les ménages à faible revenu. Plusieurs programmes sociaux du gouvernement fédéral ont été mis sur pied à cette époque : l'assurance-chômage date de 1941, les allocations familiales de 1945, la pension de sécurité de la vieillesse de 1952 et le régime de pensions du Canada ainsi que le supplément de revenu garanti de 1966. Les paiements de transfert des gouvernements aux particuliers sont passés de 1,1 milliard de dollars (soit 11 % du revenu personnel total) en 1946 à 60,0 milliards de dollars (soit 14 % du revenu personnel total) en 1986 (Statistique Canada 1988, 16–17).

Les Canadiens ont utilisé cette richesse croissante afin de s'offrir une meilleure qualité de vêtements, de nourriture, d'appareils ménagers, de soins de santé, de services de transport et d'éducation. Ils ont également amélioré leur logement. En plus d'acheter des logements plus grands, comptant plus de salles de bain ou mieux aménagés, ils ont amélioré leur cadre de vie. Comme nous l'avons indiqué précédemment, cela ne signifiait pas nécessairement qu'on « abandonnait » les personnes avec qui on aurait autrement cohabité; derrière leurs cloisons, avec leur entrée distincte, leur cuisine et leur salle de bain, ces cohabitants en arrivaient à former de nouveaux ménages habitant des logements distincts. Quel qu'ait été le mécanisme, l'augmentation de la richesse peut avoir réduit la tendance des familles et des personnes hors-famille à cohabiter.

En même temps, il se peut que le coût de l'habitation ait augmenté moins rapidement que les autres prix à la consommation. Depuis le milieu des années 50, le logement locatif tire de l'arrière par rapport aux autres composantes de l'indice global des prix à la consommation (voir le tableau 3.4). La composante du prix de la propriété a augmenté plus rapidement, mais puisqu'elle ne tient pas compte du gain en capital, cette composante surestime l'augmentation du coût des maisons pour propriétaire-occupant pendant l'après-guerre. Le logement

FIGURE 2.1 Revenu réel des particuliers et des familles économiques : Canada, 1951–1986

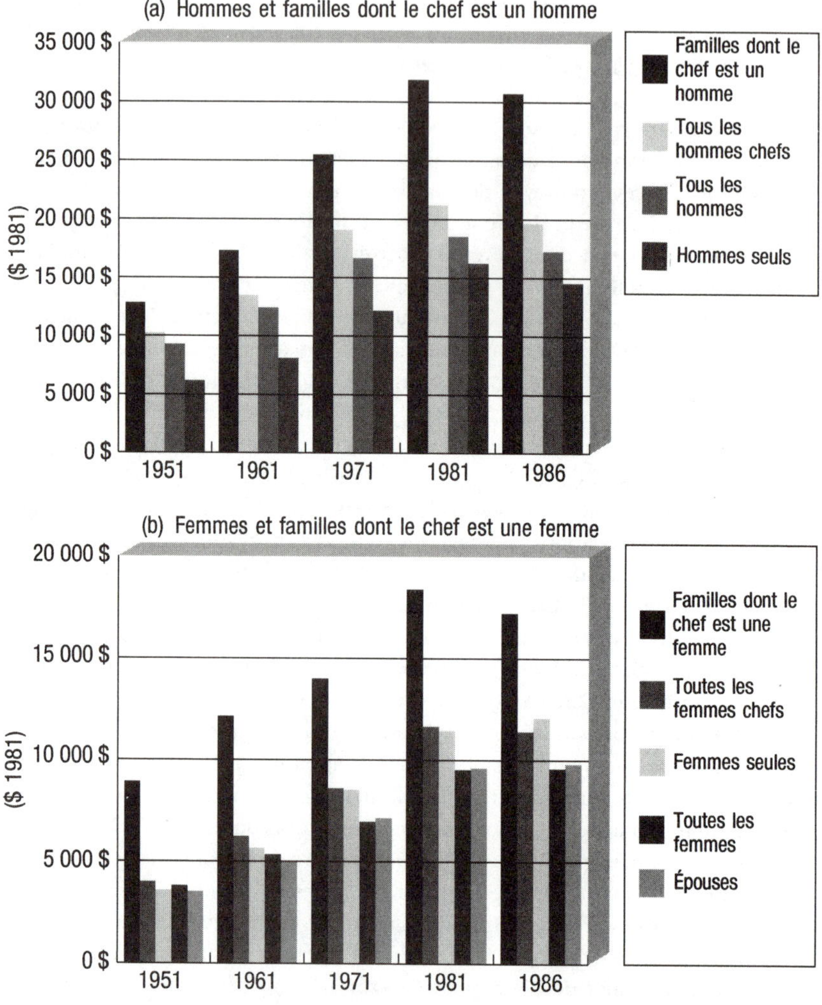

SOURCE : Statistique Canada (1969), *Revenus des familles et des particuliers au Canada, certaines années, 1951–1965*. Statistique Canada (1973, 1983, 1987), *Répartitions des revenus selon le sexe au Canada*.

NOTE : Les particuliers sans revenu sont exclus. Les familles comprennent ici deux personnes ou plus apparentées par le sang, le mariage ou l'adoption; toutes les autres personnes sont des « personnes seules ». Lorsqu'il est présent, le mari est le chef de la famille. Les données de 1951 et 1961 excluent les unités dépensières agricoles. Les revenus sont dégonflés d'après l'IPC (1981 = 1,0). Les données sur les « épouses » portent sur les épouses des chefs des unités de dépense.

étant devenu plus abordable par rapport aux autres biens de consommation, les consommateurs ont peut-être remplacé la consommation d'autres biens, plus coûteux, par celle du logement, maintenant relativement moins cher.

L'augmentation du revenu réel a entraîné une modification des modes de résidence. Des études d'échantillonnage portent à croire que la tendance des personnes hors-famille à maintenir un logement augmente avec le revenu.[5] Cependant, selon certaines études portant sur les données des années 70 et 80, la tendance des familles à maintenir un logement serait moins liée au revenu. En d'autres termes, les familles à revenu élevé n'avaient que légèrement plus de chances de maintenir un logement (ou de vivre seules) que leurs homologues plus pauvres. Ce qui suggère une interprétation nouvelle : la division contemporaine des familles et des personnes hors-familles en ménages distincts peut avoir été déclenchée non pas par des familles qui désirent retrouver leur intimité, mais par des personnes hors-familles qui acquièrent les moyens de cesser de cohabiter.

Cela n'a peut-être pas toujours été vrai. Dans les années 1970 et 1980, l'hébergement « commercial » était rare[6]. Si la décision de cohabiter est une affaire de cœur ou de responsabilité familiale, il n'est pas étonnant que le revenu de la famille compte pour peu. Autrefois, toutefois, il arrivait peut-être plus souvent qu'on prenne des pensionnaires non apparentés pour augmenter le revenu familial.

Pour mieux comprendre la baisse de la cohabitation, il est utile d'examiner les coûts et les avantages pour la personne ou la famille qui maintient le logement (c.-à-d. l'hôte) et pour le pensionnaire ou le colocataire.

L'HÔTE ET L'OFFRE DE COHABITATION

Pour qu'une famille ou un particulier veuille partager son logement, il faut d'abord suffisamment de place à l'intérieur du logement, d'ordinaire au moins une chambre à coucher. Il faut aussi que l'hôte puisse fournir les services ménagers nécessaires, qui peuvent varier depuis la formule chambre et pension, où l'hôte fournit la cuisine, le ménage et la lessive, jusqu'au cas où une personne célibataire cherche un colocataire pour partager les coûts et les travaux du ménage.

Entre 1941 et 1961, la taille typique (nombre de pièces) de la maison pour propriétaire-occupant est demeurée constante. En même temps, à cause du « baby-boom », les familles sont devenues plus nombreuses. Le manque d'espace qui en est résulté a rendu la cohabitation moins réalisable pour de nombreuses familles. Cette tendance s'est inversée à la fin des années 60 et 70 avec l'effondrement de la natalité. En même temps, toutefois, l'augmentation rapide chez les femmes mariées du travail rémunéré à l'extérieur de la maison signifiait une diminution de la main-d'œuvre à la maison pour assumer les travaux du ménage liés à de nombreuses formes de cohabitation.

La réglementation contribuait aussi à décourager la cohabitation. L'effet des codes du bâtiment et d'entretien des propriétés, ainsi que des règlements de zonage et des servitudes restrictives est souvent de restreindre les logements à une seule famille ou à une personne seule. Les pensionnaires et les ménages composés de personnes non apparentées sont souvent interdits, soit explicitement, soit implicitement. Ainsi, même si l'hôte le désire, la réglementation peut empêcher la cohabitation.[7]

La cohabitation comporte certains avantages pour l'hôte. Dans le cas d'une pension commerciale, il y a une source régulière de revenu qui aide à subvenir aux besoins de l'hôte en cas de maladie, d'accident ou de mise à pied. Toutefois, cet avantage est devenu moins attrayant avec l'entrée en vigueur de l'assurance-chômage, de l'indemnisation des accidents de travail, de la pension de sécurité de la vieillesse et du financement public des soins de santé. Un autre avantage est le travail que fournissent les pensionnaires, par exemple pour la préparation des repas, la lessive, le ménage ou l'entretien de la maison, le soin des enfants ou le déneigement. Dans le cas de parents ou d'amis malades ou infirmes, l'avantage pour l'hôte peut être le coût modique des soins ou la possibilité de les fournir.

La cohabitation exige la confiance des personnes entre elles. Étant donné que l'on partage les mêmes pièces d'habitation, il existe un risque de violer l'intimité de l'autre ou d'abuser de ses biens. Il n'est donc pas étonnant de constater que les personnes qui cohabitent sont souvent apparentées. Cependant, pendant l'après-guerre, il y a eu une forte migration interrégionale. Souvent, ces migrants ont laissé derrière eux leurs parents et leurs proches. La diminution de la cohabitation dans l'après-guerre pourrait simplement refléter la rareté de personnes apparentées dans la collectivité locale.[8]

L'hôte peut considérer que l'encombrement de la maison constitue l'un des coûts de la cohabitation. On pense tout particulièrement aux salles de bain. La plupart d'entre nous avons connu la congestion du matin aux abords des salles de bain familiales. Pendant l'après-guerre, les Canadiens ont utilisé leur richesse croissante pour s'offrir un plus grand nombre de salles de bain, et mieux aménagées. Cependant, il coûte cher d'installer ou de rénover une salle de bain. Pour certaines familles, il était peut-être moins coûteux de régler le problème de l'encombrement en se débarrassant des autres personnes habitant avec la famille.

Un autre facteur connexe pourrait être en jeu ici. Il se peut que les familles n'aient pas subventionné les personnes qui cohabitaient avec elles simplement parce qu'elles étaient apparentées. Les coûts de transaction entraient peut-être en ligne de compte pour les propriétaires. D'ordinaire, il peut être coûteux pour un propriétaire de déménager, tant sur le plan monétaire que sur le plan psychique. En outre, une connaissance incomplète du marché immobilier ajoute un élément de risque aux coûts du déménagement. C'est pourquoi les familles déménagent moins souvent qu'on ne pourrait s'y attendre compte tenu de l'évolution de leurs besoins. La famille qui prévoit de déménager maintenant et d'avoir besoin d'une maison encore plus grande dans quelques années pourrait bien acheter tout de suite cette grande maison, pour éviter le coût de transaction d'un nouveau déménagement dans quelques années. Le coût marginal des locaux mis à la disposition d'un pensionnaire, au moins jusqu'à ce que l'expansion de la famille rende l'utilisation de cet espace nécessaire, peut donc être faible. Bien qu'on manque de données, il est vraisemblable que la mobilité résidentielle a augmenté dans le Canada d'après-guerre. Cette mobilité élevée reflétait en partie un marché immobilier mieux organisé (surtout dans les grands centres urbains) ; l'échange d'information s'est amélioré (par des moyens comme le service inter-agences) et les coûts des transactions monétaires ont diminué en termes relatifs. Dans la mesure où il était moins coûteux de déménager et d'adapter sa consommation de logement, on était moins intéressé à prendre des pensionnaires et à escompter leur loyer. L'augmentation de la mobilité était due en partie à d'autres raisons, comme les changements d'emploi ou les mutations. Quoi qu'il en soit, certaines familles (particulièrement dans les zones métropolitaines) pouvaient plus facilement adapter leur consommation de logement à leur besoin d'espace, ce qui réduisait le sous-peuplement à court terme, et donc les locaux disponibles pour la cohabitation.

LE PENSIONNAIRE OU PARTENAIRE ET LA DEMANDE DE COHABITATION

La demande de cohabitation par les personnes hors-famille dépend de la disponibilité de solutions de rechange (p. ex. habiter seul, habiter un logement collectif ou cohabiter avec une famille ou avec un ou plusieurs partenaires), l'utilité que comporte chaque solution, et son coût. Malheureusement, nous manquons de données sur l'évolution du coût, de l'utilité ou de la disponibilité de la cohabitation en comparaison avec d'autres formes d'hébergement pendant l'après-guerre. Cependant, les solutions de rechange sont devenues plus répandues et relativement moins coûteuses, particulièrement avec l'urbanisation. En raison de leur taille, les villes peuvent faire vivre des marchés variés et rentables de logement locatifs — ce qui n'est pas toujours possible dans les petites villes et les campagnes. Il faut aussi mentionner les progrès de la technologie de construction, dont témoignent les immeubles d'appartements d'après-guerre. Pour la première fois de l'histoire, il était possible de construire des immeubles à plusieurs logements qui offraient bon nombre des agréments de maisons individuelles, sans les désavantages traditionnels des anciens immeubles de rapport : le bruit, les odeurs, le manque de sécurité, le danger d'incendie. En même temps, les nouvelles commodités — y compris les appareils qui facilitaient les tâches ménagères — rendaient moins nécessaires les pensions et les services ménagers qu'elles fournissaient. En somme, ces tendances ont eu pour effet soit d'augmenter l'utilité du fait de vivre seul, soit d'en réduire les coûts, par rapport à la pension. D'une façon comme de l'autre, elles ont eu pour effet de réduire la tendance à la cohabitation.

En outre, les politiques sociales ont eu un effet important sur la demande de cohabitation. Les gouvernements ont fait des efforts concertés pour réduire la population vivant en établissement institutionnel au Canada, ce qui a conduit à l'aménagement de foyers collectifs et d'autres formes de cohabitation pour les personnes à « besoins particuliers ». Il y a eu également des programmes visant à mieux loger les personnes âgées (particulièrement les veuves) et les familles à faible revenu. Entre 1964 et 1980, des prêts LNH ont été consentis pour la construction de 142 345 nouveaux logements publics[9]. La construction de 126 158 nouveaux logements privés et de 42 034 places dans de nouveaux logements collectifs pour les personnes âgées a également bénéficié d'aide en vertu de la LNH au cours de cette période.[10] Il s'agissait de logements subventionnés, dans la plupart des cas avec un loyer proportionné au revenu. Ces politiques ont eu pour effet d'absorber bon nombre de candidats à la cohabitation, c'est-à-dire des particuliers et des familles dont le faible revenu ne leur aurait pas permis de maintenir leur propre logement.

Pourquoi l'évolution de la demande de logement?

Ce qui a été dit au sujet des facteurs de la formation globale des ménages équivaut à analyser la demande globale de résidences habituelles, puisque chaque ménage correspond à un logement privé occupé. Il faut également étudier l'évolution de la demande de « services de logement » (c.-à-d. sous l'angle de la qualité ou de la quantité du logement consommé) par le ménage typique. Parmi les facteurs possibles de la demande de logements on trouve l'évolution des préférences des consommateurs, des revenus et des prix des logements.

L'ÉVOLUTION DES PRÉFÉRENCES DES CONSOMMATEURS

À la lumière de ce qui a été dit sur l'évolution de la formation des ménages dans l'après-guerre, il n'est pas étonnant que le type, la qualité et la taille du logement demandé aient aussi évolué. Après tout, même en ne tenant pas compte de l'effet évident des différences de revenu, les besoins de logement des veuves âgées sont bien différents de ceux des familles avec enfants — qu'on pense à la superficie, la disposition et l'utilisation des pièces, à l'emplacement du logement ou à l'accès aux écoles, aux soins de santé et aux autres services publics. Quant aux jeunes célibataires et aux couples à double revenu, ils ont eux aussi des besoins différents.

Pourquoi diverses sortes de ménages ont-elles des demandes différentes en matière de logement? Cela peut dépendre de la taille du ménage. Même si l'on peut partager certaines pièces et certaines installations, un ménage nombreux a en général besoin de plus d'espace. Cela dépend aussi de la composition du ménage. Les ménages qui comptent des enfants, par exemple, ont souvent besoin d'une aire de jeu sécuritaire et d'un accès facile aux écoles. La présence d'enfants peut également accroître l'importance du facteur sécurité d'occupation pour le ménage. Autre exemple, les ménages à deux salaires ont souvent besoin d'un logemement bien situé afin de satisfaire à la fois aux obligations de la carrière, du foyer et de la famille. L'évolution globale de la consommation de logement depuis 1945 reflète donc en partie l'évolution des modes de vie dont nous avons déjà parlé.

L'EFFET DE LA PROSPÉRITÉ CROISSANTE ET DE LA DICHOTOMISATION DES REVENUS

La consommation de logements s'est aussi modifiée par suite de la hausse des revenus. La figure 2.1 porte à croire que le revenu de nombreuses catégories de ménages a augmenté rapidement entre 1951 et 1981 pour ralentir dans les années 80. Certains ont mieux réussi que d'autres. En raison de l'incidence accrue du travail rémunéré chez les femmes, les familles composées d'un mari et d'une femme ont dans l'ensemble particulièrement bien réussi. Il en a été de même pour les personnes âgées habitant seules, dont beaucoup ont bénéficié de l'amélioration de la Pension de sécurité de la vieillesse et du Supplément de revenu garanti, ainsi que de la mise en place du Régime de pension du Canada et du Régime de rentes du Québec. Dans l'ensemble, on a observé chez plusieurs groupes de ménages une tendance à la hausse du revenu réel, au moins jusque dans les années 80.

En un certain sens, si l'on mesure la consommation de logement à partir des données sur les dépenses, il n'est pas étonnant que le total de la consommation ait suivi le rythme du revenu. Tout au long de l'après-guerre, les ménages d'un type donné ont eu tendance à dépenser à peu près la même proportion de leur revenu pour le logement. En d'autres termes, à mesure que s'accroissait le revenu global, s'accroissaient aussi les dépenses de logement.[11]

En même temps, la figure 2.1 occulte l'importante dichotomisation, survenue après la guerre, des ménages d'après leur revenu. L'explosion dans l'après-guerre des familles non traditionnelles (p. ex. les personnes habitant seules et les familles monoparentales) a signifié une croissance rapide de ménages à faible revenu en comparaison des ménages plus prospères composés d'un couple avec ou sans enfants. Cette tendance s'observe dans l'écart croissant entre le revenu moyen par habitant et par ménage, selon la figure 1.2.

L'ÉVOLUTION DU PRIX DES LOGEMENTS

Il est relativement facile de calculer les dépenses de logement. Il est beaucoup plus difficile d'évaluer comment le prix d'une unité de services de logement a évolué depuis 1945 et dans quelle mesure cette évolution s'est répercutée sur la consommation. Dans la plupart des cas, nous devons nous en remettre aux indices des prix du logement qui font partie de l'IPC (indice des prix à la consommation).

Les indices disponibles de l'IPC portent à croire que le prix du logement a simplement suivi les autres prix à la consommation (ou même qu'il a légèrement chuté par rapport à eux) et qu'il affiche un retard considérable sur la croissance du revenu. Les progrès technologiques de la construction et l'abondance des matériaux ont freiné l'augmentation du prix des nouvelles résidences, malgré une forte hausse des coûts unitaires de la main-d'œuvre, au moins jusqu'au milieu des années 70 (voir le tableau 5.3). Il faut aussi mentionner certaines modifications des dispositions fiscales qui ont réduit le coût après-impôt de la production ou de la consommation des logements[12], de même que les programmes gouvernementaux qui ont subventionné le coût de la construction ou de la rénovation des maisons. Les gouvernements provinciaux ont également joué un rôle important en modérant la croissance des impôts fonciers, choisissant plutôt de financer les gouvernements locaux à même le revenu provincial, les taxes de vente, l'impôt sur les sociétés et les autres impôts.

En outre, cette évolution des prix des logements s'est produite sur la toile de fond d'une urbanisation croissante. La plupart des Canadiens qui affluaient dans les grands centres métropolitains ont dû faire face à une forte hausse du prix des terrains. Ce fait explique une partie de l'augmentation des dépenses de logement dans l'après-guerre. De plus, les ménages ont tenté de compenser l'augmentation du prix des terrains en consommant des formes de logement plus compactes, par exemple des appartements, des duplex, des maisons jumelées et des maisons en rangée, ou en se contentant de terrains plus petits pour les maisons individuelles.

Difficultés actuelles et perspectives d'avenir

La société canadienne a connu des transformations qui se sont répercutées sur le mode et sur la demande de logement. La tendance accrue à constituer des ménages distincts se retrouve en bonne partie chez les particuliers et les familles à faible revenu — par exemple les jeunes célibataires et les nouveaux mariés, les veuves et les couples âgés, les divorcés et les familles monoparentales. Cette tendance a des répercussions sur les politiques de l'habitation.

ACCESSIBILITÉ FINANCIÈRE

La première répercussion touche l'accessibilité financière ou l'« abordabilité » du logement. On fixe souvent comme objectif à une politique du logement un accès égal à un logement convenable et abordable. Pour définir ce qu'est un logement « abordable », certains spécialistes utilisent comme seuil un rapport de 25 % ou de 30 % entre le coût du logement et le revenu. On dit qu'un ménage a un « problème d'accessibilité financière » s'il doit consacrer une somme supérieure à ce seuil pour se procurer un logement convenable. Selon cette définition, beaucoup de consommateurs à faible revenu, particulièrement les personnes habitant seules, ont un problème d'accessibilité au logement. Cependant, dans une certaine mesure, on choisit son propre mode de logement. Si un consommateur choisit de payer plus de 30 % de son revenu pour vivre seul, au lieu de loger avec d'autres à un loyer inférieur au seuil, quelle est la nature de son « problème d'accessibilité? »

Certains chercheurs ont proposé de hausser le seuil pour les petits ménages : 40 % du revenu pour les personnes vivant seules, par exemple. Cependant, c'est là un pis-aller. Ce que nous voulons savoir, c'est dans quelle mesure les consommateurs sont capables ou non de se trouver un logement convenable à un coût égal ou inférieur au seuil. Il nous faut donc connaître les solutions de rechange, savoir si elles constituent un logement « convenable » pour les ménages en question, et préciser les coûts qui y sont associés. Malheureusement, nous n'avons pas d'informations sur les modes de logement de rechange (cohabiter par opposition à occuper son propre logis) auxquels peuvent avoir recours les particuliers et les familles. Nous ne savons pas dans quelle mesure les consommateurs doivent habiter un logement trop petit ou de mauvaise qualité tout simplement parce qu'il n'existe rien de plus approprié. Nous ne savons pas si ceux qui dépensent une somme supérieure au seuil préfèrent agir ainsi au lieu de recourir à une solution de rechange qui semble à d'autres (mais peut-être pas à eux) convenable et abordable. Étant donné la dichotomisation du revenu découlant du nombre toujours croissant de particuliers et de familles à faible revenu vivant seules, ces données seraient nécessaires pour réévaluer la nature et la portée du problème d'accessibilité financière du logement.

SENSIBILITÉ CYCLIQUE

Pendant la plus grande partie de l'histoire moderne du Canada, les familles époux-épouse ont manifesté une nette tendance à vivre dans leur propre logement. Sauf dans des cas de jeunes mariés ou de personnes âgées qui doivent composer avec un revenu modeste, la presque totalité de ces familles habitent un logement distinct. Il arrive que les couples adaptent la taille de leur logement, ou leur mode d'occupation, aux fluctuations économiques; cependant, ils tiennent avec une constance remarquable à demeurer dans leur propre logement. L'entrée des femmes mariées dans la population active rémunérée n'a fait que renforcer cette tendance, car la plupart des familles ont ainsi franchi le seuil de revenu nécessaire pour ce cadre de vie. Avec la venue des enfants, les familles ont encore moins de chances d'habiter avec autrui. En effet, les enfants peuvent occasionner certains coûts externes (p. ex., le bruit et les dommages à la propriété) auxquels l'hôte peut préférer ne pas s'exposer. En outre, les parents peuvent préférer habiter chez eux pour mieux choisir les gens avec qui leurs enfants habitent.

D'autre part, le cadre de vie des particuliers hors-famille est moins stable. Leur revenu est d'ordinaire modeste. Seule une faible proportion ont les moyens d'habiter seuls. Toutefois, si les revenus augmentent, et à mesure qu'ils augmenteront, plus de gens auront les moyens d'habiter seuls. La demande pour habiter seul est donc élastique par rapport au revenu. Ces personnes n'ayant pas d'enfants, elle voient moins d'inconvénients à la situation de chambreurs. C'est pourquoi elles sont de plus en plus disposées à vivre alternativement soit en chambre soit seules, selon le coût relatif et la disponibilité de ces solutions.

Il existe des preuves indirectes de cette sensibilité au prix et au revenu. Pendant les années 70, il se formait environ 200 000 ménages canadiens par année. Pendant la récession de 1982–83, la formation nette des ménages (d'après l'achèvement net de nouveaux logements) est tombé jusqu'au nombre dérisoire de 120 000 logements par année. Cependant, les tendances démographiques sous-jacentes ressemblaient à celles des années 70. On peut soupçonner que la différence était due à un taux plus bas de formation des ménages chez les particuliers hors-famille et les familles à faible revenu.

À l'avenir, cette sensibilité cyclique deviendra plus importante. La génération du baby-boom ayant dépassé l'âge du mariage, la croissance des familles époux-épouse s'atténuera. En même temps, on ne peut guère s'attendre à un accroissement de leur tendance à habiter leur propre logement : à l'heure actuelle, elles le font presque toutes. Cependant, si l'effondrement des mariages et des naissances persiste et si les femmes continuent à vivre plus longtemps que les hommes, le nombre de personnes hors-famille continuera d'augmenter rapidement. La formation nette de ménages dépendra de plus en plus de la tendance de ce groupe à vivre seul. La flexibilité plus prononcée par rapport au prix et au revenu dont font preuve les particuliers hors-famille signifie qu'à l'avenir la formation des ménages et la consommation des logements dépendront de plus en plus de la conjoncture économique.

LES EFFETS DES SUBVENTIONS

Un autre aspect de la question a trait aux répercussions des politiques qui subventionnent la formation de ménages. On pense ici en particulier aux ensembles publics de logements locatifs pour les aînés et les personnes à faible revenu[13]. Pendant les années 60 et 70, les gouvernements ont fortement investi dans de tels ensembles. Bien que le parc de logements publics n'ait jamais dépassé 5 % de l'ensemble des logements du Canada, il est principalement destiné à deux groupes particuliers : les personnes âgées et les familles à faible revenu. Puisqu'une bonne partie de ces constructions ont peut-être tout simplement déplacé des logements existants ou remplacé la construction de logements non subventionnés, l'effet net de ces programmes est inconnu. Cependant, compte tenu du grand nombre de logements subventionnés construits et de l'incapacité de bon nombre des nouveaux occupants de trouver à se loger dans le secteur privé, l'effet pourrait avoir été considérable.

Depuis 1945, les services sociaux à domicile se sont multipliés. Des programmes comme les infirmières visiteuses, les « popotes roulantes » et les systèmes d'intervention d'urgence permettent à certaines personnes de vivre seules. D'autres programmes, notamment les garderies subventionnées, contribuent à faire de même pour les familles monoparentales. Dans la mesure où ces services ont été subventionnés, ils ont encouragé la formation de ménages, un peu à la façon des programmes de logements subventionnés.

La période de l'après-guerre a aussi été marquée par l'expansion des programmes de maintien du revenu. Nous avons déjà étudié l'effet de programmes comme l'assurance-chômage et les pensions de vieillesse sur la décision des hôtes de prendre des chambreurs. Ces programmes ont également augmenté le revenu des particuliers hors-famille, leur donnant ainsi davantage les moyens de vivre seuls.

Bon nombre de ces programmes et subventions remontent aux années 60 et 70. Les années 80 ont été marquées par une stabilisation de la croissance de certains programmes et par des coupures ou l'élimination de certains autres. Étant donné l'ampleur de ces programmes et subventions, il est difficile d'en évaluer les répercussions sur la formation nette des ménages et sur la demande de logement. La tendance à vivre seul a augmenté fortement en même temps que ces programmes étaient implantés. Il est donc possible que, si ces programmes continuent d'être stabilisés, coupés ou éliminés à l'avenir, la croissance du nombre de personnes habitant seules pourrait ralentir ou même être inversée.

LA FORMATION DE MÉNAGES HORS-FAMILLE A-T-ELLE ATTEINT UN SOMMET?

La formation des ménages dans l'après-guerre s'expliquait en partie du fait que des particuliers hors-famille et des familles à faible revenu cessaient de cohabiter, en même temps que se formaient des ménages d'une seule personne. Avec le vieillissement de la génération du baby-boom, et en supposant que le taux de natalité reste faible, que se maintiennent l'écart de mortalité et l'effondrement des mariages, les conditions démographiques favoriseraient le maintien de l'expansion de la formation des ménages hors-famille au cours des quelques prochaines décennies. Selon certaines prévisions démographiques, le nombre de ménages pourrait atteindre de 11,4 à 12,1 millions au Canada d'ici l'an 2001 (voir Miron 1983, tableau 2). Est-ce que cela se produira? Est-ce que le rythme sera semblable à celui que nous avons observé au cours des dernières décennies?

En voulant répondre à ces questions, il ne faudrait pas oublier que ce qui s'est produit jusqu'ici est le résultat de politiques gouvernementales. Même s'il est difficile de préciser l'effet net de chaque politique au cours de la dernière décennie, le ralentissement de la croissance de certains programmes et les coupures apportées à d'autres rendent improbable un taux de croissance de formation des ménages semblable à celui qui a prévalu dans les années 60 et au début des années 70. S'il y a une leçon à tirer de cela, c'est qu'il est dangereux de supposer que la formation des ménages est déterminée par des facteurs démographiques et la demande de logement par des facteurs économiques. La formation des ménages est de plus en plus sensible aux prix et aux revenus. Toute tentative de prévision de la formation des ménages qui ne tiendrait pas compte de ce fait serait pour le moins téméraire.

Notes

1 On manque de données sur les demeures secondaires au Canada. Une enquête réalisée en 1977 révèle qu'un peu moins de 9 % des unités de dépenses canadiennes dont le revenu est supérieur à la médiane sont propriétaires d'une résidence de vacances. Chez ceux dont le revenu est inférieur à la médiane, le taux de propriété n'est que d'environ 3 %. Voir Statistique Canada 1977, tableau 16.

2 Calculé d'après le Bureau fédéral de la statistique (1948, 5–10) et Statistique Canada (1984c, 16–19).

3 En 1931, la probabilité de décès avant le premier anniversaire était de 8,7 % pour les hommes en comparaison de 1,5 % en 1976. La probabilité qu'un enfant d'un an de sexe masculin décède avant son 60e anniversaire a chuté de 28 % à 19 % au cours de la même période. Les améliorations pour les femmes ont été encore plus spectaculaires.

4 Ainsi, la diminution de la taille de la famille typique selon le recensement lors de l'effondrement démographique reflète à la fois une diminution de la natalité et un rapprochement des naissances. Chez les jeunes familles, la taille moyenne de la famille a atteint son sommet vers 1961. Pour le groupe des 35 à 44 ans, le sommet s'est produit plus près de 1971, ce qui reflétait le nouvel espacement et les effets cumulatifs de la natalité sur la taille de la famille. Chez les familles encore plus âgées, la taille moyenne est demeurée constante ou a diminué, même pendant l'explosion démographique.

5 Voir Steele (1979), Smith (1984) et Harrison (1981). Miron (1988, 142) signale pour 1971 des élasticités ponctuelles de revenu de 0,1 à 1,4 pour la tendance des personnes hors-familles à être chefs de famille et des élasticités beaucoup plus faibles pour la tendance des chefs de ménages hors-famille à vivre seuls.

6 Selon le recensement de 1981, les deux tiers de l'ensemble des personnes hors-famille habitant dans un ménage familial étaient apparentées au chef du ménage.

7 Bien sûr, certains de ces logements ont été créés clandestinement et il se peut donc qu'ils soient plus répandus que ne le signale le recensement.

8 Toutefois, on ne peut pas dire que les familles de l'après-guerre ont accordé moins d'aide d'hébergement qu'auparavant. Bien que nous manquions d'informations à ce sujet, les familles de l'après-guerre ont utilisé une partie de leur richesse croissante pour subventionner un hébergement distinct pour des parents dans le besoin. Ceci est particulièrement vrai dans le cas des jeunes adultes et de leurs grands-parents. En d'autres termes, au lieu de loger un parent chez soi, les familles subventionnaient de plus en plus son hébergement ailleurs.

9 Voir SLC 1980 (53). Il s'agit de prêts approuvés aux termes de l'article 43 de la LNH.

10 Voir SLC 1980 (55). Il s'agit de prêts approuvés aux termes des articles 6, 15, 15.1, 34.18, 40 et 43 de la LNH.

11 Autrement dit, l'élasticité de revenu de la consommation de logements était d'environ 1,0. Il y a un important débat sur l'ampleur de l'élasticité du revenu. À partir de données ponctuelles du recensement de 1971, Steele (1979) évalue l'élasticité entre 0,2 et 0,5 pour diverses sortes de ménages. Miron (1988, chapitre 8) aboutit à des estimations de près de 0,3 à partir de données ponctuelles pour 1978. Ces chiffres tendent à être inférieurs aux estimations trouvées au moyen de données longitudinales. Les raisons de ces écarts sont traitées dans Miron (1988, chapitre 8).

12 Les principales modifications se sont produites au moment de la révision de la Loi fédérale de l'impôt sur le revenu, en 1972, qui imposait pour la première fois les gains en capital (mais non sur la résidence) et en réduisait la capacité des petits investisseurs de déduire à des fins fiscales les pertes liées aux logements locatifs. Pour de plus amples détails, voir Miron (1988, chapitre 9).

13 Au fil des années, la politique fédérale de logement a également accordé des subventions et des prêts susceptibles de remise aux propriétaires-occupants à revenu modeste en vue de réparations et d'autres améliorations. Il s'agit notamment du PITRC, du PCRM, du PITH, du programme LRA, du PAREL, du programme de prêts destinés à l'amélioration de maisons et des prêts destinés aux améliorations agricoles. On peut faire valoir que ces programmes ont aidé un nombre inconnu des particuliers et de familles à demeurer dans des ménages distincts, solution qui aurait autrement été trop coûteuse pour eux.

CHAPITRE TROIS

Les revenus, les prix et le choix du mode d'occupation

Marion Steele

LA DÉCISION de louer ou d'acheter son logement a des répercussions importantes sur la vie des ménages canadiens. Si dans les campagnes on a toujours choisi la propriété dans une forte proportion, avant la Seconde Guerre mondiale, les Canadiens des villes étaient surtout locataires. Au cours de la décennie terminée en 1951, toutefois, bon nombre de citadins ont choisi la propriété, avec les coûts et les avantages qu'elle comporte. Une hausse spectaculaire du taux de propriété urbaine au cours de cette décennie a fait de la propriété la norme urbaine et a eu un effet important sur le taux global pour le Canada. Dans la mesure où les célibataires habitant seuls et les autres ménages non traditionnels ont tendance à louer leur logement, l'augmentation de leur nombre depuis 1951 a réduit le taux global de propriété. Par ailleurs, le nombre des propriétaires continue d'augmenter chez les ménages traditionnels depuis 1951[1]. Ce chapitre analyse les facteurs qui déterminent cette évolution et ceux qui sous-tendent le choix du mode d'occupation des divers types de ménages.

La plupart des spécialistes du logement voient dans le choix du mode d'occupation une décision qui fait suite à une décision préalable, celle de constituer un ménage distinct. Dans cette optique, la décision de constituer un nouveau ménage correspond à la location d'un logement distinct et la situation du marché du logement locatif est la plus critique. L'accession à la propriété, si elle se produit, est d'ordinaire un engagement distinct et subséquent, influencé par des considérations d'investissement et qui comporte des répercussions à long terme. C'est pourquoi il est intéressant d'analyser la décision quant au mode d'occupation — location ou propriété — comme une décision où la propriété est la décision active et la location la décision par défaut.

Pourquoi devenir propriétaire?

Pourquoi les consommateurs pourraient-ils préférer la propriété à la location? La propriété donne au ménage un plus grand contrôle sur son logement que la location. Les locataires dépendent du propriétaire pour l'entretien de l'immeuble et pour divers services; le déménagement — l'ultime sanction du locataire mécontent contre un propriétaire négligent — comporte des coûts psychologiques et monétaires. Par ailleurs, les propriétaires peuvent planifier les travaux d'entretien à leur guise, ils peuvent choisir d'acheter des services d'entretien ou de faire le travail eux-mêmes. Cette dernière option offre au propriétaire une plus grande souplesse dans les dépenses de logement par rapport au locataire. Les propriétaires âgés, par exemple, ont l'option de réduire l'entretien et par conséquent de diminuer la valeur du capital que constitue leur logement tout au long de leur retraite; en ce sens, la dépréciation joue le même rôle qu'une rente ou un supplément de pension[2].

Un deuxième avantage à la propriété est son rôle dans l'accumulation de la richesse et son caractère d'élément d'actif dans le portefeuille du ménage. Pour le ménage typique, l'achat d'une maison est un investissement facile à gérer, à fort effet de levier et qui exige d'ordinaire des mouvements de trésorerie prévisibles[3], combinaison que ne présente aucune autre option d'investissement réel. En outre, le prêt hypothécaire normal à mensualités égales constitue un régime d'économie forcée. La richesse représentée par une maison de propriétaire-occupant reçoit également un traitement favorable du régime fiscal. Les gains de capital sur la résidence principale ne sont pas imposés[4], non plus que le rendement implicite de l'avoir propre que constitue une maison. À la différence des États-Unis et de la Grande-Bretagne, les intérêts hypothécaires ne sont pas déductibles d'impôt au Canada, non plus que les impôts fonciers, à la différence des États-Unis. Les avantages fiscaux de la propriété sont compensés par le fait que les loyers ont tendance à augmenter à un rythme inférieur à celui de l'inflation parce que les propriétaires-bailleurs peuvent déduire la totalité de leurs dépenses (y compris la composante inflationnaire des taux hypothécaires) et pourtant ne sont imposés qu'à la moitié des taux de l'impôt sur le revenu (les trois quarts aux termes de la réforme d'après 1986) sur les gains de capital réalisés[5]. Compte tenu de ce traitement asymétrique des gains de capital et des coûts d'intérêt, les investisseurs sont prêts à investir dans des logements locatifs même si les loyers sont insuffisants pour produire un rendement annuel positif. Les loyers ont donc tendance à être inférieurs à ce qu'ils seraient sans ce traitement fiscal[6]. Les dispositions généreuses de la déduction pour amortissement du régime fiscal (réduite dans la réforme fiscale d'après 1986), divers régimes de subvention et la réglementation des loyers sont autant d'éléments qui tendent à abaisser encore les loyers[7].

On désire aussi devenir propriétaire pour des raisons qui tiennent au caractère incomplet des marchés[8]. Certaines formes d'habitations peuvent tout simplement ne pas être offertes en location en certains endroits; d'autres formes peuvent être offertes de façon permanente uniquement par la propriété[9]. Le problème de disponibilité est aigu pour les ménages qui ont des enfants, car les propriétaires estiment que ces ménages sont coûteux à desservir et ils ont tendance à leur imposer un traitement discriminatoire[10]. Par contre, le revers de cette médaille constitue un autre avantage de la propriété : si les propriétaires-bailleurs offrent leurs logements sans discrimination — exigeant le même loyer de chaque locataire — et si certains locataires sont plus coûteux à desservir, alors les locataires les moins coûteux paient trop cher (voir Henderson et Ioannides 1983). Le ménage qui ne cause pas de dommages recueillera les avantages de son comportement s'il est propriétaire, mais non s'il est locataire. Dans le même ordre d'idées, il y a un facteur de contrôle environnemental : si certains locataires des immeubles collectifs sont perçus comme indésirables, la propriété peut être une solution. Par exemple, le couple âgé qui ne désire pas avoir au-dessus de sa tête une jeune famille ou des célibataires bruyants, pourra éviter cette éventualité en étant propriétaire soit d'une maison unifamiliale, soit d'un logement en copropriété destiné aux couples dont les enfants ont quitté le foyer.

La propriété présente cependant certains désavantages par rapport à la location. Par exemple, les propriétaires ont des coûts de transaction plus élevés que les locataires. L'achat et la vente d'une maison impliquent des dépenses (les droits perçus par l'agence immobilière, les droits de mutation immobilière, des frais juridiques, les frais de déménagement) qui sont de l'ordre de 10 % pour les ménages qui utilisent les services d'un agent d'immeuble. Un des risques de la propriété est que le propriétaire peut être forcé de vendre à perte. Les prix de revente ont chuté à l'échelle du pays, par exemple au début des années 60, et de nouveau, de façon plus marquée, au cours de la récession du début des années 80, et il y a eu des variations régionales et locales notables du prix de vente au fil des années. C'est pourquoi la propriété peut ne pas être rentable pour un ménage qui risque de devoir déménager à brève échéance. De même, le ménage exposé au chômage, et donc à l'incapacité de payer les coûts de propriété, risque des pertes plus grandes s'il est propriétaire que s'il est locataire.

Un autre désavantage de la propriété est le fardeau de la gestion et de l'entretien du logement. Cela est particulièrement important pour les ménages d'une seule personne. La copropriété réduit toutefois grandement ce fardeau. En outre, les immeubles en copropriété peuvent assurer une protection et une sécurité matérielles qu'on trouve rarement dans les immeubles locatifs.

LES OBJECTIFS DES POLITIQUES GOUVERNEMENTALES ET LA PROPRIÉTÉ

L'objectif le plus fréquemment mentionné (p. ex. Rose 1980, 7; SCHL 1983a, 34–5) de la politique de l'habitation est de faciliter une offre adéquate de logements en bon état, de taille convenable et abordables. L'accession à la propriété ne favorise pas directement les deux premiers volets de cet objectif. Quant à l'effet de la propriété sur l'abordabilité, il est complexe. Dans un contexte inflationnaire, les déboursés qu'entraîne l'accession à la propriété sont souvent supérieurs au loyer versé antérieurement. Ainsi, tandis que la SCHL considère qu'il existe un problème d'abordabilité lorsque le rapport entre le loyer et le revenu est égal ou supérieur à 30 % (SCHL 1983a, 38), on peut être admissible à un prêt hypothécaire LNH si le rapport entre le versement hypothécaire, les impôts fonciers et le chauffage d'une part et le revenu d'autre part est de 32 %. Si l'on ajoute les autres services d'utilité publique, l'entretien et l'assurance, le rapport entre les dépenses de logement et le revenu peut être bien supérieur à ce pourcentage. Avec l'inflation, le versement hypothécaire demeure constant tandis que le revenu nominal augmente normalement. En fin de compte, lorsque le prêt hypothécaire sera remboursé, le rapport de dépenses connaîtra une chute abrupte. Ainsi, le fait d'encourager l'accession à la propriété chez les jeunes consommateurs peut être considéré comme une politique visant à assurer l'abordabilité pour les personnes d'âge moyen et les personnes âgées, ou, de façon plus générale, comme un élément d'un système de sécurité du revenu. Le succès de l'accession à la propriété à cet égard est illustré par l'expérience du programme d'allocation-logement du Québec. Ce programme s'attaque directement au problème d'abordabilité des personnes âgées à faible revenu (Steele 1985a), mais peu de propriétaires ont un problème d'abordabilité assez important pour y être admissibles; ils constituent une proportion minime des prestataires et ne reçoivent en moyenne qu'une petite subvention.

La propriété assure directement et sans équivoque la sécurité d'occupation. Aussi longtemps que les propriétaires paient leurs factures, ils n'ont pas à craindre de devoir déménager sauf dans l'éventualité très improbable d'une expropriation. Par ailleurs, le locataire peut être chassé légalement de son logement aux termes de dispositions qui varient d'une province à l'autre. Bien que le droit juridique du propriétaire-bailleur d'expulser ses locataires ait été de plus en plus restreint dans les années 70 et 80, les facteurs économiques qui encouragent les propriétaires à vouloir expulser des locataires ont aussi augmenté[11]. L'inquiétude du public quant à la sécurité d'occupation des locataires s'est accentuée à la fin des années 70 et au début des années 80 en raison du faible taux d'inoccupation. Les propriétaires qui déménagent savent que dans la mesure où ils sont prêts à payer le prix demandé, ils n'auront guère de difficulté à acheter une maison. Le locataire forcé de déménager alors qu'il y a peu de logements inoccupés ne trouvera pas facilement un autre logement semblable au sien. Certains locataires peuvent avoir de la difficulté à se loger parce que les propriétaires les considèrent comme coûteux. Ce problème est encore plus aigu dans un marché serré où les propriétaires peuvent se permettre d'être plus sélectifs.

L'accession à la propriété peut être vue comme une fin en soi, plutôt que comme un moyen d'atteindre d'autres fins. Certains considèrent que la propriété généralisée est le fondement d'une démocratie stable, en raison de la croyance que la propriété et l'entretien de biens immobiliers accroissent la responsabilité et l'indépendance des citoyens, de même que l'engagement des citoyens dans leur collectivité. Une deuxième façon de voir veut que la propriété représente uniquement une décision d'investissement, qui ne comporte que des répercussions économiques. Enfin il existe une troisième optique — l'optique marxiste — selon laquelle la propriété nuit au progrès social parce que

> Les pressions en vue de meilleures pensions de l'État ... peuvent ... être affaiblies du fait de l'existence de la propriété, à l'avantage du capital... La nature de la [fourniture] de logement a des répercussions poussées sur la vie personnelle, constituant un grave empêchement aux tentatives de briser la domination des structures de la famille nucléaire patriarcale (Ball 1983, 365, 391).

L'accession à la propriété peut rendre la réalisation de certains objectifs sociaux plus difficile. Elle peut réduire le revenu national en rendant la population active moins mobile en raison des coûts de transaction élevés des propriétaires. Cependant, il y a aussi des obstacles à la mobilité pour les locataires, tant dans le système de logement social que dans les marchés privés où la réglementation fait baisser les loyers; ces locataires ne seront pas certains de pouvoir se loger ailleurs aux mêmes conditions. L'appartenance à une coopérative d'habitation sans mise de fonds peut également être un obstacle à la mobilité.

La propriété peut aussi rendre plus difficilement réalisable la diversité des revenus. En particulier si le taux d'accession à la propriété augmente, laissant peu de ménages à revenu moyen dans le secteur locatif privé, et si le secteur du logement social se développe sans composante explicite de diversité de revenu.

LA POLITIQUE DU LOGEMENT DANS L'APRÈS-GUERRE ET L'ACCESSION À LA PROPRIÉTÉ

Pendant la première décennie suivant la Seconde Guerre mondiale, la SCHL s'est employée à encourager l'accession à la propriété des familles à revenu moyen. En fait, avec le retour au pays des soldats démobilisés et la multiplication des jeunes familles, et à partir du postulat que la propriété est plus souhaitable que la location, la SCHL a estimé que sa principale tâche était d'assurer que des prêts hypothécaires soient disponibles et que des maisons soient construites. Il semblait naturel que ces maisons soient destinées à des propriétaires-occupants et c'est pourquoi les politiques visant ces derniers constituaient la principale préoccupation de la SCHL[12].

Dans les années 40 et 50, la SCHL a transformé le marché des prêts hypothécaires à l'habitation, contribuant à favoriser l'accès au crédit pour les ménages à revenu moyen, partout au pays. La SCHL n'a cependant guère fait pour aider les familles à faible revenu à accéder à la propriété[13]. On fait souvent remarquer que la politique de la SCHL militait contre l'accession à la propriété des personnes à faible revenu en raison de l'égalité des mensualités des prêts hypothécaires LNH, des normes élevées de construction (pour l'époque) qui imposaient un plancher au prix des maisons, de politiques défavorables de prêts pour les duplex et les triplex avec propriétaire-occupant, de l'exclusion du « revenu admissible » du revenu de tous les autres membres du ménage à part le chef, par le fait que les prêts étaient accordés pour des immeubles neufs, excluant les maisons les moins chères — les vieilles maisons (voir p. ex. Dennis et Fish 1972; Rose 1980). En outre, les grandes familles élargies de même que d'autres ménages ne correspondant pas à la norme traditionnelle avaient de la difficulté à obtenir un financement aux termes de la LNH.

Le fait que les maisons existantes n'aient pas été admissibles au financement LNH s'expliquait en partie par le recours à la construction de maisons pour la création d'emplois. La réduction du chômage est un objectif valable en soi, et stimuler la construction est une façon particulièrement efficace de le faire. Ainsi, à ceux qui reprochent à la politique gouvernementale d'avoir peu fait pour améliorer directement la situation de logement des ménages à faible revenu, on peut répondre que la politique du logement servait à réaliser un autre objectif important : la réduction du chômage.

Un autre argument qu'on peut invoquer pour défendre cette politique, c'est celui de la théorie du « trickle down », ou « filtering down », selon laquelle la construction de nouvelles maisons aiderait les familles à faible revenu indirectement sinon directement, car, lorsque des familles à revenu moyen achètent une nouvelle maison, la vieille maison qu'elles libèrent devient accessible à des familles plus pauvres. L'augmentation de l'offre globale de maisons exerce une pression à la baisse sur le prix des maisons, ce qui permet d'offrir des maisons plus vieilles et de moins bonne qualité aux familles à faible revenu. Dans certaines circonstances, la théorie s'est avérée juste. Ces dernières décennies, toutefois, les ménages à revenu élevé ont commencé à s'intéresser aux vieilles maisons des quartiers centraux. La « gentrification » a inversé ce processus selon lequel la richesse finit par toucher les pauvres, les maisons augmentant de valeur au lieu de diminuer. Le « filtering down » se poursuit pour les immeubles locatifs de grande hauteur, mais cette forme d'habitation convient rarement aux familles avec des enfants et ne permet pas l'accession à la propriété[14].

Si la politique du gouvernement fédéral dans les années 40 et 50 s'en remettait principalement à cet effet de « filtrage » pour aider les ménages à faible revenu à accéder à la propriété, certaines politiques provinciales offraient une aide plus directe. Par exemple, à compter de 1948, la Loi de l'habitation familiale du Québec offrait une subvention d'intérêt de 3 % aux familles. Les familles à revenu élevé n'étaient pas admissibles (à la différence des règles de la LNH), non plus que les maisons coûteuses. En Nouvelle-Écosse, dans le cadre d'un programme d'accès à la propriété, on vendait aux familles à faible revenu des maisons dont l'intérieur n'était pas fini (des maisons prêtes à finir). Aucune autre mise de fonds n'était nécessaire, à part le travail que devait fournir la famille pour finir la maison[15].

Au cours de cette période, certaines indications révèlent que la SCHL, à la différence de certains organismes provinciaux, considérait que la propriété ne convenait pas aux ménages à faible revenu, malgré le fort pourcentage qui y avait accédé sans subvention[16]. En 1949, la SCHL s'est opposée à une proposition de l'Ontario portant sur des prêts sans versement initial aux ménages à faible revenu[17]. En 1962, en réaction à une proposition visant à offrir aux familles à faible revenu des prêts à taux d'intérêt peu élevé avec remboursement étalé sur une longue période, la SCHL a bien précisé qu'elle estimait que son aide aux familles à faible revenu devait se restreindre aux logements locatifs[18].

L'opposition aux efforts directs en vue de rendre la propriété accessible aux familles à faible revenu s'est graduellement évaporée pendant les années 60. Les exigences quant à la mise de fonds et à l'admissibilité ont été réduites. En 1965, 18 % des emprunteurs aux termes de la LNH appartenaient au tiers inférieur des groupes de revenu familial, alors qu'ils n'étaient que 6 % en 1954 (SLC 1966, tableau 70; 1968, tableau 60). À la fin des années 60, la LNH a été rendue applicable aux logements en copropriété et aux maisons existantes, ouvrant encore plus grande pour les familles à faible revenu la porte de l'accession à la propriété. En outre, la SCHL a décidé en 1968 de canaliser ses prêts vers les familles à faible revenu (SLC 1968, x). Au début, les prêts étaient destinés aux logements locatifs, mais peu à peu la SCHL s'est orientée vers une politique innovatrice, soit un programme de subvention à grande échelle pour l'accession à la propriété. Le premier pas, en 1970, a été un programme de 200 millions de dollars pour des logements à faible coût (SLC 1970, x), destiné aux ménages à faible revenu et qui a financé environ 10 000 logements pour propriétaires-occupants (voir SLC 1970, x et tableau 51; Dennis et Fish 1972)[19]. Ce programme n'accordait toutefois pas de prêts à un taux inférieur au taux des prêts directs de la SCHL. Le programme de 100 millions de dollars qui l'a suivi en 1971, pour l'aide à l'accession à la propriété (SLC 1971, xii) l'a fait, tout en prolongeant la période de remboursement[20].

Le pas de géant a été la mise en place du Programme d'aide à l'accession à la propriété (PAAP) en 1973. Les programmes de la SCHL pour propriétaires-occupants dans les années 50 et 60 — assurance-prêt hypothécaire et prêt direct — étaient du programmes de subvention seulement dans un sens restreint et le programme de 100 millions de 1971 ne représentait qu'un petit changement. Le PAAP constituait un audacieux changement de cap : il combinait de fortes subventions mensuelles initiales et un prêt hypothécaire radicalement différent, permettant ainsi à un plus grand nombre de familles d'accéder à la propriété d'une maison neuve. Aux termes du PAAP, les mensualités initiales d'un logement neuf étaient réduites par un régime selon lequel les mensualités augmentaient graduellement[21]. Ce régime reposait sur les postulats que le taux d'inflation ne chuterait pas, que l'élément de prime d'inflation des taux d'intérêt ne se modifierait pas au moment du renouvellement, que les revenus augmenteraient au rythme de l'inflation (et donc que le rapport entre les mensualités et le revenu demeurerait abordable) et que le prix des maisons augmenterait (et donc que l'avoir propre des propriétaires ne diminuerait pas).

Ces postulats ne se sont pas réalisés. Cette malchance, s'ajoutant à une conception imparfaite, a entraîné un nombre de cas de défaut supérieur aux prévisions. Sur les 161 000 propriétaires bénéficiant de l'aide des programmes d'accession à la propriété entre 1970 et 1978, quelque 18 000 avaient manqué à leurs obligations en 1985, soit un taux de 11 %[22]. C'est là un taux élevé si on le compare à celui des deux premières décennies de l'après-guerre, mais il faut le replacer dans son contexte. Tout d'abord, les cas de défaut étaient surtout un problème ontarien, car 60 % des cas se sont produits dans cette province et le taux ontarien, qui était de 20 %, représentait le double du taux régional arrivant au second rang. Par ailleurs, le Québec et les Prairies avaient un taux de seulement 4 %. Deuxièmement, au cours de cette période, le taux de défaut pour les prêts ordinaires aux termes de la LNH était également élevé[23], vraisemblablement en raison de la plus grande fluctuation du prix des maisons après 1970 en comparaison de la première partie de l'après-guerre.

Le PAAP a été un programme populaire, utilisé sur une grande échelle, qui a modifié les caractéristiques des emprunteurs LNH. En 1975, 31 % des emprunteurs LNH appartenaient au tiers inférieur des revenus (SLC 1976, tableau 103). En 1973–75, près de la moitié des emprunteurs PAAP appartenaient à cette catégorie — la proportion étant encore plus élevée dans l'Ouest (SLC 1975, tableaux 97 et 99). Au cours des trois années suivantes, une proportion légèrement plus faible, bien qu'encore élevée, des emprunteurs PAAP étaient aussi des familles à faible revenu.

En 1978, avec l'augmentation des cas de manquement aux obligations hypothécaires, le PAAP a été aboli. Les programmes de la SCHL pour les propriétaires de toutes les catégories de revenu se restreignaient maintenant à l'assurance-prêt hypothécaire et aux programmes d'économie d'énergie, soit le Programme d'isolation thermique des résidences canadiennes (1977–86) et le Programme canadien de remplacement du pétrole (1980–85). Les seuls programmes destinés explicitement aux familles à faible revenu sont le Programme d'aide à la remise en état des logements (PAREL), dont le ciblage est très circonscrit, et le Programme de logement pour les ruraux et les Autochtones.

Taux de propriété et types de propriétaires

Les avantages de la propriété portent à croire que ce mode d'occupation sera le choix de nombreux consommateurs[24]. Cependant, la propriété ne devient accessible que si le revenu est suffisant. De plus, les avantages fiscaux augmentent avec le revenu. Étant donné que le revenu réel moyen a augmenté au fil des années, on s'attendrait aussi à une hausse des taux de propriété. Comme le montre le tableau 3.1, c'est effectivement ce qui s'est produit entre 1941, où le taux était de 57 % et 1951, où le taux était de 66 %. Malgré une augmentation du revenu réel pour la plupart des années depuis lors, en 1966 le taux avait chuté à 63 % et fluctue autour de ce niveau depuis. Mais l'urbanisation accrue et l'évolution de la composition des ménages déforment le sens de ces changements globaux. Certaines données portent à croire que, si l'on tient compte de l'évolution des ménages, la probabilité d'être propriétaire était plus forte en 1986 qu'elle ne l'était en 1961.

Comme le montre le tableau 3.1, la première de ces indications est que la propriété est moins fréquente dans les zones urbaines que dans les zones rurales. Dans ces dernières, la presque totalité des ménages, riches ou pauvres, sont propriétaires; entre 1951 et 1986, le taux de propriété dans le Canada rural a varié entre 82 % et 84 %, en comparaison de 76 % en 1941. Ainsi, le caractère de plus en plus urbain du Canada suffirait à faire baisser les taux de propriété pour l'ensemble du pays.

L'évolution de la composition des ménages est le second facteur qui rend difficile la comparaison chronologique des taux de propriété. Depuis 1945, la fragmentation des ménages a augmenté, tout comme le nombre de ménages non traditionnels : les personnes séparées et divorcées, les familles monoparentales, les jeunes célibataires vivant seuls ou avec d'autres célibataires, de même que les

Tableau 3.1
Taux d'accession à la propriété pour certaines catégories : Canada, 1941 à 1986
(Propriétaires en pourcentage de l'ensemble des ménages de chaque catégorie)

	Ensemble des ménages				Ménages dont le chef est âgé de 35 à 44 ans	
	Toutes les régions	Zones urbaines	Zones rurales	Zones urbaines†	Toutes les régions	
					Total	Hommes seulement
1941	57	41	76	23		
1951	66	56	82	65		
1961	66	59	83	63	68	70
1966	63	57	83		67	70
1971	60	54	82		67	71
1976	62	56	84		71	76
1981	62	56	84		72	77
1986‡	62	57	82		70	76

SOURCES : *Recensement du Canada* de 1941, IX, Tableau 51; 1951, X, Tableau 91; 1961, II, Tableau 84; 1966, II.2, Tableau 3; 1971, II-3, Tableau 9; 1976, 3, Tableaux 5, 13; 1981, I, Tableau 4; 1986. *Population et ménages, partie I*, Tableaux 5,11.

† En 1941 et 1951, seules les villes de 30 000 habitants ou plus sont incluses.

‡ En 1986, les logements dans les réserves sont exclus. Si on les inclut et si on suppose qu'ils sont tous occupés par le propriétaire, les taux pour 1986 sont de 62, 57, 83, 70 et 76, dans l'ordre.

veufs et veuves vivant seuls. Les ménages non traditionnels sont formés de peu de personnes, souvent sans enfants et d'ordinaire peu riches. Ils ont moins de chances d'occuper une maison individuelle ou d'être propriétaires-occupants. Puisque leur nombre a augmenté avec le temps, ces ménages ont fait baisser les taux de propriété mesurés pour l'ensemble des ménages canadiens.

Pour donner une idée de ce que serait l'évolution chronologique du taux de propriété si la nature des ménages n'avait pas changé, le tableau 3.1 présente le taux de propriété pour les ménages dont le chef est un homme de 35 à 44 ans. C'est là un modèle du ménage traditionnel composé d'une femme, d'un mari et d'enfants. En 1971, le taux de propriété pour ce type de ménage était de 70 %. Ce taux n'a pas fléchi dans les années 60 et il a même augmenté entre 1971 et 1976. Cette hausse était associée à la confluence de facteurs favorables à la propriété : l'augmentation du revenu réel, des taux d'intérêt réels modérés et des politiques encourageantes de la SCHL. Il convient de remarquer que, malgré un climat économique moins favorable après cette époque, le taux de propriété n'a pas chuté.

LES MÉNAGES DONT LE CHEF EST UNE FEMME ET LA COPROPRIÉTÉ

La plupart des ménages non traditionnels sont dirigés par une femme; ces derniers ménages ont plus que doublé entre 1971 et 1986, pour atteindre 26 % de l'ensemble des ménages. Des taux de propriété plus faibles chez ces ménages ont fait baisser le taux global de propriété en 1986. Et même si le taux de propriété des ménages dirigés par une femme était modeste en 1986, il avait néanmoins augmenté depuis 1971. Cela porte à croire que l'influence à la baisse de ces ménages sur le taux global diminuera avec le temps. Plus précisément, en 1971, 4 % des ménages dirigés par des femmes de moins de 25 ans étaient propriétaires, en comparaison de 9 % en 1986; le taux a également plus que doublé, pour atteindre 28 %, chez les femmes âgées de 25 à 34 ans[25]. Ce n'est là bien sûr qu'un seul des nombreux changements de la situation économique des femmes au cours de ces années-là.

Un des facteurs qui ont contribué à accroître l'accession des femmes à la propriété a été la réduction de la discrimination de la part des établissements de crédit. Un autre facteur a été l'offre accrue de logements en copropriété, qui ont fait leur apparition au Canada à la fin des années 60. Auparavant, le ménage qui voulait être propriétaire devait être prêt à assumer les tâches de gestion et d'entretien de la propriété. La copropriété libère de nombreux propriétaires de ces tâches. En 1986, le taux de propriété de logements en copropriété était plus de deux fois plus élevé pour les femmes que pour les hommes. Néanmoins, même dans le groupe d'âge où la copropriété a fait la plus forte pénétration (les moins de 25 ans), seulement 12 % des femmes propriétaires étaient propriétaires de logements en copropriété en 1986[26]. Si l'augmentation du nombre de logements en copropriété a joué un rôle important pour encourager la propriété chez les ménages dirigés par une femme, ce n'était pas le seul facteur en jeu.

L'AUGMENTATION DE LA PROPORTION DE PROPRIÉTAIRES AVEC L'ÂGE

Il existe un rapport manifeste entre la proportion de propriétaires et l'âge. Comme on peut le voir d'après le tableau 3.2, seulement 22 % des ménages dont le chef est un homme de moins de 25 ans étaient propriétaires en 1986, en comparaison de 81 % chez les chefs de ménages de 55 à 64 ans. Deux des causes sous-jacentes de ce phénomène sont l'augmentation avec l'âge du revenu et de la valeur nette (ce qui rend la propriété abordable et les considérations touchant le portefeuille de richesse importantes) et la probabilité accrue, à mesure qu'on avance à travers les années de fertilité, qu'il y aura des enfants dans le ménage (ce qui rend les maisons individuelles intéressantes) (voir Steele 1979, tableau 6.4)[27]. Même si l'on contrôle le revenu, la richesse et le nombre d'enfants, toutefois, l'âge est un déterminant important de la proportion de propriétaires (Steele 1979, tableau 6.4). Ce phénomène s'explique surtout par des motifs liés à la retraite — le désir de prévoir les besoins de logement de la vieillesse — et, secondairement, par la réduction de mobilité liée à l'âge.

L'augmentation de la proportion de propriétaires au cours des cinq dernières décennies a été générée surtout par une accession plus hâtive à la propriété. En 1931, seulement 19 % des ménages urbains dont le chef avait de 25 à 34 ans étaient propriétaires, en comparaison de 56 % des chefs de ménages de sexe masculin de ce groupe d'âge en 1986 (tableau 3.2). L'augmentation du revenu

Tableau 3.2
Taux d'accession à la propriété par groupe d'age : certaines régions du Canada, 1931–1986
(Propriétaires en pourcentage de l'ensemble des ménages de chaque catégorie)

	1931 zones urbaines	1941 villes de 30 000 ou plus	Toutes les régions, chef masculin 1961	1981	1986
Moins de 25 ans	7	7	25	24	22
25 à 34 ans	19	13	51	59	56
35 à 44 ans	38	23	70	78	76
45 à 54 ans	51	37	76	81	81
55 ans ou plus	61	50	79	77	78

SOURCE : *Recensement du Canada*, 1931, monographie n ° 8, 98; 1941, IX, Tableau 50; 1961, II.2, Tableau 84; 1981, 1, Série nationale (92–933), Tableau 9; 1986; *Population et ménages partie I*, Tableau 11.

réel et l'existence de prêts hypothécaires à faible mise de fonds ont été des facteurs importants de la réduction de l'âge auquel les ménages accèdent à la propriété.

Un élément curieux de ces données est la baisse de la propriété chez les personnes âgées au cours des deux dernières décennies, contrairement à la tendance des autres groupes d'âge. Chez les chefs de ménage de sexe masculin, seulement 74 % étaient propriétaires en 1986, en comparaison de 81 % en 1961. La plus grande partie de cette baisse a eu lieu au début des années 60, avant qu'il n'existe des logements subventionnés pour personnes âgées. Ce fait semble vraisemblablement lié dans une large mesure au phénomène de l'accroissement considérable de la séparation des ménages. Lorsque les enfants adultes quittent la maison pour vivre seuls, il reste moins de gens pour se partager les dépenses et les tâches d'entretien, et bien sûr, on n'a plus besoin d'autant de place.

Les prix, les loyers, les taux d'intérêt : l'inflation et le régime fiscal

Les prix relatifs influencent les décisions touchant le mode d'occupation, comme ils influencent toutes les autres décisions en matière de consommation et d'investissement. Les prix des maisons neuves et les loyers, en termes réels (c.-à-d. dégonflés d'après le déflateur des dépenses à la consommation, pour éliminer les effets de l'inflation) ont évolué différemment pendant l'après-guerre. Entre 1945 et 1984, les prix réels des maisons (tableau 3.3) ont augmenté de 34 %. Les loyers réels, selon l'indice des loyers de Statistique Canada (tableau 3.3), ont par ailleurs chuté de 46 %.

Pourquoi l'augmentation du prix réel des maisons? En partie parce que les augmentations de productivité pour la construction de maisons individuelles ont

Tableau 3.3
Prix du logement : Canada, 1951–1984

	Indice du loyer réel	Indice du prix réel des maisons neuves	Écart en pourcentage de l'indice du prix des maisons neuves	Indice du prix réel moyen SIA	Taux du prêt hypothécaire traditionnel de 5 ans	Indicateur du coût de financement
1951	147	69	-0,1	n/d	5,5	378
1952	152	70	1,7	n/d	5,8	406
1953	158	70	0,7	n/d	6,0	423
1954	162	74	4,7	n/d	6,0	443
1955	166	76	2,8	n/d	5,9	447
1956	166	78	3,6	55	6,2	487
1957	164	79	0,5	57	6,9	544
1958	163	79	0,1	60	6,8	536
1959	163	79	0,6	61	7,0	556
1960	162	77	-2,7	60	7,2	557
1961	162	77	-0,3	60	7,0	539
1962	160	76	-1,1	60	7,0	533
1963	158	77	0,5	59	7,0	536
1964	156	78	2,1	61	7,0	547
1965	155	80	2,5	63	7,0	561
1966	152	84	4,4	67	7,7	644
1967	152	84	0,6	71	8,1	681
1968	152	85	1,0	76	9,1	773
1969	152	88	3,1	80	9,8	858
1970	152	89	1,4	79	10,4	922
1971	151	90	1,1	80	9,4	843
1972	147	95	5,6	82	9,2	871
1973	138	107	13,3	89	9,6	1 030
1974	108	125	16,1	102	11,2	1 396
1975	122	119	-4,3	100	11,4	1 359
1976	121	119	-0,2	104	11,8	1 403
1977	119	113	-4,8	101	10,4	1 178
1978	116	107	-5,5	101	10,6	1 135
1979	111	101	-5,6	101	12,0	1 213
1980	105	99	-2,5	97	14,3	1 419
1981	100	100	1,4	100	18,1	1 810
1982	98	91	-8,7	86	17,9	1 634
1983	100	86	-5,9	86	13,3	1 142
1984	99	85	-1,2	86	12,5	1 061

SOURCES : Colonne 1 : Composante de loyer de l'indice des prix à la consommation, divisée par le déflateur des dépenses à la consommation. 1981=100. Colonne 2 : prix nominal des maisons neuves : moyenne annuelle de l'indice trimestriel du prix des maisons neuves calculée (principalement d'après les indices du prix des maisons neuves de Statistique Canada pour certaines villes et d'après les données LNH sur le coût au pied carré) dans Steele (1987) liée à 1969 au coût moyen par pied carré des maisons individuelles LNH (HSC, série S326) liée à 1952 à l'indice des intrants de la construction des immeubles résidentiels (HSC, série K136). Indice du prix réel des maisons neuves : indice du prix nominal des maisons divisé par le déflateur des dépenses à la consommation. 1981=100. Colonne 4 : Indice du prix moyen nominal SIA : moyenne annuelle de l'indice trimestriel SIA calculée S319. Indice du prix moyen SIA réel : indice du prix moyen SIA nominal divisé par le déflateur des dépenses à la consommation. 1981=100. Colonne 5 : dans Cansim, B14024. Colonne 6 : colonne 5 multipliée par la colonne 2.

peut-être été inférieures à celles qui caractérisent la fabrication d'autres biens; même s'il y a eu des progrès remarquables sur le plan des matériaux de construction et de la technologie, et même si la somme des composantes préfabriquées a augmenté régulièrement, il n'est pas encore économique de construire des logements en usine. En outre, les terrains à bâtir sont devenus plus coûteux, en particulier en raison du resserrement des règlements de zonage et de lotissement; par exemple, dans les années 40 et 50, on acceptait plus facilement que maintenant des lotissements avec fosses septiques[28].

Si on s'étonne rarement que les prix réels des maisons aient augmenté, on trouve généralement étonnant que les loyers réels aient chuté. L'explication est la suivante[29]. Le rendement des propriétés résidentielles locatives comprend trois composantes : le rendement locatif net (c.-à-d. les loyers bruts moins les dépenses courantes brutes, y compris les intérêts sur les prêts hypothécaires, avant impôt), le gain de capital et ce que l'on pourrait appeler la perte fiscale plus le rendement des subventions. Les promoteurs aménagent des propriétés résidentielles locatives si le rendement est supérieur à celui d'autres éléments d'actif de la même classe de risque. Ainsi, c'est la somme des trois composantes du rendement qui est déterminante, et non pas la valeur d'une seule des composantes. Plus le gain de capital ou la perte fiscale plus le rendement des subventions sont élevés, moins le rendement du loyer doit être considérable pour justifier l'aménagement.

La perte fiscale plus le rendement des subventions tend à augmenter comme suit avec l'inflation. Une augmentation du taux d'inflation tend à accroître les taux d'intérêt et le gain de capital nominal de la même somme, mais tandis que l'augmentation du coût des intérêts est pleinement déductible du revenu courant, le gain de capital nominal lié à l'inflation n'est en fait imposé qu'à la moitié (aux trois quarts aux termes de la réforme fiscale d'après 1986) des taux de l'impôt sur le revenu; même, avant 1972, le gain de capital échappait totalement à l'impôt. C'est pourquoi, à la fin des années 70, un propriétaire-bailleur typique dont la quotité de financement était élevée, pouvait déclarer une perte sur l'investissement locatif à des fins fiscales, réduisant ainsi les impôts versés sur d'autres revenus (l'avantage de la perte fiscale). Lorsqu'il vendait la propriété, réalisant un fort gain de capital, il n'était imposé que légèrement. En période d'inflation rapide, cette asymétrie du régime fiscal avantage surtout les investisseurs dont le taux marginal d'impôt est élevé[30]. Pendant plusieurs années, il y a eu également un rendement fiscal supplémentaire créé par les dispositions touchant les IRLM qui permettaient aux investisseurs de déduire des autres revenus les pertes de revenu locatif créées par la déduction pour amortissement des immeubles neufs. S'ajoutait à cela, dans les années 70, le Programme d'aide au logement locatif (PALL) qui subventionnait les taux d'intérêt pour les nouveaux immeubles privés, de même que divers autres programmes fédéraux et provinciaux de subvention[31].

L'évolution de la chute des loyers réels, selon le tableau 3.3, corrobore cette interprétation. Aussitôt après la Seconde Guerre mondiale, l'inflation était répandue et les prix réels des maisons ont augmenté, tandis que les loyers réels chutaient au rythme de 3,0 %. Entre 1951 et 1955, l'inflation était négligeable, mais les loyers réels ont augmenté au rythme de 3,1 % par année. Entre 1955 et 1964, l'inflation était modeste (en moyenne 1,7 %), mais les loyers réels ont chuté de 0,7 % par année. L'inflation augmentant entre 1964 et 1971, les loyers réels ont chuté légèrement. Puis, avec l'inflation extraordinaire (en moyenne 9,2 % par année) entre 1971 et 1982, le taux de chute du loyer réel, soit 3,8 %, dépassait même le taux enregistré au début de l'après-guerre[32]. Il y a donc un rapport inverse entre le taux d'inflation et le taux d'évolution des loyers réels, malgré une foule d'autres facteurs qui ont vraisemblablement aussi influencé les loyers. Le PALL et les autres programmes, en même temps que la réglementation des loyers, peuvent avoir aidé à réduire les loyers réels à la fin des années 70, mais ils n'expliquent pas pourquoi les loyers réels ont connu une si forte baisse au début des années 70.

L'évolution divergente du prix réel des maisons et des loyers réels au cours de l'après-guerre a abouti à une baisse énorme du rapport entre les loyers et le prix des maisons (tableau 3.3). Au premier abord, cette évolution des prix relatifs porte à croire qu'il aurait dû y avoir une augmentation massive de la proportion des locataires. Cela ne s'est pas produit, car le coût de la propriété ne dépend pas uniquement du prix des maisons.

Le prix des maisons n'est qu'un élément des deux mesures d'ensemble permettant d'évaluer le coût de la propriété. La première est le coût de décaissement, qui indique l'abordabilité de la propriété d'après l'hypothèse qu'elle est financée à même le revenu courant. Les composantes en sont : le coût des services d'utilité publique, les impôts fonciers, l'entretien et l'assurance ainsi que les versements hypothécaires (principal et intérêt)[33]. La plus importante composante de ce total est d'ordinaire le versement hypothécaire; cette somme plus les impôts fonciers (PIT) fait partie du rapport de remboursement de la dette qu'utilisent habituellement les prêteurs pour déterminer si le candidat est un risque acceptable. Comme le montre le tableau 3.3, le versement hypothécaire réel (c.-à-d. l'indicateur du coût de financement) n'a pas beaucoup augmenté avant la forte hausse des taux hypothécaires à la fin des années 60, a augmenté régulièrement au milieu des années 70 alors qu'augmentait le prix des maisons, puis a grimpé à des niveaux extraordinaires au début des années 80. Les taux d'intérêt ont alors connu une forte baisse; en 1984, ils étaient revenus à un niveau proche de celui du début des années 70. En somme, le coût réel de décaissement qu'entraîne la propriété a connu des fluctuations plus extrêmes que le prix réel de la maison. Il a presque triplé entre 1966 et 1981. Est-il étonnant alors que le taux de propriété chez les ménages traditionnels ait augmenté au cours de cette période?

La plupart des économistes répondraient : « Malgré ces faits, non. » En effet, le coût de décaissement de la propriété ne tient pas compte des gains de capital. Pour cela, il fait avoir recours à la seconde mesure d'ensemble du coût de la propriété, soit le coût économique (aussi appelé « coût d'usage »). C'est là une mesure du coût véritable de la propriété, d'après l'hypothèse que les marchés sont parfaits et qu'il n'y a aucune contrainte d'encaisse, de sorte qu'un dollar de gain de capital a la même valeur pour le propriétaire qu'une réduction d'un dollar de la mensualité hypothécaire. En particulier, si l'on suppose pour des raisons de simplicité que l'acheteur ne fait aucune mise de fonds et que les coûts de transaction sont nuls, le coût réel d'usage de la propriété est le suivant :

$$\frac{P_H(i + m + d - c)}{P}$$

où P_H est le coût de la maison, P est l'indice global des prix, i est le taux nominal d'intérêt, m correspond à l'impôt foncier plus les frais d'entretien, les services d'utilité publique, l'assurance exprimée en proportion du prix de la maison, d est le taux d'amortissement et c est le taux prévu de gain en capital de la maison.

L'inclusion de l'amortissement et l'exclusion de la portion de principal de la mensualité hypothécaire sont des différences mineures entre le coût d'usage et le coût de décaissement. La différence fondamentale réside dans la déduction pour le gain de capital, qui tient compte du fait que le coût d'être propriétaire est réduit par l'existence du gain de capital. Si les prix des maisons augmentent suffisamment au cours d'une année donnée, le gain de capital peut être plus que suffisant pour compenser les intérêts et les autres sorties, de sorte que le coût d'occupation de la maison au cours de cette année-là soit effectivement négatif. La distinction entre le coût d'usage et le coût de décaissement est donc d'une importance déterminante s'il y a inflation, car l'inflation, en moyenne, accroît à la fois les gains nominaux de capital et les taux nominaux d'intérêt, et ce n'est que le coût d'usage qui tient compte de ces deux éléments.

Dans le cas d'un propriétaire dont la mise de fonds est positive (et non de zéro), le coût d'usage doit tenir compte du coût d'opportunité des fonds qui constituent l'avoir propre du propriétaire dans sa maison. Ce coût d'opportunité est le rendement après impôt que produiraient ces fonds s'il étaient investis dans un autre élément d'actif[34]; dans ce cas, l'expression du coût d'usage est la suivante :

$$\frac{P_H[(1-e) + i(1-t)e + m + d - c]}{P}$$

où e est le rapport entre l'avoir propre et le prix de la maison, t est le taux marginal d'impôt sur le revenu du propriétaire, et on suppose que le meilleur rendement que le propriétaire pourrait obtenir (si les fonds que représente l'avoir propre étaient investis dans un élément d'actif de la même catégorie de risque) est égal au taux d'intérêt hypothécaire.

Le tableau 3.4 présente des estimations, en dollars de 1981, des coûts annuels de décaissement et d'usage d'une maison neuve standard pour un propriétaire dont le rapport entre l'avoir propre et la valeur est de 10 %. On suppose un taux marginal d'impôt de 27 %. Les gains de capital prévus sont estimés en supposant que les ménages fondent leurs attentes sur l'expérience passée et actuelle[35].

Tableau 3.4
Coûts d'usage et de décaissement des maisons neuves ($) : Canada 1965–1984

Année	Coûts réels d'usage	Coûts réels de décaissement
1965	–	5 057
1966	–	5 410
1967	–	5 583
1968	–	6 061
1969	–	6 522
1970	4 106	6 870
1971	3 508	6 548
1972	3 037	6 677
1973	2 842	7 479
1974	4 863	9 262
1975	5 348	8 969
1976	5 539	9 257
1977	4 827	8 270
1978	4 620	7 936
1979	4 973	8 132
1980	5 791	8 956
1981	7 793	10 711
1982	7 714	9 858
1983	5 071	7 621
1984	5 315	7 679

SOURCE : Steele (1987, Tableaux 11, 17). Le signe – indique que les données ne sont pas disponibles.

Comme on peut le voir, le coût d'usage est toujours bien inférieur au coût de décaissement. En 1984, il était de 5 315 $ (443 $ par mois) alors que le coût de décaissement était de 7 679 $ (640 $) par mois. Le coût d'usage a chuté en 1972–73, malgré une augmentation marquée du coût de décaissement; l'importance des gains de capital prévus aidait à rendre la propriété attrayante. Mais les gains de capital prévus ont chuté au cours des années subséquentes, et lorsque les taux d'intérêt ont fait grimper les coûts de décaissement à 893 $ par mois en 1981 — soit une augmentation de 20 % par rapport à 1980 — les coûts d'usage ont augmenté encore plus rapidement (35 %).

Il convient de remarquer ici que le coût d'usage a connu une augmentation en pourcentage supérieure à celle du coût de décaissement entre 1970 et 1981. Le coût d'usage a chuté en 1972–73, ce qui a probablement joué un rôle dans l'augmentation du taux de propriété chez les ménages traditionnels entre 1971 et 1976. Mais les augmentations du coût d'usage et du coût de décaissement doivent être considérées comme des facteurs de dépression pour l'ensemble de la décennie. Ainsi, ce sont surtout la forte augmentation des revenus réels et les politiques d'aide du gouvernement fédéral en matière d'accession à la propriété, plutôt que l'évolution du coût d'usage (ou de sa composante, le gain de capital), qui ont été responsables de l'augmentation du taux de propriété chez les ménages traditionnels au cours de cette période.

La propriété et la valeur nette

Il est vraisemblable que la décision d'acheter une maison dépasse le cadre de la simple consommation; elle comporte un volet d'épargne et de placement. Étant donné la nature du régime hypothécaire standard, la propriété entraîne la constitution d'une valeur nette, particulièrement en période d'inflation. La différence entre les propriétaires et les autres au chapitre de la valeur nette est spectaculaire. En 1977, la valeur nette moyenne des propriétaires canadiens était de plus de 71 000 $, tandis que celle des autres était de moins de 9 000 $ (Statistique Canada 1977). Le mode d'occupation est donc une bonne indication si l'on veut savoir si la valeur nette est substantielle. La différence persiste même si le revenu est maintenu constant; pour ceux dont le revenu se situe aux environs de la moyenne (de 15 000 $ à 20 000 $), la valeur nette moyenne est plus de cinq fois plus grande pour les 68 % de propriétaires que pour les autres.

Les contrastes régionaux sont aussi considérables. Le Québec, dont le taux de propriété est relativement plus bas, compte la plus faible valeur nette moyenne du pays. Le revenu moyen au Québec est presque exactement le même que dans les provinces des Prairies, par exemple, mais la valeur marchande des maisons du Québec est de 28 % inférieure, le taux de propriété est inférieur de 13 points et la valeur nette de 57 %. La valeur nette modeste des familles du Québec — plus faible même que la valeur nette des familles des provinces atlantiques, même si le revenu moyen y est plus faible — est vraisemblablement liée à la préférence des Québécois pour la location. Cependant, l'écart entre la valeur nette des familles du Québec et des autres sera rapidement comblé à l'avenir, au fur et à mesure que rétrécira l'écart des taux de propriété.

L'inflation et le régime hypothécaire standard

L'inflation pose des problèmes au régime hypothécaire standard. D'abord, l'inflation produit sur ce régime un effet de déséquilibre, c'est-à-dire que le fardeau des mensualités hypothécaires est plus élevé pour les emprunteurs au début du terme que plus tard. Voici ce qui se passe. La mensualité est constante pendant tout le terme du prêt hypothécaire; elle comporte des intérêts et le remboursement du principal de telle sorte que, si l'échéance du prêt hypothécaire coïncide avec l'amortissement, le prêt est entièrement remboursé à la fin du terme. Supposons maintenant que le revenu de l'emprunteur augmente au rythme de l'inflation. Supposons aussi qu'au départ le rapport entre la mensualité hypothécaire et le revenu est de 28 %. S'il n'y a aucune inflation, ce rapport demeure le même pendant toute la durée du prêt hypothécaire. Mais si le taux d'inflation est, par exemple, de 8 %, alors le revenu s'élève de sorte qu'à la fin de la première année, le rapport a chuté à 26 %, et à la fin de la cinquième, à 19 %. C'est là, en partie, le déséquilibre.

L'effet de l'inflation sur l'emprunteur semble bénin; en effet, d'après ces premières hypothèses, l'inflation comporte pour l'emprunteur un avantage considérable à mesure que le temps passe, sans imposer de coûts. C'est ce qui se produirait effectivement si l'inflation n'était pas prévue. Cependant, lorsqu'ils prévoient l'inflation, les prêteurs exigent un taux d'intérêt plus élevé pour compenser la diminution de la valeur réelle du principal. La prime inflationniste qu'ils exigent tend à être égale au taux prévu d'inflation. (Le taux nominal d'intérêt moins la prime d'inflation est le taux d'intérêt réel.) Supposons que le taux réel soit de 4 %. Alors, si le taux d'inflation est de zéro, le taux nominal d'intérêt est le même que le taux réel (4 %) ; si le taux d'inflation est de 8 %, le taux d'intérêt nominal est de 12 %. Pour un prêt hypothécaire de 50 000 $, le versement annuel (en supposant un amortissement sur 25 ans) est de 6 375 $, soit 28 % d'un revenu de 22 767 $ lorsque le taux d'inflation est de 8 %, mais seulement 14 % du revenu si le taux d'inflation est de zéro[36]. Ainsi, alors que l'inflation entraîne une diminution du fardeau du remboursement hypothécaire sur la durée du prêt, elle a aussi pour effet, si elle est prévue, d'accroître le fardeau initial — dans notre exemple, de 14 % à 28 % du revenu.

L'inflation a aussi pour conséquence la constitution plus rapide d'un avoir propre. Si la valeur des maisons augmente au rythme de l'inflation, par exemple 8 %, alors l'augmentation de l'avoir propre attribuable à l'inflation — soit une somme égale à 8 % de la valeur de la propriété — est beaucoup plus importante que l'augmentation de l'avoir propre attribuable au remboursement du principal du prêt (si l'échéance du prêt hypothécaire est encore lointaine).

Un second problème lié à l'inflation est la variabilité accrue des taux d'intérêt et des prix des maisons (comparer les années 70 et 80 avec les décennies antérieures, selon le tableau 3.4). Cette instabilité, ajoutée au fait qu'au Canada, à la différence des États-Unis, on a assisté dans les années 70 à la fin des prêts hypothécaires à long terme, signifiait que les emprunteurs canadiens devaient assumer un risque accru lié au taux d'intérêt. L'acheteur ne pouvait plus être assuré que les remboursements d'emprunt hypothécaire seraient identiques pendant 25 ans ou plus; ces paiements pouvaient au contraire changer au moment du renouvellement, dans cinq ans ou moins. On peut avoir une idée de l'ampleur des variations possibles lorsqu'on constate que certains acheteurs qui avaient emprunté à 11 % en 1976 ont dû faire face à un taux de 18 % ou plus au moment du renouvellement en 1981. L'acheteur se trouvait devant la possibilité accrue qu'une maison abordable au moment de l'achat puisse plus tard devenir inabordable.

Une des conséquences de l'effet de déséquilibre est un accès réduit au crédit hypothécaire. Puisque, en cas d'inflation, les versements mensuels sont élevés au départ, certains ménages peuvent se voir refuser un prêt même si, en moyenne, sur l'ensemble de leur vie active, ils auraient les moyens de payer les mensualités. Cette réduction de l'accessibilité touche particulièrement les ménages à faible revenu, constatation qui a motivé la conception du PAAP et de son successeur, le PHPP. La réduction d'accessibilité découlant de l'effet de déséquilibre est cependant plus importante qu'il ne semble. Au début, l'augmentation de l'effet de déséquilibre pendant les années 70 s'est accompagnée d'un assouplissement des règles de prêt qui a aidé à compenser la réduction d'accessibilité découlant du déséquilibre. Le rapport maximum entre le PIT et le revenu a été augmenté; le pourcentage du revenu du conjoint inclus dans le calcul de ce rapport a été accru et la mise de fonds a été réduite. Cet assouplissement a permis à des ménages d'acheter une maison, même si leurs ressources étaient fortement taxées. Ceci n'a probablement de sens que dans le contexte d'un effet de déséquilibre. Un rapport de 32 % entre le PIT plus le chauffage et le revenu au moment de l'achat risquerait de constituer un problème si l'inflation ne venait pas rapidement le réduire.

Les ménages ont à leur disposition certaines stratégies leur permettant de réduire l'effet de déséquilibre. La première consiste à acheter une maison moins chère, dans l'intention de revendre cette maison dite « de départ » une fois que l'inflation aura suffisamment réduit le rapport entre la mensualité et le revenu et accru le rapport entre l'avoir propre et la valeur. C'est ce qui s'est produit dans les années 70, dans beaucoup de villes, alors que les acheteurs pouvaient facilement trouver un appartement ou une maison en rangée en copropriété. Une seconde stratégie consiste à acheter une maison bon marché, non rénovée, dans l'intention de la rénover plus tard. Une troisième stratégie est de louer une partie de la maison, au départ, dans l'intention d'en occuper plus tard la totalité.

Toutes ces stratégies pour faire face à l'effet de déséquilibre aboutissent à une consommation moindre — et donc à une plus grande épargne — durant les premières années de propriété. Accroître ses économies avant d'accéder à la propriété, pour accumuler une mise de fonds plus élevée, est une autre stratégie qui permet l'accession à la propriété, et cette stratégie a été subventionnée de 1974 à 1985 par un abri fiscal, le REÉL (régime enregistré d'épargne-logement).

Certains ménages dont la valeur nette est faible reçoivent des transferts intergénérationnels qui leur permettent de verser une mise de fonds importante et de réduire le fardeau du déséquilibre. Les transferts intergénérationnels sont encouragés en temps d'inflation en raison des effets positifs de l'inflation sur la valeur nette des propriétaires âgés et du faible rendement réel après impôt des effets financiers.

Une des conséquences de la fluctuation des taux d'intérêt est la possibilité accrue que les propriétaires soient forcés de vendre leur maison ou de manquer à leurs obligations hypothécaires parce qu'une maison qui était abordable à l'achat devient inabordable au moment du renouvellement du prêt hypothécaire. Cela est relativement improbable. Dans l'exemple donné ci-dessus du propriétaire qui renouvelait en 1981 à 18 %, la mensualité a augmenté d'environ 40 %. Cependant, le rapport entre la mensualité et le revenu était toujours moindre qu'en 1976, date où le prêt hypothécaire a été consenti, si le revenu du ménage a augmenté de 53 %, taux moyen d'augmentation au cours de cette période (Canada 1986, 82, 117). Ainsi, l'effet de déséquilibre, même dans cet exemple extrême, est venu sauver le propriétaire. La forte demande des ménages pour des prêts hypothécaires à court terme et la faible demande pour le Programme de protection des taux hypothécaires portent à croire que les ménages ne considèrent pas la variabilité comme un risque important, même si la hausse des taux d'intérêt a un effet négatif sur la demande.

La grande variabilité du prix des maisons a elle aussi des conséquences importantes. Elle signifie que de forts gains de capital sont possibles. L'attrait de ces gains non imposables est d'autant plus fort qu'il existe des prêts à mise de fonds modeste. Cet effet de levier signifie que l'acheteur qui choisit bien son moment peut obtenir un rendement élevé. On fait beaucoup état de ce fait dans la presse ou sur les ondes. On dit beaucoup moins, cependant, que pour les propriétaires dont l'emprunt hypothécaire est considérable, le rendement net est d'ordinaire beaucoup moindre que le rendement brut, en raison des coûts élevés d'intérêt et des autres coûts de la propriété, en période d'inflation. En outre, tout comme la fluctuation des prix signifie que de forts gains de capital sont possibles, elle signifie aussi que des pertes importantes sont également possibles. Cette possibilité est devenue réalité pour bon nombre de propriétaires de l'Ouest canadien au début des années 80. Les pertes subies par les propriétaires ont toutefois été réduites en raison d'une asymétrie qui n'existe pas dans le cas des emprunteurs commerciaux. Les assureurs hypothécaires acceptent parfois un acte de transfert par renonciation si l'emprunteur ne peut plus effectuer les mensualités; les pertes de l'emprunteur se limitent à la mise de fonds plus la différence accumulée entre les coûts périodiques au comptant et le loyer théorique. Le propriétaire qui n'a pas à assumer la différence entre le principal du prêt hypothécaire et la valeur marchande de la maison s'en sort donc relativement indemne.

Problèmes et solutions

Un des problèmes qui découle de ce que nous venons de dire est de savoir quelle politique convient en réaction à l'inflation et aux fluctuations des taux d'intérêt et des prix des maisons qui présentaient un caractère endémique dans les années 70 et au début des années 80. La solution liée à la structrure du prêt hypothécaire est traitée au chapitre 6, mais il convient aussi de s'arrêter à d'autres possibilités. Une des conséquences de la grande variabilité du prix des maisons est l'importance des différences entre la valeur nette de divers ménages selon le lieu et le moment où ils ont acheté leur maison. Par exemple, quelqu'un qui aurait acheté une maison à Vancouver en 1978 et l'aurait vendue lors de sa mutation à Toronto en 1980, pour acheter une maison dans cette deuxième ville, aurait été dans une bien meilleure situation en 1985 que quelqu'un qui aurait acheté une maison à Vancouver en 1981 et y serait demeuré.

On peut aussi se demander comment réagir à l'énorme augmentation du nombre de ménages non traditionnels. Ces ménages sont généralement petits et dirigés par des femmes. Leur taux de propriété est inférieur à celui des ménages traditionnels. Devrait-il y avoir des programmes visant expressément à les encourager à devenir ou à demeurer des propriétaires? Devrait-il, par exemple, y avoir un programme destiné expressément aux familles monoparentales dirigées par des femmes, tout comme il existe un programme destiné aux Autochtones?

La meilleure solution serait peut-être dans la création de programmes non spécifiques destinés à tous les ménages à faible revenu. À l'heure actuelle, il n'existe aucune politique de ce genre, même si les familles à faible revenu constituent une proportion importante de ceux qui ont bénéficié du fait que le financement LNH ait été étendu à la fin des années 60 aux logements en copropriété et aux maisons existantes. Ainsi, en 1984, alors que les emprunteurs dont le revenu familial était inférieur à 30 000 $ représentaient seulement 15 % de l'ensemble des emprunteurs LNH pour les maisons individuelles neuves, ils constituaient 32 % des emprunteurs pour les maisons individuelles existantes et 33 % des emprunteurs pour les logements en copropriété (SLC 1984, tableaux 86, 87 et 88).

Il y aurait plusieurs raisons d'encourager tout particulièrement les familles à faible revenu. Tout d'abord, les propriétaires risquent moins que les locataires d'avoir besoin de suppléments de revenu dans leur vieillesse. La propriété, à cause des économies obligées qu'elle comporte, augmente la valeur nette et réduit ce besoin. Une aide modique aux familles à faible revenu dont le chef est d'âge moyen comportera des dividendes intéressants plus tard, sous forme de réduction des versements de supplément de revenu. Deuxièmement, les avantages fiscaux pour les propriétaires profitent moins aux familles à faible revenu (à cause de leur faible taux d'impôt marginal) qu'aux familles à revenu élevé. Troisièmement, les familles à faible revenu avec des enfants risquent souvent d'être perçues par les propriétaires comme des locataires onéreux, de sorte qu'ils auront du mal à trouver à se loger; l'accession à la propriété est une solution à ce problème.

La subvention de l'accession à la propriété pour les ménages à faible revenu, accompagnée d'une allocation de logement pour les locataires privés, signifierait que les ménages à faible revenu ne seraient plus tenus d'habiter des logements publics, des logements sans but lucratif ou des coopératives sans mise de fonds pour recevoir une subvention explicite de logement. Bien sûr, pour bon nombre de ménages non traditionnels — par exemple des veuves et des ménages monoparentaux — une propriété de type non traditionnel peut être le meilleur choix. Un logement en copropriété soulage le propriétaire de bon nombre des tâches de gestion et d'entretien que comporte la propriété simple. Les coopératives avec mise de fonds — et pas seulement les autres — permettent aux ménages peu nombreux de partager ces tâches, comme le font les ménages nombreux dans les maisons individuelles. Partager un duplex avec un autre ménage constitue un autre exemple de solution de propriété pour les ménages non traditionnels. Toute politique de subvention de l'accession à la propriété devrait tenir compte de cette diversité et comporter une gamme étendue de mesures et de dispositions.

Notes

1 Par propriétaires, on entend les propriétaires-occupants de logements en copropriété ainsi que les propriétaires-occupants de coopératives avec mise de fonds, mais non les occupants des autres coopératives, qui sont financées par des programmes spéciaux aux termes de la LNH et dont les occupants ne sont pas des propriétaires.

2 La distinction entre les propriétaires et les non-propriétaires n'est pas aussi accusée que le laisse entendre cette analyse simplifiée. Il y a un continu; le propriétaire d'un logement en copropriété ou d'une coopérative avec mise de fonds a nettement moins de contrôle sur son environnement que le propriétaire de plein droit, mais plus de contrôle que le locataire. Le membre d'une coopérative sans mise de fonds a également plus de contrôle que le locataire. Maintenant, les locataires ont un plus grand contrôle que dans le passé, en raison d'une meilleure réglementation de la location immobilière.

3 Bien sûr, à une époque où les taux d'intérêt fluctuent considérablement, comme à la fin des années 70, le prêt hypothécaire canadien normal à renouvellement à court terme présentera des décaissements très imprévisibles. La prévisibilité est plus grande à long terme, mais il est arrivé que des termes aussi longs que cinq ans soient pratiquement impossibles à trouver. On peut maintenant restreindre l'imprévisibilité en achetant une assurance du taux hypothécaire. Cet aspect du risque hypothécaire, comme d'autres, est traité dans Capozza et Gau (1983).

4 Avant 1972, les gains de capital sur les autres éléments d'actif étaient également exempts d'impôt; en 1985, ces gains de capital ont fait l'objet d'un abri partiel avec l'implantation graduelle d'une exemption pour gains de capital, maintenant plafonnée à 100 000 $ (et qui ne s'applique pas aux gains immobiliers à compter de 1992).

5 Supposons, par exemple, qu'un appartement d'une valeur de 50 000 $ est financé par des prêts et par une hypothèque équivalant à cette somme, et que le taux d'intérêt du financement est de 11 %. Supposons que le taux réel et prévu d'inflation soit de 5 %. La totalité des intérêts annuels de 5 500 $ sont déductibles à titre de dépenses, y compris la composante de 2 500 $ attribuable à l'inflation. Le total des dépenses, y compris les intérêts, sera vraisemblablement supérieur aux loyers dans ces circonstances, de sorte qu'il en résultera une déduction nette pour l'investisseur. Supposons maintenant qu'après cinq ans, l'investisseur vend l'appartement à un prix de 63 800 $, qui représente simplement l'inflation de 5 %, composée. Le gain de 13 800 $ est imposé, en fait, à seulement 75 % (50 % avant la réforme fiscale) des taux ordinaires d'impôt, même si les 2 500 $ d'intérêt par année attribuable à l'inflation ont été entièrement déductibles.

6 Ce point est traité en détail dans Steele (1992).

7 Clayton (1974) traite de la position des propriétaires-bailleurs et des propriétaires-occupants tandis que Clayton and Associates (1984) traite en détail des récentes subventions fiscales et des subventions explicites pour les propriétaires-bailleurs.

8 Selon le *New Palgrave Dictionary of Economics*, publié par MacMillan en 1987, « les marchés sont complets lorsque chaque agent est en mesure d'échanger chaque bien, soit directement ou indirectement, avec chaque autre agent. » Le caractère incomplet ici est une conséquence de conditions fondamentales de la demande et de l'offre.

9 Les facteurs qui suscitent des écarts dans le marché de l'habitation sont analysés dans Bossons (1978).

10 Les résultats d'enquête sur les perceptions des propriétaires-bailleurs quant aux coûts des ménages à faible revenu avec des enfants sont présentés dans Steele (1985c, chapitre 2). La discrimination envers les enfants est suffisamment importante pour que certains gouvernements aient adopté des lois l'interdisant (p. ex. l'Ontario en 1987, dans le cadre de

la législation sur les droits de la personne). Voir Choko (1986) pour des observations sur la discrimination à l'endroit des enfants à Montréal.

11 Parmi ces facteurs on compte la gentrification et la réglementation des loyers. On trouvera des données sur les effets de la gentrification et de la réglementation des loyers à Toronto dans Smith et Tomlinson (1981). Dans le cas de Montréal, on a décrit comme suit l'effet de la gentrification et de la conversion en copropriété :

> Ces nouveaux phénomènes ont produit une transformation profonde des vieux quartiers du centre-ville, surtout en raison des départs forcés (par suite de reprises de possession ou d'augmentations de loyer) des ménages locataires traditionnels. Les personnes âgées et les inactifs, particulièrement les ménages dirigés par des femmes, ont été les plus touchés. Le vieux marché locatif de Montréal, dans le noyau central de la ville, a changé de main. Les nouveaux résidants ont un revenu et un niveau d'instruction beaucoup plus élevés, et sont beaucoup plus jeunes que les anciens résidants; tout distingue les nouveaux résidants des anciens (Choko 1986, 16).

Choko (1986, 20) cite des études de conversions qui constatent que 90 % des ménages résidants ont été forcés de déménager et que les personnes âgées risquent le plus d'être déplacées. Voir aussi la note 14.

12 En même temps, il faut signaler que la SCHL prévoyait des prêts conjoints (plus tard remplacés par des prêts assurés) pour la construction d'immeubles d'appartements dès 1944. En outre, le programme fédéral d'assurance-loyer a été en vigueur de 1948 à 1950.

13 Ce fait est manifeste d'après les données sur la répartition des revenus. SLC (1965, tableau 61) révèle par exemple que 24 % des familles canadiennes avaient un revenu inférieur à 3 000 $ en 1959, en comparaison de seulement 0,1 % des familles qui empruntaient aux termes de la LNH; seulement 26 % de l'ensemble des familles avaient un revenu supérieur à 6 000 $, en comparaison de 48 % des emprunteurs aux termes de la LNH.

14 Voir Choko (1986) sur la perte de logements de faible hauteur pour les personnes à faible revenu à Montréal. Voir aussi la note 11. Dans la ville de Toronto, selon Ward, Silzer et Singer (1986), on a perdu environ 1 000 logements de faible hauteur par année, tandis que 2 000 logements à loyer modéré ont été perdus chaque année dans les immeubles contenant six appartements ou plus, en raison de la démolition, de la conversion et de la rénovation en logements de luxe. En outre, selon Ward et autres, « les urbanistes d'autres municipalités de la région métropolitaine de Toronto et ceux de la ville d'Ottawa font état de pertes substantielles dues à des pressions semblables » (1986, 4). Ward et autres attribuent une part substantielle de la gentrification de ces immeubles aux dispositions des lois sur le contrôle des loyers d'avant 1987 touchant la rénovation. L'exemple le plus remarquable d'un complexe de grande hauteur qui est passé des célibataires à revenu moyen aux familles à faible revenu et aux personnes âgées est peut-être St. James Town, ensemble de 6 000 à 7 000 logements dans la ville de Toronto.

15 Pour de plus amples renseignements sur les programmes provinciaux, voir Dennis et Fish (1972, 276–7).

16 En même temps, la SCHL concentrait ses activités sur des maisons à prix modeste plutôt que sur des maisons de luxe (p. ex., le programme de prêts pour petites maisons lancé en 1957).

17 En réaction à cette proposition, le président de la SCHL a déclaré : « Un régime d'achat-location presque sans mise de fonds est un logement locatif... » [cité par Dennis et Fish 1972, 266). Cette étrange déclaration ne tient notamment pas compte du fait que l'achat d'une maison donne au ménage un certain contrôle sur son environnement, y compris la sécurité d'occupation, et qu'il aboutit généralement à la constitution d'un avoir propre.

18 La proposition émanait du constructeur Robert Campeau. En réaction à cette proposition, le président de la SCHL a déclaré : « La proposition de M. Campeau permettrait sans contredit aux familles à faible revenu d'accéder à la propriété... La Loi nationale sur l'habitation reconnaît que les familles ne sont pas toutes en mesure d'être propriétaires. La Loi contient des dispositions particulières pour les ensembles locatifs à loyer modique... » Un autre fonctionnaire soutenait, en 1967 : « Une des objections au principe des subventions pour l'accession à la propriété est qu'on hésite à demander à certaines personnes ... de payer pour l'acquisition d'éléments d'actif par d'autres personnes. » Les deux citations sont tirées de Dennis et Fish (1972, 267–8). On peut en déduire que la SCHL s'estimait prête à subventionner le logement, mais qu'elle n'était pas prête à laisser une famille à faible revenu choisir son mode d'occupation en offrant une subvention de la même valeur actuelle, quel que soit le mode d'occupation choisi.

19 Dennis et Fish (1972) laissent entendre que le bénéficiaire typique était un jeune homme « en ascension sociale » plutôt que quelqu'un dont le revenu était faible à vie.

20 Le programme permettait un taux d'intérêt inférieur à celui du marché. Voir SLC (1971, xii). Plus de 20 % des logements financés par ce programme et par celui de 1971 étaient des logements en copropriété. Le revenu médian pour les deux programmes était de 6 112 $, soit environ la moitié du revenu des emprunteurs des programmes ordinaires d'accession à la propriété et seulement un peu plus élevé que celui des locataires des logements locatifs sans but lucratif financés aux termes de l'article 15. L'âge moyen des emprunteurs était de 31 ans. Voir SLC (1971, xviii).

21 Tous les participants au PAAP (il n'y avait pas de plafond de revenu, mais il y avait un plafond quant au prix des maisons) recevaient un prêt sans intérêt qui augmentait d'une somme décroissante chaque année pendant cinq ans. Au bout des cinq ans, aucune nouvelle addition n'était faite au prêt et le congé d'intérêt se terminait; le remboursement commençait à la fin des six ans. L'Ontario et la Nouvelle-Écosse ajoutaient au PAAP une subvention pour les familles à faible revenu, de sorte que dans ces deux provinces la subvention était particulièrement forte. On trouvera plus de détails dans SLC (1973, xviii; 1974, xx) et Rose (1980).

22 Le nombre des cas de défaut est tiré de SLC (1985, tableau 67), et celui des logements financés de SLC (1979, tableaux 60 et 61). Les cas de défaut et les logements financés comprennent ceux qui relèvent des programmes de 1970 et 1971 traités ci-dessus, de même que du PAAP proprement dit. (Pour les renseignements sur la couverture des défauts, nous remercions Paddy Fuller de la SCHL).

23 On estime à 5 % le taux de défaut pour les logements LNH d'accession à la propriété ne relevant pas du PAAP ni du PALL (c.-à-d. des logements « ordinaires ») plus les logements locatifs LNH nouveaux et existants. On obtient ce chiffre en calculant le rapport entre les défauts pour l'accession ordinaire à la propriété de maisons neuves plus les logements ordinaires locatifs nouveaux et existants et le total des logements dans trois catégories (mai-

sons individuelles neuves plus logements collectifs neufs et logements collectifs existants) moins les logements PAAP et PALL. Voir SLC (1979, tableaux 60 et 61; 1983, tableau 60; 1985, tableaux 66 et 67). Ce calcul sous-estime le taux réel pour deux raisons. Tout d'abord, certains des collectifs existants sont des logements en copropriété (qui devraient donc appartenir à la catégorie des logements existants pour propriétaires-occupants), mais on n'inclut ici aucun défaut pour les maisons existantes pour propriétaires-occupants; ceci a pour effet de gonfler le dénominateur, sans modifier le numérateur. Deuxièmement, tant les chiffres des défauts que ceux des données portent sur la période 1974–1985, ce qui signifie que bon nombre des défauts d'après 1985 sont exclus. Par ailleurs, les défauts du PAAP sont ceux qui se produisent entre 1974 et 1985 pour les logements construits entre 1970 et 1978 (et peu d'entre ceux-ci ont été construits entre 1970 et 1973).

24 Deux sortes d'imperfections du marché réduisent la force de cette affirmation. Tout d'abord, tout comme les marchés locatifs sont incomplets, ceux de la propriété le sont aussi. Ainsi, quelqu'un qui désirerait occuper un petit appartement, vieux et non rénové, trouverait difficile de devenir propriétaire; peu de logements en copropriété ou de coopératives avec mises de fonds offrent des logements de ce genre. Et même, dans certains endroits, il n'y a aucun logement en copropriété. Deuxièmement, un ménage qui croit avoir les moyens d'être propriétaire peut trouver impossible d'emprunter à des conditions optimales. Par exemple, une jeune personne qui aurait un emploi sûr et un profil de revenu très certain et à la hausse, pourrait désirer acheter un logement avec une faible mise de fonds et des mensualités croissantes en fonction de son profil de revenu. Même si cette personne était prête à payer un taux d'intérêt comportant une prime de risque, il est peu probable qu'elle trouverait à emprunter à de telles conditions. Sur cet aspect de l'imperfection des marchés hypothécaires, voir Lessard et Modigliani (1975).

25 Recensement du Canada de 1971 (II.4, tableau 35); recensement du Canada de 1986 (Le pays; logements et ménages : partie 2, tableau 8, n° 93-105 au catalogue). Les pourcentages excluent les chefs de famille habitant des réserves tant du numérateur que du dénominateur.

26 Recensement du Canada de 1986 (Le pays; logements et ménages : partie 2, tableau 8, n° 93-105 au catalogue).

27 Bossons (1978), à partir de données américaines, constate également une forte relation positive entre l'âge et la demande de propriété, toutes choses étant égales par ailleurs. Il attribue ce fait à l'augmentation probable du temps de loisirs avec l'âge et à la complémentarité des attributs des logements pour propriétaires-occupants et de la consommation de temps de loisirs. Jones (1984b, tableau 1–25) constate un effet négatif de l'âge sur la demande de propriété, toutes choses étant égales par ailleurs. Struyk (1976) considère que l'âge est une variable si fondamentalement importante qu'il stratifie son échantillon en fonction de l'âge.

28 En outre, une partie de l'augmentation constatée du prix des maisons peut être un effet de la méthode utilisée pour le calcul de l'indice. Par exemple, même si l'indice mesure en principe le prix d'une maison (et de son terrain) de qualité constante, le prix utilisé dans les premières années pour les terrains est tout simplement la moyenne LNH du prix des terrains. Pourtant, le terrain moyen a évolué. Sa valeur tendait à augmenter avec l'augmentation des services, mais elle tendait à diminuer avec la taille, diminution rendue possible

dans certains cas par le remplacement des fosses septiques par les services municipaux. On ne sait trop si le résultat net est un biais positif ou négatif.

29 Une partie de la diminution des loyers réels est presque certainement un artéfact statistique causé par la tendance à la baisse de l'indice des loyers. Voir Loynes (1979) et Fallis (1980).

30 Pour plus de détails à cet égard, voir Steele (1992). Il faut signaler que le taux d'impôt le plus élevé des sociétés n'est pas aussi élevé que celui des particuliers, de sorte que les avantages fiscaux ne sont pas aussi intéressants si le propriétaire-bailleur est une société que s'il est un particulier.

31 Pour se faire une idée des effets quantitatifs de ces programmes, voir Clayton Research Associates (1984) et SCHL (1983a, annexe 3). Ces deux études utilisent des hypothèses étranges : l'étude Clayton suppose un gain de capital nominal égal à zéro tandis que l'étude de la SCHL suppose en fait un taux d'intérêt réel d'environ 10 % — soit environ le double de l'hypothèse normale pour les taux d'intérêt réels — et utilise un taux d'escompte égal à ceci, plutôt qu'égal à un taux nominal pour trouver les valeurs actualisées.

32 Le taux d'inflation est le taux d'augmentation de l'indice des prix à la consommation, selon les *Statistiques historiques du Canada* (séries K8) et le ministère des Finances (1986).

33 Ceci ne comprend pas le coût de transaction qui, à la différence des autres décaissements indiqués ici, n'est pas un coût périodique. En outre, le coût de transaction à l'achat est beaucoup moindre que le coût à la vente, car l'acheteur n'a pas à payer les droits de l'agence immobilière.

34 Le coût d'opportunité est donné après impôt, car les dépenses de logement, comme les autres dépenses de consommation, sont payées à même le revenu après impôt.

35 Plus précisément, les gains de capital présumés sont estimés comme suit. L'évolution du prix pendant le trimestre t est régressée sur l'évolution des prix des trimestres précédents. Cette équation estimative est utilisée pour prédire pour chaque trimestre le taux annuel composé moyen de gain de capital pour les cinq prochaines années. C'est là le gain de capital prévu utilisé pour le calcul du coût d'usage. On trouvera de plus amples détails dans Steele (1987).

36 Le paiement se calcule en supposant que l'intérêt est crédité annuellement; la formule est $P = i \times 50\,000 / (1/1+i)^{25}$, où P est le paiement des mensualités, dans l'hypothèse où les intérêts sont crédités à une plus grande fréquence qu'annuellement.

CHAPITRE QUATRE

Nouvelles formes de propriété et de location

J. David Hulchanski

DANS LA période qui a immédiatement suivi la Seconde Guerre mondiale, le choix d'un mode d'occupation était relativement simple. On était ou bien propriétaire absolu ou bien locataire de son logement; dans un cas comme dans l'autre, il y avait peu de variantes. Dans les années 80, toutefois, on a vu apparaître deux nouvelles formes de propriété. Les logements en copropriété, introduits au Canada à la fin des années 60, permettent à des particuliers d'être propriétaires d'un logement dans un ensemble collectif tout en partageant l'entretien des aires et des installations communes. Les coopératives sans mise de fonds, aussi introduites à la fin des années 60, sont une forme de propriété où les membres (c.-à-d. les résidants) sont conjointement propriétaires des logements, du terrain et des installations communes.

Après la guerre, les propriétaires pouvaient à leur guise construire ou modifier une maison ou un immeuble d'appartements et y louer un logement, sous seules réserves de restrictions rudimentaires concernant la construction et l'utilisation du sol, des dispositions de la *common law* et des forces du marché. Depuis ce temps, les droits des propriétaires et des locataires ont évolué. Pour tous les propriétaires, propriétaires-occupants ou propriétaires-bailleurs, acheteurs ou vendeurs, les droits de propriété ont été soumis à une réglementation croissante de l'utilisation et de l'échange des biens immobiliers. La nature de la location a aussi été bouleversée pour les locataires et les propriétaires. Au cours des quelques dernières décennies, pour des motifs de sécurité d'occupation et d'application des règles de droit en matière de location, on a adopté deux sortes de réglementation. Il y a eu, d'une part, les lois sur la location immobilière adoptées par la plupart des provinces au début des années 70 et, d'autre part, la réglementation des loyers que la plupart des provinces ont introduites au milieu des années 70 pour contrôler l'évolution du loyer d'une bonne partie du parc. Auparavant, les relations entre les propriétaires et les locataires relevaient des principes de la *common law* en matière de droit immobilier. À la fin des années 60, on avait compris un peu partout que les baux et la *common law* ne suffisaient pas à protéger les locataires. Depuis les années 70, les relations entre les deux parties se sont éloignées de leur origines féodales en *common law* et reposent maintenant sur des lois écrites et le droit moderne des contrats. Au milieu des années 70, la plupart des provinces avaient adopté des mesures législatives qui comprenaient l'application des principes de contrat, l'obligation pour les propriétaires-bailleurs de réparer et d'entretenir les logements, l'obligation de fournir aux locataires une copie du contrat de location et des dispositions touchant la façon dont le propriétaire peut expulser un locataire et reprendre possession d'un logement. En somme, étant donné l'évolution de l'opinion publique quant à ce qui est juste et raisonnable dans les rapports de locataires à propriétaires dans les années 60 et 70, les lois provinciales ont été modifiées en conséquence.

Dans ce chapitre, il sera question de ces changements et de leur influence sur le logement dans le Canada de l'après-guerre. La question du mode d'occupation repose essentiellement sur celle des droits de propriété. La place et le sens de la propriété, l'évolution de la façon dont la société considère les droits liés à la propriété donnent forme aux tendances du mode d'occupation. Toutes les questions relatives au rôle du gouvernement dans les marchés de l'habitation et tous les débats sur les diverses formes que l'intervention gouvernementale devrait prendre ont leur racine dans le principe de la propriété et dans la façon de concevoir les droits de propriété. Bien que la demande de logements en location ou en propriété soit influencée par l'ensemble des droits liés à chaque mode d'occupation, la question des droits de propriété a généralement été négligée dans les études sur l'habitation.

Nouvelles formes de propriété

Après la Seconde Guerre mondiale, la demande d'accession à la propriété portait d'abord sur des maisons isolées, construites sur des terrains individuels, aux abords des villes. La LNH mettait l'accent sur cette forme d'habitation en fournissant des fonds hypothécaires subventionnés et en accordant, à compter de 1954, l'assurance-prêt hypothécaire qui permettait de diminuer la mise de fonds et d'allonger la durée des prêts hypothécaires. Malgré toutes les subventions et malgré la prospérité qui a caractérisé une bonne partie de l'après-guerre, il devenait de plus en plus difficile pour de nombreux ménages de se payer la maison traditionnelle de banlieue. L'insuffisance de l'offre de terrains viabilisés et, à certaines époques, de fonds hypothécaires, s'ajoutant aux pressions démographiques de l'après-guerre, ont amené des problèmes d'offre de logement et ont contribué à la hausse du prix des maisons. L'augmentation du nombre de familles à deux revenus (60 % des familles en 1981, en comparaison de 33 % en 1951) est vraisemblablement à la fois une cause et un effet de cette hausse du coût de l'accession à la propriété. Elle en est la cause en ce que les familles qui ont deux gagne-pain peuvent consacrer des sommes plus importantes à l'achat du logement de leur choix, ce qui favorise la montée des prix, et elle en est l'effet en ce que d'autres familles ont besoin d'un second gagne-pain pour avoir les moyens d'accéder à la propriété.

La demande permanente d'accession à la propriété, s'ajoutant à son coût toujours croissant, a donné lieu à deux nouvelles formes de propriété qui sont maintenant bien répandues : la copropriété et les coopératives sans mise de fonds. Chacune a modifié la conception et les modalités de la propriété.

LA COPROPRIÉTÉ

Les premières lois sur les habitations en copropriété au Canada ont été adoptées en 1966 par la Colombie-Britannique et l'Alberta. À la fin de 1970, toutes les provinces sauf une avaient adopté de telles lois; seule l'île-du-Prince-Édouard a attendu jusqu'en 1977 pour le faire. La copropriété assure un ensemble de droits de propriété dans le cadre d'une disposition juridique qui permet à un particulier d'être propriétaire d'un logement sans avoir la propriété exclusive du terrain où l'immeuble est construit. En plus de son logement, chaque résidant d'un ensemble en copropriété est conjointement propriétaire d'une part proportionnelle des éléments communs, comme les trottoirs, les entrées de voitures, les secteurs paysagés, les installations de loisirs, les ascenseurs, les corridors et les aires de stationnement et d'entreposage. Il s'agit d'une forme de propriété et non d'habitation. La copropriété peut s'appliquer à des maisons individuelles, des maisons jumelées, des maisons en rangée, des maisons superposées ou des appartements. Bien que la copropriété confère des droits de propriété semblables à ceux du propriétaire d'une maison individuelle, l'environnement communal oblige chaque résidant à céder certains droits en vue de la gestion harmonieuse de l'ensemble.

La copropriété est devenue populaire à la suite de l'urbanisation croissante, accompagnée d'une augmentation de la valeur des terrains et d'une demande constante d'accession à la propriété. Des facteurs comme la croissance démographique rapide, l'évolution démocratique, la diminution de la taille des ménages et l'augmentation de leur revenu ont contribué à une demande élevée de logements, particulièrement de logements pour propriétaires-occupants. En même temps, d'autres facteurs, y compris les augmentations rapides du prix des logements et du coût des terrains résidentiels de même qu'un temps de transport accru vers les nouvelles banlieues, ont donné lieu à une demande de modification des lois régissant la propriété des logements. En distinguant la propriété du logement de celle de l'emplacement, on pouvait permettre à un plus grand nombre de Canadiens de devenir propriétaires à un coût potentiellement plus bas, et ce, en raison des économies réalisées par la propriété collective du terrain et des éléments communs et par le partage des frais d'entretien.

Bien que la propriété absolue traditionnelle soit d'ordinaire la formule de propriété préférée, la copropriété a été plus largement acceptée alors qu'augmentaient le coût et la demande de l'accession à la propriété dans les années 70. Les modifications fiscales adoptées en 1971 ont stimulé davantage la demande en exemptant les maisons des particuliers du nouvel impôt sur les gains de capital et en éliminant les abris fiscaux applicables aux logements locatifs. Ces modifications à la Loi de l'impôt sur le revenu ont rendu l'accession à la propriété plus attrayante et la propriété de logements locatifs moins intéressante.

Tous ces facteurs démographiques et fiscaux ont accru la demande d'accession à la propriété. Afin de répondre à la demande, de nombreux promoteurs ont été poussés à abandonner l'aménagement de logements locatifs pour celui de logements pour propriétaires-occupants. L'ensemble collectif en copropriété était une innovation juridique qui permettait l'accession à la propriété à un prix potentiellement inférieur. De nombreux facteurs ont contribué au déclin du marché locatif privé, mais un facteur extrêmement important a été l'augmentation des mises en chantier de condominiums. Les promoteurs pouvaient obtenir un rendement immédiat sur leur investissement, au lieu du rendement graduel réalisable par l'investissement dans des logements locatifs. Les acheteurs de condominiums obtiennent les avantages de la propriété, habituellement dans un endroit mieux situé que celui que leur budget leur aurait normalement permis. Par ailleurs, les logements en copropriété ne sont pas tous occupés par le propriétaire. Beaucoup ont été achetés à titre de placement et sont loués.

La situation du marché local influence la demande de logements en copropriété. Ils sont devenus une partie importante du marché de l'habitation dans les zones métropolitaines où les coûts de logement sont les plus élevés. Toronto et Vancouver comptaient la moitié de tous les logements en copropriété au Canada en 1981. Ces logements sont plus rares dans les villes où les terrains sont abordables.

Au début des années 70, les jeunes couples appartenant à la génération du baby-boom de l'après-guerre ont acheté des logements en copropriété au lieu de louer un logement ou d'acheter une maison individuelle. À mesure qu'avançait la décennie, un plus grand nombre de couples dont les enfants avaient quitté la maison sont entrés dans le marché, et les constructeurs se sont intéressés à ce segment de marché. Une étude réalisée en 1984 conclut qu'au Canada, les résidants de plus de 200 000 logements en copropriété, occupés par le propriétaire, représentent une gamme étendue de ménages et que le marché comporte trois grandes composantes : « La première s'adresse à la personne de moins de 40 ans, sans enfant, qui habite un appartement et a l'intention un jour d'acheter une maison individuelle; la seconde est la jeune famille; la troisième est le couple dont les enfants sont partis et qui cherche un appartement en copropriété » (Skaburskis 1984, 34–5).

L'arrivée de la copropriété au Canada a élargi la gamme des options d'accession à la propriété et accru l'offre de logements, à l'avantage tant des fournisseurs que des consommateurs. Toutefois, cette innovation n'est pas sans présenter certains problèmes. La qualité de la construction pourrait devenir un grave problème à mesure que vieilliront les immeubles en copropriété. Compte tenu de la nature de l'aménagement et de la propriété des condominiums, le constructeur n'a aucune responsabilité à long terme envers l'ensemble une fois les logements vendus, sauf en ce qui concerne la garantie ou les cautions d'exécution. Il peut en résulter des compromis sur la qualité de la construction, les matériaux utilisés et les éléments de conception liés aux coûts d'entretien sur la durée de vie de l'immeuble. Le fait que les logements soient vendus à des personnes qui se connaissent rarement avant l'achat de leur logement signifie que les premiers acheteurs d'un nouvel ensemble n'ont guère l'occasion d'influencer ou de surveiller la qualité de la conception ou de la construction, comme cela peut se produire dans le cas de la construction d'une maison neuve. La qualité et le dévouement de la direction d'un immeuble en copropriété sont également extrêmement importants, bien qu'il soit facile qu'une mauvaise gestion passe inaperçue tant qu'il ne se pose pas de graves problèmes d'entretien ou de gestion financière.

La copropropriété a également joué un rôle dans le déclin du secteur locatif. Avant d'en être empêchés par la réglementation, les propriétaires-bailleurs pouvaient convertir des immeubles d'appartements en copropriété, ce qui contribuait à la diminution du parc locatif. En outre, bon nombre de ménages à revenu modeste, qui auraient autrement opté pour un logement locatif, ont choisi la copropriété. Cela signifie que la demande de logements locatifs dans les années 80 relève de plus en plus du besoin social plutôt que de la demande du marché. Puisque le secteur privé réagit uniquement à la demande du marché, et non au besoin social, les mises en chantier de logements locatifs privés non subventionnés diminuent depuis le début des années 70.

LES COOPÉRATIVES

La propriété coopérative de logements n'est pas nouvelle au Canada. Dans les années 30, on a mis sur pied dans les petites agglomérations un certain nombre de « coopératives de construction », surtout en Nouvelle-Écosse et au Québec. Ces associations consistaient en un groupe de personnes qui se réunissaient pour construire leurs maisons. Cette forme de coopérative d'habitation a été une réussite dans les petites agglomérations, mais c'était un modèle difficile à appliquer à des groupes considérables et dans un pays de plus en plus urbanisé.

Ceux qui préconisaient la réforme de l'habitation ont alors commencé à s'intéresser au modèle des « coopératives permanentes », c'est-à-dire celles dont les membres sont conjointement propriétaires de l'ensemble de façon permanente au lieu que chacun assume la propriété de son propre logement après la construction. À mesure qu'un plus grand nombre de ménages comprenaient qu'ils n'avaient pas les moyens d'acheter une maison, les intervenants ont commencé à étudier les coopératives permanentes sans but lucratif. Au Canada, il existe quelques coopératives avec mise de fonds, mais la très grande majorité sont les coopératives sans mise de fonds, construites surtout depuis le début des années 70, avec l'aide de subventions fédérales et, à l'occasion, provinciales.

En 1962, avec l'aide financière de la SCHL, la Cooperative Union of Canada a entrepris une recherche sur la possibilité de constituer des coopératives permanentes sans but lucratif. En 1966, on construisait à Winnipeg la première grande coopérative permanente sans mise de fonds, la coopérative Willow Park, de 200 logements. Les années 60 ont donné un élan suffisant pour que se constitue en 1968 un organisme national, la Fondation de l'habitation coopérative du Canada (FHC). La Commission d'étude Hellyer a recommandé qu'on mette davantage l'accent sur la mise en place de moyens qui permettraient aux ménages à revenu modeste d'accéder à la propriété et de mettre un terme au programme de logement public en le remplaçant par des ensembles de logements subventionnés, socialement mixtes. Les coopératives d'habitation constituaient l'une des options recommandées. Lorsqu'on a créé en 1970 un fonds spécial de 200 millions de dollars pour le logement social, la FHC a réussi à réunir les sommes d'argent nécessaires pour financer 11 coopératives d'habitation afin de pousser plus avant l'essai du modèle coopératif. Lorsque la LNH a été révisée en 1973, les dirigeants ont vu dans les coopératives permanentes d'habitation sans but lucratif un mode d'occupation souhaitable et réalisable, de même qu'une option pour les programmes de logement social. Le nombre des coopératives d'habitation et des organismes de parrainage a augmenté, et lorsque le programme a été révisé encore une fois en 1978, l'engagement fédéral a atteint environ 5 000 logements par année.

Ce programme a cependant suscité une forte controverse, principalement en ce qui concernait la clientèle visée. La composante de diversification sociale du programme des coopératives signifiait que l'aide financière n'était pas toute destinée aux ménages à faible revenu. Dans une certaine mesure, ce débat a été réglé au moment où le programme des coopératives a été de nouveau révisé en 1985. Le gouvernement fédéral a alors non seulement décidé de maintenir son engagement de quelque 5 000 logements par année avec une nouvelle formule de financement, mais il a aussi clarifié les objectifs. Le ministre responsable de la SCHL a expliqué que le principal objectif était d'assurer la sécurité d'occupation aux ménages à revenu modeste et moyen comme solution de rechange à l'accession à la propriété. Le programme devait viser à aider les personnes dont le revenu se situait au-dessus du revenu des ménages éprouvant des besoins impérieux mais qui n'avaient pas les moyens, sans que cela soit de leur faute, d'accéder à la propriété. Une subvention de supplément de loyer devait aussi être offerte aux ménages à faible revenu pour leur permettre d'avoir accès aux coopératives d'habitation (Canada, *Débats de la Chambre des communes*, 12 décembre 1985, 9433). On peut voir dans le programme des coopératives d'habitation non seulement une solution de rechange à la propriété traditionnelle, mais une version accessible de la copropriété pour les ménages à revenu faible et moyen.

Les 40 000 habitations coopératives qui existaient en 1986 ne représentaient qu'une petite portion de l'ensemble du parc de logements, soit moins de 1 %. La plupart de ces logements ont toutefois été construits depuis la fin des années 70. Ils représentent une part plus importante des mises en chantier annuelles, et constituent pour de nombreux ménages le seul moyen de réaliser les avantages de la propriété dans les marchés métropolitains où le prix de l'habitation est élevé. Les 40 000 ménages qui habitent l'une des 1 000 coopératives du Canada ne sont pas propriétaires de leur logement, et ne font pas non plus une mise de fonds traditionnelle. Tout comme des locataires, les membres des coopératives emménagent dans leur logement ou le quittent sans faire d'investissement et sans réaliser de gain de capital. À l'instar des propriétaires, toutefois, ils jouissent de la sécurité d'occupation et ils ont le droit de prendre toutes les décisions concernant leur milieu d'habitation, puisqu'il n'y a aucun propriétaire ni administrateur de l'extérieur. Les membres de la coopérative sont conjointement propriétaires de l'ensemble et en partagent la gestion. Un conseil d'administration élu nomme des représentants qui siègent sur divers comités, habituellement un comité d'entretien, un comité des finances et un comité d'admission. Les frais mensuels d'occupation sont fixés chaque année par les membres à un niveau qui permet de couvrir les versements hypothécaires, les coûts d'exploitation et les réserves de remplacement. Le processus de propriété et de gestion est démocratique, chaque résidant ayant une voix.

Nouvelles formes de location

Le propriétaire-bailleur se distingue du propriétaire-occupant en ce qu'il sépare propriété et occupation. En effet, le propriétaire du logement locatif devient un investisseur dans un bien (le logement) qui peut être traité comme tout autre placement ordinaire, tandis que l'occupant est l'utilisateur du bien et il se soucie donc moins de l'aspect placement. Les propriétaires-occupants, par ailleurs, peuvent décider dans quelle mesure le logement sera entretenu et rénové. La distinction entre la propriété et l'occupation entraîne une possibilité de conflit s'il y a divergence entre les intérêts de l'investisseur et ceux de l'occupant. Au Canada, jusqu'au début des années 70, c'étaient les intérêts du propriétaire qui l'emportaient. Il n'y avait aucun équilibre des droits, des responsabilités ou des pouvoirs dans le contrat entre le propriétaire-bailleur et le locataire. La *common law* traitait la location résidentielle de la même façon que la location commerciale et industrielle.

Depuis ce temps, les gouvernements ont tenté, dans le domaine de l'habitation comme dans d'autres, d'éliminer les atteintes aux droits fondamentaux pour des motifs comme la race ou le sexe et de protéger les consommateurs contre des actes trompeurs ou arbitraires. L'intervention réglementaire porte surtout sur les besoins humains fondamentaux, comme la santé et la sécurité physique, de même que sur les principes fondamentaux de la justice et de la règle de droit. C'est là l'origine des lois sur la location immobilière. Dans certains endroits, la réglementation des loyers a suivi l'adoption de lois sur la location immobilière en raison de la possibilité d'expulsion pour motif de rentabilité, c'est-à-dire la possibilité que les propriétaires-bailleurs se soustraient à la réglementation sur la sécurité d'occupation en se servant d'augmentations de loyer pour expulser les locataires. La société reconnaît donc le caractère particulier des logements locatifs qui les distingue de tous les autres biens que nous traitons comme des marchandises normales.

SÉCURITÉ D'OCCUPATION

La notion de sécurité d'occupation a pénétré dans le droit sur la location immobilière résidentielle au cours des deux dernières décennies, tout comme la « sécurité d'emploi » a fait son chemin dans le droit du travail au cours du présent siècle (Glendon 1981, 176–7). Le droit sur la location immobilière n'a guère changé avant les années 60. Le droit du travail a commencé à évoluer beaucoup plus tôt, surtout à cause des syndicats. Même si, depuis les années 40, quelque 40 % des Canadiens sont locataires, ils n'étaient pas bien organisés, du moins jusqu'à récemment, et alors seulement dans quelques grandes villes. Les assemblées législatives et les tribunaux, emboîtant le pas à l'opinion publique, particulièrement en ce qui concerne l'expulsion, en sont venus de plus en plus à considérer que le propriétaire-bailleur, comme l'employeur, contrôle un besoin humain essentiel. Le logement est aussi essentiel pour la survie qu'un emploi. « Puisqu'on accepte de plus en plus cette idée comme prémisse implicite, la réglementation législative aussi bien que judiciaire du contrat de location résidentielle était tout aussi inévitable que celle du contrat de travail » (Glendon 1981, 177).

C'est pourquoi les relations de travail comme les relations entre propriétaires et locataires sont passées avec les années de l'état de fait au contrat, du contrat à la réglementation et, dans une certaine mesure, de la réglementation à l'administration. Selon Makuch et Weinrib, « Cette optique vient étayer l'idée que la liberté de contrat n'est plus la norme et que la société peut et doit imposer des valeurs sociales dans les rapports propriétaire-locataire, tout comme elle le fait en matière de consommation et pour d'autres relations contractuelles potentiellement conflictuelles et qui doivent être fondées sur une confiance et des attentes raisonnables » (1985, 8). Les attitudes sociales évoluent, ce qui entraîne des changements subtils mais importants dans nos institutions. La sécurité d'occupation et le contrôle des loyers dans le secteur locatif résidentiel au Canada en sont de bons exemples. Le droit anglo-américain des baux avait élaboré la règle de la « réciprocité », selon laquelle l'une ou l'autre partie pouvait mettre un terme à une location à discrétion ou à une location au mois, sans devoir fournir de motifs, à la condition de respecter les avis exigés par les lois. Au XXe siècle, cette règle a été remplacée par son contraire, c'est-à-dire la sécurité d'occupation. De la même façon qu'il est devenu graduellement illégal de congédier des employés à volonté, on a commencé d'interdire la résiliation des baux lorsqu'elle était contraire aux politiques gouvernementales.

Pour réaliser la sécurité d'occupation, il faut également intervenir en matière de démolitions et de conversions des logements locatifs. Puisqu'elle était la première province à adopter des lois permettant la copropriété, la Colombie-Britannique a dû faire face aux problèmes de la conversion de logements locatifs en copropriétés au début des années 70. Les taux d'inoccupation étant aussi bas que 0,4 % à Vancouver et à Victoria en 1973, et les conversions étant source de controverse parce qu'elles entraînaient le déplacement des locataires à faible revenu, on a modifié en 1974 les lois de la Colombie-Britannique sur la copropriété de façon à permettre aux municipalités de stopper les conversions (Hamilton 1978, 136–8). Pendant les années 70, bon nombre de provinces et de municipalités ont adopté des lois réglementant ces conversions, et généralement les interdisant. Il s'agit là d'un nouveau changement dans la nature des droits relatifs à la propriété de logements locatifs.

LE CONTRÔLE DES LOYERS

C'est en temps de guerre qu'on a pour la première fois utilisé le contrôle des loyers au XXe siècle. La Grande-Bretagne a imposé le contrôle des loyers pendant la Première Guerre mondiale, et presque tous les États belligérants, y compris le Canada, ont imposé le contrôle des loyers dans le cadre d'un contrôle plus général des prix pendant la Seconde Guerre mondiale. En septembre 1940, la Commission des prix et du commerce en temps de guerre a imposé le gel des loyers dans 15 villes canadiennes. Un an plus tard, les loyers du reste du pays ont été gelés. Il s'agissait d'un contrôle « simple » des loyers, c'est-à-dire d'un gel absolu. Il n'y avait aucune formule complexe régissant les augmentations permises ou établissant des exceptions.

L'année 1947 marque, au Canada comme dans d'autres pays occidentaux, le début d'une période de déréglementation des loyers. La politique fédérale en matière de logement visait la création d'une industrie privée d'aménagement de logements locatifs. Au cours de la guerre, la Wartime Housing Ltd., société d'État, construisait des logements locatifs pour répondre aux besoins des industries de guerre et, après la guerre, pour aider les soldats démobilisés à se loger. Dans l'après-guerre, en plus de déréglementer les loyers, le gouvernement fédéral a mis en place des subventions pour le secteur privé, tant directement que par le moyen du régime fiscal. Ces subventions directes et indirectes étant en place, le gouvernement fédéral a mis un terme, en 1951, à la réglementation des loyers de même qu'aux derniers contrôles des prix du temps de guerre. Entre le début des années 50 et le milieu des années 70, la réglementation des loyers était à peu près inexistante au Canada.

Les pressions du marché locatif étaient telles qu'au début des années 70, on a commencé de plus en plus fréquemment à réclamer le contrôle des loyers. La plupart des provinces avaient adopté des lois régissant la sécurité d'occupation, mais compte tenu de l'inflation des années 70, celles-ci n'avaient guère de valeur si l'expulsion pour motif de rentabilité demeurait possible. Plusieurs provinces avaient déjà adopté des contrôles des loyers ou allaient le faire en 1975, et la décision prise par le gouvernement fédéral en octobre 1975 d'imposer le contrôle des prix et des salaires s'accompagnait d'une demande à l'adresse des provinces portant sur le contrôle des loyers. En avril 1976, toutes les provinces avaient imposé le contrôle des loyers. La plupart des lois étaient rétroactives, entrant en vigueur au plus tard à la date du discours prononcé en 1975 par le premier ministre annonçant le contrôle des prix et des salaires. La plupart des lois visaient tous les types de résidences. Chaque province a mis en place un système de tribunaux distinct des autres mécanismes de contrôle des prix (Patterson et Watson 1976).

Même si beaucoup estimaient que le contrôle des loyers était temporaire, toutes les provinces sauf trois ont maintenu ces contrôles jusqu'au milieu des années 80. Ils sont demeurés une caractéristique permanente du marché locatif d'une bonne partie du pays. Les adversaires de ces contrôles soulignent à juste titre que toute tentative d'utiliser le contrôle des loyers pour redistribuer le revenu entraîne la détérioration du parc de logements et le désinvestissement dans le secteur du logement locatif. En outre, c'est un instrument sans finesse et peu approprié à la redistribution positive du revenu. On peut cependant faire valoir que les contrôles des loyers peuvent réussir à retarder une redistribution indésirable dans l'autre sens.

Si l'offre de logement retarde sur la demande, comme c'est le cas depuis le début des années 70, la valeur de rareté du parc locatif existant devient un moyen puissant de réaffecter le revenu en faveur des propriétaires-bailleurs. La stabilisation ou le contrôle des loyers, au moins à court terme, empêche une telle redistribution du revenu. Dans la mesure où il protège le statu quo et empêche une répartition indésirable du revenu, le contrôle des loyers est un instrument conservateur. Il ne peut améliorer la situation, mais il peut au moins l'empêcher d'empirer pour les locataires pris au piège par l'échec du mécanisme d'offre du marché locatif. Si les locataires ne sont pas tous défavorisés, la majorité ont effectivement un revenu modeste et n'ont donc pas les moyens d'accéder à la propriété. Dans la plupart des cas, ils n'ont pas de solution de remplacement.

L'avantage du contrôle des loyers — empêcher la redistribution indésirable du revenu — est caché, en ce sens qu'on ne peut le mesurer que par rapport à un loyer hypothétique qui aurait existé sans le contrôle. C'est également un coût pour le propriétaire-bailleur, mais qui ne comporte pas de perte véritable, puisque les dépenses n'ont pas augmenté; c'est plutôt un coût hypothétique — la perte du bénéfice que le propriétaire aurait réalisé si le contrôle des loyers n'avait pas été imposé (Patterson et Watson, 1976).

Les conséquences pour le débat sur la politique du logement

Ces tendances de l'après-guerre en matière de mode d'occupation comportent deux catégories de conséquences importantes pour les débats à venir sur la politique du logement. La première porte sur le cadre institutionnel de la politique du logement, tandis que la seconde est liée à la forte demande de maisons pour propriétaires-occupants au cours de l'après-guerre.

LE DÉBAT SUR LES DROITS DE PROPRIÉTÉ

Depuis plusieurs décennies, le rôle accru du gouvernement dans les questions qui touchent l'aménagement de terrains et l'habitation a amené certains à soutenir qu'il y a eu « érosion des droits de propriété ». Selon une étude publiée par l'Ontario Real Estate Association, par exemple, « Les droits de propriété subissent une érosion toujours accélérée » en raison d'une « avalanche de lois qui touchent les droits de propriété du citoyen » (Oosterhoff et Rayner 1979, v, ix). Il y a effectivement beaucoup de lois touchant tous les aspects de la propriété et de la location d'habitations, de même que l'emplacement où les logements sont construits (voir par exemple Hamilton 1981). Toutefois, si l'on parle d'érosion, on suppose qu'il y a un ensemble défini de droits de propriété qui constitue un idéal et que tout écart représente un pas en arrière.

La propriété et la propriété immobilière sont une institution sociale et juridique. Les « droits » de propriété sont définis socialement. Ces droits sont « une création du droit positif, quoi que les théories sociales ou politiques puissent présupposer quant à leur origine métaphysique dans l'ordre naturel ou surnaturel des choses. Le pouvoir législatif peut donner et reprendre, affecter et réaffecter les titres de propriété » (Denman 1978, 3). C'est pourquoi le sens de la propriété n'est jamais fixé. « L'institution elle-même, et la façon dont on la considère, et donc le sens qu'on donne au terme, tout cela évolue avec le temps ... [et ces] changements sont liés à l'évolution des buts que la société ou les classes dominantes de la société fixent pour l'institution de la propriété » (Macpherson 1978, 1).

Cette intervention poussée dans le marché de l'habitation semble se fonder sur deux justifications : la nécessité de corriger les lacunes réelles ou perçues du marché et le désir de réaliser certains objectifs sociaux. En termes techniques, la première justification porte sur le fait que le marché ne réussit pas à repartir efficacement l'offre et la demande du logement locatif en tant que bien commercial. La seconde justification concerne la volonté politique d'une société démocratique de réaliser certains objectifs sociaux, même si cela entraîne certains compromis à l'égard de l'efficacité de fonctionnement du marché.

Au niveau des institutions, le sens des droits de propriété et de jouissance évolue constamment au Canada. Tous ces changements et les débats qu'ils soulèvent forment le cadre général dans lequel on élabore les politiques et les programmes en matière de logement. Divers groupes, dont les intérêts et les idéologies diffèrent, préconisent et défendent leurs « droits ». Des droits sociaux et communautaires entrent en conflit avec des définitions plus étroites des droits à la propriété privée. Ces intérêts contradictoires à l'origine de controverses constantes attestent que des politiques globales et à long terme ne sont pas politiquement viables en matière de logement. Les décideurs élus font face à un trop grand nombre de demandes difficilement conciliables et il n'y a pas un consensus suffisant.

C.B. Macpherson voit cette difficulté comme le problème central de nos institutions libérales et démocratiques :

> Le problème central de la théorie libérale démocratique peut se définir comme la difficulté de réconcilier le droit libéral de propriété avec le droit égal de tous les individus d'utiliser et de développer leurs capacités, ce qui constitue le principe essentiel de la démocratie libérale. La difficulté est considérable (1978, 199).

La seule solution semble être d'élargir la notion de propriété et des droits de propriété. Le problème est que « nous avons tous été induits en erreur en acceptant une notion trop étroite de la propriété, une notion à l'intérieur de laquelle il est impossible de résoudre les difficultés de la théorie libérale » (Macpherson 1978, 201). Le problème disparaît si nous élargissons notre concept. Certes, la propriété doit toujours être un droit individuel, mais il n'est pas nécessaire de

Tableau 4.1
Évolution des taux de propriété pour chaque quintile et d'un quintile à l'autre : Canada, 1967 à 1981
(% des ménages propriétaires)

Quintile de revenu	1967	1973	1977	1981	% 1967–1981
Premier quintile	62	50	47	43	–19
Deuxième quintile	56	54	53	52	–3
Quintile médian	59	58	63	63	+4
Quatrième quintile	64	70	73	75	+11
Quintile supérieur	73	81	82	84	+10
Total	63	62	64	63	+1

SOURCE : Statistique Canada (1983).

Tableau 4.2
Ménages locataires par quintile de revenu : Canada, 1967 à 1981

Quintile de revenu	1967	1973	1977	1981	Écart en % 1967–1981
Premier quintile	20	27	29	31	+11
Deuxième quintile	24	25	26	26	+2
Quintile médian	22	23	20	20	–2
Quatrième quintile	19	16	15	14	–6
Quintile supérieur	14	10	10	9	–5
Total	100	100	100	100	

SOURCE : Statistique Canada (1983).

la restreindre, comme l'a fait la théorie libérale, au droit d'exclure autrui de l'usage ou de l'avantage d'une chose; elle peut tout aussi bien être un droit individuel à ne pas être exclu par autrui de l'usage ou de l'avantage d'une chose. Le droit de ne pas être exclu par autrui pourrait provisoirement être énoncé comme le droit individuel à un accès égal aux moyens de travailler et (ou) de vivre (Macpherson 1978, 201).

En tant que « moyen de vivre » essentiel, le logement est et demeurera au premier plan de ce débat philosophique et politique fondamental. L'intervention gouvernementale dans le secteur du logement est controversée parce qu'elle a une incidence déterminante sur les droits de propriété. À la différence de la plupart des autres biens durables de consommation, le logement est intimement lié au problème de la propriété et des droits de propriété. C'est pourquoi les droits et les obligations liés à la propriété et à la location continueront de connaître des changements importants.

LA POLARISATION DES MÉNAGES SELON LE REVENU ET LE MODE D'OCCUPATION

La seconde conséquence des tendances de l'après-guerre en matière de mode d'occupation porte sur la demande d'accession à la propriété. Nourrie par de nombreux facteurs, dont les politiques gouvernementales en matière de logement et de fiscalité ne sont pas les moindres, cette demande a abouti à la polarisation des ménages en fonction du revenu et du mode d'occupation.

Le tableau 4.1 présente les tendances de la répartition de la propriété selon les groupes de revenu. Il y a eu des gains chez les deux quintiles supérieurs et des baisses chez les deux quintiles inférieurs entre 1967 et 1985. Un délai de 18 ans est relativement court pour un changement aussi marqué de la répartition des modes d'occupation. C'est la preuve de l'effet important de l'évolution des conditions macro-économiques depuis les années 60 sur le secteur de l'habitation. Le pourcentage global de ménages propriétaires, soit environ 68 %, est demeuré virtuellement inchangé pendant toute cette période.

Ce qui a été spectaculaire, c'est l'évolution de l'identité des propriétaires. Au cours d'une période où de nombreuses subventions ont été accordées au secteur de la propriété et aux accédants à la propriété, les deux quintiles supérieurs de revenu ont réalisé des gains au titre du taux de propriété (environ dix points dans chaque cas), tandis que les ménages des deux quintiles inférieurs devenaient de plus en plus des locataires. Le taux de propriété du quintile médian est demeuré à peu près le même. En somme, de nos jours un nombre moins grand de ménages appartenant aux trois cinquièmes inférieurs de la gamme des revenus sont des propriétaires, par rapport à 1967. Les programmes temporaires d'accession à la propriété mis en place depuis lors n'ont pas suivi le rythme de l'augmentation du prix des maisons et des taux d'intérêt hypothécaire. Cette tendance n'était bien sûr pas due uniquement au caractère régressif des subventions accordées par les programmes de logement; les tendances macro-économiques ont continué de jouer contre les ménages à faible revenu.

Le taux croissant de propriété chez les groupes supérieurs de revenu révèle aussi une tendance significative et inquiétante pour le secteur du logement locatif. Ce secteur est devenu de plus en plus résiduel, destiné surtout aux Canadiens à faible revenu. Il n'en a pas toujours été ainsi, comme le montre le tableau 4.1. En 1967, on trouvait la même fréquence de locataires dans chaque quintile de revenu à l'exception du plus élevé. En 1985, toutefois, l'incidence des locataires dans les deux quintiles supérieurs avait diminué tandis qu'elle augmentait dans les deux quintiles inférieurs — dans les deux cas de façon notable. Cela signifie que les ménages qui étaient en mesure de se prévaloir de l'option d'accession à la propriété l'ont fait, laissant essentiellement tous ceux qui n'avaient pas le choix dans le secteur locatif.

Faut-il alors s'étonner que les investisseurs privés ne soient pas en mesure de fournir de nouveaux logements locatifs et de réaliser un rendement sur leur investissement? Comment le Canada peut-il avoir un marché privé viable pour un bien de consommation coûteux si ses consommateurs se restreignent de plus en plus aux groupes à faible revenu? Le mécanisme du marché privé de l'offre de logements locatifs ne fonctionne plus depuis le début des années 70, et il est peu probable qu'il pourra fonctionner à l'avenir, en raison des pressions à la hausse sur le coût de fourniture d'un logement locatif et de la tendance à la baisse du profil de revenu des locataires. La vaste majorité des mises en chantier de logements locatifs privés depuis 15 ans a été subventionnée. Il n'y a plus assez de locataires dont le revenu est suffisant pour permettre les rendements économiques nécessaires à la viabilité de la plupart des nouveaux ensembles locatifs. En outre, les coûts de construction sont si élevés que les locataires qui ont les moyens de payer le loyer nécessaire sont d'ordinaire en mesure d'acheter un logement en copropriété pour à peu près le même coût mensuel.

Il est improbable que cette tendance à la polarisation des ménages canadiens en fonction du revenu et du mode d'occupation s'inversera. Il est également improbable que s'inversera le déclin du secteur locatif privé. La demande d'accession à la propriété qui a caractérisé l'après-guerre et la création d'une nouvelle forme de propriété, la copropriété, qui permet principalement au locataire à revenu élevé d'être propriétaire de ce qui serait autrement un appartement ou une maison en rangée de location, ont aidé à créer au pays une polarisation sur le plan social et sur celui du mode d'occupation. Ce phénomène risque d'entraîner de graves conséquences, aussi bien dans les rapports sociaux que dans le marché du logement, conséquences auxquelles la génération actuelle et les générations futures devront faire face.

CHAPITRE CINQ

Les fournisseurs de logements

George Fallis

CE CHAPITRE analyse les marchés du logement du point de vue de l'offre. Son but n'est pas d'étudier les conditions de logement des Canadiens, le nombre de maisons construites ou le prix des logements. Ce sont là des produits du marché du logement, des résultats de la loi de l'offre et de la demande ainsi que des programmes gouvernementaux. L'étude de l'offre porte sur les agents qui prennent les décisions en matière de produits offerts (les fournisseurs de logements), sur la technologie de production et sur le prix des intrants utilisés pour la production.

Qu'est-ce qui constitue un progrès dans le contexte de l'offre de logements? Pour le savoir, il faut, d'une part, déterminer s'il y a eu une efficacité technologique accrue, c'est-à-dire si on peut produire des services ou un stock en utilisant moins d'intrants et, d'autre part, évaluer s'il y a eu réduction des obstacles à la libre circulation des intrants pour la production des services et du stock de logements[1]. Cette façon de définir le progrès est utile lorsqu'on parle d'abordabilité. Ainsi, le logement devient « plus abordable » si les progrès techniques permettent de produire plus efficacement les services ou le stock, s'il y a chute du prix des intrants ou élimination des obstacles à la circulation des intrants. En ce sens, tout progrès dans le domaine de l'efficacité est un progrès dans celui de l'abordabilité. Les programmes gouvernementaux les plus intéressants à cet égard sont ceux favorisant l'évolution technique, la circulation des intrants et la rentabilité des fournisseurs de services ou de stocks de logements : par exemple, l'impôt sur le revenu, les impôts fonciers, la réglementation des loyers et la réglementation de l'utilisation du sol et de la construction. Les programmes gouvernementaux visant directement à améliorer les conditions de logement, comme le logement public ou le logement sans but lucratif, sont traités dans d'autres chapitres.

Les différents aspects de l'offre de logement

Pour l'analyse de l'offre de logements, la distinction entre les biens de consommation et les biens de capital est importante. Un bien de consommation est quelque chose qu'on utilise ou qu'on consomme pour accroître son bien-être.

Un bien de capital est quelque chose qui a une longue durée et qui sert à la production de biens de consommation. Il est utile de distinguer entre le marché où s'échangent des biens de consommation et celui où s'échangent des biens de capital. Chacun de ces deux marchés a une composante d'offre particulière. En matière de logement, le bien de consommation porte le nom de services de logement. Tous les ménages (sauf les sans-logis), qu'ils soient locataires ou propriétaires, consomment des services de logement. Le bien de capital utilisé pour la production des services de logement s'appelle le stock ou parc de logements. Il nous fait étudier les fournisseurs tant des services de logement que du parc résidentiel.

En ce qui concerne l'offre du marché locatif, les propriétaires-bailleurs sont les fournisseurs des services de logement. Les services de logement sont produits au moyen de biens d'équipement (un immeuble et son terrain) de même que d'autres intrants comme la main-d'œuvre, le chauffage et l'électricité. Il y a trois sortes de propriétaires-bailleurs : ceux du secteur privé (à but lucratif) ; ceux du secteur gouvernemental et ceux du troisième secteur, comme les associations sans but lucratif et les coopératives. La très grande majorité des fournisseurs appartiennent au secteur privé. Les propriétaires-bailleurs du secteur privé constituent un groupe diversifié : sociétés, propriétaires d'un petit immeuble, particuliers louant une partie de leur maison. Tous ces propriétaires-bailleurs privés peuvent être vus comme des « entreprises » qui ont des recettes provenant des ventes (c.-à-d. les loyers) et des coûts de production. Les propriétaires-bailleurs du secteur privé paient de l'impôt sur leur gain net; en ce sens, le régime fiscal influe sur la rentabilité de ces entreprises, et par conséquent sur le nombre de nouvelles entreprises entrant dans le marché. Les propriétaires-bailleurs du secteur public et du troisième secteur doivent bien sûr connaître leurs recettes et leurs coûts, mais ils ne versent pas d'impôt sur le revenu et sont motivés par des facteurs autres que les bénéfices.

Si la nature de l'offre dans le marché locatif est évidente, qui sont les fournisseurs de services de logement aux propriétaires-occupants? Les propriétaires consomment chaque année des services, tout comme les locataires. En ce qui concerne l'offre, les propriétaires-occupants sont leurs propres propriétaires-bailleurs; ils produisent des services au moyen d'un bien de capital (une maison et son terrain) de même que d'autres intrants comme la main-d'œuvre, le chauffage et l'électricité. On tient compte de ce fait dans le calcul du produit intérieur brut (PIB). Une des composantes du PIB est la somme de la valeur des biens de consommation produits dans le pays — somme qui comprend à la fois le total des loyers versés par les locataires aux propriétaires-bailleurs et la valeur estimative des services de logement produits par les propriétaires-occupants pour eux-mêmes, c'est-à-dire les loyers théoriques. Les services de logement tant pour les propriétaires-occupants que pour les locataires s'établissent à environ 11 % du PIB. Les propriétaires-occupants sont à la fois les utilisateurs de services de logement et les fournisseurs des services qu'ils produisent pour eux-mêmes. Il n'est pas facile d'analyser le marché des services de logement pour propriétaires-occupants, parce qu'aucune transaction explicite n'a lieu entre le ménage en tant que locataire et le ménage en tant que propriétaire-bailleur. Cependant, nous avons besoin d'une idée de ce marché pour analyser certains aspects de la question du logement : par exemple, pour comprendre le choix du mode d'occupation, compte tenu du fait que la propriété est à la fois une décision de consommation (tout comme la location) et une décision de placement (comme celle que prend le propriétaire-bailleur). L'analyse de l'offre du marché doit reconnaître le rôle des propriétaires-bailleurs aussi bien que celui des propriétaires-occupants en tant que fournisseurs de logements.

À tout moment, le parc de logements (le bien de capital) construit dans le passé peut servir à produire des services de logement. Lorsqu'on évalue l'importance de ce parc, on a tendance à considérer surtout la marge, c'est-à-dire ceux qui fournissent des logements additionnels. Un parc de logements peut être créé par la construction ; dans ce cas, les fournisseurs sont les constructeurs et les promoteurs de l'industrie de la construction domiciliaire. Une petite quantité de logements additionnels provient de ceux qui construisent leur propre maison. Cependant, on peut aussi créer un nouveau stock de logements par la rénovation de bâtiments existants. Les fournisseurs sont alors les entreprises de rénovation et les résidants qui rénovent eux-mêmes le logement dont ils sont propriétaires ou locataires.

Ces fournisseurs utilisent une technologie de production pour combiner des intrants (main-d'œuvre, matériaux de construction et terrains) en vue de produire des logements. À l'exception des bricoleurs, ces fournisseurs tirent des recettes de leurs ventes et ont des coûts de production. Ici encore, l'impôt sur le revenu a une influence sur la rentabilité de la fourniture de logements et influe donc sur la quantité de logements produite chaque année.

Les ajouts aux parcs de logements sont un investissement en logement, c'est-à-dire une production de biens de capital. Le calcul du PIB inclut aussi la valeur des biens de capital produits. L'investissement en logement fluctue autour de 6 % du PIB depuis 1951. Cet investissement se partage entre les constructions neuves, les modifications et améliorations et les coûts de cession relatifs à l'achat et à la vente d'immeubles résidentiels existants. Cette ventilation est présentée au tableau 5.1 pour certaines années entre 1951 et 1986. Jusqu'à environ 1970, près de 70 % de l'investissement en logement au Canada était composé de constructions neuves, mais depuis l'importance de cette composante a diminué. Depuis 15 ans, la rénovation constitue un facteur important de l'évolution du parc résidentiel.

Les fournisseurs des services de logement

On a vu que les fournisseurs des services de logement sont les propriétaires-bailleurs (du secteur privé, du gouvernement et du troisième secteur) et les propriétaires-occupants. La section qui suit traite des décisions prises par ces agents. À court terme, les fournisseurs tiennent compte des recettes provenant de chaque niveau de production, de la technologie et du prix des intrants.

Tableau 5.1
Composantes de l'investissement en logement : Canada, 1951–1986
(en millions de dollars)

	Investissement en logement (IL)†	Construction neuve		Modifications et améliorations	
		Total	% de l'IL	Total	% de l'IL
1951	1 054	725	69	252	24
1956	2 219	1 635	74	447	20
1961	2 156	1 446	67	406	19
1966	3 166	2 148	68	578	18
1971	5 589	4 050	72	1 056	19
1976	14 140	9 452	67	3 193	23
1981	20 569	11 122	54	6 353	31
1986	30 669	15 348	50	10 167	33

SOURCE : Statistique Canada (1986).
† La troisième composante de l'investissement en logement comprend les coûts de cession liés à l'achat et à la vente de propriétés résidentielles existantes. Les conversions sont considérées comme une construction neuve.

La technologie de la production des services de logement est mal connue, mais un examen sommaire porte à croire qu'elle est relativement simple. Une fois qu'on a choisi un niveau de stock, la possibilité de substitution des intrants à court terme est restreinte; le parc, la main-d'œuvre, le chauffage et l'électricité sont combinés selon des proportions fixes. Les choix technologiques qui s'offrent aux producteurs n'ont pas beaucoup évolué depuis 1945 et ne risquent guère de changer dans un proche avenir. Mais l'activité de production d'un fournisseur n'est pas sans importance; il faut payer les factures, y compris les impôts fonciers, effectuer de petites réparations, prendre des dispositions pour l'assurance, voir à l'entretien du terrain. Les propriétaires-bailleurs, aussi bien du secteur privé, du gouvernement que du secteur sans but lucratif, produisent des services pour leurs locataires.[2] Dans les coopératives, les locataires sont également les producteurs des services. Les propriétaires-occupants les produisent pour eux-mêmes, bien qu'ils puissent confier à d'autres une bonne partie du travail; dans les logements en copropriété, le travail sur les aires communes est effectué par l'ensemble des copropriétaires. Ainsi, chaque mode d'occupation peut comporter une participation différente à la production des services. On peut affirmer que le choix du mode d'occupation est influencé par la capacité et le désir des consommateurs de produire des services de logement.

LE PARC DE LOGEMENTS

L'intrant le plus important est le bien de capital — le logement — c'est-à-dire l'immeuble et le terrain. Les tableaux 9.1 et 9.2 résument les données sur le parc canadien de logements — en nombre de logements — selon le mode d'occupation, le type, et la région. Malheureusement, il n'existe aucune donnée permettant de mesurer correctement le parc de logements. Certes, il existe des registres des logements et des données sur leur âge, leur état ainsi que sur les systèmes de plomberie, d'électricité et de chauffage, mais deux logements présentant des caractéristiques semblables peuvent être différents par la taille et la qualité.

Que savons-nous du parc de logements disponibles pouvant offrir des services de logement pour les Canadiens? On avait l'habitude d'utiliser les données sur l'eau courante, l'eau chaude, la baignoire et le chauffage central pour mesurer la qualité du parc de logements, mais ces indicateurs ne sont plus utiles, car la presque totalité du parc est maintenant de bonne qualité à cet égard. Le recensement de 1981 a tenté de déterminer si les logements avaient besoin d'un simple entretien de routine, de réparations mineures ou de réparations majeures. Environ 76 % des logements n'avaient besoin que d'un entretien de routine; 17 % avaient besoin de réparations mineures et 7 % de réparations majeures. Toutefois, ces données ne représentent que les opinions des occupants, dont les perceptions et les attentes varient considérablement.

Néanmoins, on peut affirmer avec certitude que la grande majorité du parc canadien de logements est en bon état, moins de 10 % ayant besoin de réparations importantes. Les enquêtes des professionnels portent à croire que la presque totalité du parc est structuralement saine (voir Klein et Sears et autres 1983; Barnard Associates 1985). Cependant, le cœur de la question, ce n'est pas l'état actuel du parc canadien de logements, mais à quel rythme il pourrait perdre de sa valeur au cours des prochaines décennies. Les immeubles, comme tous les biens d'équipement, se déprécient à l'usage. Bien qu'ils puissent être améliorés ou maintenus au même niveau par d'autres dépenses d'investissement (des rénovations), qu'est-ce qui pourrait se produire en l'absence d'investissements substantiels? La vitesse à laquelle un immeuble se déprécie dépend de l'âge, de la qualité de la conception originale, des matériaux et de la construction ainsi que de l'entretien et des rénovations effectuées tout au long de la vie de cet immeuble. Bien qu'on ait peu de données sur le rythme de dépréciation des immeubles, il est vraisemblablement lent pendant les 15 ou 20 premières années (ou plus, selon la qualité de la construction à l'origine) puis il s'accélère. En 1981, environ 45 % du parc avait été construit entre 1945 et 1970, ce qui porte à croire que près de 45 % du parc pourrait atteindre l'âge où un investissement majeur pourrait être nécessaire. Mais on ne peut tirer de conclusions à partir de ces données, parce que nous ne connaissons pas la qualité originale ni les dépenses d'investissement depuis la construction.

Est-ce que le parc locatif canadien a commencé de se déprécier rapidement? Barnard Associates (1985) ont étudié le parc locatif de faible hauteur d'après des inspections par des professionnels portant sur plus d'une centaine d'immeubles à Toronto, Ottawa et Hamilton. Ces immeubles étaient au départ de bonne qualité et se sont bien conservés, mais plus du tiers ont plus de 40 ans. L'âge est le facteur qui indique qu'il faudra bientôt procéder à une remise en état majeure[3].

L'étude a révélé que le quart des logements avaient besoin de réparations majeures pour être conformes aux normes minimales. La charpente de presque tous les immeubles était saine. Les principaux problèmes touchaient des composantes extérieures comme les murs, les escaliers, les fenêtres et les portes où l'on constatait la pénétration d'humidité et une détérioration croissante, de même que les systèmes de chauffage qui avaient besoin de réparations majeures ou de remplacement. Klein et Sears et autres (1983) ont étudié le parc locatif de grande hauteur en Ontario et ont aussi signalé qu'il aurait bientôt besoin de grosses dépenses d'investissement. Le problème de ces bâtiments n'était pas l'âge, mais la mauvaise qualité de la conception et de la construction. La charpente des immeubles était saine, mais ils avaient été dégradés par le temps (les toits, les murs et les fenêtres posaient des problèmes) ; les garages, les balcons et les garde-fou présentaient des problèmes structuraux; souvent, les tuyaux galvanisés, les chaudières et les pompes avaient besoin d'être remplacés. On retrouvait la même situation aussi bien dans le parc privé, que gouvernemental ou du troisième secteur.

On ne saurait dire si cette situation est la même partout au Canada; il faudrait d'autres données et d'autres analyses. Cependant, il se pourrait bien que l'image globale soit la même, car l'âge du parc et la situation financière des propriétaires-bailleurs sont en gros semblables. Le parc locatif est actuellement en bon état, mais il pourrait connaître une dépréciation rapide au cours des dix prochaines années en raison de son âge, des insuffisances de conception et de construction et de l'effet cumulatif de travaux d'entretien qui se contentaient souvent de parer au plus pressé. Si tel est le cas, il pourrait s'avérer nécessaire de procéder à des investissements dans le parc existant, à une échelle inconnue au cours des 40 dernières années, tout simplement pour conserver le niveau actuel de services de logement. Cela pourrait représenter un défi de taille pour la politique du logement à l'avenir, car la situation se présente après une longue période où il y a eu peu d'écarts entre les loyers et les coûts (voir la section suivante). Pour le propriétaire-bailleur, le revenu locatif net prévu doit être suffisant pour produire un rendement sur les fonds investis pour que les travaux soient entrepris.

Cette question est importante lorsqu'on étudie la qualité et l'abordabilité des logements, car bon nombre de ces logements, particulièrement les immeubles de faible hauteur, sont à loyer modique et sont occupés par des ménages à faible revenu. La démolition aurait pour effet d'éliminer des logements que ces ménages ont les moyens d'habiter et de les remplacer souvent par de nouveaux logements trop chers pour eux, tandis que des réparations majeures exigeraient soit une augmentation importante de loyer, soit de fortes subventions.

AUTRES INTRANTS

Les autres intrants de la production des services de logement sont la main-d'œuvre, l'eau, le chauffage et l'électricité. Ces intrants sont facilement disponibles actuellement et le seront vraisemblablement à l'avenir. Depuis 1945, il y a eu des changements importants, car on a ajouté la plomberie intérieure, le

Tableau 5.2
Indices des prix des intrants pour la production des services de logement : Canada, 1949–1985

	Loyer	Taxes foncières*	Intérêt hypothécaire*	Assurance*	Eau, combustible, électricité	Tous les éléments de l'IPC
(a) 1949=100						
1949	100		100†		100‡	100
1956	135		128		117	118
1961	143		152		123	131
(b) 1961=100						
1961	100	100	100	100	100	100
1966	104	119	120	125	100	111
1971	123	159	199	198	117	133
(c) 1971=100						
1971	100	100	100	100	100	100
1976	120	126	199	266	173	149
1981	157	173	296	435	342	237
(d) 1981=100						
1981	100	100	100	100	100	100
1985	128	137	137	128	144	127

SOURCE : SLC (1961, 1971, 1981, 1985).
* Composante de l'indice de propriété de l'IPC.
† Évalué par substitution de l'indice de la propriété de l'IPC.
‡ Évalué par substitution de l'indice d'exploitation des ménages de l'IPC.

chauffage central et des systèmes électriques modernes; les changements ont été les plus marqués dans les petites villes et les campagnes. La presque totalité du parc canadien de logements possède maintenant des systèmes mécaniques complets. Il semble peu probable qu'on connaisse des problèmes d'offre de main-d'œuvre, d'eau, de chauffage ou d'électricité pendant la prochaine décennie.

Le prix relatif de ces intrants s'est modifié depuis 1945. Ce sont les indices des prix de l'eau, du combustible et de l'électricité qui forment cette composante de l'indice général des prix à la consommation (IPC) (voir la colonne 5 du tableau 5.2). Pendant les années 50 et 60, ces prix ont augmenté plus lentement que l'IPC et que ceux des autres intrants de la production des services de logement; mais il y a eu un changement dans les années 70, l'indice de l'eau, du combustible et de l'électricité s'élevant plus rapidement que les autres indices des prix. Dans les années 80, l'indice a continué d'augmenter, mais plus lentement.

Trois autres coûts sont liés à la production des services de logement : les impôts fonciers, l'assurance et les intérêts hypothécaires. Presque tous les fournisseurs de logements obtiennent un prêt hypothécaire pour l'achat d'un stock de logements, de sorte que les intérêts payés à l'égard du prêt constituent un coût de production. Les coûts des intérêts hypothécaires pour les fournisseurs se mesurent non pas d'après l'indice des taux d'intérêt du marché pour chaque année, mais d'après l'indice des taux des prêts hypothécaires en cours de remboursement. Aucun indice n'est disponible pour les propriétaires-bailleurs et il faudra utiliser celui des propriétaires-occupants pour l'ensemble des fournisseurs. Le tableau 5.2 présente des indices des prix pour ces intrants. Dans les années 50 et 60, ces indices ont augmenté plus rapidement que l'IPC. Dans les années 70, les impôts fonciers ont augmenté moins rapidement que l'IPC, tandis que les coûts d'intérêt et l'indice d'assurance augmentaient plus rapidement. Dans les années 80, ces coûts ont suivi l'augmentation générale des prix.

LA SITUATION FINANCIÈRE DES FOURNISSEURS

Un tableau composite de la situation des loyers et des coûts pour les fournisseurs de logements, particulièrement ceux du secteur privé, depuis 1945 (voir le tableau 5.2) révèle que, dans les années 50, les loyers ont augmenté plus rapidement que l'IPC et ont en gros suivi le rythme des coûts. Dans les années 60, les loyers ont augmenté moins rapidement que l'IPC, mais les coûts ont augmenté plus rapidement que les loyers. Dans les années 80, les prix, les loyers et les coûts ont évolué de concert. Ainsi donc, les producteurs privés ont fait face à une compression dans les années 60, laquelle s'est considérablement resserrée dans les années 70, et il n'y a eu aucun redressement dans les années 80.[4] Il est toutefois intéressant de constater que la valeur des propriétés locatives n'a pas chuté dans les années 70 en dépit de cette compression des loyers et des coûts. Dans les années 70, ceux qui investissaient dans l'immobilier locatif réussissaient bien, même si les valeurs ont commencé à chuter dans certains secteurs dans les années 80.[5]

Le bilan est donc clair. Le commerce de fourniture de services de logement pour propriétaire-bailleur privé est devenu moins attrayant, car les augmentations de loyer sont restées inférieures à celles des coûts. À moins qu'il n'y ait redressement des loyers à la hausse ou de nouvelles subventions gouvernementales, il n'y aura guère d'incitations à rénover le parc existant, ce qui accroîtra les pressions en vue de la conversion en copropriété ou de la démolition des immeubles. Par conséquent, un nombre moins grand de particuliers ou d'entreprises souhaiteront devenir des fournisseurs de logements.

Les propriétaires-bailleurs du secteur public et du troisième secteur font face à la même compression, bien qu'elle se manifeste différemment. Le gouvernement est propriétaire-bailleur parce qu'il est propriétaire des logements publics. Les loyers ne sont pas fixés par le marché, mais proportionnés au revenu des locataires. Au mieux, on peut s'attendre à ce que les revenus des locataires, et donc les loyers, augmentent avec le temps au rythme de l'indice général des prix. Étant donné que les propriétaires-bailleurs de logements publics ont des prêts hypothécaires à long terme, ils n'ont pas eu à faire face à des augmentations d'intérêts; ils doivent néanmoins subir les mêmes augmentations des autres coûts que les propriétaires-bailleurs du secteur privé. Le coût de subvention par logement public a augmenté plus rapidement que le niveau général des prix. Les propriétaires-bailleurs du secteur privé font face à la compression des bénéfices; ceux du secteur public à l'augmentation des subventions. Ironiquement, les résultats sont semblables; les particuliers et les entreprises sont moins portés à devenir propriétaires-bailleurs, et les gouvernements sont moins portés à construire de nouveaux logements publics.[6] Les propriétaires-bailleurs du troisième secteur fixent les loyers de façon à couvrir les coûts. Les prêts hypothécaires à long terme protégaient les anciens propriétaires contre des augmentations des taux d'intérêt; mais les nouveaux propriétaires-bailleurs ont commencé avec des taux d'intérêt élevés (ou de fortes subventions). Les autres coûts ont augmenté rapidement pour les propriétaires-bailleurs du troisième secteur, tout comme pour ceux du secteur privé, et les loyers ont augmenté en conséquence.

Enfin, bien sûr, les coûts de production des propriétaires-occupants ont augmenté de la même manière. Ils ont dû faire face à de fortes augmentations des taux d'intérêts hypothécaires, des assurances et du coût du combustible. Ces coûts ont été compensés par des gains de capital sur leur logement — des gains qui se maintiennent grâce à une forte demande anticipée de logements pour propriétaires-occupants. Il faut noter que pour beaucoup de propriétaires ces gains sont comptabilisés, mais non réalisés; certains accédants à la propriété et certains propriétaires âgés ont dû faire face à des problèmes d'encaisse.

AUTRES DÉCISIONS DES FOURNISSEURS

À court terme, les fournisseurs agissent comme gestionnaires immobiliers. Ils doivent aussi prendre d'autres décisions, à savoir s'ils doivent s'adresser au marché des propriétaires-occupants ou à celui de la location, et combien de logements ils doivent offrir. Les fournisseurs jouissent généralement d'une certaine marge de manœuvre à cet égard, avec de petites modifications à l'immeuble. Les propriétaires-bailleurs du secteur privé et les propriétaires-occupants effectuent souvent des changements; les propriétaires-bailleurs du secteur gouvernemental et du troisième secteur demeurent d'ordinaire dans le marché locatif et fournissent le même nombre de logements.

Les propriétaires-bailleurs du secteur privé qui possèdent des maisons individuelles ou jumulées peuvent réduire la quantité de leurs logements et transférer leurs immeubles au marché de la propriété. Les jeunes familles peuvent acheter une maison, en habiter un étage tout en louant le sous-sol et les autres étages; graduellement, la famille cesse de louer certains étages de la maison pour les occuper elle-même. Cela se pratiquait souvent chez les immigrants, qui louaient à des nouveaux arrivants. La transformation d'une maison comprenant plusieurs logements loués en un seul logement occupé par le propriétaire peut également se produire à la vente de l'immeuble, mécanisme maintenant associé à la « gentrification ». Il arrive aussi que des collectifs en location soient convertis en copropriétés. Ces transferts dépendent de la valeur de l'immeuble dans le marché locatif, en comparaison de sa valeur pour les propriétaires-occupants. Compte tenu de la compression des loyers et des coûts pour les propriétaires-bailleurs du secteur privé conjuguée à la forte demande d'accession à la propriété, ce transfert risque de se poursuivre.

Il peut aussi y avoir passage de la propriété au marché locatif, ce qui entraîne souvent l'augmentation du nombre de logements. Ces transferts se produisent principalement lorsque des propriétaires-occupants louent une partie de leur maison. Il se produit d'autres transferts lorsque les propriétaires-occupants louent leur maison, d'ordinaire temporairement, et lorsque les propriétaires louent leurs logements en copropriété. La location d'une partie d'une maison occupée par le propriétaire dépend de la valeur des locaux selon les deux utilisations possibles.[7] Ces transferts pourraient représenter des sources importantes de logements locatifs et de logements abordables à l'avenir. Il se peut que les propriétaires âgés désirent demeurer dans leur maison, tout en tirant un certain revenu de leur logement. Ce dossier est d'actualité dans certaines villes. La réglementation actuelle limite souvent de tels transferts, et la question de l'assouplissement de cette réglementation sera certainement à l'ordre du jour dans les années à venir.

LES EFFETS DES PROGRAMMES GOUVERNEMENTAUX

La politique fédérale de logement a eu comme but principal d'assurer des fonds hypothécaires suffisants pour ceux qui désirent acheter des immeubles d'appartements ou des maisons et devenir fournisseurs de services de logement. Par exemple, les premières initiatives prenaient la forme de prêts conjoints, d'assurance-prêt hypothécaire et de prêts directs; à la fin des années 70, on a mis au point un prêt hypothécaire à paiements progressifs afin de lutter contre l'effet de déséquilibre.

Un autre ensemble de programmes portait sur les coûts des intrants pour les fournisseurs, surtout les impôts fonciers et les coûts de chauffage. Le contexte des finances provinciales et municipales et les pouvoirs conférés aux deux paliers de gouvernement influencent le niveau des impôts fonciers. Il y a à ce chapitre des différences considérables entre les provinces (voir Higgins 1986). À compter de 1945, les dépenses et les pouvoirs des municipalités ont connu une croissance rapide et la plupart des provinces ont pris des mesures pour ralentir la croissance des impôts fonciers en augmentant les subventions et en transférant certaines responsabilités au palier provincial. On a souvent demandé d'ajouter d'autres sources fiscales aux municipalités ou de mettre en place un véritable partage des revenus avec les provinces afin de réduire encore l'augmentation des impôts fonciers, mais on n'a pas tenu compte de ces demandes, et il est peu probable qu'on le fasse à l'avenir.[8]

Les gouvernements ont aussi pris des mesures dans les années 70 pour protéger les fournisseurs de logements (et tous les utilisateurs de produits pétroliers) contre les augmentations du prix du pétrole. Le gouvernement fédéral a maintenu les prix canadiens du pétrole au-dessous des prix mondiaux, il a subventionné la conversion du pétrole à d'autres sources d'énergie, il a subventionné l'isolation des maisons et a financé des recherches sur l'aménagement des immeubles existants. Bon nombre de provinces ont offert une aide supplémentaire.

Les programmes gouvernementaux n'ont pas tous été à l'avantage des fournisseurs de logements. L'exemple le plus manifeste est la réglementation des loyers par les provinces. Selon les circonstances et les provinces, la réglementation a pris diverses formes. La plupart des régimes fixaient une augmentation annuelle permissible des loyers, avec des dispositions permettant des augmentations supplémentaires si l'augmentation des coûts du propriétaire le justifiait. Parfois, les logements neufs étaient exemptés, tout comme les immeubles gouvernementaux et ceux du troisième secteur. Cette réglementation exécutoire empêche les loyers d'augmenter et avantage donc les locataires aux dépens des propriétaires-bailleurs. Lorsque les loyers n'augmentent pas, l'entretien est réduit, la construction neuve est réduite, les taux d'inoccupation chutent, la mobilité est réduite et des mécanismes autres que le prix limitent le nombre de logements disponibles. On ne peut nier que ce soient là des effets de la réglementation, mais on ne s'entend pas sur l'ampleur de ces effets. L'ampleur dépend du régime et du marché en cause, mais il y a dans tous les cas une corrélation fondamentale : plus les loyers sont maintenus bas, plus les locataires sont avantagés, plus les propriétaires-bailleurs sont désavantagés et plus les effets négatifs, comme la réduction de l'entretien, de la construction et de la mobilité, sont considérables.

Même si ce n'était pas là le but visé, avec l'évolution des lois de l'impôt depuis 1945, il est devenu moins intéressant d'être propriétaire-bailleur privé. Autrefois, l'investissement dans des immeubles résidentiels locatifs présentait plusieurs avantages. C'était un abri fiscal et les pertes générées par la déduction pour amortissement (DPA) pouvaient être déduites des autres revenus. En outre, la DPA était généralement plus importante que la dépréciation réelle et les gains de capital réalisés sur la vente de l'immeuble n'étaient pas imposés. Depuis 1945, la réforme fiscale vise à éliminer les avantages particuliers et à traiter de la même façon toutes les formes de revenu et toutes les sortes d'activités économiques. Si la neutralité fiscale est souhaitable, il n'en demeure pas moins que le secteur avantagé se trouve lésé lorsque ses avantages fiscaux sont éliminés.[9]

La réforme fiscale de 1971 éliminait les abris fiscaux pour les particuliers investisseurs et imposait 50 % des gains de capital réalisés. Fait intéressant, les propriétaires-occupants ont conservé tous leurs avantages fiscaux et on n'a jamais sérieusement songé à les éliminer. En 1974, l'abri fiscal a été rétabli avec le programme IRLM. Ce programme devait durer un an, mais il a été renouvelé et ne s'est finalement terminé qu'en 1981. En 1985, les particuliers ont reçu une exemption à vie des gains de capital plafonnée en 1987 à 100 000 $. C'est aussi en 1987 que la DPA a été réduite pour les nouveaux investisseurs dans des immeubles locatifs. Dans l'ensemble, la réforme fiscale a éliminé les avantages que comportait l'investissement dans des immeubles locatifs, et les modifications de 1987 ont poursuivi cette tendance.

Finalement, bon nombre de programmes fédéraux et provinciaux de logement ont aidé les fournisseurs de services de logement et donc encouragé la construction de nouveaux immeubles locatifs. Dans certains cas, l'aide devait être répercutée sur les locataires sous forme de réduction de loyer, c'était le cas notamment du programme fédéral des compagnies de logement à dividendes limités, à la différence d'autres programmes comme le PALL ou le RCCLL. Le financement annuel de ces programmes a connu de fortes variations. Une part de l'accroissement du financement au milieu et à la fin des années 70 visait à compenser les effets négatifs de la réglementation des loyers et des modifications fiscales. Les données sont insuffisantes pour évaluer l'effet net de ces programmes sur le niveau du parc de logements au Canada. Certes, il y a un plus grand nombre de fournisseurs de logements qu'il n'y en aurait sans cela, mais bon nombre de ceux qui ont bénéficié d'une aide seraient de toute façon devenus des fournisseurs. En outre, le fait d'emprunter pour financer un programme gouvernemental de logement fait monter les taux d'intérêt et réduit la construction non subventionnée.[10]

Tout au long de la seconde moitié de l'après-guerre, on s'est demandé s'il fallait subventionner les logements locatifs des ménages qui ne sont pas pauvres. Divers programmes de logement ont proposé des réponses différentes. Par exemple, le contrôle des loyers suppose que la réponse est oui. L'élimination des avantages fiscaux suppose qu'elle est non. Le PALL et le RCCLL supposent un oui. À l'heure actuelle, le gouvernement fédéral semble répondre non et soutenir que l'aide au logement devrait être orientée vers ceux qui en ont besoin.

La demande de logements neufs

L'évolution du parc résidentiel est un résultat du marché, combinant la demande, l'offre et l'action gouvernementale. L'analyse de la demande de logements et celle de la fourniture de services de logement entrent naturellement en parallèle. L'offre du marché des services de logement devient la demande du marché de l'habitation, parce que les fournisseurs existants, ou les fournisseurs éventuels, deviennent les demandeurs de nouveaux logements. Les particuliers et les entreprises demandent des logements parce qu'ils veulent devenir fournisseurs de logements. Les nouveaux logements peuvent s'ajouter par le moyen de la rénovation, de la construction ou de la conversion. La demande de maisons pour propriétaires-occupants étant étudiée au chapitre 3, nous n'allons pas l'aborder ici.

Pour les propriétaires-bailleurs du secteur privé, la décision de rénover ou d'acquérir un nouvel immeuble est une décision d'investissement. Les propriétaires-bailleurs actuels ou éventuels examinent le taux de rendement et les risques et les comparent aux taux de rendement et aux risques des autres secteurs d'entreprise. La compression des loyers et des coûts, le contrôle des loyers et les changements fiscaux ont fait de la fourniture des services de logement un commerce moins intéressant. Bien que ces programmes puissent avoir par ailleurs des effets souhaitables, il faut reconnaître les conséquences pour la demande de nouveaux logements.

Sans une hausse des loyers ou une baisse des coûts, sans une évolution du cadre fiscal et réglementaire ou de nouvelles subventions gouvernementales, l'expansion du secteur locatif privé demeurera peu intéressante.[11] Ce fait est largement reconnu lorsqu'on parle de construction de nouveaux logements locatifs. On comprend maintenant qu'il en est de même pour ce qui est de la rénovation du parc existant. Une bonne partie de notre parc locatif pourrait bientôt entrer dans une phase de dépréciation rapide. Pour maintenir le parc existant il faudra des dépenses d'immobilisations substantielles, mais sur le plan strictement commercial, cette démarche a perdu de son intérêt.

Lorsque les propriétaires-bailleurs du secteur privé font l'acquisition de nouveaux logements, soit par rénovation soit par construction, l'achat est d'ordinaire financé par un prêt hypothécaire. Le coût et la disponibilité du crédit hypothécaire aident à déterminer la demande de nouveaux logements (en même temps que les prévisions des loyers et les autres coûts). Les marchés canadiens des capitaux sont maintenant bien développés et le crédit hypothécaire au taux d'intérêt du marché sera vraisemblablement disponible pour la construction neuve à l'avenir.

Les prêts destinés à la rénovation pourraient cependant présenter des problèmes. Les prêts à la rénovation diffèrent des prêts pour la construction neuve. La valeur par logement est généralement moindre, mais les coûts d'administration sont plus élevés. Il faut évaluer la qualité du logement de départ, aussi bien que la rénovation proposée, et le système d'inspection des travaux en cours n'est pas aussi bien développé. Les prêts pour la construction neuve sont habituellement versés à mesure que les travaux avancent, et la valeur de la propriété augmente aussi avec la progression des travaux. Dans le cas de la rénovation, la valeur de la propriété chute dans les premiers stades, c'est-à-dire lorsqu'on a démoli sans avoir encore commencé à remettre à neuf. Les prêts comportent donc un risque plus grand. Mais ces problèmes étant inhérents aux travaux de rénovation, il est improbable que les prêts du secteur public, sans subvention, soient différents en quoi que ce soit de ceux du secteur privé.

La demande de nouveaux logements de la part des gouvernements et des propriétaires-bailleurs du troisième secteur ne dépend pas du taux de rendement des logements; il n'en demeure pas moins que le rapport entre les recettes et les coûts entre en ligne de compte. La volonté du gouvernement de développer le logement public n'est pas indépendante du montant des subventions par logement. La rénovation des logements publics existants exigera soit la hausse des loyers, soit l'augmentation des subventions. Les immeubles du troisième secteur auront aussi besoin de travaux de rénovation au cours des quelques prochaines décennies, ce qui exigera, encore ici, soit la hausse des loyers, soit l'augmentation des subventions. Klein et Sears et autres (1983) ont examiné un immeuble « typique » du troisième secteur et ont évalué l'augmentation des loyers nécessaire pour payer les investissements. L'augmentation absolue des loyers ne différait pas beaucoup de celle dont avaient besoin les propriétaires-bailleurs du secteur privé; mais l'augmentation en pourcentage était beaucoup plus élevée, près de 45 %, puisque les loyers actuels du troisième secteur sont plus bas.

En résumé, la demande de nouveaux logements locatifs, soit par rénovation soit par construction, a diminué en raison de la compression des loyers et des coûts, en raison aussi de l'évolution de la fiscalité et de la réglementation (sans parler d'autres facteurs comme la démographie et le choix du mode d'occupation). En outre, les programmes gouvernementaux visant à stimuler la création de nouveaux logements ont été éliminés ou réduits. L'importance de la demande future dépendra de la mesure dans laquelle le gouvernement sera prêt à laisser augmenter les loyers privés ou à subventionner l'activité privée, à accroître son rôle de propriétaire-bailleur et à subventionner les propriétaires-bailleurs du troisième secteur, ou alors à laisser augmenter les loyers du troisième secteur.

Les fournisseurs de nouveaux logements

On a vu que la demande du marché du parc de logements est liée aux fournisseurs des services de logement. Les fournisseurs de nouveaux logements sont l'industrie de la rénovation, celle de la construction neuve et les bricoleurs.[12]

L'INDUSTRIE DE LA RÉNOVATION

L'industrie de la rénovation utilise la technologie disponible afin de combiner un bâtiment existant, des matériaux de construction et de la main-d'œuvre pour produire un parc de logements. L'industrie qui fournit la rénovation au Canada est mal connue. Des données partielles révèlent qu'il y a beaucoup de petites entreprises et presque aucune grande entreprise, ce qui porte à croire que les coûts fixes pour la mise sur pied d'une entreprise sont faibles et qu'il y a peu d'économies d'échelle. Chaque chantier est unique, parce qu'il est installé dans un bâtiment existant —des bâtiments qui, même s'ils étaient semblables au moment de la construction, se sont dépréciés à des degrés différents et ont connu une histoire différente d'entretien et de rénovation. Souvent, on ne connaît pas vraiment les caractéristiques structurales ni l'état du bâtiment tant que les travaux n'ont pas commencé. Il arrive souvent que des entreprises quittent l'industrie après avoir fait faillite ou parce que les exploitants trouvent un meilleur travail ailleurs. Tout comme dans la construction de nouveaux immeubles, ce n'est pas la même entreprise qui fait tout le travail : un entrepreneur général dirige les opérations et confie les divers travaux à des sous-traitants, par exemple des charpentiers, des électriciens, des plombiers, des poseurs de panneaux muraux, des carreleurs et des couvreurs. L'entrepreneur général doit coordonner les divers métiers, puisqu'ils ne peuvent tous être sur les lieux en même temps. Les ouvriers vont d'un chantier à l'autre.

Le prix et la disponibilité des ouvriers dépendent de la demande de la construction résidentielle neuve et de la construction non résidentielle. Le tableau 5.3 donne des indices des prix des matériaux de construction et de la main-d'œuvre de construction depuis 1949. Les prix des matériaux de construction ont suivi de près l'évolution générale des prix (tableau 5.2); les frais de main-d'œuvre dans la construction ont augmenté plus rapidement que l'ensemble des prix dans les années 50 et 60, mais ont suivi l'évolution générale des prix depuis. Il semble vraisemblable que les prix de ces intrants suivront l'évo-

Tableau 5.3
Taux d'intérêt hypothécaire et indices des prix des intrants de la production du stock de logements Canada, 1949–1985

	Matériaux de construction	Main-d'œuvre	Terrain	Taux d'intérêt hypothécaire	Écart en % de l'indice des prix implicites de la DNB	Taux d'intérêt hypothécaire réel*
(a) 1949=100						
1949	100	100	100†	5,7	4,3	1,4
1956	129	152	210	6,2	3,6	2,6
1961	128	200	258	7,2	0,5	6,7
(b) 1961=100						
1961	100	100	100	7,2	0,5	6,7
1966	121	128	133	7,6	4,4	3,2
1971	145	210	187	9,3	3,2	6,1
(c) 1971=100						
1971	100	100	100	9,3	3,2	6,1
1976	154	173	210	11,9	9,5	2,4
1981	236	259	318‡	18,5	10,6	7,9
(d) 1981=100						
1981	100	100		18,5	10,6	7,9
1985	122	129		11,3	4,1	7,2

SOURCE : SLC (diverses années), *Economic Review* (1984).
* Le taux d'intérêt réel est le taux d'intérêt hypothécaire nominal moins l'évolution des prix pour l'année.
† L'indice 1949–1961 est évalué d'après les données sur le coût des terrains utilisés pour les maisons financées aux termes de la LNH.
‡ Pour 1980. La série n'est plus publiée depuis 1981.

lution générale des prix, mais qu'à court terme, leurs prix peuvent augmenter rapidement, et qu'il peut survenir des problèmes de disponibilité selon la demande d'ouvriers et de matériaux ailleurs.

À certains égards, l'industrie de la rénovation ressemble à celle de la construction neuve. Elle utilise la technologie de la construction, présente la même structure d'entrepreneur général et de sous-traitants et utilise les mêmes intrants. Cependant, il existe aussi des différences importantes. Dans l'industrie de la rénovation, les chantiers sont plus hétérogènes. Le prix et la disponibilité des terrains ne jouent pas beaucoup. Les travaux exigent davantage de main-d'œuvre et doivent se faire dans un espace plus restreint. Enfin, il faut dans une beaucoup plus large mesure éviter de perturber les activités avoisinantes.

La différence la plus importante, toutefois, est peut-être que les deux industries en sont à des stades différents de leur évolution. La situation de l'industrie de la rénovation au milieu des années 80 ressemble à celle de l'industrie de la construction au début de l'après-guerre. Les problèmes qui se posent actuellement quant aux politiques de l'État ressemblent à ceux qui se posaient alors. Une forte demande pour la rénovation commence à se faire jour et il faut pouvoir prévenir les goulots d'étranglement qui résulteraient de l'incapacité de répondre adéquatement à cette demande. La SCHL peut intervenir en finançant la recherche sur les technologies de la construction et en élaborant des normes. Et la SCHL et les gouvernements provinciaux devraient songer à diffuser de l'information aux ménages sur les aspects économiques de la rénovation, sur le processus d'approbation et sur la façon de traiter avec un entrepreneur en rénovation. Les gouvernements pourraient aider à établir une forme quelconque de réglementation ou d'autoréglementation pour l'industrie, qui devrait prévoir des garanties et des responsabilités en cas de mauvais travail. Les gouvernements provinciaux et locaux devraient revoir leur réglementation afin d'évaluer de quelle manière l'équilibre entre les intérêts des propriétaires et de leurs voisins influence le niveau de la rénovation.

L'INDUSTRIE DE LA CONSTRUCTION NEUVE

L'industrie de la construction neuve combine de la main-d'œuvre, des matériaux de construction et des terrains en vue de produire des logements. Le chapitre 8 examine plus en détail la technologie de production et l'organisation de l'industrie. Il y a eu beaucoup de progrès technologiques depuis 1945, en partie grâce à l'aide de la SCHL et du Conseil national de recherche. L'industrie, qui comportait autrefois un grand nombre de petites entreprises, comprend maintenant de petites et de grandes entreprises; certaines sont inscrites en bourse et font affaire dans le monde entier.

Le tableau 5.3 présente les indices des prix des intrants des nouveaux logements et des renseignements sur les taux d'intérêt hypothécaire nominaux et réels. Les données traduisent les problèmes que l'industrie a éprouvés régulièrement depuis 1949 relativement aux prix des intrants. Les prix des matériaux de construction ont augmenté environ au même rythme que l'ensemble des prix et leur fourniture n'a jamais posé beaucoup de problèmes. Les coûts de la main-d'œuvre de construction, par contre, ont augmenté plus rapidement que l'ensemble des prix dans les années 50 et 60. Cela a été source d'inquiétude; les coûts de la main-d'œuvre, la productivité de la main-d'œuvre et le rôle des syndicats ont été des questions clés dans les débats sur le coût et l'abordabilité du logement. Depuis le début des années 70, les coûts de main-d'œuvre ont augmenté à peu près au même rythme que l'ensemble des prix et ne font plus les manchettes. Il semble improbable que les coûts de main-d'œuvre ou des matériaux augmentent, à long terme, plus rapidement que les prix, même si ces coûts connaîtront des fluctuations considérables à court terme.

Dans les années 70, le grand problème résidait dans le coût des terrains. La Commission fédérale-provinciale sur l'offre et le tri du terrain résidentiel viabilisé (Greenspan 1978) a conclu que le boom du prix des terrains n'était pas causé par des promoteurs ou des propriétaires jouissant de monopoles, ni par le fait que les gouvernements locaux limitaient les nouveaux aménagements et exigeaient des services de tout premier ordre. Le boom des années 70 a été causé par une conjugaison extraordinaire de facteurs : l'inflation s'est accélérée; le revenu réel a connu une explosion; la bourse a chuté; la génération du baby-boom est arrivée à l'âge d'accéder à la propriété; on a commencé d'imposer les gains de capital, mais non sur la résidence principale; on a exigé une mise de fonds beaucoup moins considérable; les taux réels d'intérêt ont chuté. La poussée imprévue de la demande a fait grimper le prix des terrains et la spéculation les a fait grimper encore davantage. La Commission a dégagé des facteurs menant à une lente augmentation à long terme des prix, y compris les programmes fédéraux qui stimulent la demande, les politiques provinciales et locales qui limitent l'aménagement et le resserrement des normes de viabilisation. Ces programmes visent des objectifs louables, mais ils ont aussi pour effet de faire hausser le prix des terrains. Il convient de suivre de près cet effet secondaire indésirable au cours des décennies à venir. La Commission n'a trouvé aucune indication de monopole chez les promoteurs ou les propriétaires, mais a constaté plusieurs tendances qui favorisent les grandes entreprises par rapport aux petites et a souligné que les monopoles pourraient devenir un problème grave à l'avenir. Cette situation mérite donc elle aussi d'être suivie de près.

Il faut également rappeler l'effet du crédit hypothécaire sur l'offre. Le crédit hypothécaire influence la demande et donc le volume de constructions neuves. L'évolution de l'ensemble de l'activité économique —de même que des politiques fiscales et monétaires des gouvernements —a entraîné de grandes fluctuations dans le nombre de mises en chantier. Depuis au moins 1945, le caractère instable des prêts hypothécaires et de l'industrie de la construction résidentielle est source d'inquiétude. Dans les années 60 et 70, cette inquiétude a abouti à des études fouillées, par exemple, la *Commission royale d'enquête sur le système bancaire et financier* (Canada 1962), *The Residential Mortgage Market* (Poapst 1962) et *Pour une croissance plus stable dans la construction* (Conseil économique du Canada 1974). À la longue, le Canada a réagi en intégrant le marché hypothécaire au système national des marchés des capitaux et en éliminant la réglementation sur les prêts bancaires, les taux d'intérêt et les prêts LNH. En conséquence, les effets cycliques sur les mises en chantier en sont venus à dépendre davantage de l'évolution des taux d'intérêt hypothécaire que de la disponibilité du crédit. Le désir de réduire les fluctuations dans la construction résidentielle a diminué, car les économistes et les politiciens sont devenus moins optimistes quant à la possibilité d'utiliser la politique fiscale et monétaire pour stabiliser les fluctuations à court terme. Il est toutefois vraisemblable que le logement demeurera un secteur à stimuler lorsqu'on voudra un stimulus d'ordre général.

LE BRICOLAGE

Une bonne partie des travaux de rénovation sont entrepris par les propriétaires-occupants et par les petits propriétaires-bailleurs eux-mêmes, ainsi que par des ouvriers engagés par le propriétaire plutôt que par des entrepreneurs généraux. En outre, une bonne partie des travaux, surtout dans les campagnes et les petites villes, sont exécutés par les propriétaires-occupants eux-mêmes. Dans d'autres cas, des coopératives de construction achètent les matériaux, mettent la main-d'œuvre en commun et parfois engagent des ouvriers pour faire des travaux que les membres de la coopérative ne sont pas en mesure de faire eux-mêmes pour construire une maison qui appartiendra ensuite au membre plutôt qu'à la coopérative. On manque de données fiables pour mesurer l'étendue de l'activité d'autoconstruction; par sa nature même, elle échappe aux méthodes normales de cueillette des données. Lorsqu'on calcule le revenu national, on saisit une partie de cette activité, parce qu'on suppose que les matériaux de construction vendus sont utilisés pour la construction de logements; cependant, la valeur de la main-d'œuvre n'est pas incluse dans le calcul de la valeur des logements créés. Une bonne partie de cette activité échappe à tout cadre réglementaire et ne donne donc pas lieu à des dossiers gouvernementaux. Une partie de cette activité est illégale. Dans les régions urbaines, une bonne partie des petits travaux de rénovation se font sans qu'on ait obtenu la dérogation mineure nécessaire aux règlements de zonage ou le permis de construire, et bon nombre de maisons rurales sont construites sans permis de construire. Une bonne partie de la construction de maisons n'est pas financée par des prêts hypothécaires consentis par le système financier officiel, de sorte qu'il n'est pas possible non plus de contrôler par ce moyen l'activité de construction.

L'autoconstruction fait partie d'une économie parallèle en pleine expansion. Plusieurs estiment que l'économie parallèle est importante pour le développement communautaire dans les campagnes, les petites villes et les grands centres urbains. Il est difficile pourtant de déterminer si l'expansion de l'économie parallèle est un rêve utopique ou une solution de rechange pratique à l'économie de marché. Cependant, l'expérience des campagnes et des petites villes nous incite à nous demander s'il pourrait y avoir là des leçons pour les grandes villes. Une bonne partie du parc de logements dans les régions rurales est fournie par l'autoconstruction — en dehors de l'économie de marché, en dehors du marché hypothécaire officiel et aussi, dans une large mesure, en marge des politiques fédérales en matière de logement (car ces dernières se sont concentrées sur les marchés établis, l'industrie réglementée de la construction et le marché officiel des prêts hypothécaires). La qualité des logements dans les campagnes et les petites villes s'est améliorée depuis 1945. Il n'est cependant pas certain que cette façon de faire soit possible dans les grands centres. Dans les régions rurales, les personnes à faible revenu peuvent accéder à la propriété en faisant elles-mêmes les travaux de construction, mais cela est moins facilement réalisable dans les grandes villes où les prix des terrains sont plus élevés. De même, il n'y a rien d'évident quant à ce que les gouvernements peuvent faire pour encourager l'économie parallèle, car celle-ci, par définition, échappe à l'intervention gouvernementale. Mais il nous faut reconnaître que les marchés très réglementés du logement dans les grandes villes — avec les plans officiels, les codes du bâtiment, les règlements de zonage et des mécanismes très élaborés d'approbation, de modification et de mise en application — suppriment certains résultats indésirables, mais empêchent aussi l'économie parallèle et restreignent ainsi l'emploi de l'autoconstruction comme stratégie pour améliorer le logement.

LES EFFETS DES PROGRAMMES GOUVERNEMENTAUX

La plupart des programmes gouvernementaux se concentrent sur le volet demande du marché du logement; ils ont été traités ci-dessus à propos des fournisseurs de services de logement. Au début de l'après-guerre, la SCHL a largement contribué au développement de l'industrie de la construction résidentielle; à ce chapitre, nous pouvons dire : mission accomplie. La SCHL a également mené de nombreuses recherches sur la technologie de la construction, et il conviendrait qu'elle continue de jouer ce rôle. L'industrie de la construction et de l'aménagement foncier bénéficie de peu d'avantages fiscaux, les exceptions étant la possibilité de déduire les coûts périphériques et les coûts de possession de terrains vacants au moment où ils sont encourus. Cependant, ces avantages ont été graduellement restreints puis, en vertu de la réforme fiscale de 1987, éliminés progressivement jusqu'en 1991. Tout équitable qu'elle soit, cette réforme augmente le coût après impôt de production de logements et réduit la quantité de construction. C'est peut-être surtout par la réglementation au palier municipal que le gouvernement exerce une influence sur les fournisseurs de logements neufs. Autrefois, l'approbation du lotissement était le mécanisme clé; aujourd'hui, c'est la réglementation du réaménagement qui prend de plus en plus d'importance.

Conclusion

Pendant la plus grande partie de l'après-guerre, lorsqu'on pensait à l'offre de logement, on pensait uniquement à la production de maisons ou d'appartements neufs. On peut comprendre qu'on ait mis l'accent sur la construction résidentielle neuve, et c'était sans doute approprié, car au sortir de la Crise et de la Seconde Guerre mondiale, le Canada a dû faire face à la croissance économique, au développement rapide des villes et aux répercussions de l'explosion de la natalité. En outre, dans les années 60 et 70, le gouvernement s'est engagé à fournir des logements publics aux plus démunis. Cependant, cette orientation étroite convient de moins en moins. Il faut dorénavant tenir compte des fournisseurs existants de services de logement, particulièrement les services de logement locatif, et du secteur de la rénovation. Cette évolution pourrait être plus difficile qu'il ne semble de prime abord. La SCHL s'est peu préoccupée des fournisseurs de logements locatifs privés existants. Et même si le gouvernement fédéral désirait intervenir, la constitution pourrait l'en empêcher. Le virage exigera vraisemblablement une plus grande participation des provinces.

Du point de vue de l'offre, les questions qui se posent quant au progrès en matière de logement sont les suivantes : Est-ce que les industries qui fournissent les services et le parc de logements se développent et sont-elles en mesure de répondre à la demande? A-t-on éliminé les pénuries d'intrants ou les obstacles à la circulation des intrants? Sommes-nous devenus des producteurs plus efficaces en matière de logements et de services de logement? Dans chaque cas, la réponse doit sûrement être oui : nous avons accompli de grands progrès depuis 1945 en ce qui concerne l'offre.

Par ailleurs, si on se tourne vers l'avenir, certaines questions méritent qu'on s'y arrête. Bon nombre des fournisseurs actuels de services de logement locatif — les propriétaires-bailleurs du secteur privé, du secteur gouvernemental et du troisième secteur — sont propriétaires d'un parc qui risque de se déprécier plus rapidement qu'autrefois. Mais à l'heure actuelle, le remplacement de ce parc par la rénovation ou la construction neuve offre peu d'attrait pour les investisseurs. Le parc locatif risque de se détériorer, à moins qu'il n'y ait augmentation des loyers ou des subventions gouvernementales. Le défi des prochaines décennies sera de trouver le bon équilibre entre les augmentations de loyer, l'augmentation des subventions gouvernementales et la réforme de la réglementation pour assurer une offre suffisante de services de logement locatif.

Notes

1 L'analyse de l'offre examine aussi s'il y a comportement non compétitif de la part des fournisseurs. Toutefois, on estime que les marchés du parc et des services de logement sont bien compétitifs. Voir Muller (1978) et Greenspan (1978).

2 Il y a souvent controverse quant à savoir dans quelle mesure les locataires devraient être consultés et pouvoir participer.

3 Pour certains logements, l'entretien a été réduit parce que la démolition est probable; dans d'autres cas, l'entretien a été réduit en raison du contrôle des loyers.

4 L'indice des loyers de l'IPC sous-estime les augmentations véritables des loyers; mais malgré la rectification qui s'impose, l'image de base demeure la même. Voir Fallis (1985).

5 Voir Smith et Tomlinson (1981) pour des indications que le régime de réglementation des loyers de l'Ontario a réduit la valeur des immeubles d'appartements.

6 Il est intéressant de constater que bien que la diminution des nouveaux logements publics soit surtout causée par d'autres facteurs, les gouvernements n'ont pas préconisé les suppléments de loyer comme solution de rechange — programme qui comporte des subventions semblables, mais sans la plupart des problèmes que pose le logement public.

7 La réglementation municipale, particulièrement les règlements de zonage, précise si la conversion est possible et influe sur la valeur des locaux selon chaque utilisation.

8 Dans de nombreuses provinces, on considère l'évaluation foncière injuste parce que le rapport entre l'évaluation et la valeur marchande varie d'une résidence à l'autre. Le passage à l'évaluation selon la valeur marchande aurait vraisemblablement pour effet de réduire les impôts fonciers des logements locatifs, en moyenne, et d'augmenter les impôts des maisons pour propriétaires-occupants, particulièrement les vieilles maisons du noyau central des villes. Voir Kitchen (1984).

9 Inversement, lorsque des avantages sont accordés, le secteur prend de l'expansion; il y a donc toujours des pressions en vue de rétablir les avantages, et c'est en tout cas ce qui s'est produit dans le domaine du logement.

10 Un programme gouvernemental temporaire de prêt n'a aucun effet sur le parc de logements à long terme. L'effet brut de ces programmes de logement est facile à mesurer : c'est le nombre d'investisseurs qui bénéficient d'une aide. Toutefois, pour l'évaluation de programme, le résultat important est l'effet net : le nombre de logements locatifs supplémentaires qui sont créés. Voir Smith (1974), Fallis (1985) et Miron (1988).
11 Cela, bien sûr, ne tient pas compte d'autres facteurs qui influencent la demande — et donc les loyers dans un marché non contrôlé — comme les facteurs démographiques et le revenu. Certains soutiennent que la compression des loyers et des coûts n'est pas un problème, mais traduit simplement le fait que les ménages passent au marché de la propriété. Lorsque la demande augmentera, les loyers grimperont et il y aura une nouvelle offre.
12 Pour un survol plus récent des connaissances sur les fournisseurs de logements, voir Clayton Research Associates Limited (1988).

CHAPITRE SIX

Le financement du logement dans l'après-guerre

James V. Poapst

LA QUANTITÉ de logements demandée, par qui et quand, est influencée par l'offre et les modalités du crédit. Si les autres conditions de la demande, la taille et la qualité du parc de logements, sont égales par ailleurs, l'accessibilité à un logement abordable ainsi que la sécurité d'occupation seront d'autant plus élevées que le financement à des conditions avantageuses sera facilement accessible.

Le logement est financé presque entièrement par des prêts hypothécaires et la mise de fonds du propriétaire. Les principaux prêteurs hypothécaires sont les institutions financières : banques, sociétés de fiducie et de prêts hypothécaires, caisses d'épargne et caisses populaires, compagnies d'assurance-vie et caisses de retraite, ainsi que plusieurs autres petites sociétés de crédit. On appelle communément ces prêteurs les « établissements de crédit ». Les autres prêteurs comprennent les organismes gouvernementaux, les particuliers et les sociétés non financières qui consentent des prêts pour faciliter leurs ventes ou pour aider leurs employés à se loger. L'avoir propre du propriétaire est la différence qui existe entre la valeur de la propriété et les sommes dues, le cas échéant, sur les prêts sur hypothèque de premier rang ou de rang subséquent, ou les autres charges grevant cette propriété. Les propriétaires trouvent la mise de fonds nécessaire à même les économies du ménage (dont celles provenant de leur travail), d'autres prêts et, dans le cas des sociétés, des émissions d'actions.

Le logement exige un financement considérable. Les prêts hypothécaires résidentiels nouveaux consentis par les établissements de crédit en 1985 s'élevaient à 30 milliards de dollars; cela ne comprend pas les sommes prêtées par les caisses d'épargne et les caisses populaires, non plus que les prêts consentis par des particuliers, des sociétés non financières ou des organismes gouvernementaux. En guise de comparaison, les émissions brutes de nouvelles obligations des sociétés, en dollars canadiens, s'élevaient à quatre milliards de dollars. De même, les prêts hypothécaires résidentiels en cours de remboursement auprès des prêteurs du secteur privé atteignaient 115 milliards de dollars en 1985, en comparaison de 34 milliards de dollars pour les obligations des sociétés (Banque du Canada, *Revue*).

Quelques jalons[1]

L'offre de prêts hypothécaires résidentiels à la fin de la Seconde Guerre mondiale se partageait en trois grands segments : les prêts conjoints consentis par les établissements de crédit du secteur privé et la SCHL, les prêts hypothécaires traditionnels (ou ordinaires) consentis par les établissements privés, et enfin les autres prêts.

Les prêts assurés en vertu de la LNH (prêts conjoints) ne s'appliquaient qu'aux logements neufs — en partie pour concentrer des ressources restreintes sur l'expansion du parc résidentiel et en partie pour créer de l'emploi (ce qui aidait à justifier l'activité fédérale dans un domaine de compétence provinciale). Les principaux prêteurs dans cette catégorie étaient les compagnies d'assurance-vie, qui fournissaient 90 % des prêts privés LNH avant 1954. Le montant des prêts conjoints était limité, mais le rapport entre le prêt et la valeur pouvait être supérieur à celui des prêts traditionnels; les prêts conjoints étaient pleinement amortis, le terme à échéance étant de 20 ans ou plus et le taux d'intérêt étant fixe et subventionné. Le gouvernement protégeait gratuitement les établissements de crédit contre les pertes dues au manquement des emprunteurs. Cette protection gratuite constitue en elle-même une subvention. En outre, la SCHL avait le pouvoir de prêter directement aux emprunteurs admissibles si ces derniers ne pouvaient obtenir à des conditions « raisonnables » des prêts du secteur privé ou des prêts LNH.

Tous les autres prêts offerts par des établissements de crédit étaient sous forme de prêts traditionnels. Ils étaient consentis sur des logements neufs ou existants, n'étaient soumis à aucune réglementation en ce qui concerne le montant, la durée ou le taux d'intérêt, mais étaient restreints à un maximum de 60 % de la valeur estimée de la propriété. Les sociétés de fiducie et de prêts hypothécaires consentaient d'ordinaire des prêts de cinq ans, soit la période maximum pendant laquelle elles pouvaient légalement contrôler le remboursement anticipé et la période maximum de leurs obligations habituelles.

Le troisième segment, les autres prêteurs, comprenait des particuliers, des sociétés qui avaient un intérêt particulier pour le logement et des organismes gouvernementaux autres que la SCHL. Dans les premières années de l'après-guerre, les particuliers étaient des prêteurs importants pour les propriétés existantes, particulièrement dans les endroits mal servis par les grands établissements de crédit, par exemple les vieux quartiers urbains et les petites localités éloignées. Les particuliers consentaient souvent des hypothèques de premier ou de second rang au moment où ils vendaient leur propriété. Les prêts sur hypothèque de second rang étaient fréquemment consentis au même taux que ceux de premier rang, ou à des taux relativement bas par rapport au risque. Ce prêteur-propriétaire y trouvait son intérêt, car un crédit à bon marché permettait d'obtenir un meilleur prix ou de faciliter la transaction de quelqu'autre façon.

Face à une forte demande de fonds hypothécaires après la guerre, le gouvernement avait le choix entre deux partis : soit accroître ses propres prêts de façon considérable, soit favoriser la croissance de l'offre privée. La première option était difficilement réalisable, tandis que de puissants leviers pouvaient être appliqués aux institutions privées. Le gouvernement fédéral avait le pouvoir de réglementer les activités de la plupart des grandes institutions financières, soit exclusivement (dans le cas des banques) soit de concert avec les provinces (dans le cas des sociétés d'assurance-vie, de prêts hypothécaires et de fiducie).

LA RESTRUCTURATION DU FINANCEMENT AUX TERMES DE LA LHN, 1954

Le premier jalon du progrès du financement de l'habitation dans l'après-guerre a été atteint en 1954; c'est alors que les prêts assurés aux termes de la LNH ont remplacé les prêts conjoints et que les banques ont été autorisées à consentir des prêts LNH. D'un seul coup, le gouvernement accroissait son contrôle sur ses propres prêts hypothécaires, augmentait l'offre privée de fonds LNH et éliminait deux subventions liées aux prêts hypothécaires. En effet, la part gouvernementale des prêts conjoints avait été consentie à des taux d'intérêt inférieurs à ceux du marché; la part des prêteurs privés, quant à elle, avait été garantie gratuitement par le gouvernement. L'emprunteur devait dorénavant verser une prime d'assurance. Puisque les pires années de la pénurie de logement étaient terminées et qu'on avait répondu aux besoins des anciens combattants, il était difficile de justifier les subventions au logement pour les groupes à revenu moyen et élevé; en outre, les prêts LNH permettaient à peu de ménages à faible revenu d'accéder à la propriété.

Amener les banques à participer aux prêts LNH ne manquait ni d'envergure, ni d'audace; d'envergure, parce que le système bancaire était de loin plus considérable qu'aucune autre catégorie d'institutions de crédit; d'audace, en raison de la forte tradition des banques canadiennes contre les prêts hypothécaires. Les banquiers estimaient que leur rôle principal était de fournir des fonds de roulement à court terme aux entreprises. Ils considéraient les prêts hypothécaires risqués, opinion influencée par l'expérience des banques américaines. Certes, l'assurance-prêt hypothécaire protégeait les banques contre le risque de défaut, mais les prêts demeuraient moins liquides que les prêts à demande et vulnérables au risque de la hausse des taux d'intérêt. Le fait que les banques aient fini par accepter des prêts à taux fixe pour 25 ans s'explique sans aucun doute par la stabilité relative des taux d'intérêt au cours des deux décennies précédentes.

À la différence des autres établissements de crédit, les banques avaient des succursales dans beaucoup de localités petites ou éloignées. Cela permettait de réduire les demandes de prêts directs adressées à la SCHL dans ces régions, et donc la nécessité de prêts subventionnés.

Dès qu'elles ont eu l'autorisation de consentir des prêts LNH, les banques se sont lancées rapidement dans ce marché. Au départ, c'est la SCHL qui procédait à l'évaluation des propriétés pour les banques et elle a développé son propre réseau de succursales pour le faire. C'était une époque où le crédit était facile. En 1955, les banques avaient fait chuter le taux d'intérêt courant LNH au-dessous du plafond alors imposé aux prêts LNH, la seule fois d'ailleurs dans l'histoire de ce plafond.

Cette mesure a permis de maintenir ou d'accroître l'abordabilité et l'accessibilité du logement pour les emprunteurs, directement par une amélioration de l'efficacité du système financier canadien. Le relâchement de la demande de fonds gouvernementaux pour financer les logements du marché a aidé à conserver les ressources gouvernementales pour utilisation future en vue du logement social. Les banquiers et les banquiers centraux ont joué leur rôle, mais du point de vue du développement du marché hypothécaire résidentiel, c'était là le plus grand pas en avant de la SCHL.

MAJORATION DE LA QUOTITÉ DE FINANCEMENT (RAPPORT PRÊT-VALEUR)

Dans le cas des prêts traditionnels consentis par les sociétés de fiducie, de prêts hypothécaires et d'assurance-vie soumises à la réglementation fédérale, la quotité de financement maximum, fixée depuis longtemps à 60 % de la valeur de la propriété, a été portée à 66⅔ % en 1961 et à 75 % en 1964, pourcentage qui est devenu avec le temps le plafond réglementé normalisé pour les prêts institutionnels traditionnels. La tendance à l'augmentation de la quotité de financement s'est poursuivie en 1966, date où les prêts d'accession à la propriété pour des logements existants sont devenus admissibles à l'assurance LNH.

Les prêts à quotité de financement élevée réduisent la demande des prêts hypothécaires de rang subséquent qui, à l'exception de ceux consentis par les prêteurs qui ont un double taux, comportent nécessairement un taux élevé d'intérêt en raison du risque. Les établissements de crédit pouvaient consentir un prêt sur première hypothèque représentant 75 % de la valeur d'emprunt à un taux d'intérêt inférieur au taux moyen pondéré pour un prêt correspondant à 60 % de la valeur d'emprunt, et consentir un prêt sur deuxième hypothèque à un taux de 15 %. La différence pouvait être de deux points de pourcentage ou plus. Les prêteurs privés, encouragés par la réussite des prêts LNH, désiraient ces changements. C'est pourquoi, dans l'évolution du crédit hypothécaire, les années 1964–66 marquent un autre progrès au chapitre de l'abordabilité et de l'accessibilité du logement, les prêteurs ayant bien réagi à l'assouplissement des règles régissant le crédit.

LA LOI SUR LES BANQUES DE 1967

La Loi sur les banques de 1967 autorisait les banques à consentir des prêts hypothécaires traditionnels, ce qui leur permettait d'offrir des prêts sur des immeubles locatifs existants et sur d'autres propriétés non visées par la LNH. Surtout, une disposition proclamée en 1969 éliminait le plafond historique des taux d'intérêt (6 %) pour tous les prêts bancaires. Après 1959, date où les taux d'intérêt ont dépassé les 6 %, les banques se sont pratiquement retirées des prêts LNH. Prêter à 6 %, ou acheter des prêts consentis par d'autres au taux courant, ne correspondait pas à leur stratégie d'investissement. Cela compliquait le problème du rationnement du crédit, déjà difficile. À cette époque, les banques considéraient les prêts hypothécaires résidentiels comme des débouchés résiduels de fonds, prêtant activement lorsque l'argent était abondant et faisant de fortes coupures lorsque l'argent était rare, afin de mieux servir la demande de prêts traditionnels. Refuser de prêter ajoutait également un élément de pression sur le gouvernement pour qu'il élimine le plafond de 6 %. La nouvelle loi ouvrait la porte à une activité plus étendue et plus permanente des banques en matière de prêts hypothécaires. Elle ouvrait également la porte à une plus forte activité en matière de prêts personnels, ce qui facilitait la mise de fonds dans l'habitation.

ÉLIMINATION DES PLAFONDS DES TAUX D'INTÉRÊT

En 1969, l'élimination des plafonds des taux d'intérêt pour les prêts bancaires et les prêts LNH a ramené les banques dans le commerce des prêts hypothécaires et a également rendu l'offre de fonds LNH moins instable. Avec la hausse générale des taux d'intérêt dans les années 50 et 60, on pouvait freiner la construction de maisons tout simplement en « maintenant le taux ». L'offre privée de fonds LNH aurait diminué, les constructeurs et les acheteurs auraient dû soit recourir à une combinaison plus coûteuse de prêts traditionnels et d'un prêt sur hypothèques de deuxième rang ou de rang subséquent, ou alors surseoir à leurs projets. Le ralentissement de la hausse du taux ralentissait la construction de maisons et, jouant le rôle de contrôle (passif) sélectif du crédit, était injuste en comparaison d'un contrôle monétaire général. Des recherches ont démontré que les emprunts hypothécaires étaient sensibles au taux d'intérêt et que donc un contrôle monétaire général aurait quand même un effet important sur la construction résidentielle (Smith et Sparks 1970).

DIMINUTION DU TERME MINIMUM LNH

Un des objectifs de longue date des lois sur l'habitation avait été de remplacer le prêt hypothécaire de cinq ans renouvelable par un prêt hypothécaire plus long, pleinement amorti. Cela réduisait le risque qu'entraînaient pour l'emprunteur les variations du taux d'intérêt ainsi que le risque de non-renouvellement. Les taux d'intérêt augmentant et devenant plus variables, toutefois, les banques, les sociétés de fiducie et de prêts avaient besoin de prêts dont l'échéance se rapprochait de celle de leurs éléments de passif, c'est-à-dire entre le billet à demande et cinq ans, durée maximum pour laquelle elles pouvaient légalement contrôler le remboursement anticipé, comme nous l'avons vu ci-dessus. En outre, pour les emprunteurs qui anticipaient une baisse des taux d'intérêt dans un avenir pas trop éloigné, le prêt à renouvellement de cinq ans donnait accès à ces taux inférieurs, sans le coût du refinancement. C'est pourquoi, en 1969, le terme minimum des prêts assurés a été ramené à cinq ans, ce qui est devenu rapidement l'échéance prédominante des prêts pour l'accession à la propriété. Le risque lié au taux d'intérêt était redirigé sur l'emprunteur. Par la suite, le terme minimum a été réduit à trois ans (1978) puis à un an (1980). Le raccourcissement du terme minimum, toutefois, constituait un progrès d'ordre défensif : il permettait de maintenir l'offre privée de fonds LNH. Du côté positif, on pouvait offrir aux emprunteurs une plus vaste gamme d'options dans le cas où le risque lié au taux d'intérêt diminuait suffisamment pour rendre de nouveau viables les prêts à long terme et à taux fixe.

L'ASSURANCE-PRÊT HYPOTHÉCAIRE PRIVÉE

En 1970, la loi fédérale a autorisé l'assurance-prêt hypothécaire privée et, entre 1971 et 1973, la plupart des provinces ont adopté des lois parallèles. Au milieu des années 70, trois assureurs privés — Sovereign Mortgage Insurance Company, la Compagnie d'assurance hypothécaire Insmore et la Compagnie d'assurance d'hypothèques du Canada (CAHC) — avaient ensemble une part de marché égale environ aux deux tiers du total de la souscription de prêts hypothécaires LNH et traditionnels. Insmore et Sovereign ont fusionné en 1978, et Insmore et la CAHC en 1981; mais en 1985, la part de marché de la CAHC n'était que de 20 % des prêts assurés. Néanmoins, la mise en place de l'assurance privée constitue un jalon de l'évolution d'après-guerre en matière de financement des logements, en partie parce qu'elle a créé une concurrence pour la SCHL et en partie en raison des questions qu'elle soulève quant à l'évolution future de l'industrie de l'assurance-prêt hypothécaire.

LE COEFFICIENT D'AMORTISSEMENT BRUT DE LA DETTE

Lorsqu'ils évaluent les candidats à des prêts pour logements pour propriétaires-occupants, les prêteurs calculent le coefficient d'amortissement brut de la dette (ABD) — le rapport entre les mensualités hypothécaires plus les impôts fonciers et le revenu de l'emprunteur. Le coefficient ABD est un facteur d'abordabilité pour le prêteur, mais il détermine aussi l'accessibilité.

Depuis 1945, le coefficient ABD maximum pour les prêts LNH a été modifié à plusieurs reprises, passant de 23 % à 27 % en 1957, à 30 % en 1972 et à 32 %, y compris les frais de chauffage, en 1981. Il y a eu aussi de nombreux changements dans les variables qui influencent le coefficient. L'évolution de la valeur des prêts, des taux d'intérêt et des périodes d'amortissement a modifié le numérateur, tandis que la hausse du revenu des emprunteurs influençait le dénominateur. De tous ces changements, le plus important date de 1972; c'est alors qu'on a autorisé les prêteurs LNH à tenir compte de la totalité des gains du conjoint, au lieu de seulement 50 % (pourcentage fixé en 1968) pour calculer le coefficient ABD du candidat. C'était reconnaître l'apport déjà important des femmes mariées au revenu monétaire de la famille.

À l'origine, le coefficient ABD avait été conçu en fonction de la famille traditionnelle où seulement le mari avait un revenu en argent. La contribution de la femme au bien-être économique de la famille, sous forme de production de revenu en nature, était reconnue implicitement dans les normes régissant les coefficients ABD acceptables. La situation s'est modifiée lorsque les femmes sont entrées en grand nombre dans la population active. Comment fallait-il traiter le revenu gagné par la femme? Allait-elle bientôt cesser de travailler pour élever une famille? D'autre part, si elle ne gagnait pas de revenu en argent au moment de la demande, pourrait-elle le faire plus tard, ou en cas d'urgence financière?

À mesure qu'augmentaient les emplois pour les femmes, les congés de maternité stabilisaient le revenu de la femme, de sorte qu'on pouvait en inclure une plus grande partie dans le coefficient ABD.

PORTÉE DES PRÊTS LNH

En 1979, deux modifications importantes ont élargi la portée des prêts LNH. Les logements locatifs existants sont devenus assurables, 13 ans après les logements existants pour propriétaires-occupants. C'était la fin du lien entre les politiques gouvernementales touchant les logements du marché et les politiques d'emploi, symbolisé par l'existence de modalités de financement différentes selon qu'il s'agissait de logements neufs ou existants. Si le financement LNH devait stimuler la construction résidentielle, ce serait en rendant l'acquisition d'un logement plus attrayante, donc en suscitant l'expansion du parc, et non pas en encourageant la construction de nouveaux logements alors qu'il existait déjà des logements convenables.

La seconde modification était l'élimination du plafonnement des prêts assurés aux termes de la LNH, de sorte que même les logements destinés aux groupes supérieurs de revenu deviennent admissibles au financement LNH. Il convenait de plafonner les prêts à une époque où le financement LNH des logements du marché était subventionné, où la protection du prêteur était assurée gratuitement et où les fonds hypothécaires et les logements étaient rares. Ces jours étaient révolus. Il semble que la SCHL ait éliminé le plafonnement dans le but d'accroître son commerce d'assurance. Néanmoins, cela signifiait que la situation du logement du marché était maintenant telle qu'il convenait que le principal programme public d'aide au financement des logements s'adresse aussi aux riches, situation qui soulevait la question des rôles respectifs des gouvernements et des assureurs privés.

L'ASSURANCE-PRÊT HYPOTHÉCAIRE ET L'INTERFINANCEMENT

De 1954 à 1982, la SCHL a gardé les mêmes droits de souscription pour l'assurance-prêt hypothécaire, et une structure rectiligne des primes d'assurance. Les droits de souscription ne variaient pas en fonction de l'emplacement de la propriété et n'augmentaient pas avec l'inflation. En 1982, puis de nouveau en 1984, on a augmenté ces droits pour favoriser l'autofinancement du traitement des demandes. Le nouveau barème des droits établit une distinction entre les modes d'occupation, entre les logements neufs et existants et entre les types de structure, mais non entre les emplacements. De même, de 1982 à 1985, les primes d'assurance (exprimées en pourcentage du montant du prêt) ont été augmentées et l'on a fait des distinctions entre les types d'occupation, les logements neufs et existants et les rapports prêt-valeur. Encore une fois, aucune distinction n'a été faite d'après l'emplacement. Dans la mesure où les coûts de traitement et les risques des prêts varient selon l'emplacement, le barème des prix conserve l'interfinancement, même si l'augmentation des prix rend les opérations rentables.

LES TITRES HYPOTHÉCAIRES

Le gouvernement désirait depuis longtemps un instrument de financement hypothécaire liquide et à long terme. La liquidité réduit le risque qu'on ne puisse plus tard réaffecter rapidement les fonds engagés dans les prêts hypothécaires, ce qui réduit le taux d'intérêt nécessaire pour les nouveaux prêts. Pour la même raison, un instrument liquide encourage à prêter pour des échéances plus longues, ce qui réduit pour l'emprunteur le risque lié au taux d'intérêt et au renouvellement.

Le gouvernement a tenté à plusieurs reprises de développer un marché secondaire actif pour les créances hypothécaires. La Seconde Guerre mondiale avait mis un terme au projet de création d'une banque centrale d'hypothèques. En 1954, lorsque l'assurance LNH a remplacé la garantie précédente, l'assurance a été liée à chacun des prêts pour les rendre plus commercialisables. Entre 1961 et 1965, la SCHL a procédé à 13 ventes aux enchères de créances hypothécaires LNH afin de familiariser les courtiers en placements avec cet instrument, mais l'expérience s'est terminée avant que les courtiers n'entreprennent de façon permanente la commercialisation des créances hypothécaires. En 1973, on a adopté une loi permettant la formation d'un marché à financement mixte, public et privé, mais les fonds privés n'ont pas été débloqués. Les coûts de transaction étaient élevés; les prêts LNH sont devenus plus liquides lorsque leur durée a été raccourcie à cinq ans; les prêteurs pouvaient de plus en plus s'en remettre à un marché monétaire en développement pour répondre à leurs besoins de liquidités. Entre 1981 et 1985, les transactions secondaires portant sur les créances LNH s'établissaient en moyenne à seulement 1,8 milliard de dollars par année, soit 5 % des créances LNH détenues à l'extérieur de la SCHL en 1984. Bon nombre de ces ventes se faisaient entre organismes affiliés, c'est-à-dire qu'elles faisaient partie du processus d'octroi des prêts.

En 1984, le gouvernement a adopté une démarche différente, passant du côté du passif du marché. Les titres hypothécaires sont émis sur un bloc donné de créances hypothécaires. Lorsque les emprunteurs versent les mensualités de principal et d'intérêt, la somme totale (moins les frais d'administration) est transmise au prorata aux détenteurs des titres. Si le bloc comprend des créances LNH, les détenteurs des titres sont protégés contre le risque de défaut. Les émetteurs des titres hypothécaires peuvent également garantir la ponctualité du paiement. Le garant se charge de combler les retards ou les interruptions des versements prévus. Dans leur ensemble, ces dispositions créent un placement qui ressemble à une rente à terme, à un taux d'intérêt fondé sur celui des prêts hypothécaires, et avec un risque qui se rapproche de celui d'une obligation du gouvernement.

Les titres hypothécaires d'un bloc de créances peuvent être rendus semblables à ceux d'un autre bloc. Il est possible de créer une somme considérable de « titres d'emprunt » normalisés et de les répartir entre de nombreux détenteurs. Compte tenu de cette normalisation et des risques négligeables liés au défaut et des risques faibles liés à l'encaisse, les coûts de transaction des titres hypothécaires devraient être faibles. Les conditions seraient alors réalisées pour le développement d'un marché secondaire.

Les titres hypothécaires devraient intéresser les investisseurs particuliers et d'autres personnes qui désirent des actifs présentant un faible risque de défaut —pour des sommes plus considérables et des termes plus longs que la protection offerte par la SADC—et qui soient commercialisables. Si les investisseurs peuvent être prêts à accepter des échéances plus longues, le prolongement du terme dépend aussi de la durée de la période pour laquelle les emprunteurs sont prêts à emprunter. Dans les cas des prêts pour propriétaires-occupants, il faut modifier la Loi sur l'intérêt pour resserrer les privilèges de remboursement anticipé après cinq ans. Cette loi empêche effectivement les emprunteurs de s'engager pour une période supérieure à cinq ans.

Pris dans leur ensemble, les changements décrits ici ont converti une offre segmentée et assez isolée de fonds hypothécaires en une offre beaucoup plus concurrentielle de façon interne et par rapport aux autres marchés. Le marché hypothécaire est donc devenu plus efficace pour affecter les ressources, à l'avantage des prêteurs, des emprunteurs et de l'économie dans son ensemble.

La croissance et les structures du marché[2]

Le crédit hypothécaire à l'habitation a connu une forte montée dans l'après-guerre et a subi d'importantes modifications de structure. Les prêts hypothécaires consentis s'établissaient en moyenne à 400 millions de dollars par année entre 1949 et 1953, en comparaison de 18 636 millions de dollars par année entre 1981 et 1985. C'est là une augmentation de plus de 40 fois, la presque totalité, soit 90 %, de cette hausse s'étant produite après 1969. Une telle croissance dépasse largement le niveau d'augmentation de la population, du revenu par habitant et du prix des maisons. Sans contredit, la part de l'ensemble des prêts hypothécaires résidentiels qui revient aux établissements de crédit s'est accrue aux dépens des autres prêteurs. En même temps, les prêts de la SCHL diminuaient —16 millions de dollars en 1981–85, en comparaison d'une moyenne de 82 millions de dollars par année entre 1949 et 1953 et d'un sommet de près de 700 millions de dollars en 1975.

En ce qui concerne les types de prêts hypothécaires, le marché est passé d'environ moitié-moitié à un tiers prêts LNH et deux tiers prêts traditionnels. Les prêts pour la construction neuve ont diminué, passant d'environ les trois quarts à un quart du total des prêts consentis par les établissements financiers. Cette évolution reflète la hausse des normes dans le secteur de l'habitation, la diminution du taux de croissance économique et le fait que les prêts LNH aient été offerts pour les maisons existantes pour propriétaires-occupants en 1964 et pour les logements locatifs existants en 1979. Ces conditions portent à croire à une diminution du rapport entre l'investissement dans les logements neufs et la valeur du parc de logements. Il est également possible qu'un plus grand nombre de prêts aient été consentis pour des fins autres que le logement ces dernières années.

FIGURE 6.1 Répartition des prêts hypothécaires résidentiels en cours de remboursement selon le type d'établissement de crédit : Canada et provinces, 1984.

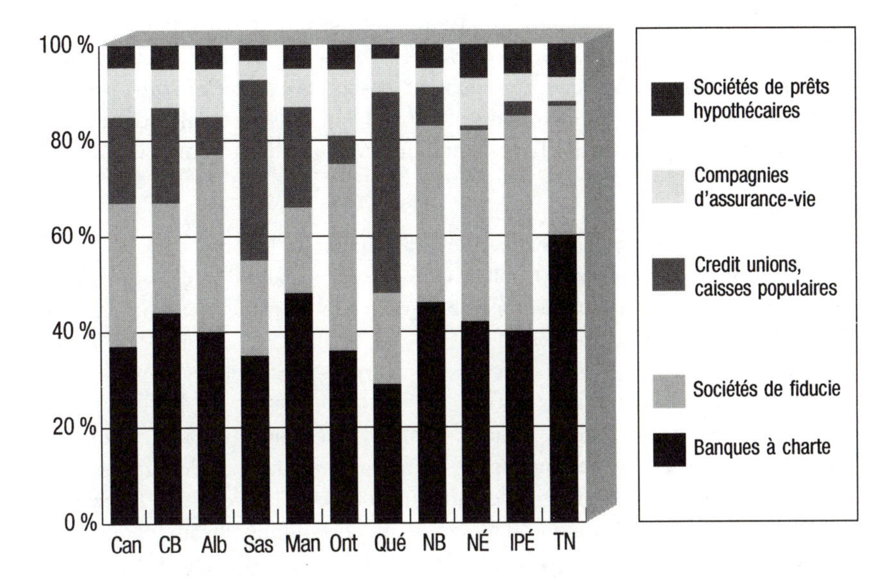

NOTE : Les données sur les banques comprennent les portefeuilles de prêts hypothécaires résidentiels de leurs filiales; le total national comprend le siège social et/ou les prêts hypothécaires internationaux. Les données sur les sociétés de prêts hypothécaires et les caisses populaires/credit unions ont été estimées afin de distinguer les portefeuilles résidentiels provinciaux des grands totaux.

Les parts de marché détenues par les divers prêteurs hypothécaires ont évolué depuis le début de l'après-guerre. En 1949–53, les compagnies d'assurance-vie fournissaient 95 % des prêts LNH et 53 % des prêts traditionnels consentis par les établissements de crédit, en comparaison de 6 % et 8 % en 1981–85. Cette baisse est attribuable au faible taux de croissance des actifs de ces compagnies, à l'arrivée des banques dans le marché des prêts hypothécaires et au fait que la demande porte plutôt sur des prêts à court terme. Le taux de croissance des actifs des compagnies d'assurance-vie a souffert de la perte de la part du marché des rentes aux caisses de retraite et de la réaction des investisseurs face à l'inflation qui a amené la réduction des ventes des polices traditionnelles d'assurance-vie qui comportaient un élément d'épargne. Entretemps, les taux élevés d'expansion de la masse monétaire favorisaient la croissance des banques, des sociétés de prêt et de fiducie ainsi que des caisses d'épargne et des caisses populaires.

La structure du crédit hypothécaire varie d'une province à l'autre (figure 6.1). Les parts des créances hypothécaires varient selon la province pour tous les établissements, mais surtout pour les caisses d'épargne et les caisses populaires. Ces coopératives financières sont les plus fortes au Québec, en Saskatchewan et en Colombie-Britannique. Cette force se reflète dans leur part des créances hypothécaires, soit 42 %, 38 % et 20 %, dans l'ordre. Jusqu'à dernièrement, les caisses d'épargne consentaient des prêts complètement ouverts, permettant en tout temps le remboursement anticipé, sans indemnité. Cette pratique a diminué en raison de l'augmentation du risque lié au taux d'intérêt.

Les problèmes du financement du logement

Trois problèmes ont surgi en matière de financement du logement dans l'après-guerre, et ne sont pas encore résolus : le risque lié au taux d'intérêt, le risque du défaut et le fait que les régimes de retraite des employeurs absorbent les économies des jeunes employés.

LE RISQUE LIÉ AU TAUX D'INTÉRÊT

Sous la poussée de l'inflation, les taux d'intérêt ont connu une tendance à la hausse et une variabilité accrue dans les années 70 et au début des années 80, ce qui réduisait l'abordabilité du logement et l'accès à la propriété. L'accès a connu une baisse, car l'inflation n'a modifié que l'évolution chronologique du rapport entre les versements hypothécaires et le revenu de l'emprunteur. Tout changement prévu du taux à long terme de l'inflation est aussitôt incorporé dans le taux d'intérêt, tandis qu'il influence le revenu de l'emprunteur année par année. En conséquence, pour un prêt hypothécaire à remboursements constants, le rapport entre les versements et le revenu est élevé au départ, à cause du taux élevé d'intérêt, mais diminue chaque année à mesure qu'augmente le revenu (le problème du déséquilibre). L'abordabilité a chuté dans la mesure où l'inflation a fait augmenter les taux réels d'intérêt (redressés en fonction de l'inflation) plutôt que seulement les taux nominaux et a raccourci le terme des prêts hypothécaires offerts, ce qui augmentait le risque attaché à un prêt d'une valeur donnée.

Les réactions gouvernementales à ces problèmes comprenaient les prêts hypothécaires à paiement progressif (PHPP), le Programme de protection des taux hypothécaires (PPTH), les titres hypothécaires et la lutte contre l'inflation elle-même. Cette dernière réaction était de loin la plus importante, car elle s'attaquait au problème même, et non à ses seules conséquences sur le marché des prêts hypothécaires.

LES PRÊTS HYPOTHÉCAIRES À PAIEMENTS PROGRESSIFS, 1978

Les PHPP, dont les mensualités sont peu élevées au début, facilitent l'accès à la propriété, particulièrement en période d'inflation. Mais, à part le caractère progressif des mensualités, ils n'aident pas l'emprunteur. Ils ne s'attaquent pas au problème du risque lié au taux d'intérêt et ils augmentent le risque de défaut en comparaison des prêts hypothécaires à paiements égaux, car le revenu de l'emprunteur peut ne pas augmenter aussi rapidement que les mensualités. En outre, les PHPP accroissent le risque que le solde du prêt ne dépasse à l'avenir la valeur de la propriété. On peut compenser ce risque en réduisant au départ la quotité de financement, mais une telle mesure est contraire à l'objectif visé. Les prêteurs se sont opposés aux PHPP (Clayton Research Associates Limited 1980). Les pertes subies par la SCHL semblent justifier leurs inquiétudes.

En période d'inflation, le prêt hypothécaire à principal indexé (PHPI) convient mieux. L'indice des prix est appliqué après coup au solde impayé du prêt. Le solde est redressé d'après l'évolution de l'indice et les remboursements effectués. L'indexation du principal remplace la prime d'inflation du taux d'intérêt. En conséquence, le taux d'intérêt est faible, ce qui aide à résoudre le problème du déséquilibre. La généralisation de l'utilisation privée des PHPI comporterait de forts coûts de démarrage, et la demande des emprunteurs n'est pas encore établie. Il n'y a pas non plus de marché pour les obligations indexées que les prêteurs devraient émettre pour consentir à grande échelle des prêts indexés. Enfin, le risque lié au taux d'intérêt ne serait pas entièrement éliminé, car les prix des logements ne suivent pas de près le taux d'inflation (Pesando et Turnbull 1983). On met actuellement les PHPI à l'essai dans le cas des prêts LNH aux coopératives d'habitation sans but lucratif.

LE PROGRAMME DE PROTECTION DES TAUX HYPOTHÉCAIRES, 1984

Le PPTH avait pour but d'offrir une protection partielle aux emprunteurs contre une forte hausse des taux d'intérêt au moment du renouvellement du prêt. Le PPTH n'a émis que 26 polices en 1985 (SCHL 1986a). Un des problèmes de ce programme est la fixation du prix. On exige la même prime pour des polices dont la période de protection diffère selon la durée et la date de souscription. En outre, la prime est fixe, tandis que les prévisions quant à l'évolution future du taux d'intérêt évoluent rapidement. Le faible niveau des ventes résulte de la probabilité que les taux d'intérêt ne connaîtront pas des fluctuations suffisantes pour justifier l'achat d'une protection. Pesando et Turnbull (1983) proposent d'établir les primes en fonction du marché. Le PPTH est pratiquement équivalent à des prêts à long terme remboursables par l'emprunteur, par exemple un prêt de dix ans remboursable après cinq ans. Si les prêteurs émettaient des obligations de dix ans non rachetables et des obligations de dix ans rachetables après cinq ans, la différence des rendements constituerait un point de départ pour le calcul de la prime « d'assurance ». Les primes pour d'autres modalités de renouvellement pourraient être calculées de la même façon. Une méthode de fixation des primes fondées sur le marché mérite qu'on s'y arrête.

CONTRATS À TERME DE TAUX D'INTÉRÊT[3]

Récemment, le gouvernement s'est intéressé à un autre mécanisme permettant de s'attaquer au problème du risque lié au taux d'intérêt : les contrats à termes de taux d'intérêt. Les contrats à terme sont des contrats bilatéraux entre les acheteurs et les vendeurs qui prévoient le report de la livraison et du règlement à une date et à un prix fixés d'avance.

De tels contrats permettent de déplacer le risque. Le prêteur qui convient de consentir un prêt hypothécaire à un taux d'intérêt donné à une date fixée d'avance court le risque que les taux d'intérêt n'augmentent entretemps. Dans ce cas, le prêteur devrait soit payer davantage pour trouver l'argent pour financer le prêt, soit investir ses fonds à un taux hypothécaire inférieur au taux courant. Dans un cas comme dans l'autre, il serait en moins bonne posture que s'il ne s'était pas engagé d'avance à consentir le prêt. Mais les emprunteurs réclament de tels engagements. Le prêteur peut réduire son risque en concluant un contrat à terme par lequel il convient de livrer des obligations à long terme du gouvernement fédéral, vers la même date, pour un prix proche de celui d'aujourd'hui. Si les taux d'intérêt ont augmenté au moment il devra avancer les fonds à l'emprunteur, le prix des obligations aura chuté et son contrat à terme sera rentable. Le gain sur le contrat à terme aide à compenser la perte sur le prêt hypothécaire. Si par contre les taux d'intérêt chutent, la marge entre son taux de prêt et son taux d'emprunt augmentera, mais il y aura aussi augmentation du prix des obligations qu'il a convenu de fournir dans le cadre du contrat à terme. Ici encore, le gain et la perte se compensent. Cette forme de « couverture » peut également être utilisée dans le cadre de transactions d'achat.

Les contrats à terme se font par l'entremise des bourses. Ils comportent des modalités normalisées pour les titres en cause. Les modalités portent sur la quantité, la date de livraison, le lieu et le mode de livraison ainsi que sur les pénalités en cas de modification par le vendeur de l'une ou l'autre des conditions précisées. Le Chicago Board of Trade est le chef de file nord-américain pour le développement des contrats à terme de taux d'intérêt et de produits connexes. Les bourses canadiennes ont été lentes à ajouter les contrats à terme de titres financiers à la liste de leurs produits. Le Toronto Futures Exchange (filiale de la Bourse de Toronto) a commencé à négocier des contrats à terme sur les bons du Trésor du gouvernement du Canada et sur les obligations à long terme en 1980. Les contrats sur les devises étrangères et l'indice composite TSE 300 ont été ajoutés en 1984. À cause de la nouveauté de ces marchés, les transactions sont peu nombreuses et l'échéance maximum des contrats est d'un an ou moins.

L'exemple donné ci-dessus est en fait un exemple de couverture croisée. L'engagement original portait sur des prêts hypothécaires, tandis que la couverture portait sur des obligations à long terme du gouvernement fédéral. La couverture croisée comporte le risque que les prix (ou les rendements) des deux instruments ne soient pas en parfaite corrélation. Plus les deux instruments se ressemblent, plus les rendements se rapprochent. Ainsi, un contrat à terme pour un instrument plus proche des prêts hypothécaires serait préférable. Il se pourrait qu'un jour les titres hypothécaires remplissent ce rôle. Les contrats à terme portant sur les titres hypothécaires constitueraient une amélioration, mais il resterait des imperfections de couverture quant à la quantité et à l'échéance.

ASSURANCE DU RISQUE DE DÉFAUT HYPOTHÉCAIRE

Le risque de défaut présente une différence importante par rapport au risque lié au taux d'intérêt. Les fluctuations des taux d'intérêt hypothécaires d'un bout à l'autre du Canada sont en étroite relation et exercent donc un effet systématique sur le portefeuille national des créances hypothécaires. Le risque de défaut, par contre, dépend de nombreuses variables, dont certaines diffèrent d'un prêt à l'autre (p. ex. un divorce dans la famille) ou d'un marché local à un autre (p. ex. les revenus des particuliers à Windsor et à Saskatoon), ou d'un ensemble de marchés locaux à l'autre (p. ex. les événements politiques provinciaux au Québec et en Colombie-Britannique). Si certaines variables ont une portée nationale (p. ex. les taux d'intérêt hypothécaires, comme nous l'avons indiqué ci-dessus), les variations touchant l'ensemble du pays sont très limitées dans le cas d'autres variables. La multiplicité et la diversité des variables qui influencent le risque de défaut le rendent plus facilement assurable que le risque lié au taux d'intérêt.

La SCHL offre l'assurance-prêt hypothécaire depuis 1954, tout d'abord seule puis en concurrence avec des assureurs privés. Ce commerce a généralement été une réussite jusqu'en 1979, même si, avec le recul, on constate qu'à cette époque le Fonds d'assurance hypothécaire (FAH) avait accumulé un déficit actuariel. C'est alors que la crise est survenue. En période de stagflation, les taux d'intérêt ont atteint des sommets sans précédent. Des variables régionales ont influencé les valeurs immobilières, notamment les événements politiques au Québec et la Politique nationale de l'énergie en Alberta. Les prêts consentis dans le cadre de deux programmes fortement subventionnés destinés à venir en aide aux groupes à faible revenu, le Programme d'aide à l'accession à la propriété (PAAP) et le Programme d'aide au logement locatif (PALL) se sont avérés vulnérables. À la fin de 1984, le FAH avait un déficit actuariel de 787 millions de dollars, dont 57 % était imputable au PAAP (31 %) et au PALL (26 %) (SCHL 1986a). Sur le total des demandes d'indemnité adressées au FAH entre 1954 et 1984, 84 % datent des six dernières années. Face à l'accumulation des pertes, entre 1982 et 1985 la SCHL a réduit son niveau de risque, a augmenté les droits de souscription d'assurance pour les rapprocher davantage des coûts, a augmenté le barème des prix et l'a modifié pour tenir compte des différences de risque. Le déficit accumulé du FAH a chuté d'environ 50 millions de dollars en 1985.

Les pratiques de la SCHL en matière d'assurance sont susceptibles d'amélioration (SCHL 1986a). Le problème du Programme d'assurance-prêt hypothécaire, toutefois, tient à la nature de son objectif et aux restrictions dont il s'assortit. L'énoncé de l'objectif est le suivant :

> Assurer que les emprunteurs de toutes les parties du Canada aient accès à des prêts hypothécaires à rapport prêt-valeur élevé, selon les mêmes modalités, sous réserve des trois restrictions suivantes :
>
> i) que les fonds soient fournis par des prêteurs privés;
>
> ii) que le programme soit exploité sans coût pour le gouvernement;

iii) que l'assurance LNH soit offerte dans un climat de concurrence avec le secteur privé (SCHL 1986a, 9).

L'objectif et les restrictions i) et ii) datent du début du programme; la restriction iii) date de la mise en place de l'assurance-prêt hypothécaire privée.

L'objectif s'applique aux prêts qui financent les logements du marché. On ne sait trop pourquoi les « mêmes modalités d'emprunt » devraient être offertes pour les logements du marché « dans toutes les parties du Canada » alors que les coûts de traitement des demandes d'assurance et les risques de défaut varient considérablement d'un endroit à l'autre. Le coût de traitement d'une demande dans une collectivité éloignée peut être cinq ou dix fois plus élevé que dans un grand centre; le risque dans une collectivité qui ne compte qu'une seule industrie, par exemple, peut être trois fois celui de Toronto. Les nouveaux barèmes de droits et de primes de la SCHL visent l'autonomie de financement et sont plus liés qu'auparavant au coût et au risque. Mais ils ne varient pas selon la localité, de sorte qu'une possibilité d'interfinancement demeure.

En principe, les emprunteurs dans des endroits où les coûts ou les risques sont faibles ne devraient pas devoir subventionner ceux qui vivent dans des endroits où les coûts ou les risques sont élevés, pas plus que, par exemple, les propriétaires dans les agglomérations où les coûts des terrains sont bas ne devraient subventionner ceux qui habitent des localités où les coûts des terrains sont élevés. Même s'ils sont importants, les coûts d'emprunt ne sont qu'une partie du coût du logement, et les droits de souscription et les primes ne constituent qu'une petite partie des coûts d'emprunt. La répartition géographique des autres coûts de logement peut différer de celle des subventions de financement. En offrant « les mêmes modalités d'emprunt » « dans toutes les parties du Canada », il se peut qu'on crée des différences au même titre que pour l'accès à la propriété, l'abordabilité et la sécurité d'occupation découlant des autres coûts de logement.

L'interfinancement a aussi des effets indésirables en matière de concurrence. Les assureurs privés ne peuvent faire concurrence dans des marchés subventionnés. Ils sont forcés de se concentrer sur les marchés à faible risque et à faible coût, ce qu'on appelle « l'écrémage ». Cette pratique est encouragée si la SCHL établit des distinctions. Les subventions aux emprunteurs dans les collectivités où les coûts ou les risques sont élevés a une longue tradition. Cette tradition s'est établie à une époque où la politique du logement était liée à la politique de l'emploi, où la politique monétaire était moins souple et la politique financière moins élaborée, où les banques n'intervenaient pas dans le marché hypothécaire et où la SCHL était plus active comme prêteur, et aussi une époque où la valeur des prêts et les taux d'intérêt étaient plafonnés. Dans la situation actuelle, cette politique est anachronique.

Un autre problème qui se pose au sujet du programme d'assurance hypothécaire est celui de la configuration optimale du marché. Quel devrait être le rôle de la SCHL? Quel devrait être celui des assureurs privés? La réponse dépend en partie de la « compétitivité » du marché : la menace de l'arrivée de nouveaux concurrents empêcherait-elle les prix d'augmenter? Si tel était le cas, alors la SCHL pourrait se retirer du marché. Cependant, les assureurs privés sont incapables de faire face aux grandes forces et mouvements systématiques qui influencent le risque de défaut, par exemple une crise économique grave et généralisée. Seul le gouvernement fédéral est en mesure de le faire. Même si les assureurs privés avaient la part du lion du marché, ils auraient besoin d'un organisme gouvernemental comme réassureur. C'est là le rôle que devrait jouer la SCHL.

La SCHL a examiné plusieurs moyens pour accroître le rôle des assureurs privés (SCHL 1986a). Une solution intéressante du point de vue social consiste en une police de base, offerte par un assureur privé, qui accorde une protection inférieure à celle qu'accorde actuellement la LNH, avec une police facultative supplémentaire offerte par la SCHL accordant une protection équivalente à l'échelle actuelle de la LNH. Cette formule assure que tous les emprunteurs qui sont prêts à payer les primes qu'exigent les coûts et les risques de l'assurance aient accès à des prêts hypothécaires à quotité de financement majorée, et elle s'en remet aux forces du marché pour déterminer où devrait être ciblée l'assurance gouvernementale. L'assurance gouvernementale complète l'assurance privée, ce qui devrait redonner confiance aux investisseurs dans le commerce de l'assurance-prêt hypothécaire. Le risque à prévoir est que la concurrence ne soit pas suffisante pour empêcher l'augmentation des prix à long terme.

LES CAISSES DE RETRAITE

Sous leur forme actuelle, les régimes de retraite obligent l'employé à répartir ses économies à long terme, année par année, pendant toute la durée du ménage. À la différence des autres placements, les sommes ne sont pas affectées d'après le rendement prévu en fonction du risque, mais par décision extérieure. Une autre façon de faire pourrait donner aux ménages une plus grande marge de manœuvre pour utiliser leurs économies annuelles à long terme de la façon la plus productive à chaque stade de la vie du ménage. Des analyses des coûts et des avantages portent à croire que pour de nombreux ménages, la séquence optimale est la suivante : tout d'abord accumuler une mise de fonds et acheter « l'outillage et l'équipement » du ménage, ensuite régler les dettes et enfin, se concentrer sur l'actif financier, y compris les pensions de retraite. Pour bon nombre des ménages à qui cette démarche convient, cet ordre permettrait d'accroître le revenu réel, et donc la capacité d'épargner pour des buts à long terme, y compris la retraite. Ces ménages pourraient être mieux logés et avoir une meilleure retraite.

La méthode actuelle de financement de la retraite réduit l'accès à la propriété. Par exemple, si le rapport prêt-valeur est de 90 %, 10 000 $ bloqués dans les économies de retraite (ceci comprend la contribution dite de l'employeur et les intérêts accumulés) réduisent la capacité de financement de 100 000 $. Si le rapport ABD est de 32 %, pour chaque tranche de 100 $ du revenu mensuel bloquée dans le régime de retraite, le montant du prêt auquel l'emprunteur est admissible se trouve réduit de 11 173 $ — à un taux d'intérêt de 10 % et avec une période d'amortissement de 25 ans[4]. On pourrait aussi réduire les périodes d'amortissement d'environ la moitié en utilisant les économies de retraite.

Cette question mérite qu'on s'y arrête. On pourrait notamment songer à reprendre et à développer une forme de régime enregistré d'épargne-logement (REÉL) qui serait intégré aux régimes de retraite.

Leçons et problèmes

Il se dégage de l'histoire du financement du logement dans l'après-guerre une conclusion évidente, c'est-à-dire qu'il est possible pour les établissements de crédit, y compris les banques, de consentir des prêts hypothécaires résidentiels assurés à quotité de financement majorée. Les taux d'intérêt et les échéances doivent concorder avec les risques assumés par le prêteur, y compris le risque de défaut et le risque lié au taux d'intérêt. Comme le rappellent les faillites de la Canadian Commercial Bank et de la Northland Bank, les banquiers doivent faire preuve de prudence et de discernement dans le choix des risques, assurer une diversification selon les régions et disposer de ressources suffisantes pour l'application des réglementations.

La leçon pour les assureurs hypothécaires est que l'objectif d'exploitation de l'organisme gouvernemental doit être approprié, et compatible avec les restrictions auxquelles il est assujetti. Le maintien des mêmes modalités d'emprunt dans toutes les parties du Canada est une politique discutable. Il est raisonnable de réduire l'inégalité mais excessif de rechercher l'égalité à tout prix, car un tel objectif n'a pas beaucoup de chances d'être poursuivi « sans aucun coût pour le gouvernement ». Dans le cas qui nous occupe, il ne permettait pas non plus de maintenir « un environnement compétitif avec l'assurance privée ».

Un corollaire de ce principe est qu'il faut établir les primes en tenant bien compte de toute la complexité d'un contrat d'assurance. Le déficit accumulé du FAH était encore considérable en 1985, malgré trois décennies au cours desquelles les prix des propriétés ont connu une forte hausse dans tout le pays. Ce n'est qu'en 1982 que le FAH a fait l'objet d'une évaluation actuarielle. Entretemps, la SCHL était tenu de remettre les « bénéfices » au Trésor[5].

Si l'on veut augmenter l'offre de prêts hypothécaires en augmentant la liquidité des créances, la méthode indirecte vaut mieux que la méthode directe. Les créances hypothécaires ne sont pas en elles-mêmes susceptibles d'être facilement échangées. Les titres hypothécaires offrent un peu plus d'espoir et rapprocheraient le marché hypothécaire des autres marchés des emprunts à long terme.

Il y a deux leçons importantes à tirer de l'inflation. Tout d'abord, le cadre réglementaire devait être moins contraignant. Les plafonds imposés par la LNH au montant des prêts et au taux d'intérêt, ainsi que la limite minimum de l'échéance, se sont avérés une source de perturbation pour l'offre de fonds. Deuxièmement, lorsque l'inflation fait monter les taux d'intérêt et que le risque lié au taux d'intérêt est élevé, il est difficile d'empêcher une forte augmentation du risque lié au taux d'intérêt pour les emprunteurs hypothécaires. L'échéance des bailleurs de fonds des établissements de crédit raccourcit et ils doivent donc raccourcir les échéances de leurs prêts. Le PPTH, les titres hypothécaires et les PHPI pourraient être utiles, mais doivent être développés. Même les emprunteurs préfèrent souvent raccourcir l'échéance, misant sur la baisse des taux d'intérêt. Ce faisant, ils deviennent plus vulnérables. C'est là un autre argument pour la lutte contre les causes de l'inflation plutôt que contre ses effets. C'est aussi un argument en faveur de l'utilisation de restrictions fiscales plutôt que financières à cette fin.

Enfin, les prêteurs privés ont fait la preuve qu'en l'absence de restrictions indues de leurs activités, et avec des actifs en croissance, ils étaient capables d'accroître considérablement l'offre de fonds hypothécaires.

À la lumière de l'expérience de l'après-guerre et des leçons qu'il faut en tirer, deux grandes questions se dégagent. Tout d'abord, de quelle façon faut-il organiser l'assurance-prêt hypothécaire? Un organisme public jouit-il d'une liberté politique suffisante pour fonctionner d'une façon financièrement saine? Est-il forcé de prendre des risques excessifs (p. ex. le PAAP et le PALL) en vue de réaliser les objectifs du logement social et des objectifs étrangers au logement? Devrait-il s'en tenir à la réassurance des assureurs privés, aux prêts directs et à la recherche?

Deuxièmement, compte tenu des progrès réalisés dans l'après-guerre en matière de logement et de crédit hypothécaire, l'intérêt public devrait-il se déplacer du financement du logement à celui des ménages? Le conflit croissant entre le financement du logement et celui de la retraite montre bien la nécessité de cette optique plus large. L'amélioration de la gestion des finances du ménage engendre de meilleurs emprunteurs. Elle leur rend aussi le logement plus abordable. À l'opposé, les emprunts hypothécaires résidentiels peuvent être utilisés avec profit pour financer des activités autres que le logement. Les résultats des enquêtes révèlent que le rapport entre la dette hypothécaire et la valeur marchande des logements pour propriétaires-occupants n'était que de 20 % en 1984 (Statistique Canada 1984a). Avec le vieillissement de la population, devrions-nous commencer à penser au rôle du logement dans le financement de la retraite, par exemple, au rôle que pourraient jouer les rentes hypothécaires? De façon plus générale, devrions-nous voir dans le logement une garantie pour des prêts destinés à n'importe quelle fin légale? Les gouvernements devraient-ils maintenant faire la distinction entre les hypothèques résidentielles pour des fins de logement et pour des fins autres?

Ces problèmes nous amènent à une question que nous avons évitée à dessein au début du chapitre. En quoi consiste le financement du logement? Nous savons que les transactions qui concernent le logement ne se font pas en vase clos. Par exemple, l'acheteur d'une maison peut demander un prêt hypothécaire plus élevé que nécessaire afin de conserver des fonds, par exemple, pour acheter une voiture, d'autres biens durables ou financer l'instruction postsecondaire. Ce que nous appelons communément le financement du logement ne porte alors qu'en partie sur le logement. Si l'on utilise les données de l'Enquête sur les finances des consommateurs de 1977 par Statistique Canada et si l'on définit le financement hypothécaire comme financement du logement seulement dans la mesure où la totalité de la valeur nette du ménage est absorbée par l'avoir propre représenté par le logement, Jones estime que « près de la moitié des créances hypothécaires domiciliaires en cours de remboursement sert à financer des activités autres que le logement » (1984a, 22).

À la lumière des progrès réalisés dans l'après-guerre, le temps est-il venu de se préoccuper moins de l'accès, de l'abordabilité et de la sécurité d'occupation du logement comme tels pour nous intéresser davantage à l'accès, à l'abordabilité et à la sécurité de la consommation et aux économies en général?

Notes

1 Cette section s'inspire surtout de Poapst (1962, 1975) et de SCHL (1986a).

2 Les données présentées dans cette section sont des résultats du marché. Elles traduisent l'interaction de la demande et de l'offre de prêts hypothécaires plutôt que la seule offre. Néanmoins, elles fournissent des renseignements sur l'offre du marché.

3 David Novak, candidat au doctorat en finances à la Faculté de gestion de l'université de Toronto, a collaboré à cette section. L'auteur tient à le remercier.

4 Les contributions de l'employé et de l'employeur au régime de retraite, ainsi que les intérêts sur ces contributions, ne sont pas imposés. Ces impôts réduiraient la somme disponible pour le remboursement de la dette et donc l'impact des caisses de retraite sur la capacité d'emprunt. Par ailleurs, s'il était permis d'emprunter sur les économies de retraite pour financer le logement, l'effet serait celui qui est indiqué ici. Pour un exemple de telles dispositions, voir Poapst (1984).

5 La SCHL vient de terminer une révision importante du programme d'assurance hypothécaire.

CHAPITRE SEPT

La réglementation et le coût du logement

John Bossons[1]

LA RÉGLEMENTATION des marchés caractérise la vie économique moderne. Il y a peu ou pas de marchés qui ne soient nullement réglementés; par ailleurs, peu sont soumis au réseau complexe de réglementation qui caractérise le marché de l'habitation.

L'intervention gouvernementale dans les marchés est en constante évolution, traduisant un vaste éventail de pressions politiques contradictoires. La réglementation du marché du logement n'a pas fait exception à cette tendance. De nombreux groupes de travail fédéraux et provinciaux ont été constitués depuis 1945 pour étudier comment la réglementation du marché du logement pourrait être rendue plus efficace, et bon nombre de leurs recommandations ont été appliquées. La croissance de l'intervention réglementaire n'a pas été ininterrompue; il y a eu des périodes de consolidation et de simplification. Néanmoins, chaque décennie de l'après-guerre s'est soldée par un accroissement de la réglementation du marché de l'habitation.

La réglementation est un instrument économiquement précieux utilisé par les politiciens et qui répond aux exigences de l'électorat en matière d'intervention gouvernementale. Il ne faut donc pas s'en tenir à la seule question du coût de la réglementation, mais plutôt se demander si d'autres formes d'intervention gouvernementale peuvent fournir un moyen moins coûteux de satisfaire la demande de la population. De par sa nature même, la réglementation redistribue les risques et les coûts qui y sont liés; une bonne partie du coût de la réglementation est en général assumée par des personnes autres que celles qui bénéficient du règlement. C'est pourquoi les questions soulevées par la réglementation du marché du logement portent tout autant sur la justice redistributive que sur l'économie. Une deuxième question d'importance découle de la difficulté de réglementer les risques. Il n'est pas facile de concevoir des mécanismes visant à redistribuer le risque sans créer des effets secondaires imprévus, qui souvent suscitent à leur tour de nouvelles demandes de réglementation.

Pour analyser les effets de la réglementation, il faut préciser exactement les marchés du logement où s'applique cette réglementation. L'acquisition d'un logement étant un investissement durable, il faut établir des distinctions entre le marché des logements neufs et celui des vieux logements; entre la construction de nouveaux logements et la rénovation de logements existants. En raison de l'importance variable du coût des terrains et des effets environnementaux, il faut aussi établir des distinctions entre les centres-villes et les banlieues, entre les régions métropolitaines et les petites villes. Enfin, dans le cas du logement locatif, il faut distinguer entre le marché des services de location et le marché de l'actif correspondant. Il existe une importante réglementation pour chacun de ces marchés.

La demande croissante de réglementation de l'utilisation du sol

L'élément-clé de l'argument économique en faveur de la réglementation de l'utilisation du sol est la possibilité d'effets externes ou externalités. Les externalités sont les effets de décisions privées qui touchent directement des personnes autres que les décideurs. Une économie de marché non réglementée, avec une concurrence parfaite, en l'absence d'externalités, peut donner une affectation efficiente des ressources[2]. À la condition que les décideurs assument la totalité du coût et bénéficient de tous les avantages découlant des décisions qu'ils prennent. Lorsqu'il en est autrement, il se pose des problèmes d'externalité.

Par exemple, la source de l'échec du marché dans le cas de la pollution émanant d'une raffinerie de plomb est que l'effet de la pollution atmosphérique sur les résidants et propriétaires avoisinants ne se reflète ni dans les prix des produits de la raffinerie de plomb ni dans les coûts des intrants servant à la production. En d'autres termes, les voisins ne possèdent pas des droits de propriété clairement définis en matière d'air pur et une raffinerie n'est pas tenue (en l'absence de l'intervention gouvernementale) de dédommager ses voisins pour les effets de sa pollution[3]. Les règlements de zonage constituent des façons par lesquelles les particuliers tentent d'obtenir par l'entremise du système politique des droits de propriété non exigibles autrement ou de les faire valoir pour moins cher qu'en l'absence de tels règlements.

Les gouvernements disposent d'autres outils pour s'assurer que les décisions concernant l'utilisation du sol tiennent compte des effets externes. Un de ces outils est l'imposition des sources d'externalités négatives et l'indemnisation des voisins touchés. Cependant, la méthode de l'impôt comporte ses propres problèmes. Le premier est l'incapacité générale des dirigeants à déterminer le taux d'imposition optimal pour la production d'une externalité négative. Le second a trait aux difficultés pratiques et aux coûts reliés à l'évaluation de l'externalité négative en vue de percevoir l'impôt. Il est souvent plus facile de s'approcher de la solution souhaitée par réglementation, puisque cette réglementation (au moins dans le cas des utilisations du sol) consiste généralement à définir les endroits où les activités nocives ou nuisibles sont permises ou à restreindre l'aménagement global, ce qui contrôle directement la production des externalités négatives.

Un autre outil consiste à obliger les promoteurs à obtenir l'accord des propriétaires avoisinants quant aux différents aspects de l'aménagement proposé.

L'obligation générale imposée par la loi aux promoteurs d'obtenir l'accord des voisins serait généralement perçue comme trop restrictive. Néanmoins, on peut voir dans le processus de réglementation de l'utilisation des sols un moyen d'encourager les promoteurs à négocier avec les voisins et à trouver des façons de réduire au minimum les effets externes négatifs.

Lorsqu'on étudie les facteurs qui déterminent la réglementation en matière d'utilisation du sol, il est utile de distinguer trois catégories d'externalités : locales, globales et fiscales. Les externalités locales découlent d'une utilisation donnée et identifiable du sol; ces effets touchent les propriétés avoisinantes et diminuent vraisemblablement d'importance à mesure qu'on s'éloigne de la source. Les externalités globales sont liées à la densité de population et aux autres effets de débordement de la croissance urbaine qui touchent directement le bien-être des particuliers. Enfin, les externalités fiscales des nouveaux aménagements sont les effets générateurs d'une augmentation des impôts qui réduit la consommation privée.

EXTERNALITÉS LOCALES

Contrôler l'emplacement des utilisations du sol ayant des effets externes négatifs est la plus ancienne fonction des règlements de zonage, ainsi appelés du fait que ces utilisations sont limitées à certains secteurs ou « zones ». Les municipalités ont le pouvoir d'adopter des règlements de zonage depuis avant la Première Guerre mondiale en Alberta, en Colombie-Britannique et en Ontario, et depuis les années 20 dans la plupart des autres provinces[4]. Les propriétaires bénéficient des règlements de zonage surtout en ce qui concerne la réduction de l'incertitude quant à savoir si un producteur d'externalités négatives peut s'installer à côté de chez soi (avantage qui pourrait bien se traduire par une augmentation concomitante de la valeur des propriétés). De façon générale, on réclame des règlements de zonage plus restrictifs lorsque des exemples d'utilisations non désirées sensibilisent le public à l'importance de ces risques.

La définition pratique d'une externalité locale est plutôt de nature politique, même si on peut lui trouver une justification économique. La définition des nuisances a évolué avec les goûts, les revenus et le raffinement politique. La croissance économique a influencé la demande de contrôles environnementaux locaux visant à préserver la nature des quartiers en plus d'interdire les utilisations dommageables du sol. La conscience de l'importance de la qualité de la vie urbaine est sans doute fonction de l'aisance croissante des ménages. En outre, la conscience politique des ménages urbains a augmenté en même temps que la sensibilisation au fait que l'intervention gouvernementale peut protéger ou accroître la gamme des choix de consommation de chacun.

Les règlements d'utilisation du sol portant sur les sources d'externalités locales visent surtout à accroître la certitude quant à ce que les propriétaires avoisinants peuvent faire de leurs terrains. La réussite suscite ses propres problèmes, des rigidités inutiles, qui ont à leur tour mené à la mise en place de mécanismes complexes visant à un assouplissement acceptable des normes, tout en garantissant, dans la plupart des cas, que les propriétaires avoisinants aient leur mot à dire dans le processus d'approbation. Néanmoins, le caractère conservateur de la réglementation au chapitre des externalités locales doit être souligné. Le fait d'écarter toute incertitude est par nature conservateur.

EXTERNALITÉS GLOBALES

Avec le temps, la réglementation de l'utilisation du sol en est venue à inclure plus que la simple réglementation des externalités locales. À mesure que croissaient les populations urbaines, les pressions politiques augmentaient en vue de contrecarrer les conséquences négatives de la croissance, comme l'augmentation de la densité de population et la dégradation de l'environnement. Dans le cadre de l'urbanisation rapide qui s'est produite après 1945, ces pressions ont abouti à des actions politiques allant d'investissements publics majeurs dans les transports et les mesures favorisant la croissance jusqu'à des tentatives de canaliser ou de contrôler cette croissance. En outre, la montée des préoccupations environnementales — surtout depuis le milieu des années 60 — a multiplié les pressions en faveur de la réglementation.

Ces préoccupations plus larges concernent des externalités négatives à caractère global, car elles découlent des gestes collectifs de tous les décideurs plutôt que des décisions d'un seul propriétaire. Les coûts sociaux de la croissance qu'assument les résidants et les citoyens peuvent comprendre une augmentation de la densité de population et de la pollution, la hausse des coûts de déplacement entre la maison et le travail (y compris la valeur du temps consacré au déplacement) et les effets de débordement sur la qualité des quartiers résidentiels. Ils comprennent également les coûts découlant de l'effet de l'urbanisation sur les régions avoisinantes : diminution de l'accès aux installations de loisirs et augmentation des coûts des loisirs — par exemple, temps de déplacement plus long, dégradation environnementale et prix plus élevé des terrains de villégiature. La sensibilisation à ces coûts a accru la demande de réglementation environnementale.

Cette demande a aussi été alimentée par la crainte chez certains que le calcul de l'effet des externalités négatives ne donne un poids insuffisant à l'impact des changements environnementaux pour les générations futures, par exemple la perte des terres agricoles ou de la flore et de la faune naturelles. Sur le plan économique, cette crainte reflète une perception que le taux social d'escompte qui devrait être appliqué pour l'évaluation du coût des externalités environnementales pourrait être considérablement plus bas que les taux d'intérêt du marché. Le poids qu'il convient de donner au bien-être des générations futures dans l'évaluation des questions environnementales importantes est, bien sûr, sujet à controverse. On peut défendre un taux d'escompte de zéro en ce qui concerne le changements environnementaux qui, ensemble, peuvent avoir des effets graves et irréversibles de la qualité de vie des générations à venir (voir par exemple Solow 1974)[5]. Qu'on soit ou non d'accord avec cette position, ces préoccupations ont acquis une importance politique et accroissent la demande de réglementation de l'utilisation du sol.

EXTERNALITÉS FISCALES

Bon nombre des coûts sociaux reliés à l'urbanisation et à la croissance peuvent être compensés par les dépenses publiques dans les transports, les parcs et d'autres services. Mais il se peut que ces dépenses se traduisent par des augmentations d'impôts pour les contribuables. Les externalités fiscales — les augmentations d'impôts en raison de nouveaux aménagements — peuvent être une source aussi puissante de demandes de réglementation et de zonage exclusionnaire que la congestion et les effets environnementaux.

Sauf dans les provinces maritimes, où l'éducation est financée entièrement par le gouvernement provincial, la méthode actuelle de financement de l'éducation est une source d'externalités fiscales. Une proportion importante des coûts de l'éducation est payée à même les recettes de l'impôt foncier — dans certaines municipalités, plus de 80 % — ce qui a un effet dissuasif sur les municipalités lorsqu'il s'agit de permettre de nouveaux aménagements résidentiels qui seraient vraisemblablement occupés par des familles à faible revenu avec des enfants. Un argument de poids milite en faveur du financement de la totalité des coûts de l'enseignement par la province (à même les impôts généraux, comme l'impôt sur le revenu), comme on l'a fait en Nouvelle-Écosse au milieu des années 70 : cela éliminerait la plus importante externalité fiscale négative actuellement associée au logement pour les ménages à faible revenu.

Une façon de faire face aux externalités fiscales consiste à imposer des droits spéciaux sur les nouveaux aménagements, des impôts qui soient suffisamment importants pour compenser les coûts et les impôts que devraient autrement supporter les contribuables actuels par suite du nouvel aménagement. Ces impôts, actuellement prélevés sous forme de droits de lotissement par les municipalités de toutes les provinces autres que le Québec, constituent un moyen efficace de compenser les externalités fiscales négatives. Les promoteurs s'opposent à l'utilisation des droits de lotissement à cette fin. Ces droits accroissent le prix des terrains viabilisés et donc, affirme-t-on, le coût des maisons neuves. Si les droits municipaux de lotissement étaient maintenus par les paliers supérieurs de gouvernement à des niveaux qui ne compensent pas les externalités fiscales négatives des nouveaux aménagements, les municipalités pourraient réduire la viabilisation des terrains disponibles, ce qui pourrait faire grimper le coût des maisons neuves (en particulier celui des nouveaux logements pour ménages à faible revenu).

COMPROMIS POLITIQUES TOUCHANT LA RÉGLEMENTATION DE L'UTILISATION DU SOL

Il n'est pas possible de prévenir toutes les externalités locales négatives éventuelles ni d'éliminer les coûts sociaux de la croissance démographique. En outre, les préjudices subis par les résidants actuels peuvent être contrebalancés par les avantages dont bénéficient les nouveaux arrivants. La pression politique en vue de la réglementation découle du fait que les coûts des nouveaux aménagements ne sont pas tous assumés par ceux qui en bénéficient. La réglementation est la façon la plus facile de réduire le potentiel de transfert indésirable des perdants aux gagnants. Aussi longtemps que les électeurs se percevront comme des perdants éventuels en l'absence de réglementation, la demande politique de réglementation de l'utilisation du sol se maintiendra.

L'opposition à la réglementation découle des coûts qu'elle entraîne, particulièrement dans la mesure où ceux-ci sont perçus comme résultant de chinoiseries administratives, de paperasserie tatillonne et de délais indus. Néanmoins, bien que cette opposition contribue à accroître l'efficacité de la réglementation, les lenteurs bureaucratiques sont un fait auquel les décideurs s'adaptent. En outre, à mesure que les promoteurs se familiarisent avec les règlements en vigueur, ils ont un avantage sur les nouveaux arrivants et sont donc favorables au statu quo. Ce qui affaiblit l'opposition.

Le contrôle de l'utilisation du sol dans les secteurs déjà aménagés

Vers 1945, les gouvernements municipaux du Canada utilisaient le zonage surtout pour conserver les utilisations existantes du sol. La plupart des règlements de zonage distinguaient les utilisations résidentielles, industrielles et commerciales et réglementaient la densité et le type d'aménagement permis dans les divers quartiers. Ces derniers se répartissaient donc généralement dans des zones différentes, depuis les quartiers de résidences unifamiliales jusqu'aux zones permettant la construction d'immeubles d'appartements, en passant par des zones de maisons pouvant contenir des appartements. Un rapport préparé en 1949 pour la SCHL voit dans le système alors en vigueur « un concept de zonage qui se concentre surtout sur l'immobilité des valeurs foncières en empêchant l'évolution des usages établis dans un secteur donné » (Spence-Sales 1949, 79). Le zonage des quartiers existants a continué dans une large mesure de respecter ce concept.

Au cours des quatre décennies écoulées depuis 1945, les contrôles de l'utilisation du sol dans les quartiers déjà aménagés sont devenus plus complexes et raffinés. Plus complexes, parce que la réglementation a été étendue à un nombre toujours croissant de détails de la conception des nouveaux aménagements. Plus raffinés, car les techniques de contrôle ont été précisées de façon à permettre une hiérarchie plus graduée de contrôle dont la rigueur diffère selon les zones. D'une part, cette différenciation a abouti à une sévérité accrue de la réglementation dans les quartiers résidentiels existants. D'autre part, là où le réaménagement est permis, la réglementation a été assouplie, bien qu'au prix d'un accroissement du pouvoir discrétionnaire des fonctionnaires et politiciens municipaux.

Le raffinement accru des contrôles de l'utilisation du sol en a augmenté l'efficacité. Il a aussi augmenté les effets de la réglementation, dont la complexité croissante s'est accompagnée d'une nette amélioration de l'efficience du mécanisme réglementaire. Cette complexité croissante a également accru progressivement l'importance du rôle que jouent les avocats et les urbanistes professionnels dans les décisions qui touchent la réglementation de l'utilisation du sol.

LE ZONAGE DANS LES QUARTIERS RÉSIDENTIELS À FAIBLE DENSITÉ DU CENTRE DES VILLES

La plus grande preuve de l'importance économique des contrôles de l'utilisation du sol se trouve sans doute dans la persistance des quartiers résidentiels à faible densité dans les secteurs centraux de Toronto et de Vancouver. Dans ces deux villes, l'apparition imprévue, dans les années 60, d'ensembles résidentiels de haute densité dans des quartiers à faible densité et à revenu moyen ou élevé a donné lieu à des pressions politiques en vue d'un zonage plus restrictif. Dans les deux cas, il en est résulté l'arrêt presque complet de l'aménagement en hauteur dans les quartiers existants à faible densité[6] ou, en outre, la pression exercée par les citoyens sur les politiciens a mené à l'adoption progressive d'une réglementation de plus en plus détaillée du réaménagement à petite échelle.[7]

L'expérience de Vancouver et de Toronto met en lumière le besoin de certitude qui sous-tend les pressions en vue du contrôle de zonage dans les quartiers existants. La valeur accordée à la restriction de densité inhérente aux règlements de zonage semblerait élevée[8]. Néanmoins, la demande de terrains du centre-ville utilisés pour des maisons unifamiliales a augmenté en raison de la stabilité de l'utilisation du sol dans ces quartiers, ce qui a encouragé un investissement substantiel dans la rénovation des maisons du centre-ville de même qu'une augmentation de leur valeur marchande.

La valeur des maisons unifamiliales des quartiers à faible densité du centre-ville a été accrue par un zonage restrictif, tandis que la valeur des regroupements de terrains a chuté. En raison des risques que comporte le regroupement des terrains, une bonne partie du rendement du réaménagement à des densités plus élevées profite aux spéculateurs qui réunissent les terrains. Sans zonage restrictif, la différence entre la valeur des terrains dans leur utilisation actuelle (c.-à-d. la propriété fragmentée) et leur valeur éventuelle une fois réaménagés serait plus grande, ce qui accroîtrait la rentabilité du réaménagement à de plus fortes densités. Sans zonage restrictif, l'incertitude concernant le moment et l'emplacement d'un réaménagement décourage l'entretien et la rénovation des logements et réduit la valeur des propriétés existantes.

La tendance à protéger les quartiers à faible densité des centres-villes s'est produite en même temps que l'évolution des perceptions du public concernant leur viabilité. Dans les années 50 et au début des années 60, il était communément admis que les quartiers résidentiels des centres-villes étaient dégradés et que leurs logements délabrés seraient remplacés par de nouveaux ensembles. Cette hypothèse se reflétait d'ailleurs explicitement dans les projets d'urbanisme qui destinaient bon nombre de ces quartiers au réaménagement. La recrudescence de la demande de maisons unifamiliales dans ces quartiers de la part de ménages à revenu moyen et élevé au cours des deux dernières décennies a amené le rejet de ces plans d'urbanisme. La demande accrue de logements pour propriétaires-occupants dans les centres-villes a donc renforcé la demande de zonage restrictif dans ces quartiers[9].

LES CONTRÔLES DANS LES BANLIEUES NOUVELLEMENT CONSTRUITES

Si c'est dans les quartiers des centres-villes que les pressions économiques en vue du réaménagement sont les plus fortes, il existe une importante réglementation du réaménagement dans les quartiers résidentiels de banlieue. La rigidité relative de cette réglementation est devenue une préoccupation majeure dans les zones métropolitaines en croissance rapide. En partie à cause de la plus grande homogénéité des banlieues de l'après-guerre, il est plus facile d'appliquer une réglementation rigide dans ces quartiers que dans ceux du centre-ville. En outre, les pressions en vue de protéger la valeur des propriétés ont été plus fortes et plus concertées dans ces quartiers de banlieue que dans les quartiers du centre-ville à plus grande diversité sociale. Pour ces deux raisons, les contrôles de l'utilisation du sol appliqués dans les quartiers de banlieue ont été plus restrictifs et ont rendu difficile l'intensification de l'utilisation du sol dans les banlieues d'après-guerre.

Les questions soulevées par l'analyse des pressions politiques qui sous-tendent les contrôles de l'utilisation du sol dans les banlieues diffèrent peu de celles qui se posent dans le cas des centres-villes. Dans les deux cas, en effet, la forte demande de la part des résidants existants pour la protection contre les risques d'externalités négatives possibles de nouveaux aménagements rend politiquement difficiles l'assouplissement et la simplification des règles actuelles. Dans les deux cas également, la densification réduirait le coût des nouveaux logements.

LE ZONAGE EXCLUSIONNAIRE DANS LES QUARTIERS CONSTRUITS

L'emploi de la réglementation de l'utilisation du sol pour réduire l'incertitude peut prendre de nombreuses formes. En outre, il n'y a qu'une distinction subtile entre empêcher l'utilisation dommageable des terrains avoisinants et maintenir l'homogénéité sociale d'un quartier. Aux États-Unis, on a souvent utilisé le zonage pour exclure des banlieues les ménages à faible revenu, principalement en imposant des dimensions minimums pour les terrains ou des normes minimales de logement[10]. En partie parce que le gouvernement local est moins fragmenté dans la plupart des zones métropolitaines du Canada, on a moins eu recours au zonage à des fins manifestement exclusionnaires au Canada. Cependant, la différence est minime.

Les objectifs d'exclusion sont un élément important des pratiques canadiennes de zonage, particulièrement dans les municipalités de banlieue. On réussit à maintenir l'exclusivité de quartiers résidentiels pour les citoyens à revenu supérieur ou moyen par l'exercice de pouvoirs discrétionnaires dans l'approbation des lotissements et par diverses pratiques de zonage (comme la taille minimale des terrains et les marges de recul obligatoires) qui imposent un minimum à la composante terrain des nouveaux logements. D'autres règlements (comme la taille minimale des appartements ou l'interdiction des appartements en sous-sol) peuvent avoir pour effet d'imposer un minimum au coût d'investissement des nouvelles maisons. En outre, certaines catégories de personnes peuvent être exclues au moyen d'interdictions particulières (comme l'exclusion des foyers collectifs).

Une autre différence importante entre le Canada et les États-Unis est que les gouvernements provinciaux exercent en général un plus grand contrôle sur les gouvernements locaux et ont parfois exercé des pressions sur les conseils municipaux pour leur faire modifier un zonage à effet d'exclusion. Néanmoins, même si l'intervention des paliers supérieurs de gouvernement a entraîné un peu plus d'uniformité dans les pratiques de zonage, les politiciens provinciaux sont également l'objet de pressions de la part de leurs commettants en ce qui a trait à la demande de zonage. L'intervention provinciale n'a pas réussi à réduire de façon importante la fréquence des pratiques exclusionnaires.

Les pratiques exclusionnaires de zonage soulèvent d'épineux conflits d'objectifs. D'une part, c'est une façon qui permet de réduire les externalités fiscales et d'accroître localement les valeurs foncières. Une étude publiée en 1974 aux États-Unis fournit certaines données quant aux effets externes d'un investissement dans une propriété sur les prix des maisons avoisinantes et conclut que le rendement pour les propriétaires avoisinants se situe entre 10 % et 15 % du coût de l'investissement (Peterson 1974). C'est là une illustration de l'effet bien connu de la qualité du quartier sur les prix des terrains. Le rendement des investissements dans les propriétés avoisinantes pour les propriétaires constitue une justification économique des pratiques de zonage qui accroissent l'investissement moyen dans les maisons voisines; pour le marché privé, la situation optimale (du point de vue de l'efficience) est la répartition des logements selon des districts qui accroissent l'homogénéité au maximum[11].

Par contre, le zonage exclusionnaire réduit l'offre de terrains pour les logements des ménages à faible revenu par rapport à ce qui se produirait dans un marché sans aucune réglementation (soit par des règlements de zonage, soit par des ententes privées). Il peut donc accroître le coût des terrains utilisés pour les logements des ménages à faible revenu, particulièrement si les gouvernements locaux sont en concurrence pour les résidants à revenu élevé et moyen qui versent davantage d'impôts par ménage. À tout le moins, ces augmentations des coûts créent un besoin de subventions plus considérables pour la fourniture de logements à bon marché.

La difficulté qui se pose lorsque l'on tente de préciser l'effet des pratiques exclusionnaires de zonage et des normes minimales des logements sur l'offre de logement pour les ménages à faible revenu est qu'il existe un coût lié au fait de situer de nouveaux logements bon marché à proximité de logements existants plus coûteux. Ce coût découle de la réduction potentielle de la valeur des propriétés avoisinantes et est donc assumé par ces propriétés. Bien qu'un bon plan d'aménagement puisse réduire ce coût, les propriétaires avoisinants n'ont aucune façon de s'en assurer et on peut comprendre leur inquiétude.

L'exigence de normes minimales de qualité pour les propriétés avoisinantes est un phénomène politique qu'on ne saurait négliger. Bien qu'aucune solution ne soit facile, il est peut-être plus facile d'élargir l'assiette fiscale pour accroître les subventions au logement social en vue de compenser la hausse des coûts plutôt que de tenter de réduire ou d'éliminer les normes minimales de qualité.

Cette conclusion est renforcée par la probabilité que des pratiques exclusionnaires privées auraient tendance à apparaître en l'absence de zonage exclusionnaire, ce qui s'est effectivement produit en de nombreux endroits où les règlements de zonage sont faibles. À Houston (Texas), qu'on donne souvent comme exemple d'une région métropolitaine sans zonage, les ententes privées de lotissement sont généralisées. Il s'agit le plus souvent de servitudes restrictives qui empêchent en général toute nouvelle subdivision des terrains et limitent leur utilisation aux maisons unifamiliales. À cela s'ajoute le contrôle de l'utilisation des secteurs commerciaux adjacents aux lotissements résidentiels. L'importance économique du zonage exclusionnaire ou des servitudes restrictives comme moyen de réduire l'incertitude est illustrée par le fait qu'à Houston de telles servitudes ont dans de nombreux cas conditionné l'approbation des prêts pour de nouveaux lotissements (voir Siegan 1970, 94–5)[12].

Il reste qu'il faut faire preuve de prudence dans l'analyse de l'effet du zonage exclusionnaire. Alors que le zonage peut être utilisé pour renforcer une discrimination raciale et sociale clandestine, il existe par ailleurs une justification économique importante au zonage exclusionnaire. La question est de savoir comment on s'en sert.

AUTRES FORMES DE CONTRÔLE DANS LES SECTEURS SUSCEPTIBLES DE RÉAMÉNAGEMENT

La ville de Vancouver a été la première au Canada à appliquer un mécanisme souple de contrôle de l'utilisation du sol pour les secteurs où le réaménagement est prévu et encouragé. Une loi provinciale adoptée en 1953 autorise Vancouver à employer, dans des secteurs désignés, un système de permis d'aménagement plutôt que le zonage; ce système a été utilisé dans le secteur West End de Vancouver depuis 1956 et par la suite pour les nouveaux quartiers créés à False Creek. Le secteur West End de Vancouver compte une des plus fortes concentrations de logements à haute densité au Canada.

Dans le système de permis d'aménagement utilisé à Vancouver, la densité, l'utilisation et la conception sont négociées entre la ville et le promoteur. Le processus accorde un pouvoir discrétionnaire aux fonctionnaires municipaux qui sont chargés des négociations. Dans une large mesure, au début de sa mise en application, cette procédure discrétionnaire de zonage ressemblait au rezonage cas par cas utilisé ailleurs[13]. Par la suite, toutefois, cette procédure a été appliquée à des plans globaux de réaménagement pour de nouveaux quartiers où le pouvoir discrétionnaire d'application des plans fut délégué aux fonctionnaires municipaux[14].

Le système de zonage discrétionnaire a été utilisé ailleurs. La loi de la ville de Winnipeg prévoit depuis 1971 la création de zones de contrôle d'aménagement où le contrôle est négocié au moyen de permis d'aménagement liés à chaque emplacement plutôt que par un zonage préétabli, sous réserve uniquement des dispositions du plan officiel adopté antérieurement pour le district. Des pouvoirs semblables ont été accordés aux municipalités par les lois sur l'urbanisme en Alberta et en Nouvelle-Écosse.

Le zonage conditionnel et d'autres techniques novatrices de zonage permettent une articulation plus précise des moyens de contrôle. À Toronto, une forme spéciale de zonage (qu'on appelle les districts à utilisations mixtes) a été adoptée en 1976 pour les secteurs où le réaménagement est permis dans la zone centrale; ce zonage assouplit les utilisations permises et a en pratique permis de négocier la densité, tout en imposant des limites à l'exercice du pouvoir discrétionnaire[15]. De plus en plus, le transfert des droits d'aménagement entre les emplacements sert également à élargir la portée des négociations avec les promoteurs.

D'autres éléments de contrôle discrétionnaire de l'utilisation des sols ont été introduits par l'adoption généralisée de contrôles supplémentaires de développement qui réglementent des détails qui échappent aux règlements de zonage. La plupart des provinces ont adopté des lois autorisant les municipalités à imposer de tels contrôles dans les années 70. Au minimum, ces pouvoirs supplémentaires permettent aux municipalités de contrôler l'emplacement sur le terrain, la marge de recul et l'accès au moyen d'ententes conclues avec le promoteur. En Ontario, les lois sur l'urbanisme empêchent expressément les municipalités de recourir à de tels contrôles pour réduire la hauteur et la densité permises. Cependant, dans les autres provinces, les pouvoirs municipaux supplémentaires de contrôle de l'aménagement font l'objet d'une définition plus large. Plusieurs provinces autorisent explicitement les municipalités à réglementer les questions de conception[16].

Il faut distinguer les pouvoirs supplémentaires de contrôle de l'aménagement du zonage discrétionnaire puisque (au moins en principe) ces pouvoirs ne font que compléter les dispositions plus générales concernant la densité et les utilisations permises énoncées dans le règlement de zonage. Néanmoins, en pratique, l'existence d'un pouvoir discrétionnaire quel qu'il soit sert de base à des négociations entre les municipalités et les promoteurs relativement à tous les aspects de l'aménagement. La possibilité de retard arbitraire que comporte tout système discrétionnaire de contrôle accorde aux fonctionnaires municipaux un pouvoir de négociation substantiel, particulièrement à l'égard de promoteurs qui s'attendent de devoir travailler avec les mêmes fonctionnaires dans le cadre de projets ultérieurs. C'est pourquoi, en ce qui concerne les questions soumises à l'examen par la municipalité, les restrictions fixées par les lois sont rarement efficaces.

COMPLEXITÉ ACCRUE DES PROCÉDURES

Depuis 1945, le processus par lequel la réglementation est modifiée et administrée est devenu plus complexe. À mesure que se précisaient les droits des citoyens, les coûts de ce processus augmentaient. Presque partout, il existe une commission locale à laquelle on peut s'adresser pour obtenir des modifications mineures. Lorsqu'il y a avis aux propriétaires avoisinants et audition publique des demandes, ce processus constitue d'ordinaire une instance valable pour le règlement de ces demandes. Il y a aussi des modifications importantes des procédures d'amendement des règlements de zonage. Dans toutes les provinces, les citoyens ont obtenu un droit accru d'intervention en cas de rezonage ou d'autres modifications des restrictions de l'utilisation du sol. Un avis public sur tout projet de règlement de zonage est obligatoire dans chaque province; des audiences publiques par les commissions municipales sont maintenant obligatoires dans six provinces[17]. Au Québec, les audiences publiques locales ne sont pas obligatoires, mais les règlements de zonage doivent faire l'objet d'un référendum local s'il y a opposition d'un nombre suffisant de citoyens.

Dans plusieurs provinces, les décisions prises au palier municipal peuvent faire l'objet d'un appel à un tribunal provincial soit de la part du promoteur soit de celle des citoyens[18]. Puisqu'il faut d'ordinaire être représenté par un avocat et engager des témoins experts pour pouvoir participer efficacement à des audiences devant des tribunaux, ce mécanisme entraîne des coûts qui peuvent être élevés et la difficulté qu'éprouvent les groupes de citoyens à recueillir les fonds nécessaires biaise le mécanisme en faveur du promoteur. Toutefois, ce phénomène est contrebalancé en partie par le fait que les délais encourus peuvent entraîner des coûts importants pour les promoteurs qui attendent une décision et faire pression sur eux pour qu'ils négocient un compromis avec les citoyens qui s'opposent au projet.

Bien que les promoteurs considèrent souvent que la complexité accrue des procédures constitue une chinoiserie administrative, c'est là une réaction aux problèmes qui se posent à l'égard des droits individuels dans l'administration du pouvoir discrétionnaire de réglementation. Les principes canadiens de réglementation ont subi une forte influence du principe américain de la règle de droit, que Makuch résume comme suit :

> Puisqu'il s'agit ici des droits de propriété, la règle de droit acquiert une importance primordiale et les règles régissant l'aménagement physique doivent être énoncées d'avance. Ces règles devraient être claires, concises, prévisibles et compréhensibles et devraient être décidées et appliquées par des arbitres impartiaux (1986, 168).

Ce principe est au cœur de la démarche américaine en matière de zonage, qui établit une distinction entre les fonctions législatives et judiciaires et où (au moins en théorie) les choix politiques se traduisent par des lois et se restreignent à l'établissement de règles générales. La méthode américaine où prime la règle de droit est différente du principe de réglementation de la plupart des pays d'Europe, où la norme relève plutôt du pouvoir discrétionnaire du gouvernement. En Angleterre, par exemple, les aménagements sont approuvés cas par cas par le gouvernement central.

La pratique canadienne est un compromis entre les démarches américaine et européenne. L'histoire des lois et de la jurisprudence en matière d'urbanisme dans l'après-guerre au Canada est marquée par une tension constante entre le désir de respecter la règle de droit et les avantages pratiques de la souplesse qu'assure le recours à un pouvoir discrétionnaire. Dans de nombreux cas, il est impossible de tenter de contrôler tous les aspects d'un aménagement futur par des règlements préétablis; il faudrait une réglementation qui dépendrait trop de la sorte d'aménagement proposé. En outre, si l'on refuse le contrôle au cas par cas, la meilleure solution pourrait s'avérer d'imposer des normes et des règlements rigoureux. La plupart des modifications législatives adoptées dans les années 70 afin de permettre les contrôles supplémentaires d'aménagement étaient d'ailleurs largement motivées par la volonté de réduire la pratique des municipalités qui exerçaient le contrôle en ayant inutilement recours au rezonage de chaque emplacement.

À l'heure actuelle, les municipalités exercent un pouvoir discrétionnaire considérable en matière de réglementation de l'utilisation du sol. La réglementation au cas par cas est très répandue. Comment impose-t-on des limites à l'exercice arbitraire du pouvoir discrétionnaire? Les lois utilisent en général quatre méthodes à cette fin : la première consiste à empêcher les conflits d'intérêts et à pénaliser la corruption; la seconde exige que les décisions touchant les droits individuels soient prises dans le cadre d'un mécanisme qui assure que les personnes touchées reçoivent une audition impartiale conformément aux principes généralement acceptés de « justice naturelle »[19]; la troisième est un mécanisme d'appel; et la quatrième est l'obligation de prendre des décisions soit en fonction de critères prescrits soit conformément aux précédents applicables. En ce qui concerne la réglementation de l'utilisation du sol, les tribunaux ont distingué entre l'adoption de règlements de zonage couvrant tout un secteur et un rezonage particulier à tel ou tel emplacement. Dans le premier cas, les tribunaux ont statué que le conseil municipal agit à titre législatif et que les règles de justice naturelle ne s'appliquent pas dans de tels cas. Cependant, lorsqu'il s'agit d'un rezonage particulier à un emplacement ou d'autres questions particulières où le conseil municipal tranche entre des propriétaires voisins, les arrêts des tribunaux ont établi que les parties touchées ont le droit à une audition soumise à de telles règles[20].

L'URBANISME ET LE MÉCANISME DE RÉGLEMENTATION

Pour favoriser la cohérence des décisions municipales en matière de zonage, les provinces tendent de plus en plus à exiger que celles-ci se conforment à un plan officiel préalablement adopté. Ce plan peut viser la totalité de la municipalité ou un certain secteur de celle-ci; en général, le plan établit des lignes de conduite et des critères dont le conseil municipal tiendra compte par la suite pour prendre des décisions en matière de zonage. En général, on exige l'adoption de plans officiels avant le recours soit au zonage discrétionnaire soit au contrôle supplémentaire d'aménagement, et les décisions touchant les emplacements doivent se conformer aux politiques énoncées dans ces plans[21].

C'est seulement en Alberta et au Québec que la préparation de plans officiels est préalable à l'utilisation des pouvoirs normaux (c.-à-d. non discrétionnaires) de zonage[22]. Néanmoins, la plupart des grandes municipalités ont adopté des plans officiels pour orienter l'aménagement dans les secteurs où les projets de réaménagement sont fréquents. Une fois qu'un plan est adopté, les règlements de zonage minicipaux doivent généralement s'y conformer[23].

L'utilisation de plans officiels comme dispositif pour assurer une plus grande cohérence ne fonctionne que si ces plans sont respectés par les décisions réglementaires subséquentes touchant tel ou tel emplacement. Bien qu'il en soit généralement ainsi, il y a souvent eu des exceptions. En outre, là où l'on a adopté des modifications du plan officiel liées à un emplacement donné de façon à assouplir les contraintes touchant le zonage municipal, ces amendements doivent d'ordinaire recevoir une approbation supplémentaire. Dans la plupart des provinces, l'adoption et la modification des plans officiels sont soumises à la ratification de la province. En Colombie-Britannique, la modification du plan officiel exige une majorité des deux tiers du conseil municipal.

La réglementation des nouvelles banlieues

À la différence de la réglementation de l'utilisation du sol dans les secteurs déjà aménagés, où l'on a normalement recours à des règlements de zonage adoptés au préalable, le contrôle des nouveaux aménagements de banlieue se fait presque entièrement par l'exercice de pouvoirs discrétionnaires dans le cadre de l'approbation du lotissement. Presque tous les nouveaux aménagements de banlieue exigent que l'on subdivise les terrains existants en terrains plus petits. Pour assurer la validité des titres de propriété des nouveaux terrains, les promoteurs doivent faire approuver leurs plans de lotissement par un organisme gouvernemental.

Cette approbation, s'ajoutant aux règlements de zonage en vigueur, constitue un instrument supplémentaire de réglementation. Au départ, on ne faisait guère plus que vérifier l'exactitude de l'arpentage mais par la suite les gouvernements ont utilisé l'approbation comme moyen d'imposer des contrôles sur l'utilisation du sol dans les nouveaux aménagements de banlieue, même avant la Première Guerre mondiale[24]. On se préoccupait notamment à l'époque de l'effet des terrains plus petits sur le fonctionnement des fosses septiques. En 1945, le contrôle des lotissements était devenu une composante importante de la réglementation de l'utilisation du sol dans toutes les provinces. Cependant, l'approbation portait sur l'existence de routes et de services municipaux. Le pouvoir d'approbation des lotissements était utilisé par les municipalités pour régir l'emplacement des nouveaux aménagements en tenant compte des pressions qu'exerçait sur les services municipaux la croissance rapide qui s'est produite à partir de 1945.

Bien que la nature du contrôle du lotissement varie d'une province à l'autre, les éléments de base sont les mêmes. Le demandeur doit présenter un plan indiquant l'emplacement et les limites des terrains, les routes, les parcs, l'emplacement des écoles, l'aqueduc, les égouts et les autres services. Le plan doit également indiquer l'utilisation de chaque terrain. Les plans de lotissement sont importants non par ce qu'ils contiennent, mais du fait qu'ils doivent être approuvés. À la différence des règlements de zonage, qui définissent des droits préétablis d'utilisation pour les terrains existants, il n'existe aucun droit préalable à l'approbation du lotissement. L'organisme en cause, municipal ou provincial, a le pouvoir discrétionnaire d'approuver ou de rejeter le plan.

Là où les lois provinciales imposent des limites à ce pouvoir, elles définissent dans quelles circonstances le plan doit être refusé[25]. Les pouvoirs discrétionnaires sont généralement utilisés pour retarder l'approbation des lotissements proposés de sorte que les nouveaux aménagements soient implantés en conformité avec les plans municipaux de viabilisation. En fait, la Loi sur l'aménagement du territoire de l'Ontario exige expressément que les organismes chargés de l'approbation déterminent si les aménagements proposés sont inopportuns ou d'intérêt public. Dans toutes les provinces à l'exception du Québec, l'approbation du lotissement peut être refusée à moins que des services municipaux suffisants n'aient été installés jusqu'à l'emplacement à lotir.

Si le principal outil de contrôle des nouveaux aménagements de banlieue est l'approbation du lotissement, les règlements de zonage s'appliquent également à de tels aménagements. À toutes fins utiles, l'approbation du lotissement joue le même rôle dans ce processus (bien que le pouvoir discrétionnaire de l'organisme en cause soit plus grand) que les contrôles supplémentaires du développement dans le cas du réaménagement de zones déjà construites. Les règlements de zonage imposent normalement des limites à la densité, comme cela se fait dans les secteurs déjà aménagés. Ces règlements sont en outre nécessaires, bien sûr, pour contrôler les modifications subséquentes de l'occupation du sol une fois le lotissement construit.

Le processus différent requis pour l'adoption de règlements de zonage des lotissements (qui se fait souvent en même temps que l'approbation du lotissement) a abouti à un système complexe de contrôle de l'aménagement. Certains ont proposé un système intégré de permis d'aménagement en remplacement du système actuel à double contrôle[26]. Il n'est pas évident qu'un système intégré serait préférable. En effet, un tel système pourrait peut-être exiger moins d'approbations, mais il faudrait renforcer le rôle des plans municipaux afin de conserver la protection des intérêts existants qu'assure actuellement le processus d'approbation du zonage.

Dans de nombreux cas, les plans municipaux et le zonage n'existent pas pour les secteurs non aménagés avant la présentation d'une demande d'aménagement. Cela s'explique en partie du fait qu'on désire éviter que la municipalité ne s'engage prématurément envers telle ou telle forme d'aménagement. En outre, on retarde souvent l'approbation de plans officiels secondaires et du zonage de certains secteurs afin de diriger la croissance vers des secteurs où la municipalité à l'intention d'aménager une infrastructure de services (voir par exemple Proudfoot (1980, 45–7)[27]. Le délai nécessaire à l'approbation de nouveaux lotissements est en général beaucoup plus long pour les terrains pour lesquels il n'existe pas de plans secondaires.

L'analyse du délai entre la proposition d'un plan de lotissement et son approbation indique à la fois que la durée moyenne a augmenté au cours des années 70 et qu'il existe une certaine incertitude quant à cette durée[28]. L'augmentation du délai moyen d'approbation semble surtout fonction de deux facteurs étroitement liés : l'augmentation du nombre des organismes provinciaux et municipaux qui étudient les demandes de lotissement et l'augmentation du nombre de points qui doivent faire l'objet de négociations avec ces organismes. En outre, l'obligation imposée par l'Ontario, l'Alberta et d'autres provinces de préparer des plans régionaux a temporairement ralenti le traitement des demandes de lotissement visées par ces plans[29].

Si la durée nécessaire à l'approbation des lotissements peut avoir un léger effet sur la concentration de la propriété de terrains susceptibles d'aménagement, elle ne risque guère d'avoir un effet considérable à long terme sur l'offre et le coût des nouveaux logements. Le principal effet potentiel de l'accroissement des délais d'approbation est une réduction ponctuelle de la valeur des terrains aménageables qui n'ont pas fait l'objet d'une approbation. En d'autres termes, l'incidence à long terme du coût des retards d'approbation est supportée plutôt par les spéculateurs fonciers que par les éventuels acheteurs de maisons[30]. Cependant, l'augmentation de la durée moyenne d'approbation peut avoir des répercussions importantes sur la réaction à court terme du marché à des augmentations imprévues de la demande de nouveaux logements ou à des changements survenus dans la composition de cette demande[31]. Les augmentations temporaires de prix sont fonction de la taille de la réserve de lotissements déjà approuvés mais non construits. Le stock de terrains approuvés pour lesquels des permis de construire n'ont pas encore été demandés est normalement suffisant pour absorber la plupart des fluctuations de la demande[32].

La planification des grands investissements d'infrastructure publique, autoroutes, transport public régional, conduites régionales d'eau et d'égout, a une plus forte influence sur le prix des terrains que le processus d'approbation des lotissements. Par exemple, à la fin des années 70, Calgary a gelé le développement sur 12 kilomètres carrés de terrain au sud de la ville en raison de l'insuffisance des installations de transport. De même, le gouvernement provincial de l'Ontario a gelé la plupart des aménagements au nord de Toronto pendant 15 ans, jusqu'à ce qu'on installe un système d'aqueduc et d'égout au début des années 80. En Colombie-Britannique, on a appliqué le gel de la conversion des terres agricoles en terrains servant à la construction de logements dans la partie inférieure de la vallée du Fraser par la création d'une commission des terres agricoles en 1972. De tels gels peuvent avoir des effets à la fois temporaires et à long terme sur le prix des terrains, tout comme les plans de ceintures vertes et les plans environnementaux régionaux dans d'autres secteurs. L'étendue de l'effet sur le prix des terrains dépend des attentes des investisseurs et des promoteurs quant à la durée du gel de même que de l'offre de terrains aménageables non soumis au gel.

LES CONTRIBUTIONS DES PROMOTEURS AUX COÛTS DES MUNICIPALITÉS

À la fin des années 70, il était devenu normal dans toutes les provinces autres que le Québec de rendre l'approbation des lotissements conditionnelle à l'aménagement des services nécessaires par le promoteur sur les lieux et à l'aliénation de terrains pour les routes, les parcs et d'autres utilisations publiques, comme les écoles. En outre, les promoteurs sont fréquemment tenus de payer des droits de lotissement pour compenser les coûts des municipalités à l'extérieur de l'emplacement[33]. Ces conditions sont normalement précisées dans des ententes supplémentaires entre la municipalité et le promoteur.

Le fait d'obliger les promoteurs à verser des droits de lotissement pour payer l'installation des services nécessaires sur les lieux a permis de transférer la plupart des coûts publics liés aux nouveaux aménagements résidentiels aux acheteurs des nouveaux logements. Ce qui est certainement la façon la plus efficace de répartir le coût de la viabilisation des nouveaux lotissements. Si les municipalités devaient augmenter les impôts des résidants en place pour subventionner les nouveaux aménagements, la résistance des électeurs aux nouveaux aménagements restreindrait le nombre des nouveaux aménagements résidentiels approuvés, entraînant l'augmentation du prix des terrains dans le cas des terrains approuvés.

Les coûts imposés aux promoteurs ont fait l'objet de beaucoup de controverse. Puisque les municipalités sont chargées de l'entretien des services une fois qu'ils sont installés, elles sont portées à exiger une norme élevée de viabilisation. L'abondance des normes « plaquées or » qui en est résultée concernant les services financés par les promoteurs a fait l'objet de nombreuses critiques de la part de ces derniers. Cette façon de faire est peut-être justifiable d'un point de vue social[34]. Néanmoins, peu d'études ont été faites sur les coûts marginaux réels à long terme liés aux diverses normes de viabilisation. Comme le constate Hamilton (1981, 63) « Il est étonnant qu'un plus grand nombre de provinces n'aient pas exigé que l'on procède à une analyse rigoureuse [coûts-avantages] pour justifier les normes actuelles des lotissements.[35] »

L'obligation normalement faite (à l'extérieur du Québec) aux promoteurs de payer au moins le coût direct des coûts et des services à l'intérieur d'un lotissement a l'avantage d'intégrer les effets des divers schémas d'aménagement aux coûts de la viabilisation. Les coûts additionnels de viabilisation liés à de grands terrains et à de longues façades sont donc assumés par l'acheteur du terrain, comme il se doit. Dans la mesure où des normes plus élevées de viabilisation aboutissent à la substitution efficiente des coûts d'immobilisations aux coûts ultérieurs d'entretien, comme le fait valoir Goldbert (1980), il en résulte donc une nouvelle intégration des différences ultérieures des coûts directs.

Le fait de faire payer tous les coûts directs aux promoteurs a un deuxième avantage, c'est-à-dire que, pour des raisons institutionnelles, il est plus facile de financer ces coûts dans le cadre de l'achat d'une nouvelle maison que par des emprunts municipaux. Plus que les gouvernements fédéral ou provinciaux, les municipalités ont tendance à équilibrer leurs budgets annuels en fonction des mouvements de trésorerie. Obliger les municipalités à payer les coûts directs de viabilisation à même les recettes courantes entraînerait une augmentation des impôts des résidants en place, ce qui susciterait une plus forte résistance aux nouveaux aménagements chez les contribuables.

Même en Colombie-Britannique, où des modifications législatives ont réduit les contributions exigées des promoteurs aux coûts directement attribuables aux nouveaux lotissements, la présomption que les promoteurs devraient payer les coûts directs des services installés dans un nouveau lotissement est généralement acceptée. La question qui reste à débattre est celle de savoir dans quelle mesure les promoteurs devraient également être tenus de verser des droits de lotissement en guise de contribution aux coûts indirects de viabilisation des nouveaux lotissements. De telles contributions constituent une pratique normale dans toutes les provinces sauf au Québec.

On n'a pas beaucoup étudiée les coûts marginaux des nouveaux lotissements pour les résidants déjà en place[36]. L'argument théorique en faveur des droits de lotissement doit être qu'ils correspondent en gros à la différence entre la valeur actualisée des coûts additionnels assumés par les résidants de la municipalité et celle des nouvelles recettes fiscales attribuables au nouvel aménagement. Les coûts assumés par les résidants en place comprennent les coûts privés associés à la croissance (les externalités globales négatives dont on a parlé plus haut) de même que les coûts financés par les impôts des services dont ont besoin les résidants du nouveau lotissement. L'effet des nouveaux aménagements sur les résidants en place dépend de nombreux facteurs, y compris le taux global de développement de la région et la mesure dans laquelle les investissements antérieurs dans l'infrastructure peuvent permettre une nouvelle croissance. Les coûts sociaux liés à la croissance varient d'une région à l'autre, et aussi d'une municipalité à l'autre au sein d'une même région. Il est donc difficile de généraliser quant à la valeur des droits actuels de lotissement sans une analyse détaillée des circonstances où se trouve chaque municipalité.

Il faut toutefois souligner un principe général. Du point de vue de l'efficience, les coûts sociaux de la croissance devraient être intégrés dans les prix payés pour les nouveaux logements. Cette méthode a comme effet secondaire indésirable d'accroître le coût des nouveaux logements pour ménages à faible revenu, mais il est préférable que les coûts véritables des nouveaux aménagements soient connus explicitement (et se reflètent dans les choix privés entre les diverses formes d'aménagement). Les subventions nécessaires pour rendre les nouveaux logements sociaux viables devraient être financées par l'ensemble des contribuables. Toute tentative visant à réduire ces subventions en faisant porter une partie des coûts aux voisins ne réussira qu'à susciter une plus forte opposition politique à la construction de logements sociaux.

LE ZONAGE EXCLUSIONNAIRE DANS LES NOUVELLES BANLIEUES

L'effet le plus important des contrôles de l'utilisation du sol en banlieue sur les marchés du logement s'est fait par l'imposition de normes minimales de qualité dans les nouveaux aménagemens résidentiels de banlieue. La taille minimum des terrains et d'autres normes sont devenues un obstacle important à la construction de logements à prix modique.

Comme nous l'avons dit ci-dessus, on peut justifier d'imposer des normes minimales de qualité pour la construction neuve dans les quartiers existants afin de protéger la valeur des logements existants et de conserver des facteurs d'encouragement à l'amélioration domiciliaire. Cependant, le potentiel d'externalités locales négatives est réduit dans le cas des nouveaux aménagements de banlieue, car tous les logements sont construits en même temps. En outre, les pouvoirs discrétionnaires que comporte le processus d'approbation des lotissements comprend une marge de manœuvre suffisante pour l'imposition de contrôles des plans d'emplacement par lesquels la municipalité peut veiller à minimiser les externalités locales pour les propriétés avoisinantes.

On peut facilement justifier le zonage exclusionnaire dans les nouvelles banlieues par l'existence d'externalités fiscales découlant de l'utilisation des impôts fonciers pour financer l'éducation. Étant donné que les logements à bon marché ont plus de chances d'être occupés par des familles jeunes avec des enfants, ceux-ci risquent d'augmenter les coûts d'éducation plus rapidement que l'assiette de l'impôt foncier. Il peut en résulter des augmentations d'impôts fonciers pour les résidants déjà en place, particulièrement dans les municipalités de banlieue mieux nanties où une fraction des frais d'éducation supérieure à la moyenne est financée à même les impôts fonciers locaux. Cette source d'externalités fiscales pourrait être éliminée par une réforme du financement de l'enseignement qui aurait moins recours aux recettes de l'impôt foncier.

En l'absence d'une telle réforme, on pourrait évidemment éliminer les externalités fiscales en augmentant suffisamment les droits de lotissement pour couvrir la valeur actualisée des impôts additionnels qui devraient autrement être perçus des résidants en place. Les gouvernements provinciaux pourraient aussi accorder des subventions plus importantes pour couvrir le coût de l'éducation des enfants dans les nouveaux ensembles de logements à bon marché. Dans un cas comme dans l'autre, il en coûterait plus cher au gouvernement de construire des nouveaux logements à prix modique.

Même si les externalités fiscales étaient éliminées, il est improbable que les pressions politiques en vue du zonage exclusionnaire seraient diminuées. Ces pressions découlent de nombreuses sources et motivations, dont seulement quelques-unes sont économiques. Ces pressions se reflètent dans les gestes que posent les politiciens municipaux. Toute tentative faite par un gouvernement de palier supérieur afin de forcer les municipalités à devenir moins exclusives sera généralement politiquement coûteuse.

Les restrictions quant à la dimension des terrains et les autres normes minimales dans les nouveaux lotissements de banlieue restreignent gravement l'offre de logements à bon marché. Ces restrictions sont particulièrement importantes dans les régions métropolitaines à croissance rapide. S'il est important de trouver des façons d'atténuer l'effet de ces restrictions, une attaque directe contre les normes minimales actuelles exigera un gros investissement de capital politique.

Autres interventions du côté de l'offre

L'intervention gouvernementale dans le marché du logement ne se limite pas à la réglementation de l'utilisation du sol. Elle comprend aussi la réglementation de la construction neuve et de la rénovation par le moyen des codes du bâtiment, des permis exigés des ouvriers qui travaillent dans les métiers de la construction et diverses incitations fiscales ou subventions directes. L'évolution des subventions et des avantages fiscaux consentis à l'industrie de l'habitation ont eu un effet particulièrement important sur l'offre de nouveaux logements depuis 1945.

RÉGLEMENTATION DE LA QUALITÉ DE LA CONSTRUCTION

Les gouvernements réglementent la construction surtout pour protéger les acheteurs de maisons neuves contre les vices cachés. Cette intervention diffère de la réglementation de l'utilisation du sol, qui a le plus souvent pour but d'éviter les externalités négatives. Selon les économistes, le problème auquel font face les consommateurs en est surtout un de danger moral. Lorsque les acheteurs ne peuvent facilement évaluer les degrés de qualité de la construction, les pressions du marché peuvent pousser les normes de qualité en direction du plus petit dénominateur commun[37].

Les lois sur la responsabilité civile constituent, en théorie, une solution de rechange à des normes minimales de qualité appliquées par le gouvernement. Cependant, pour qu'elles soient efficaces, il faut éliminer la protection qu'accorde aux actionnaires la responsabilité limitée des sociétés. Ce qui n'est ni souhaitable ni réalisable. Les effets que visent les gouvernements par la réglementation pourraient être réalisés d'autres façons, par exemple en exigeant des garanties d'exécution des constructeurs ou par une assurance-responsabilité obligatoire. Dans ce dernier cas, ce sont les assureurs qui imposeraient des normes de qualité et d'inspection[38].

Certains gouvernements provinciaux ont mis en place des régimes de garantie. Ces régimes soulèvent aussi des problèmes de risque moral et d'interfinancement. Le problème du risque moral découle des effets incitatifs potentiels de tels régimes pour les producteurs à risques élevés. Même en l'absence de tels incitatifs, il est difficile de concevoir un régime de garantie financé par l'industrie qui ne force pas les producteurs consciencieux et à faibles risques à subventionner les producteurs moins scrupuleux. La réglementation limite l'ampleur de tels problèmes.

Depuis 1945, il y a eu une certaine rationalisation des codes du bâtiment, les codes locaux ayant été remplacés par des codes provinciaux. En outre, on a assoupli les normes pour la rénovation de vieux logements qui ne se conforment pas aux codes appliqués aux nouveaux logements. Bien qu'on reproche souvent aux codes du bâtiment leur rigidité et leur parti-pris contre l'introduction de nouveaux systèmes de construction et d'autres innovations techniques, cette rigidité et ce parti-pris sont inévitables. La situation serait la même si les normes étaient fixées par les assureurs privés dans un marché non réglementé avec assurance-responsabilité obligatoire. Si l'on présume que les risques liés à l'innovation ne doivent pas être ignorés par le consommateur, il faut que ce soient les innovateurs qui prennent sur eux de persuader les organismes de réglementation de mettre au point des normes qui permettent l'innovation.

IMPÔTS ET SUBVENTIONS

Les gouvernements interviennent dans le marché des maisons nouvellement construites surtout par des avantages fiscaux et des subventions directes. Ces outils ont été appliqués à la fois à l'offre et à la demande. Du côté de l'offre, les plus importants ont été les encouragements fiscaux fédéraux et les subventions pour la construction de logements locatifs du marché (les IRLM et le programme PALL et ses successeurs) et le logement social. Du côté de la demande, les outils les plus importants ont été les avantages fiscaux fédéraux pour les logements de propriétaires-occupants (l'exemption fiscale du loyer théorique et des gains de capital pour les maisons de propriétaires-occupants) ainsi que divers régimes spécialisés (par exemple les REÉL). L'effet le plus important de ces traitements fiscaux et de ces subventions directes a été la modification de la taxation des économies et de l'investissement, d'où un investissement global dans le logement supérieur à ce qu'il aurait été autrement. Cette distorsion en faveur du logement a plus que compensé les effets globaux éventuels de la réglementation de l'utilisation du sol sur la taille du parc de logements.

La réglementation du marché locatif

Dans les années 70, deux formes apparentées d'intervention réglementaire provinciale dans les marchés locatifs ont été mises en vigueur dans les dix provinces. Il s'agissait du contrôle des loyers et d'une extension substantielle des droits des locataires[39]. Une partie de cette réglementation était temporaire, notamment dans la plupart des provinces de l'Ouest, où les contrôles des loyers ont été supprimés dans les années 80. La réglementation des loyers, sous diverses formes, se poursuit en Saskatchewan, au Manitoba, en Ontario, au Québec, en Nouvelle-Écosse, à l'Île-du-Prince-Édouard et à Terre-Neuve.

Les motifs de la réglementation des loyers sont différents de ceux de la réglementation de l'utilisation du sol. La justification économique fondamentale de l'intervention réglementaire en ce qui concerne l'utilisation du sol ou les normes de construction repose sur l'échec de la répartition dans un marché non réglementé. Il est difficile de soutenir qu'il y a échec de la répartition justifiant soit les contrôles des loyers, soit la protection des locataires.

LA DEMANDE POLITIQUE DU CONTRÔLE DES LOYERS

Comme nous l'avons dit au chapitre 1, le loyer réel moyen des appartements a diminué pendant la plus grande partie de l'après-guerre. En fait, entre 1970 et 1975, période qui a précédé la mise en place du contrôle des loyers, les loyers moyens ont chuté de près de 20 %. Il est difficile de présenter un argument en faveur du contrôle des loyers d'après le comportement moyen des loyers avant la mise en place de ces contrôles.

La pression politique qui a mené à la mise en place du contrôle des loyers découlait en grande partie des fortes variations de loyers au début des années 70. Les investisseurs n'avaient pas prévu ni l'ampleur ni la durée de la poussée inflationniste du début des années 70[40]. Il en est résulté une variance considérable des augmentations de prix, particulièrement en ce qui concerne les loyers. Les hausses excessives et inattendues de loyers subies par de nombreux locataires ont été interprétées sur le plan politique comme une forme d'exploitation. La crainte de subir à nouveau de telles augmentations a poussé les locataires à réclamer une protection contre ce qui leur semblait une possibilité d'abus.

Si l'on n'avait pas imposé le contrôle des loyers, il est probable que les loyers réels moyens auraient augmenté entre 1975 et 1985. D'importants incitatifs à l'investissement du côté de l'offre ont été supprimés, particulièrement les IRLM en 1979. Ce qui est plus important, les taux d'intérêt ont augmenté tout au long des années 70 et au début des années 80, d'où une forte augmentation du prix des nouveaux logements locatifs[41].

L'effet conjugué du contrôle des loyers et de l'augmentation du prix réel des nouveaux logements locatifs a créé un déséquilibre grave dans certains marchés locatifs métropolitains au début des années 80. Ce déséquilibre est devenu particulièrement critique en Ontario, qui connaissait une croissance démographique importante dans les années 80. Les principales exceptions étaient Calgary, Edmonton et Vancouver où de sévères récessions économiques régionales ont réduit la demande de logements locatifs au début des années 80.

Au Canada, il est improbable qu'on puisse éliminer le contrôle des loyers dans les provinces centrales, à moins d'éliminer le déséquilibre actuel du marché par la création d'une offre excédentaire (temporaire) de logements locatifs. Les conditions qui rendent politiquement possible l'élimination du contrôle des loyers ne peuvent se produire que par des réductions des taux réels d'intérêt, des subventions pour la construction locative neuve ou des réductions de la demande globale de logements découlant d'une récession.

LA RÉVISION DES LOYERS ET LA RÉPERCUSSION DES COÛTS

À l'extérieur du Québec, la forme prédominante de contrôle des loyers a été la « révision des loyers ». Il s'agit en somme d'un mécanisme de contrôle des loyers à deux paliers : les augmentations de loyer sont un droit jusqu'à une certaine limite, tandis que les augmentations supérieures à cette limite peuvent être permises après examen. Ce pouvoir discrétionnaire a permis d'assouplir le contrôle des loyers.

Un des éléments les plus importants de cette souplesse a été la possibilité de répercuter les coûts[42]. Par exemple, on a généralement accepté que l'augmentation des coûts de financement découlant d'un refinancement involontaire puisse justifier des augmentations de loyer. La répercussion illimitée des coûts constitue une incitation à la cession de propriété de vieux immeubles locatifs de sorte que les frais de financement sont fondés sur la valeur marchande actuelle de l'immeuble. Toutefois, puisque les avantages de cette transmission des coûts pour le nouveau propriétaire seront vraisemblablement capitalisés dans le prix, les augmentations de loyer attribuables à ces changements « volontaires » des coûts de financement ont été restreintes[43].

Il est nettement souhaitable de permettre aux propriétaires-bailleurs de transmettre les augmentations des coûts d'exploitation et d'entretien aux locataires, de même que les coûts d'immobilisations amortis. Sans cette souplesse, un système rigide de contrôle des loyers découragerait fortement les propriétaires-bailleurs d'investir dans l'entretien et la rénovation. La plupart des régimes actuels de révision des loyers permettent ce recouvrement dans une mesure restreinte.

LES EFFETS DE LA RÉVISION DES LOYERS

L'effet le plus important du contrôle des loyers a été de réduire l'offre de nouveaux immeubles locatifs, particulièrement dans la mesure où le contrôle des loyers a été resserré ces dernières années (dans les provinces où il est en vigueur). Ce recul de la construction de logements locatifs a fait passer une partie des pertes de bien-être découlant du contrôle des loyers aux ménages nouvellement formés et aux résidants qui déménagent dans des régions métropolitaines en croissance rapide.

Les effets secondaires du contrôle des loyers ont amplifié cet effet. Il y a eu un encouragement important à la rénovation des vieux bâtiments et à leur conversion en copropriété, ce qui réduit l'offre de logements locatifs. (Il en est résulté une nouvelle réglementation des conversions en copropriété dans certaines provinces.) En outre, puisque la révision des loyers est moins efficace dans le cas des nouveaux locataires, les propriétaires-bailleurs ont été motivés à expulser les locataires pour pouvoir augmenter les loyers[44].

Une conséquence importante du contrôle des loyers a été l'augmentation de la demande de protection des locataires. Jusqu'au début des années 70, la réglementation de la location immobilière s'occupait principalement de l'exécution des contrats défavorables aux locataires. Cependant, dans les années 70, il y a eu une augmentation substantielle de la protection accordée aux locataires, en partie avant la mise en place du contrôle des loyers et en partie par suite de son application. Dans certaines provinces (par exemple en Ontario) les locataires ont maintenant virtuellement le droit d'occuper indéfiniment leur appartement (à un loyer conforme aux directives) après l'expiration du bail. Puisqu'il est difficile d'expulser un locataire indésirable, il en est résulté une nouvelle baisse de l'offre de logements locatifs, particulièrement de chambres autrefois louées à des pensionnaires dans des maisons de propriétaires-occupants. Le rendement net de la location est devenu plus incertain, d'où une hausse du taux de rendement exigé des nouveaux logements locatifs.

Conclusion

L'intervention réglementaire est inévitable. Les demandes politiques formulées par les électeurs en vue de la réglementation sont fortement enracinées dans les mentalités et étayées par le désir d'une répartition qui accroisse le bien-être global de la collectivité. Néanmoins, il serait possible d'améliorer l'efficacité de la réglementation. En ce qui concerne la réglementation de l'utilisation du sol, la possibilité de réforme la plus prometteuse est vraisemblablement l'utilisation de plans officiels d'aménagement comme instrument quasi-constitutionnel permettant de réduire l'incertitude. Convenablement utilisés, de tels instruments peuvent en outre permettre d'agir avec une rapidité et une efficacité accrues. En ce qui concerne les normes de construction, la réforme viendra vraisemblablement de la mise au point d'un mécanisme visant à admettre l'innovation dans les normes technologiques.

On peut difficilement imaginer l'élimination complète des distorsions fiscales qui favorisent la propriété. En fait, le vrai problème politique est de faire en sorte que ces distorsions ne soient pas renforcées par des pressions périodiques visant à permettre de déduire les intérêts hypothécaires et les autres dépenses des propriétaires. Cependant, les distorsions fiscales sont actuellement amplifiées par les effets de l'inflation sur le régime fiscal, et il est possible d'éliminer ce déséquilibre en redressant tous les revenus du capital en fonction de l'inflation.

Dans chacune de ces activités, les décideurs doivent être mieux renseignés sur les effets de la réglementation. Dans le cas du contrôle de l'utilisation du sol, les recherches doivent porter sur l'évaluation des coûts indirects et des avantages pour les résidants en place des nouveaux aménagements résidentiels, tant dans le cas des nouvelles banlieues que dans celui du réaménagement des centres-villes. En ce qui concerne les normes de construction, il faut procéder à des recherches sur les effets de ces normes sur le coût de l'innovation et sur la répartition du risque. Parmi les autres questions clés, mentionnons l'évaluation de l'interaction entre, d'une part, la répartition des instruments fiscaux entre les gouvernements et, d'autre part, l'incidence des externalités fiscales.

Les répercussions des avantages fiscaux et de la réglementation directe sur le marché du logement ont des effets importants sur la société. Toute recherche susceptible de faire mieux comprendre la complexité, sur le plan économique, des interactions entre les diverses interventions gouvernementales et de leurs effets sur les particuliers pourrait s'avérer extrêmement fructueuse.

Notes

1 Je veux remercier John Hitchcock pour sa contribution à ce chapitre, ainsi que George Fallis, Jim Lemon, John Miron, John Todd et un réviseur anonyme pour les commentaires formulés à l'égard d'une version antérieure du présent article.

2 Nous entendons ici « efficience » au sens de maximisation des satisfactions individuelles, étant donné la distribution initiale du capital humain et des autres ressources. L'hypothèse

qu'il n'existe aucune externalité n'est qu'un élément d'une hypothèse plus générale postulée dans l'établissement de cette proposition néo-classique de bien-être. Ce postulat d'ordre général est que les options de consommation offertes à chaque individu (et leur utilité pour chaque individu) sont indépendantes des choix faits par les autres producteurs et consommateurs. Voir par exemple Koopmans (1957, sections 1.3 et 2.2).

3 Dans certains cas, il peut être possible pour le propriétaire de prouver qu'il a subi un préjudice et de faire valoir son droit à la « jouissance paisible » de sa propriété. Cependant, les coûts élevés et l'incertitude du résultat des actions en justice rendent ce recours impossible dans la plupart des cas.

4 On trouvera une récapitulation utile des premières lois sur l'utilisation du sol au Canada dans Hamilton (1981, annexe V). Le zonage global a été introduit vers la même époque aux États-Unis. Il a été utilisé pour la première fois à New York en 1916, bien que l'utilisation des ordonnances de zonage ne se soit pas généralisée aux États-Unis avant un arrêt rendu en 1926 par la Cour suprême (Village of Euclid c. Amber Realty Co.) selon lequel le zonage constituait une utilisation légitime du pouvoir de contrôle administratif et n'exigeait pas l'indemnisation des propriétaires lésés.

5 L'argument est essentiellement négatif et provient d'un article remarquable de Ramsey (1928) : peut-on sur le plan éthique justifier et accorder moins d'importance à l'utilité de la consommation des générations futures qu'à celle de la génération actuelle? Comme la plupart des questions d'éthique, celle-ci soulève des problèmes complexes.

6 Dans la ville de Toronto, aucun regroupement de terrains déjà aménagés et appartenant à des intérêts privés dans un secteur résidentiel existant à faible densité n'a été rezoné pour permettre l'aménagement en hauteur depuis le début des années 70. À Vancouver, les restrictions n'ont pas été aussi sévères.

7 Par exemple, à Toronto, les nouveaux points réglementés dans les quartiers résidentiels à faible densité depuis le début des années 70 comprennent la hauteur, la longueur des immeubles et des restrictions quant au nombre de foyers collectifs (par l'adoption d'une distance minimum entre les foyers collectifs). En outre, les densités permises ont été réduites et la façade minimum des terrains accrue dans plusieurs secteurs résidentiels à faible densité. Les aménagements intercalaires sont interdits dans le cadre de l'interdiction générale de logements situés derrière d'autres logements; on a éliminé les façons de contourner cette interdiction. Enfin, il y a eu réglementation plus poussée des détails de conception des nouveaux aménagements du fait que les procédures de révision de l'aménagement ont été étendues à de nombreux quartiers des centres-villes. Ces règlements se sont accompagnés de l'adoption de plans directeurs secondaires dans les quartiers qui risquent le plus de subir des pressions en vue du réaménagement. L'effet de l'adoption du plan dans le contexte de la législation ontarienne sur l'urbanisme est de rendre plus difficile la modification de la réglementation.

8 Par exemple, dans les quartiers résidentiels chics du centre-ville de Toronto, le rendement éventuel net d'un changement de zonage qui permettrait l'aménagement de tours d'habitation aux densités permises ailleurs dans la zone centre dépasse actuellement largement les 100 $ par pied carré de superficie aménageable. Les valeurs actuelles des regroupements de terrains dans ces quartiers sont moins de la moitié de ce qu'elles seraient si l'utilisation du sol n'était pas réglementée. En fait, puisque la valeur des terrains regroupés

n'est guère différente actuellement de celle des terrains dont la propriété est fragmentée, les regroupements de terrains dans les secteurs résidentiels à faible densité de la zone centrale ont virtuellement disparu.

9 La réglementation des centres-villes a permis d'accroître la variété des utilisations des quartiers à faible densité, ce qui comprend des foyers collectifs et des maisons de transition. En outre, le réaménagement à densité moyenne a été autorisé dans les quartiers périphériques. Les décisions politiques touchant les centres-villes sont en général le fruit d'un plus grand nombre de compromis entre la protection des valeurs immobilières et les autres préoccupations sociales que celles touchant les nouvelles banlieues.

10 Un arrêt de la Cour suprême de l'État du New Jersey (Burlington NAACP v. Mt. Laurel Township), datant de 1975, restreint l'utilisation du zonage à des fins manifestement exclusionnaires; la cour a ordonné à la collectivité de modifier ses pratiques de zonage pour permettre à une juste proportion des pauvres de la région d'y habiter. Il est difficile de définir exactement quelles pratiques constituent une exclusion « injuste ». Le règlement de zonage de Mt. Laurel jugé invalide pour la cour comprenait des caractéristiques particulièrement choquantes, comme une superficie minimale pour les maisons unifamiliales, de fortes restrictions du nombre des appartements de plus d'une chambre à coucher ainsi que des normes de qualité, comme la climatisation obligatoire.

11 Cet argument fondé sur l'efficience est en fait renforcé dans le cas d'un gouvernement local fragmenté, puisqu'il confirme les conclusions bien connues du modèle de Tiebout concernant la fourniture efficiente des biens publics; voir Tiebout (1956). Le modèle de Tiebout est une application de la théorie des clubs (coopératives sans but lucratif); cette interprétation est présentée en détail dans Henderson (1979), qui démontre qu'il est efficient qu'une banlieue soit homogène. L'essence du modèle Tiebout-Henderson est que les pertes globales de bien-être liées à la fourniture de biens publics locaux sont une fonction croissante de la déviation absolue moyenne des préférences des électeurs pour des biens publics financés à même les impôts par rapport à celle de l'électeur médian. La fragmentation municipale et le zonage exclusionnaire sont deux mécanismes qui permettent de réduire ces pertes de bien-être.

12 Même si des ordonnances de zonage ont été rejetées à deux reprises par des référendums à l'échelle de la ville de Houston, plusieurs autres règlements concernant l'utilisation du sol ont été adoptés. Il y a notamment des exigences concernant la marge de recul et le stationnement pour les nouveaux appartements et immeubles commerciaux de même que des contrôles de lotissement qui comprennent une façade minimum et une marge de recul. En outre, tous les terrains dans une région de 2 000 milles carrés entourant la ville sont soumis aux contrôles de lotissement de Houston (Siegan 1970, 76–7, 99, 116–17).

13 Le rezonage ponctuel (des règlements de zonage particuliers à un emplacement donné) a été déclaré légalement valide en 1959 par un arrêt de la Cour suprême (Scarborough Township c. Bondi). Depuis lors, les règlements d'aménagement des emplacements sont l'outil prédominant de contrôle des terrains dans les secteurs soumis à un réaménagement poussé.

14 On trouvera une description détaillée dans Corke (1983).

15 La densité est réglementée par la hauteur aussi bien que par le rapport prescrit entre le nombre maximum de logements et la superficie commerciale. En outre, des primes de

densité peuvent être accordées pour la préservation d'immeubles désignés historiques par le conseil municipal et pour la fourniture de services communautaires convenus. Les transferts de densité entre les emplacements sont également permis.

16 Hamilton (1981) mentionne des lois de l'Alberta, de la Colombie-Britannique, du Nouveau-Brunswick, de l'Île-du-Prince-Édouard et de la Nouvelle-Écosse qui autorisent le contrôle de la conception par les municipalités.

17 Ces six provinces sont le Nouveau-Brunswick, la Nouvelle-Écosse, l'Ontario, la Saskatchewan, l'Alberta et la Colombie-Britannique. L'obligation d'une audience publique par les conseils municipaux à l'occasion des modifications du zonage ou du plan officiel a été adoptée en Ontario en 1983 et dans les années 70 en Colombie-Britannique et en Alberta.

18 Des appels auprès d'organismes provinciaux sont prévus en Nouvelle-Écosse, en Ontario et au Manitoba; en Alberta et en Colombie-Britannique, l'appel est adressé au ministre provincial. (Dans le cas de la Colombie-Britannique, les dispositions d'appel s'appliquent uniquement aux municipalités autres que la ville de Vancouver).

19 On estime généralement que ces règles comprennent le droit à un avis suffisant, à l'information concernant la décision à prendre et à une audition devant l'ensemble des membres d'un organisme décisionnel. Dans une telle audition, on présume normalement que la « justice naturelle » suppose que la personne touchée devrait pouvoir présenter des témoignages, contre-interroger ses opposants et être représentée par un avocat.

20 Voir par exemple Re McMartin et al v. City of Vancouver (1968), 70 D.L.R. (2d) 38 et Wiswell v. Metropolitan Corporation of Greater Winnipeg (1965), 51 W.W.R. 513. Les tribunaux offrent un recours uniquement pour les violations très graves de la justice naturelle. D'ordinaire, les cours hésitent à intervenir dans les décisions politiques municipales.

21 Voir par exemple la British Columbia Municipal Act, la Loi sur la ville de Winnipeg et les lois sur l'urbanisme de l'Alberta et de la Nouvelle-Écosse. L'Ontario fait exception, car il n'est pas nécessaire pour utiliser les pouvoirs de contrôles supplémentaires d'aménagement d'avoir préalablement adopté des critères dans le cadre de plans officiels. Cependant, les pouvoirs supplémentaires sont plus restreints que dans les autres provinces et la loi accorde un droit d'appel auprès de la Commission des affaires municipales de l'Ontario.

22 La préparation de plans officiels municipaux a été ordonnée par l'Alberta en 1977 et par le Québec en 1980.

23 L'obligation que les règlements soient conformes aux plans officiels a été utilisée avec succès devant les tribunaux pour faire invalider un règlement municipal. Voir par exemple Holmes et al v. Regional Municipality of Halton (1977), 2 MLPR 149.

24 Une loi ontarienne, par exemple, l'Ontario City and Suburb Plans Act de 1912, exigeait que tout plan de lotissement de terrains situés à moins de cinq milles d'une ville dont la population dépassait 50 000 habitants soit soumis à l'organisme qui a précédé la Commission des affaires municipales de l'Ontario pour approbation avant l'enregistrement.

25 Par exemple, l'Alberta Planning Act de 1980 stipule qu'un plan de lotissement doit être refusé à moins que les terrains ne soient adaptés aux utilisations prévues et que le lotissement proposé ne soit conforme aux plans officiels de la municipalité et de la région.

26 Le comité d'examen de la Loi sur l'aménagement du territoire (1977, 101) a proposé qu'on entreprenne une étude distincte des répercussions qu'entraînerait la mise en place d'un tel système. Tout en préconisant qu'on étudie la possibilité de l'intégration des systèmes de permis d'aménagement et d'approbation du zonage en vue de réduire les inefficacités du système actuel, le comité n'a pas pu lui-même recommander une solution de rechange.

27 Plusieurs provinces ont adopté un processus de planification en deux étapes. La première étape consiste à préparer un plan régional, qui repère les secteurs susceptibles d'aménagement et sert de point de départ à la planification des grands investissements régionaux en infrastructure. La seconde étape est la préparation de ce qu'on appelle un plan secondaire ou local, qui indique les rues et le zonage.

28 Voir McFadyen et Johnson (1981) et Proudfoot (1980). On trouvera une étude antérieure dans Greenspan et autres (1977, 125–30).

29 Proudfoot (1980, 46) signale qu'à Waterloo le traitement des plans secondaires exigeait en moyenne trois ans.

30 Le processus d'approbation se fait d'ordinaire en deux étapes : approbation officielle de principe d'un projet de plan, suivie de l'approbation définitive une fois toutes les ententes conclues, les droits de lotissement versés, les cautions d'exécution déposées pour les engagements du promoteur. C'est pourquoi le stock qui risque le plus d'être touché comprend les aménagements qui ont reçu l'approbation de principe.

31 Selon Greenspan et autres (1977, 128–9) ce facteur peut avoir joué un rôle important dans la rapidité de l'augmentation du prix des terrains qui s'est produite au début des années 70. Cependant, d'autres facteurs étaient probablement plus importants, notamment la forte hausse de l'inflation prévue et l'encouragement accru à l'accession à la propriété découlant des réformes fiscales de 1971.

32 Par exemple, en 1978 à Mississauga, le stock de terrains non aménagés qui avaient reçu au moins l'approbation de principe s'élevait à environ 60 000 logements, soit plus de quatre fois le nombre de logements pour lesquels des permis de construire avaient été émis. Voir Proudfoot (1980, 47).

33 La viabilisation relève entièrement des municipalités au Québec, mais les conséquences fiscales de cette disposition sont adoucies par des subventions de la province aux municipalités. En général, le taux d'investissement dans l'infrastructure de services a été plus faible au Québec. À mesure que les conséquences à long terme du sous-investissement du passé deviennent d'intérêt politique, il pourrait aussi y avoir des pressions en vue de faire porter le fardeau de la viabilisation des nouveaux aménagements aux promoteurs.

34 Goldberg (1980) utilise des données d'ingénierie de la ville de Vancouver pour avancer que la valeur actualisée du total des coûts sociaux pourrait être minimisée par des normes élevées de viabilisation.

35 Hamilton (1981) signale que la Colombie-Britannique est la seule province à imposer une telle exigence par une loi. Cependant, l'amendement de 1977 qui restreignait les droits de lotissement perçus par les municipalités ainsi que les normes de viabilisation ne portait que sur les « coûts d'immobilisations directs » (British Columbia Municipal Amendment Act, 1977, article 702C).

36 Le volume 2 du rapport Greenspan résume les résultats de plusieurs études; voir

Greenspan et autres (1977, 135–8). La majorité de ces études ont conclu que les nouveaux aménagements résidentiels génèrent plus de coûts financés par les impôts qu'ils ne fournissent de recettes additionnelles.

37 Ce mécanisme de sélection négative, s'il n'est pas restreint par d'autres facteurs, peut aboutir à une diminution constante de la qualité du produit et, à la limite, à la disparition des marchés. Voir par exemple Akerlof (1970) et Hirschleifer et Riley (1979, section 1.2.2).

38 C'est effectivement ce qui se passe en France, où il n'y a aucun code global du bâtiment, mais où les concepteurs et les entrepreneurs sont responsables pendant dix ans des défauts majeurs. L'assurance-responsabilité est presque universelle, et les exigences des assureurs en matière de conception et d'inspection aboutissent à un système qui, en pratique, « se compare au système des contrôles de la construction en vigueur ailleurs » Silver (1980, 5).

39 Le Québec et Terre-Neuve ont des régimes de réglementation des loyers antérieurs à ceux des huit autres provinces.

40 La meilleure preuve de ce fait est que même les taux d'intérêt à court terme avant impôt ont été négatifs du début au milieu des années 70.

41 L'augmentation des taux d'intérêt portait au début uniquement sur les taux nominaux et n'a atteint que par la suite les taux d'intérêt réels. Cependant, pour des raisons institutionnelles (surtout la conception des hypothèques conventionnelles et l'application des techniques traditionnelles d'évaluation des prêts), les deux types d'augmentation ont un effet de contraction sur la fourniture privée de nouveaux logements locatifs. Des taux nominaux élevés d'intérêt qui se traduisent par des taux réels après impôt peu élevés pour les promoteurs se sont soldés, en raison des pratiques de prêts, par des exigences plus élevées de la part des prêteurs en ce qui concerne l'encaisse initiale des ensembles locatifs. Des taux réels plus élevés ont entraîné la hausse des taux économiques de rendement exigés par le promoteur.

42 La loi ontarienne de 1972 revoyant la révision des loyers stipule que l'augmentation des coûts d'exploitation, les dépenses d'immobilisation amorties et les changements des coûts de financement peuvent jusitifier la Commission de la location résidentielle de consentir une augmentation.

43 En Ontario, depuis décembre 1982, on n'autorise pas les hausses de loyer fondées sur des augmentations des coûts de financement découlant d'un changement de propriété; cette modification a résulté de la vente et de la revente à un prix beaucoup plus élevé de 11 000 logements locatifs de Toronto appartenant à une même entreprise, vente qui a reçu beaucoup de publicité et dont le seul but était de permettre une augmentation des coûts d'immobilisation et donc des coûts de financement.

44 Des modifications apportées à la législation ontarienne (notamment la création d'un registre des loyers) en 1986 ont réduit cette incitation et resserré la réglementation des loyers.

CHAPITRE HUIT

La technologie de la construction et le processus de production

James McKellar

L'ÉVOLUTION de l'industrie de la construction résidentielle au Canada depuis 1945 est caractérisée par un minimum d'investissements, peu de normalisation, un niveau de compétence variable de la main-d'œuvre, la résistance à l'innovation technologique et le recours à un très grand nombre de sous-traitants, de fournisseurs et de producteurs de matériaux. C'est une industrie qui possède une structure organisationnelle complexe; elle est fragmentée; elle présente des particularités régionales, tout en étant soumise aux grands cycles de l'économie. On pourrait aussi soutenir que ces caractéristiques sont, à long terme, ses points forts.

Les producteurs de logements exercent rarement leur activité à l'échelle nationale et les différences régionales et locales des méthodes de construction des logements sont plus importantes que leurs ressemblances apparentes. Le caractère local de l'industrie rend difficile toute tentative, comme celle-ci, de présenter une image globale de son évolution chronologique. Il est probable que nous ayons omis ou négligé de nombreux faits pertinents. Qu'il s'agisse du propriétaire-constructeur de Moncton au Nouveau-Brunswick, du petit fabricant de maisons en banlieue de Montréal, du fabricant de maisons mobiles de Red Deer en Alberta ou du constructeur-marchand de la région de Toronto, ceux qui construisent ou fabriquent des logements partout au pays pourront trouver à redire quant au niveau de généralisation que permettent les données et les renseignements dont nous disposons actuellement.

Le processus de production des logements n'a pas connu de changements importants depuis 30 ans, et ne risque guère de se transformer dans les années à venir. Pourtant, ce processus est relativement sain et efficace, adaptable et capable de réagir à l'évolution des besoins et des exigences des consommateurs.

Les changements qu'a connus l'industrie de la construction résidentielle ont été petits et graduels. Cette industrie a été mal étudiée et bon nombre de nos connaissances sont anecdotiques. Il manque beaucoup de données concernant précisément la construction résidentielle. Les ouvrages publiés expliquent pourquoi certains changements pourraient ou devraient avoir lieu, mais il n'existe pas beaucoup de données sur ce qui s'est effectivement produit. Les renseignements quantitatifs sont rares, particulièrement les données chronologiques sur les coûts des composantes[1]. Par ailleurs, l'étude du processus de production est aussi entravée par le manque de recherche et de développement au sein de l'industrie elle-même et par l'obligation de s'en remettre presque exclusivement aux statistiques gouvernementales pour mesurer le rendement de l'industrie. Ainsi, toute tentative d'étudier la production de logements et l'évolution technologique de l'industrie sera nécessairement qualitative et affaire de jugement.

La genèse de l'industrie dans l'après-guerre

Sous sa forme actuelle, l'industrie de la construction résidentielle tire son origine des besoins créés par la guerre et sa naissance coïncide avec la fondation de la SCHL le 1er janvier 1946. Selon le premier président de la SCHL, David Mansur, le premier devoir de la nouvelle société devait être de trouver des façons de permettre à l'entreprise privée de répondre aux besoins dans le domaine du logement économique. Il demandait qu'on en évalue la réussite d'après la somme des activités que n'entreprendraient pas les organismes gouvernementaux dans le domaine du logement public.

Le régime intégré de logement de la SCHL marquait le début de l'ère des maisons individuelles de l'après-guerre (SCHL 1970, 12). Dans le cadre de ce régime, les constructeurs spéculateurs s'engageaient à vendre les maisons à un prix convenu tandis que la SCHL s'engageait à racheter les maisons invendues. C'est aussi ce programme qui a forgé les liens étroits de la SCHL avec les producteurs et fournisseurs de matériaux de construction, puisqu'une des premières tâches de la SCHL était de délivrer des certificats de priorité pour l'utilisation de matériaux de construction essentiels comme le ciment et les accessoires de plomberie. Certaines succursales de la SCHL stockaient même des clous destinés à la vente directe aux constructeurs prioritaires.

Ce régime « intégré » était source d'encouragement, de sécurité et de confiance pour les nombreux petits constructeurs qui se lançaient pour la première fois dans l'industrie. L'enthousiasme, et quelques outils, remplaçaient facilement la technique et l'expérience. En 1947 et 1948, le nombre de constructeurs engagés dans ce régime atteignait 491 et ces derniers produisaient chaque année plus de 5 000 logements, soit près de la moitié des logements financés aux termes de la LNH ces années-là. Bien que les mises en chantier se soient chiffrées à environ 90 000 logements par année, cette réussite a été de courte durée. La guerre de Corée a fait chuter les mises en chantier à 68 000 logements. Le nombre de constructeurs LNH de Toronto est passé de 500 en 1950 à 170 en 1951 (SCHL 1970, 15).

Le développement de l'industrie

Les banques à charte ont été autorisées à consentir des prêts LNH à compter de 1954. Cette mesure s'ajoutait à des modifications de la Loi nationale sur l'habitation permettant des « prêts assurés » qui protégeaient les prêteurs contre le risque de défaut. Ces mesures ont accru la disponibilité des prêts assurés dans de nombreuses localités petites ou éloignées où les banques avaient des succursales. On réduisait ainsi le risque de construction spéculative; les prêts étaient plus abordables et les consommateurs avaient un meilleur accès au marché du logement; enfin, le risque financier pour les constructeurs se trouvait diminué. L'ère du petit constructeur, même dans les localités éloignées, s'ouvrait. La prospérité de l'industrie de la construction résidentielle allait maintenant évoluer au rythme des taux d'intérêt.

En même temps qu'il intervenait dans le financement du logement, le gouvernement fédéral tentait d'encourager plus directement la construction de logements par des modifications apportées en 1954 à la LNH. En appliquant cette loi, la SCHL favorisait des normes nationales de construction et cherchait à accroître la qualité de la construction en ayant recours à ses propres inspecteurs en bâtiment. Ces initiatives nous ont notamment légué un meilleur rendement des matériaux pour une forme de construction résidentielle qui devait s'implanter partout au pays. De nos jours, la construction à ossature de bois, utilisant le bois à dimension nominale de deux pouces sur quatre (et maintenant de deux sur six) est aussi fermement établie qu'il y a trois décennies.

L'industrie, qui tirait son origine de l'aide gouvernementale aux petits constructeurs par le moyen de la WHL (Wartime Housing Limited), du régime intégré de logement et des modifications de 1954 à la LNH, a fini par englober, dans les années 60 et au début des années 70, de grandes sociétés immobilières diversifiées, capables de s'occuper d'aménagement des terrains aussi bien que de la construction de logements unifamiliaux et collectifs. Ces sociétés s'intéressaient surtout à des maisons peu coûteuses, offrant plus d'espace à un moindre coût par la normalisation des modèles et l'augmentation de leur part du marché. Des noms comme Bramalea, Markborough, Cadillac-Fairview, Nu-West, Genstar et Campeau dominaient à tel point l'aménagement des terrains et la construction résidentielle dans certaines régions qu'on parlait d'oligopoles et qu'on réclamait une intervention gouvernementale. Pour beaucoup de ces grandes sociétés, la diversification se faisait à la fois sur le plan géographique et sur celui des produits. Des noms connus à l'échelle du pays ont commencé d'apparaître dans l'industrie de la construction domiciliaire. Ces mêmes noms ont commencé d'apparaître de plus en plus fréquemment, au Canada et aux États-Unis, sur des chantiers d'immeubles d'appartements, des complexes de bureaux, des centres commerciaux régionaux et des immeubles industriels tout au long des années 70[2].

Ni l'industrie ni les spécialistes, obnubilés par le boom de la construction de la fin des années 70, n'avaient prévu les énormes changements qui allaient se produire : l'année 1976 marque un tournant; une baisse d'activité a suivi et la récession du début des années 80 a causé un traumatisme qu'on ressentait encore au milieu des années 80 dans certains secteurs du marché, particulièrement dans l'Ouest canadien. Bon nombre des grandes sociétés se sont retirées complètement de la construction résidentielle et de l'aménagement des terrains, laissant le champ libre à un grand nombre de petits constructeurs qui avaient survécu grâce au marché des maisons sur commande et au marché de la rénovation. Les terrains ont été laissés aux mains des banques ou des caisse de retraite qui avaient financé les promoteurs. À Calgary, la liste des dix premiers constructeurs de maisons en 1985 comprenait très peu de noms qui étaient déjà là en 1981, mais comportait par contre beaucoup de noms qui n'étaient même pas en affaires en 1981. L'industrie a changé radicalement partout au pays[3].

Depuis 1976, il y a également eu une augmentation régulière du total des rénovations résidentielles et une baisse progressive de la valeur réelle de la nouvelle construction résidentielle. Le total des dépenses des propriétaires canadiens pour les réparations et les améliorations a augmenté de 23 % entre 1982 et 1984 pour atteindre une somme évaluée à 9,7 milliards de dollars[4]. Le total des dépenses dans 17 régions métropolitaines a grimpé de 1,7 milliard à 4,1 milliards en seulement six ans (1978–1984), et 65 % de ces dépenses portaient sur des améliorations. Les travaux effectués par les entrepreneurs représentaient 71 % de cette somme. La rénovation, qui comprend à la fois les améliorations et les réparations, est devenue un commerce important à Toronto (29 % du total de 1984), Montréal (24 %) et Vancouver (15 %). Toutefois, le gros des dépenses de rénovation relève toujours des propriétaires situés à l'extérieur de ces 17 zones métropolitaines (58 % du total de 1984).

La valeur des travaux de rénovation devrait éventuellement dépasser celle de la nouvelle construction résidentielle (SCHL 1985a). Les données montrent déjà que la rénovation représente une plus forte proportion du total de l'emploi pour la construction résidentielle que la construction neuve, bien que celle-ci continue de générer un emploi total plus considérable en raison des matériaux nécessaires.

À l'avenir, les grands constructeurs joueront vraisemblablement un rôle moins important dans la construction résidentielle et, après s'être débarrassés de leur stock de terrains, ils se concentreront vraisemblablement sur certains marchés régionaux, comme Toronto et Montréal. Même dans ces marchés, les bénéfices n'ont pas reflété l'inflation du prix des maisons du début des années 80, ce qui soulève de nouvelles questions quant aux avantages reliés à la taille d'une entreprise[5]. On prévoit que l'industrie de la construction résidentielle sera de plus en plus constituée de petites et moyennes entreprises. Ses activités ne se caractériseront pas par l'innovation : ce sera une industrie réactive, faisant preuve de prudence dans des situations nouvelles, n'adoptant des changements de pratiques que lorsque cela sera absolument nécessaire et préconisant une démarche que l'on pourrait qualifier de routinière. Les entreprises se répartiront entre celles qui s'occuperont de construction neuve et celles qui se spécialiseront en rénovation.

L'industrie en 1984

Une enquête réalisée en 1984 sur l'industrie de la construction domiciliaire révèle que seulement 63 entreprises avaient des recettes annuelles de dix millions de dollars ou plus; ces entreprises fournissaient 25 % du total des recettes de l'industrie de la construction domiciliaire et comptaient en moyenne 33 employés salariés (Clayton Research Associates Limited 1987). L'Ontario comptait 62 % de ces grandes entreprises. La fourchette de deux à dix millions de dollars comptait 409 entreprises, l'Ontario et le Québec se partageant 68 % de cette catégorie. Ces entreprises de taille moyenne ne comptaient en moyenne que cinq employés salariés. L'enquête de 1984 a également révélé que la moyenne des bénéfices avant impôt s'établissait à seulement 3,6 % du total, soit une diminution par rapport aux 8,0 à 9,5 % enregistrés au milieu des années 70.

Au sein de l'industrie, les entrepreneurs généraux résidentiels ont continué de se spécialiser dans les maisons unifamiliales; en moyenne, 71 % de la production entre 1977 et 1982. Puisque ce groupe constitue la sous-composante la plus importante de l'industrie, on peut soutenir que l'industrie de la construction résidentielle est surtout axée sur la production par de petites entreprises de maisons individuelles à faible densité. Les autres secteurs de l'industrie ne menacent pas cette prédominance. Par exemple, les activités des promoteurs immobiliers ont diminué, passant de 50 % des mises en chantier en 1977 à 24 % en 1982 (parallèlement à la diminution des mises en chantier de logements collectifs). Malgré l'importance des petites entreprises (les constructeurs ont construit en moyenne 9,9 maisons en 1985), les 241 grandes et moyennes entreprises de construction (4,8 % de l'ensemble des constructeurs) ont fourni ensemble la moitié des maisons construites par des constructeurs en 1985 (Clayton Research Associates Limited, novembre 1986).

Dans certaines provinces et régions, c'est le propriétaire qui agit comme constructeur ou entrepreneur pour une proportion importante des nouvelles maisons construites chaque année. Dans les régions rurales des Maritimes, presque toutes les maisons sont construites par le propriétaire; en Saskatchewan, environ 30 %; à Sault-Sainte-Marie, 60 %; à Prince George (Colombie-Britannique), environ 80 % (SCHL 1985a).

Le processus de production de logements

Malgré la diversité des entreprises et leur caractère local, la construction résidentielle se pratique selon quelques modèles communs à l'ensemble du Canada. S'il est difficile de décrire l'industrie canadienne de la construction résidentielle, même sur le plan régional, il n'est pas difficile de décrire les moyens de production de logements et la technologie de la construction sur laquelle repose cette production. Nous nous arrêterons sur le procédé de construction de logements neufs, particulièrement la construction d'immeubles de faible hauteur à ossature de bois. Cela ne signifie pas que les tours d'habitation et la rénovation ne soient pas importants. Mais la construction d'immeubles en hauteur n'aura pas l'importance qu'elle avait dans les années 60 et 70, et nous sommes seulement au seuil de l'innovation technologique dans le domaine de la rénovation. Ce secteur connaîtra une forte expansion de même qu'une sophistication croissante.

On peut dire des mécanismes de production de maisons individuelles et de logements collectifs de faible hauteur à ossature de bois qu'il s'agit d'une « ligne de montage à l'envers ». À l'inverse de la ligne de montage traditionnelle où le produit se déplace devant des travailleurs stationnaires, dans le cas de la construction résidentielle, c'est le produit qui est stationnaire et les ouvriers défilent dans la maison dans l'ordre fixé par le constructeur. Ce mécanisme s'est avéré idéal pour les maisons en série caractéristiques d'une très grande part de l'industrie depuis la Seconde Guerre mondiale. Ce procédé constitue un net contraste par rapport à la construction industrialisée pratiquée en Europe où les logements sont usinés selon le mode traditionnel de la ligne de montage.

Les pratiques traditionnelles des anciens constructeurs marchands se sont perfectionnées mais n'ont pas été remplacées à l'époque des maisons de guerre. En raison des pénuries de matériaux et de main-d'œuvre et parce qu'il fallait faire vite, il y a eu des améliorations notables par rapport aux techniques d'avant-guerre. Les plans de maison et les pratiques de production séquentielle adoptées par la WHL pour respecter les quotas de production marquent le début de l'ère moderne de la construction résidentielle au Canada.

La maison canadienne la plus typique est peut-être le « Type C », modèle d'un étage et demi utilisé partout au Canada par la WHL entre 1941 et 1945, ainsi qu'après la guerre dans le cadre du programme de logements locatifs, et par les premiers constructeurs LNH. Le programme de logements locatifs pour les anciens combattants a produit 25 000 exemplaires de ce modèle dans les trois années suivant 1947 (SCHL 1970). La maison de type C utilisait la méthode de construction à plate-forme et à ossature de bois qui comportait une proportion élevée de matériaux traditionnels, posés sur chantier, comme du bois d'œuvre, de la brique, du ciment et du plâtre. L'innovation portait surtout sur l'organisation méthodique des éléments constituants, main-d'œuvre et matériaux, en fonction des calendriers de production. La construction à plate-forme n'était rien de plus que l'ordonnancement des corps de métier nécessaires à la réalisation de la maison; l'innovation consistait à terminer d'abord le faux plancher, sur lequel on pouvait assembler les murs horizontalement avant de les lever. Il n'y a eu aucun progrès majeur quant à l'utilisation des matériaux, et ces premières maisons comprenaient peu de composantes préassemblées ou usinées, si ce n'est les accessoires de plomberie et les calorifères à air chaud.

À la fin des années 40 et au début des années 50, le bon constructeur utilisait de 1 500 à 1 700 heures-personnes sur chantier pour construire le bungalow typique, à ossature et à revêtement de bois (Scanada Consultants Limited 1970). En 1970, la composante main-d'œuvre avait chuté à 920 heures pour une maison comparable mais de meilleure qualité en ce qui concerne l'aménagement paysager, les armoires et la finition. Ces économies sont attribuables surtout à l'industrie des matériaux de construction et à l'introduction d'un nombre croissant de matériaux comportant un fort contenu usiné ou une « forte valeur ajoutée », comme le contreplaqué, les panneaux de gypse, les carreaux de plancher et la moquette, les fenêtres et les portes préassemblées, les peintures à deux couches, le béton malaxé durant le transport, les armoires de cuisine préfabriquées et les fermes de toit et les solives de plancher légères. En outre, les outils mécaniques, les chariots élévateurs et les monte-charges montés sur camion, la gestion du chantier et l'ordonnancement des corps de métier selon les principes de la ligne de montage ont permis d'accroître l'efficience sur le chantier.

Cependant, ces gains d'efficience ne sont pas les mêmes partout au pays, en raison de la disponibilité des produits de construction et des différences dans les salaires et les niveaux de compétence. Par exemple, pour ce même bungalow, il fallait non pas 920 heures de travail mais 1 400 dans les Maritimes; les facteurs saisonniers peuvent élargir encore davantage cet écart. Les pratiques de travail sont difficiles à évaluer, mais entre 1949 et 1969, on constate une augmentation moyenne annuelle de la productivité de l'ordre de 1,0 à 1,5 % (Scanada Consultants Limited 1970). Les gains de productivité ont ralenti durant les années 70, tandis que grimpaient les coûts de la main-d'œuvre et des matériaux[6]. Entre 1971 et 1980, l'augmentation de la production par personne employée (la productivité de la main-d'œuvre) s'établissait en moyenne à 0,8 % par année pour l'ensemble de l'industrie de la construction (Clayton Research Associates Limited 1983). Cette augmentation était semblable aux gains de productivité enregistrés dans l'ensemble par l'industrie non agricole au Canada, mais inférieure aux gains de productivité des industries de fabrication et de production de biens.

La ventilation des coûts de la maison individuelle neuve réalisée en 1982 a confirmé pour le marché américain ce qui semblait également vrai du marché canadien du logement au cours des années 70: entre 1970 et 1980, aux États-Unis, le coût d'un terrain viabilisé a connu une augmentation spectaculaire, de 248 %, pour représenter 24 % du coût total de la maison (Merrill Lynch 1982). Les coûts de la main-d'œuvre et des matériaux pour la maison elle-même ont chuté au cours de la même période, passant de 19 % à 16 % du coût global dans le cas de la main-d'œuvre et de 37 % à 34 % dans le cas des matériaux. Les coûts de financement du constructeur sont passés de 7 % à 14 % tandis que les frais généraux et les bénéfices chutaient de 18 % à 14 %.

La situation a été différente dans les années 80 tant au Canada qu'aux États-Unis. Au Canada, le taux d'augmentation du coût de la main-d'œuvre, des matériaux et des terrains a connu une baisse importante au début des années 80. Au milieu de la décennie, les terrains s'approchaient d'une augmentation annuelle de 10 %; la main-d'œuvre restait relativement stable à 4 % et le coût des matériaux avait chuté à peu près au même niveau. Entre 1981 et 1986, selon Statistique Canada (1987), les prix des matériaux de construction résidentielle ont augmenté à l'échelle du pays de 29 %; le taux de rémunération syndicale a augmenté de 32 %; les taux des prêts hypothécaires ont chuté de 39 % et le coût des terrains a augmenté de 8 %.

Cependant, dans certaines régions du pays, on a connu une très forte augmentation des coûts de construction. Les coûts de construction du bungalow typique dans la plupart des centres de l'Alberta étaient en 1986 proches de ceux de 1981 (baisse de 0,4 %), en dollars nominaux (*Alberta House Cost Comparaison Study* 1986). En dollars de 1986, corrigés pour l'inflation, les coûts de construction ont chuté de façon spectaculaire (22 %) en Alberta depuis 1981.

Les innovations technologiques
Il y a certes eu une évolution des techniques, du matériel et des matériaux depuis l'apparition de la maison de type C, mais elle se caractérise par la prudence. On estime dans l'industrie que l'entreprise qui s'écarte, ne serait-ce que légèrement, de la norme court à sa perte. Cette opinion décourage fortement ceux qui préconisent de nouvelles façons de faire. Deux dérogations à cette règle valent la peine d'être mentionnées : un échec et une réussite discrète. Dans le premier cas, on réagissait à l'enthousiasme croissant en Amérique du Nord pour les techniques européennes de construction industrialisée du milieu des années 60. Aux États-Unis, il en est résulté un programme fédéral, appelé « Operation Breakthrough » destiné à encourager la construction industrialisée de logements collectifs afin de résoudre le problème de l'abordabilité. À Toronto, quatre sociétés ont été fondées entre 1968 et 1970, deux qui utilisaient des systèmes européens éprouvés avec dalles de béton et deux qui adoptaient la méthode plus expérimentale des caissons de béton. Une cinquième entreprise a fait l'acquisition des droits d'un système suédois à panneaux, mais a par la suite renoncé à l'affaire.

Cette période a été marquée par l'expansion rapide de la construction des immeubles d'appartements, les mises en chantier ayant plus que doublé entre 1963 et 1968. Les bénéfices étaient élevés, la bourse nettement en hausse et les perspectives économiques globales encourageantes. On craignait que, du moins d'après les normes nord-américaines, les techniques traditionnelles de construction n'aient atteint la limite de leur efficience. Pour diverses raisons, certains des plus importants promoteurs de Toronto se sont lancés dans la construction industrialisée à grande échelle. La conjoncture n'aurait pas pu être meilleure.

En un mot comme en mille, entre 1968 et 1974, la construction industrialisée a connu un échec dans le marché de Toronto (Barnard 1974). Sur les quatre entreprises qui se sont lancées dans l'industrie, aucune ne s'est montrée en mesure de faire concurrence à l'industrie traditionnelle. Deux raisons peuvent être avancées; tout d'abord, même si la qualité était en général plus élevée et si les travaux prenaient un peu moins de temps, aucune des entreprises n'a réalisé les économies escomptées; deuxièmement, aucune des sociétés n'a pu obtenir un nombre suffisant de commandes pour maintenir une production constante, ce qui a entraîné la perte des économies d'échelle et a accentué les problèmes de coût.

La seconde exception est le succès peu connu de maisons usinées par deux entreprises de Calgary (Alberta) qui ont, à elles deux, dominé les marchés régionaux des maisons individuelles pendant les années 70. La société Engineered Homes a été fondée en 1959 à partir de Muttart Homes, entreprise lancée en 1943 grâce à la WHL[7]. Engineered Homes a commencé d'offrir son système de panneaux de bois usinés en 1960. Entre 1971 et 1976, les meilleures années, elle expédiait ses produits à 52 concessionnaires partout en Colombie-Britannique, en Alberta, en Saskatchewan et au Manitoba, de même qu'au Pays de Galles, en France et en Allemagne. En 1974, elle avait produit 50 000 maisons. L'entreprise a été achetée par Genstar en 1972 et au moment où Genstar a fermé l'usine en avril 1984, celle-ci avait vendu quelque 70 000 maisons au cours de ses 24 années d'existence. L'usine était presque autonome, produisant des fenêtres et des portes, des fermes de toit, des sections de mur, des armoires de cuisine et des escaliers. Sur le chantier, on ne faisait que les cloisons sèches, la toiture, les systèmes mécaniques et électriques, la plomberie et la finition. Il s'agissait d'un ensemble comprenant la production en usine, la viabilisation des terrains et la vente au détail. C'est la baisse spectaculaire de la construction résidentielle pendant les années 80 qui a provoqué sa fermeture.

Cette entreprise avait comme concurrente Qualico, entreprise privée de Winnipeg qui s'est lancée dans la préfabrication en 1959 avec des usines à Calgary, pour le marché de l'Alberta, et à Winnipeg, pour la Saskatchewan et le Manitoba[8]. La société produisait uniquement pour sa propre consommation et bien que l'usine de Calgary ait atteint un sommet de 1 250 logements, y compris des logements collectifs, elle construisait normalement entre 250 et 450 logements par année. Le système de production se caractérisait par sa simplicité, l'attention apportée aux coûts et au contrôle de l'inventaire; de plus, l'entreprise pouvait compter sur des employés de longue date, dont certains avaient plus de 20 ans d'expérience dans la même usine. L'usine de Calgary a fermé ses portes en 1984.

À la différence de la construction industrialisée de Toronto, Engineered Homes et Qualico illustrent une forme très sophistiquée de technologie mixte qui avait recours davantage à l'organisation et à la gestion de l'ensemble du processus de construction qu'à la production en usine comme telle. On combinait la production en usine des composantes à valeur ajoutée avec la construction sur le chantier et on pouvait varier les proportions selon la situation du marché. Le travail en usine ne faisait que reproduire sous un même toit ce qui se faisait sur le chantier. Ni Genstar ni Qualico ne recherchaient des progrès technologiques dans le processus de production; les deux entreprises se contentaient d'adapter les pratiques normalisées à des techniques de production plus rentables.

De la fondation au toit, la qualité des composantes et leur assemblage ont connu une amélioration considérable avec les années. C'est au début des années 50 que sont apparues les fenêtres coulissantes préassemblées en aluminium; elles ont fini par donner naissance aux diverses fenêtres préfinies à grande efficacité énergétique qu'offre aujourd'hui le marché; les armoires de cuisine préassemblées avec des comptoirs de plastique laminé sont apparues à la fin des années 50, alors que le panneau de gypse a surmonté les premières résistances et a vu son usage se généraliser au milieu des années 50. Les fermes de toit sont aussi apparues dans les années 50, et les solives de plancher dans les années 60, bien que ni l'une ni l'autre innovation n'aient réussi une pénétration substantielle du marché avant une décennie. Les tuyaux de plastique ont suivi l'introduction du cuivre après la guerre et sont devenus la norme dans les années 60 pour les tuyaux de drain, de renvoi et d'évent. Le souci d'efficacité énergétique dans les années 70 a entraîné des améliorations de l'isolation, y compris les montants de 2×6 qui permettent une plus grande quantité d'isolant et la promotion de la norme R-2000 d'efficacité énergétique dans les années 80.

De nouvelles pratiques de construction, qui sauvaient du temps grâce à des engins comme les outils électriques manuels, le pistolet tamponneur pneumatique et la pompe à béton, sont apparues. En vue d'améliorer le rendement global de l'enveloppe des bâtiments, on a procédé à des études en vue de lutter contre la condensation dans les murs et les vides sous comble, en plus d'utiliser des coupe-vapeur de polyéthylène et des cloisons sèches étanches (*Alberta House Cost Comparison Study* 1985). Cetaines innovations ont été bien reçues tandis que d'autres ont été boudées. Les panneaux de grandes particules ont connu beaucoup de succès (Salomon Brothers 1986). Il s'agissait du premier panneau de structure pouvant remplacer le contreplaqué et il a été mis au point et produit au Canada à compter de 1966. Le gouvernement de l'Alberta, qui cherchait des façons d'utiliser les trembles très abondants mais jusqu'alors inutilisés, a encouragé la mise au point de cette technologie. En 1985, plus de 150 panneaux différents avaient reçu des cotes de rendement de l'American Plywood Association et les ventes de panneaux de grandes particules et de panneaux de particules orientées (PPO) ont plus que décuplé entre 1980 et 1985.

Par contre, les fondations permanentes en bois n'ont jamais constitué une menace sérieuse pour les murs de fondations de maçonnerie ou de béton. Malgré leur compétitivité économique, leur rendement éprouvé contre l'infiltration sous la surface et le fait qu'elles supportent la plomberie, le filage, l'isolant et les cloisons sèches pour la finition des sous-sols, elles n'ont pas gagné la confiance de l'industrie. Treize ans après leur première apparition, les fondations permanentes en bois sont un bon exemple de la résistance des métiers de la construction domiciliaire à l'égard de matériaux et de techniques qui s'écartent radicalement des normes en vigueur (Shaw 1987). Ce n'est d'ailleurs pas seulement la résistance de l'industrie qui est en jeu. Les fondations de bois constituent un bon exemple de la force de la résistance des consommateurs à des pratiques inconnues. Le consommateur n'accepte pas facilement de remplacer le béton par du bois sous la terre.

L'industrie a toujours adopté les innovations avec beaucoup de prudence. Les innovations doivent être compatibles avec les pratiques courantes, doivent n'exiger que peu ou pas d'investissements et doivent simplifier le travail (Shaw 1987). Ainsi, les portes pré-montées se sont répandues en trois ans dans l'industrie, tandis que les systèmes de fermes de toit, plus complexes, ont mis une vingtaine d'années à se répandre. David MacFadyen, président du centre de recherches de la National Association of Home Builders aux États-Unis, estime que le temps moyen d'adoption d'une innovation en construction est d'environ 15 ans. L'expérience canadienne n'est probablement pas très différente, puisque les deux pays partagent les mêmes sources et les mêmes réseaux d'information.

La recherche et le développement en matière de construction résidentielle

Le caractère régional et très fragmenté de l'industrie de la construction résidentielle n'est pas propice au genre de recherche industrielle qu'on attend d'un fabricant de produits de consommation. Il est tout à fait improbable que les petits constructeurs qui prédominent dans cette industrie se mettent à rassembler des données sur le marché ou à recueillir systématiquement des renseignements sur les nouveaux produits, encore moins à mettre sur pied un programme de recherche. La recherche sur le logement au Canada, surtout à caractère technique, a principalement été effectuée par les gouvernements fédéral ou provinciaux ou avec leur aide financière. Même les associations industrielles se sont tournées vers les gouvernements pour faire financer leur recherche.

Le rôle du gouvernement fédéral en matière de recherche technique remonte à la LNH de 1944, plus précisément à la partie V confiée à la SCHL en 1946. Encore aujourd'hui, la partie V prévoit des fonds fédéraux pour la recherche sur les aspects sociaux, économiques et techniques de l'habitation et des domaines connexes, et pour la publication et la diffusion des résultats de cette recherche. La partie V porte sur des recherches entreprises à l'extérieur de la SCHL et dans le cadre de ce programme de recherche externe, on a consacré des fonds à des recherches sur divers sujets techniques couvrant presque tous les aspects du logement.

La Division des recherches en bâtiment du Conseil national de recherches du Canada s'est taillé une réputation internationale pour ses recherches techniques sur le rendement des composantes et a beaucoup fait pour faire mieux connaître la construction à ossature de bois. C'est le CNRC, de concert avec la SCHL et les Laboratoires des recherches sur les produits forestiers, qui a commencé à mettre au point et à promouvoir les fermes de toit au Canada. La Division des recherches en bâtiment avait la tâche critique de mettre à jour le Code national du bâtiment et a donc joué un rôle essentiel pour promouvoir le changement et l'innovation par le moyen de son activité de réglementation. Sous sa forme actuelle, sous le nom d'Institut de recherche en construction, cet organisme s'est réorienté vers la recherche sous contrat pour l'industrie et le gouvernement et a renoncé à une partie de son rôle traditionnel de recherche sur des sujets liés au code.

Dans les années 80, il y a eu une nette augmentation de l'activité des divers organismes provinciaux qui s'intéressent directement à la recherche et au développement en matière technique. La Fondation de recherches de l'Ontario soutient la recherche axée sur la construction; le ministère ontarien du Logement a favorisé la recherche sur les codes et la réglementation touchant la rénovation, l'évaluation des stratégies de rénovation et diverses formes d'aide directe à l'industrie; la Saskatchewan Research Council, succursale du CNRC, est reconnue pour ses travaux sur l'efficacité énergétique en matière d'habitation, particulièrement la maison R-2000; quant au ministère du Logement de l'Alberta, il a mis l'accent sur la mise au point des produits. Heureusement, il existe encore une collaboration fédérale-provinciale à divers paliers. Par exemple, la dégradation des garages de béton sous l'action du sel fait maintenant l'objet d'un effort coordonné des gouvernements provinciaux, de la SCHL, du CNRC, du ministère des Travaux publics, de l'ICCIP et de l'Association des fabricants de béton, entre autres.

Dans le secteur privé, il n'y a guère que l'industrie des produits de construction qui fasse de la recherche technique. Une exception notable est le programme d'habitation expérimentale du comité de recherche technique de l'Association nationale des constructeurs d'habitations, entrepris dans les années 50[9]. Ce programme a permis la construction d'une série de maisons expérimentales, avec l'aide et la collaboration de la SCHL, du CNRC, du ministère des Forêts, du Conseil canadien du bois et des fabricants de contreplaqué de Colombie-Britannique. Ce projet expérimental s'est étendu de 1957 à 1968; les modèles construits visaient surtout à présenter de nouveaux matériaux, de nouvelles méthodes d'érection et des modifications des normes de la construction résidentielle et de la réglementation de la construction.

Le modèle Mark I, construit à Hespler (Ontario) en 1957, a introduit des changements à l'ossature de bois 2×4, réduit l'épaisseur du faux plancher, des murs extérieurs et du revêtement de toit et introduit le vide sanitaire chauffé en remplacement du sous-sol. Deux ans plus tard, le Mark II, construit à Calgary (Alberta) présentait les fermes de toit légères en 2×4 et les panneaux de plâtre d'un demi-pouce d'épaisseur partout à l'intérieur. En 1961, le Mark III, construit à Ottawa, utilisait des fondations de bois préservé ainsi que des tuyaux d'approvisionnement et de renvoi en plastique. Le Mark IV qui a suivi en 1963 comportait le premier sous-sol entièrement en bois construit au Canada. Le Mark V se distinguait de ses prédécesseurs en ce qu'il tentait de réduire les coûts par l'emploi de méthodes différentes de construction dans le cadre de la réglementation en vigueur. L'observation de la maison Mark V a révélé que les matériaux représentaient 74 % des coûts sur le chantier, la main-d'œuvre 24 % et la location d'équipement 2 %. La proportion de la main-d'œuvre des diverses opérations variait entre 77 % pour la peinture et 14 % pour la pose des services d'électricité, de plomberie et de chauffage. En guise de comparaison, l'étude sur la comparaison des coûts des maisons de l'Alberta de 1986 présente une ventilation de 25 % pour la main-d'œuvre et 75 % pour les matériaux à Calgary et Edmonton (*Alberta House Cost Comparison Study* 1986)[10].

Le dernier modèle de la série, le Mark VI, a été construit à Kitchener (Ontario) en 1968; c'était la seule maison à deux étages, ce qui s'explique par la hausse du coût des terrains. Cette expérience faisait la démonstration de divers matériaux et pratiques qui ne sont pas encore approuvés aux termes des codes du bâtiment en vigueur, y compris des murs et des semelles de fondation en béton précoulé, des solives d'acier, des câbles électriques de chauffage installés entre deux panneaux de gypse, une salle de bain et un « réseau » de plomberie préfabriqués, ainsi que l'emploi de vinyle pour les revêtements, les bordures de toit, les soffites, les gouttières, les tuyaux de descente pluviale et les volets.

Malheureusement, les recherches appliquées de ce genre, combinant à la fois des initiatives publiques et privées, ne se sont pas poursuivies aussi systématiquement au cours des années 70. Les années 70 sont devenues l'époque du programme de garantie de maisons et de l'efficacité énergétique. On s'est préoccupé de plus en plus de la réglementation de l'aménagement des terrains et du lotissement puisque le prix des terrains résidentiels continuait à grimper. À part la recherche sur les produits, qui a surtout lieu au sud de la frontière dans les laboratoires de sociétés comme Boise Cascade, W.R. Grace, Owens Corning Fiberglas ou Weyerhaeuser, les recherches réalisées dans le secteur privé au Canada visent surtout à évaluer, établir et revoir les politiques et la réglementation gouvernementales touchant l'industrie. Font exception les activités de l'industrie du bois au Canada, en grande partie réunies dans le cadre de Forintek Canada Corporation[11].

Les produits de l'industrie

La maison de type C, d'un étage et demi, des années 40 comportait deux chambres à coucher et une demi-salle de bain à l'étage ainsi qu'une salle de séjour, une chambre à coucher, une salle de bain complète et une cuisine avec coin repas au rez-de-chaussée, le tout dans environ 88 mètres carrés (Doherty 1984). Ce modèle est devenu la clé de voûte de la production de logements dans les années qui ont immédiatement suivi la guerre et illustre bien les problèmes de l'époque (Galloway 1978). De nouveaux prototypes sont apparus à la fin des années 50, de même que des attitudes plus complexes envers l'urbanisme et la conception.

Le très populaire bungalow de type ranch, à trois chambres à coucher, apparu à la fin des années 50, ressemblait beaucoup au bungalow à deux chambres à coucher, de type B, produit pendant la guerre. Au début des années 60, les maisons à demi-niveau (split-level) ou avec entrée à mi-étage se répandaient et permettaient de mieux utiliser l'espace de sous-sol. À la fin des années 60, avec l'augmentation du coût des terrains, les maisons de deux étages ont connu un succès considérable. Pendant les 25 premières années qui ont suivi la guerre, la plupart des maisons individuelles étaient une variation de ces trois grands types : le bungalow, la maison à demi-niveau et la maison à deux étages, en version deux, trois et quatre chambres.

Si la taille moyenne des maisons a augmenté avec les années, ni le type de maison ni la taille ne révèlent l'énorme évolution du mode de vie qui a eu lieu au cours de ces années-là. Les changements qualitatifs se manifestent davantage par l'apparition d'une myriade de designs et de plans de maisons. Les nouveaux modes de vie exigeaient tout d'abord un garage simple puis double, du gazon et des clôtures, un aménagement paysager, une laveuse et une sécheuse, une finition complète à l'intérieur, des moquettes, des terrains plus grands, le chauffage à air pulsé et parfois la climatisation. À l'intérieur, deux nouvelles pièces sont apparues : une lingerie située près de la cuisine et donnant sur une cour latérale ou arrière, ainsi qu'une salle familiale pour la télévision. La cuisine s'est agrandie pour recevoir un coin repas et une salle de jeu pour les enfants. Les cloisons séparant la salle de séjour, la salle à manger et la cuisine ont été éliminées pour donner une aire « ouverte » et offrir de nouvelles zones d'activité. La fenêtre panoramique puis des portes de verre coulissantes ont accru la luminosité de l'intérieur et la demande des consommateurs a mené à l'aménagement de vide-linge, de lingeries, d'appareils encastrés et d'autres agréments qui allaient bien plus loin que la simple nécessité et le besoin d'hébergement. Bon nombre de ces éléments étaient fabriqués ou assemblés en usine et n'exigeaient donc pas de compétence particulière de la part des ouvriers sur le chantier. Les armoires de cuisine préfabriquées, de divers styles, ont amené un nouvel élément de luxe dans la cuisine, et les composantes de salle de bain ont suivi peu après.

Les changements ne se manifestaient pas que dans la conception et la production de la maison elle-même. L'augmentation spectaculaire du coût des terrains viabilisés s'explique en partie par l'intérêt que portaient les consommateurs à une meilleure planification des quartiers, c'est-à-dire un meilleur éclairage de rue, des bordures et des caniveaux, des trottoirs, l'enfouissement des services d'utilité publique, des parcs et des terrains de jeu, des pistes cyclables et piétonnières et des centres communautaires. Les municipalités ont adopté des normes qui faisaient de ces « agréments » une règle générale et ont imposé des normes susceptibles d'assurer la longévité de l'infrastructure. Ces coûts ont été ajoutés au coût du terrain viabilisé, sauf au Québec où ils se sont manifestés comme taxes d'améliorations locales parmi les impôts fonciers annuels du propriétaire.

L'approbation ne dépendait plus uniquement de la taille du terrain et des marges de recul; il fallait maintenant des écoles, des égouts pluviaux plus perfectionnés, des réseaux routiers organisés, des services de transport en commun, des espaces publics aménagés et des emplacements pour diverses installations de quartier, depuis les garderies jusqu'aux dépanneurs. D'autres coûts réels de la croissance, notamment les postes de police et de pompiers, les égouts et l'aqueduc, l'amélioration des routes, les systèmes de parcs régionaux et les écoles ont également été incorporés dans le prix des terrains viabilisés par le biais de frais indirects imposés en fonction de la superficie des terrains à lotir. Le procédé d'approbation est devenu plus complexe avec la participation des citoyens et les études environnementales; la prolongation de ce processus impliquait aussi un coût.

Les nouvelles collectivités et les quartiers planifés des années 70 et 80 traduisaient chez les consommateurs des attentes différentes de celles qui ont inspiré les logements en série des années 50. Le coût du terrain viabilisé reflétait ce qu'il en coûtait de répondre à un plus grand nombre d'attentes de la part des consommateurs, de même que les frais qu'exigeaient la municipalité pour insérer les terrains dans le tissu de la collectivité existante. La complexité et le coût de l'aménagement des terrains dépassaient maintenant de beaucoup la compétence de la plupart des constructeurs. Cette réalité a donné naissance à un secteur de l'industrie, comprenant surtout de grandes entreprises qui produisaient non seulement des maisons, mais aussi des terrains viabilisés pour la vente au détail à d'autres constructeurs.

Tout au long des années 70 et au début des années 80, il s'est développé un grand nombre de modèles, de formes et de styles de maisons individuelles. Certaines caractéristiques architecturales, telles que l'espace réparti sur deux étages, les mezzanines et les plafonds cathédrales, étaient en grande demande et ont été rendu possibles par un plus grand choix de fermes de toit, notamment les fermes en écharpe. On s'est intéressé au nombre, à la taille et à la conception des salles de bain et on s'est mis à les adapter de plus en plus aux divers segments du marché. À la fin des années 70, les constructeurs ont découvert le marché des familles en croissance financière, le marché du luxe, le marché des ménages dont les enfants ont quitté la maison et celui des jeunes professionnels; les produits se sont différenciés de façon notable[12]. Au lieu d'une gamme restreinte de plans tout faits, les constructeurs canadiens ont commencé à offrir leurs propres services de conception; à la fin des années 70, ils faisaient le pélerinage annuel au congrès de la National Association of Home Builders aux États-Unis, en passant par les maisons modèles de la Californie pour étudier sur place les tendances du marché. Les maisons modèles, les pavillons de vente, les études des préférences des consommateurs et les campagnes de publicité sont devenus partie intégrante du commerce. L'industrie ajoutait de nouvelles dimensions dans le domaine de la commercialisation et des ventes.

Pourtant, l'évolution des maisons individuelles demeure modeste si on la compare à l'apparition de formes de logement complètement différentes pour répondre à la croissance du marché des logements locatifs dans les années 60 et 70. La majorité des nouveaux immeubles d'appartements du marché de Toronto ont été construits par une demi-douzaine de promoteurs, des sociétés pleinement intégrées au chapitre de la promotion immobilière, de la construction, de la vente et de la gestion immobilière, dont le volume annuel dépassait souvent les 1 000 logements. La clé de la réussite était l'apparition de sous-traitants très efficaces (Barnard 1974), particulièrement en ce qui concerne les coffrages, l'armature et le coulage du béton.

Durant les années 60, ces métiers ont bénéficié du développement des techniques de construction en hauteur et d'un apport important de main-d'œuvre immigrante. Les progrès des techniques de construction se divisent en deux catégories, la normalisation et l'innovation (Barnard 1974). Les produits de ces constructeurs d'appartements étaient fortement normalisés pour ce qui est de la conception, du plan des logements, des systèmes structuraux, de la finition et même de l'apparence générale. Ce qui a permis de concevoir de façon standardisée ou presque les composantes comme les cloisons, les cuisines et les salles de bain. La préfabrication a été rendue possible par les économies d'échelle et l'on considérait que les progrès de la normalisation sur le chantier ainsi que la préfabrication hors-chantier étaient les moyens les plus efficaces de stabiliser les coûts.

La concurrence entre ces quelques grandes sociétés a favorisé de nouveaux processus exigeant beaucoup de capitaux dans la recherche de l'efficience et c'est une des rares fois qu'on a recherché de façon dynamique l'innovation en matière de techniques de construction. Deux résultats ont été la mise au point de la table de coffrage par Tridel à Toronto et l'introduction de la grue hissable. La table de coffrage, un système de coffrages préassemblés, a accéléré le coulage du béton et permis un rythme de construction de plus d'un étage par semaine. La grue hissable, d'origine européenne, a permis de rendre les équipes d'ouvriers plus polyvalentes et de fabriquer et d'assembler des composantes plus grandes et plus lourdes. Les innovations datant de cette période sont rapidement devenues la norme de l'industrie partout en Amérique du Nord et la table de coffrage a été dans la construction de tours d'habitation ce que la construction à plate-forme a été pour les maisons individuelles.

Cependant, les tours d'habitation ne constituaient pas la majorité des logements collectifs construits au pays. La production de maisons en rangée, de duplex, de maisons jumelées, de triplex et d'immeubles d'appartements de trois étages sans ascenseur (construction à ossature de bois ou « combustible ») a toujours dépassé la construction d'immeubles d'appartements de moyenne ou de grande hauteur (construction non combustible). De même, les mises en chantier de maisons individuelles ont toujours dépassé celles de logements collectifs, bien qu'en 1964 on ait construit pour la première fois au Canada plus d'appartements (60 435) que de maisons individuelles (50 475). Les mises en chantier de maisons individuelles ont diminué, passant de 69 % du total des mises en chantier en 1973 à 63 % en 1982, mais ce pourcentage a augmenté tout au long des années 80 et on l'évalue à 66 % pour 1987.

La baisse des mises en chantier de logements collectifs se reflète dans l'effondrement de la construction de nouveaux logements locatifs dans les années 70. Entre 1969 et 1970, 85 % de toutes les mises en chantier de logements locatifs, qui elles représentaient 47 % de l'ensemble des mises en chantier, relevaient du secteur privé, sans aide gouvernementale. Une décennie plus tard, en 1980–81, les mises en chantier de logements locatifs privés avaient chuté à 10 % du total des mises en chantier. Quatre changements structurels ont précipité cet effondrement de la construction de nouveaux logements locatifs : tout d'abord, un changement draconien des incitatifs fiscaux qui avaient favorisé les logements locatifs; deuxièmement, un accroissement graduel de l'aide gouvernementale à l'accession à la propriété et au logement social; troisièmement, l'impression grandissante que l'inflation allait persister et même s'accélérer; enfin, la menace imminente du contrôle des loyers (Smith 1983). Les effets de cette baisse étaient graves surtout pour les grands constructeurs d'immeubles d'appartements qui dominaient le secteur de la construction des immeubles en grande hauteur.

Un produit qui n'a pas connu de succès permanent dans le marché canadien est la maison usinée, particulièrement la maison mobile[13]. Le volume des maisons usinées au Canada est passé de 49 000 en 1974 à moins de 10 000 en 1984 (SCHL 1985a). Les 21 producteurs canadiens ont livré seulement 3 191 maisons en 1989, selon Statistique Canada, soit une baisse de 25 % par rapport à 1983. Ce qui reste d'une industrie qui a déjà produit plus de 25 000 maisons par année (en 1973) est centré en Alberta et en Colombie-Britannique où se trouvent près de la moitié des producteurs du pays (Clayton Research Associates Limited, novembre 1986). L'industrie de la préfabrication qui produit en usine des sections, des logements complets ou des composantes pour mise en place sur le chantier comprenait seulement 81 producteurs en 1981, soit une baisse par rapport aux 87 de 1983 et aux 97 de 1982 (Clayton Research Associates Limited, janvier

1987). Les livraisons totales des grandes entreprises s'élevaient à 4 694 logements en 1984, une diminution par rapport à l'année précédente. Seulement quatre entreprises comptaient plus de 100 employés, et celles-ci fournissaient 36 % de l'ensemble de la production. L'entreprise moyenne employait 25 travailleurs et vendait des produits pour une valeur de 2,3 millions de dollars.

Cette industrie à caractère local ou régional, souvent fragmentée, qui hésite à introduire de nouvelles façons de construire ou de nouveaux matériaux de construction, et qui dépend d'ordinaire d'un grand nombre de constructeurs et de sous-traitants qui sont de petites et moyennes entreprises, a pourtant manifesté une capacité remarquable de s'adapter à l'évolution des demandes et des préférences des consommateurs. Cette industrie est capable de réagir, mais lentement. Elle a toujours la capacité de produire une gamme étendue de logements en tenant compte de l'évolution des aspirations, de la composition de la population et des modes de consommation des acheteurs.

Perspectives d'avenir

La structure sociale de l'industrie de la construction domiciliaire comprend le fournisseur de matériaux, le constructeur qui les assemble, le propriétaire qui achète le produit à valeur ajoutée et le gouvernement qui réglemente l'ensemble du processus. La technologie et le processus de production doivent être étudiés dans le cadre de ce système et les perspectives d'avenir seront vraisemblablement déterminées par le système que nous connaissons aujourd'hui. Les possibilités d'évolution technologique et d'innovation dans l'industrie de la construction résidentielle se trouveront le plus probablement dans les pratiques et les démarches actuelles de l'industrie et intégrées à celles-ci.

Il y aura de nouveaux incitatifs du côté de la demande, particulièrement le besoin de trouver des façons plus rentables de fournir des logements abordables et de faire face au marché croissant de la rénovation domiciliaire. Cependant, ces incitatifs porteront sur l'amélioration des formes traditionnelles de construction et, dans le cadre des tendances historiques de l'industrie, les changements feront figure d'évolution et non de révolution. Il est peu probable qu'une technologie donnée aboutisse à des économies majeures et, comme dans le passé, des formes traditionnelles devraient s'avérer à long terme aussi rentables que les systèmes usinés. La plus grande partie des activités de recherche et de développement en vue de réduire les coûts viseront à améliorer ces systèmes traditionnels, dans le but premier d'améliorer la fiabilité, de simplifier l'érection sur le chantier et de réduire la composante de main-d'œuvre sur le chantier.

Puisque des marchés de plus en plus différenciés exigeront un plus grand choix et une qualité améliorée, de nouveaux débouchés seront créés pour des composantes et des assemblages usinés. La fabrication en usine peut favoriser des systèmes de contrôle de la qualité, l'introduction de matériaux plus diversifiés et de métiers spécialisés, ainsi qu'une plus grande variété de types de produits. Dans le passé, un grand nombre des composantes à valeur ajoutée ont été des produits de bois, comme les portes pré-montées, les solives de plancher et les fermes de toit, les armoires de cuisine et les escaliers. Ces produits ont bénéficié d'une main-d'œuvre à bon marché et ont permis de réaliser des économies, particulièrement en période de pénurie d'ouvriers. Les nouveaux produits à valeur ajoutée viseront à adapter les finitions et les accessoires intérieurs et extérieurs, à réduire l'entretien, à diminuer les coûts d'exploitation, à accroître la souplesse, la sécurité ou à permettre le réaménagement des espaces existants. Ces produits s'adresseront vraisemblablement à un marché discrétionnaire et ne viseront pas nécessairement la diminution des coûts.

Les possibilités de recherche et de développement en matière de progrès techniques peuvent se classer en cinq catégories. La plus évidente est la mise au point de composantes et de systèmes préfabriqués, particulièrement des composites. Ce qui entraînera la mise au point de composantes et de systèmes structuraux et non structuraux dérivés du plastique et de produits de bois reconstruits. On peut s'attendre également à la promotion de nouveaux matériaux de la part de sociétés qui ne sont pas traditionnellement considérées comme faisant partie de l'industrie de la construction, particulièrement dans le domaine des synthétiques. Il est certain aussi qu'on s'intéressera davantage à la technologie de fabrication, y compris l'utilisation de l'informatique pour la préfabrication et la mécanisation. Enfin, les fabricants de produits continueront de promouvoir l'utilisation d'enduits, de produits de scellement et d'adhésifs.

Aux États-Unis, la National Association of Home Builders prévoit que les métiers traditionnels seront graduellement remplacés par un assemblage de type industriel, à mesure que s'accroîtra la préfabrication des composantes. La préfabrication, y compris celle de composantes de base de grandes dimensions, accéléra le processus de construction et accroîtra la productivité des travailleurs spécialisés. On prévoit plusieurs tendances : il y aura de nouvelles sources d'approvisionnement dans les industries de l'électronique, du plastique et des textiles qui n'étaient pas antérieurement axées sur la construction; les assemblages et les raccordements deviendront de plus en plus faciles à faire et exigeront de moins en moins d'entretien; des composantes produites dans des usines informatisées feront concurrence aux assemblages traditionnels dans un marché résidentiel de plus en plus diversifié et adapté; la demande pour les métiers spécialisés se retrouvera surtout dans les marchés plus limités du réaménagement, de la conversion, de la rénovation et de la préservation du patrimoine historique; les composantes des immeubles seront garanties par le fabricant; les systèmes rapides de branchement et de raccordement pour le téléphone, la tuyauterie de plastique, le chauffage et l'électricité réduiront l'entretien et les réparations (NAHB 1985).

Au chapitre de l'efficacité énergétique, les exigences seront encore plus grandes. Parmi les produits à grande efficacité énergétique qui se retrouveront peut-être dans nos maisons, mentionnons : des enduits qui peuvent absorber et réfléchir la chaleur; des vitrages dont les caractéristiques thermiques et lumineuses sont réglables; des dispositifs pour réduire la pollution de l'air à l'intérieur des maisons très étanches; diverses composantes thermiques et structurales commandées par des micro-ordinateurs pour assurer un niveau optimal d'efficacité énergétique. On mettra peut-être même au point des produits pour résoudre certains des problèmes les plus fréquents comme le dommage par l'humidité dans les maisons à ossature de bois, la détérioration des garages de béton et les fissures des murs des sous-sols.

Le marché de la rénovation pourrait être un terrain fertile pour l'innovation, et c'est peut-être le marché qui présente le plus fort potentiel de croissance (Clayton Research Associates Limited, mai 1986). Mais il convient d'émettre certaines réserves. Il est relativement facile de se lancer dans le domaine de la rénovation. Ce qui a des conséquences importantes sur la situation concurrentielle des entreprises qui tentent d'adopter des techniques sophistiquées : les clients peuvent choisir parmi un grand nombre d'entrepreneurs offrant des niveaux de compétence très inégaux. C'est aussi un marché où les chantiers sont relativement petits, éparpillés partout dans le parc existant, et dont les contrats sont souvent accordés à titre officieux. On estime que le marché des additions structurales aux maisons existantes est aujourd'hui de 850 millions de dollars ; ce ne sera pas un marché facile à pénétrer ni pour les nouveaux procédés ni pour les nouveaux produits (Clayton Research Associates Limited, janvier 1987). Malgré son ampleur, le marché de la rénovation n'est pas encore arrivé à maturité.

À la différence de l'industrie de l'automobile, de l'agriculture, voire de bon nombre des marchés de consommation, les données quantitatives sont rares pour l'industrie de la construction résidentielle. Il est difficile de réunir des données chronologiques qui pourraient permettre de mieux comprendre quel a été le rendement de l'industrie par rapport au cycle des affaires, à l'augmentation des coûts, à la concurrence, aux exigences du marché, ou à la réglementation et à la politique de l'habitation. Le manque de recherche en matière de logement par des organismes autres que gouvernementaux n'a pas placé l'industrie dans une bonne posture pour faire face aux nouveaux débouchés. Le manque de données sur l'activité de rénovation en est un bon exemple. En dépit d'un fort volume de dépenses dans ce secteur, il n'y a guère d'indication que l'industrie soit au courant de ces débouchés, ni qu'elle soit très intéressée à s'approprier la plus grande part de ce secteur d'activité.

Les gouvernements pourraient jouer un rôle important afin de supprimer ou de réduire les obstacles à l'acceptation d'innovations valables. Le caractère fragmentaire de l'industrie, particulièrement dans le domaine de la rénovation, nuit à la mise au point, à l'évaluation et à la diffusion des innovations. Cet obstacle, les membres de l'industrie n'ont guère de chances de le surmonter seuls, ni même grâce à leurs associations. Ce sont les gouvernements, et particulièrement le gouvernement fédéral, qui pourraient, en créant une instance nationale, favoriser l'innovation et le transfert de technologie au sein de l'industrie. Sans cette aide, l'industrie sera de plus en plus tributaire des sources d'information provenant des grands marchés du Sud et de l'étranger, comme le montre l'intérêt des Canadiens pour les systèmes suédois de panneaux préfabriqués et les maisons préfabriquées japonaises[14].

À l'heure actuelle, il est difficile de fournir des arguments solides en faveur de certains des systèmes étrangers de préfabrication qui attirent l'attention de la presse spécialisée (McKellar et autres 1986). La maison japonaise préfabriquée, le système suédois de panneaux de bois ou l'industrie américaine des maisons mobiles n'ont qu'une application restreinte dans les marchés canadiens. Les marges bénéficiaires ne justifient pas les dépenses d'immobilisations pour les usines et le matériel non plus que les frais généraux pendant les creux du cycle de la construction (Gietema et Nimick 1987). Même aujourd'hui, ces concurrents étrangers n'atteignent que rarement le niveau de perfectionnement qu'offrent Qualico et Engineered Homes au marché canadien. En fait, Mitsui et Mitsubishi, deux des plus grands noms de l'industrie japonaise, se sont lancés dans des opérations de construction de maisons qui ressemblent beaucoup à celles de ces deux entreprises canadiennes. Les deux producteurs japonais utilisent la méthode canadienne de construction à plate-forme, utilisant la mise en place sur le chantier de murs en « 2×4 » (McKellar 1985).

Les perspectives d'avenir de l'industrie canadienne de la construction résidentielle ne se trouvent ni chez les concurrents de l'étranger, ni chez nos voisins du Sud. Depuis la guerre, l'industrie de la construction résidentielle a évolué en réponse aux demandes d'ici, et tout porte à croire qu'il existe une base solide pour améliorer la production de logements en fonction des besoins futurs. La « ligne de montage inversée » a bien servi l'industrie de la construction résidentielle depuis sa mise en place au milieu des années 40 et, petit à petit, elle s'est améliorée et est devenue un système de construction très sophistiqué. Certes, il faudra améliorer ou compléter cette ligne de montage en tenant compte des progrès de la recherche et du développement sur les produits, de la mécanisation et des systèmes de contrôle des usines ou des nouvelles techniques de gestion.

L'industrie de la construction résidentielle a démontré qu'elle est en mesure de s'adapter, de résister à l'attrait des méthodes de construction industrialisée utilisées ailleurs et qu'elle a en fait mis au point une technologie de construction et un processus de production qui jouissent d'une haute estime dans d'autres pays et qui sont maintenant imités. S'il reste un avenir ou une frontière à explorer, c'est le marché international. Peut-être l'heure est-elle venue pour l'industrie canadienne de la construction résidentielle de relever le défi des Japonais ou des Suédois dans les marchés de l'étranger où le potentiel à long terme est peut-être le plus considérable.

Notes

1 Un base d'information assez complète existe, tant sur le plan national que sur le plan régional, quant aux extrants et aux processus de production de l'industrie du logement pour l'ensemble de l'après-guerre (Statistique Canada, SCHL et Conseil national de recherches). Comme cela se produit souvent, les renseignements sont plus nombreux pour les dernières

années. On dispose cependant d'une information beaucoup moins abondante et plus fragmentaire, sous forme de statistiques ou de publications, en ce qui concerne la structure et les coûts de l'industrie, l'évolution et le transfert des terrains et de la technologie dans l'industrie du logement.

2 La tendance internationale était peut-être une extension logique de la réussite de ces entreprises à la fin des années 60 et au début des années 70 et n'était pas sans lien avec la baisse subséquente de la demande canadienne et l'augmentation des débouchés dans le sud-ouest américain et ailleurs. En outre, les opérations immobilières commerciales à grande échelle et l'aménagement des terrains ont commencé à reléguer dans l'ombre les activités résidentielles qui avaient donné naissance à bon nombre de ces sociétés.

3 Au milieu de 1987, tout est de nouveau en place pour un cycle qui s'est produit la dernière fois il y a une décennie. Le rythme de la production de logements a dépassé toutes les attentes en 1987 et les signes avant-coureurs sont présents. L'Ontario et le Québec continuent de dominer l'industrie avec 70 % des mises en chantier en 1987 et les mises en chantier de maisons unifamiliales constituaient le principal moteur d'un marché dont le taux désaisonnalisé était estimé à 262 000 logements. Voir Clayton Research Associates Limited (août 1987). L'industrie du logement, malgré l'expérience du passé, se prépare encore une fois à ne pas tenir compte des facteurs économiques et démographiques fondamentaux qui déterminent la demande. Ce n'est pas une industrie qui a foi dans les chiffres; elle réagit à ce qu'elle voit, lorsqu'elle le voit, et pas avant.

4 Si l'on tient compte des rénovations au parc locatif, le montant total des dépenses de rénovation en 1984 a dépassé les dépenses pour la nouvelle construction résidentielle. Voir Clayton Research Associates Limited (mai 1986).

5 Les rapports annuels de deux importants constructeurs de Toronto, inscrits en bourse, ne révèlent guère d'augmentation de la marge bénéficiaire brute entre 1985 et 1986, période marquée par une augmentation sans précédent des mises en chantier et « l'explosion » des prix dans la région de Toronto. Voir Clayton Research Associates Limited (avril 1987). Le nombre de constructeurs de maisons unifamiliales dans les 24 RMR du Canada a augmenté en 1986 après avoir chuté en 1985, ce qui reflète l'augmentation du nombre de mises en chantier de maisons unifamiliales. Voir Clayton Research Associates Limited (novembre 1986). Il y avait 4 989 sociétés en 1985; 80 % d'entre elles ont construit moins de dix maisons cette année-là. Ces 3 976 entreprises ont produit seulement 21 % des maisons construites par l'industrie.

6 Le taux annuel moyen d'augmentation des coûts de la main-d'œuvre de construction au Canada entre 1971 et 1977 était de près de 12 %; ce taux est pire que celui des États-Unis (6 %) ou de la Suède et de la Suisse (10 %); il est comparable à celui de la Finlande et du Danemark, et meilleur que celui du Portugal (14 %), du Royaume-Uni (15 %) et de l'Autriche (17 %). Le taux annuel d'augmentation du coût des matériaux de construction au Canada, entre 1971 et 1977, était de près de 9 %; moins bon que celui de l'Allemagne de l'Ouest (4 %) et de l'Autriche ou du Japon (8 %); comparable à celui des États-Unis et de la France, et meilleur que celui de l'Australie (12 %), de la Belgique (16 %) et du Royaume-Uni (17 %). Les données proviennent du *Bulletin annuel de statistiques du logement et de la construction pour l'Europe* ainsi que du *Bulletin mensuel de statistique* (diverses années), deux publications de la Commission économique des Nations Unies pour l'Europe.

7 Entrevue avec Gordon L. Magnussen, ancien président d'Engineered Homes, Calgary (Alberta).

8 Entrevue avec Maurice Chornoboy, ancien vice-président principal, Qualico Developments Ltd., Calgary (Alberta).

9 Entrevue avec William M. McCance, ancien directeur de la recherche technique, Association nationale des constructeurs d'habitations (NHBA), Toronto. La série « Mark » de projets expérimentaux est résumée dans une petite brochure intitulée « The Experimental Housing Program of the National House Builders Association Technical Research Committees » (sans date).

10 L'*Alberta House Cost Comparison Study* est publiée chaque année depuis 1979 et constitue une excellente source de données chronologiques uniformes sur le coût de la construction pour certains centres urbains de l'Alberta.

11 Forintek Canada Corp. était autrefois une société d'État, mais elle a été transformée en société à but lucratif et vit maintenant du revenu de la recherche.

12 La différenciation des produits et son effet sur la conception et la construction sont étudiés dans un document de recherche intitulé *Design Preferences and Trade-Offs for Moderately Priced Housing In Alberta*, Alberta Department of Housing, novembre 1985.

13 On trouvera dans Bairstow and Associates Consulting Limited (1985) une étude des débouchés pour les maisons usinées au Canada.

14 On trouvera dans McKellar (1985) une analyse en profondeur de la maison préfabriquée japonaise et des possibilités de l'appliquer à d'autres marchés.

CHAPITRE NEUF

Les changements nets du stock de logements au Canada dans l'après-guerre

A. Skaburskis

MALGRÉ CERTAINES lacunes dans les données, les statistiques relatives aux variations du stock de logements au Canada se sont améliorées au cours des quatre dernières décennies. Ainsi, les données sur les logements achevés entre les recensements nous renseignent mieux maintenant sur les ajouts au stock. Les démolitions et les conversions sont maintenant inventoriées au palier local et compilées par Statistique Canada. Les méthodes de contrôle de la qualité se sont raffinées.

Nous verrons dans ce chapitre l'évolution des définitions et des méthodes de recensement pour le dénombrement des logements. Nous étudierons aussi les méthodes utilisées par Statistique Canada pour mesurer les quantités annuelles d'unités de logement qui s'ajoutent au parc ou s'en soustraient. Nous traiterons ensuite des facteurs qui déterminent l'évolution du stock, particulièrement les démolitions, les conversions et les abandons. Enfin, nous évaluerons les progrès réalisés depuis 1945 pour la mesure des stocks et des flux et examinerons quelles données et techniques d'interprétation seront nécessaires à l'avenir.

Définitions et méthodes de recensement

Le recensement fournit un instantané du parc de logements au Canada à une date donnée. À cet égard, les recensements canadiens font une distinction entre les logements privés et les logements collectifs. Les logements privés sont un ensemble structuralement distinct de pièces habitables auquel on a accès par une entrée privée sans devoir traverser un autre logement. Les difficultés d'application de cette définition entraînent des erreurs qui sont minimes en comparaison des chiffres qui représentent l'ensemble du stock. Ces erreurs sont cependant considérables si on les compare au nombre de logements ajoutés chaque année par les achèvements ou les conversions. Elles sont considérables par rapport aux démolitions et, lorsqu'elles s'ajoutent aux autres erreurs, elles rendent impossible toute tentative d'estimation des pertes par des méthodes de comparaison du recensement et des achèvements. Une erreur de 2 % dans la classification des types de bâtiments rendra inutile toute tentative de mesurer des faits touchant 0,2 % du stock.

Le recensement de 1986 dénombre 9 515 930 logements privés et 19 800 collectifs d'habitation. Le premier groupe comprend 469 000 logements privés inoccupés (mais ne comprend pas les logements saisonniers ou marginaux inoccupés) et 55 265 logements habités uniquement par des occupants temporaires ou par des étrangers. Le présent chapitre porte exclusivement sur le stock de logements privés. Le recensement distingue également les logements privés inoccupés offerts en location ou en vente de ceux qui ne le sont pas.

Les recensements canadiens classent aussi les logements selon le type de construction : par exemple, les maisons individuelles, les maisons jumelées, les maisons en rangée, les autres maisons attenantes, les duplex, les appartements et les maisons mobiles. Malheureusement, les erreurs des recensements passés et l'amplitude variable de ces erreurs restreignent l'utilité des statistiques sur les types de bâtiment. Ainsi,

> ... il y a eu certaines erreurs de la part des recenseurs quant à l'application de la définition des maisons individuelles. Cette erreur semble avoir fait qu'en 1941 on a recensé un trop grand nombre de maisons individuelles. En 1951, l'inverse s'est produit, les recenseurs ayant inventorié un trop grand nombre d'appartements (Recensement du Canada 1951, 10 : 362).

L'adoption de l'auto-recensement en 1971 a amené de nouvelles méthodes et de nouvelles sources d'erreurs, comme le souligne cet avertissement de 1976 :

> En raison d'erreurs notées dans les chiffres de 1971 concernant le type de logement, particulièrement dans les grands centres du Québec, la comparaison des données de 1976 et de 1971 devrait se faire avec prudence. Diverses études ont été entreprises pour évaluer la portée de l'erreur. On a constaté que dans des secteurs problèmes déterminés du centre-ville de Montréal, les chiffres de 1971 pour les « maisons attenantes » sont exagérés aux dépens de la catégorie des « appartements », qui a été sous-estimée de 36 % (Recensement du Canada 1976, 3.1 : 31).

Les recenseurs de 1976 ont indiqué le type de bâtiment à l'extérieur de chacun des formulaires de recensement. Cette méthode semble avoir donné des résultats fiables, mais elle n'a pas été reprise lors du recensement de 1981. Le retour aux méthodes de 1971 a conduit à de nouvelles erreurs dans les réponses et à un nouvel avertissement[1].

> Pour ce qui est des types de construction, on estime que le dénombrement des appartements dans les immeubles de cinq étages ou plus est relativement exact. Le calcul pour les autres types de logement dans les édifices à plusieurs logements (par exemple les appartements dans des immeubles de moins de cinq étages et les maisons en rangée) peut, par ailleurs, comporter diverses erreurs. Dans le cas de ces logements, il y a eu deux types de mauvaise classification. Tout d'abord, il y a des erreurs entre les divers types de construction à plusieurs logements. Par exemple,

Tableau 9.1
Parc de logements ordinaires par province†: Canada, 1941–1986
(en milliers de logements ordinaires)

	Canada	Provinces de l'Atlantique‡	Québec	Ontario	Provinces des Prairies	Colombie-Britannique
			Tous les types de logements			
1941	2 638	243	659	932	578	226
1951	3 512	376	882	1 204	703	348
1961	4 725	437	1 243	1 695	866	475
1971	6 247	515	1 684	2 299	1 060	676
1981	8 416	666	2 243	3 053	1 466	969
1986	9 516	773	2 516	3 357	1 184	1 160
			Logements individuels			
1941	1 904	194	311	681	523	196
1951	2 362	296	354	845	581	287
1961	3 086	340	486	1 171	704	379
1971	3 704	381	662	1 395	790	467
1981	4 883	501	978	1 728	1 026	636
			Autres logements			
1941	734	50	348	252	54	30
1951	1 150	81	528	359	120	61
1961	1 638	97	757	524	163	95
1971	2 543	135	1 022	904	270	209
1981	3 533	165	1 265	1 324	439	332

SOURCE : Statistique Canada : *Indicateurs courants de l'investissement*, Division de la technologie et du stock de capital.

† Les données se réfèrent aux années de recensement. Le dénombrement de 1986 par type de logement n'est pas disponible.

‡ Les données ne sont pas disponibles pour Terre-Neuve avant 1949.

les appartements dans des immeubles de moins de cinq étages ont souvent été classés comme des maisons en rangée et des maisons jumelées. Deuxièmement, il y a certaines erreurs entre les immeubles collectifs et individuels. Par exemple, il se peut qu'un duplex ait été classé par erreur parmi les maisons individuelles.

Ces erreurs ne sont pas sans conséquences. Elles empêchent notamment une évaluation juste des changements occasionnés par les conversions qui ajoutent des logements au stock existant. Par conséquent, ce sont les changements au parc occupé principalement par les personnes défavorisées en matière de logement qui sont les plus difficiles à mesurer.

Le tableau 9.1 présente les meilleures estimations du parc de logements ordinaires dont nous disposions actuellement par région[2]. Les logements ordinaires sont ceux dont les fondations font partie intégrante de la structure. Ces estimations diffèrent légèrement de celles du recensement puisque les maisons mobiles en sont exclues.

Définitions et mesure des flux

En plus du dénombrement du stock dans le cadre du recensement, Statistique Canada utilise les résultats d'autres enquêtes pour estimer les flux qui modifient la taille et la nature du stock de logements. Quatre types de modifications ajoutent des logements : les parachèvements, les conversions à un usage résidentiel, la récupération (après l'abandon, la perte temporaire ou la conversion temporaire) et la reclassification (y compris les logements temporaires qui deviennent permanents ainsi que les changements de définition). D'autres modifications entraînent des pertes (par exemple les fusions temporaires, la conversion à un usage non résidentiel, des dommages qui rendent un logement inhabitable et la démolition). En principe, on peut estimer le changement net du stock en ajoutant les changements qui en augmentent la taille et en soustrayant les pertes. En pratique, le changement net se mesure aussi par la comparaison de recensements successifs. Si nous disposions de données sur la totalité des flux, les deux méthodes donneraient le même résultat. Si tel n'est pas le cas, c'est qu'il y a des erreurs de compte et des différences d'inventaire ou de définition. On peut facilement constater ces écarts lorsqu'on compare les données sur les stocks et les flux.

La SCHL prépare chaque mois des statistiques sur les achèvements. Le *Relevé des mises en chantier et des achèvements* recueille chaque mois des statistiques sommaires sur les permis de construire de toutes les zones urbaines comptant plus de 10 000 habitants. Le reste du pays est soumis à un échantillonnage trimestriel pour compléter les données. Sont exclus les maisons mobiles, les tentes, les remorques et les autres bâtiments divers comptés par le recensement comme le lieu habituel de résidence des occupants. Le relevé ne comprend pas non plus les conversions ni les ajouts à des immeubles existants. Il exclut les logements temporaires et les maisons saisonnières, dont certaines peuvent devenir des lieux habituels de résidence et donc être recensées. Le relevé de la SCHL produit un compte exact des parachèvements correspondant aux permis de construire obtenus selon le type de construction (voir figure 9.1), mais ne comprend pas les logements construits sans permis.

Les conversions neuves constituent une catégorie distincte d'additions. Il s'agit de logements construits intentionnellement en vue d'une conversion immédiate. C'est par exemple le cas du « *Vancouver Special* », grande maison individuelle construite dans un quartier zoné pour des maisons individuelles et qui peut être convertie aussitôt après la dernière inspection. La maison se transforme très facilement en duplex. À Calgary, des duplex neufs construits avec permis ont été transformés en quadruplex. À Toronto, les appartements d'une chambre à coucher ont été transformés en un plus grand nombre de petits studios. Les conversions neuves sont souvent des achèvements sans permis et devraient être traitées comme des additions non déclarées. En utilisant unique-

FIGURE 9.1 Achèvements annuels de logements selon le type de construction : Canada, 1951–1986

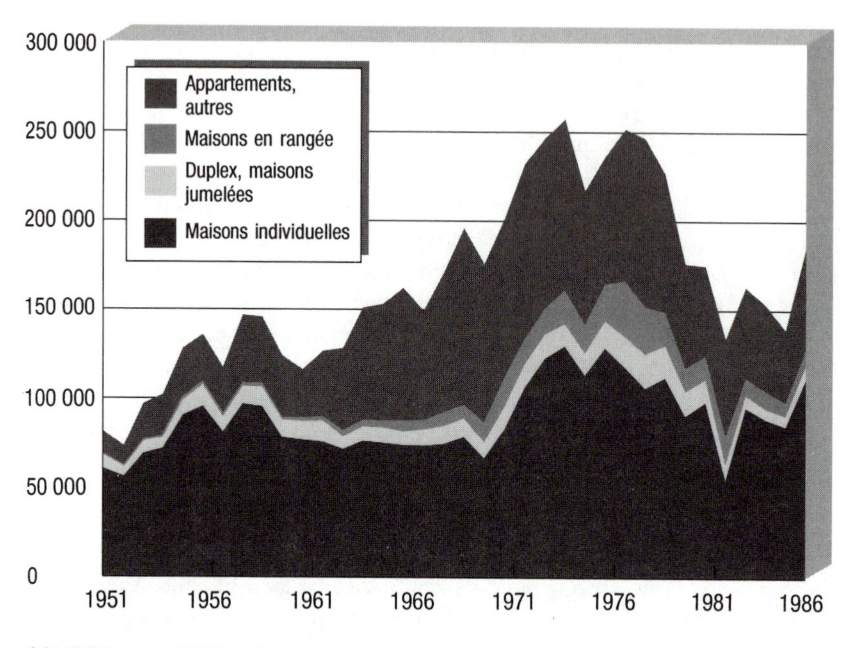

SOURCE : SLC, 1976 et 1981.

ment les statistiques des achèvements avec permis, on sous-estime le nombre de nouveaux logements ajoutés au stock[3].

Un parc de logements peut aussi être augmenté par des conversions physiques à l'intérieur du stock existant ou par des conversions à partir du stock non résidentiel[4]. Par exemple, des maisons individuelles sont transformées en duplex et en triplex. Ce faisant, on accroît habituellement l'espace habitable de ces maisons — par exemple, en finissant le sous-sol ou le grenier. Cette activité accroît le stock physique et en augmente la valeur, mais il est rare que les données publiées sur les flux en tiennent compte. Bon nombre de vieilles maisons individuelles de grande taille du centre-ville ont été transformées en garnis pendant et après la Seconde Guerre mondiale, puis reconverties en petits appartements en fonction de l'évolution des préférences et des besoins des petits ménages. En raison du nombre de conversions qui ont eu lieu dans les centres-villes des grandes villes et de leur importance relative pour la fourniture de logements à bon marché, les spécialistes en sont venus à reconnaître l'immeuble converti en logements multiples comme une catégorie distincte. La souplesse de ce procédé est un moyen important d'adapter et d'accroître l'offre de logement pour les ménages à faible revenu. La perte de ces logements, par démolition ou retransformation en maisons individuelles, réduit le parc de logements offert aux per-

Tableau 9.2
Achèvements, conversions et démolitions de logements ordinaires : Canada, 1946–1985

	Stock net		Achèvements		Con-versions	Démolitions	
	Total	% de maisons individuelles	Total	% de maisons individuelles	Total	Total	% de maisons individuelles
1946	2 998 018	68	60 500	76	6 868	8 424	71
1951	3 563 665	67	81 059	74	2 868	10 112	68
1956	4 159 168	66	135 700	70	5 242	12 362	66
1961	4 794 776	65	115 608	66	2 706	11 157	57
1966	5 469 090	62	162 192	46	2 655	16 064	52
1971	6 375 126	59	201 232	41	2 751	14 299	54
1976	7 500 633	57	236 249	54	1 931	11 888	69
1981	8 521 485	58	174 996	56	2 112	14 252	64
1985	9 090 936	58	139 106	61	6 307	9 680	71

SOURCE : Statistique Canada : *Indicateurs courants de l'investissement*, Division de la technologie et du stock de capital.

sonnes à faible revenu. Puisque cette perte peut être la source de problèmes de logement de ce genre à l'avenir, il est important de suivre cette composante.

La conversion de logements saisonniers pour usage à l'année longue, la vente d'une résidence secondaire et le transfert de logements collectifs ou de logements appartenant à des étrangers à un ménage privé peut apparaître dans le recensement comme une addition au stock. Les « logements temporaires » préalablement inoccupés sont ajoutés au recensement lorsqu'ils deviennent le lieu habituel de résidence de quelqu'un. Si on n'en tient pas compte lorsqu'on établit la comparaison des stocks et des flux, ces logements deviennent une source d'erreurs et constituent des résidus importants. Les résidus incluent également les erreurs mentionnées plus haut et ne peuvent donc nous renseigner sur l'ampleur du changement net relatif à tel type de modifications.

On peut également distinguer les pertes permanentes et temporaires. Les pertes permanentes sont causées par la démolition ou l'abandon d'immeubles en raison d'incendies ou d'autres sinistres. Les pertes récupérables peuvent découler d'une fusion temporaire de logements ou de la conversion de logements à des usages non résidentiels. La reclassification de l'utilisation d'un bâtiment peut également figurer comme composante de changement du stock. La conversion d'une maison individuelle en logements collectifs apparaîtra, par exemple, dans le recensement, comme une perte des logements privés (et une augmentation du nombre de logements collectifs). La perte peut être temporaire, car une pension peut par la suite être transformée en logements multiples ou être retransformée en maison individuelle.

Le tableau 9.2 présente les estimations de la taille du stock selon Statistique Canada pour chaque année depuis 1946. On y trouve également des statistiques des achèvements, des démolitions et des conversions réalisés avec permis. Les estimations annuelles du stock ont été établies à l'aide des statistiques de population et des estimations de la taille moyenne des ménages. Le tableau 9.2 démontre que les logements individuels diminuent en proportion du stock total (et en proportion des achèvements) pendant les années 50 et 60. Les estimations des démolitions enregistrées ne révèlent aucune évolution systématique du type d'immeuble perdu depuis 1946. La proportion des logements individuels démolis semble cependant élevée. Selon des études de cas réalisées à Vancouver et à Saint John, la plupart des démolitions inscrites comme touchant des logements individuels portaient en fait sur plus d'un logement et auraient dû être consignées comme pertes d'immeubles transformés en logements multiples[5]. Si les données de Statistique Canada sur les démolitions sont généralement des sous-estimations, cela découle en partie du fait que les logements ne sont pas correctement inscrits sur les permis de démolition, et en partie d'une confusion généralisée entre les maisons individuelles et les maisons transformées en immeubles collectifs.

Le tableau 9.3 résume les données sur les flux et les compare aux chiffres du recensement. Le tableau indique le « résidu », c'est-à-dire l'écart entre les deux ensembles de données. Le résidu est une différence nette; il sous-estime l'ampleur des erreurs de chacune des séries de flux qui sont causées par le fait que les démolitions brutes non enregistrées correspondent à des conversions brutes non enregistrées. L'ampleur de ces erreurs ne peut être révélée que par des enquêtes spéciales menées par des intervieweurs spécialement formés. Les erreurs importantes masquent les changements du stock existant qui touchent les Canadiens les moins bien logés. On pourrait mieux connaître la taille de cette composante du stock à l'aide de procédures de contrôle, comme celles utilisées aux États-Unis pour l'enquête annuelle sur le logement (Annual Housing Survey).

Le tableau 9.4 présente la meilleure estimation dont nous disposions actuellement des pertes nettes du stock. Ce tableau présente des estimations des « pertes nettes » — les pertes au sein du stock existant, moins les additions à ce même stock par suite de modifications physiques. On a calculé ces statistiques des pertes en comparant les données du recensement pour la période de construction en cause avec le nombre total de logements dénombrés dans un recensement antérieur. Ces estimations semblent faibles; voir par exemple les pertes particulièrement peu importantes estimées pour le Québec et l'Ontario.

Les taux nets de perte du stock correspondant aux comptes des logements présentés au tableau 9.4 sont présentés au tableau 9.5. Dans les années 70, les pertes de stocks étaient en général plus élevées que dans les décennies précédentes. En moyenne, 47 000 logements ont été perdus chaque année au Canada, soit un taux composé annuel de perte du stock de 0,8 %. Les pertes et les taux de perte augmentent avec l'âge du parc de logements et à mesure que les villes grandissent et sont moins en mesure de permettre une nouvelle croissance sans démolition des vieux bâtiments. On prévoit qu'à l'avenir le taux de perte du stock augmentera puisqu'une proportion progressivement plus importante du

Tableau 9.3
Comparaison des statistiques de stock et de flux de logements ordinaires : Canada, 1941–1981
(en milliers de logements)

	Canada	Provinces de l'Atlantique†	Québec	Ontario	Provinces des Prairies	Colombie-Britannique
Stock du recensement de 1941	2 638	243	659	932	578	226
Flux 1941–51						
Achèvements	604	39	169	216	109	70
Démolitions	85	8	22	30	19	8
Conversions	49	3	14	18	9	6
Résidu	233	26	61	68	25	53
Stock du recensement de 1951	3 512	376	882	1 204	703	348
Flux 1951–61						
Achèvements	1 118	62	324	4 146	200	123
Démolitions	117	13	31	43	23	12
Conversions	32	2	10	11	4	6
Résidu	133	10	57	77	9	10
Stock du recensement de 1961	4 725	437	1 243	1 695	866	475
Flux 1961–71						
Achèvements	1 558	93	400	603	260	203
Démolitions	160	18	54	45	24	19
Conversions	27	3	11	7	2	4
Résidu	94	0	84	41	12	14
Stock du recensement de 1971	6 247	326	1 684	2 299	1 060	676
Flux 1971–1981						
Achèvements	2 285	166	508	818	467	325
Démolitions	136	11	39	37	26	23
Conversions	24	3	11	5	1	3
Résidu	–12	–8	78	–33	–37	–12
Stock du recensement de 1981	8 416	666	2 243	3 053	1 466	969

SOURCE : Statistique Canada *Indicateurs courants de l'investissement*, Division de la technologie et du stock de capital. Le résidu a été calculé d'après la différence entre le stock de 1951 (et le stock de 1941 plus les achèvements moins les démolitions plus les conversions pour 1941–1951).
† Les données de Terre-Neuve ne sont pas disponibles avant 1949, date de l'unification avec le Canada.

Tableau 9.4
Pertes permanentes de stock (en milliers de logements) : Canada, 1946–1981

	Canada	Provinces de l'Atlantique	Québec	Ontario	Provinces des Prairies	Colombie-Britannique
Stock de 1945 selon le recensement de 1961	2 633	285	687	964	466	230
Réel	2 824	314	696	978	588	244
Perte nette	191	29	10	13	122	14
Stock de 1960 selon le recensement de 1971	4 437	402	1 191	1 641	754	444
Réel	4 692	434	1 231	1 681	864	473
Perte nette	255	33	40	40	110	29
Stock de 1970 selon le recensement de 1981	5 779	471	1 575	2 178	931	615
Réel	6 245	519	1 671	2 285	1 071	684
Perte nette	466	50	95	107	142	70

SOURCE : Visher Skaburskis, Planners (1979a, Tableau 2).

Tableau 9.5
Taux composé annuel de perte nette du stock (%) : Canada, 1945–1981

	Canada	Provinces de l'Atlantique	Québec	Ontario	Provinces des Prairies	Colombie-Britannique
1945–1961	0,5	0,6	0,1	0,1	1,6	0,4
1961–1971	0,6	0,8	0,3	0,3	1,4	0,7
1971–1981	0,8	1,0	0,6	0,5	1,4	1,1

SOURCE : Calculé d'après les données du Tableau 9.4.

parc arrivera au dernier stade de sa vie utile. Le tableau 9.5 montre que les taux de perte les plus élevés se retrouvent dans les provinces des Prairies. Ce fait illustre l'importance des pertes rurales et aide à expliquer une partie de la différence entre les statistiques de pertes nettes présentées ici et les séries de données sur les démolitions présentées dans les tableaux précédents. Les pertes de stocks dans les régions rurales figurent rarement sur des permis de démolition. Les pertes rurales prennent souvent la forme de l'abandon de bâtiments qui ne sont plus utiles.

Les facteurs déterminants des changements du stock

Des études de cas réalisées à Vancouver, Calgary, Toronto, Montréal et Saint John aident à expliquer les causes directes des démolitions, des conversions et des abandons (Vischer Skaburskis, Planners 1979a).

DÉMOLITIONS

Les taux actuels de démolition et de conversion des logements au Canada sont déterminés par les facteurs qui influencent la demande réelle de nouveaux logements[6]. Les facteurs déterminants des taux de démolition sont les pressions qui tendent à augmenter la valeur des terrains dans le noyau central des villes. Les facteurs qui influencent la démolition de tel ou tel immeuble sont ceux qui portent leurs propriétaires à s'attendre à pouvoir utiliser leurs terrains de façon plus rentable. Sur un plan plus général, le taux de démolition est influencé par la taille de la ville, son rythme de croissance, l'âge du stock et les politiques locales d'aménagement. Il est aussi influencé par les politiques gouvernementales de logement qui stimulent la construction neuve. Les études des cas réalisées à Vancouver révèlent qu'un logement est perdu pour quatre nouveaux logements construits dans le noyau central de la ville. Les démolitions sont aussi le résultat des incendies et d'autres sinistres.

Les travaux publics ont amené la démolition de bon nombre de vieux bâtiments depuis 1945. Environ 40 % des démolitions à Montréal durant les années 60 et 70 se sont faites dans le cadre de travaux publics. Les transports rendent compte d'une bonne partie de la perte : 6 822 logements ont disparu pour permettre l'amélioration du réseau routier. À Saint John, la rénovation urbaine a fait disparaître quelque 300 logements par année tout au long des années 60; certains de ces logements avaient des planchers de terre battue (Vischer Skaburskis, Planners 1979a). Calgary a éliminé une bonne partie de son parc du centre-ville pour ménages à faible revenu afin de faire de la place pour des bâtiments publics, des parcs et des aménagements futurs; on n'a pas dénombré les pertes. Dans les quartiers du noyau central de Vancouver, on a dégagé de grandes parcelles de terrain pour permettre des projets publics, encore une fois sans compter les pertes. L'importance de la rénovation urbaine comme facteur influençant le taux de perte de stocks a toutefois diminué depuis le début des années 70.

Les politiques municipales influencent également les taux de perte du stock. L'application rigoureuse des règlements peut entraîner l'élimination de bâtiments en mauvais état, ce qui aide à préserver le quartier et empêche la démolition d'autres immeubles. Pour maintenir les normes, on a appliqué des règlements sur l'hygiène et la lutte contre les incendies, les normes des propriétés, l'entretien minimum ainsi que les codes du bâtiment. Les règlements concernant la prévention des incendies et l'hygiène semblent avoir réussi à lutter contre les immeubles dangereux et insalubres, mais leur application tend à mener à la fermeture puis à la démolition des immeubles. Les études de cas révèlent que les normes de propriété et les règlements sur les normes minimales d'entretien ne sont pas des outils efficaces de maintien du stock (Vischer Skaburskis,

Planners 1979a). Les fonctionnaires municipaux ont manifesté beaucoup de prudence dans l'application de ces normes, ne sachant pas si elles pourraient résister à une contestation juridique. Les urbanistes de Vancouver en sont venus à la conclusion que l'application des normes de propriété, des règlements sur l'hygiène et la prévention des incendies n'a pas beaucoup d'effet sur la conservation du parc existant[7]. À Montréal, on a utilisé des subventions pour restaurer et améliorer quelque 7 000 logements pendant les années 70[8]. Toute tentative de réduction des taux de perte par le moyen de règlements contrôlant les démolitions mène habituellement à la conclusion qu'il est futile de tenter d'imposer par voie législative la préservation d'immeubles économiquement désuets[9].

Les gouvernements municipaux ont tenté de réduire les encouragements à la démolition du parc destiné aux ménages à faible revenu par le moyen des règlements de zonage. Smith et Tomlinson décrivent comme suit l'expérience de Toronto :

> Dans le but d'empêcher la conversion par démolition et reconstruction, la ville de Toronto a imposé des restrictions quant à l'utilisation des terrains où s'élevaient précédemment des appartements locatifs. En octobre 1980, la ville a adopté un règlement imposant à tous les terrains de la ville occupés par un immeuble d'appartements de 20 ans ou plus, une densité maximale d'une fois la superficie du terrain et une hauteur maximum de 11 mètres (37 pieds). Dans la plupart des cas, cela signifiait que les immeubles de remplacement devaient avoir une densité beaucoup moindre, ce qui diminuait la valeur des terrains pour des utilisations de rechange et réduisait la probabilité qu'on demande des permis de démolition ... (1981, 110).

Les auteurs concluent qu'à long terme cette politique aurait eu un effet négatif important sur l'efficience de l'utilisation du sol. Silzer présente la mise à jour suivante :

> C'est en 1980 que la ville a commencé à tenter de sauver les appartements locatifs de la démolition; le conseil a alors adopté le premier de plusieurs règlements restrictifs. Le conseil voulait décourager les démolitions en restreignant la taille des immeubles qui pouvaient être construits sur l'emplacement des immeubles d'appartements. Les tribunaux ont invalidé ce règlement pour le motif que la Loi sur l'aménagement du territoire de la province ne donne pas aux conseils municipaux le droit d'utiliser leur pouvoir de zonage pour préserver les immeubles existants. Les conseils ont seulement le pouvoir de retarder les démolitions jusqu'à l'émission des permis de construire. Ils ne peuvent refuser le permis si les plans sont conformes aux règlements de zonage (1985, 8).

CONVERSIONS

Lorsque le marché du logement est serré, il devient intéressant pour les propriétaires de convertir leur sous-sol ou leur grenier en appartements accessoires. Les pénuries de logements créent une demande pour des logements convertis. Cette demande crée à son tour un potentiel de revenus qui incite certains acheteurs à ajouter des appartements qui les aident à se payer une habitation à prix élevé. Ces ajouts aident les personnes à faible revenu en augmentant leur stock de logements. Si les facteurs économiques expliquent les motifs des conversions, plusieurs autres considérations influencent le rythme auquel ces conversions se produisent. Les restrictions imposées par la municipalité, les attitudes des voisins et le manque d'argent peuvent limiter l'activité de conversion. Des facteurs organisationnels, les caractéristiques des immeubles et l'état des stocks influencent aussi les taux de conversion.[10]

Les conversions ajoutent au nombre des logements à prix modique, mais elles peuvent aussi produire des logements de mauvaise qualité susceptibles de présenter des dangers pour la santé et la sécurité. Les voisins se plaignent souvent de l'encombrement créé par l'accroissement de la circulation locale et des problèmes de stationnement. Les villes ont essayé, souvent sans succès, de réduire le nombre des conversions. Les codes du bâtiment et les règlements de zonage semblent être des moyens assez peu efficaces d'y parvenir. Les conseils municipaux n'aiment pas interdire les logements à prix modique en période de pénurie de logements. Le service d'urbanisme de la ville de Vancouver a tenté d'exercer un contrôle sur quelque 6 000 logements illégaux pendant les années 70, mais il n'était guère en mesure de modifier la situation. Les voisins préfèrent que les appartements soient illégaux, puisqu'ils peuvent brandir la menace de poursuites si les locataires leur causent des ennuis[11].

Le phénomène de reconversion lié à la gentrification des quartiers du centre-ville s'explique par les facteurs économiques et démographiques qui ramènent les ménages aisés dans le noyau central des villes[12]. Le changement d'utilisation entraîné par la gentrification conserve l'enveloppe extérieure des bâtiments. Il modifie les services de logement offerts par le parc existant et rend moins nécessaire la construction de remplacement dans les quartiers du centre-ville. Évidemment, la gentrification réduit le parc destiné aux ménages à faible revenu.

Les tentatives de préservation du parc destiné aux ménages à faible revenu ont également échoué parce qu'elles encourageaient la reconversion. Au milieu des années 80, le personnel du service d'urbanisme de la ville de Toronto a constaté que le contrôle des loyers augmentait le rythme auquel les habitations du centre-ville étaient reconverties en maisons individuelles. Silzer (1985) a vu des propriétaires tenter d'échapper au contrôle des loyers en convertissant leur logement en hôtel et il écrit : « La conversion à l'hébergement touristique représente près d'un tiers des pertes d'appartements locatifs. »

Les problèmes que soulèvent la conversion et la reconversion sont sérieux et complexes. Ils forcent à s'interroger sur l'efficacité de l'utilisation du sol, les conséquences des restrictions imposées au marché de l'habitation et les conséquences du fonctionnement du marché sous le rapport de l'équité. Ils touchent les sensibilités politiques locales. Ils peuvent influencer la croissance et la forme de la ville. Les problèmes qui entourent la conversion restent à l'ordre du jour politique des grandes villes du Canada. Les villes seraient peut-être mieux en mesure d'intervenir si l'on disposait de statistiques ponctuelles et chronologiques sur le nombre de logements convertis ainsi que sur les caractéristiques de ces logements et de leurs occupants.

ABANDONS

En milieu urbain, les abandons résultent d'ordinaire d'une réduction de la demande de logements (par exemple en raison de la migration des familles à revenu moyen vers les banlieues) aggravée par le vieillissement et la détérioration du parc. Un entretien insuffisant amène la dégradation matérielle des lieux et cette tendance influence le quartier et décourage les investisseurs. L'absence de demande de logements maintient les loyers et les occasions de revente à un niveau bas. En fin de compte, les immeubles se détériorent, ce qui entraîne la visite des inspecteurs; l'application d'un règlement municipal est souvent une étape clé de l'abandon. Les propriétaires tenteront vraisemblablement de réaliser une vente rapide, à moins qu'ils n'aient déjà déménagé dans une autre ville. En l'absence d'acheteurs, et si les inspecteurs en bâtiment insistent, le propriétaire pourra remettre l'immeuble à la ville ou simplement l'abandonner.

Les facteurs qui influencent le taux d'abandon entraînent une réduction de la demande de logements. Parmi les autres facteurs, on compte la connaissance qu'a le propriétaire du potentiel de remise en état et sa capacité d'engager des entrepreneurs. L'étude réalisée à Saint John a trouvé des cas où des propriétaires âgés avaient été étonnés d'apprendre qu'ils enfreignaient le code du bâtiment, étaient incapables de faire eux-mêmes les réparations ou d'en payer le coût et n'avaient pas pu vendre leur immeuble après avoir essayé sans trop de conviction. Le Programme d'aide à la remise en état des logements a sauvé bon nombre des maisons du centre-ville de Saint John; selon un inspecteur en bâtiment, 60 % du parc aurait été perdu sans le PAREL. Ce programme a également aidé à éliminer les bâtiments en très mauvais état et aurait suscité quelques abandons. Les immeubles les moins endommagés pouvaient être remis en état avec l'aide du PAREL; ensuite, les propriétaires offraient ces logements améliorés à des loyers susceptibles d'attirer les locataires des immeubles en trop mauvais état pour être rénovés. Voyant baisser les recettes en raison de l'augmentation des logements vacants, les propriétaires de ces derniers immeubles ont été poussés à les abandonner lorsqu'ils se sont aperçus qu'ils étaient incapables de les vendre et faisaient face à des déficits d'encaisse[14].

Le progrès des statistiques des stocks et des flux dans l'après-guerre

Les statistiques sur les stocks et les flux, lorsqu'on les compare avec les données sur les besoins et la demande en matière de logement, jouent un rôle dans la motivation, l'orientation, l'analyse et l'évaluation des politiques qui favorisent le progrès en matière de logement. Les statistiques des stocks présentées au tableau 9.6 révèlent clairement un progrès, c'est-à-dire un changement régulier. La première colonne révèle que le stock de logements a augmenté à un taux croissant depuis 1881. Le rapprochement des statistiques des stocks et des flux

Tableau 9.6
Ajouts et achèvements nets du stock de logements ordinaires : Canada 1881–1981
(en milliers de logements)

	Stock net ordinaire	Achèvements entre les recensements	Stock de 1945 plus les achèvements	Stocks survivants de 1945	Résidu
1881	797				
1891	950				
1901	1 080				
1911	1 478				
1921	2 137				
1931	2 373				
1941	2 677				
1945	2 804	2 804	0		
1951	3 519	418	3 222	2 633	407
1961	4 724	1 266	4 488	2 632	408
1971	6 247	1 614	6 102	2 366	504
1981	8 416	2 285	8 387	2 016	817

SOURCE : Vergès-Escuin, 1985, tableau xii. SCHL *SLC* 1945–81.
Résidu = stock net – stock survivant de 1945 – achèvements.

pour le passé est un indicateur du progrès de l'exactitude de la collecte des données dans le passé. La deuxième colonne du tableau 9.6 présente les nombres de logements achevés entre les recensements pour l'ensemble du Canada. La troisième colonne additionne ces achèvements aux stocks de 1945 et révèle une insuffisance : les 418 000 ajouts signalés devraient donner un stock de 3,221 millions pour 1951. Les recenseurs de 1951 ont cependant trouvé 297 000 logements qui n'avaient pas été enregistrés parmi les additions ou que le recensement précédent n'avait pas comptés.

La quatrième colonne du tableau 9.6 présente le compte du stock survivant de 1945 repéré dans chaque recensement successif. Les statistiques sur la période de construction obtenues des recensements de 1961 et de 1971 sont exactes, car les recenseurs ont été formés à reconnaître l'âge des immeubles dans les quartiers qui leur étaient assignés. On estime que l'adoption de l'autodénombrement en 1981 a augmenté le nombre des erreurs, néanmoins on ne s'attend pas à ce qu'ellles soient graves; peu d'immeubles ont été construits pendant les années 40, et la guerre a été un événement mémorable qui aide à repérer les logements d'avant 1946. La quatrième colonne du tableau 9.6 révèle que le stock d'avant 1945 a diminué de 600 000 logements depuis la guerre. Ce nombre sous-estime la perte totale en raison des démolitions, des abandons et des conversions du nombre de logements qui ont été ajoutés aux parcs existants par des conversions matérielles. Néanmoins, les estimations de la perte nette fournissent des renseignements utiles sur le sous-dénombrement des achèvements dans le passé.

La dernière colonne du tableau 9.6 présente la différence entre le stock selon le dénombrement du recensement et le stock survivant de 1945, plus les achèvements enregistrés correspondant à un permis. En 1981, le compte du recensement dépassait le stock survivant de 1945, plus les achèvements, de 816 652 logements. Cet écart ne s'explique pas par l'amélioration de la couverture du recensement, car ces améliorations augmenteraient aussi le compte du stock survivant de 1945. Une explication du grand écart entre les statistiques des stocks et celles des flux pourrait être le dénombrement incomplet des parachèvements pendant les premières années de l'après-guerre. Une partie du résidu peut s'expliquer par la rénovation et la conversion de vieux logements présentés comme neufs par les résidants.

La réduction des résidus sur plusieurs décennies est due à l'amélioration de la qualité des données, progrès qui révèle l'augmentation à la fois de notre capacité de mesurer la taille du stock et du soin que nous apportons à son suivi. L'importance des erreurs du passé permet de cibler les domaines qui devraient faire l'objet de nouvelles recherches historiques. S'agissait-il d'une erreur d'échantillonnage? Ces erreurs signifient-elles plutôt qu'une saine économie parallèle a produit beaucoup d'achèvements sans permis au début de l'après-guerre?

On a également réalisé des progrès dans la définition et le suivi des changements qui modifient les stocks. Depuis 1945, on a mis en place une classification plus détaillée des types d'immeubles et des modes d'occupation. Les logements inoccupés sont explicitement étudiés et classés selon le motif de leur inoccupation. L'inclusion des maisons saisonnières et temporaires, le fait de tenir compte des maisons mobiles et celui de distinguer les logements attenants à des immeubles commerciaux démontrent qu'on est de plus en plus sensible à la diversité du parc et peut-être, indirectement, qu'on s'intéresse davantage aux problèmes liés aux stocks. La décision prise par Statistique Canada de recueillir et de suivre les statistiques de démolition et de conversion, de même que son intérêt pour les méthodes permanentes d'estimation des stocks, confirment l'opinion que le gouvernement s'occupe davantage des questions liées aux stocks; la division nouvellement créée de la technologie et du stock de capital a pour mission de suivre l'évolution des stocks de logements, ce qui montre bien l'importance qu'on attache maintenant à cette question.

Les besoins de données dans l'avenir

Les décideurs de l'avenir auront besoin de données diverses. Les besoins d'information évoluent à mesure qu'on repère de nouveaux problèmes, qu'on élabore de nouvelles options et qu'on conçoit et qu'on évalue des programmes.

Lorsqu'on commence à dégager les problèmes, un des principaux buts de l'information est d'aider les gens à prendre conscience de leurs intérêts et de les inciter à rechercher un appui politique afin de régler le problème. Les totalisations et les statistiques sommaires n'y réussissent pas d'ordinaire à moins d'être accompagnées d'un commentaire convaincant. Des études qui montrent des images et racontent des histoires sont peut-être plus appropriées à ce stade. L'amélioration des statistiques sommaires nationales ne montre pas le spectacle du propriétaire-bailleur défonçant les murs de sa propriété à coups de masse pour tenter de réduire le nombre de logements à inscrire sur une demande de permis de démolition. Malgré les progrès au niveau des méthodes centralisées de cueillette des données, en aucun cas elles n'arriveront à expliquer pourquoi telle ville, qui semble pourtant vouloir préserver son parc de logements, a été forcée d'ordonner la démolition de maisons condamnées. Cependant, des histoires ne suffisent pas; on peut toujours écarter une anecdote du revers de la main.

Les études locales portant sur l'état du parc et les taux de changement conviennent mieux à l'étape de l'élaboration de politiques. Des études de l'état du parc peuvent révéler l'étendue du problème, justifiant la mise sur pied d'une politique plutôt qu'une intervention ponctuelle. Si des recherches peuvent illustrer l'ampleur du problème, il faut une information d'un caractère plus général pour déterminer si le problème est susceptible de solution par voie d'une politique. Les mécanismes de production de données sont encore plus précieux lorsqu'ils aident à dégager des solutions de rechange. Le dénombrement local des démolitions, par exemple, peut facilement produire des renseignements sur les facteurs qui déterminent les pertes de stock au palier local. Les facteurs directs des pertes dont nous avons traité ci-dessus, par exemple, ont été dégagés par le moyen d'études locales[15].

Une vision plus globale des facteurs qui influencent les changements des stocks doit reposer sur des données plus générales. L'analyse de données provenant de toutes les grandes villes canadiennes est la meilleure façon de découvrir et de mesurer les effets des facteurs indirects. Pour estimer les pertes nettes attribuables à l'évolution de la demande de logements, par exemple, il faut examiner les tendances dans un grand nombre de villes qui subissent divers types de pressions. Si elle était élargie et administrée de façon systématique, l'enquête sur les logements pourrait permettre de recueillir les données nécessaires afin d'expliquer les facteurs déterminants de l'évolution des stocks et de connaître les répercussions probables de diverses politiques en matière de logement. Il est cependant essentiel de répéter l'enquête afin d'obtenir des données qui révèlent comment les stocks évoluent.

Le fait que le gouvernement fédéral s'intéresse davantage à recueillir des statistiques locales précises facilitera l'élaboration des politiques à tous les paliers de gouvernement[16]. Une plus grande précision aide notamment le gouvernement à prévoir les problèmes qu'entraîne l'augmentation des taux de perte. Une exigence accrue de statistiques locales précises de la part du gouvernement fédéral peut, indirectement, aider les fonctionnaires municipaux à se sensibiliser aux problèmes et à leurs propres possibilités d'intervention. L'exigence de meilleures statistiques modifie la nature de leur travail et entraîne un déplacement du prestige et du pouvoir. Le fait que le gouvernement fédéral utilise les statistiques sommaires démontre aux fonctionnaires locaux qui recueillent les données que leur travail est important et que sa qualité compte.

Des statistiques nationales précises sur les stocks et les flux de logements sont essentielles à la conception de programmes efficaces et justes. Ainsi, les statistiques nationales élaborées par le gouvernement fédéral sont importantes pour déterminer le ciblage spatial des programmes et pour la répartition des fonds gouvernementaux. Les données recueillies de façon systématique ont l'inconvénient de rendre impossible l'adaptation de ces généralisations à des problèmes particuliers[17]. Cet inconvénient est toutefois compensé par la qualité uniforme des données recueillies. On peut surmonter les problèmes des erreurs systématiques en utilisant les statistiques des stocks et des flux comme des indices montrant la taille relative du stock ou un niveau des flux dans diverses parties du pays. Si les programmes nationaux ou provinciaux doivent s'attaquer aux pertes des stocks, la pertinence des données du recensement et de la statistique du logement au Canada permettra d'assurer une répartition équitable des avantages de ces programmes.

Les politiques de l'après-guerre ont donné naissance à des programmes visant à accroître le parc de logements offerts aux Canadiens à faible revenu et à revenu moyen. En conséquence, on a surtout recueilli des données visant à décrire le parc et le processus d'ajout de nouveaux logements. La prochaine génération d'améliorations des données tiendra compte de l'importance croissante des conséquences de la redistribution. On réussira à mieux les contrôler si l'on dépense davantage pour obtenir un compte exact des logements selon le type de bâtiment et la date de construction. On peut aussi apporter des améliorations en reconnaissant les habitations converties en immeubles collectifs comme une catégorie distincte et en veillant à ce que la statistique du recensement tienne compte de cette définition. Il faudra probablement pour cela revoir les méthodes actuelles de collecte des données.

À mesure qu'on se rendra davantage compte de la complexité des marchés du logement, on attachera une plus grande importance à la fiabilité des statistiques des stocks et des flux. Il faudra des statistiques pour suivre l'évolution au palier local de même que les effets des politiques et des mécanismes du marché. La possibilité de comparer les statistiques du logement de plusieurs recensements consécutifs pour une même localité peut améliorer grandement la finesse des analyses. L'amélioration des statistiques permettant de reconnaître et d'expliquer les redistributions et les transitions qui ont lieu à l'intérieur du parc amènera des avantages de plus en plus grands. Puisque l'industrie de l'habitation fera de plus en plus appel aux travaux de remise en état et de rénovation, il y aura augmentation de sa demande de statistiques sur les stocks. Les décideurs voudront être tenus au courant de la possibilité de problèmes de qualité du logement et voudront peut-être être en mesure de reconnaître les problèmes dès leur apparition. Quant aux spécialistes de l'avenir, ils voudront suivre les progrès du logement et auront besoin de données pour expliquer les changements qui auront eu lieu.

Notes

1 « Cautionary Note on Data Quality — Structural Type » annexé à Recensement du Canada 1981. *Occupied Private Dwellings : Type and Tenure*, n° 92-903 au catalogue.

2 Les chiffres ont été communiqués en 1985 par Robert Couillard, chef de la Section des indicateurs courants de l'investissement de Statistique Canada.

3 Leur fréquence cause cependant dans le quartier les mêmes sortes de problèmes que la conversion du parc existant; l'effet le plus important à l'heure actuelle est l'augmentation de la demande de places de stationnement.

4 À Montréal, une église a récemment été transformée en logements en copropriété; des écoles sont devenues des ensembles de logements pour personnes âgées tandis que des entrepôts ont été transformés en appartements de luxe.

5 Des études de cas comparant les estimations des pertes aux pertes inscrites sur les permis de démolition révèlent que les données sommaires sur les démolitions sous-estiment les pertes véritables de 0,96 à Montréal, de 1,5 à Toronto et de 2,7 à Calgary. Voir Vischer Skaburskis, Planners (1979a, volume 2). La proportion exceptionnellement faible de Montréal peut s'expliquer du fait qu'une grande proportion des pertes inscrites découlent d'incendies et d'autres événements qui n'exigent pas de permis de démolition.

6 L'histoire architecturale révèle que la plupart des grands monuments qui ont été démolis l'ont été à des époques où le pays avait le plus confiance en soi, où il était certain de son rôle historique dans le développement d'un monde nouveau. La Rome ancienne a été démolie, pierre par pierre, pour servir de matériau aux réalisations de la Renaissance et de l'époque baroque. Les forces qui engendrent les démolitions sont étroitement liées aux jalons du progrès.

7 Ann McAfee, urbaniste principale à la ville de Vancouver, a souvent préconisé la méthode dite « du bâton et de la carotte » qui combine les campagnes d'application stricte du code avec des subventions pour la remise en état.

8 Les inspecteurs en bâtiment de Saint John, interrogés en 1976, estimaient que 60 % des logements du centre-ville auraient disparu sans le programme d'aide à la remise en état des logements locatifs. Voir Vischer Skaburskis, Planners (1979a, volume 2).

9 Une conduite d'eau brisée peut signifier la fin d'un immeuble d'appartements inoccupé en une seule journée d'hiver; les bris de tuyauterie ont fait qu'il ne valait pas la peine de réparer des immeubles douteux à Saint John. À Montréal, les incendies sont la façon classique d'éviter les difficultés que présentent les demandes de permis de démolition. Les inspecteurs en bâtiments de la ville de Victoria savaient qu'un certain propriétaire-bailleur avait loué sa maison à des étudiants qui avaient convenu de ne pas mettre un frein à leur exubérance; il n'a fallu que peu de temps pour que les voisins réclament du conseil municipal le permis de démolition antérieurement refusé.

10 Selon Damas and Smith Limited (1980) la croissance des secteurs de rénovation et de conversion au sein de l'industrie de la construction est un autre facteur qui influence l'activité de conversion.

11 Ann McAfee décrit les incitatifs qui aident à garder le parc illégal dans l'économie clandestine. L'illégalité de ces logements empêche les locataires d'exiger trop d'améliorations, de crainte que le logement ne soit supprimé.

12 Les caractéristiques du parc influencent aussi les taux de conversion. Jim Anderson, directeur du service de logement de Calgary, constate que les conversions à Calgary avaient surtout lieu dans les quartiers du centre-ville où l'on trouvait de grandes maisons. Une bonne partie du parc ancien de la ville était considérée comme non convertible, parce que les logements étaient petits et ne présentaient pas un caractère « romantique ». Les urbanistes ont exprimé des craintes quant à l'effet à long terme de la démolition des grandes maisons du centre-ville sur l'adaptabilité future du parc. Si la plupart des vieilles maisons étaient remplacées par des immeubles neufs et plus efficients, le parc serait moins en mesure de réagir à une évolution soudaine de la demande de logements.

13 Selon M. Sid Lodhi, inspecteur en bâtiments en chef de la ville de Saint John, les immeubles abandonnés sont un facteur déterminant des taux d'abandon. Le vandalisme et les rigueurs de l'hiver viennent rapidement à bout des immeubles abandonnés. Ceux-ci détruisent les environs immédiats et à moins d'être démolis dans le cadre d'un programme municipal, ils infectent leurs voisins et causent toute une série d'abandons dans les environs.

14 Parmi les autres causes d'abandon révélées par l'étude de Saint John, mentionnons : l'augmentation du nombre des terrains détenus à bail; la conversion en garnis pendant la période de construction excessive en 1975–76; les taxes qui pénalisaient les propriétaires de logements locatifs; l'acceptation d'une diminution de la qualité de l'habitation de la part des propriétaires et des locataires, d'où une détérioration accrue; l'hésitation des établissements de prêts à accorder des hypothèques sur des propriétés du noyau central des villes; le vieillissement et le décès des propriétaires; l'absence des propriétaires des immeubles du centre-ville; l'augmentation du coût du chauffage; l'augmentation du coût de la démolition; la spéculation sur les immeubles en voie de détérioration sous l'impulsion du PAREL; les mises en chantier ailleurs sous l'impulsion du PALL et l'engorgement du marché locatif; le changement de propriétaire des immeubles de rapport et l'évolution des attentes et des projets des propriétaires; l'absence d'incitatifs pour la remise en état avant le PAREL; l'effet de dominos de l'abandon et de la détérioration des immeubles; une campagne d'application du code déclenchant la constatation que l'abandon des immeubles est en hausse.

15 Cependant, ces études ont été financées par la SCHL dans le cadre d'une étude nationale sur les démolitions, les conversions et les abandons.

16 La demande d'information au palier local a aussi été stimulée par le fait que Statistique Canada a entrepris de constituer des séries de données sur les démolitions et les conversions.

17 En outre, l'administration et l'évaluation des programmes fédéraux exigent que l'on tienne des statistiques de qualité égale pour toutes les parties du pays.

CHAPITRE DIX

La mesure des transitions du parc de logements

E.G. Moore et A. Skaburskis

LES LOGEMENTS NEUFS représentaient seulement 50 % de l'investissement en habitation au Canada en 1986, soit une diminution par rapport aux 69 % enregistrés en 1951; le pourcentage attribuable aux améliorations majeures était de 33 % en 1986, soit une augmentation par rapport aux 24 % de 1951 (tableau 5.1). À mesure que les modifications du parc de logements existants prennent de l'importance — qu'il s'agisse de conversions ou de reconversions, de dépréciation ou de rénovation, d'ajouts ou d'améliorations —, il en est de même du débat public concernant sa gestion. Les conversions et les reconversions modifient la taille et le nombre des logements qui constituent le parc. La dépréciation diminue la qualité des logements, tandis que les transactions normales du marché et la rénovation ont souvent pour effet de modifier les catégories de propriétaires. L'investissement pour des ajouts ou des améliorations ralentit ou inverse la détérioration du parc.

Le présent chapitre porte sur les « transitions » du parc. Par transitions, nous entendons des événements qui modifient le statut d'une entité matérielle donnée. Pour préciser encore davantage, nous étudions uniquement les transitions qui touchent les immeubles et les logements du parc existant. Pour un parc réparti en catégories définies d'après le mode d'occupation, la qualité et la valeur, les flux modifiant chacune de ces catégories au cours d'une période donnée contribuent à l'évolution de la répartition globale.

L'évolution du parc existant prend une importance accrue à mesure que ralentit la croissance démographique et que diminue le besoin d'un accroissement net de l'espace construit. L'augmentation des revenus entraîne une demande pour des logements comportant des caractéristiques différentes; la croissance du nombre de ménages à deux salariés accroît le désir de vivre dans le noyau central de la ville près du lieu de travail; et enfin, le report du premier enfant accroît l'importance de l'accès aux commodités du centre-ville. La pression en vue de modifier le parc existant s'amplifie et le nombre de transitions s'accroît par des mesures comme l'achat de vieilles maisons, la reconversion et l'ajout. Les transitions réagissent également aux grands courants de la demande découlant de l'évolution démographique; par exemple, le nombre croissant de ménages âgés

Tableau 10.1
Changements du mode d'occupation des propriétés :
Ville de Toronto, 1976–1985

Mode d'occupation du logement en 1976	Mode d'occupation du logement en 1985				
	Propriétaire	Propriétaire locataire	Locataire	Vacant	Total
Propriétaire	57 193	2 704	4 635	1 229	65 761
Propriétaire-locataire	10 132	11 069	3 104	328	24 633
Locataire	6 192	2 388	14 431	1 044	24 055
Vacant	1 746	295	1 335	401	3 777
Total	75 263	16 456	23 505	3 002	118 226

SOURCE : Service d'urbanisme de la ville de Toronto, 1986.

(qui d'ordinaire n'ont pas les moyens de consacrer beaucoup d'argent à l'entretien des lieux) accroît la demande d'aide gouvernementale pour le maintien de la qualité du parc de logements (en 1981, l'âge moyen des bénéficiaires urbains de prêts PAREL était de plus de 58 ans).

Au fil des ans, les transitions définissent l'évolution du parc. Les flux individuels indiquent les divers types de transaction (par ex. la conversion de maisons en rangée de l'occupation par le propriétaire à la location) qui contribuent au changement, et de ce fait peuvent éclairer le débat public. Par exemple, le tableau 10.1 présente le changement de statut de diverses propriétés de la ville de Toronto pour 1976 et 1985. Sur les 65 761 propriétés occupées par le propriétaire en 1976, 57 193 étaient occupées par le propriétaire en 1985, tandis que 2 704 étaient passées à une occupation mixte propriétaire-locataire. Sur les 118 226 propriétés qui continuaient à faire partie du parc au cours de cette décennie, 30 % avaient changé de mode d'occupation entre 1976 et 1985. L'effet net a été l'augmentation significative des logements occupés par le propriétaire et une diminution des logements occupés à la fois par des propriétaires et des locataires.

Le tableau 10.1 révèle que 41 % des propriétés à occupation mixte (propriétaire-locataire) en 1976 n'étaient plus occupées que par le propriétaire en 1985, tandis que 13 % ne l'étaient que par des locataires. L'intervention des pouvoirs publics peut modifier ces taux de transition. Par exemple, l'imposition d'un contrôle des loyers peut accroître le taux de transition de la location vers l'occupation par le propriétaire et réduire le taux de transition inverse. Cependant, l'effet net de ces changements dépendra à la fois du nombre de logements figurant au départ dans chacune des catégories d'occupation et des taux eux-mêmes.

Le rôle que jouent ces taux est également important pour l'analyse de la répartition future des caractéristiques du parc de logements. Si nous postulons que les taux demeurent constants sur plusieurs périodes successives, nous pouvons projeter les répartitions des caractéristiques des logements (propriété, qualité, taille et composition) au moyen des mesures markoviennes standard (Emmi 1984)[1]. Si nous pouvons toutefois préciser comment les interventions comme l'imposition du contrôle des loyers influencent l'évolution des taux de transition, nous pouvons créer des scénarios des caractéristiques des logements au moyen de modèles de simulation utilisant des évolutions plausibles des taux de transition.

Les transitions dans l'après-guerre

Pour étudier les tendances des transitions dans l'après-guerre, nous examinerons à tour de rôle chacun des trois types de changement de statut. Comme nous le verrons dans cette section, il existe de nombreux problèmes liés aux lacunes dans les données; ainsi, il arrive souvent que les données disponibles fournissent uniquement le nombre global de transitions plutôt que des renseignements sur leur nature.

LES CONVERSIONS

Pendant la Seconde Guerre mondiale, la migration a amené beaucoup de célibataires du centre du Canada dans les villes côtières. On a répondu à leurs besoins de logement en convertissant en garnis les grandes maisons des quartiers en voie de détérioration du noyau central de ces villes. L'étude de ces conversions révèle que plusieurs milliers de logements ont été ajoutés aux parcs de logements « collectifs » dans des villes comme Vancouver et Halifax. Ce parc est demeuré tout au long des années 50 et a fait l'objet de campagnes de mise en application du code du bâtiment dans les années 60. Une bonne partie de ce parc a été éliminée par la rénovation urbaine, les travaux publics et l'application des règlements sur la prévention des incendies et la sécurité.

En raison de l'évolution des revenus et du mode de vie, on a délaissé les anciens meublés, même si un plus grand nombre d'adultes vivaient à l'extérieur d'une cellule familiale. Un plus grand nombre de jeunes gens se sont mis ensemble pour partager un logement plus conventionnel. Des personnes non apparentées ont constitué des ménages et suscité une demande pour les petits logements des centres-villes. La demande de petits logements peu coûteux a connu une énorme augmentation à Vancouver au cours des années 60, tandis que la demande de chambres a presque disparu. Le parc des centres-villes a subi une transition majeure au cours de cette période en raison de l'évolution des normes et d'une aisance accrue.

Sur le plan national, quelle a été l'importance des conversions pour l'ensemble du parc? Les données nationales sur les permis de bâtir (Statistique Canada, n° 64-001 au catalogue, 1963–1983) fournissent une statistique qui indique le rapport entre les conversions du parc existant et la construction neuve. La figure 10.1 présente ce rapport sur une période de vingt ans pour l'ensemble du Canada et pour les régions métropolitaines de Halifax, Montréal, Toronto et Vancouver. Ce n'est là qu'une indication générale, mais elle révèle une augmentation spectaculaire de l'importance des conversions à la fin des années 70,

FIGURE 10.1 Rapport entre les conversions et la construction neuve en pourcentage : Canada et certaines villes, 1964–1982.

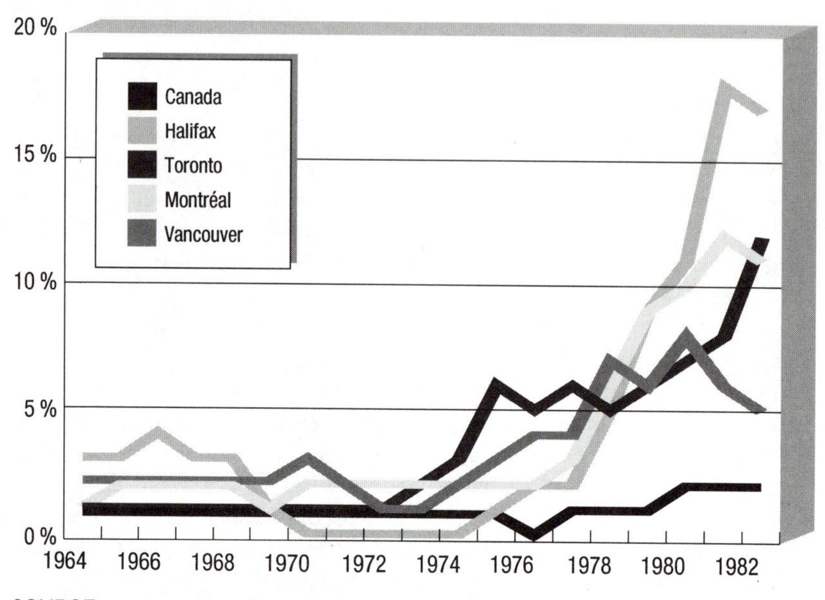

SOURCE : SCHL, totalisations spéciales.

particulièrement dans les vieilles zones métropolitaines où se concentrent les logements d'avant-guerre. Il s'agissait véritablement d'un phénomène urbain, car les taux pour l'ensemble du Canada n'ont augmenté que modestement au cours de cette période.

On peut évaluer dans quelle mesure les conversions modifient le parc d'après la figure 10.2, qui se fonde sur des données pour la ville de Toronto pour la période allant de 1976 à 1981. Bien qu'il y ait eu une perte nette constante de logements au cours de cette période, le nombre total de transitions a été substantiel chaque année. De petits changements proportionnels de certaines transitions suffiraient à produire des modifications considérables des composantes du changement net.

L'étude la plus détaillée de conversions comprenait quatre études de cas réalisées à Calgary, Montréal, Saint John, Toronto et Vancouver (Vischer Skaburskis, Planners 1979a). Cette étude a révélé que la conversion dépend fortement de la nature du parc local de logements. À Calgary, par exemple, le nombre des conversions a été restreint du fait que la plupart des vieilles propriétés étaient petites et ne permettaient pas la subdivision, ce qui est un net contraste avec la situation qui prévaut dans certaines parties de la ville de Toronto.

FIGURE 10.2 Dynamique du parc de logements occupés : ville de Toronto, 1976–1984.

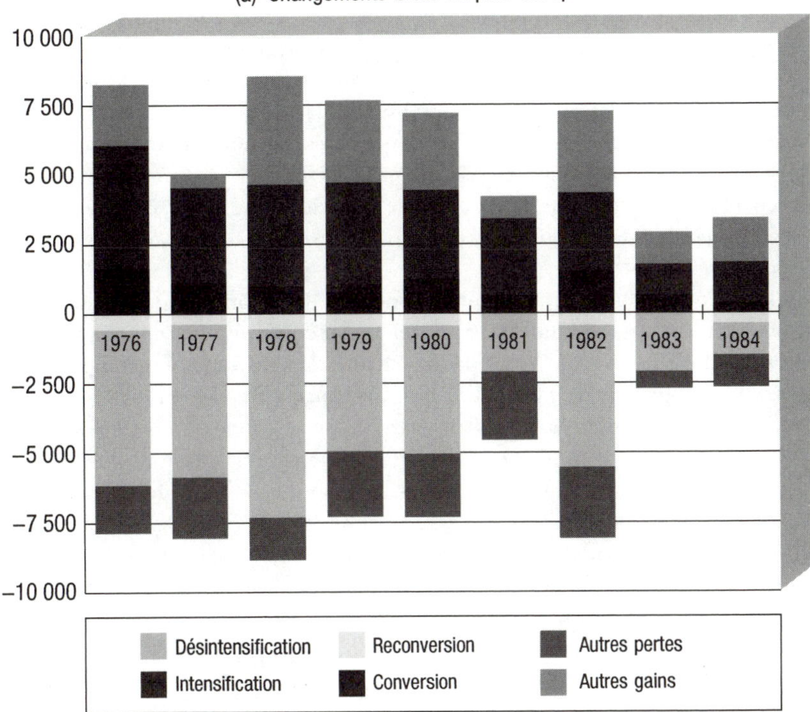

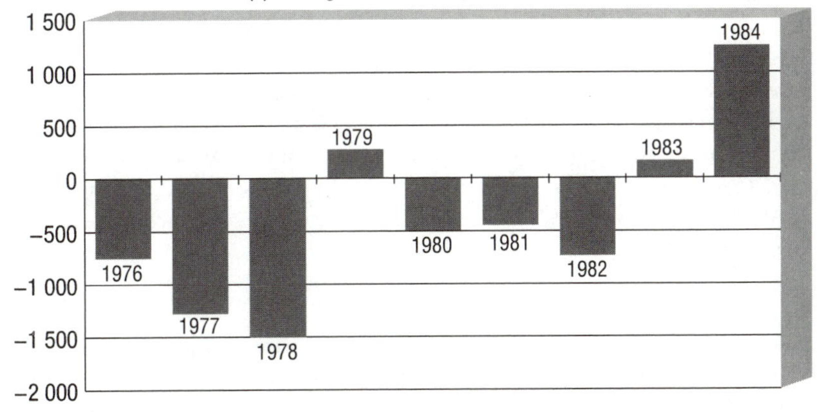

SOURCE : Ville de Toronto, Service d'urbanisme, totalisations spéciales.

Il faut en conclure que l'analyse doit s'enclencher à l'échelle de chacun des marchés de l'habitation; les totalisations sur plusieurs marchés, au moins de prime abord, peuvent masquer les effets de certaines interventions publiques au lieu de les préciser.

Il y a eu beaucoup de conversions aussitôt après la Seconde Guerre mondiale; il s'agissait de transformer en garnis des vieilles maisons de grande taille (surtout à Vancouver) ; par la suite, le nombre des conversions a chuté de façon spectaculaire en raison des efforts considérables faits pour accroître la construction neuve. Ce n'est que dans les années 70 que la conversion a repris; d'une part, les pressions à la hausse sur les prix des maisons forçaient certains propriétaires à répercuter sur un locataire les coûts de propriété tandis que, d'autre part, le réaménagement des centres-villes concurrençait sur le plan économique la construction neuve.

Les « conversions neuves » sont un problème important, surtout à Vancouver et à Calgary. Il s'agit d'immeubles nouvellement construits qui sont convertis en plusieurs logements avant l'occupation; ce phénomène traduit l'incompatibilité entre le zonage actuel et le désir de la part du propriétaire ou du promoteur d'obtenir une densité plus grande et, partant, un rendement plus élevé sur leur investissement. Ce phénomène soulève des problèmes d'inspection et de mise en application; en outre, il faut du temps pour apporter les corrections nécessaires à l'inventaire des propriétés de la ville.

En ce qui concerne le parc existant, le problème est de nouveau principalement celui de l'incompatibilité entre les règlements de zonage ou autres et les exigences du marché, qui mène à des conversions illégales et fournit de mauvais renseignements concernant l'adaptabilité du parc. À Saint John, le fait que les logements en location soient imposés à un taux plus élevé que les maisons individuelles pour propriétaires-occupants incite à ne pas signaler les conversions. À Toronto, le développement du mini-studio illégal traduit à la fois la réaction à des contrôles rigoureux sur les maisons de chambres compte tenu d'une forte demande de logements pour célibataires et le désir de contourner les exigences en matière de stationnement imposées dans de nombreux quartiers du centre-ville. De nombreux logements s'ajoutent aux parcs, mais ceux-ci sont également destinés à un groupe socio-démographique particulier et les grands logements qu'ils remplacent ne sont plus disponibles pour d'autres groupes à faible revenu comme les couples sans enfant et les petites familles. Ce qui porte à croire qu'une mesure quelconque de la taille des logements pourrait être particulièrement importante pour évaluer les effets de la conversion sur l'offre de logements pour certains groupes au sein de la ville.

CHANGEMENT DE MODE D'OCCUPATION

Bon nombre de conversions ou d'autres modifications ou améliorations s'accompagnent d'un changement du mode d'occupation. Une bonne partie des conversions du début de l'après-guerre portaient sur la transformation de maisons individuelles pour propriétaires-occupants en plusieurs appartements en location et, dans certains cas (surtout à Vancouver) en meublés. Dans le cas de la poussée subséquente des conversions, toutefois, on a assisté à une augmentation des transitions dans l'autre sens, c'est-à-dire des logements locatifs qui redevenaient occupés par des propriétaires. Entre 1971 et 1981 il y a eu une baisse légère mais généralisée de la proportion des logements locatifs, particulièrement en ce qui concerne les maisons individuelles.

Les petits changements nets de la proportion des logements locatifs sont toutefois l'effet d'une situation plus dynamique, comme nous l'avons indiqué ci-dessus pour Toronto au tableau 10.1. Dans cet échantillon, 30 % des logements ont subi une modification du mode d'occupation et il y a eu des déplacements importants de l'occupation mixte propriétaire-locataire à l'occupation par le seul propriétaire. Comme Steele et Miron (1984) l'ont soutenu, la croissance des conversions en copropriété et autres passages de la location à l'occupation par le propriétaire reflètent l'augmentation des revenus, particulièrement chez les familles urbaines à deux gagne-pain, accompagnée du désir de l'accession à la propriété, le fait que les avantages fiscaux de la propriété augmentent avec l'inflation, l'imposition du contrôle des loyers et les pressions générales du marché en vue du réaménagement. Pour procéder à une analyse plus rigoureuse, il nous faudrait montrer comment dans des cas précis les taux de transition ont évolué sous l'influence d'un facteur donné. Sans un inventaire systématique, il est difficile d'évaluer les effets directs et indirects des interventions publiques. S'il est possible de montrer que l'imposition directe de certains contrôles pour la conversion en copropriété, par exemple, réduit le nombre de certaines sortes de transition, il est par contre difficile de préciser comment le parc pourrait dans d'autres régions ou d'autres secteurs s'adapter aux pressions du marché qui en découleraient.

LES CHANGEMENTS DE QUALITÉ

Les changements de la qualité du logement découlent de quatre facteurs : l'ajout de nouveaux logements de meilleure qualité, la démolition des logements de mauvaise qualité, la détérioration progressive du parc et l'investissement dans des améliorations. Malheureusement, il n'y a guère de données empiriques permettant de mesurer ces transitions. Par exemple, on soutient souvent que la rénovation urbaine n'a pas réussi à éliminer les logements les plus pauvres, mais il n'existe aucune donnée permettant de préciser le rythme auquel les logements de diverses qualités ont été retirés de l'ensemble du parc dans une ville donnée. Les données dont nous disposons se concentrent sur deux questions : les effets nets des quatre facteurs réunis et la somme d'investissements dans le parc existant, dont on suppose que les effets sont positifs.

En ce qui concerne la première question, les preuves de l'amélioration globale de la qualité sont évidentes. Même s'il y a eu controverse sur les mesures de la qualité dans les déclarations des recensements de 1951 et 1961 (voir Dennis et Fish 1972, 42), l'enquête sur le logement réalisé en 1971 par la SCHL a révélé que le nombre de logements qui avaient besoin de réparations importantes était passé de 545 000 en 1945 à 118 000 en 1970. Une amélioration semblable a été signalée en ce qui concerne le pourcentage des logements comportant les installations de base comme l'eau courante, les toilettes avec chasse d'eau et des salles de bain et cuisines séparées. Relativement au nombre, l'effet sur la qualité globale provenait principalement des ajouts et des éliminations plutôt que de l'investissement dans les améliorations. Cependant, à mesure que les principales carences étaient réduites, ou entreprenait de s'attaquer à la détérioration progressive.

Depuis 1944, la Loi nationale sur l'habitation a pour but de « favoriser la construction de nouvelles maisons, la réparation et la modernisation de maisons existantes, ainsi que l'amélioration des conditions de logement et de vie ». Pourtant, pendant un quart de siècle, les sommes effectivement dépensées aux termes de cette loi allaient relever principalement des programmes de construction neuve, et même les dispositions concernant la rénovation urbaine ont été surtout interprétées comme signifiant l'élimination des taudis (Dennis et Fish 1972). La principale mesure fédérale dans le domaine de la remise en état consistait à garantir des prêts consentis par des prêteurs agréés pour l'amélioration de maisons. Parmi les gouvernements provinciaux, seulement celui du Québec s'est montré intéressé à mettre au point ses propres mesures de remise en état.

Ce n'est qu'avec la mise en œuvre du PAREL en 1973 que le gouvernement fédéral s'est lancé directement dans le domaine des subventions et des prêts pour la remise en état. Les dépenses du PAREL ont connu une croissance rapide tout au long des années 70, pour atteindre un sommet en 1983 avant de diminuer par la suite (figure 10.3). À la différence des conversions, qui sont un phénomène essentiellement urbain, les remises en état subventionnées sont devenues progressivement plus importantes dans les petites villes et les régions rurales, particulièrement au Québec. En 1975, c'est-à-dire la première année complète d'application du programme, 91 % des prêts tant pour propriétaires-occupants que pour logements locatifs ont été consentis dans des régions urbaines; en 1981, 67 % des prêts pour propriétaires-occupants et 22 % des prêts pour logements locatifs, représentant 58 % de la valeur totale des prêts, ont été consentis dans des régions rurales. Dans le secteur dominant des propriétaires-occupants, 44 % des prêts ont été consentis au Québec. Même si le PAREL met l'accent sur la composante rurale, il est probable que l'activité de rénovation soit sous-estimée davantage dans les régions rurales que dans les régions urbaines, en raison de la plus forte incidence de la mise de fonds en travail dans ces régions.

La question de savoir dans quelle mesure ces programmes ont permis d'améliorer la qualité n'est pas encore résolue. En général, il ne fait aucun doute que l'argent a été attribué aux bons groupes-cibles et dépensé pour des travaux de qualité acceptable; néanmoins, la moitié des logements PAREL pour propriétaires-occupants et plus de 40 % des logements locatifs comportaient encore des éléments de qualité insuffisante après la fin des travaux (SCHL 1986c). Puisque les propriétaires âgés constituent le principal groupe bénéficiaire, on peut aussi se demander si les prêts permettent une amélioration réelle de la durée de vie

FIGURE 10.3 Logements PAREL selon les secteurs urbains ou ruraux et le mode d'occupation : Canada, 1974–1985.

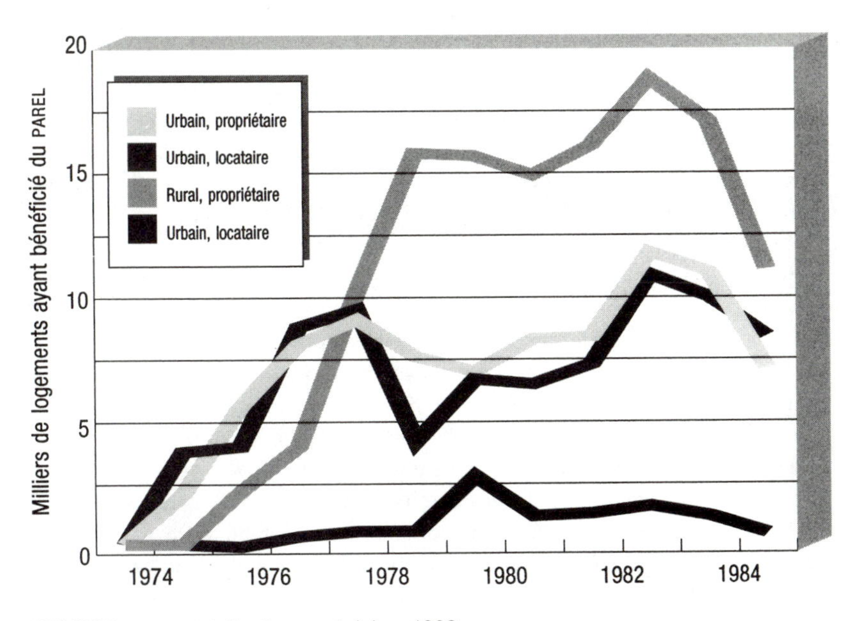

SOURCE : SCHL, totalisations spéciales, 1986.

prévue du logement ou ne font que reporter à une date ultérieure les dépenses d'entretien futures. Pour pouvoir évaluer ces conséquences à long terme, il faudrait produire des séries de données appropriées avec une composante longitudinale.

Par ailleurs, la transition vers une meilleure qualité contraste avec la détérioration progressive du parc. Bon nombre des études antérieures de l'évolution de la qualité portaient sur le principe du « filtering down » qui découle du « processus observable par lequel un logement occupé par un ménage à revenu élevé voit sa valeur diminuer et est transmis à un ménage dont le revenu est moins important » (Davies 1978). Cette notion porte donc à la fois sur l'évolution de l'état des lieux et de l'occupation et aurait des avantages positifs de redistribution (Sharpe 1978). Cependant, rares sont ceux qui ont examiné les changements qui se produisent effectivement dans les immeubles, soit la détérioration, la désuétude et les changements de valeur qui se produisent pour un immeuble donné dans un endroit donné. On a souvent accepté sans réserve le principe du « filtering down » et on a procédé à des analyses au moyen de modèles de simulation fondés sur des données insuffisantes. À la fin des années 60, les études sur ce processus étaient à la mode et les spécialistes tentaient de décrire et d'expliquer ce processus par lequel le parc se détériore, processus associé au départ des occupants à revenu élevé qui sont remplacés par des occupants à faible revenu. Ces études manquaient généralement de données empiriques et avaient souvent recours à une démarche globale et écologique fondée sur des données du recensement sur la valeur des logements (Maher 1974). Cette carence s'expliquait en partie par le coût de la mise en place d'un bon système de comptabilité, en partie par les délais nécessaires pour mettre au point une série de données de même que par l'engagement des spécialistes et des décideurs qui étaient leurs clients à l'égard des processus du marché et des systèmes de répartition. Le « filtering down » devait fonctionner correctement. C'était la seule façon dont le marché pouvait offrir des logements à la plupart des gens et, s'il ne l'avait pas fait, l'efficacité des marchés du logement aurait été mise en doute. L'engagement idéologique envers le principe du « filtering down » favorisait l'étude théorique de son efficacité.

Il existe maintenant de fortes indications voulant que même le mouvement vers le bas qu'implique cette théorie n'a pas de fondement empirique. L'augmentation des revenus, la diminution de la taille des ménages et l'évolution des préférences en ce qui concerne l'emplacement ont amené des reconversions et la régénération des vieux quartiers. Le « filtering down » ne produit plus un excédent d'offre de logements à bon marché. L'inversion du processus dans de nombreux quartiers (Laska et Spain 1980) illustre la stabilité du parc et son adaptabilité; en même temps, elle réduit l'offre de logements pour les ménages à faible revenu, les riches et les pauvres se livrant un combat déterminé d'avance quant à savoir quels dollars feront le mieux progresser le marché. La conception du « filtering down », d'inspiration idéologique, selon laquelle les pauvres obtiennent de meilleurs logements grâce aux lois du marché, n'est plus soutenable et nous force à réexaminer les hypothèses du passé.

Les données

Quand on parle de la façon de mesurer « le progrès » dans le domaine du logement ou d'évaluer les effets des interventions publiques, on ne se prive jamais de mentionner les lacunes des données. À plus forte raison peut-on le faire dans le cas des transitions. Comme d'autres l'ont soutenu (Moore et Clatworthy 1978; Moore 1980) il y a un rapport étroit entre les sortes de données recueillies et leur qualité et les questions de fond auxquelles peuvent s'attaquer la planification ou les politiques.

Avant l'élaboration et l'utilisation de systèmes d'information axés sur les propriétés, il y avait trois sources principales de données pour les études de la dynamique du logement : 1) les recensements du début et du milieu de chaque décennie qui pouvaient fournir des estimations des conversions au moyen de la méthode des résidus (Skaburskis 1979); 2) les données factuelles — surtout les permis de bâtir, les dossiers des prêts pour la remise en état ainsi que les données sur les ventes et les reventes — qui fournissaient directement les données sur le changement (par ex., une série de Statistique Canada, n° 64-001 au catalogue, la série annuelle des statistiques du logement de la SCHL; Morrison 1978) et

3) les dossiers d'évaluation (McCann 1972) et les répertoires des villes (Peddie 1978). Chaque source a ses limites en ce qui concerne la fiabilité, l'orientation et le champ d'observation (Vischer Skaburskis, Planners 1979a), bien que l'usage judicieux de ces sources puisse donner une certaine idée de la dynamique.

L'étude de Vischer Skaburskis, Planners (1979a) portant sur les conversions dans cinq grandes villes constitue un bon exemple des problèmes que posent les données. Les auteurs ont fait face à de graves problèmes lorsqu'ils ont voulu mesurer les conversions dans chacune des villes, bien que ces problèmes soient généralement aggravés dans les quartiers à haute densité du noyau central des villes. Les permis de construire sont la principale source de données; souvent, le permis n'énonce pas les travaux à faire, ce qui rend difficile de constater si l'on aménage de nouveaux logements. Il y a des incompatibilités entre les dossiers des diverses villes selon qu'ils sont axés sur les logements ou sur les propriétés. Enfin, étant donné que de nombreuses conversions, particulièrement l'ajout d'appartements en sous-sol, sont illégales, il est difficile de faire pleinement confiance à bon nombre des statistiques sur les conversions. Par exemple, en 1978, il existait à Vancouver une liste de plus de 6 000 propriétés ayant fait l'objet de conversions illégales; à Calgary, des logements neufs à peine terminés étaient illégalement transformés en duplex ou en quadruplex, alors qu'ils avaient été conçus pour une densité de population plus faible. Ce problème d'enregistrement demeurera et il faudra en évaluer l'effet, peu importe le système de collecte de données, informatisé ou non.

Dans l'ensemble, les statistiques publiées ne nous renseignent pas tellement sur la dynamique du changement. Le tableau 10.2 donne des exemples tirés des statistiques de la SCHL sur les conversions, par province. Une équation simple relierait le stock pour chacune des années successives (S_t, S_{t+1}) et le nombre des achèvements (C), des démolitions (D) et des conversions (V); en d'autres termes $S_{t+1} = S_t + C - D - V$. Pourtant, quand cela est fait, il y a une erreur résiduelle (R) qui révèle dans quelle mesure l'équation n'est pas établie chaque année. Le tableau 10.2 montre non seulement que cette erreur résiduelle est considérable par rapport au nombre enregistré de conversions, mais aussi que l'erreur relative augmente si l'on distingue les maisons individuelles des logements collectifs. En outre, même l'orientation de l'erreur s'est modifiée au cours des années 70, le nombre de maisons individuelles étant surestimé avant 1976 et sous-estimé par la suite, à mesure que ralentissaient les reconversions.

Le problème qui se pose est le suivant : sans un engagement plus ferme à mesurer les transitions du stock, plutôt que les répartitions marginales, comment pouvons-nous identifier les mécanismes qui contribuent au changement? En outre, nous ne pouvons évaluer les conséquences à long terme de la dynamique actuelle non plus que les effets d'intervention dont la fonction principale (à distinguer de l'intention) est de modifier les taux de transition plutôt que les répartitions qui en résultent.

Tableau 10.2
Conversions de maisons individuelles en logements multiples et erreur résiduelle des statistiques fédérales de logement

		Erreur résiduelle des comptes de logements		
	Conversions	Maisons individuelles	Logements multiples	Total des logements
	(a) par province, 1980			
Terre-Neuve	44	1 386	−713	673
Île-du-Prince-Édouard	0	3	−142	−139
Nouvelle-Écosse	209	906	−1 088	−182
Nouveau-Brunswick	141	635	304	939
Québec	1 072	9 871	−3 222	6 649
Ontario	576	9 740	−12 730	−2 990
Manitoba	5	695	−1 219	−524
Saskatchewan	11	1 585	−2 461	−876
Alberta	94	5 892	−4 444	1 448
Colombie-Britannique	376	2 955	−3 955	−1 000
	(b) pour le Canada, 1971–1980			
1971	1 605	−6 598	8 447	1 849
1972	2 321	−13 222	12 134	−1 088
1973	2 441	−15 759	13 202	−2 557
1974	3 417	−17 678	12 168	−5 510
1975	2 073	−15 934	11 577	−4 357
1976	1 931	28 843	−25 684	−3 159
1977	2 242	49 061	−50 471	−1 410
1978	2 137	42 062	−52 368	−10 306
1979	2 442	44 122	−42 245	1 877
1980	2 528	33 668	−29 670	3 998

SOURCE : Totalisations spéciales de la SCHL, 1971–1981.

L'élaboration d'un système d'inventaire

Si l'on veut améliorer la mesure et le suivi des transitions, il faut relever deux défis connexes : (1) mettre au point des méthodes de mesure des transitions permettant de suivre le changement à diverses échelles spatiales et pour divers segments du marché du logement, dans un cadre temporel qui convient à l'analyse des effets des politiques publiques; (2) élaborer un cadre théorique permettant d'intégrer les conversions de logements, les changements de mode d'occupation et les investissements pour des améliorations résidentielles dans une théorie plus générale des rapports de l'offre et de la demande en matière de logement.

Ces deux défis sont interdépendants car, d'une part, on ne saurait concevoir des méthodes appropriées de mesure et de collecte des données sans avoir une idée des catégories théoriques pour lesquelles ces données sont nécessaires tandis que, d'autre part, l'élaboration de la théorie dépend de la disponibilité des données sur la nature et l'importance des transitions dans le stock de logements.

À l'échelon local, une étape importante consiste à mettre en place un ensemble de statistiques du logement qui permettent de mesurer les stocks et les flux dans le marché du logement (Byler et Gschwind 1980). C'est à ce niveau qu'il convient de recueillir ces données, car l'inadéquation entre l'offre, qui est en grande partie immobile à court terme, et la demande, se produisent au palier local et le « progrès » se définit essentiellement par la capacité de favoriser une utilisation plus efficace du parc (Merrett et Smith 1986).

Plusieurs des instruments qui servent à susciter le changement dans le parc local de logement, comme les règlements de zonage, les permis de construire et les inspections, s'appliquent au palier local et fournissent même des indications sur les quartiers, les types de construction et le mode d'occupation. Si l'on veut évaluer l'efficacité d'interventions locales particulières, il faut contrôler l'évolution du parc tant avant qu'après l'intervention; en particulier, il faut souvent évaluer les types de transitions suscitées par un nouvel ensemble de contrôles, de règlements ou de mesures incitatives. Pour pouvoir entreprendre de telles évaluations, il faut disposer de bases de données appropriées où l'on puisse retrouver les transactions pertinentes.

Un corollaire important de cette façon de voir l'intervention locale est qu'il faut constituer les statistiques du logement « de bas en haut »; le fondement du système d'inventaire doit comprendre des recensements locaux efficaces capables d'assurer le suivi du changement au palier local. Si l'on veut produire des recensements globaux pour des entités régionales plus considérables, il faut disposer de recensements uniformes d'un gouvernement local à l'autre. Les organismes centraux, fédéraux ou provinciaux, ont un rôle essentiel à jouer puisque l'uniformité dépend de la mise en place de normes précises et rigoureuses pour tout un éventail de mesures (Bayler et Gschwind 1980). Ce sont les organismes centraux qui doivent s'occuper d'établir ces normes.

La tâche de constituer un ensemble cohérent de recensements n'est réalisable qu'avec la technologie informatique moderne. Les nombreuses transactions effectuées chaque année, même dans un marché de taille modeste, ne peuvent être traitées, pour la plupart des gouvernements locaux, sans installations informatiques. Pour pouvoir combiner les recensements de plusieurs municipalités, il faut non seulement avoir accès à des ressources informatiques plus considérables, mais aussi uniformiser l'ensemble des problèmes de définition. Il est peu probable qu'on y parvienne sans l'intervention d'un organisme central comme la SCHL.

Tout inventaire exige que l'on définisse les unités d'observation et les catégories où ces unités peuvent être rangées à un moment donné (Byler et Gale 1978). Dans le cas du logement, il y a plusieurs possibilités, qui sont fonction de diverses préoccupations. Par exemple, si l'on veut analyser l'évolution de la qualité, le plus facile est de prendre le logement comme unité d'observation de base, tandis que si l'on s'intéresse à la conversion physique, il convient d'utiliser l'immeuble ou la propriété. Deux facteurs militent en faveur de l'utilisation de la propriété comme point de départ de la comptabilité. Tout d'abord, la plupart des décisions en matière d'investissement se prennent à l'égard de la propriété plutôt que du logement et c'est pourquoi cette démarche semble préférable sur le plan théorique. Deuxièmement, l'élément de base des systèmes locaux d'information est le fichier de l'évaluation ou des propriétés.

La façon dont on pourrait établir les statistiques dans l'avenir commence à se préciser. Un certain nombre de villes et de régions ont mis au point des systèmes informatisés de données sur les propriétés (Mclaughlin et autres 1985; McMaster 1985; Nuttall et Korzenstein 1985). À ce jour, toutefois, ces systèmes ont été utilisés plutôt à des fins administratives qu'à des fins de planification, car c'est ainsi que l'on semble obtenir le plus de bénéfices immédiats. Chaque système, tout en tirant parti d'innovations techniques à caractère général, est adapté aux besoins locaux. Il n'y a encore que peu de définitions dont l'acceptation soit générale et qui puissent assurer la comparabilité des données d'une municipalité à l'autre et constituer le point de départ d'une bonne harmonisation. Qui plus est, les besoins des systèmes administratifs ne garantissent pas nécessairement la qualité des données à des fins de planification. Ce n'est qu'en faisant la preuve de l'utilité, dans la prise de décisions, des données tirées de diverses sources que l'on peut en améliorer la fiabilité. Pour mettre au point des statistiques efficaces, il ne suffit pas d'une technologie; il faut aussi l'infrastructure nécessaire pour fournir des intrants fiables à cette technologie.

Mais pourquoi ce besoin de données statistiques plus détaillées? La montagne de statistiques que produisent actuellement les organismes fédéraux, provinciaux et municipaux devrait bien suffire à la prise de décisions. Aussi longtemps que l'on veut accroître l'offre de logements pour répondre à une demande croissante dans une conjoncture économique et démographique expansionniste, les statistiques actuelles suffisent probablement. Ce scénario de croissance a dominé la plus grande partie des années 50 et 60; cependant, dans les années 70, surtout à la fin de la décennie, l'évolution des caractéristiques démographiques du pays, s'ajoutant à un ralentissement de l'économie, a produit une conjoncture où les ajustements des stocks existants prennent une plus grande importance. C'était particulièrement le cas dans les régions métropolitaines; ce phénomène était important en lui-même mais aussi, ce qui est peut-être plus significatif, relativement aux politiques publiques.

La croissance démographique ayant ralenti, celle des ménages a été soutenue par une tendance accrue, tant chez les jeunes que chez les personnes âgées, à vivre seul, s'ajoutant à des taux croissants de séparation et de divorce (Miron 1988). En même temps, à mesure que croissait la demande de petits logements, l'augmentation du nombre des familles à deux revenus a entraîné un écart grandissant dans la répartition des revenus au pays; le revenu moyen s'est élevé, par ailleurs la proportion de la population qui éprouve des difficultés financières a augmenté. Nous voyons donc à la fois une demande accrue de certaines formes de propriété, comme la copropriété, et des pressions plus nombreuses pour assurer un logement convenable aux ménages à faible revenu.

Les écarts entre les conditions de logement d'un endroit à l'autre démontrent que les statistiques globales pour une région ou pour le pays décrivent souvent très mal ce qui se produit dans telle ou telle agglomération; chacune doit avoir ses propres données en vue de la prise de décisions locales. Non seulement les pressions démographiques et ouvrières ont-elles été surtout ressenties dans les régions métropolitaines, mais les taux de croissance, l'augmentation du prix des maisons et la possibilité d'adaptation du parc de logements varient considérablement d'une ville à l'autre. Par exemple, les villes neuves comme Calgary ont beaucoup moins de grandes maisons d'un certain âge susceptibles d'être converties en plusieurs logements (Vischer Skaburskis, Planners 1979a). Comme le montre la figure 10.3, le parc rural subit lui aussi une évolution, bien qu'elle diffère quelque peu de celle de la ville, puisque la mise de fonds en travail est plus considérable dans ces régions.

Mesurer le progrès exige plus de raffinement maintenant qu'au cours des périodes antérieures de croissance. À l'échelle nationale, le progrès est essentiellement la somme des réussites et des échecs locaux, car un gain global suppose qu'une perte ou une lacune en un endroit peut être compensée par un gain ailleurs. Au moins en partie, le progrès doit être mesuré grâce à l'élaboration d'instruments qui facilitent l'adaptation précise entre l'offre et la demande de logements dans des endroits déterminés, car le marché évolue rapidement et la mobilité ne peut résoudre les états de déséquilibre.

Le progrès, au sens défini ci-dessus, dépend essentiellement d'une meilleure compréhension du rapport entre la souplesse ou l'adaptabilité du parc et les rapports entre l'offre et la demande dans les divers marchés du logement. À l'heure actuelle, c'est surtout à titre officieux que l'on peut évaluer si telle ou telle stratégie d'intervention, comme le PITRC, le PCRM ou les programmes provinciaux de conversion en logements locatifs sont efficaces; pour que les décideurs puissent déterminer si tel ou tel règlement, de zonage ou autre, produit les effets souhaités (ou des effets non désirés), il faut s'astreindre à des mesures plus rigoureuses sur des périodes plus longues.

Les politiques publiques et le recensement des logements

Les gouvernements locaux doivent faire face à l'évolution des besoins de logements et à l'inadéquation entre l'offre et la demande à l'échelle locale. Pour bon nombre de questions, les mesures nettes sont tout simplement trompeuses. Les gouvernements locaux ont besoin d'une base solide pour faire le suivi des transitions du parc et pour identifier les éléments constitutifs du changement. En outre, les modifications du parc existant acquièrent progressivement une importance plus considérable, bien qu'à des degrés divers selon les endroits. Nous devons mieux comprendre les mécanismes des conversions physiques et de l'investissement pour des améliorations ainsi que les types d'intervention qui favoriseront une utilisation efficace du parc de logements. Même les enquêtes à grande échelle, comme celle qui a été entreprise dans le cadre de l'évaluation des stratégies d'aménagement communautaire (en 1952) du programme américain de subventions gouvernementales aux collectivités, n'ont pas été concluantes, car en vérité les enquêtes ne peuvent tout simplement pas révéler la diversité des milieux locaux en interaction avec la gamme étendue des interventions possibles sur le plan local.

Une des voies d'avenir consiste à mieux intégrer le contrôle, l'évaluation des effets des programmes et l'analyse détaillée de la dynamique du logement dans les divers marchés. Cela suppose aussi une normalisation suffisante pour permettre la collecte et l'assemblage de certaines données. On s'est déjà engagé dans cette voie en plusieurs endroits. Il faut maintenant harmoniser les directives sur certaines questions, comme des définitions communes des catégories de logement, des façons de relier les données sur les logements et les propriétés et des mécanismes pour améliorer la qualité des données sur les permis de construire. Ce n'est que lorsque les données seront comparables que l'on pourra analyser d'un endroit à l'autre et en tout temps les rapports entre les interventions et les paramètres des comptes.

Pour mieux faire face aux inéquations localisées entre l'offre et la demande, les gouvernements locaux doivent pouvoir définir dans quelles conditions certains contrôles (comme des changements de zonage ou l'application rigide du code) ou certains incitatifs (comme des subventions pour la remise en état) sont efficaces. À l'heure actuelle, ni la théorie ni les méthodes d'enquête ne peuvent y parvenir d'une façon rentable et pratique. L'amélioration des méthodes de mesure a eu un effet sur la théorie et la pratique dans la plupart des secteurs de l'activité scientifique. Les concepts économiques sur le comportement des ménages, par exemple, ont été révolutionnés par les enquêtes à grande échelle menées auprès des ménages, qui ont abouti dans les années 60 à des progrès de la modélisation du déséquilibre (Hanushek et Quigley 1978), tandis qu'aux États-Unis l'élaboration de l'enquête sur le revenu et la participation aux programmes a eu des effets sur les théories du comportement des familles et des ménages. Pour améliorer les théories de la dynamique du logement et des effets de l'intervention sur le parc, les spécialistes ont besoin de données sur les comptes de logement; les gouvernements locaux ont besoin des mêmes données pour la gestion quotidienne du parc. Quant aux gouvernements provinciaux et fédéral, leur principale préoccupation devrait être d'améliorer la répartition des deniers publics et de s'assurer que les politiques et les interventions soient adaptées au problème de gestion du parc.

Les organismes centraux peuvent jouer un rôle important dans la mise au point du recensement des logements. Ils peuvent venir en aide aux municipalités pour l'élaboration des systèmes, encourager l'adoption de définitions et de normes communes et favoriser les demandes de fonds des gouvernements locaux utilisant un système d'inventaire des conditions locales de logement et de leur évolution. Il faut espérer que les organismes fédéraux et provinciaux du Canada entreprendront de telles initiatives.

Notes

1 Dans le cas de Toronto, si la structure des transitions demeurait constante pour un avenir indéfini, en fin de compte 71 % des propriétés seraient occupées par le propriétaire, 18 % par des locataires, 9 % à la fois par des propriétaires et des locataires et 2 % seraient inoccupées.

CHAPITRE ONZE

Les formes d'habitations et l'utilisation de l'espace intérieur

Deryck W. Holdsworth et Joan Simon[1]

DANS L'APRÈS-GUERRE, les habitations des Canadiens évoluent surtout à trois égards : la taille de la maison unifamiliale de banlieue et le plan des lotissements; la proportion accrue des habitants des immeubles à haute densité et, de plus en plus, de grande hauteur; la diversité, la quantité et la complexité des programmes de logement social. Dans chaque cas, il existe de légères variantes entre les diverses régions du pays, mais en général les innovations et les normes mises au point dans la région de Toronto ont servi de modèles pour l'ensemble du Canada (à l'exception d'une variante de la côte Ouest qui s'est répandue de Vancouver dans les Prairies et de la persistance d'un style montréalais de duplex).

Les changements des formes d'habitations peuvent se répartir sur quatre grandes périodes : la crise du logement, de 1945 au début des années 50; du début des années 50 jusqu'en 1961, une phase de mise en place de l'industrie moderne de la construction résidentielle; dans les années 60, une période où l'industrie réalisait ses objectifs avec assurance; enfin, une phase de repli commençant au début des années 70. Lorsqu'on passe en revue les changements distinctifs et évidents de forme et d'apparence de trois types d'habitations sur quatre périodes, il est intéressant de constater dans quelle mesure 1) les modèles britanniques, américains et canadiens ont servi d'inspiration au cours de ces années; 2) le cadre institutionnel et bureaucratique de la SCHL a parfois favorisé, parfois empêché l'évolution des formes; et 3) les changements démographiques et les modifications du mode de vie se reflètent dans les changements des formes d'habitations ou sont influencés par ceux-ci.

Les principales caractéristiques du parc d'avant 1945

Si l'on veut étudier les progrès réalisés dans l'après-guerre, il importe de commencer par le parc de logements et les attitudes que nous a léguées la première partie du XXe siècle. Les ajouts et les changements ne se produisent pas dans le vide, que ce soit localement ou dans le contexte international. Dans le Canada d'avant la Crise, le parc de logements urbains est dominé par un cadre de vie familial dans des maisons individuelles, de plus en plus souvent en banlieue

(Doucet et Weaver 1985; Holdsworth 1977, 1986; Marson 1981; Spelt 1973). Il pouvait s'agir de cottages ou de petites maisons, ou encore de grandes maisons de deux étages et de quatre chambres à coucher; elles pouvaient être bâties sur un petit terrain de 7,6 mètres (25 pieds) de façade ou sur une vaste pelouse de 18,3 mètres (60 pieds); elles pouvaient être à proximité du lieu de travail ou exiger un déplacement en tramway ou en automobile. Les immeubles de rapport et les garnis constituaient le noyau central des villes; le parc de maisons victoriennes commençait à devenir insuffisant en raison du surpeuplement ou des conversions; néanmoins, la plupart des Canadiens imaginaient la maison idéale comme un coquet bungalow entouré de ses propres jardins qui servaient de douves physiques et psychologiques. Des terrains bon marché à la lisière des villes, accessibles par un réseau routier en plein développement, mettaient cet idéal à la portée de la plupart même si, pour certains, l'habitation était rudimentaire et n'était achevée qu'au prix du travail de son propriétaire (Harris 1987). Seuls quelques citadins canadiens voyaient dans les tours d'habitation une option acceptable. La plupart des occupants des immeubles d'appartements des années 10 et 20 étaient célibataires et le plus souvent des employés de bureau qui travaillaient au centre-ville; les zones d'appartements de Vancouver, Toronto et Montréal empiétaient sur d'anciens quartiers aisés de l'époque victorienne abandonnés en faveur des nouvelles banlieues (McAfee 1972).

Dans les campagnes, avant 1945, plusieurs générations d'habitations populaires et vernaculaires s'étaient accumulées pour constituer un parc architecturalement riche et varié. C'est la région des Prairies qui comptait le plus d'habitations marginales; bon nombre des maisons n'étaient guère plus que la première habitation des colons, construite en attendant une prospérité qui n'était jamais venue. Dans les secteurs d'extraction des ressources, les maisons de compagnie étaient la norme et, compte tenu du caractère éphémère de bon nombre de ces agglomérations, n'innovaient ni par le style, ni par le confort.

Tout au long du XXe siècle, la conception des maisons a été conditionnée par le fait que l'industrie de la construction résidentielle s'intéressait surtout au lotissement de grands terrains pour y construire des maisons. Les tentatives des réformateurs de convaincre les Canadiens de la nécessité d'améliorer les conditions de vie de toute la collectivité et de construire de meilleurs logements pour les pauvres constituent aussi un thème important, mais mineur. Les théories sur le plan des maisons et des lotissements étaient liées à des préoccupations d'hygiène et présentaient des aspects tant physiques que sociaux. Avant 1960, les dangers des taudis pour la santé physique constituaient le thème des plaidoyers pour la réforme de l'habitation. Plus tard, les pires taudis ayant été démolis, les services d'eau et d'égout étant rendus presque partout et les progrès de la médecine ayant éliminé la tuberculose et les autres maladies contagieuses, ce sont les questions de santé sociale qui ont occupé l'attention.

Au début du XXe siècle, les réformateurs ont tenté de fixer des normes minimales pour les ouvriers canadiens et leurs familles. À Toronto, c'est le Dr Charles Hastings, médecin hygiéniste de la ville, qui a lancé la campagne de lutte contre les maux environnementaux découlant de l'industrialisation et de l'urbanisation. G. Frank Beer, Canadien bien connu comme fabricant de vêtements, a convaincu les autres hommes d'affaires d'appuyer la réforme de l'habitation pour le motif qu'un mauvais logement nuisait à la santé des travailleurs, réduisant leur production; un logement de bonne qualité était une bonne chose pour les affaires[2]. C'est sous la direction de Beer que la Toronto Housing Company a été créée et que le principe des dividendes limités a été introduit au Canada (Spragge 1979). Le premier ensemble, Spruce Court, a été construit en 1914.

La même année, le premier ministre Borden a réussi à convaincre l'éminent urbaniste Thomas Adams de quitter l'Angleterre pour le Canada afin d'agir comme conseiller auprès de la Commission de la conservation. Adams s'intéressait à la réforme de l'habitation et préconisait la cité-jardin; il faisait un lien entre le plan de l'habitation et celui du terrain. Cette démarche maximisait une utilisation de l'espace disponible et constituait l'un des éléments visuels qui distinguait au départ le logement social du logement du marché[3]. On peut constater l'influence de la cité-jardin dans les ensembles Spruce Court de Toronto, Linden Lea d'Ottawa, Hydrostone de Halifax et dans certaines villes de compagnies pendant les années 20 (Saarinen 1979; Delaney 1991).

Les maisons de l'ensemble Spruce Court de la Toronto Housing Company constituent la première délimitation de normes minimales acceptables pour des logements d'ouvriers. Étant donné le salaire moyen de l'ouvrier spécialisé, ce n'est pas tout le monde qui pouvait profiter d'une telle habitation; étant donné le coût des terrains dans le centre-ville, les promoteurs ne pouvaient pas non plus construire de telles maisons sur une grande échelle. Depuis les premières tentatives jusqu'à nos jours, les réformateurs ont dû faire face au même dilemme : produire des maisons neuves convenables à un prix que peut payer le travailleur à faible revenu auquel cette maison est destinée.

Adams a travaillé à fixer des critères pour la conception de maisons pour les soldats démobilisés dans le cadre du premier programme national de logement, un régime fédéral-provincial de prêts pour l'habitation d'une valeur de 25 millions de dollars institué en 1919. Ces maisons devaient être à la portée des travailleurs, mais le patriotisme qui inspirait le désir de fournir de bonnes maisons pour les héros de la guerre se heurtait à des réalités économiques. C'était plus souvent à la campagne qu'en ville qu'on établissait les soldats, et le plus souvent sur de mauvaises terres dont les agriculteurs n'avaient pas voulu jusque là. L'habitation idéale était une maison sur son propre terrain, plutôt qu'un aménagement urbain à haute densité.

Pendant la crise des années 30, on s'est préoccupé de la qualité et du prix des logements. Le chômage et la pauvreté ont attiré l'attention sur les taudis des grandes villes. Beaucoup d'observateurs hésitaient cependant à s'attaquer aux conséquences générales de l'aide sociale au logement, reconnaissant d'une part que le logement n'est qu'un des éléments d'un ensemble plus vaste comprenant les soins médicaux et le revenu minimum et, d'autre part, que le modèle social canadien ne devait pas nécessairement adopter le principe d'un logement fourni par l'État. On mettait plutôt l'accent sur l'aide au secteur privé, l'aide aux sociétés privées de prêts hypothécaires et aux propriétaires au moyen de prêts conjoints (par ex., la Loi fédérale sur le logement de 1935). Le bloc d'habitations, inspiré des expériences britannique, allemande et autres des années 20, se heurtait à l'idéal nord-américain de la maison unifamiliale. Ironiquement, les ensembles du New Deal à Pittsburgh et Cleveland devaient constituer des modèles importants pour les architectes et les urbanistes canadiens dans l'après-guerre[4]. Les principes de la cité-jardin ont été réintroduits après avoir été transformés par les expériences américaines de ceintures vertes dans les années 30.

La Wartime Housing Limited (WHL) a instauré une nouvelle norme pour la conception des logements au Canada. Cette société d'État a réuni les meilleurs architectes, ingénieurs et constructeurs du pays pour concevoir et construire des maisons pour le travailleurs moyen. Ils ont appliqué des principes scientifiques à la planification et à la fabrication de logements temporaires pour les travailleurs de guerre, logements destinés à être enlevés à la fin de la guerre, lorsque les usines de guerre ne seraient plus nécessaires. En même temps, ils devaient apaiser les municipalités qui craignaient que ces maisons ne deviennent des taudis. Les modèles Cape Cod simplifiés des années 30 étaient considérés par plusieurs comme progressifs et distinctifs, tandis que d'autres y voyaient de hideuses boîtes à savon. Ces maisons standardisées d'un étage et demi, de deux ou de quatre chambres, constituaient la « maison canadienne » caractéristique que l'on peut encore voir d'un océan à l'autre (Wade 1986).

Les mornes paysages de ces rangées de « petites boîtes »[5] étaient imposés par les services dont étaient pourvus les terrains loués, par les lois provinciales exigeant que les maisons donnent sur une rue de 20,1 mètres de large et par les marges de recul qui étaient d'ordinaire fixées par les règlements locaux de zonage. Les terrains mesuraient habituellement 12,2 mètres de large, afin de permettre une séparation de 4,9 mètres entre les maisons en cas d'incendie. La WHL interdisait de construire des clôtures ou des garages, ce qui suscitait le mécontentement des locataires et contribuait à la monotonie de l'ensemble.

La crise du logement dans l'après-guerre

Il était devenu urgent de loger les anciens combattants aussitôt après la fin de la Seconde Guerre mondiale, mais ce n'était là qu'une partie du million de maisons qu'on estimait nécessaire dans la décennie qui a suivi la guerre. Un vaste programme de construction domiciliaire semblait également une source importante d'emploi pour un gouvernement qui craignait que la fin de la guerre n'entraîne une montée du chômage et le retour de la dépression. La WHL avait fermé ses portes et c'est la SCHL, créée en 1946, qui assumait dorénavant les responsabilités gouvernementales en matière de logement; bon nombre des employés sont passés à la nouvelle société d'État. Le programme de construction résidentielle s'est modifié en vue de satisfaire aux besoins en matière de logements pour propriétaires-occupants. On continuait de construire les modèles de guerre, mais maintenant sur des sous-sols (non finis), car il s'agissait de logements permanents. Les « cageots de fraises » Cape Cod ressemblaient aux « maisons de rêve » conçues par des architectes pour des clients à l'aise et pouvaient s'insérer dans un patrimoine soit français, soit britannique (Page et Steele 1945). La SCHL a contribué à une longue tradition d'utilisation de cahiers de modèles pour influencer la construction de masse en mettant au point et en diffusant une série de plans pour des bungalows et des maisons de style ranch à la fin des années 40.

Les magazines populaires et la presse architecturale technique prévoyaient des maisons modernes construites de matériaux neufs et au moyen de nouvelles techniques industrielles —éclairées, chauffées, climatisées et insonorisées scientifiquement —mais dans les faits, on a construit des modèles traditionnels de bungalow en employant des méthodes traditionnelles. La demande de maisons était forte et les acheteurs ne se préoccupaient guère des subtilités du plan. Même si les maisons étaient petites, les familles sont bientôt devenues nombreuses si on se réfère aux normes d'aujourd'hui. Le baby boom était commencé et la banlieue, qui offrait, loin du surpeuplement de la ville, de la lumière et de l'air à foison et au moins une promesse d'arbres pour l'avenir, était perçue comme le milieu idéal pour élever des enfants.

L'ensemble Wildwood de Winnipeg constituait une exception à cette démarche conservatrice. Il s'agissait d'une collectivité modèle utilisant les principes de conception préconisés par Stein et Wright et dont ils avaient fait la démonstration dans leur ensemble de Radburn (New Jersey) (SCHL 1986d). Les piétons et les véhicules étaient séparés, de sorte que les enfants pouvaient se rendre à l'école et jouer sans que leurs parents n'aient à s'inquiéter de la circulation; les services locaux, les épiceries et les installations de loisirs étaient à distance de marche pour tous (SCHL 1986d, 36). On avait demandé aux soldats démobilisés d'indiquer quelle taille ils préféraient (58 % voulaient trois chambres à coucher), quel modèle (42 % préféraient un étage et demi) et quel système de chauffage (73 % ont demandé l'air chaud pulsé) (SCHL 1986d, 42).

La pénurie de logements s'atténuant et les familles devenant plus prospères, les logements se sont agrandis et il y avait plus de place pour l'innovation et la nouveauté. En 1951, les constructeurs, comme les Shipp dans le secteur Kingsway de Toronto, commençaient à lotir des terrains et avant la fin de la décennie, ils feraient partie de la nouvelle industrie de la promotion immobilière. Ils ont acheté un verger de 101,2 hectares et ont commencé à construire Applewood Acres juste à l'ouest de la région métropolitaine de Toronto. En moins de quatre ans, 800 familles habitaient des maisons construites à partir de huit plans d'architecte et offertes sur McIntosh Crescent, Russet Road ou Greening Drive. L'acheteur typique était un vendeur de 38 ans dont le revenu annuel était de 6 600 $, marié, avec deux enfants âgés de dix et six ans. C'était la seconde maison que possédait la famille; elle avait fait une mise de fonds de 55 $ et devait rembourser un prêt hypothécaire de 11 000 $. La famille avait une voiture (même si 20 % de leurs voisins en avaient deux) et une télévision. La maison était conçue pour plaire à la femme. Des armoires de cuisine blanches, en acier émaillé, avec une planche à découper en érable incrustée dans le comptoir, un évier en acier inoxydable avec une tirette pour rincer la vaisselle, des planchers en carreaux de vinyle et une hotte aspirante plaçaient la cuisine à la fine pointe du progrès. La maison de brique, à quatre chambres à coucher, avait un sous-sol complet et un garage attenant. Le terrain mesurait 18,3 mètres de large; il avait été tourbé par le constructeur et on y trouvait même un pommier. Les nouveaux propriétaires allaient vraisemblablement aménager un patio et une rôtisserie dans la cour. La cour était devenue la salle de séjour extérieure d'été. Les deux écoles de cette banlieue étaient pleines à craquer et l'église ne pouvait accueillir tout le monde en même temps pour l'office du dimanche. La vie de banlieue pouvait commencer (Fillmore 1955).

Dans des lotissements moins bien conçus, les rangées de bungalows continuaient d'envahir le paysage agricole à la périphérie de la plupart des villes canadiennes. Mais à mesure que s'atténuait la pénurie de logements, les acheteurs ont commencé à exiger de vrais quartiers au lieu de lotissements géométriques. Usant du pouvoir que lui conférait son droit de regard sur les prêts hypothécaires, la SCHL a amené les petits constructeurs à améliorer la disposition des lieux. Elle a recommandé des plans d'implantation visant à améliorer la qualité visuelle des secteurs résidentiels de même que la sécurité de la circulation, particulièrement pour les enfants au jeu (Kosta 1957). À cette époque, l'urbanisme municipal en était encore à ses premiers stades. La SCHL a tenté d'apporter des solutions à long terme à la qualité de l'urbanisme en encourageant la création de départements de planification urbaine et régionale dans les universités. Pour combler une lacune, on a encouragé des urbanistes britanniques à immigrer; leurs idées et leurs préférences ont invariablement par la suite influencé les travaux de conception.

Les gouvernements se préoccupaient peu de ceux qui n'avaient pas les moyens d'accéder à la propriété. Quelques petits immeubles d'appartements ont été construits par des organismes de parrainage sans but lucratif. En 1948, les citoyens de Toronto ont autorisé par scrutin la ville de Toronto à financer la construction de Regent Park North, dans un secteur qui selon le rapport Bruce de 1934 était une zone de taudis (Rose 1958). Lorsqu'on a ajouté à la LNH, en 1949, les dispositions de l'article 35 sur les subventions de loyer, tout était en place pour un programme permanent de logements subventionnés. Terre-Neuve a été la première province à terminer 140 logements en 1951. Tout comme Regent Park North, l'ensemble nouveau de St. John's (Terre-Neuve) faisait appel à une solution du XIXe siècle qui avait presque disparu au Canada après la Première Guerre mondiale : les maisons en rangée. À Toronto, les maisons en rangée ont été introduites dans un ensemble d'immeubles d'appartements sans ascenseur, car les résidants du secteur s'étaient plaints qu'on les forçait à quitter des logements avec cours avant et arrière pour emménager dans des immeubles d'appartements. En outre, plusieurs des familles à reloger étaient nombreuses : les familles de cinq à dix enfants n'étaient pas rares. Les maisons à deux étages constituaient la solution la plus compacte, et les maisons en rangée étaient plus économiques que des maisons individuelles.

Regent Park North a également lancé la notion du « superîlot » en urbanisme canadien. On estimait que le mode d'aménagement existant était surpeuplé et que c'était du surpeuplement que naissaient les taudis. Le plan de 1944 de la ville de Toronto avait recommandé la démolition de secteurs importants. On disait qu'il fallait organiser le réaménagement de telle sorte que soient éliminés de vastes secteurs de taudis. Les urbanistes de Toronto, bénéficiant des fonds fédéraux dans le cadre du nouveau programme LNH de rénovation urbaine, visaient à créer un type moderne d'aménagement résidentiel doté d'équipements permanents (Rose 1957). On reconnaissait qu'il fallait conserver les artères qui constituaient les frontières de l'emplacement, car il fallait bien pouvoir se déplacer facilement d'un bout à l'autre de la ville et quitter l'emplacement ou y revenir tout aussi facilement. Les petites rues ont été supprimées afin d'éliminer les dangers des véhicules en transit dans un secteur destiné aux familles; la fermeture des rues devait ajouter des espaces dégagés pour le jeu. Quant aux arbres et au gazon, point n'était besoin de les justifier. À son ouverture, Regent Park était le symbole d'une réforme réussie : un paysage nouveau et vert qui devait aider ses habitants à bâtir une vie nouvelle et heureuse pour eux-mêmes et surtout pour leurs enfants, malgré les quelques voix discordantes qui soulignaient que le logement ne constituait que l'un des problèmes sociaux des locataires. Les nouveaux logements ont effectivement amélioré la santé physique de leurs habitants, mais certains y voyaient aussi une panacée sociale. Les problèmes sociaux ont été effectivement étudiés à fond, des solutions ont été proposées, mais rares sont ceux qui les ont entendues. En moins d'une décennie, ce réaménagement allait devenir un symbole d'échec.

Le mélange des genres en urbanisme

Au milieu des années 50, l'industrie de la construction résidentielle a pris son élan et la SCHL a commencé de s'occuper des questions de qualité et de conception. La SCHL a travaillé à sensibiliser le public et les professionnels à l'importance sociale de l'urbanisme en favorisant la création de l'Association canadienne d'urbanisme. La Société a voulu améliorer la conception architecturale des maisons en encourageant les architectes à concevoir des modèles de maisons, et en créant le Conseil canadien de l'habitation pour décerner des prix récompensant les meilleurs projets, elle a voulu sensibiliser le public. La Division des recherches en bâtiment du Conseil national de recherches s'est vu confier la tâche d'améliorer la qualité des matériaux et des techniques utilisés pour la construction de maisons (Bates 1955).

Dans le secteur privé, Don Mills, à Toronto est devenu le modèle de l'aménagement des banlieues partout au pays. On y a introduit l'idée de quartiers, avec les logements à haute densité près du centre. Au départ, il s'agissait d'immeubles d'appartements de trois étages, sans ascenseur, mais avec le temps ces immeubles sont devenus plus considérables. La combinaison d'immeubles d'appartements, de maisons en rangée et de maisons individuelles à Don Mills a joué un rôle important dans la création d'un paysage bien canadien de banlieue. À la différence des États-Unis, où ce sont des ingénieurs qui faisaient ce travail, les plans d'implantation des lotissements sont devenus un élément normal du travail des urbanistes professionnels[6].

Don Mills Developments a aussi servi d'entremetteur entre les architectes et les constructeurs de maisons en série. La rencontre a d'ailleurs été un choc pour les deux groupes. Les constructeurs ont dû comprendre les avantages d'une bonne conception tandis que le architectes s'initiaient aux réalités du marché. Dans le meilleur des cas, ce mariage a donné une norme de qualité environnementale des habitations de masse peu commune en Amérique du Nord.

Les maisons individuelles de Don Mills étaient construites sur des terrains plus larges et moins profonds que la normale, ce qui donne une impression d'espace, à laquelle contribue la végétation qui a été conservée et qu'enrichissent des plantations abondantes. L'aisance venant, le bungalow standard s'est agrandi et s'est développé latéralement. Le garage a été sorti de la cour arrière afin de faire de la place pour la vie à l'extérieur. Les terrains larges permettaient la maison de type ranch, avec toutes les pièces sur un même étage, tout en laissant la place pour un abri de voiture (qui deviendra plus tard un garage) à côté de la maison. À l'intérieur, l'espace s'est ouvert : les salles à manger sont devenues des coins repas et ont servi à diverses activités. Les cuisines étaient placées « stratégiquement » pour permettre de surveiller les jeux des enfants et elles se sont agrandies pour loger les nouveaux appareils qui devaient faciliter les travaux du ménage. Les lingeries capables de loger les nouvelles laveuses et sécheuses électriques étaient la dernière innovation. Le mazout ayant remplacé le charbon pour le chauffage, le sous-sol pouvait devenir la « salle de récréation » des enfants. Peu à peu, cette salle a monté l'escalier et a été rebaptisée salle familiale. Cette nouvelle pièce aidait les parents à réserver le salon aux seuls adultes désireux de vivre « la grande vie » dont rêvaient tous les banlieusards.

La SCHL a elle-même été à l'origine d'idées nouvelles au cours de cette période, car son intention délibérée de favoriser des normes élevées de conception qui seraient des modèles à suivre a entraîné la création d'ensembles très intéressants de densité mixte. Dans Regent Park South à Toronto, prolongement fédéral du programme municipal de démolition des taudis, ainsi qu'à Warden Woods et Thistletown en marge de la zone métropolitaine, le modèle britannique des maisons en rangée se combinait à des tours d'habitation. La planification et la conception s'inséraient dans le grand courant de la tradition internationale d'architecture moderne inspirée des idées de Le Corbusier sur la reconstruction de Paris en vue du monde nouveau qu'on avait promis après la Première Guerre mondiale. Les ensembles de logements publics trahissaient une influence britannique; en effet, beaucoup d'entre eux avaient été conçus par des architectes urbanistes formés en Grande-Bretagne et importés par la SCHL[7]. Westwood Park à Halifax et les Habitations Jeanne-Mance à Montréal sont des exemples semblables par les matériaux, l'échelle des proportions ainsi que l'apparence. Sur la côte Ouest, l'ensemble Little Mountain de Vancouver utilisait aussi la maison en rangée, mais les 224 logements étaient revêtus de stucco plutôt que de brique comme dans l'Est.

Dans le secteur privé, les travaux de Murray, Fliess, Grossman et plus tard Klein et Sears ont abouti à la constitution d'un style vernaculaire canadien de logements à haute densité, distinct du modèle britannique. La version canadienne était destinée au marché locatif privé. C'est pourquoi les normes d'espace étaient plus élevées, les groupements plus petits, les conceptions plus diversifiées et le nombre de places pour les voitures beaucoup plus grand. Dès 1955, Rogers Enterprises avait reconnu l'existence d'un marché composé de plusieurs groupes : ceux qui voulaient vivre dans une maison mais n'étaient pas prêts à en acheter une; les couples dont les enfants adultes avaient quitté le foyer; les familles de trois enfants pour qui l'appartement ordinaire de deux chambres à coucher était trop exigu. Rogers avait visité Chatham Village à Pittsburgh et il en était revenu convaincu que cet ensemble de 1932, merveilleusement aménagé, conçu par Wright et Stein, intéresserait les locataires canadiens. C'est pourquoi Murray et Fliess ont conçu Southhill Village à Don Mills en 1955. Les maisons en rangée à demi-niveau étaient une première en Amérique du Nord. Chaque logement avait son jardin privé, trois chambres à coucher et bon nombre avaient une salle de bain et demie (Bowser 1957).

Changement d'échelle et de rythme

Au début des années 60, une industrie de la construction résidentielle bien établie s'apprêtait à ouvrir une nouvelle ère de construction et d'aménagement partout au Canada, augmentant son savoir-faire dans le marché de banlieue et se diversifiant aussi pour tirer parti des nouveaux régimes (locatifs) à dividendes limités institués après 1962 par la SCHL. Le rythme du changement a été spectaculaire.

Dans les banlieues, les grandes maisons sur les grands terrains étaient la règle, même si tout au long des années 60 et du début des années 70 les prix des terrains et les coûts de la viabilisation ont commencé à réduire la taille des terrains. À mesure que celle-ci diminuait, le garage (qui était maintenant souvent prévu pour deux voitures) a commencé de s'avancer. Les maisons jumelées permettaient aux constructeurs d'ériger deux maisons sur le même terrain, d'ordinaire de 15,2 mètres de largeur. Étant donné que les acheteurs préféraient des maisons individuelles, bon nombre de maisons jumelées étaient séparées au-dessus du sol mais réunies au niveau des fondations. L'augmentation du prix des maisons a en fait contribué à la croissance de la maison elle-même : on voulait en avoir pour son argent. Les premiers ensembles de maisons en rangée prévoyaient une aire de stationnement centrale. Lorsque les lois provinciales sur la copropriété ont permis aux occupants d'être propriétaires d'une maison en rangée, les acheteurs ont exigé que la voiture se trouve à proximité de la maison. Les maisons en rangée ont commencé de s'installer au-dessus du garage. Les ensembles de McLaughlin à Mississauga (Ontario) sont typiques de la banlieue de l'époque, tandis que Bramalea (Ontario) annonçait les nouvelles maisons en rangée, à plus forte densité. Dans les deux cas, il s'agissait essentiellement d'un rejeton du modèle de Don Mills, où les phases ultérieures d'aménagement ont aussi été adoptées en fonction des nouvelles limites de coût et où les maisons étaient situées sur des terrains plus petits. À Vancouver, la croissance de la maison a pris une forme légèrement différente; contournant les règlements de zonage, les entrepreneurs et les promoteurs ont érigé des duplex à l'allure de grange, l'étage inférieur étant soi-disant destiné à la belle-mère; en fait, la maison comportait deux logements, et celui du haut avait d'ordinaire un balcon donnant sur la rue, à la façon des immeubles d'appartements. Ces « Vancouver specials » remplissaient une bonne partie du terrain, et puisqu'il s'agissait d'ordinaire d'une construction intercalaire sur un terrain vague ou en remplacement d'une autre maison, ces maisons s'harmonisaient rarement avec les bungalows et les petites maisons qui les entouraient.

Dans le cadre du programme des sociétés à dividendes limités, les promoteurs construisaient également des immeubles d'appartements locatifs de six étages en dehors du centre-ville. Au début, ces immeubles étaient d'un style plutôt terne, sans décoration à l'extérieur; mais lorsque la SCHL a entrepris de donner des « primes » pour les éléments d'agrément, ces immeubles ont commencé à s'orner de balcons. Les rectifications apportées par la SCHL à la taille des balcons admissibles permettent de dater bon nombre de ces immeubles. Au début, le balcon était à peine assez large pour un géranium en pot; plus tard, après 1977, les balcons devaient avoir au moins deux mètres de large et être partiellement en recul pour avoir droit à la prime.

Ce qui frappait peut-être le plus dans cette nouvelle phase de développement, et qui allait finir par inquiéter les associations communautaires et certains cercles politiques, était l'entassement qui caractérisait ces immeubles d'appartements. Ils n'avaient plus six étages, mais 20 ou plus (en partie en raison de l'apparition de la grue-marteau hissable) et la densité atteignait 300 personnes à l'acre dans les quartiers West End de Vancouver et St. James Town de Toronto. Ces nouveaux immeubles étaient destinés à un nouveau marché, les célibataires « dans le vent » : les jeunes adultes voulaient quitter la maison familiale de banlieue et vivre seuls, préférablement près des attraits de la ville. Beaucoup de nouveaux mariés étaient aussi attirés par les commodités et l'emplacement de ces immeubles avant de fonder une famille. Avec les années, la formule a été affinée et les appartements ont été vendus à une population plus mûre et plus aisée. À mesure que s'élevaient les tours d'habitation et qu'augmentait la densité de population, les espaces communautaires, les magasins et les transports devenaient surchargés. Plusieurs municipalités ont commencé à s'interroger sur le coût économique de cette forme d'aménagement pour la collectivité. Les mises en chantier d'immeubles collectifs dépassaient les mises en chantier de maisons individuelles et plusieurs citoyens ont commencé à mettre en doute ce mode de vie, s'inquiétant en particulier de l'effet sur les enfants de la vie dans les tours d'habitation. À l'échelle internationale, on s'est mis d'accord sur la norme suivante : les jeunes enfants ne devraient pas habiter plus haut que les escaliers qu'ils peuvent monter sans peine : quatre étages. C'est pourquoi le secteur public a entrepris de restreindre la construction d'immeubles d'appartements en grande hauteur destinés aux familles, mais le secteur privé a continué d'en construire.

La disposition des appartements était dictée par la largeur des voitures. La grille structurale était déterminée par les dimensions les plus économiques du garage, et celles-ci étaient ensuite projetées vers le haut; les appartements étaient placés dans les projections des places de voitures. La salle de séjour et la salle à manger, en forme de « L », encadraient le bloc cuisine; la seule question semblait être de savoir si les deux chambres et la salle de bain devaient se trouver à gauche ou à droite de la porte d'entrée.

Tout au long des années 60, on a continué de placer les immeubles d'appartements sur de grands terrains et bien en recul de la rue. Dans les ensembles à bon marché, les terrains ainsi dégagés étaient occupés par les voitures, mais dans les aménagements de luxe, cet espace était utilisé pour des installations de loisirs de plus en plus développées et pour des aménagements paysagers très poussés. Souvent, les immeubles ne se distinguaient l'un de l'autre que par le détail des balcons et par le modèle de la fontaine près de la porte d'entrée. La conception des immeubles ne s'est guère modifiée pendant la décennie suivante, mais les facteurs économiques ont subi une transformation radicale. Il est devenu de plus en plus difficile pour les promoteurs privés de construire des logements locatifs de bas de gamme. Certains promoteurs ont transformé les tours d'habitation en copropriété et tenté d'attirer le marché de luxe. Par exemple, les Shipp, qui construisaient toujours dans le même secteur de Toronto, ont construit une tour d'habitation de 442 appartements appelée Applewood Place. Ils vendaient toujours un mode de vie, mais maintenant à des célibataires et à des couples sans enfant. La télévision en circuit fermé et le système électronique de sécurité, à la fine pointe du progrès, attiraient la clientèle. Les résidants pouvaient utiliser des salles de bricolage, des salles de réception, des salles de cartes distinctes pour les adultes et les jeunes adultes, deux clubs de conditionnement physique, une piscine sur le toit, un bain tourbillon, un sauna, un gymnase et une terrasse. Les installations extérieures de loisirs comprenaient trois courts de tennis, deux de badminton et deux jeux de galets.

À la même époque, dans le domaine du logement public, la SCHL visait une norme élevée de conception. Une bonne conception semblait la meilleure façon de surmonter l'opposition du public à cette forme d'aménagement. Certains ensembles remarquables, comme Malcolm Park à Vancouver ou Alexandra Park à Toronto, ont été produits. Toutefois, il persistait une certaine ambivalence fondamentale. Bon nombre de personnes, y compris celles qui travaillaient pour les commissions de logement public, estimaient que les pauvres devraient habiter des logements pauvres. Le logement public ne devait pas bien paraître — les maisons en rangée et les blocs austères plutôt que des maisons individuelles étaient la règle invariable — et les compressions budgétaires mettaient un frein à toute tentative d'assurer un cadre attrayant à ces logements. L'ampleur des projets de réaménagement a suscité des débats communautaires sur la densité souhaitable pour les nouveaux logements de même que sur la préservation des quartiers existants. À Toronto, Trefann Court, seul résidu non démoli des deux énormes ensembles de Regent Park, a fini par symboliser la réaction du public contre le règne du bulldozer, et le passage de la substitution à la réhabilitation (Fraser

1972). À l'angle de Jane et Finch, les grands immeubles populeux ont amené à la périphérie des problèmes sociaux que les spécialistes croyaient jusqu'alors réservés au centre-ville (Social Planning Council of Metro Toronto 1979).

À la recherche d'un style vernaculaire

Faisant suite à cette décennie de croissance débridée et à certains excès, les années 70 ont entrepris un repli. L'inflation a commencé à éroder le rêve de banlieue. Entre 1971 et 1976, le prix de la maison moyenne a doublé dans plusieurs villes canadiennes. On a vu dans la composante terrain la principale cause de la hausse de prix. On a dit que l'étalement en banlieue était un gaspillage et on a préconisé des terrains plus petits afin de produire des lotissements plus efficaces.

Pour permettre à la classe moyenne de continuer d'espérer accéder à la propriété, les gouvernements tant fédéral que provinciaux ont mis à l'essai des régimes d'aide à l'accession à la propriété. Dans les familles, en réaction à la hausse des prix, les ménagères sont retournées à la population active. Le nouveau mode de vie des familles a favorisé le retour à la ville et encouragé la création de logements intercalaires.

Des pressions socio-politiques aussi bien qu'économiques ont suscité une série d'ensembles à petite échelle, respectueux des quartiers établis, presque la seule chose qu'on pouvait tolérer en réaction aux excès antérieurs. De nouveaux programmes fédéraux ont créé des coopératives d'habitation et des logements sans but lucratif. Des organismes de protection du patrimoine et des associations de locataires du secteur du parc Milton de Montréal ont uni leurs forces pour interrompre le développement d'un complexe en hauteur, La Cité, par Concordia Estates. Au moyen de fonds hypothécaires avancés par la SCHL, 700 logements ont été achetés de promoteurs qui avaient l'intention de démolir ces immeubles. Des coopératives appartenant aux résidants et dirigées par eux ont remis les immeubles d'appartements en état et construit de nouveaux ensembles intercalaires, à petite échelle, dans le but de conserver la population existante dans ce quartier du centre-ville une fois qu'il aurait été rénové (Helman 1981).

À Vancouver, le cabinet d'architectes Downs/Archambault a tenté d'adopter le style grange de la côte Ouest qui était devenu populaire pour des maisons coûteuses en vue d'en faire des grappes de logements sociaux (par ex., Champlain Heights). Sur la rive sud de False Creek, la ville a utilisé les fonds de banques de terrains de la SCHL pour faire d'une zone industrielle et ferroviaire abandonnée un des quartiers les plus courus de la ville. Les maisons en rangée superposées et les immeubles d'appartements de moyenne hauteur, environnés de parcs, sont disposés le long d'une promenade sur la digue. Des coopératives d'habitation destinées aux familles à revenu faible ou modeste voisinent avec des immeubles de luxe en copropriété (Hulchanski 1984).

Le quartier St. Lawrence, projet de réaménagement post-industriel de Toronto, a utilisé aussi les banques de terrains fédérales, de même que les programmes de coopératives d'habitation et de logements sans but lucratif, pour redonner vie à une zone industrielle décrépite voisine du centre-ville. Des maisons en rangée et des immeubles d'appartements de moyenne hauteur, d'une densité double de celle de False Creek, bordent des rues disposées de façon à rappeler le quadrillage traditionnel. Le nouveau quartier a attiré de jeunes professionnels aussi bien que les familles à faible revenu ou à revenu modeste visées par les programmes gouvernementaux.

Le programme de logement sans but lucratif a mis au défi les associations communautaires de tout le pays de répondre aux besoins des groupes particuliers. Dans les années 70, il est apparu un nouveau type d'hébergement, comme les maisons de transition servant de refuges aux femmes et aux enfants qui veulent fuir une situation de violence familiale en attendant qu'ils puissent trouver à se reloger de façon permanente. Il est devenu difficile de trouver un logement convenable pour les femmes, surtout celles qui ont des enfants, car les taux d'inoccupation s'approchaient de zéro dans bon nombre de villes canadiennes. Les coopératives d'habitation se sont avérées particulièrement intéressantes pour les familles monoparentales car elles permettent de réduire les effets de la mobilité vers le bas souvent associée au divorce (Simon 1986). On a également produit des logements destinés expressément à répondre aux besoins des handicapés dans le cadre du programme fédéral de logement et on s'est occupé des besoins de ceux qui ont besoin de l'appui que peuvent fournir les foyers collectifs.

La mode était à la haute densité et à la faible hauteur, mais la hausse de la valeur des terrains en milieu urbain a imposé des densités croissantes. Les versions miniaturisées des logements traditionnels qui en ont résulté (des logements plus petits, des jardins plus petits, moins de commodités dans le quartier) ont maintenu la tendance à la privatisation d'espaces qui avaient traditionnellement été accessibles à l'ensemble du voisinage (Simon et Wekerle 1985). À partir du milieu des années 80, on est revenu aux tours d'habitation, mais sans les aménagements paysagers des années 60 qui n'avaient plus la faveur des architectes. Un des changements les plus visibles en façade a été le remplacement du « balcon prime » par un « solarium » fermé (nommé salle « Floride » ou « Hawaï » selon la destination soleil locale), une façon sans doute de tenir compte de la réalité climatique canadienne. L'usage poussé du verre s'accompagnait d'autres éléments tape-à-l'œil à l'intérieur comme à l'extérieur du logement. Les promoteurs privés ont également redécouvert que le centre-ville était un lieu où les couples voulaient vivre. Des ensembles intercalaires de maisons en rangée de même que des logements en copropriété ont accueilli les plus aisés. Le bricolage par les propriétaires a été remplacé par une nouvelle industrie de la remise en état et de la restauration dans le cadre d'une gentrification généralisée des quartiers urbains. Cabbagetown, le quartier anglo-irlandais de taudis, a été le premier quartier de Toronto à se « gentrifier ». Le plus souvent, on a éliminé les cloisons et dégagé les espaces intérieurs avant d'y aménager des cuisines à l'européenne et des salles de bain spacieuses, décors rêvés pour une consommation tapageuse. Les riches reprenant possession du centre, les pauvres ont été refoulés vers la périphérie. Le processus s'est répété partout au Canada dans des enclaves constituées de quartiers historiques recherchés (au moins sur le plan local), comme South End de Halifax ou Kitsilano à Vancouver (Ley 1986).

La gentrification n'a pas été le seul facteur de la rénovation des maisons victoriennes du centre-ville. Les immigrants d'après-guerre, comme les Italiens et les Portugais à Toronto et à Montréal et les Grecs à Vancouver, ont contribué à conserver et à améliorer le parc antérieur. Eux aussi ont modifié à la fois l'intérieur et l'extérieur de ces maisons, pour en faire un cadre mieux adapté à la vie du foyer et du quartier. Ainsi, la mise de fonds en travail, si importante en matière de construction et de rénovation domiciliaire dans le Canada rural, joue maintenant aussi un rôle important dans les villes. Elle contribue à définir le caractère vernaculaire de cette phase.

À compter du milieu des années 80, on assiste au début d'un nouveau souffle de vie en banlieue, de grandes maisons de deux ou trois étages remplissant les petits terrains de la banlieue intérieure (Dunbar Heights à Vancouver et East York à Toronto, par exemple). Ici encore, ce processus relève à la fois de particuliers (souvent des entrepreneurs qui exploitent la main-d'œuvre clandestine) et de sociétés immobilières mieux organisées. Comme les « Vancouver specials » d'autrefois, ces nouvelles maisons détonnent dans le paysage relativement homogène et peu élevé des banlieues.

La banlieue n'a pas connu de déclin. Erin Mills, rejeton de Don Mills, de même que son sosie, Meadowvale, ont continué d'être une norme d'urbanisme pour la banlieue. Les terrains ont diminué de superficie et les garages ont doublé. Le paysage de la rue, c'est maintenant 6,1 mètres d'asphalte devant un garage à deux voitures, avec une plate-bande symbolique rappelant la cour avant traditionnelle; la porte d'entrée est presque dans une ruelle. À l'intérieur, les salles de bain ont grandi en nombre et en superficie. À l'époque où les maisons étaient petites, il importait de planifier soigneusement l'utilisation de l'espace. De nos jours, le facteur déterminant semble être la réalisation des rêves : la courbe gracieuse de l'escalier relie l'énorme hall d'entrée au domaine privé des chambres à coucher et dirige les visiteurs vers une grande cuisine / salle à manger, des salles de jeux et des salles de séjour. Les maisons neuves des lotissements de banlieue de Richmond, près de Vancouver ou de O'Brien's Hill en périphérie de St. John's (Terre-Neuve) et dans toutes les villes situées entre les deux, présentent la même masse dominée par le garage; les mêmes détails de style pseudo tudor / espagnol / colonial sont plaqués sur ce qui reste de la façade.

La remise en état et la rénovation des vieilles maisons dans les limites de la ville ont rendu de vieux quartiers aux familles. Les attraits de la ville s'ajoutant aux horaires des femmes au travail ont fait la popularité de la vie au centre-ville. Les condominiums construits dans les centres-villes ont pris une allure néo-vernaculaire inspirée d'une mode postmoderniste qui recourt à des éléments épurés ou brillants dans le style art moderne ou art déco. On peut le voir surtout sur les pentes de Fairview au-dessus de False Creek à Vancouver et dans Harbourfront à Toronto.

L'avenir[8]

La maison individuelle de banlieue reste sans contredit l'objectif de nombreux Canadiens. Même si les nouveaux ménages doivent grimper l'échelle en commençant par une première maison (vraisemblablement une maison en rangée plutôt qu'un cageot de fraises semi-fini du début des années 50) et même si un divorce ou une surcharge de dépenses peut les faire trébucher (et les forcer à demeurer dans une maison en rangée ou dans un complexe d'appartements), il n'en reste pas moins que l'industrie et le consommateur continuent de considérer la maison comme un petit château. On continue de transformer les terres agricoles et de fabriquer des « collectivités » de banlieue; les nouvelles habitations, qui sont davantage qu'une nouvelle acquisition, prennent peu à peu les marques discrètes d'un quartier ayant sa physionomie et sa vie propres. Après plusieurs décennies d'évolution de modèles diversifiés sur le plan de la densité et du mode d'occupation pour la banlieue canadienne, notamment à la suite de Don Mills, et étant donné que la restructuration en cours des lieux de travail métropolitains aura créé des enclaves d'emplois de bureau et de fabrication à la périphérie des villes, il se peut que l'avenir de l'habitation se caractérise par une évolution plutôt que par une révolution. L'évolution de la situation actuelle, c'est en fait une plus grande diversité, et l'action conjuguée de la production de l'industrie privée et de l'urbanisme local peut signifier que de nombreux Canadiens sont en mesure d'estimer qu'ils ont réussi à accéder à la propriété — ou au moins à la souveraineté sur un certain espace semi-privé. La réapparition embryonnaire du bungalow et d'autres maisons d'un étage dans certains lotissements de banlieue pourrait laisser présager que les constructeurs recommenceront à « alimenter » les accédants à la propriété par des moyens plus traditionnels, au lieu de s'en tenir à la construction de maisons en rangée isolées en façade. Il se pourrait bien qu'on ait atteint les limites de la miniaturisation et de l'intégration.

Même dans ce cas, l'autre aspect de la diversité canadienne en matière d'habitation, le logement social, risque d'être peu choyé. Après une décennie ou plus où le logement subventionné, sous forme de divers régimes coopératifs, est perçu par certains comme une forme de subvention pour les branchés du centre-ville, le capital politique du logement pour les ménages à faible revenu est en grande partie épuisé. L'aide au logement dans un proche avenir risque de donner des logements bas de gamme et s'affichant comme tels. Ce n'est que lorsque sera apparue toute une génération de taudis en devenir, et avec elle l'indignation et une nouvelle prise de conscience, qu'on assistera à une renaissance des principes réformistes susceptibles d'engendrer de nouveaux programmes de logement. À cet égard, il faudra à nouveau redéfinir ce qui constitue un minimum convenable. Cette définition doit bien sûr être modifiée selon les régions; dans la mesure où l'économie canadienne s'ajustera à la prospérité et à la dépression dans l'extraction et le traitement des ressources, les paramètres du débat social aux plans municipal et provincial varieront considérablement d'un endroit à l'autre. L'aménagement de l'espace et des agglomérations reviendra vraisemblablement à des solutions antérieures. Le durcissement des attitudes envers la mixité sociale et la diversification des modes d'occupation se traduit aussi par des attitudes moins libérales envers les enfants dans les immeubles réservés aux adultes ou à l'égard des enfants près des complexes du troisième âge.

Enfin, il y a de fortes chances que l'industrie de la rénovation et de la remise en état continue de se développer et que les quartiers existants soient petit à petit les témoins d'un renouveau spectaculaire. La densification de la banlieue — le remplacement des petits bungalows par de grandes maisons à quatre chambres à coucher et escalier tournant — s'accélérera, et créera vraisemblablement autant de tension que l'invasion des maisons en rangée et des immeubles d'appartements il y a une décennie environ. Ces immeubles d'appartements et ces maisons en rangée exigeront un apport important d'argent pour leur remise en état, autant du secteur public que du secteur privé. Le contrôle des loyers a par ailleurs rendu nécessaires des programmes de réparations de grande envergure, puisqu'on a manqué de fonds pour faire des réparations graduelles, ou qu'on s'est délibérément abstenu de le faire. Plus on retarde les réparations, plus il est vraisemblable qu'une nouvelle génération de taudis se développera, ce qui rendra nécessaire une intervention de crise de la part des divers paliers de gouvernement. Quant aux maisons individuelles actuelles, elles continueront d'attirer l'attention des rénovateurs. Il y aura un défi à relever, celui de créer un ensemble de styles régionaux de restauration, grâce à l'industrie des technologies de l'information, de sorte que les propriétaires et les promoteurs puissent moderniser le parc ancien tout en conservant les différences historiques et régionales.

Notes

1 L'essai qui suit a été rédigé en 1986, avant le décès prématuré de Joan Simon. Après plusieurs mois de discussions, et surtout par le biais des entrevues conjointes que nous avons réalisées auprès de certains des principaux professionnels du domaine de la conception d'habitations au Canada, nous avons élaboré le point de vue présenté ici. Nos sources ne sont pas celles que préfèrent certains spécialistes des sciences sociales qui n'utilisent que des données numériques, mais nous avions au départ l'intention d'examiner les formes et les modèles d'habitation d'un œil plus humaniste. Mme Simon avait tout juste commencé d'insérer dans ces pages sa vaste expérience pratique et j'ai tenu à respecter l'idée que nous nous étions faite de l'aspect que devrait présenter un essai figurant dans un volume comme celui-ci.

2 Un demi-siècle plus tard, au moment où les programmes des coopératives d'habitation et de logement sans but lucratif ont été lancés, c'est de nouveau au secteur privé que devait revenir la tâche de s'occuper du logement social.

3 Jusqu'à dernièrement, les maisons coûteuses continuaient d'utiliser de l'espace sur le terrain pour compenser les lacunes de la conception; l'augmentation du coût des terrains a entraîné un changement.

4 Entrevue avec Henry Fliess, architecte et urbaniste, Toronto, avril 1986.

5 Ce jugement esthétique, de même que d'autres qui sont exprimés tout au long du chapitre, s'inspirent des avis d'architectes et d'urbanistes recueillis par les auteurs dans le cadre d'entrevues réalisées à l'hiver et au printemps de 1986.

6 Entrevue avec John Bousfield, architecte et urbaniste, Toronto, mars 1986.

7 Entrevue auprès de Wazir Dayal, architecte, Toronto, janvier 1986.

8 Joan Simon, qui était toujours pragmatique et bien enracinée dans les problèmes du présent, refusait de prédire l'avenir. Elle s'est contentée de dire :

> Des logements bon marché et sans grâce pour les pauvres, les seuls à bénéficier de logements ciblés; des régimes d'incitations fiscales pour la classe moyenne et toujours la fascination pour les châteaux renaissants pour les riches qui exploreront les merveilles des styles art déco, tudor, colonial georgien. Les Canadiens utiliseront la nouvelle technologie pour pouvoir passer 24 heures par jour dans un bain chaud et se faire livrer des sushi.

CHAPITRE DOUZE

Les habitations de mauvaise qualité

Lynn Hannley

TELLES HABITATIONS autrefois jugées convenables pourraient maintenant être considérées comme de mauvaise qualité. Pour reconnaître la mauvaise qualité, il faut des normes largement acceptées auxquelles on puisse comparer une habitation. La démarche historique aide à comprendre comment et pourquoi les normes ont évolué, et avec elles la perception du problème des taudis.

Les premiers modes de peuplement relevaient surtout de l'initiative privée et n'étaient pas assujettis à des normes d'ordre public. C'est pourquoi on construisait parfois des logements sans se préoccuper de l'hygiène publique, de la sécurité, ni du confort. Des bidonvilles sont apparus autour de la plupart des grands centres urbains, parfois construits par leurs propriétaires et selon leurs moyens. Les égouts à ciel ouvert voisinaient souvent les puits d'où provenait l'eau potable. Il en est bientôt résulté des problèmes qui affectaient toute la population. Ainsi, à Winnipeg, le manque d'hygiène et les latrines extérieures ont été en partie responsables d'une épidémie de typhoïde en 1904–5.

Un mouvement de réforme urbaine a grandi entre 1905 et 1920, axé surtout sur les normes de sécurité et d'hygiène de l'habitation. Les dépenses des municipalités pour l'infrastructure et les services ont augmenté rapidement avec l'urbanisation rapide de la population canadienne dans les deux premières décennies du XXe siècle. Les centres urbains de l'Ouest canadien se sont développés à partir de rien, tandis que ceux de l'Ontario et du Québec développaient l'infrastructure existante.

Artibise illustre comme suit les dépenses des municipalités pour les services dans les villes de l'Ouest :

> En 1906, les villes de l'Alberta n'ont dépensé que deux millions de dollars; en 1912, elles en ont dépensé 16,6 millions et ce total a atteint un sommet de 36,5 millions de dollars en 1913 (1982, 136).

Une bonne partie de ces dépenses étaient faites par anticipation, en vue de la viabilisation de lotissements à construire. Cependant, les dépenses visaient aussi à améliorer la situation dans les secteurs déjà construits; à Winnipeg, par exemple, les 6 500 latrines extérieures identifiées comme la cause de l'épidémie de typhoïde de 1904–5 n'étaient plus que 666 en 1914. À la fin de la Première Guerre mondiale, l'hygiène et les services avaient été améliorés à l'intérieur du noyau central de la plupart des municipalités.

Pendant les années 30, les normes d'habitation ont commencé à relever du secteur public plutôt que du secteur privé. Avec l'adoption de la Loi fédérale sur l'habitation en 1935, le gouvernement fédéral a entrepris de s'occuper activement des questions d'habitation; après l'adoption de la LNH en 1938, il a commencé à travailler à un code national du bâtiment. On jugeait de la mauvaise qualité des logements surtout d'après des caractéristiques matérielles : la présence de vermine, le manque d'installations sanitaires, d'eau courante, d'aération adéquate et d'électricité. De plus, un logement surpeuplé était jugé inacceptable. La Commission Bruce, en 1934, a mis au point deux ensembles de normes minimales : la première déterminant les normes minimales de sécurité et d'hygiène et l'autre fixant un minimum d'installations intérieures et extérieures.

Le recensement de 1941 a recueilli des données sur la nécessité de réparations à l'extérieur des maisons[1]. Pour l'intérieur, on a aussi recueilli des données sur l'eau courante, la baignoire et la toilette, l'électricité et le combustible utilisé pour le chauffage et la cuisson. En outre, les logements comptant moins d'une pièce par personne étaient jugés surpeuplés. C'est à partir des données du recensement de 1941, de même que des travaux des municipalités pour l'évaluation de leurs parcs de logements que le rapport Curtis de 1944 a calculé plusieurs indicateurs de la mauvaise qualité des logements. Le premier était le fait qu'un logement avait besoin de réparations extérieures (selon le recensement de 1941), d'une toilette avec chasse d'eau ou d'une salle de bain[2]. Le rapport reconnaissait également qu'un logement de qualité acceptable pouvait être situé dans un quartier qui ne l'était pas[3].

Les normes matérielles de l'habitation devenant plus rigoureuses partout au pays, il y a eu évolution des attentes concernant un logement « acceptable ». Pour le recensement de 1951, on a modifié la définition du « besoin de réparations majeures » de façon à inclure un intérieur qui avait grand besoin de réparations, c'est-à-dire de grandes plaques de plâtre manquantes dans les cloisons ou les plafonds. En 1971, un groupe de travail fédéral-provincial chargé d'élaborer une méthode graduelle d'assistance publique a proposé des indicateurs de qualité matérielle et des normes d'occupation jugées nécessaires pour la sécurité, la santé, le bien-être social et personnel. Au lieu du simple nombre de personnes par pièce, le groupe de travail tenait compte du type de ménage, de l'âge des occupants, de la superficie par habitant, des superficies minimales pour certains espaces intérieurs et de l'accès à des aires de jeu pour les enfants.

Les habitations de mauvaise qualité avant 1945

Le rapport Curtis a conclu qu'une bonne partie du parc canadien de logements dans les collectivités de plus de 30 000 habitants était de qualité insuffisante en

1941. Trois indicateurs (la nécessité de réparations extérieures, l'absence de l'usage exclusif d'une toilette intérieure avec chasse d'eau et l'absence de l'usage exclusif d'une baignoire) ont permis de classer 31 % de l'ensemble du parc comme inférieur aux normes. Le parc des agglomérations de moins de 30 000 habitants n'était pas non plus satisfaisant. Vingt-cinq pour cent (de 626 460 logements) avaient besoin de réparations majeures; 31 % n'avaient pas de toilette avec chasse d'eau et 44 % n'avaient pas de baignoire. Sur les 469 247 logements ruraux non agricoles, 40 % n'avaient pas d'électricité, 69 % n'avaient pas de baignoire, 67 % n'avaient pas de toilette avec chasse d'eau et 30 % avaient besoin de réparations majeures. En outre, 39 % des 729 744 logements agricoles avaient besoin de réparations majeures et seulement 20 % d'entre eux avaient l'électricité. Certains logements pouvaient être rendus acceptables par une simple rénovation, ou par l'installation d'une baignoire ou d'une toilette, mais au total 298 000 logements de mauvaise qualité devaient être remplacés immédiatement selon le rapport Curtis[4].

Sur le plan régional, les logements de mauvaise qualité étaient plus fréquents dans les régions des Prairies et de l'Atlantique, dans certaines parties du Nord de l'Ontario et dans certaines localités du Québec. Cette différence s'expliquait en partie par l'absence de services municipaux (c.-à-d. d'aqueduc) nécessaires pour les toilettes à chasse d'eau et les autres installations de salle de bain. Dans d'autres cas, la toilette intérieure avec chasse d'eau était présente dès la construction du logement, mais la baignoire n'était installée que plus tard, lorsque le ménage en avait les moyens[5]. En outre, le parc métropolitain avait davantage besoin de remplacement[6]. Le parc métropolitain était plus vieux, de mauvaise qualité au départ, et s'était dans certains cas détérioré au point de pouvoir être considéré comme insalubre, tandis que le parc des petites localités, construit en grande partie par les propriétaires, était plus neuf et de meilleure qualité.

Les problèmes d'habitation d'avant 1945 ne tenaient pas uniquement à la mauvaise qualité des logements, mais aussi à la mauvaise qualité des quartiers, au surpeuplement et à l'insalubrité. Malgré les progrès réalisés avant 1945 en ce qui concerne les services municipaux et la formulation de normes matérielles de logement, le peu de construction résidentielle pendant les années 30 et la Seconde Guerre mondiale, de même que la demande croissante de logement[7], avaient laissé bon nombre de ménages dans des conditions inférieures aux normes.

Bon nombre de ménages canadiens à faible revenu habitaient des logements de mauvaise qualité et surpeuplés. Le rapport Curtis estimait qu'environ 50 000 ménages locataires à faible revenu, soit 28 %, souffraient de surpeuplement (par rapport à une norme d'occupation d'une personne par pièce, y compris la cuisine). Quelque 40 % des ménages dont le revenu annuel était inférieur à 499 $ étaient logés à l'étroit, en comparaison de seulement 12 % des ménages dont le revenu était supérieur à 2 000 $. Le rapport estimait qu'il fallait 150 000 logements pour loger les familles vivant dans un espace trop petit (110 000 dans les régions métropolitaines et 40 000 dans les petites localités). En outre, il fallait

44 000 logements pour loger les groupes non familiaux souffrant de surpeuplement (32 000 dans les zones métropolitaines et 12 000 dans les petites localités).

Les politiques du logement dans l'après-guerre et leur efficacité

Le rapport Curtis proposait d'aménager et de remettre en état des logements afin de répondre aux besoins de tous les Canadiens, quel que soit leur revenu (programme qui englobait le logement à loyer modique, les coopératives d'habitation et l'accession à la propriété), d'appliquer un urbanisme global et d'ajouter une section résidentielle au code du bâtiment du CNRC. Selon ce rapport, la fourniture de services municipaux, l'établissement de normes et de codes du bâtiment et la construction résidentielle étaient les meilleures façons de s'attaquer au problème des habitations de mauvaise qualité.

Même si le préambule de la Loi nationale de l'habitation de 1945 parlait de favoriser la construction de maisons neuves, la réparation et la modernisation de maisons existantes, l'amélioration des conditions de vie et l'expansion de l'emploi dans l'après-guerre, les premiers programmes de l'après-guerre portaient uniquement sur la production de logements neufs. Dans les premières années de l'après-guerre, la qualité matérielle de l'habitation a été influencée par quatre orientations adoptées par la SCHL. Il s'agissait de la production et de la gestion du logement public, de la rénovation urbaine, de l'aide aux sociétés privées à dividende limité et de l'aide à l'accession à la propriété.

LE LOGEMENT PUBLIC

Les premiers logements produits et administrés par la SCHL étaient destinés aux soldats démobilisés et à leurs familles. Ils étaient d'assez bonne qualité pour l'époque et on y voyait une norme de convenabilité du logement et d'aménagement des quartiers. Même si certains estimaient que ces logements du secteur public devaient être convertis en logements pour ménages à faible revenu une fois que les anciens combattants et leurs familles n'en auraient plus besoin, ils ont en fin de compte été vendus. Ce programme a été supprimé en 1949 et remplacé par un programme de logements à loyer modique partagé à 75 % et 25 % (coûts d'immobilisations et pertes d'exploitation) entre le gouvernement fédéral et la province ou la municipalité. Le premier ensemble réalisé dans le cadre de ce programme a été terminé en 1951 et, au total, seulement 11 624 logements ont été construits entre 1951 et 1963. Après que le programme ait été modifié en 1964 de façon à permettre un prêt de 90 % des coûts d'immobilisations et le paiement de 50 % des frais d'exploitation par la SCHL, la production a monté en flèche. Entre 1964 et 1978, 145 183 logements ont été construits dans le cadre du programme fédéral de prêts à 90 %.

Même si le logement public était en général de meilleure qualité (matérielle) que les logements qu'il remplaçait, il présentait néanmoins des problèmes. On s'inquiétait de la taille et de la qualité des immeubles, aussi bien que de la ségrégation sociale. Même les locataires en place n'étaient pas satisfaits du produit. Dans une étude des utilisateurs du logement public, la firme Martin Goldfarb Consultants a dégagé plusieurs problèmes. Comme on le voit d'après les remarques de certains locataires, un logement en bon état ne suffisait pourtant pas à répondre à leurs besoins.

> À lui seul, l'hébergement n'est pas la solution du problème de logement; les locataires cherchent un « chez-soi »...
>
> On accepte le logement public comme un dernier recours et on ne s'attend pas d'y demeurer longtemps. Une résidence prolongée accroît les frustrations liées à l'absence d'un « chez-soi ». (1968, 37).

Souvent, du point de vue du locataire, le logement public a pour désavantage de favoriser la dépendance sociale, au lieu d'encourager l'autonomie et la créativité. Le passage suivant d'une étude réalisée à Vancouver sur les locataires du logement public résume bien la situation :

> Les locataires des logements publics, à la différence de ceux des maisons privées, se voient interdire dans la plupart des cas de construire une clôture ou ... tout autre dispositif de protection susceptible d'influencer l'apparence de l'ensemble. Aucun locataire ... ne peut installer de matériel de jeu du commerce à l'usage de sa propre famille. S'il le faisait, a) ce matériel pourrait être détruit par des enfants trop grands ou trop indisciplinés pour s'en servir ou b) l'enfant d'un autre pourrait y subir un accident, et le locataire en serait tenu responsable. Si l'on garde ce fait à l'esprit, on pourra résister à l'opinion populaire mais erronée selon laquelle ceux qui réclament des installations essentielles qu'ils n'ont pas la possibilité de fournir eux-mêmes sont des parasites (Adams 1968, 31).

Le logement public devait être temporaire, les ménages ne devant y rester que jusqu'au moment où ils auraient les moyens d'accéder à la propriété. En outre, on ne voulait pas que le logement public se modèle sur les types de logements offerts dans le secteur privé. Cette vision du logement public se traduit dans la déclaration suivante d'un haut fonctionnaire et membre du conseil d'administration de la SCHL, en réaction à un projet de déclaration de politique en matière de logement.

> Les ensembles de logement public devraient aussi respecter une norme minimale en ce qui concerne l'hébergement, mais non en ce qui concerne la conception extérieure, l'implantation, etc. En d'autres termes, ils devraient constituer une amélioration pour la collectivité, mais fournir le strict minimum de services d'hébergement aux occupants... On devrait procéder ainsi à dessein, non seulement pour des raisons d'économie, mais pour bien faire comprendre que nous ne sommes pas en concurrence avec l'entreprise privée qui, nous le supposons, construira un produit plus attrayant destiné à ceux qui en ont les moyens (Dennis et Fish 1972, 174).

Les collectivités avoisinantes ont eu une réaction négative aux premiers ensembles de logement public, précisément parce que ces habitations étaient conçues pour assurer un hébergement temporaire et non pour concurrencer le secteur privé. C'est pourquoi le groupe de travail Hellyer a formulé la recommandation suivante :

> Que le gouvernement fédéral mette sur pied un programme approfondi de recherche sur les problèmes économiques, sociaux et psychologiques reliés au logement public. Tant qu'une telle étude n'aura pas été réalisée et évaluée, aucun grand projet ne devrait être entrepris (Canada 1969, 55).

Au milieu des années 70, plusieurs provinces, dont l'Ontario et la Colombie-Britannique, avaient cessé de produire des logements publics pour les familles[8]. On peut certes reprocher au logement public de n'avoir abordé qu'un seul aspect de la question de l'habitation (c.-à-d. fournir un hébergement de base correspondant à des normes minimales) sans s'attaquer à d'autres objectifs (c.-à-d., les aspects sociaux et le choix et le contrôle du consommateur) ; cependant, le logement public a fourni des logements abordables à certains des Canadiens dont le revenu est le plus faible, et il continue de le faire (Conseil canadien de développement social 1977).

On n'a pas cessé de tenter de fournir des logements convenables aux ménages à faible revenu lorsque les programmes de construction de logements publics ont pris fin; on a plutôt visé à aménager des logements destinés à une population mixte, construits et gérés par des sociétés sans but lucratif, municipales ou privées. Les nouveaux ensembles permettaient de loger des ménages à faible revenu ou à revenu modeste. À la différence de bon nombre des ensembles antérieurs de logement public, les logements sans but lucratif étaient souvent destinés aux familles (tandis qu'une bonne partie des derniers logements publics avaient été construits pour des aînés) et destinés à des ménages capables de payer des loyers du marché aussi bien qu'à ceux qui devaient bénéficier de l'échelle des loyers proportionnés au revenu. Entre 1978 et 1985, 85 041 logements sans but lucratif ont été produits (SCHL 1985b). Ces logements ont été construits dans toutes les régions du pays. Ces ensembles, à petite échelle et conçus pour se fondre dans les quartiers avoisinants, tenaient effectivement compte de certains des aspects sociaux du logement[9]. En décembre 1985, le ministre responsable de la SCHL a déclaré que toutes les dépenses fédérales pour le logement social seraient canalisées vers les personnes nécessiteuses. Cette orientation pourrait effectivement réduire la diversité des revenus dans les ensembles sans but lucratif, car l'intention est de loger seulement ceux dont le revenu est inférieur à un seuil donné.

RÉNOVATION URBAINE, RÉAMÉNAGEMENT ET AMÉLIORATION

La démolition des taudis n'était pas une nouveauté en 1945. Déjà dans les années 20 le mouvement de réforme urbaine se préoccupait de la pauvreté dans les villes. Une bonne partie de l'activité de démolition des taudis avant et après 1945 a eu pour résultat de raser des quartiers entiers et d'aménager de vastes ensembles de logement public. Avant 1956, les programmes fédéraux obligeaient à construire sur les terrains acquis dans la zone à démolir des ensembles de logements pour les ménages à faible revenu. On a fini par comprendre que le bulldozer n'est pas le meilleur outil de rénovation urbaine; en 1956, des modifications à la Loi nationale sur l'habitation permettaient d'accorder une aide aux études locales de rénovation urbaine et éliminaient les restrictions à l'utilisation des terrains acquis dans une zone de rénovation. La plupart des municipalités ont entrepris de telles études.

Certes, les logements produits dans le cadre de ces projets de relocalisation étaient de meilleure qualité que le parc original, mais on s'interrogeait sur d'autres aspects de la collectivité dont le réaménagement et la relocalisation ne tenaient guère compte; en 1968, le gouvernement fédéral a imposé un moratoire à tout nouveau projet de rénovation urbaine.

En 1973, on a introduit le principe de l'amélioration des quartiers dans le cadre d'un programme à frais partagés entre le gouvernement fédéral et les gouvernements provinciaux et municipaux. Cette démarche comprenait la remise en état du parc de logements d'une collectivité existante, par l'entremise du PAREL, et l'amélioration complémentaire des services, des installations et de l'infrastructure au palier local dans le cadre du Programme d'amélioration des quartiers (PAQ). En outre, on avait prévu l'acquisition de terrains pour de nouveaux logements sociaux dans la collectivité. Le programme d'amélioration des quartiers avait un grand potentiel et beaucoup s'attendaient à ce qu'il comble les lacunes de la rénovation urbaine.

Le PAQ avait un horizon à court terme; le programme lui-même a duré cinq ans, avec un échéancier de trois ans pour l'élaboration et l'application des plans[10]. C'est pourquoi on ne pouvait s'attendre qu'il donne lieu à un grand nombre de plans globaux d'amélioration et de revitalisation des quartiers. Néanmoins, le PAQ a connu une réussite limitée. La plupart considéraient que cette démarche était plus progressiste que la rénovation urbaine; cependant, les attentes de beaucoup à l'égard du PAQ ne se sont pas réalisées. On dit qu'on avait trop mis l'accent sur l'amélioration de l'infrastructure municipale et pas assez sur la rénovation et le réaménagement des logements[11]. Cette préoccupation de l'infrastructure était en partie un des problèmes de l'ancien programme de rénovation urbaine.

Le PAQ comportait d'autres problèmes. Les vieilles collectivités n'étaient pas toutes admissibles. Par exemple, le noyau central d'Edmonton n'était pas admissible en raison de l'instabilité de l'utilisation du sol et de certains zonages non conformes aux critères de la SCHL. Ce secteur, où se retrouvent nombre de vieux logements de piètre qualité, n'a reçu aucune aide fédérale, provinciale ou municipale, et il continue de se détériorer. L'amélioration des quartiers devait combler une autre lacune de la rénovation urbaine, soit l'absence de participation de l'utilisateur à la planification et à la réalisation. Ici, la réussite dépendait du caractère des associations issues de la collectivité. Une bonne participation communautaire exige un groupe organisé disposant des talents et des ressources nécessaires pour prendre des décisions et orienter le processus de planification. Il faut des mécanismes pour permettre aux associations communautaires de composer avec les objectifs en concurrence et les élites du pouvoir. Le PAQ était un programme qui exigeait une certaine somme de consensus, d'énergie et de raffinement politique de la collectivité; pourtant, le développement communautaire n'était pas un des volets de ce programme.

Le PAREL, programme complémentaire du PAQ, a cependant amélioré la qualité du parc existant, bien que de façon assez restreinte. Le PAREL accordait une aide pour améliorer la qualité du parc de logements dans les secteurs désignés du PAQ. Entre 1974 et 1978, 24 464 logements de propriétaires-occupants de même que 26 446 logements de propriétaires-bailleurs ont bénéficié de prêts PAREL; 257 773 autres logements (à l'exclusion des places en centres d'accueil et des logements sans but lucratif) ont bénéficié de l'aide du PAREL entre 1979 et 1985 (SCHL 1985b). L'objectif du PAREL a été modifié en 1986; on est passé de l'amélioration du parc à un programme de logement social orienté vers les plus démunis. Les propriétaires-occupants et les propriétaires-bailleurs sont également admissibles, mais seuls les propriétaires-occupants qui éprouvent des besoins impérieux de logement sont admissibles, et pour recevoir la totalité de l'aide, les propriétaires-bailleurs doivent accepter des loyers après remise en état qui représentent 50 % de la moyenne des loyers du marché. Cette nouvelle orientation pourrait avoir pour effet de retarder la remise en état du parc existant.

PROGRAMME DES COMPAGNIES DE LOGEMENT À DIVIDENDES LIMITÉS

Dans le cadre du Programme des compagnies de logement à dividendes limités, la SCHL consentait directement des prêts à des sociétés privées pour la production de logements à loyer modique. Une bonne partie des logements construits dans les débuts en vertu de ce programme n'étaient pas de bonne qualité (Dennis et Fish 1972). Une étude de la conception et de l'aménagement de plusieurs ensembles réalisée par la SCHL en 1960 a révélé que nombre d'entre eux n'avaient pas d'aménagement paysager ni d'aire de jeu. En outre, beaucoup de ces ensembles étaient de grande taille et comprenaient une forte proportion de logements d'une seule chambre à coucher. Bien que la SCHL ait tenté de réglementer la qualité, la taille (maximum de 100 logements) et la répartition des logements (2,5 chambres à coucher en moyenne), la qualité globale de ces habitations ne s'est pas améliorée; les promoteurs ont continué de s'en tenir aux normes minimales et certains ensembles étaient mal situés. Le programme présentait aussi d'autres problèmes liés notamment à la gestion des ensembles, à l'impuissance de la direction à empêcher la sous-utilisation et à la vérification des revenus[12]. Au milieu des années 70, on a remplacé l'entreprise privée par des sociétés sans but lucratif pour fournir des logements destinés aux ménages à faible revenu, tendance qui remontait au milieu des années 60.

AIDE À L'ACCESSION À LA PROPRIÉTÉ

Dans l'après-guerre, la politique du logement mettait beaucoup l'accent sur l'accession à la propriété. L'assurance-prêt hypothécaire et les prêts hypothécaires à quotité de financement majorée ont permis à des ménages peu fortunés d'acheter une maison et ont modifié les perceptions en matière d'accession à la propriété. Dans le passé, de nombreux ménages avaient construit leurs propres maisons graduellement, à mesure qu'ils en avaient les moyens. Cette tendance s'est modifiée; les ménages voulaient maintenant acheter une maison complètement aménagée et les municipalités ont cessé de tolérer les logements partiellement construits.

Dans les débuts de l'après-guerre, on cherchait surtout à produire des logements neufs pour les ménages aisés; les maisons existantes seraient éventuellement libérées pour les ménages qui n'avaient pas les moyens de faire l'achat d'une maison neuve. Les Canadiens préfèrent être propriétaires, en partie parce que cela donne au consommateur la maîtrise de son sort. Dans les années 70, de nouvelles mesures ont permis des choix efficaces et nouveaux aux consommateurs à revenu modeste, tant en ce qui concerne le type de logement qu'en ce qui concerne le mode d'occupation. Tous les paliers de gouvernement ont mis en place des programmes visant à aider les ménages à revenu modeste à accéder à la propriété d'une maison neuve. Ces programmes comprenaient des subventions pour les accédants à la propriété, des prêts hypothécaires subventionnés pour des logements à prix modique pour les acheteurs à faible revenu, des réductions du prix des terrains aménagés par les gouvernements, des programmes visant à aider les propriétaires à construire leurs propres maisons, des prêts LNH directs lorsque le secteur privé ne pouvait fournir les fonds, des programmes d'accession à la propriété pour les ruraux et les autochtones et les programmes de coopératives d'habitation.

Dans les années 80, la majorité des Canadiens bénéficiaient d'un logement de bonne qualité et avaient le choix tant du type de logement que du mode d'occupation; cependant, il restait des enclaves de ménages qui occupaient des logements de mauvaise qualité et n'avaient pas la possibilité de faire des choix de consommation; beaucoup d'entre eux habitaient des localités sans véritable marché de l'habitation, par exemple des régions rurales et éloignées et des réserves. Comme le montre la figure 1.2, en 1981, 23 % des ménages autochtones dans les réserves habitaient des logements nécessitant des réparations majeures en comparaison de 7 % des ménages non autochtones; 51 % n'avaient pas de chauffage central, en comparaison de 9 % ailleurs. La situation était semblable pour les Indiens hors réserve, les Métis sans statut et les Inuit. En plus de l'absence d'installations de base, comme la plomberie et le chauffage central, le surpeuplement est aussi un problème. Par comparaison avec la norme d'une personne par pièce, un ménage autochtone sur six souffrait de surpeuplement, en comparaison de un sur 43 pour le reste de la population. Ce sont les ménages inuit qui souffraient le plus de surpeuplement, 40 % des ménages comptant plus d'une personne par pièce, et environ 8 % plus de deux personnes par pièce.

Dans certains cas, l'intervention gouvernementale visant à améliorer la qualité du logement avait pour effet de réduire le choix des consommateurs, comme l'expliquait George Barnaby de Fort Good Hope dans son intervention devant un comité spécial des Territoires du Nord-Ouest :

> Il y a toujours eu un problème de logement, surtout depuis que le gouvernement du territoire s'en occupe. [Avant que] le gouvernement ne s'installe dans le Nord, chacun construisait sa propre maison et s'en occupait. Vers 1968 ou 69, le gouvernement a voulu tout chambarder... On a dépensé beaucoup de temps et d'argent pour mettre en place un nouveau programme de logements locatifs. On promettait aux gens que pour quelques dollars par mois, ils pourraient bénéficier d'un logement à loyer modique, comme on les appelait. C'était une bien bonne affaire, l'électricité et le mazout, plus la maison, pour deux dollars par mois.
>
> ...Beaucoup de maisons ont été détruites, parfois au bulldozer, mais certains de ces gens n'ont toujours pas de maison. Les maisons n'ont jamais été remplacées. Ils n'avaient d'autre choix que de louer une maison; cela veut dire que leurs maisons leur ont été enlevées et qu'ensuite ils ont été forcés de louer une maison à ceux qui la leur avaient enlevée (Territoires du Nord-Ouest 1984, 36).

Pour ces ménages qui s'entassent dans des logements de mauvaise qualité, il n'y a guère eu de progrès dans l'après-guerre. Les politiques de logement fondées sur la théorie du « filtering down » exigent un marché et un parc de logement suffisants; dans ces localités, on ne trouve ni l'un ni l'autre. Les programmes de logement qui visent à permettre l'accession à la propriété des ménages à revenu modeste exigent que les ménages aient un certain revenu et puissent assurer au moins une partie du remboursement de la dette. Beaucoup de résidants de ces localités ont un revenu qui ne couvrirait même pas le coût d'exploitation des maisons. Dans beaucoup de localités des Territoires du Nord-Ouest, par exemple, la majorité des familles recensées avaient en 1981 un revenu inférieur à 15 000 $ par année (Recensement du Canada 1981). Le progrès a aussi été retardé du fait que ces ménages n'ont pas beaucoup de pouvoir politique; ils sont peu nombreux en comparaison de l'ensemble de la population et sont en général oubliés par ceux qui, comme les premiers partisans du mouvement de réforme urbaine, pourraient se faire les champions de leur cause.

Le rôle des municipalités

Un des indicateurs de mauvaise qualité utilisé par le rapport Curtis était l'absence de toilette intérieure avec chasse d'eau et de baignoire. De ce point de vue, l'installation et l'amélioration des services municipaux d'eau et d'égout ont grandement contribué à accroître la qualité des logements. En outre, l'électrification rurale et la mise au point de systèmes mécaniques individuels (p. ex. les fosses septiques et les citernes) ont eu un effet positif sur la qualité des logements en milieu rural. Il y a donc eu une amélioration globale du parc de logements du point de vue de la plomberie : dans l'ensemble du pays, seulement 86 000 ménages n'avaient pas de toilette avec chasse d'eau en 1983[13].

La mise au point et l'application des codes du bâtiment et d'autres normes a également eu un effet positif à la fois sur le parc de logements et sur l'environnement urbain. Le Conseil national de recherches du Canada a mis au point un code uniforme de normes de construction dans les années 30, mais ce n'est que trois décennies plus tard que l'application de ces normes s'est généralisée dans les provinces.

Avant d'être utilisées au palier local, les normes uniformes de construction étaient appliquées surtout grâce aux efforts de la SCHL. En 1947, la SCHL a défini des normes de construction et des normes de logement qui, tout en s'inspirant du Code national du bâtiment, comportaient des exigences supplémentaires qu'on estimait importantes pour un ensemble résidentiel de bonne qualité. En 1957, les normes de la construction et du logement ont été confiées au CNRC qui les a publiées en 1958, les normes de construction étant rebaptisées normes de l'habitation. Jusqu'en 1965, les ensembles d'habitation bénéficiant du financement hypothécaire ou de l'assurance-prêt hypothécaire de la SCHL devaient se conformer aux exigences énoncées dans ces documents. En 1965, le CNRC a publié les Normes de construction résidentielle, qui regroupaient les normes précédentes ainsi que certaines autres exigences jugées importantes par la SCHL. Cependant, ces normes ne parlaient pas d'aménagement du terrain et c'est pourquoi la SCHL a élaboré ses propres critères à cet égard. Les normes d'aménagement du terrain, énoncées dans diverses publications de la SCHL entre 1966 et 1980, fixaient les normes d'aménagement résidentiel pour tous les ensembles financés ou assurés par la SCHL. En 1980, ces normes ont pris valeur de conseils plutôt que d'exigences pour tous les ensembles de logements du marché de la Société. Certains ont jugé que cette mesure constituait un recul, car elle réduisait l'influence que pouvait exercer la Société sur la qualité des aménagements résidentiels. Cependant, en 1980 la plupart des municipalités urbaines avaient mis au point leurs propres critères d'aménagement du terrain, parfois plus sévères que ceux de la SCHL; de toute façon, le vide juridique local qui existait au moment où la SCHL avait mis ses critères au point avait été comblé.

Les normes obligatoires d'habitation et d'aménagement résidentiel ont aidé à assurer la qualité des maisons neuves. Cependant, certains pourraient être d'avis que ces normes et exigences vont trop loin. On pourrait soutenir que ces normes poussées ont accru le coût des logements, ce qui provoque des problèmes d'abordabilité. En outre, certains propriétaires qui désirent convertir une habitation existante en immeuble d'appartements ou en meublé, par exemple, ne prendront pas la peine d'obtenir un permis de construire pour ces travaux, de sorte que les logements ainsi aménagés ne respecteront peut-être pas toujours les normes essentielles de sécurité et de protection contre les risques d'incendie. En outre, on craint parfois d'appliquer la réglementation en matière d'hygiène et de sécurité, car on risquerait de réduire le parc résidentiel.

Le rapport Curtis (Canada 1944, 16) recommandait la mise en place d'un plan élaboré d'urbanisme. Le comité recommandait également la création d'un organisme fédéral d'urbanisme disposant de tous les mécanismes nécessaires pour promouvoir et coordonner l'urbanisme partout au pays; cependant, étant donné que l'urbanisme, tout comme les codes et les normes, est de compétence provinciale, la création d'un tel organisme créait de nombreux problèmes.

Aussitôt après la guerre, la première étape consistait dans l'élaboration de lois capables d'assurer un urbanisme adéquat ainsi que la constitution d'une réserve d'urbanistes professionnels. Les lois existantes ont été révisées et les structures nécessaires ont été mises en place; on a fondé des écoles d'urbanisme de même que des associations comme l'Association canadienne d'urbanisme et le Conseil canadien de l'habitation.

Dans le début de l'après-guerre, la SCHL a joué un rôle semblable à celui qu'envisageait le rapport Curtis, bien que restreint. La SCHL encourageait les municipalités à entreprendre des études et des projets portant sur les secteurs susceptibles de réaménagement urbain et accordait des subventions pour permettre de reconnaître les secteurs insalubres nécessitant des mesures de rénovation urbaine; elle exigeait des plans d'urbanisme, accordait de l'aide aux municipalités en étudiant les aménagements proposés et fournissait des sources d'information aux constructeurs par l'entremise du Bulletin des constructeurs qui traitait, notamment, de façons de réaliser la diversité dans les nouveaux lotissements, sans coûts supplémentaires. L'urbanisme n'était pas coordonné par un organisme national; la planification et l'application des plans sont plutôt devenues une des fonctions des gouvernements locaux et régionaux. La mise en œuvre des lois provinciales d'urbanisme a été facilitée par l'évolution de la nature et de l'organisation des gouvernements locaux de même que par la mise en place de structures régionales qui ont permis le développement, le contrôle et le financement des collectivités de façon ordonnée. Dans les années 60, la plupart des gouvernements locaux avaient leur service d'urbanisme.

L'orientation de l'urbanisme a évolué depuis 1945. Au départ, il s'agissait d'assurer une croissance ordonnée et contrôlée. Pendant les deux premières décennies de l'après-guerre, on s'est surtout préoccupé de l'élaboration de règlements de zonage et de contrôle de l'utilisation du sol et de la mise en place des services municipaux (égouts, réseaux routiers et trottoirs, par exemple).

Toutefois, à la fin des années 60, c'est plutôt la qualité de vie qui est devenue une préoccupation centrale. Le maintien de la croissance n'était plus un objectif social commun et l'opposition des citoyens aux grands aménagements publics et privés était fréquente partout au pays à la fin des années 60 et dans les années 70. Par exemple, les citoyens se sont opposés à l'autoroute Spadina à Toronto, à la troisième traversée à Vancouver et au réaménagement à haute densité des vieux quartiers d'Edmonton. Les municipalités ont dans ce contexte utilisé leur pouvoir d'expropriation pour réaliser des projets publics. Toronto, par exemple, a tenté d'exproprier cinq propriétaires habitant dans une zone de rénovation urbaine afin de réaliser un plan visant à améliorer les conditions de logement des résidants du quartier et Winnipeg a exproprié un résidant pour faire place à une usine de traitement des eaux usées (Lorimer 1972). Cette période peut se caractériser par la méfiance des citoyens à l'égard des urbanistes, des promoteurs et du processus de planification; la grogne s'exprimait dans des publications avec des titres comme *Forever Deceiving You, Up Against City Hall, Fighting Back,* et *The Revolution Game.* À la fin des années 70, les urbanistes ont commencé à comprendre que la planification devait se faire sur la place publique et que la participation des citoyens était une composante essentielle de ce processus.

L'urbanisme est beaucoup plus complexe dans les années 80 qu'au début de l'après-guerre, puisqu'on doit tenir compte de divers objectifs en concurrence émanant de divers groupes d'intérêt.

Certains pourraient soutenir que le processus de planification est trop bureaucratique et que les normes sont maintenant trop élevées, mais il serait difficile d'affirmer que l'urbanisme n'a pas abouti à un progrès généralisé en matière d'habitation. Entre autres, les espaces verts, les réseaux de transport et des aires de jeu pour les enfants ont certes donné un milieu qui constitue une amélioration par rapport aux taudis du passé, qui, selon la description qu'en donnait la Commission Bruce, n'avaient pas même les installations de base :

> Le grand nombre de camions qui encombrent les rues et les rendent dangereuses pour les enfants. Les logements sont coincés entre des parcs à ferrailles, des hangars et des immeubles commerciaux… Un quartier dont l'aspect misérable n'est même pas adouci par des arbres et des espaces verts (Ontario 1934, 29).

Les nouveaux indicateurs de la mauvaise qualité des logements

Les indicateurs de la mauvaise qualité des logements ne sont valables que dans la mesure où ils reflètent les objectifs fondamentaux de la société. Les objectifs sociaux dont il faudra tenir compte dans l'élaboration des mesures de la qualité de l'habitation comprennent notamment : accroître l'égalité des chances, préserver la dignité et la vie privée de l'individu et de la famille, favoriser la diversité, la liberté de choix, accroître l'hygiène, la sécurité et la qualité de vie, favoriser un sentiment de communauté et préserver l'environnement naturel. L'évaluation de la qualité du logement devrait non seulement tenir compte des indicateurs de la qualité matérielle, mais aussi de la qualité sociale et du choix et du contrôle des consommateurs.

LES INDICATEURS DE LA QUALITÉ MATÉRIELLE

Les macro-indicateurs qui ont permis de reconnaître les logements de mauvaise qualité comprennent le besoin de réparations, le manque d'installations de base, la piètre qualité matérielle du milieu résidentiel et le surpeuplement. Dans les années 80, toutefois, l'élaboration d'une macro-définition valable pour tout le pays est beaucoup plus difficile. Il faut tenir compte de trois facteurs d'ordre général.

Le premier est qu'une « macro-norme » unique pour l'ensemble du pays convient peut-être moins que des « micro-normes » variant selon les régions ou les catégories de ménages. Les besoins et les normes en matière d'habitation varient avec le climat, de même qu'avec les caractéristiques sociales et démographiques, les besoins de logement et les aspirations du ménage en cause.

Le deuxième facteur est la pondération des indicateurs pour distinguer entre les logements matériellement insuffisants et ceux qui sont inférieurs aux normes. Une démarche globale, tenant compte à la fois de l'état de l'extérieur et de l'intérieur, des installations et de leur fonctionnement, serait utile à l'avenir pour l'évaluation des habitations. Le département américain du logement et de l'aménagement urbain a mis au point des critères pour distinguer les logements qui sont insuffisants de ceux qui sont gravement insuffisants. Cette définition comprend des mesures tant absolues que relatives et tient compte du nombre de pannes subies par les systèmes de toilette, de chauffage et d'électricité sur une période donnée. En outre, le coût d'exploitation peut être à l'avenir un indicateur important de l'état des lieux. Par exemple, un logement qui coûte très cher à chauffer peut être considéré de mauvaise qualité.

Le troisième facteur est la fiabilité des bases de données. Une bonne partie des données de base sur l'habitation ont été recueillies dans le cadre du recensement, qui utilise actuellement l'autorecensement. Si les données concrètes sur les installations matérielles et le nombre de pièces sont probablement fiables, les données sur la qualité du logement et l'état global des lieux pourraient l'être moins[14]. En outre, il est important de déterminer comment on fera le dénombrement des logements, car la définition du logement a un effet sur l'importance du problème de qualité. Un compte fondé sur la définition du recensement selon laquelle un logement est un ensemble structuralement distinct de pièces d'habitation, donne moins de logements de mauvaise qualité qu'une définition qui compte les ensembles de pièces d'habitation qui partagent certaines installations. Par exemple, l'enquête sur les logements a révélé un nombre considérablement plus important de logements partageant des toilettes que le recensement de 1971. Cet écart peut être dû au fait que les enquêteurs étaient plus portés que les occupants recensés à classer les mini-studios ou les appartements en sous-sol, par exemple, comme des logements distincts. Il y a de nombreux cas où la définition du logement n'est pas claire, y compris les appartements en sous-sol ou en grenier occupés par des chambreurs et les pièces dans les garnis ou les mini-studios. Il faudra régler le problème de définition pour assurer l'uniformité de la base de données.

LES INDICATEURS DE LA QUALITÉ ENVIRONNEMENTALE

Les facteurs qui pourraient être significatifs à l'avenir sont 1) l'environnement immédiat créé par tel ou tel ensemble de logements, 2) la forme physique de l'habitation, son emplacement et ses rapports avec les autres aménagements, résidentiels ou autres, et 3) la qualité d'ensemble de l'infrastructure municipale.

Au cours des années 70, on a construit plusieurs ensembles à haute densité, en grande hauteur, dont certains étaient propriété publique et occupés par des familles avec des enfants. Or pour bon nombre d'éducateurs et de psychologues, le jeu est considéré comme un moyen de développement fondamental pendant la petite enfance. Pour ces enfants que le manque d'espace peut contraindre à restreindre leurs activités de jeu, ces types d'habitation peuvent être de mauvaise qualité sur le plan environnemental.

La conception globale des milieux d'habitation a un effet sur le mode de vie et le comportement des habitants. C'est en réaction aux taux élevés de criminalité et au vandalisme dans les ensembles à haute densité qu'on a eu l'idée de prévoir un espace défendable. Un niveau élevé de criminalité de même que le fait que les résidants aient peur de se déplacer à pied dans les rues du quartier sont des indicateurs de mauvaise qualité environnementale. Si le premier indicateur est facile à quantifier, le second, en raison de son caractère subjectif, est plus difficile à mesurer. Les mesures subjectives seront importantes à l'avenir et il faut élaborer de nouvelles techniques pour les faciliter.

Les craintes que soulèvent la qualité de l'air, les coûts du chauffage et les dangers potentiels des centrales nucléaires pourraient rendre l'énergie solaire plus intéressante. Il faudrait alors un meilleur accès à la lumière du soleil, ce qui a des répercussions tant sur l'habitation que sur les formes urbaines. Par exemple, dans de nombreuses villes canadiennes, il serait difficile pour les résidants de passer à l'énergie solaire, tout simplement parce que dans certains lotissements l'orientation des toitures ne permet pas la conversion. L'impossibilité de la conversion à l'énergie solaire pourrait bien à l'avenir être un indicateur de mauvaise qualité de l'habitation. Un ensoleillement de moins de tant d'heures par jour (exigence actuellement appliquée en Suède) pourrait aussi à l'avenir être un indicateur de mauvaise qualité. Dans le cas d'une bonne partie des logements à haute densité aménagés à la fin des années 60 et dans les années 70, on ne considérait pas comme important d'éviter de faire de l'ombre aux propriétés avoisinantes, de sorte que plusieurs immeubles ne bénéficient que d'un ensoleillement réduit.

On en est venu à considérer qu'il faut éviter dans la mesure du possible de situer des habitations près de grandes artères ou de zones industrielles. Toutefois, il existe aussi des facteurs qui influencent la qualité environnementale bien qu'ils soient moins liés à l'emplacement, par exemple la pollution atmosphérique. Le manque d'air pur pourrait bien être considéré comme un indicateur de mauvaise qualité environnementale à l'avenir, tout comme la proximité de déchets toxiques.

LA TAILLE DES LOGEMENTS

Le surpeuplement est l'indicateur qui a été le plus souvent utilisé pour déterminer si un logement est de taille suffisante. Cependant, les indicateurs devront à l'avenir tenir compte de l'évolution des modes de vie et des attentes de même que des besoins particuliers de certains groupes ou individus. Une mesure plus précise du surpeuplement devrait tenir compte de la configuration du ménage, y compris l'âge et le sexe des occupants. Par exemple, on pourrait considérer qu'un logement de deux pièces et d'une chambre à coucher est de taille suffisante pour un ménage de deux personnes composé du mari et de la femme, mais non pour un ménage composé d'une mère et de son fils adolescent. La Norme nationale d'occupation utilisée pour la répartition des fonds fédéraux pour le logement social reconnaît partiellement les besoins de divers types de ménages. Pour certains ménages, la configuration du logement ne suffit pas à le rendre convenable : ils doivent aussi avoir accès à des services de soutien. Par exemple, beaucoup d'anciens malades psychiatriques ne sont pas correctement logés à moins d'avoir accès à de tels services. L'évolution des besoins, des attentes, des tendances démographiques et des schèmes culturels aura un effet sur les indicateurs futurs de la convenance des logements.

LE CHOIX ET LE CONTRÔLE DU CONSOMMATEUR

Du point de vue du consommateur, l'absence de choix réel est un indicateur de l'insuffisance du logement. Il n'y a pas de choix réel si le ménage n'a aucun vrai pouvoir décisionnel sur le mode d'occupation, le type de logement, son emplacement et l'adaptation des espaces intérieurs et extérieurs aux besoins de chacun. Comme nous l'avons déjà dit, beaucoup de locataires des logements publics y voient un dernier recours, c'est-à-dire un logement qui assure un minimum de confort matériel à un prix abordable, mais pas un véritable chez-soi. Dans le passé, le choix a toujours été fonction du revenu du ménage : plus le revenu était élevé, plus le ménage avait de choix. À l'avenir cependant, à mesure que de nouvelles formes de propriété et de location se répandront, le choix ne sera peut-être plus autant lié au revenu.

Le manque de contrôle et de sécurité sont également des indicateurs de mauvaise qualité de l'habitation du point de vue du consommateur. Cette notion comprend le contrôle des dépenses du ménage pour le logement et la possibilité d'avoir un mot à dire dans la gestion de la maison et de son environnement immédiat. Par exemple, dans les limites de leurs moyens, les propriétaires-occupants sont maîtres des choix en matière de réparation et d'entretien de leur logement, à la différence des locataires. Si le logement est en mauvais état et que le propriétaire refuse de le réparer, le locataire peut soit se résigner, soit trouver un autre logement. La sécurité du foyer comprend la protection contre des forces externes susceptibles d'entraîner pour le résidant la perte de sa maison; cela comprend des facteurs comme une diminution de revenu influençant la capacité du ménage de payer ses dépenses de logement, l'expulsion en raison d'un manque de sécurité d'occupation ou l'implantation d'une usine polluante à proximité du logement. Tandis que de nombreux ménages canadiens jouissent de la sécurité de leur foyer, ce n'est pas le cas de tous; par exemple, dans la plupart des provinces, les chambreurs et les pensionnaires ne sont pas protégés par les lois sur la location immobilière et ceux qui occupent les refuges temporaires n'ont aucun foyer permanent.

Le problème des logements de mauvaise qualité à l'avenir

Sur l'ensemble des logements au Canada, 46 % ont plus de 25 ans; parmi ceux-ci, environ 22 % ont été construits avant 1941 (Statistique Canada 1983). Selon les propres projections de la SCHL, publiées en 1985, 75 % des logements du parc résidentiel de l'an 2001 sont déjà construits. Un article portant sur les problèmes de logement publié en 1986 dans le *Toronto Star* estimait « ...que des dizaines de milliers de personnes sont mal logées dans des appartements, des ensembles de logement public, des maisons de chambres, des foyers et des refuges inférieurs aux normes » (Harvey 1986). Certes, le style journalistique est porté à l'exagération, mais il existe un nombre croissant de logements dont on peut dire qu'ils sont de mauvaise qualité. Une partie de ce parc se détériore parce qu'on en néglige l'entretien.

Si la tendance à la polarisation dégagée au chapitre 4 se maintient, une forte proportion du parc locatif sera occupée par des personnes à faible revenu. Le marché pourra-t-il motiver les propriétaires à entretenir ou à améliorer les logements locatifs sans aide gouvernementale? La détérioration peut aussi être due à la mauvaise qualité de la construction. Certains des premiers ensembles réalisés par des sociétés à dividendes limités, de même que certains des premiers ensembles de logement public, auront besoin dans un proche avenir d'importants travaux de réparation et d'entretien. En outre, il pourra être nécessaire de rénover en profondeur ou de remplacer un certain nombre de maisons mobiles et de parcs de maisons mobiles d'un certain âge.

Ces problèmes de l'avenir exigent une vision d'ensemble, pas seulement des solutions pratiques. Ce sont les municipalités qui sont les mieux placées pour appliquer une démarche globale. Dans chaque zone métropolitaine, on devrait instituer un mécanisme permettant aux groupes d'intérêt de travailler de concert avec le gouvernement municipal, d'abord pour préciser l'ampleur des problèmes, puis pour mettre au point un plan d'action permettant d'assurer une répartition équitable des ressources. Il faut aussi l'appui financier des paliers supérieurs de gouvernement, car les gouvernements municipaux n'ont pas les capitaux nécessaires pour mettre en œuvre de tels plans.

Même si certaines des solutions actuelles serviront encore à l'avenir, les politiques et les programmes auront probablement plus d'ampleur. Les programmes de remise en état, par exemple, ne devraient pas porter uniquement sur les composantes structurales et mécaniques du logement, mais aussi sur la conception et la disposition globales afin de constituer un espace défendable. Quand ce ne sera pas possible, il faudra peut-être remplacer l'ensemble. Il est probable que les lois provinciales et les règlements municipaux en matière d'urbanisme seront modifiés de façon à tenir compte de l'orientation par rapport au soleil pour permettre l'utilisation de l'énergie solaire. En ce qui a trait aux nouveaux aménagements, surtout dans les régions rurales et les collectivités autochtones, il est essentiel que l'on tienne compte des facteurs environnementaux et culturels et que l'utilisateur puisse influencer les politiques et les programmes. La politique du logement devra aussi tenir compte des besoins spéciaux des ménages. En outre, pour la mesure de la qualité des lieux, on ne devrait plus s'en tenir à l'absence d'installations de base, mais tenir compte du rendement et du coût de fonctionnement.

Notes

1 On estimait qu'un logement qui présentait une ou plusieurs des caractéristiques suivantes avait besoin de réparations extérieures : la pourriture ou l'affaissement des fondations,

amenant les murs à se fissurer ou à pencher; des bardeaux manquants ou gauchis; des briques manquantes ou des fissures dans les cheminées; des marches ou escaliers dangereux à l'extérieur.

2 Par cet indicateur, le sous-comité voulait déterminer la proportion des logements qui devaient être remplacés plutôt que remis en état.

3 Une des méthodes étudiées avait été mise au point par un comité sur l'hygiène du logement de l'association américaine d'hygiène publique. Le comité avait utilisé un système détaillé de cotation (de 1 à 30 points) de diverses lacunes, y compris le besoin de réparations majeures (à l'intérieur ou à l'extérieur), l'absence d'installations de base (électricité, toilette avec chasse d'eau, baignoire ou équivalent), les défectuosités (tuyauterie usée), une conception ou une construction totalement insatisfaisante (issues de secours tout à fait insuffisantes), l'infestation de vermine, le manque d'espace à l'intérieur ou l'absence de la disposition extérieure nécessaire à la salubrité et un voisinage de taudis.

4 Ce total comprenait 125 000 logements dans les régions métropolitaines, 50 000 dans des localités plus petites et 123 000 logements ruraux (100 000 logements agricoles et 23 000 logements non agricoles).

5 Par exemple, la ville d'Edmonton, où l'on enregistrait 46 % de logements de mauvaise qualité si l'on considérait les trois indicateurs, n'en comptait que 24 % d'après la nécessité de réparations extérieures. Il en était de même pour Halifax, Saint John, Québec, Trois-Rivières et les localités du Nord de l'Ontario.

6 Le rapport Curtis a constaté qu'environ 15 % du parc de mauvaise qualité dans les grandes villes devait être remplacé, en comparaison de 8 % dans les petites localités.

7 Bien que la construction domiciliaire ait atteint un sommet à la fin des années 20, en 1932 le marché s'était effondré. Par exemple, à Montréal, on a construit moins de logements entre 1932 et 1939 qu'en 1928 (Archambault 1947); d'autre part, à Calgary, les permis de construire résidentiels ont été moins nombreux entre 1930 et 1939 qu'en 1929 (Safarian 1959). Cette situation était fréquente partout au pays. Pendant les années 30, il y a eu baisse du taux de natalité et de la formation nette de familles, tandis que l'immigration atteignait un niveau minimal. Il y a une certaine controverse quant au nombre de logements construits au cours de cette décennie, et la comparaison de certaines estimations des mises en chantier et de la formation nette de familles semblerait indiquer un excédent d'offre de logement par rapport à la formation nette des familles pendant les années 30. Cependant, l'offre ne suffisait pas à répondre à la demande potentielle de logement; la cohabitation était fréquente et bon nombre de ménages souffraient de surpeuplement. À Montréal, par exemple, on a construit moins de logements entre 1932 et 1939 qu'il n'y a eu de mariages en 1938 (Archambault 1947). Les déplacements de populations vers les centres militaires comme Halifax, Ottawa et Montréal ont accru la demande de logements dans ces villes.

8 D'autres cependant, dont la Saskatchewan, l'Alberta, Terre-Neuve, la Nouvelle-Écosse, l'Île-du-Prince-Édouard et les Territoires du Nord-Ouest ont continué d'aménager des ensembles pour les familles.

9 Même s'ils étaient toujours des locataires, bon nombre d'occupants considéraient qu'il était plus acceptable d'habiter un ensemble de logements sans but lucratif qu'un logement public traditionnel. Peut-être en raison du fait que cette nouvelle forme de logement a été

mieux reçue du public, les études approfondies portant sur l'acceptation par le voisinage et la satisfaction des utilisateurs qui avaient été menées sur les projets précédents n'ont pas été répétées.

10 Le PAQ s'est terminé le 31 mars 1978, même si les limites approuvées pour ce programme ont continué de définir les seuls secteurs admissibles au PAREL.

11 Une bonne partie des fonds pour un projet PAQ de Winnipeg a été consacrée aux égouts, aux conduites d'eau, à la reconstruction des rues, aux trottoirs et à l'éclairage des rues.

12 Le programme avait pour but de fournir des logements à loyer modique aux ménages à revenu restreint. La vérification du revenu des ménages était obligatoire à leur arrivée, mais il arrivait souvent qu'on ne s'en occupe plus par la suite, de sorte que certains ménages dont les revenus avaient augmenté continuaient d'habiter les ensembles, même si en théorie ils n'étaient plus admissibles.

13 Ces améliorations n'ont pas été réparties également, car une plus grande proportion des logements de la région de l'Atlantique n'ont pas de toilette avec chasse d'eau. Cette région ne comprend que 8 % du parc total, mais elle compte 24 % des logements qui n'ont pas de toilette avec chasse d'eau au Canada. Bien que les logements sans plomberie de base ne se retrouvent pas tous en milieu rural dans le Canada atlantique, leur nombre disproportionné s'explique en partie par le caractère rural de la région.

14 L'enquête sur l'habitation dans la région atlantique, qui a mis à l'épreuve divers moyens d'évaluer l'état des logements, soit l'évaluation par les répondants, l'évaluation par l'intervieweur et les inspections de la SCHL, a constaté que les évaluations varient considérablement selon la méthode utilisée. Comme le dit Streich (1985, 17; TEEGA 1983, 63)

> L'évaluation des occupants correspondait à celle des inspecteurs 76 % du temps dans le cas des défectuosités structurales, 45 % en ce qui concerne l'état général à l'extérieur. Les évaluations des intervieweurs étaient quant à elles plus proches de celles des inspecteurs dans le cas de l'état de la structure que dans celui de l'état global.

CHAPITRE TREIZE

L'habitation, service humain : les besoins particuliers

Janet McClain[1]

LE BESOIN de logement se mesure souvent en fonction des quantités moyennes (comme le nombre de pièces ou la superficie) nécessaires pour chaque groupe d'âge ou pour chaque taille de ménage. Cependant, ces mesures ne tiennent pas compte des besoins particuliers de certains consommateurs. Dans le domaine de l'habitation, ces consommateurs peuvent avoir besoin d'être logés au rez-de-chaussée avec une entrée sur la rue et un plan incliné au lieu d'un escalier, des portes larges, beaucoup d'espace dans la cuisine et la salle de bain et des circuits électriques améliorés pour les appareils médicaux ou mécaniques. Dans les cas de mobilité réduite ou de facultés de perception amoindries, une salle de lessive et des locaux de loisirs, par exemple, sont également importants. Ces consommateurs doivent avoir facilement accès aux épiceries, pharmacies, banques et garderies, et être situés à proximité de voisins et d'amis dont le mode de vie soit compatible avec le leur. Il est également important pour eux d'avoir accès sur place à des services d'entretien, de sécurité personnelle, de soins ou d'aide. Idéalement, le logement devrait être situé dans un milieu de soutien communautaire et de services sociaux fournissant au besoin à la fois une aide ponctuelle et des services thérapeutiques permanents.

Ces caractéristiques correspondent aux besoins d'à peu près chaque être humain à un moment où l'autre de l'existence. En cas de maladie, de blessure, d'immobilité ou d'insuffisance de revenu, on devient un client à besoins particuliers, certains le restant beaucoup plus longtemps que d'autres. Si la situation est temporaire, le manque de choix et l'incapacité de chercher un autre logement ne sont pas si terribles, car dans ce cas, la frustration quotidienne d'habiter un logement qui compte plus de « handicaps » que ses résidants peut être moins intense. Bon nombre de consommateurs à besoins spéciaux ont une mobilité réduite. Leurs besoins — qui évoluent avec l'âge, la composition du ménage et de la famille, les ressources économiques et la santé — ne peuvent souvent être satisfaits parce que leur logement actuel ne leur donne pas accès à des services de soutien. Un compromis peut s'imposer : un nouveau logement, mieux approprié à leurs besoins physiques, mais moins proche des autres services communautaires.

Depuis 1945, la population à besoins spéciaux est en croissance au Canada. Cette situation découle de l'amélioration des soins de santé et de l'espérance de vie, de l'évolution des politiques sociales, de la désinstitutionnalisation croissante, du désir d'une plus grande autonomie et enfin d'une plus grande ouverture de la société aux infirmités physiques et mentales et aux problèmes sociaux. En outre, il n'est peut-être plus aussi facile qu'autrefois de recourir à un réseau informel de parents et d'amis dans sa propre localité, même si cela reste le principal soutien.

En dehors du cadre institutionnel, les logements offrant des services de soins ou d'autres services spéciaux étaient rares au Canada avant les années 60. Avant 1966, les services sociaux étatiques relevaient exclusivement des provinces et des municipalités (à l'exception des programmes de réinsertion professionnelle pour les personnes handicapées). En 1966, le gouvernement fédéral commençait à partager les coûts des services sociaux dans le cadre du Régime d'assistance publique du Canada (RAPC), dans le but d'accroître l'ampleur de ces services. La prévention et des services axés davantage sur la collectivité et le développement personnel ont commencé à remplacer les soins institutionnels et les mesures de protection. À la suite de la création du RAPC, le rôle des provinces et des municipalités dans les services sociaux s'est étendu à l'information, au counselling, aux services de référence, à l'intervention de crise et à la planification familiale. On a commencé d'offrir des services axés sur la prise en charge et l'autonomie comme des foyers collectifs pour les enfants et les jeunes adultes, la réhabilitation et le transport accessible pour les personnes handicapées, les services d'aide ménagère et de popote roulante, les maisons de transition et les centres communautaires autochtones, les centres spécialisés de jour pour les jeunes gens et les adultes (Guest 1980, 195). Les services d'information, de consultation et d'intervention en cas de crise sont offerts sans frais sur demande; les autres services, comme la réhabilitation ou les aides ménagères sont payants, à moins qu'ils ne soient prescrits dans le cadre d'un programme de traitement après hospitalisation. Pour d'autres services, comme les garderies et les foyers collectifs, les frais d'utilisation sont fonction du revenu (Guest 1980, 195).

Le niveau et la qualité des services sociaux offerts dans le cadre du RAPC ont été améliorés avec l'adoption en 1966 de la Loi sur les soins médicaux et de la Loi sur l'assurance-hospitalisation et les services diagnostiques. Ces lois offraient une couverture complète des besoins médicaux. Le RAPC payait les services de santé dans les foyers pour les personnes âgées et les centres d'hébergement qui n'étaient pas visés par les nouvelles lois sur les soins médicaux et l'assurance-hospitalisation (Humm 1983, 69–71; Hepworth 1975, 4, 6). Quant aux provinces, elles ont aussi joué un rôle important dans l'adoption d'innovations en matière de soins de santé préventifs (Alberta), de protection de l'enfance (Ontario) et de services d'aide ménagère et de bien-être des personnes âgées (Québec) (Chappell et autres 1986, 91–92; Hepworth 1975, 4, 6).

La Commission d'étude Hellyer reconnaissait en 1969 les besoins critiques de logement des célibataires et des familles à faible revenu et, pour la première fois, les besoins de logement des personnes handicapées. Plusieurs gouvernements provinciaux ont aussi mis sur pied des commissions spéciales et des groupes de travail dans le milieu des années 70 en réponse aux préoccupations des personnes handicapées et de leurs associations. Des offices spéciaux, comme l'Office des personnes handicapées du Québec, ont été créés et des lois ont été adoptées ou modifiées afin d'assurer les droits fondamentaux en matière d'accessibilité et d'autonomie (Québec 1988, 156–8).

Bon nombre des changements des années 60 supposaient que le parc de logements existants était à la fois facilement disponible pour les personnes qui utilisaient des services sociaux et adaptés à la prestation des services dans la collectivité. Cependant, ce n'est que lorsqu'on a révisé le PAREL et le programme de logement sans but lucratif au milieu des années 60 qu'on s'est fermement engagé à produire ou à aménager des logements accessibles. En outre, des associations de logement sans but lucratif parrainées par des coopératives, des municipalités et des collectivités ont utilisé l'article 56.1 de la LNH pour accroître le parc de logements pour la clientèle à besoins spéciaux, les personnes âgées, les personnes handicapées et les mères célibataires.

Le besoin de logement adapté aux besoins particuliers

La production de logements pour les personnes âgées a éclipsé celle de toutes les autres formes de logement pour besoins spéciaux tant en nombre de logements produits que comme centre d'intérêt d'une bonne partie de la recherche en habitation et des publications dans le domaine de la politique sociale. La construction et l'aménagement de logements indépendants et de centres d'accueil pour les personnes âgées avaient pour objectifs de diminuer les coûts de logement, d'offrir des formes d'hébergement mieux conçues en fonction des changements et des infirmités liés à la vieillesse et de favoriser l'accès, la sécurité d'occupation et l'autonomie.

Avant le milieu des années 70, la majorité des ouvrages publiés dans le domaine du logement traitaient des besoins d'une population vieillissante; très peu de choses avaient été écrites sur les personnes handicapées, les femmes et les sans-abri. La proclamation de l'Année internationale des femmes (1975) et celle de l'Année des personnes handicapées (1981) par les Nations Unies ont fait débloquer des fonds pour la recherche et ont poussé les gouvernements à faire des déclarations publiques sur les besoins de ces groupes. Pendant l'Année des personnes handicapées, par exemple, le gouvernement fédéral a ajouté aux programmes de la LNH des dispositions en vue de rendre les programmes sociaux, les installations et les services plus accessibles aux personnes handicapées.

LES PERSONNES ÂGÉES

Entre 1946 et 1981, quelque 146 000 logements pour personnes âgées ont été financés en vertu des programmes LNH. Seulement 3 % de ces logements n'étaient pas neufs. Quelque 47 000 places dans des centres d'accueil ont également été aménagées, surtout par des sociétés sans but lucratif, des gouvernements municipaux et des sociétés provinciales de logement. Cela constitue la plus forte proportion de logements financés par les deniers publics offerts à un groupe-client au Canada. Avant 1970, les sociétés provinciales d'habitation construisaient un nombre sensiblement égal de logements pour les familles et pour les personnes âgées. Au début des années 70, la production de logements du troisième âge a grimpé en flèche; bon nombre des grands immeubles d'appartements et des grands complexes ont été construits à cette époque.

Qui avait besoin de ces logements et pourquoi les gouvernements fédéral et provinciaux ont-ils donné priorité à la construction de logements pour les aînés? Au début des années 70, le besoin était bien connu. Plusieurs études avaient souligné la croissance de la population âgée du Canada (Bairstow 1973; Yeates 1978; Stone et Fletcher 1980; Marshall 1980). De même, plusieurs chercheurs (Bryden 1974; Gutman 1975–76; Bairstow 1976; Huttman 1977) avaient souligné les problèmes — faiblesse du revenu, accès aux pensions, prix des logements — auxquels faisaient face les veuves, les célibataires et les couples âgés. Des études importantes ont attiré l'attention sur les besoins de logement des pauvres âgés et souligné la nécessité de programmes de remise en état et d'entretien des logements pour les propriétaires et locataires âgés. Les rapports signalaient également l'insuffisance des prestations de PSV/SRG et du RPC et la nécessité d'améliorer les programmes provinciaux de supplément de revenu et d'aide au logement (Conseil national de bien-être social 1984; Social Planning Council of Winnipeg 1979; Social Planning Council of Metro Toronto 1980a). En outre, diverses études avaient commencé à attirer l'attention sur une population croissante de femmes âgées vivant seules, sans ressources financières suffisantes et ne disposant que de peu d'options de logement. Les besoins de cette population ont été reconnus dans les années 70, mais n'ont été exposés que dans les années 80 au moment où l'on a analysé par sexe et par composition du ménage les données statistiques nationales sur le mode d'occupation, le coût et la composition des ménages (voir Stone et Fletcher 1982).[2]

Ce sont les problèmes de logement des personnes âgées qui ont façonné les programmes et les politiques de logement tout au long des années 70. Au cours des années 80, cette population a vieilli, de même que les logements, publics et privés, qui l'abritaient. Tandis qu'une petite proportion des résidants des logements subventionnés, par exemple, avait besoin de soins et de services sociaux sur place dans les années 70, maintenant une plus grande proportion de cette population souffre d'infirmités et de difficultés de déplacement qui exigent de plus en plus de services de soutien. Ce phénomène de « vieillissement sur place » (Gutman et Blackie 1986) a suscité une controverse chez les fournisseurs d'habitations et de services sociaux.

L'institutionnalisation et les foyers de soins spéciaux

Le Canada a un taux assez élevé d'institutionnalisation pour les personnes âgées — près de 9 % d'entre elles reçoivent des soins institutionnels — en comparaison des États-Unis, de l'Angleterre et du Pays de Galles.[3] La fréquence de l'ins-

Tableau 13.1
Nombre de places subventionnées dans les foyers de soins spéciaux : Canada, 1966–1985
(par milliers d'habitants)

	1966		1975		1980		1985	
	20–64	65+	20–64	65+	20–64	65+	20–64	65+
Canada	6,3	47,0	11,4	85,7	11,8	82,9	10,9	74,2
Terre-Neuve	3,4	28,0	8,3	70,3	8,0	63,4	7,4	54,9
Île-du-Prince-Édouard	8,9	45,7	18,6	102,4	17,9	99,0	17,1	92,4
Nouvelle-Écosse	4,7	29,7	11,5	75,1	13,5	83,7	13,1	79,1
Nouveau-Brunswick	5,6	36,6	10,4	70,4	15,1	99,9	12,7	79,6
Québec	5,7	52,7	7,8	65,9	7,7	60,5	7,4	54,8
Ontario	5,7	41,7	12,9	96,2	13,1	90,5	11,8	78,9
Manitoba	7,9	50,8	13,1	82,1	13,8	79,8	14,1	79,1
Saskatchewan	7,0	43,2	14,4	81,4	14,3	79,8	13,6	74,2
Alberta	9,1	71,7	14,3	115,7	13,2	112,2	11,3	97,9
Colombie-Britannique	8,0	51,4	12,6	87,4	13,5	87,1	13,4	81,2
Yukon	—	—	22,3	662,5	19,0	316,2	14,2	267,5
T.N.-O.	—	—	4,2	84,4	3,0	50,1	3,5	77,7

SOURCE : Santé et Bien-Être Canada (diverses années) ; Hepworth (1985, 152–63) ; et totalisations spéciales (1987). Les « places subventionnées » sont admissibles au partage des coûts aux termes du RAPC.

titutionnalisation s'explique par de nombreuses raisons. Les centres d'accueil constituaient une partie importante du parc de logements produits pour les personnes âgées partout au Canada (tableau 13.1). Jusqu'au milieu des années 70, le nombre de places dans les centres d'accueil était de plus de 40 par 1 000 habitants (de 65 ans et plus) dans les provinces de l'Île-du-Prince-Édouard, du Québec, de l'Ontario, de la Saskatchewan, de l'Alberta et de la Colombie-Britannique. Puis, en 1975, les chiffres ont augmenté considérablement pour atteindre même une place pour dix résidants âgés à l'Île-du-Prince-Édouard et en Alberta.

Souvent, dans les petites villes et les campagnes, il n'y a guère de solutions de rechange aux centres d'accueil. Les provinces et les organismes privés de parrainage ont souvent construit des foyers offrant certains soins, car il coûtait moins cher d'offrir tel niveau de soins à une population potentiellement peu nombreuse que d'offrir des soins individualisés couvrant un vaste éventail de besoins. On a souvent placé en établissement des personnes qui auraient pu conserver leur autonomie au moyen de services à domicile ou dans le cadre d'un logement-foyer offrant un minimum de services sur place. Dans les régions rurales, les femmes âgées étaient souvent placées en établissement prématurément parce qu'il n'y avait personne pour s'occuper d'elles (Baum 1974; Cape 1985). Plusieurs provinces ont maintenant remis en question l'efficacité de leur évaluation des besoins de logement des aînés en dehors des zones métropolitaines.

Les premières recherches ont révélé que près de la moitié des personnes âgées recevant des soins coûteux en institution à Montréal auraient pu conserver leur autonomie. Une des principales raisons de l'institutionnalisation était l'absence de solutions de rechange facilement accessibles (Zay 1966b, 17). Paradoxalement, à une époque où l'on prône généralement les soins communautaires et l'aide aux personnes âgées pour leur permettre de demeurer chez elles, la part des ressources gouvernementales consacrée aux hôpitaux et aux centres d'accueil a augmenté (Townsend 1981, 21–2).

Évaluer les niveaux de besoin de services de soutien

Il n'est pas facile de mesurer le fonctionnement et d'estimer les niveaux de service et le besoin de logement en milieu de soutien (Heumann et Boldy 1982, 28–30). La méthodologie et la pratique de l'évaluation du fonctionnement physique et mental, de la mobilité et de l'autonomie ont évolué depuis 20 ans. Les gérontologues discutent encore de l'évaluation de la capacité des personnes âgées à conserver leur autonomie ou à demeurer dans leur propre maison (Gutman 1975–76; Lawton 1976; Wigdor 1981; Connidis 1983). Si les personnes expérimentées peuvent assez facilement évaluer les activités de la vie quotidienne, il est plus difficile de décider si un aîné est en mesure de continuer ces activités. Une personne de santé fragile, par exemple, pourrait quand même fonctionner et maintenir ses activités quotidiennes, si la présence de membres de sa famille et de services de soutien communautaires lui était assurée.

Dans le cadre d'une étude sur la qualité du milieu de vie réalisée en 1982 auprès d'aînés autonomes, 72 % des répondants estimaient important de conserver leur autonomie (Morgenstern 1982). Près de la moitié des répondants reconnaissaient que la détérioration de leur état de santé pourrait les forcer à déménager. Malgré les difficultés financières ou la perte de leur conjoint, ces répondants tenaient à maintenir leur propre ménage. La capacité de prendre soin d'eux-mêmes était donc essentielle à leur autonomie (Morgenstern 1982, 1–2).

Une autre étude réalisée en 1982 sur les conditions de vie des ménages âgés de la ville de Québec a révélé que la satisfaction à l'égard des conditions de logement favorise la vie active (Bernardin-Haldeman 1982). Un logement médiocre peut mener à des problèmes de santé, de mobilité et de fonctionnement susceptibles de rendre nécessaire l'hospitalisation ou le traitement de problèmes de santé mentale. Les personnes âgées passent une bonne partie de leur journée à la maison — comme le démontrent les conclusions de l'étude *Plus qu'un gîte* (Conseil canadien de développement social 1973) et des études subséquentes. Ainsi, les résidants âgés des immeubles d'appartement et des maisons en rangée sont plus conscients que les jeunes résidants des lacunes matérielles de leur immeuble et de sa gestion. Parce que leur mobilité est restreinte, ils sont également plus conscients de la qualité des services dans le voisinage immédiat. À de nombreux égards, les personnes âgées pourraient bien être les consommateurs les plus expérimentés et les plus critiques en matière de logement.

Tableau 13.2
Prêts LNH pour la production de logements pour personnes âgées et production totale, par type de logement (neuf ou existant) : Canada, 1946–1981

	Production totale, 1946–1981						
	Prêts		Logements indépendants		Centres d'accueil		Total des
	Nombre	%	Nombre	%	Nombre	%	dépenses
Terre-Neuve	139	1	1 179	1	1 246	3	38 279
Î.-P.-É.	62	1	750	1	272	1	13 569
Nouvelle-Écosse	289	8	6 289	4	2 324	5	129 914
Nouveau-Brunswick	162	5	3 256	2	2 574	6	97 384
Québec	638	18	23 453	16	14 910	32	643 787
Ontario	988	27	65 958	45	6 356	14	1 106 008
Manitoba	350	10	12 025	8	4 733	10	220 381
Saskatchewan	499	14	10 302	7	4 354	9	229 456
Alberta	106	3	4 849	3	1 718	4	91 261
Colombie-Britannique	466	13	17 806	12	8 179	18	384 283
Yukon	3	0	32	0	—		994
T.N.-O.	11	0	171	0	—		3 993
Canada	3 613		146 070		46 666		2 959 309
1946–1955	27	1	800	1	—		2 970
1956–1965	325	9	11 047	8	2 408	5	71 149
1966–1971	933	26	36 217	25	24 534	53	504 019
1972–1977	1 561	43	73 575	50	13 049	28	1 467 977
1978–1981	767	21	24 431	17	6 675	14	913 194
Ensemble du Canada	3 613		146 070		46 666		2 959 309

SOURCE : SLC (1981, Tableau 63). La production aux termes de la LNH comprend les prêts aux entrepreneurs et aux sociétés sans but lucratif (Articles 6, 5 & 15.1), les coopératives d'habitation (Articles 6 & 34.18), les logements publics (Article 43) et les logements locatifs fédéraux-provinciaux (Article 40).

Les logements pour les aînés

L'importance du parc et la taille des ensembles de logements indépendants et des centres d'accueil varient selon la région (tableau 13.2). Il n'est pas étonnant que depuis 1946, le parc le plus important de logements indépendants ait été produit dans les provinces qui comptent la plus forte population d'aînés : le Québec, l'Ontario et la Colombie-Britannique. Ce sont les provinces de l'Atlantique et des Prairies, de même que le Québec, qui comptent le parc le plus important de petits et moyens immeubles pour les aînés. D'autre part, ce sont la Colombie-Britannique et l'Ontario qui possèdent la plus grande partie des complexes d'habitation de grandes dimensions et à haute densité. En moyenne, au Canada, les ensembles d'appartements indépendants du début des années 70 étaient assez petits (maximum de 40 résidants), tandis que les centres d'accueil avaient près de deux fois cette taille. Depuis lors, les facteurs économiques qui régissent le financement et la production de logements ont évolué considérablement, surtout dans les régions urbaines. On construit de plus en plus d'immeubles de moyenne et grande hauteur (100 logements ou plus), en comparaison du début des années 70, où seulement 17 % du parc de logements était constitué d'immeubles de grande hauteur.

Il y a aussi eu évolution en ce qui concerne l'emplacement et la concentration des logements. Au début des années 70, certains des ensembles pour aînés étaient visiblement à part ou concentrés, et dans les Prairies, la Colombie-Britannique et l'Ontario, ils étaient souvent situés en banlieue. Dans le cas des logements publics ou sans but lucratif contemporains, certains logements pour les aînés sont situés plus près du centre et les ensembles ne sont pas exclusivement réservés aux aînés. Il devient plus fréquent de voir des appartements ou des immeubles distincts pour les aînés dans le cadre de logements destinés aux familles.

Les styles de résidences ainsi que les attitudes envers le logement des personnes âgées ont changé. Des éléments comme l'intégration des catégories de revenu et d'âge, la qualité du quartier, l'accès au transport en commun et un emplacement central prennent de l'importance. La gamme des logements produits a été élargie par le moyen des coopératives d'habitation et des logements sans but lucratif (article 56.1 de la LNH). De nouveaux modes d'occupation et de logement sont aussi possibles et des programmes spéciaux de supplément de revenu et d'allocation de logement ont été mis en place pour les aînés dans les provinces de Colombie-Britannique, du Manitoba, du Québec et du Nouveau-Brunswick.

La production accrue d'appartements pour les aînés a également réduit le besoin de places dans des foyers pour soins spéciaux qui se chiffrait à 83 par 1 000 aînés en 1980 pour l'ensemble du Canada, soit une diminution par rapport à 86 par 1 000 habitants en 1975 (tableau 13.1). Un nombre moins grand d'aînés appartenant aux groupes d'âge les plus jeunes ont été admis dans des centres d'accueil et l'âge moyen d'admission augmente. L'âge moyen d'admission au programme de soins prolongés de l'Ontario a augmenté progressivement (pour atteindre 83 ans au milieu des années 80) en raison d'une longévité accrue, de nouveaux services médicaux et sociaux et d'un plus grand nombre de solutions de rechange (Ontario, ministère des Services sociaux et communautaires 1986).

PERSONNES HANDICAPÉES

Avant le milieu des années 70, seuls quelques rapports faisaient état de la diversité des besoins de logement des personnes handicapées. Comme le signalait Brown (1977) « Il y a une décennie, le chapitre d'un rapport portant sur le logement des handicapés aurait traité presque exclusivement des soins institutionnels. » Les personnes handicapées, soutenues par des organismes de services communautaires, en sont venues à réclamer le choix de leur cadre de vie, l'accessibilité aux services communautaires et des services spéciaux de transport afin d'accroître leur mobilité personnelle. Surtout, ces groupes préconisaient une forme de logement permettant l'autonomie.

Le besoin d'autres modes d'hébergement était pressant pour les personnes handicapées jeunes et d'âge moyen. Beaucoup de jeunes personnes handicapées qui n'avaient besoin que d'un minimum d'aide étaient confinées dans des hôpitaux pour soins prolongés, des centres d'hébergement privés pour les aînés, des services de réhabilitation ou des hôpitaux de soins aigus. Souvent, les centres d'hébergement offraient uniquement des soins en milieu surveillé, ce qui permettait difficilement aux personnes handicapées d'atteindre l'autonomie (Brown 1977). Dans d'autres cas, la personne handicapée, après avoir été entièrement dépendante des soins fournis par sa famille ou son tuteur, s'apercevait un jour que ces personnes ne pouvaient plus continuer. Il se pose des problèmes semblables lorsque la personne handicapée doit s'éloigner de sa famille et de sa collectivité parce que certains programmes spécialisés de soins, de traitement et de réhabilitation ne sont pas offerts sur place.

L'invalidité

Selon la classification de l'Organisation mondiale de la santé, l'invalidité est une diminution fonctionnelle par rapport à la norme qui se situe entre la « déficience » — c'est-à-dire tout trouble de la structure et du fonctionnement normal de l'organisme — et le « handicap » qui reflète la valeur attachée à l'état d'un individu lorsqu'il s'écarte de la norme. L'invalidité devient alors la perte ou la réduction de la capacité et de l'activité fonctionnelles découlant d'une déficience (Wood 1975). Santé et Bien-être social Canada a travaillé avec l'OCDE à étendre la définition d'invalidité à « la conséquence des effets de la mauvaise santé sur les activités essentielles à la vie quotidienne » (McWhinnie 1982, 12–5). L'invalidité a souvent un caractère épisodique ou à court terme, de sorte qu'elle échappe parfois à la collecte des données. L'invalidité comporte donc trois dimensions : la durée, la gravité et l'écart par rapport au niveau habituel de fonctionnement. Vers la fin des années 80, de nouveaux termes sont apparus pour décrire l'invalidité, comme « aux prises avec des difficultés physiques ou mentales ».

Les rapports sur la population souffrant d'invalidité au Canada

En 1983–4, l'enquête sur la santé et l'invalidité au Canada révélait qu'un peu plus de 2,4 millions de personnes souffraient d'invalidité au Canada, dont la plus grande proportion avaient 65 ans et plus. Environ 39 % de la population de ce groupe d'âge souffrait d'invalidité (Statistique Canada 1985, tableau 1). Étant donné le plus grand nombre de femmes âgées dans la population, on comptait donc un plus grand nombre de femmes souffrant d'invalidité. Dans le groupe d'âge des moins de 65 ans, environ 9 % seulement de la population était invalide. Pour ce qui est du type d'invalidité, les problèmes de mobilité sont les plus fréquents, suivis par des problèmes d'agilité et d'audition (Statistique Canada 1985, tableau 10). Sur l'ensemble de la population invalide, seulement 8 % ont déclaré utiliser les installations extérieures d'accessibilité. De même, seulement 8 % ont signalé utiliser les équipements intérieurs, comme les barres d'appui ou les dispositifs de levage (Statistique Canada 1985, tableaux 19 et 20).

Les données de l'enquête doivent cependant être replacées dans une juste perspective. Ces chiffres sont le résultat de l'autorecensement dans une seule période de temps; à ce titre, ils ne représentent pas en totalité l'évolution de la nature et du degré d'invalidité de la population visée par l'enquête. Deuxièmement, il importe de se rappeler que beaucoup de personnes souffrent de plusieurs problèmes et qu'elles peuvent donc être comptées plus d'une fois dans les catégories qui distinguent la nature de l'invalidité. Troisièmement, il faut tenir compte de la classification du statut d'invalidité de même que l'accès que donne cet état aux suppléments fédéraux et provinciaux de revenu ainsi qu'aux logements en milieu d'aide et aux programmes de services. Les données de l'enquête n'établissent pas de lien avec ces éléments.

Les politiques de logement favorisant l'autonomie

Au début des années 70, bon nombre de gouvernements provinciaux et locaux ainsi que d'organismes de services communautaires sont entrés dans l'ère de la normalisation (Wolfensberger et autres 1972). Le concept de normalisation vise à favoriser l'intégration des personnes handicapées à l'activité sociale et économique générale. La normalisation peut être complète, assurant un domicile qui réponde à tous les besoins, avec des services de soutien et des possibilités de formation, d'éducation et d'emploi rémunéré. L'un des buts de la normalisation est d'éliminer les activités improductives et les programmes inefficaces qui surprotègent et mettent à l'écart les personnes invalides. La majorité des invalides ont une déficience physique qui est à la fois permanente et stable et qu'ils en viennent à accepter. Ce que les organismes d'aide aux handicapés doivent apprendre à accepter, c'est que la presque totalité des personnes invalides sont prêtes à faire face aux défis et aux risques d'une vie normale et en mesure de les surmonter (Falta et Cayouette 1977). Ces défis et ces risques sont clairement énoncés dans les politiques du logement visant à favoriser l'autonomie. Ces politiques comprennent trois volets :

Le développement des services de soutien : L'intégration des services de soutien au logement ne relève pas seulement des organismes de santé et de service social mais aussi des sociétés municipales et provinciales de logement ou des fournisseurs communautaires sans but lucratif. L'intégration élargit les combinaisons possibles de services communautaires et de modes d'hébergement. La production de logements devient un devoir partagé entre les fournisseurs de logements et les organismes de service social et exige une plus grande collaboration entre les fournisseurs, les personnes invalides et leurs familles. Diverses formes d'invalidité correspondent à des services de soutien différents. Par exemple, ce ne sont pas tous les logements adaptés qui doivent être accessibles du rez-de-chaussée ou respecter des normes élevées de sécurité.

L'hébergement en petits groupes : La vie en coopérative et en petits groupes dans un cadre semi-intégré peut se faire dans des résidences communautaires, des foyers collectifs, des maisons de transition et des établissements résidentiels de traitement ou de soins. Ce mode de vie est possible pour certaines personnes souffrant d'invalidité physique ou mentale. Il convient surtout à ceux qui ont besoin d'un niveau maximum de surveillance, d'une compagnie constante ou des soins de préposés. Il convient aussi à ceux qui désirent un mode de vie plus communautaire, pour des périodes de temps plus longues, en bénéficiant de certains services de ménage et d'alimentation.

L'adaptation des maisons et de la collectivité: Pendant de longues années, ces efforts d'adaptation ont été le fait d'initiatives personnelles ou d'organismes de charité. Grâce à quelques modifications ou ajouts, par exemple, les personnes souffrant d'un handicap physique pouvaient demeurer avec leur famille ou avec des amis dans leur propre maison ou appartement. Depuis 15 ans, la SCHL et d'autres organismes produisent des guides de conception et de planification offrant un choix d'options pour l'adaptation du foyer et de la collectivité. Il est possible de modifier, de rénover ou d'améliorer le logement pour le rendre plus adapté aux besoins des personnes handicapées. Les rénovations peuvent être assez importantes et aller jusqu'à un dispositif de levage ou un appartement accessoire pour loger un compagnon ou un assistant. Il faut également songer à la prestation des services de soutien. Des services communautaires à domicile sont nécessaires, mais l'éloignement peut réduire l'accès à ces services. Les hôpitaux, centres de réhabilitation et de traitement sont souvent concentrés dans le même secteur d'une localité et il existe peu de services d'extension pour les programmes de maintien, de suivi ou de thérapie dont les personnes handicapées peuvent avoir besoin à domicile.

Comme le souligne le rapport *Obstacles* de 1981, l'autonomie est moins coûteuse à long terme et les fournisseurs de logements doivent maintenant, aux termes de la LNH, construire des logements intégrés. Les meilleures sources de financement pour les groupes qui construisent des logements pour les consommateurs handicapés demeurent les programmes de logement sans but lucratif et de coopératives d'habitation. Cependant, d'autres programmes, comme l'aide à la remise en état des logements, peuvent convenir tout aussi bien.

Pour réussir, le logement intégré doit favoriser l'autonomie et la participation à la vie sociale — loisirs, travail, éducation — la capacité d'interaction et de partage avec autrui. Les clés de cet objectif sont la mobilité, l'accessibilité et la sensibilisation. Le rapport de 1973 du groupe de travail du maire de Toronto insiste sur la nécessité de la sensibilisation : « Les handicapés et les personnes âgées, tout comme les non handicapés ... devraient pouvoir rendre visite à des amis et à des parents sans devoir faire face à des problèmes parfois insurmontables lorsqu'ils veulent pénétrer dans le logement, se déplacer à l'intérieur, utiliser la salle de bain, etc. » La sensibilisation devrait aller plus loin et inclure la promotion d'une meilleure compréhension des déficiences physiques et mentales et le soutien aux programmes de services communautaires de la part des promoteurs immobiliers, des gouvernements locaux aussi bien que des groupes de consommateurs.

Les handicapés mentaux

Les besoins des personnes souffrant d'une incapacité mentale sont différents de ceux des handicapés physiques. Plus que tout autre segment de la population souffrant d'invalidité, les personnes qui souffrent de problèmes psychiques ont fait l'objet dans la plupart des provinces d'expériences à grande échelle d'intégration sociale qui ont amené le développement des cliniques externes et la désinstitutionnalisation. L'idée de la désinstitutionnalisation est venue des parents et des familles, des professionnels de la santé mentale et des prestataires de soins ainsi que des gouvernements provinciaux convaincus que les foyers de soins spéciaux n'étaient pas efficaces compte tenu de ce qu'ils coûtaient. En Colombie-Britannique, par exemple, on préférait que ces personnes soient intégrées dans la collectivité, avec un suivi approprié, ou dans de petits foyers parce qu'ainsi elles pourraient se sentir « chez soi » et parce que les personnes souffrant de handicaps mentaux ont besoin d'être dans un cadre « familial » (Conseil canadien de développement social 1985, 13).

Les attitudes et les priorités à l'égard de l'incapacité mentale ont évolué rapidement à compter de la fin des années 70. Il n'y a pas eu beaucoup de temps pour produire un parc de logements intégrés et semi-intégrés dans un milieu de vie plus normal, et pour établir des liens avec les services de soutien. C'est pourquoi la question de la qualité du logement des personnes souffrant de ce type d'invalidité demeure ouverte. Dans un document datant de 1979, un organisme de Toronto, Community Resources Consultants, souligne qu'entre 1960 et 1970, les « nouvelles méthodes » ont entraîné une réduction de 40 % du nombre de malades hospitalisés. Il en est résulté une lacune croissante dans la prestation du logement et des soins dans la collectivité pour le groupe des adultes qui ont besoin d'un hébergement de transition et d'un meilleur suivi. Selon un rapport de 1982 sur la désinstitutionnalisation, les personnes souffrant d'invalidité mentale ont dû recourir à des pensions et à des maisons de chambres (Parker et Rosborough 1982). Mais les pensions n'offrent pas toutes les mêmes services. En Ontario, par exemple, les foyers de soins spéciaux offrent la chambre et la pension, une surveillance de 24 heures sur 24 et détiennent un permis du ministère de la Santé. Seules y sont admises les personnes qui ont eu leur congé d'un hôpital psychiatrique. Les foyers offrent également chambre et pension et une surveillance de 24 heures sur 24, mais n'ont pas de permis. Les pensions commerciales n'ont pas de permis et leur prix est variable; elles offrent d'ordinaire seulement la chambre et la pension. En outre, quelques organismes sans but lucratif exploitent des maisons de transition et des foyers collectifs à petite échelle, dans un cadre davantage axé sur l'individu. Certaines de ces résidences limitent le séjour à six ou huit mois. Les maisons de chambres privées peuvent différer au point de vue du nombre de chambres, de l'état des lieux et de la qualité de l'hébergement. Les sociétés municipales de logement sans but lucratif de Montréal, d'Ottawa et de Toronto, par exemple, ont commencé d'aménager et d'améliorer les maisons de chambres existantes, afin d'assurer de meilleures conditions de vie aux personnes handicapées qui dépendent de ce parc de logement.

Les besoins particuliers des femmes souffrant d'invalidité

Les femmes constituent plus de 50 % de la population souffrant d'une ou plusieurs invalidités au Canada. Les jeunes femmes souffrent principalement de problèmes de mobilité, d'agilité et de vision. Les conditions de vie des femmes handicapées dépendent bien sûr des situations maritale, sociale et économique dans lesquelles elles se trouvent. Les femmes jeunes veulent quitter l'environnement protecteur des institutions et de plus en plus de femmes handicapées désirent habiter seules. Dans la planification et la production de logements en milieu de soutien pour résidants souffrant d'invalidité, on n'a pas suffisamment tenu compte de plusieurs des besoins des femmes : la situation de chef de famille monoparentale, l'emplacement à proximité du lieu de travail, des membres de sa famille et de ses amis, et le besoin d'intimité (McClain et Doyle 1984; MacDonnell 1981). Les exigences de la vie professionnelle et familiale obligent les femmes handicapées à se déplacer ou à déménager dans une autre localité pour y trouver du travail, comme n'importe qui d'autre. Le logement en milieu de soutien pour les femmes handicapées doit comprendre une gamme étendue de services dont la gestion et la structure organisationnelle soient suffisamment souples pour permettre l'évolution de la vie et du mode de vie de la femme handicapée.

LES FEMMES VICTIMES DE VIOLENCE AU FOYER

Un mémoire préparé en 1982 par le Conseil consultatif de la situation de la femme estime qu'une Canadienne sur dix sera l'objet de mauvais traitements de la part de son mari pendant sa vie. Le phénomène se retrouve dans toutes les couches sociales et économiques et ne connaît pas de frontières culturelles et géographiques. La gravité des traumatismes est variable, mais on sait que certaines femmes sont battues alors qu'elles sont enceintes ou après la naissance d'un enfant, et bon nombre de femmes subissent des violences répétées. Certaines femmes deviennent invalides; d'autres le sont déjà. Dans un des premiers grands ouvrages publiés sur la violence au foyer, Martin (1976) résume de façon convaincante pourquoi certaines femmes subissent des mauvais traitements répétés — elles ont une peur encore plus grande des autres options qui s'offrent à elles, c'est-à-dire n'avoir pas d'endroit où aller avec leurs enfants ou habiter seules.

De nombreuses conférences et consultations tenues au milieu des années 70 conjuguées aux efforts des collectivités locales ont abouti à la mise en place de services destinés expressément aux femmes battues et à la création d'un réseau de refuges d'urgence et de maisons de transition partout au Canada. Les refuges offrent un hébergement temporaire, d'habitude au plus trois ou quatre semaines. Les refuges offrent également d'ordinaire des services de soutien comme l'intervention de crise, les conseils juridiques et la référence aux services sociaux et aux programmes d'aide sociale. Les maisons de transition offrent un hébergement à plus long terme, d'ordinaire de deux à six mois. Elles sont souvent mieux équipées pour aider aux soins des enfants et elles offrent l'anonymat et la sécurité de même que la formation et l'éducation. Souvent, les femmes demeurent plus longtemps que prévu dans les maisons de transition parce qu'elles sont incapables de trouver un logement permanent. Les refuges et les maisons de transition ont habituellement peu d'employées rémunérées et font appel à un grand nombre de bénévoles dévouées pour les services quotidiens aussi bien que pour la gestion et la collecte de fonds. Le financement et le développement des maisons de transition, tout comme ceux des centres pour les victimes de viol, ont été difficiles et instables. (Norquay et Weiler 1981; Allen 1982).

Les premiers refuges pour les femmes étaient assurés par des œuvres de charité comme la Croix-Rouge, le YWCA et des mouvements religieux, particulièrement dans les grandes villes du Canada : Vancouver, Toronto et Montréal. La Commission royale d'enquête de 1970 sur la situation de la femme au Canada et l'Année internationale des femmes de 1975 ayant attiré l'attention sur les besoins des femmes, on a commencé à se préoccuper davantage de leurs droits juridiques et de la violence au foyer. Ces discussions ont abouti aux premières subventions fédérales et provinciales pour les refuges d'urgence et les services de soutien. Le RAPC prévoit le partage égal des coûts d'exploitation entre le gouvernement fédéral et les provinces.

En 1982, le Centre national d'information sur la violence dans la famille estimait que 145 refuges et maisons de transition en étaient à divers stades de développement au Canada. Les statistiques de la SCHL sur les refuges et les maisons de transition pour les femmes combinées aux chiffres du Solliciteur général donnent un total légèrement inférieur de 113, dont six refuges desservant directement les femmes autochtones. L'Ontario et le Québec ont le plus grand nombre de refuges; c'est la Saskatchewan qui offre la plus forte proportion de services par habitant.

Étant donné que les refuges sont en général concentrés dans les centres urbains, ils font face à une demande croissante de services. Les valeurs sociales et les attitudes envers la nécessité du signalement ont évolué; il y a un meilleur suivi des enfants maltraités et des victimes de voies de fait dont le cas peut révéler des antécédents de violence familiale; ces centres doivent aussi accueillir une population migrante en raison de l'absence de services dans les petites villes et les campagnes et du nombre croissant de personnes sans logis. Selon le Conseil consultatif sur la situation de la femme (1982), 45 % de la population canadienne habitait en 1980 dans des régions qui n'avaient pas accès à des maisons de transition ni à des refuges. Dans les régions rurales ou isolées, peu d'autres services d'hébergement sont offerts aux femmes et aux enfants. Là où il existe des refuges, ils sont souvent surpeuplés — obligés de refuser des femmes et des enfants — selon l'époque de l'année, la disponibilité des services sociaux et d'autres facteurs. Allen (1982) indique qu'en 1981, 33 maisons de transition en Ontario ont reçu 10 332 femmes et enfants et en ont refusé 20 000 autres. L'association provinciale des refuges et des maisons de transition au Québec estime que seulement 12 % des femmes et des enfants qui ont besoin de services peuvent bénéficier des établissements membres (Canada 1982).

Le problème du manque de maisons de transition et de refuges découle en partie du caractère irrégulier de la demande. Ainsi, il y a de fortes variations d'une nuit à l'autre. À l'occasion, la publicité locale sur la violence au foyer peut avoir pour effet d'accroître temporairement le nombre de femmes qui demandent de l'aide. Un deuxième problème a trait au remboursement des coûts, qui provient principalement des versements quotidiens pour la chambre et la pension des femmes et des enfants admissibles à l'aide d'urgence et à l'aide sociale. Les sommes remboursées et les niveaux de service varient selon la province et la municipalité, conformément à des dispositions à frais partagés. Certaines femmes correspondent mieux que d'autres aux critères d'aide sociale. La femme qui a dû changer de territoire pour trouver un refuge ne se conformera peut-être pas aux critères de résidence. Un autre problème est l'incapacité des femmes de se reloger lorsqu'elles ont épuisé la durée permise du séjour dans la maison de transition. On s'attend à ce que la majorité des femmes doivent demeurer jusqu'à trois mois dans une maison de transition, mais beaucoup d'autres ont besoin de plus de temps pour se trouver un emploi, se recycler et régler des problèmes juridiques compliqués ainsi que la situation de leurs enfants.

Des foyers d'hébergement transitoires ont été aménagés pour les femmes qui ont des besoins de logement à long terme. Des villes comme Halifax, St. John's, Winnipeg, Regina, Calgary et Vancouver ont des foyers d'hébergement transitoires (Klodawsky et Spector 1985). Ces foyers assurent un milieu de soutien pour les femmes déplacées et, s'il y a de la place, offrent un séjour prolongé en fonction des besoins. Ces foyers permettent une certaine autonomie aux femmes qui ont besoin de formation d'emploi et d'assistance et leur offrent l'occasion de refaire des liens avec leur famille et leurs amis.

LES SANS-LOGIS ET LES PERSONNES DÉPLACÉES

Dans une étude réalisée en 1961 sur les hommes itinérants et sans logis, le Conseil canadien du bien-être social déclare que la majorité de cette population est en mouvement, tant à l'intérieur des provinces que partout au Canada. Une partie de cette population est composée d'itinérants qui se retrouvent dans les centres-villes. Ces hommes ne restent que peu de temps dans chaque localité. Certains adoptent le mode de vie traditionnel des clochards et ont coupé tout lien avec leur famille et leurs amis. D'autres sont des travailleurs nomades ou saisonniers qui sont partis de chez eux en raison de la pauvreté, du manque de travail ou de mauvaises conditions de vie. Pendant les périodes de récession ou de prospérité économique, le nombre de travailleurs migrants augmente considérablement dans certaines régions du Canada. Il en est de même dans les campagnes pendant la saison des récoltes. L'étude de 1961 distingue entre la mobilité et l'itinérance. Essentiellement, les personnes qui ont une certaine mobilité ont d'ordinaire des attentes, des projets, et des moyens de réaliser leurs projets. Ainsi, les migrants et les travailleurs saisonniers ont une certaine mobilité, tandis que les itinérants se déplacent sans plan, ou parce qu'ils ont peu de revenus, aucune sécurité ou des problèmes chroniques.

Ces définitions correspondaient à la population pour laquelle les premiers refuges municipaux et les missions charitables ont été créés. Depuis ce temps, les centres-villes ont connu un réaménagement important et la nature de la population sans logis s'est beaucoup modifiée. Le nombre des personnes sans logis ou avec des problèmes chroniques de logement a atteint des niveaux record, comparables à ceux atteints durant la Crise de 1929. Le phénomène ne se restreint plus à certains quartiers et ne représente plus un « mode de vie » (Ward 1985). Le phénomène des sans-abri d'aujourd'hui représente une multitude de problèmes qui ont un effet cumulatif sur les villes et sur ceux qui offrent un logement d'urgence. Il n'y a pas au Canada de politique fédérale concernant les besoins des sans-abri. C'est aux municipalités, aux associations sans but lucratif et à un réseau de bénévoles qu'il revient d'assurer le gros de l'aide au logement. Dans les années 80, les sociétés municipales de logement sans but lucratif se sont elles aussi occupées davantage du problème des sans-abri. Pour les sans-abri admissibles, l'aide sociale provinciale et les programmes de service social constituent les principaux moyens de soutien, en plus des pensions fédérales, de la sécurité de la vieillesse et des programmes d'aide au recyclage professionnel. Certaines personnes sans abri travaillent, le plus souvent à des emplois à court terme et mal rémunérés.

Les hommes célibataires sont toujours en majorité

Dans le profil de la population sans logis préparé par la communauté urbaine de Toronto et intitulé *No Place To Go* (1983), environ 3 400 personnes sans domicile fixe ont été répertoriées par une enquête auprès des refuges, foyers et organismes de service social de Toronto. Les hommes célibataires constituaient 77 % de cette population, dont la plus grande proportion était composée de personnes de 18 à 24 ans. La plupart des résidants provenaient de la région métropolitaine de Toronto, et ils donnaient le chômage ou l'itinérance comme la principale raison les ayant poussés à demander un refuge. Moins de 10 % ont déclaré avoir reçu des soins psychiatriques ou des traitements pour alcoolisme ou toxicomanie. Malgré la jeunesse de ce groupe, 8 % seulement provenaient d'un foyer familial. La plupart des jeunes hommes sans abri avaient perdu leur logement dans une maison de chambres privée à la suite d'une expulsion ou d'une augmentation de loyer. Une enquête réalisée en 1985 auprès des hommes dans un refuge de l'Armée du salut à Ottawa a confirmé ces résultats. Environ 47 % des utilisateurs avaient moins de 30 ans, 54 % de ce groupe avaient fréquenté l'école secondaire et 78 % ont signalé un problème d'alcool (Ontario, ministère du Logement 1986, 56).

Une étude réalisée en 1979 par l'association des résidants du quartier Downtown Eastside de Vancouver montrait une diminution du nombre de maisons de chambres, qui étaient passées de 1 200 en 1973 à 495 en 1979. En général, les conditions de logement étaient mauvaises. La majorité des chambres avaient une superficie moyenne inférieure à 120 pieds carrés (10,89 mètres carrés) sans baignoire privée et avec un filage électrique insuffisant. Plus de la moitié de la population était composée d'hommes de plus de 50 ans et la plupart d'entre eux vivaient dans le secteur depuis au moins 13 ans. Au moins 10 % de ces hommes étaient difficiles à loger, même dans de vieux hôtels ou garnis, parce qu'ils étaient des alcooliques chroniques. Les femmes constituaient une petite minorité de la population du secteur. La plupart d'entre elles avaient plus de 35 ans et plus de la moitié vivaient seules. Malgré un taux de mortalité plus élevé chez les femmes que chez les hommes dans le secteur, elles y demeuraient en raison de l'ambiance de petite ville et des centres de jour qui leur donnaient le sentiment d'être chez elles plus que dans d'autres parties de la ville. En outre, bon nombre de ces femmes étaient trop jeunes pour les logements subventionnés pour les aînés et leur mode de vie ou leurs problèmes les empêchaient de trouver un hébergement plus sûr (Hooper 1984).

Un hébergement permanent

Selon le mémoire préparé en 1983 par le Social Planning Council of Metropolitan Toronto, les problèmes des sans-abri ne sont plus des situations temporaires ou d'urgence; ce sont des situations à long terme, et aucun type d'hébergement permanent ne pourra à lui seul répondre à tous les besoins. Il faut toute une gamme d'options, notamment rénover et construire des maisons de chambres et des asiles de nuit; des appartements subventionnés à prix modique pour des célibataires et des familles; des coopératives d'habitation ou des résidences collectives assurant des services de soutien. En outre, il faut produire d'autres formes de logement pour recevoir la population dépendante à long terme qui habite en permanence ou à répétition des refuges et abris d'urgence. Ces résidants occupent le peu de places disponibles pour le logement en cas de crise.

Beaucoup de sans-abri sont placés par les agences de service social dans un logement peu adapté, parfois trop coûteux ou en mauvais état. Il arrive que les agences logent temporairement des femmes avec des enfants dans des hôtels ou des motels qui ne sont pas situés dans les endroits les plus sûrs. Souvent, le comportement des sans-logis les rend incompatibles avec les autres chambreurs ou locataires. Ce comportement présente aussi des difficultés lorsqu'il faut traiter avec les propriétaires du secteur privé ou les organismes de logement public. La recherche d'emploi devient beaucoup plus difficile lorsqu'on donne son adresse dans un refuge, ce qui crée de nouvelles formes de discrimination à l'endroit des sans-logis.

En dehors des grandes villes canadiennes, il subsiste de graves lacunes en ce qui concerne les familles, particulièrement les femmes avec des enfants, et pour ceux qui font face à un chômage chronique. Ainsi, il y a peu de services de logement pour les sans-logis confinés dans les petites villes et les régions rurales et éloignées. La difficulté d'obtenir un logement locatif pour une famille dans les secteurs urbains et ruraux a également augmenté. Les femmes qui ont des enfants sont victimes de discrimination dans les marchés locatifs où les logements sont rares. Les limites de l'allocation de loyer versée dans le cadre des prestations d'aide sociale augmentent également la difficulté de trouver un logement (Mellett 1983, 32). Dans les campagnes enfin, peu d'organismes sont en mesure d'offrir des logements à bon marché.

Ensembles de logements pour besoins particuliers

Voici une brève description de certains ensembles de logements produits au Canada. Bien que la liste ne soit pas complète, ces ensembles représentent toute une gamme de types de logement présentant des caractéristiques particulières.

Cheshire Homes 1972–86 : Canada. Foyers semi-autonomes pour les jeunes personnes handicapées inspirés de foyers à petite échelle; on les trouve en Colombie-Britannique, en Saskatchewan, en Ontario, au Québec et en Nouvelle-Écosse. Les nouvelles résidences comportent des logements distincts et plusieurs appartements pour favoriser l'autonomie. Les locataires vivent seuls ou dans un cadre plus communautaire et participent au fonctionnement du foyer.

Regina Native Women's Centre 1971 : Regina. Il s'agit d'un réseau de 47 maisons individuelles dispersées à travers la ville de Regina; la plupart des maisons sont louées à des mères célibataires autochtones, mais les services sont offerts à toutes les femmes. Des services d'aide au logement, d'emploi, d'éducation, de santé et des services sociaux sont offerts.

Kuanna Housing Cooperative 1977 : Edmonton. Coopérative sans but lucratif qui offre aux personnes handicapées physiquement et mentalement un logement et un milieu de soutien dans un cadre intégré. L'aide et les soins sont assurés par des résidants non handicapés qui habitent sur les lieux. Tous les résidants participent à la gestion de la coopérative.

Jack's Hotel 1979 : Winnipeg. Hôtel rénové comportant des chambres pour personnes seules et recevant surtout des hommes âgés. Cette résidence sans but lucratif est administrée en collaboration avec une association des résidants.

Constance Hamilton Cooperative 1982 : Toronto. Cette coopérative d'habitation, qui comprend 31 maisons en rangée près du centre-ville de Toronto, a été conçue surtout pour des femmes avec de jeunes enfants. Tous les logements peuvent recevoir des familles et ont une grande cuisine/salle à manger. La coopérative comprend également une maison de transition de six chambres qui accueille des femmes pour des périodes allant de six mois à un an.

Homes First Society 1985–6 : Toronto. Chaque étage de cette tour d'habitation de 17 logements compte deux grands appartements logeant de quatre à six résidants. Certains des appartements reçoivent des célibataires vieux ou jeunes (hommes ou femmes) et un appartement coopératif est destiné aux femmes avec des enfants. Bien qu'il n'y ait pas d'activités organisées dans l'immeuble, il est situé à proximité de plusieurs centres et services.

Résidence Esplanade II 1983 : Montréal. Résidence unique pour adultes gravement handicapés; 20 appartements adaptés ont été aménagés sur deux étages d'une école recyclée. Les services sont assurés par des détenus (hommes et femmes) qui travaillent pour se mériter des points de service communautaire en vue de leur libération conditionnelle.

Adsum House 1983 : Halifax. Ce refuge qui peut recevoir jusqu'à 18 femmes par jour s'adresse surtout aux femmes célibataires (de plus de 16 ans) sans logis et itinérantes — c'est le seul refuge desservant surtout cette clientèle dans le Canada atlantique. La maison offre un hébergement à court terme et loge quelques femmes en transition du centre correctionnel du comté de Halifax pour un maximum de trois mois. Les services offerts comprennent le counselling, la consultation et l'aide pour la recherche d'un logement permanent.

Conclusions et recommandations

Au chapitre de la politique du logement, ce n'est que récemment que les gouvernements canadiens ont commencé à cibler les consommateurs à besoins spéciaux et qu'ils ont entrepris d'adapter et de produire des logements en fonction des besoins et des exigences particulières de cette clientèle. En même temps, l'idéologie de la prestation des soins et services a évolué considérablement depuis 40 ans. Les gouvernements assurent maintenant toute une gamme d'aide au titre des soins et services : installations spéciales dans des immeubles existants à haute densité, logement intégré avec services de soutien sur place, adaptation des résidences existantes aux besoins des consommateurs. Les gouvernements veulent de plus en plus décentraliser les soins et services et les assurer à domicile et ils reconnaissent de plus en plus que la situation des consommateurs à besoins spéciaux peut évoluer pendant leur vie.

C'est une tâche difficile que de produire des logements destinés aux consommateurs à besoins spéciaux, car cette population est très variée. Les groupes diffèrent par l'âge, l'état physique et la santé mentale; ils diffèrent aussi par l'accessibilité à l'emploi et au soutien du revenu. Néanmoins, les problèmes qui concernent la fourniture d'un logement permanent avec un niveau suffisant de services de soutien sont très semblables pour chacun des groupes. Le parc locatif privé à loyer modique continue de diminuer; les secteurs public et sans but lucratif sont incapables de répondre à la demande de logement émanant des résidants déplacés; enfin, la désinstitutionnalisation a grossi les rangs des consommateurs à besoins spéciaux dans certaines localités. Même si l'on a réalisé certains progrès dans la production de logements en milieu de soutien au Canada, il reste beaucoup à faire pour assurer l'accès, la sécurité et l'autonomie pour les consommateurs à besoins spéciaux.

Pour s'assurer que l'on tienne compte des consommateurs à besoins spéciaux dans l'élaboration des politiques et des programmes en matière de logement, il faut améliorer les données de recherche et l'information. On manque de renseignements sur l'occupation du parc de logements accessibles et sur l'accès à la prestation des services de soutien. On est également peu renseigné sur la façon dont les consommateurs à besoins spéciaux peuvent avoir accès aux services de logement et de soutien. Les renseignements que l'on trouve actuellement dans les études de cas et les évaluations de programme au plan local doivent être recueillis de façon systématique et distribués partout au Canada. En outre, une bonne partie de la recherche sur les logements publics et sans but lucratif pour les aînés est maintenant périmée. Il faut jeter un regard neuf sur la façon dont les logements pour les aînés ont vieilli en même temps que leurs occupants. De même, il faut faire des recherches sur les logements-foyers et l'hébergement en petits groupes pour les aînés et les gens plus jeunes afin d'assurer un meilleur suivi de leur efficacité comme établissements de soins à long terme et comme services particuliers de logement.

Il faut repenser l'évaluation des politiques et des programmes de logement social afin de relever les défis que pose la prestation des soins et des services de soutien dans la collectivité. Le logement acquiert un nouveau sens et de nouvelles fonctions, et il faut adapter en conséquence les normes et les caractéristiques. Pour ne souligner qu'une différence, les dispensateurs de soins utilisent le logement tout autant que les prestataires. En outre, chaque type de logement comporte ses propres points forts et il est important que chaque client puisse choisir. L'élaboration des programmes à l'avenir ne doit évidemment pas se limiter aux matériaux et techniques de construction; il faut aussi penser aux dispositions financières, améliorer l'entretien et les réparations, rendre les adaptations possibles dans les logements privés aussi bien que dans les logements subventionnés, assurer l'accès aux garderies, aux services d'alimentation et aux autres services communautaires ainsi que l'accès à un système de soutiens sociaux qui évoluent au rythme des besoins. Ces éléments sont essentiels au bon fonctionnement du logement dans le cadre d'un réseau de services humains favorisant l'autonomie de tous les consommateurs à besoins spéciaux.

Notes

1 J'aimerais exprimer ma gratitude aux personnes suivantes pour leurs commentaires judicieux : Peter S.K. Chi (Université Cornell) ainsi que les experts-conseils Novia Carter (autrefois de Winnipeg), Ladia Patricia Falta (Montréal), Sylvia Goldblatt (Ottawa) et Myra Schiff (Toronto).

2 Selon Priest (1985), les différences entre les hommes et les femmes âgés quant au choix d'un mode de résidence s'expliquent en grande partie par des différences de situation matrimoniale. Son analyse du recensement de 1981 révèle une proportion croissante de veuves et de veufs chez les groupes d'âge les plus âgés. Chez les femmes âgées, un plus grand nombre habitent seules dans le groupe des 55 à 59 ans et dans celui des 75 ans et plus.

3 Schwenger et Gross (1980, 251) indiquent que les taux correspondants étaient de 5,1 % pour l'Angleterre et le Pays de Galles (1970, 1) et de 6,3 % pour les États-Unis (1973–77). Voir aussi Schwenger (1977).

CHAPITRE QUATORZE

Évolution socio-économique et adéquation du logement depuis la guerre

Damaris Rose et Martin Wexler[1]

LES CONDITIONS D'HABITATION ont beaucoup évolué au Canada depuis 1945, sous l'effet de trois changements qui ont bouleversé la structure socio-démographique du pays : 1) l'augmentation du nombre de personnes âgées, 2) la participation accrue des mères de famille au travail salarié et 3) la multiplication des familles à chef féminin. Quand on cherche à cerner toutes les dimensions de cette évolution en ce qui a trait au logement et à l'habitat, des questions viennent à l'esprit : jusqu'à quel point la conception des habitations et des quartiers peut-elle épouser la transformation des besoins? Quelles sont les aspirations des groupes touchés par les changements socio-démographiques et comment ces groupes se sont-ils adaptés aux environnements résidentiels existants? Qu'est-ce qu'un logement (ou un quartier) « adéquat »?

Dans les villes du Canada, il semble aller de soi que les ménages qui ne se trouvent pas au même stade de l'existence habitent des quartiers différents. On admet même volontiers qu'il existe une forme de logement adaptée à chaque moment du cycle de la vie familiale et l'on s'attend à ce que les ménages se déplacent vers ce lieu « idéal » chaque fois qu'ils franchissent une étape (Stapleton 1980). Or, en dépit des bouleversements socio-démographiques auxquels nous avons fait allusion, les logements et les quartiers construits après la guerre semblent avoir été le plus souvent pensés et implantés dans l'espace en fonction d'un type de ménage — la famille nucléaire traditionnelle, formée d'un père pourvoyeur, d'une mère ménagère à plein temps et de leurs jeunes enfants — qui, aujourd'hui, a cessé de prédominer.

La diversification des types de ménages et des modes de vie remet donc nos modèles d'habitat en cause. Que peut-on et que doit-on faire pour accroître la flexibilité des milieux résidentiels, offrir aux ménages une gamme plus étendue de choix d'habitat et leur assurer un soutien social aux grandes transitions de la vie? Face à l'évolution de leurs besoins, les trois groupes auxquels nous nous intéressons ont élaboré des stratégies d'adaptation des milieux de vie ou modifié leurs aspirations. Nous allons voir comment les choses se sont passées, en ayant à l'esprit que ces stratégies et aspirations comportent une part de choix, individuels aussi bien que collectifs[2].

Le logement des personnes âgées

En 1981, la population canadienne de 65 ans et plus dépassait 2,36 millions de personnes: elle avait quadruplé depuis 1931 (la population de 75 ans et plus avait même quintuplé). Ce vieillissement ne pourra que s'accentuer encore durant le prochain demi-siècle, à mesure que les cohortes issues du « baby boom » entreront dans le troisième et le quatrième âge.

Aussi le nombre de ménages dont le chef ou le soutien est âgé est-il appelé à s'accroître. Mais cette croissance, qui s'est chiffrée à plus de 832 000 ménages entre 1951 et 1981[3], ne se traduit pas forcément par une demande supplémentaire de logements, car bien des ménages âgés ont une maison et veulent continuer d'y vivre. Elle soulève plutôt la nécessité d'adapter les milieux de vie existants et d'en créer de nouveaux, en fonction des besoins et des modes de vie des nouvelles clientèles âgées.

Lorsqu'ils ont fini d'élever leurs enfants, les ménages entrent dans le dernier stade du cycle de vie traditionnel, où l'on distingue habituellement deux phases, associées à l'âge de la retraite et à l'augmentation de la longévité (féminine surtout). Durant la première période, le couple est encore en bonne santé et poursuit la vie commune. La deuxième période est marquée par la mort de l'un des conjoints (du mari, le plus souvent) et par l'apparition des maladies chroniques; elle dure parfois plus longtemps que les précédentes.

À l'heure où les populations âgées augmentent en nombre et en proportion et voient leur espérance de vie s'accroître, on ne saurait trop insister sur l'importance des stratégies qui permettent d'utiliser les logements et les quartiers de manière à faire face aux conséquences économiques, sociales et physiques du vieillissement. Nous en examinerons trois : vieillir chez soi, vivre seul et vivre « en institution ».

VIEILLIR CHEZ SOI

Si les personnes âgées sont nombreuses à déménager dans un logement plus petit, sinon mieux adapté à leurs besoins, elles sont, dans l'ensemble, moins mobiles que le reste de la population (voir Stone et Fletcher 1982). En 1981, 63 % des ménages âgés étaient propriétaires[4], de même que la moitié, environ, des personnes âgées vivant seules et des personnes de 75 ans et plus (*Recensement du Canada, 1981*). Notons que les propriétaires ne sont pas les seuls à souhaiter vieillir dans le logement où ils ont vécu, mais que c'est sur eux que nous sommes le mieux renseignés (voir Wexler 1985).

Pourquoi les personnes âgées vivent-elles le plus longtemps possible dans une maison qui est devenue trop grande? Bien sûr, elles tiennent à leur cadre familier, à cette demeure pleine de souvenirs pour laquelle elles n'ont presque plus rien à débourser et dont la vente ne laisserait pas d'être pénible, mais on peut invoquer aussi le stress, les efforts et les dépenses qui seront leur lot si elles doivent trouver un logement plus approprié, emporter ou céder les biens acquis durant toute leur vie et se réinstaller. Faut-il ajouter que les solutions de rechange ne sont pas nécessairement, en l'absence de subventions, plus intéressantes ou moins coûteuses que le logis familial.

Vieillir chez soi n'est évidemment qu'une possibilité parmi d'autres, mais ce choix semble devoir demeurer le premier de beaucoup de personnes âgées, nonobstant le fait que, dans les grands centres urbains surtout, un nombre croissant d'entre elles optent pour l'achat d'un logement en copropriété ou vont s'installer dans des résidences pour retraités.

On dit parfois que l'espace occupé par les gens âgés dépasse à la fois leurs besoins, leurs désirs et leurs moyens, et qu'en vivant dans des logements qui ne leur conviennent plus, ils font obstacle à la répartition la plus efficace des logements et privent notamment les jeunes familles de grands logements (Myers 1978). Ainsi, à l'échelle collective, vieillir chez soi, ce serait compromettre l'utilisation rationnelle des infrastructures et des services (Lewinberg Consultants Ltd. 1984).

Ramenée au prix de vente de leur maison, la consommation de logement des propriétaires âgés est modeste. À l'aide de l'échantillon de micro-données de l'enquête sur les logements (EL) de 1974, Stone et Fletcher (1982) ont montré que le prix auquel 28 % des propriétaires de 75 ans et plus estimaient pouvoir vendre leur maison équivalait à moins de 4 000 $ par pièce[5]. Une partie de l'explication réside dans le fait que les logements dont il s'agit sont anciens : *L'enquête sur les finances des consommateurs* de 1976 nous apprend, selon Brink (1985), que la moitié des propriétaires âgés habitent des logements antérieurs à la Deuxième Guerre mondiale.

Le fait que les personnes âgées consomment une plus grande quantité d'espace (sinon un espace de meilleure qualité) que les plus jeunes générations est néanmoins confirmé par certains indicateurs, tels le nombre de pieds carrés par personne (selon l'EL : voir Stone et Fletcher 1982)[6] et le nombre de chambres à coucher (Stone et Fletcher 1982; Brink 1985) : les données de l'EL montrent que 78 % des ménages âgés ont au moins une chambre à coucher par personne, contre seulement 45 % des autres ménages[7], et Brink, utilisant la norme d'une chambre à coucher par personne, va jusqu'à dire qu'en 1976, 50 % des propriétaires âgés du Canada habitaient un logement sous-peuplé[8].

Au lieu de déménager dans un logement moins coûteux ou plus facile d'entretien, certaines personnes âgées diminuent leurs dépenses en faisant moins d'entretien, par manque de savoir-faire (ce qui pourrait être le cas des femmes seules) ou perte d'intérêt. Stuyk et Soldo (1980) estiment qu'aux États-Unis les propriétaires âgés n'entretiennent pas suffisamment leur maison. Les données dont nous disposons ne corroborent pas ce jugement pour le Canada. D'après l'EL, dans les noyaux urbanisés des grandes zones métropolitaines de recensement, autant de propriétaires âgés que de propriétaires non âgés (soit 92 %) déclarent que l'extérieur de leur logement est en « bon » état (Stone et Fletcher 1980). Dans le même sens, selon l'échantillon des micro-données de l'enquête de 1982 sur le revenu des ménages et l'équipement ménager (ERMEM), 12 % des ménages âgés et 13 % des ménages non âgés sont d'avis que leur logement a besoin de réparations majeures (voir SCHL 1986c)[9].

CADRE DE VIE ET ACCESSIBILITÉ FINANCIÈRE

Les femmes sont majoritaires chez les aînés et elles vivent souvent seules. Stone et Fletcher (1982) ont bien expliqué ce phénomène, ce qui n'empêche pas que la solitude — ou l'intimité — en tant que *choix* nous soit relativement peu connue. Chose certaine, on voit de moins en moins de personnes seules prendre chambre et pension quelque part (Modell et Hareven 1973). Les personnes âgées d'aujourd'hui ont plus d'argent à consacrer au logement, grâce à l'augmentation de leurs revenus de sources directes (pensions, remises de taxes foncières et allocations de logement) et indirectes : tarifs moins élevés dans les transports en commun, couverture offerte par l'assurance-maladie et divers programmes sociaux en ce qui concerne les soins médicaux, les médicaments et l'aide à domicile.

L'autonomie résidentielle des personnes âgées a également été favorisée par divers programmes de logement (public, sans but lucratif) qui ont permis la construction de plus de 200 000 logements adaptés depuis 1953 et augmenté le nombre de studios et d'appartements à une chambre à coucher destinés à cette clientèle[10]. D'autres programmes et mesures, tant fédéraux que provinciaux, ont également contribué à améliorer l'accessibilité financière du logement pour les personnes âgées (« suppléments de loyer », coopératives d'habitation).

VIVRE « EN INSTITUTION »

Très souvent, la chose a été établie, les personnes âgées hébergées dans un établissement public ne sont pas moins autonomes que celles — majoritaires — qui continuent d'habiter un logement privé. Il demeure que le nombre de personnes âgées qui auront à séjourner quelque temps dans un centre d'accueil ou de soins est appelé à s'accroître. Au Canada, ces formules d'hébergement absorbent la plus grande part des fonds consacrés par les provinces au logement des personnes âgées (voir Corke 1986; Renaud et Wexler 1986). Dans d'autres pays, on a voulu retarder ou éviter l'institutionnalisation, en essayant de structurer l'offre de services au niveau local ou micro-local et en offrant un plus grand nombre de logements conçus, au plan de l'aménagement intérieur et des services fournis, pour répondre aux besoins des personnes en perte d'autonomie.

La proportion des « lits » occupés par les personnes âgées dans les établissements publics suit la progression numérique de cette catégorie de population. Elle s'est en fait légèrement accrue. Certes, l'augmentation paraît peu spectaculaire si l'on tient compte du nombre croissant de personnes de 75 ans et plus, ainsi que de facteurs tels que la moindre disponibilité des femmes pour le soin de leurs parents âgés (Schwenger et Gross 1980). Les chiffres absolus sont tout de même impressionnants. Le nombre de places en institution destinées aux aînés a augmenté de 58 600 (53 %) entre 1962–1963 et 1976, et de 53 400 (32 %) entre 1976 et 1981–1982. Cet effort (auquel la SCHL a participé) a nécessité des dépenses d'immobilisations importantes et représente des coûts d'exploitation actuels et futurs considérables.

Est-il nécessaire de souligner combien les situations créées par les change-

FIGURE 14.1 Pourcentage de femmes mariées faisant partie de la population active, par rapport à l'ensemble de femmes mariées dont le conjoint occupe un emploi, selon l'âge du benjamin : Canada, 1976-1985.

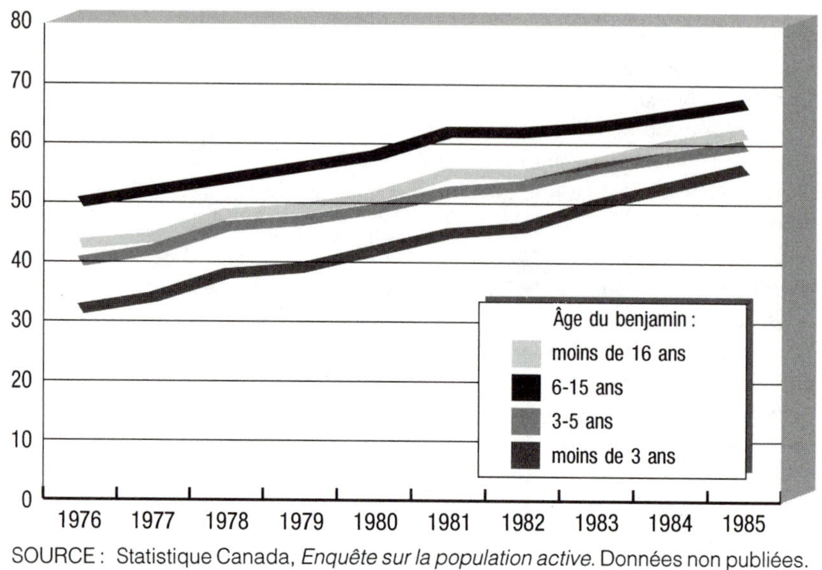

SOURCE : Statistique Canada, *Enquête sur la population active*. Données non publiées. Microfiche.

ments socio-démographiques sont diversifiées. Ainsi, alors que certaines personnes très âgées ont des enfants qui sont eux-mêmes âgés et sont incapables de les prendre en charge, dans d'autres cas, tous les enfants gagnent leur vie et ont les moyens de confier leurs parents dépendants à des soignants professionnels.

Le logement des familles à double revenu

En 1961, il n'était pas courant que mari et femme exercent un emploi rémunéré : seulement 18 % des familles époux-épouse (c'est-à-dire comprenant au moins un enfant de moins de 16 ans et au moins un parent membre de la population active) étaient dans ce cas[11] (*Recensement du Canada 1961*, n° 93-520 au catalogue, tableau 93). Cependant, à mesure que la décennie avançait et que la « société de consommation » s'affirmait, il fallait aux ménages un revenu plus élevé pour se maintenir au niveau de vie de la classe moyenne, et un nombre croissant de femmes mariées se sont tournées vers les emplois nouveaux que suscitait le développement de l'économie de services, travaillant le plus souvent à temps partiel, aussitôt leurs enfants entrés à l'école (voir par exemple Armstrong 1984, chapitre 3). La baisse de la natalité et la réduction de la période de fécondité renforçant la tendance, le taux de participation des femmes mariées à la population active, qui se chiffrait à 5 % au début des années 1940 et avait évolué lentement depuis lors, a commencé à s'accélérer (Eichler 1983, 44).

Durant les années 70, la tendance était devenue sensible à l'échelle de la société (figure 14.1), à telle enseigne que, selon l'*Enquête sur la population active*, le taux de participation au travail salarié des femmes mariées mères d'au moins un enfant de moins de 16 ans, qui s'établissait à 44 % en 1977, atteignait 57 % en 1984 (Statistique Canada 1977–84)[12]. Qui plus est, alors que, au début des années 70, le mouvement touchait surtout les mères à qui il ne restait plus d'enfant d'âge préscolaire, après 1976, il entraînait également les mères d'enfants de moins de trois ans (figure 14.1). Plus de la moitié font maintenant partie de la population active, malgré le manque de services de garde et la difficulté de cumuler un emploi et la charge d'une famille (Truelove 1986). Cette présence accrue sur le marché du travail des couples qui ont des enfants en bas âge pourrait bien avoir été provoquée par la diminution des gains réels des maris depuis la fin des années 1970 (Gingrich 1984; Pryor 1984) et par l'augmentation du coût de l'accession à la propriété à la fin des années 1970 et au début des années 1980 (Langlois 1984; Social Planning Council of Metro Toronto 1980)[13].

S'INSTALLER DANS UN QUARTIER BIEN DESSERVI

Pour assumer à la fois le travail rémunéré, le travail domestique, le soin des enfants (voire d'un parent âgé) ainsi que les diverses tâches qui leur incombent, les familles à double revenu doivent à tout prix savoir s'organiser et gérer leur temps. Dans les grands centres urbains, cet impératif, doublé de la ségrégation spatiale des lieux de résidence, des bassins d'emploi, des magasins, des équipements collectifs et des services communautaires, modèle les choix de localisation résidentielle des ménages (à ce sujet, voir par exemple Michelson 1985).

Ainsi, la possibilité de faire garder leurs enfants durant le jour et après les heures de classe peut jouer un rôle important dans la décision des femmes de solliciter un emploi et de travailler à plein temps ou à temps partiel (Michelson 1983). Dans les banlieues et les quartiers où il n'existe pas de garderies officiellement reconnues, les mères n'ont pas d'autre choix que de s'insérer dans des réseaux informels ou de s'adresser à des garderies sans permis, dont la seule présence constitue parfois une infraction aux règlements de zonage (Mackenzie 1987). Le fonctionnement de ces circuits plus ou moins clandestins repose, comme le signale Truelove (1986), sur le bon vouloir des voisines qui ne sont pas sur le marché du travail, ressource de plus en plus rare dans de nombreuses banlieues.

Parce que la proximité des équipements collectifs, des services communautaires et des transports en commun sont pour elles une nécessité, les familles à double revenu ont tendance à venir s'installer dans des secteurs à haute densité, c'est-à-dire, en pratique, dans les quartiers anciens du noyau central des grandes villes (Wekerle 1984), dont la localisation même leur facilite la gestion d'un horaire surchargé par la multiplicité de leurs rôles; selon une étude américaine (Genovese 1981), cependant, certains quartiers périphériques présentent les mêmes avantages.

LA RÉNOVATION DES BÂTIMENTS ANCIENS

Le choix d'un logement convenablement aménagé peut faciliter l'exécution des tâches ménagères et contribuer ainsi à une saine gestion du temps. Dans le parc ancien, il est parfois nécessaire de refaire la cuisine pour y ajouter un coin-repas et faire place à des appareils comme le lave-vaisselle et le four à micro-ondes[14]. Ainsi la gentrification apparaît-elle comme un moyen de pallier le manque de flexibilité de l'habitat suburbain : elle offre une solution pour faire face aux horaires et aux modes de vie des familles à double revenu (Rose 1984; Wekerle 1984) et aux besoins des familles qui ont des adolescents trop jeunes pour conduire une voiture (Social Planning Council of Metro Toronto 1979). Au Canada, contrairement à ce qui se passe aux États-Unis, les « gentrificateurs » sont souvent des familles avec enfants (Rose 1986). Si, dans le centre-ville, près du quartier des affaires, la gentrification prend aussi la forme de la construction de maisons en rangée sur des terrains libérés par la démolition, elle s'adresse alors surtout aux professionnels sans enfants. Pour les parents qui travaillent, cet habitat présente moins d'avantages que les quartiers centraux, où ils peuvent trouver une maison rénovée ou un grand appartement dans un plex, à proximité des parcs, des équipements collectifs et des services communautaires (Klodawsky et Spector 1984).

Le logement des familles monoparentales à chef féminin[15]

En 1981, il y avait au Canada 397 000 familles monoparentales à chef féminin, c'est-à-dire formées d'une mère sans conjoint vivant avec au moins un enfant de moins de 18 ans. Le profil de ces mères en termes d'âge et de situation matrimoniale n'a pas toujours été le même; il a changé surtout après la réforme de la loi fédérale sur le divorce, en 1968. Dans la RMR de Montréal, par exemple, la proportion des mères célibataires de moins de 35 ans est passée de 34 % en 1971 à 41 % en 1981. Et alors que, par le passé, la monoparentalité était souvent liée au veuvage, en 1981, les mères vivant seules avec des enfants mineurs étaient, aux deux tiers, séparées ou divorcées (Rose et Le Bourdais 1986)[16]. Si beaucoup de femmes en viennent à se remarier, elles ne le font qu'au bout de longues années (Klodawsky, Spector et Rose 1985, chapitre 4).

Les familles à chef féminin sont pauvres, et plus encore si la mère a moins de 35 ans (Klowdawsky, Spector et Rose 1985, chapitre 5)[17]. Quand le père n'est plus là, la mère se trouve souvent face à une dure décision : pourra-t-elle, avec un revenu familial diminué, garder le même logement ou, le cas échéant, faire face aux paiements de la maison? Sera-t-elle physiquement capable de l'entretenir? Certaines se résoudront à absorber des dépenses de logement devenues trop lourdes faute de pouvoir trouver dans les environs un logement moins cher. D'autres, qui travaillent en ville, pourront décider de déménager dans un quartier central, dans l'espoir d'y trouver un logement à prix abordable (sinon aussi spacieux) et des réseaux d'entraide et de sociabilité.

Les mères de famille monoparentale ont rarement assez de ressources financières pour organiser au mieux une vie quotidienne déjà compliquée par un cadre de vie inadéquat. La faiblesse de leur revenu ne leur permet d'acheter ni une auto, ni même l'appareil qui leur ferait gagner le plus de temps : une machine à laver[18]. Il est d'autant plus important pour elles d'habiter à proximité des transports en commun et des services commerciaux.

Les mères monoparentales ont des problèmes d'accessibilité financière au logement d'autant plus aigus qu'elles sont jeunes et célibataires ou séparées. Ainsi, à Montréal, en 1981, la moitié des mères séparées consacraient plus de 35 % de leur revenu au loyer; pour le tiers, la proportion dépassait même 50 % (Rose et Le Bourdais 1986). Quand la séparation se produit, certaines femmes, en quête de réconfort et de soutien économique, vont habiter chez leurs parents ou avec d'autres membres de leur parenté (souvent dans une maison individuelle de banlieue). Fait intéressant, dans la région de Montréal, les mères séparées prédominaient chez les chefs de « familles secondaires », c'est-à-dire vivant dans un logement où elles n'assumaient pas les principales dépenses du ménage, et une mère séparée sur dix était chef d'une famille secondaire[19].

Par ailleurs, chez les chefs de famille monoparentale de moins de 35 ans qui sont propriétaires, 11 % possèdent un logement en copropriété, contre seulement 3 % des jeunes familles époux-épouse (Statistique Canada 1984a). Une enquête sur échantillon menée dans des quartiers gentrifiés de Montréal révèle aussi que 10 % des acheteurs de logements rénovés en copropriété divise ou indivise sont des femmes à revenu moyen chefs de famille monoparentale (Choko et Dansereau 1987).

Les coopératives d'habitation sans but lucratif fournissent des logements à prix modeste à des clientèles socio-économiquement diversifiées[20]. Malgré leur petit nombre, elles sont, à cet égard, une importante ressource pour les familles monoparentales, auxquelles elles peuvent également procurer une subvention destinée à leur assurer un loyer proportionnel à leur revenu si celui-ci est faible. Mais il y a dans les coopératives beaucoup de mères monoparentales à revenu modeste (moindre que celui des mères copropriétaires mais plus élevé que celui des mères vivant dans des logements publics) qui ne reçoivent pas de subvention, en particulier dans les coopératives issues de la conversion de logements locatifs (formule la plus fréquente dans les Maritimes et au Québec) et dans la région de Montréal, où il faut noter qu'en 1982, plus d'un logement coopératif sur cinq était occupé par une famille monoparentale à chef féminin (Klodawsky, Spector et Rose 1985, chapitre 10). Dans les coopératives qui proposent des logements rénovés, les loyers sont habituellement plus bas que dans celles qui offrent des logements neufs; ces dernières sont les plus nombreuses dans le reste du Canada (Simon et Wekerle 1985)[21]. Pour les familles monoparentales, les coopératives ont le grand mérite de donner une sécurité d'occupation presque absolue et de stabiliser les dépenses de logement.

Le secteur du logement social comprend également des sociétés d'habitation sans but lucratif gérées par des municipalités ou par des organismes privés dont il convient de signaler la contribution, précieuse sinon bien considérable, au logement des familles monoparentales. À la différence des coopératives, ces sociétés sont dirigées par un conseil d'administration qui ne comprend pas obligatoirement des locataires. Dans la mesure où elles sont dotées de moyens plus considérables, elles sont en mesure d'acheter des terrains et de négocier avec des promoteurs. À Halifax, par exemple, la société municipale d'habitation a fourni des logements à prix modique à une clientèle à faible revenu comprenant environ 40 % de familles monoparentles (Klodawsky, Spector et Rose 1985, chapitre 9). Certaines mères monoparentales, particulièrement celles qui sortent d'une situation de crise, peuvent préférer cette solution à la formule coopérative, qui les oblige d'emblée à assumer des responsabilités de gestion et d'entretien. Les sociétés d'habitation sans but lucratif jouent aussi un rôle très important en procurant des logements de transition aux femmes battues qui ont besoin de vivre dans un milieu où elles trouveront diverses ressources de soutien sans sacrifier leur autonomie (Wekerle 1988b, chapitre 6).

Les familles monoparentales sont néanmoins nombreuses à devoir se loger sur le marché privé, et de plus en plus on les trouve dispersées dans l'espace métropolitain; leur apparition dans les immeubles à appartements de la banlieue, par exemple, est un phénomème frappant (Rose et Le Bourdais 1986). Mais beaucoup continuent de provenir des quartiers centraux et souhaitent y rester à cause des services qu'ils procurent, même si elles risquent à tout moment d'être refoulées vers d'autres quartiers par la gentrification et les hausses de loyer. À cette fin, certaines partageront un appartement avec des personnes qui ne leur sont attachées par aucun lien de parenté, par exemple une autre famille monoparentale. Cette possibilité est évidemment limitée par la rareté des grands appartements (de plus, la cohabitation n'est pas permise partout).

Les stratégies de logement des familles à chef féminin vont généralement de pair avec une certaine quête de soutien social. Il faudrait confirmer cette hypothèse par des recherches plus poussées, mais on peut déjà supposer que les femmes qui achètent un logement en copropriété ne tiennent pas seulement compte du facteur prix, en particulier quand il s'agit de copropriétés indivises relativement peu coûteuses situées dans des quartiers bien desservis (lesquelles attirent surtout les acheteuses, notent Choko et Dansereau 1987); à Montréal, par exemple, la création de réseaux de sociabilité et l'échange de services semblent facilités par le style de construction des bâtiments en forme de « plex » (appartements superposés ayant chacun une entrée sur la rue), où se trouve une bonne partie des logements en copropriété nouvellement convertis (Dansereau et Beaudry 1985).

Pour d'autres familles monoparentales, les coopératives peuvent répondre à des besoins similaires et assurer la même sécurité; souvent aussi, les enfants y bénéficient d'installations et de terrains de jeu sur lesquels les parents peuvent facilement exercer leur surveillance (Klodawsky, Spector et Rose 1985, chapitre 10; Rose et Le Bourdais 1986). Farge (1986), Wekerle (1988a) et Simon (1986) soulignent le rôle des femmes dans l'organisation des coopératives et les avantages qu'elles trouvent dans cette forme d'autogestion, notamment quand elles n'ont pas beaucoup d'expérience dans le monde du travail. Cependant, ces avantages, passablement répandus dans les coopératives rénovées du centre-ville de Montréal, semblent compromis par les normes minimales de construction et la localisation périphérique qui sont le lot de certaines coopératives neuves. En outre, les coopératives n'ont généralement pas réussi à organiser des garderies, non par manque de clientèle (car les familles monoparentales utilisent beaucoup ce service), mais parce que les critères de financement leur laissent très peu de marge de manœuvre pour ce qui ne ressortit pas strictement au logement (Simon 1986; Wekerle 1988b, 157).

Les logements sociaux ne donnent pas à leurs locataires le même contrôle sur leur milieu de vie et ne favorisent pas autant leur autonomie, bien qu'il y existe des réseaux d'entraide et de soutien (Klodawsky, Spector et Hendrix 1983). L'offre de services de garde, d'équipements collectifs et de services communautaires ne s'est guère améliorée dans certains grands ensembles plus anciens qui accueillent de fortes concentrations de familles monoparentales. En 1981, plus du quart des locataires des logements publics étaient des femmes chefs de famille monoparentale (données inédites de la SCHL). Du reste, les femmes ont pris la tête des campagnes menées par les locataires de logements publics pour obtenir une plus grande participation à la gestion et des services pour les familles (FRAPRU 1984; Klodawsky, Spector et Rose 1985, chapitre 9; Sirard et autres 1986, 61–8).

Commentaire

Le nombre croissant de personnes âgées, de couples qui travaillent tout en élevant une famille et de familles monoparentales illustre la diversification socio-démographique que nous évoquions dans l'introduction de ce chapitre. Que ces groupes aient leurs besoins propres en matière de logement et soient parfois la cible de certaines interventions ne fait pas d'eux des clientèles marginales ou « à problèmes ». Ainsi, il n'est pas anormal de vieillir et de perdre peu à peu son autonomie.

Peut-être faut-il réviser certaines conceptions qui font taxer de comportement irrationnel les personnes âgées qui ne veulent pas quitter leur maison ou les familles qui acceptent de payer une prime pour vivre dans un habitat adapté à la situation monoparentale ou au cumul des rôles parentaux et professionnels. À notre avis, il y a plutôt lieu de s'interroger sur les milieux de vie que nous ont laissés les générations passées ou que nous construisons nous-mêmes. Conviennent-ils aux besoins actuels? Les règlements de zonage et les réglementations d'urbanisme qui encadrent le développement urbain empêchent-ils des adaptations qui seraient souhaitables?

Si la conception de l'intérieur des logements protège de mieux en mieux la vie privée et le besoin d'intimité des ménages, on peut difficilement affirmer que des progrès équivalents ont été réalisés pour permettre l'épanouissement de la dimension collective et communautaire à l'échelle des immeubles et des quartiers. Cette carence est illustrée à la fois par le logement sans but lucratif et par le logement social. Si ces formules ont permis d'offrir un nombre respectable de logements adaptés à la population âgée, il est exceptionnel que des services de soutien soient intégrés à cette offre (de tels services ne sont disponibles, sur une base individuelle et limitée, que dans les provinces qui ont mis sur pied des services de soins à domicile). Si les locataires âgés perdent leur autonomie, on s'attend à ce qu'ils s'en aillent, et parfois on les y oblige. En somme, la qualité du logement public semble être définie strictement en termes d'accessibilité financière. Le même isolement guette, mutatis mutandis, les familles monoparentales qui occupent des logements publics; ceux-ci, à la différence des coopératives, ne sont pas conçus pour encourager les échanges de services et le soutien social, et il est rare que des services communautaires et des services de garde y soient assurés.

La conception et l'aménagement des logements et des quartiers où nous vivons procèdent d'une vision des choses qui établit une correspondance rigide entre le cycle de vie et un type de milieu résidentiel et reconnaît implicitement, au sein de la famille, une répartition du travail fondée sur le sexe : d'un côté l'emploi ou la carrière, de l'autre la direction du ménage, l'éducation des enfants et le soin des parents âgés. Cette vision est à la fois reflétée et renforcée par le cadre physique, les types de logements, la forme des quartiers, de même que par la ségrégation spatiale entre l'habitat et les autres fonctions : travail, commerce et services (Wekerle et Mackenzie 1985; Willson [s.d.]). Souvent, en outre, les municipalités ont, par le zonage, renforcé la ségrégation entre groupes appartenant à des générations ou à des catégories socio-économiques différentes et freiné l'adaptation des quartiers à l'évolution de la demande.

Les personnes âgées seules ou dépendantes, les familles qui s'occupent d'un parent en perte d'autonomie, les familles monoparentales et même les couples qui travaillent tout en élevant leurs enfants ont besoin de services qui ne sont pas, la plupart du temps, disponibles dans leur immeuble ou groupement d'habitations ni même dans leur quartier. Certaines solutions, comme l'institutionnalisation, se sont révélées inadéquates et coûteuses. L'habitat hyperspécialisé — résidences, groupements d'habitations et même vastes ensembles réservés aux personnes âgées ou aux familles monoparentales, par exemple — renforce les liens de solidarité et la cohésion sociale de ces groupes, mais pose des problèmes qui ne peuvent être résolus que par la présence d'une gamme complète de services. Dans certaines provinces, la présence massive des personnes âgées dans les logements publics et les logements sans but lucratif produit une pression sur les services qui engendre de véritables situations de crise.

Si la ségrégation des clientèles présente aussi certains inconvénients, beaucoup de personnes âgées préfèrent néanmoins vivre entre elles; la solidarité et l'entraide dont font preuve les personnes qui subissent le même genre de difficultés sont aussi des arguments qui militent en sa faveur, comme l'ont fait valoir des associations de familles monoparentales et des associations de locataires de logements publics (Klodawsky, Spector et Hendrix 1983; Klodawsky, Spector et Rose 1985).

Les groupes auxquels nous nous sommes intéressés ici ont tous trois besoin d'un milieu de vie qui réduit le temps, le coût et les efforts que nécessite l'accomplissement des tâches de la vie quotidienne. La priorité des parents qui travaillent et des chefs de famille monoparentale est certainement le temps, denrée rare et précieuse; celle des personnes âgées est de pouvoir se déplacer facilement et en toute sécurité, chose particulièrement difficile durant l'hiver, et sans doute d'économiser leur argent. Or, l'organisation du cadre de vie reflète rarement ces préoccupations; l'insertion des écoles primaires dans le tissu résidentiel est l'exception qui confirme la règle (voir, par exemple, Social Planning Council of Metropolitan Toronto 1979).

Conclusion

Il est certes difficile de prédire les changements sociaux et économiques qui transforment les modes de vie et — à terme — l'habitat. En 1970, année de son 25e anniversaire, la Société centrale d'hypothèques et de logement publiait un document dans lequel on soulignait l'impact de l'évolution des rôles féminins sur la conception et l'aménagement intérieur des logements : à côté de la femme mère et épouse se tenait désormais la célibataire libre de former un nouveau type de ménage, en vivant seule ou en partageant un logement à deux ou à plusieurs. Les femmes, ajoutait-on, sont la principale clientèle des immeubles à appartements qui surgissent un peu partout dans le paysage urbain (1970, 34). Sur la participation des jeunes mères à la population active et sur le nombre croissant de femmes âgées vivant seules, qui étaient déjà réalité, le document ne soufflait mot.

Les trois groupes présentés ici ont été choisis parce qu'ils sont numériquement importants et parce qu'ils illustrent la nécessité de repenser la conception et l'aménagement des logements et des quartiers pour les adapter à l'évolution des besoins. Ainsi, il est possible de diminuer les inconvénients de la perte d'autonomie par des équipements, des services et un soutien affectif approprié. Si beaucoup de personnes âgées emménagent dans des logements plus petits ou encore dans des résidences pourvues de services bien organisés, la plupart souhaitent rester le plus longtemps possible dans leur maison et, lorsqu'elles se décident à déménager, ne quittent généralement pas leur quartier.

La multiplication des familles à double revenu modifie la répartition du temps entre l'espace domestique et le travail. Les couples, face à la nécessité de gérer leur temps et de partager les tâches, ont besoin d'avoir à portée de main des services susceptibles de remplacer en totalité ou en partie ceux qui étaient assumés autrefois par les mères de famille. Lorsque ces services sont dispersés ou trop éloignés, et que les journées semblent ne jamais compter assez d'heures, les plus fortunés peuvent toujours « acheter » des solutions : deux voitures, une gardienne, une maison individuelle rénovée dans un quartier central, avec cuisine dernier cri... Aux autres, il reste la course contre la montre et la débrouillardise.

Les femmes chefs de famille monoparentale ont des besoins du même ordre mais, en règle générale, des revenus et une marge de manœuvre moindres. Après la rupture d'union, certaines ont un urgent besoin de soutien psychosocial, voire d'un milieu protégé. Au bout d'un certain temps, ces familles retrouvent habituellement leur stabilité, mais la plupart demeurent vulnérables sur le plan économique (en fait, tant qu'un nouveau conjoint n'apparaît pas). Il serait donc souhaitable de leur offrir une gamme de logements peu coûteux convenant aux diverses phases de l'expérience monoparentale, de telle sorte que leurs choix de mobilité résidentielle ne soient pas contraints.

Les groupes présentés ici ont tous, tant bien que mal, réussi à trouver des stratégies pour satisfaire leurs besoins et réaliser leurs projets, malgré les obstacles matériels, réglementaires ou administratifs qu'ils ont rencontrés. Leur exemple montre, selon nous, que la réponse aux besoins créés par l'évolution des modes de vie repose sur la flexibilité de l'habitat plutôt que sur une approche « par clientèles ». Or, force est de reconnaître qu'à travers tous les changements sociaux observés, l'habitat, neuf ou existant, est resté plutôt fidèle à lui-même! La mobilité est l'un des aspects de la flexibilité : il est important que chaque ménage puisse, à son gré, rester dans le logement qu'il occupe, continuer de vivre dans le même quartier, ou au contraire déménager pour se prévaloir de solutions de rechange intéressantes.

Mais la flexibilité, ce peut être aussi, pour des parents, la possibilité d'agrandir leur maison individuelle en y ajoutant un appartement pour accueillir leur fille divorcée et son enfant (notons que la flexibilité des structures physiques suppose, en l'occurrence, celle des règlements municipaux). Ce genre de solution a également pour effet de réunir trois générations et de leur permettre de s'entraider. On peut imaginer d'autres possibilités, et nous allons en proposer quelques-unes, sans avoir la prétention de les avoir trouvées toutes. Notre but est de stimuler la discussion, la recherche et l'expérimentation chez tous ceux que le problème touche ou intéresse, personnes ou groupes, aux divers paliers de gouvernement et dans le secteur privé.

Des logements favorisant l'entraide et le soutien mutuel: logements protégés; foyers et résidences; ensembles d'habitation conçus par et pour les familles monoparentales et leur permettant de vivre à proximité les unes des autres, logements favorisant la cohabitation d'adultes non apparentés (à deux chambres à coucher, avec cuisine et salle de séjour communes) et toute formule facilitant la formation de nouveaux types de « familles par choix »; aménagements facilitant l'organisation structurée de services plus ou moins spécialisés, mais aussi l'échange spontané de services et le partage des installations entre ménages et entre occupants.

De nouveaux concepts de logement permettant de côtoyer la parenté sans vivre avec elle: les possibilités de regroupement des personnes et de modes de logement — appartements superposés, appartements accessoires, pavillons-jardin et logements bifamiliaux — ne sont pas épuisées par les modèles auxquels le passé nous a habitués. Au nombre des raisons qui justifient l'examen de nouvelles formules figurent la moindre disponibilité des femmes pour le soin de leurs proches et la diminution du nombre d'enfants par famille, donc du nombre d'enfants susceptibles de prendre charge de leurs parents âgés.

Des collectivités formées de ménages de divers types et de gens de tous âges: bien des raisons militent en faveur de cette diversité. En ce qui concerne les services communautaires et les équipements collectifs, elle facilite la prévision des besoins, permet d'offrir un éventail plus complet et limite les risques de demande excessive de la part d'une clientèle particulière. La diversité des types de logements donne aux ménages la possibilité de rester dans leur milieu tout en progressant dans leur cycle de vie, même si leur revenu ou leur état de santé changent. Les contacts et les échanges de services entre les générations sont facilités et la polarisation sociale réduite. La diversité n'empêche pas de concilier mixité et homogénéité. Il est possible de réserver à un groupe un immeuble, une partie d'immeuble ou un ensemble de résidences sans sacrifier l'hétérogénéité de la collectivité. Pour obtenir cette diversité, un instrument comme le zonage, d'emblée assez grossier, permet néanmoins certaines tentatives novatrices (zonage par rendement ou répercussion, incitatif, inclusionnaire ou chronologique). L'architecture peut également, entre autres moyens, se prêter à cette démarche, comme l'illustre, dans la région métropolitaine de Toronto, le complexe St. Clair-O'Connor, où l'on trouve tout ensemble des logements destinés à divers groupes d'âge et divers niveaux de services de soutien.

L'intégration physique du logement et des services communautaires revêt une importance particulière dans les banlieues, à mesure que leur population vieillit et que sa composition évolue. Ainsi, dans la réglementation relative aux nouveaux lotissements, il y aurait lieu de prévoir des garderies et de tenir compte de l'accès au transport en commun. Autre exemple : pour adapter les services à l'évolution des besoins des citoyens qui prennent de l'âge, il faudrait offrir des soins de santé et des soins à domicile, et améliorer le déneigement.

La transformation des logements et de leur utilisation par leurs occupants, telles les personnes âgées et les mères monoparentales vivant en banlieue avec des adolescents: les théoriciens ont beau postuler que les ménages changent de logement quand leur situation se modifie, beaucoup de ménages ne veulent pas déménager et transforment plutôt leur maison ou son mode d'occupation (Teasdale et Wexler 1986). Les pouvoirs publics et les spécialistes de l'aménagement ne doivent pas seulement tolérer ces pratiques; ils doivent encourager l'adaptation des logements privés, même locatifs, et favoriser des formes de logement flexibles, pouvant convenir aux étapes successives du cycle de vie et aux variations de revenu. La cohabitation, par exemple, pourrait devenir plus courante.

La modification de la réglementation touchant la transformation et l'utilisation des logements: souvent, les règlements de zonage limitent les changements qui peuvent être apportés aux maisons individuelles et interdisent de les utiliser à certaines fins; par exemple, il peut être défendu ou extrêmement coûteux d'ajouter un appartement accessoire à une maison, d'utiliser sa maison pour travailler à son compte, y mener une entreprise à caractère social ou communautaire ou y installer une garderie. Les ménages le font quand même — dans l'illégalité —pour faire face aux changements et aux ruptures qui ponctuent le déroulement de leur cycle de vie. Ils se donnent ainsi un revenu supplémentaire, du soutien social, voire la possibilité de garder leur maison.

La restructuration du logement public: parce qu'il est la source la plus importante de logements pour personnes âgées et accueille un grand nombre de familles monoparentales, le logement public devrait être restructuré en fonction de l'évolution des besoins de ces populations. Par exemple, il importe d'offrir la sécurité d'occupation aux chefs de familles monoparentales dont les enfants ont quitté le foyer; à l'heure actuelle, ce départ fait souvent perdre aux mères leur droit au logement public et les laisse sans solution de rechange satisfaisante. L'expérience française — amélioration des espaces publics, mise en place d'une gamme complète de services, démocratisation de la gestion des grands ensembles suburbains de logements publics — a montré que, menées intelligemment, la rénovation et l'adaptation des logements publics peuvent procurer aux familles monoparentales à faible revenu un milieu où elles se sentiront soutenues et bénéficieront de services dont le coût, pour la collectivité, est parfaitement raisonnable (Klodawsky, Spector et Rose 1985). En Ontario, l'expérimentation de formules d'habitat collectif dans le cadre des programmes de logement public paraît également prometteuse (Corke et Wexler 1986).

Les coopératives et les organisations sans but lucratif, pourvoyeuses de logements et de services dans les quartiers centraux gentrifiés et autres quartiers bien situés: quand elles en avaient les moyens et compte tenu des ressources des divers milieux, les coopératives et les organisations sans but lucratif ont souvent apporté à des groupes de femmes monoparentales ou de personnes âgées des solutions novatrices et efficaces au plan à la fois du logement, des services sociaux et médicaux et des réseaux de sociabilité (Hayden 1984, chapitre 9). Souvent, dans les quartiers centraux, elles permettent aussi à ces clientèles de ne pas être refoulées par la gentrification. Il ne s'agit pas de dire qu'elles peuvent se substituer au secteur intégralement subventionné, mais le rôle complémentaire qui est le leur mérite un solide appui financier et institutionnel de la part de tous les paliers de gouvernement.

Dans quelle mesure le logement a-t-il été adapté à l'évolution des besoins sociaux qui a suivi son cours après la guerre? Très inégalement, il faut le dire. La structure physique des maisons individuelles et des plex autorise une certaine flexibilité (Teasdale et Wexler 1986). Mais la marge de manœuvre des secteurs public et privé est limitée par les contraintes du marché (imaginaires ou réelles). Les règlements de zonage ont des effets encore plus décisifs. Dans le cas du logement social, l'innovation a été restreinte par les dispositions de la LNH et par une orientation qui met surtout l'accent sur l'accessibilité financière et sur certains critères physiques. Il se peut que les ententes fédérales-provinciales de logement qui remplacent depuis 1986 les modes antérieurs de distribution du logement social mènent à une démarche encore plus flexible et mieux adaptée aux situations locales et aux clientèles particulières. Mais les restrictions budgétaires ne permettent guère d'espérer que des ressources suffisantes seront consacrées aux services de soutien ni aux logements à prix modeste. Dans les autres secteurs, le zonage et les attitudes à son égard, à tout le moins dans les grands centres urbains, et notamment dans les secteurs où prédomine la maison individuelle, découragent l'adaptation et la diversité des quartiers. Pour changer les mentalités, effort tenté par le Service d'urbanisme de Vancouver (Vancouver 1986), il faut, semble-t-il, une conception novatrice au plan des structures physiques et au plan social, un souci de l'intégration du logement et des divers services, et une remise en cause de la façon dont les quartiers sont envisagés et gérés.

Notes

1 Les auteurs partagent également la responsabilité de ce chapitre. Nous remercions Michael Ellis, qui a pris part à la recherche pour certaines sources statistiques, ainsi que l'éditeur et des lecteurs anonymes, qui nous ont fourni des commentaires sur une version antérieure du texte. Nous remercions également Johanne Archambault, de l'INRS-Urbanisation, pour la traduction française de ce chapitre.

2 Dans certains pays (Angleterre et Pays de Galles, Suède et Pays-Bas), la proportion de personnes âgées vivant en institution est beaucoup plus faible qu'au Canada, même si la population est en général plus âgée (voir Schwenger et Gross 1980; Brink 1985). Les soins à domicile subventionnés y sont plus disponibles. Schwenger et Gross (1980, 253) notent qu'au Canada, le coût de ces services et la quasi-gratuité des soins de santé ont incité les personnes âgées à se diriger vers les hôpitaux. L'institutionnalisation n'est cependant pas souhaitée par les ménages, et la plupart ne s'y résignent qu'après avoir épuisé les autres possibilités.

3 Si la proportion globale des ménages dont le chef est âgé est demeurée à peu près la même, la proportion de personnes âgées a varié avec le temps et d'une province à l'autre. En 1981, par exemple, les plus fortes proportions (environ 22 %) se trouvaient en Saskatchewan et à l'Île-du-Prince-Édouard, la plus faible (15 %) au Québec. Chose assez étonnante, la fréquence de la propriété foncière chez les ménages âgés a diminué, passant de 77 % en 1951 à 63 % en 1981 (d'après *Recensement du Canada 1951*, 2; tableau 100 et *Recensement du Canada 1981*, n° 92-933 au catalogue, tableau 9). Cette baisse est probablement liée au nombre croissant de personnes de 75 ans et plus, à l'urbanisation des personnes âgées et à la migration vers des climats moins rigoureux à l'intérieur du Canada.

4 Voir *Recensement du Canada 1981*, n° 92-933 au catalogue, tableau 9. Les provinces à caractère plutôt rural, comme Terre-Neuve, la Saskatchewan et la Nouvelle-Écosse, avaient une incidence élevée de personnes âgées propriétaires en 1981; le Québec avait la plus basse. En 1981, l'incidence de la copropriété était encore faible partout sauf en Colombie-Britannique. Tandis que seulement 3 % de l'ensemble des propriétaires âgés étaient propriétaires d'un logement en copropriété en 1981, 8 % des propriétaires âgés de Colombie-Britannique habitaient un logement en copropriété.

5 Ce genre d'estimation est évidemment sujette à caution, parce qu'elle est faite par des personnes qui ont acheté leur maison il y a longtemps et qu'elle est calculée par pièce. Une vieille maison à quatre ou cinq chambres à coucher peut présenter moins d'attrait pour les familles d'aujourd'hui, qui n'ont besoin que de deux ou trois chambres. En outre, l'EL

couvre seulement les zones métropolitaines de recensement. Toutefois, la littérature confirme que, dans l'ensemble, les propriétaires âgés habitent des propriétés de moins grande valeur que les jeunes propriétaires.

6 En fait, les ménages âgés avaient trois fois plus de chances que les autres (27 % au lieu de 9 %) d'occuper des logements comptant 152 mètres carrés ou plus par personne.

7 Ces données pourraient bien sous-estimer la consommation d'espace. Beaucoup de ménages qui ont des chambres à coucher supplémentaires les transforment en bureau, en bibliothèque ou en salle de couture, et ces pièces ne sont pas comptées comme chambres à coucher (voir Wexler 1985). D'autre part, les couples âgés ont souvent besoin de deux chambres, parce qu'ils sont malades ou ne dorment pas eux mêmes heures, ou veulent avoir une chambre d'amis (voir Howell 1980). En outre, les données sur la superficie pourraient bien exagérer la surconsommation, car une proportion élevée de personnes âgées vivent seules. Les services de base comme la cuisine, la salle de bain et la salle de lessive, quelle que soit la taille du ménage, exigent toujours un certain espace minimum.

8 On s'inquiète sans doute un peu trop de la surconsommation d'espace des personnes âgées. Outre qu'elle est souvent involontaire, elle ne paraît pas plus répréhensible que celle des ménages qui possèdent une résidence secondaire. Certains types de surconsommation sont encouragés, voire récompensés (la non-imposition des gains de capital sur la résidence principale a cet effet).

9 Certaines évaluations du PAREL tendent à montrer que les personnes âgées effectuent, tout autant que les autres ménages, les réparations qui ont trait à la sécurité de leur maison. Des inspections professionnelles ont montré que parmi les logements réparés à l'aide de fonds PAREL, ceux qui étaient occupés par des ménages âgés avaient moins de chances de présenter des lacunes sur le plan de la sécurité que ceux où vivaient des ménages plus jeunes (résultat significatif au niveau de 0,001). L'inspection portait (notamment) sur l'état des balcons et escaliers extérieurs, le chauffage, l'électricité, les escaliers intérieurs, les risques d'incendie, les détecteurs de fumée.

10 Systèmes informatiques SAALS et GPLS, Société canadienne d'hypothèques et de logement.

11 Pour tous les calculs concernant les familles à double revenu, nous utilisons comme dénominateur le nombre total de familles époux-épouse où au moins un conjoint est membre de la population active (ou détient un emploi, selon les données disponibles).

12 Les taux les plus élevés étaient ceux de l'Ontario et de l'Alberta (64 % et 68 % en 1984), le plus bas celui de Terre-Neuve (48 % en 1984; ce chiffre va de pair avec la situation économique de la province). Seulement deux provinces (Terre-Neuve et le Nouveau-Brunswick) comptaient une proportion d'épouses actives ayant des enfants de moins de 16 ans inférieure à 50 %. La tendance ne se manifeste pas uniquement dans les provinces les plus urbanisées; en Saskatchewan et à l'Île-du-Prince-Édouard, 61 % des femmes mariées qui avaient des enfants de moins de 16 ans faisaient partie de la population active en 1984.

13 Les variations entre les provinces invitent cependant à des nuances. Au chapitre de l'augmentation de la participation des femmes mariées ayant des enfants de moins de 6 ans à la population active, les chiffres nationaux passent de 37 % en 1977 à 48 % en 1981 et à 52 % en 1984. En 1984, l'Ontario (59 %), l'Alberta et le Québec (53 %) demeurent bien au-dessus de la moyenne canadienne et la Colombie-Britannique (48 %) bien en-deçà.

Bien que beaucoup de femmes aient été poussées vers le travail salarié par l'augmentation du coût de l'accession à la propriété, ces variations provinciales ne présentent pas de corrélation positive avec le prix des maisons. Quoi qu'il en soit, la famille à double revenu ayant des enfants à la maison constitue maintenant une partie essentielle de la réalité de l'accession à la propriété.

14 Si cette recherche d'efficacité passe aujourd'hui par l'achat et la consommation privés d'appareils ménagers, il est intéressant de rappeler qu'au début du 20e siècle des concepts de prestation collective de services ménagers et de services d'alimentation ont été mis de l'avant et même expérimentés (voir Hayden 1980). Notons que c'est la pénurie de domestiques, après la Première Guerre mondiale, qui a alimenté la demande des ménages et stimulé le développement des appareils électro-ménagers (voir Luxton 1980).

15 Chez les chefs de famille monoparentale, la proportion de femmes n'a guère évolué depuis 1951 et se situe aux environ de 85 %; dans cette population, le revenu moyen des femmes égalait 59 % de celui des hommes en 1981 (*Recensement du Canada 1981*, n° 92-935 au catalogue, tableau 20). Nous ne parlerons que des familles monoparentales à chef féminin car si, en matière de logement, les problèmes des pères seuls ressemblent à ceux des mères, les pères sont financièrement mieux à même de les surmonter.

16 Aux États-Unis, ce sont les adolescentes célibataires qui constituent le type de famille monoparentale dont la croissance est la plus rapide (Holcomb 1986).

17 Au Recensement de 1981, le revenu familial annuel moyen des familles monoparentales dirigées par une femme était de seulement 7 600 $ si la mère avait moins de 35 ans, de 13 200 $ si elle avait entre 35 et 44 ans, de 17 100 $ si elle avait entre 45 et 54 ans et de 19 300 $ si elle avait 55 ans ou plus.

18 Dans *L'équipement ménager selon le revenu et d'autres caractéristiques 1985*, Statistique Canada établit le revenu moyen des familles monoparentales à 12 401 $ et celui des familles époux-épouse à 36 431 $. Chez les familles monoparentales, 29 % n'avaient pas de machine à laver et 42 % n'avaient pas d'automobile; chez les familles époux-épouse les proportions correspondantes ne dépassaient pas 7 % et 11 %.

19 Statistique Canada, Recensement de 1981, compilations spéciales réalisées pour l'INRS-Urbanisation, avec l'assistance financière du Fonds FCAR du Québec.

20 Sur les programmes visant les coopératives d'habitation au Canada, la suppression de l'article 56.1 et les politiques du nouveau gouvernement conservateur, voir Bourne (1986).

21 Selon les dispositions de la LNH (article 56.1) demeurées en vigueur de 1978 à 1985, chaque coopérative recevait une subvention à redistribuer à ses membres à faible revenu, pour leur permettre de payer un loyer proportionnel à leurs moyens. L'ampleur de la subvention dépendait de la situation de chaque coopérative. Depuis 1986, l'article 56.1 ayant été abrogé, le financement des coopératives est assuré par un programme de prêts hypothécaires indexés en vertu duquel 30 % des logements financés sont admissibles à un supplément de loyer visant les ménages dont les besoins sont pressants. Il est encore trop tôt pour évaluer l'effet de ces changements sur la disponibilité et l'accessibilité financière des coopératives d'habitation pour les familles monoparentales. Le gouvernement fédéral a aboli le programme des coopératives d'habitation en 1992.

CHAPITRE QUINZE

L'abordabilité du logement dans le Canada de l'après-guerre

Patricia A. Streich

DEPUIS LES DÉBUTS du logement social au Canada, les spécialistes tentent de préciser le sens du terme « abordabilité ». Malgré les ouvrages écrits sur le sujet, l'abordabilité semble défier toute mesure objective[1]. L'argument central du chapitre est de montrer que l'ampleur du problème d'abordabilité du logement est conditionnée en grande partie par le point de vue où l'on se place pour le définir et le mesurer. L'abordabilité est plus qu'un concept de l'économie positiviste; cette notion englobe l'idée de paiements raisonnables pour le logement en vue d'atteindre un niveau donné de bien-être social, de même que des problèmes de normes sociales et diverses questions portant sur la justice sociale et l'égalité des chances.

On verra dans ce chapitre comment les façons traditionnelles d'aborder la définition et la mesure de l'abordabilité renforcent la dichotomie entre le logement comme bien de consommation pour les riches et le logement comme nécessité sociale pour les moins riches. Une autre conception du problème d'abordabilité sera présentée ici, une démarche longitudinale qui étudie les chances qu'ont les ménages d'atteindre leurs objectifs de logement et d'adapter leur consommation à l'évolution de leurs besoins et de leurs ressources pendant les différentes étapes de leur vie. Une telle démarche aide à évaluer dans quelle mesure les politiques sont devenues plus efficaces en matière d'abordabilité. En ce sens, le progrès se définit comme l'amélioration des possibilités et des choix de logements plutôt que par un compte statique des ménages qui consacrent actuellement une proportion excessive de leur revenu au logement.

Ces deux thèmes — la dichotomisation du problème de l'abordabilité et la nécessité d'aborder cette question par le biais des choix possibles — sont développés par l'étude de trois questions : En quel sens y a-t-il un problème d'abordabilité du logement? Qui est aux prises avec ce problème d'accessibilité financière? Quels ont été les effets des politiques et des programmes de l'après-guerre sur les problèmes d'abordabilité?

Le problème d'abordabilité : les tendances de l'après-guerre

Miron (1988) parle d'un paradoxe apparent : la prospérité croissante (mesurée par la croissance réelle du revenu) depuis 1945 s'accompagne d'augmentations correspondantes des dépenses des consommateurs pour le logement. Le logement aurait dû devenir plus abordable, mais les consommateurs n'ont pas diminué la proportion de leur budget consacrée au logement.

Entre 1946 et 1981, l'indice des prix du logement de Statistique Canada a à peu près quintuplé, ce qui équivaut en gros à l'augmentation de l'indice général des prix à la consommation (IPC). Au cours de la même période, le revenu personnel disponible par habitant a augmenté d'environ 12 fois. D'après ces indicateurs, il devrait y avoir eu des progrès en matière d'abordabilité.

Cependant, la proportion du total des dépenses de consommation consacrées à l'habitation est demeurée assez stable entre 1949 et 1967 (de 31 % à 32 % des dépenses de consommation); elle a augmenté par la suite, pour atteindre 35 % en 1978. L'enquête de 1937–38 sur le revenu et les dépenses des familles a révélé que les familles locataires consacraient 20 % de leurs dépenses à l'habitation, tandis que les propriétaires y consacraient 19 % (Carver 1948, 74). En 1982, selon les résultats de l'échantillon des micro-données de l'Enquête sur le revenu des ménages et l'équipement ménager (ERMEM), les propriétaires qui devaient rembourser un prêt hypothécaire ont dépensé 24 % de leur revenu, les propriétaires sans prêt hypothécaire en ont dépensé 17 % et les locataires 23 % (Canada 1985, 10). Après quatre décennies, les Canadiens consacraient toujours environ le cinquième du revenu de leur ménage au logement. On ne sait trop pourquoi les dépenses de logement ont suivi le revenu, alors que le prix de l'habitation augmentait beaucoup moins rapidement. Ce que l'on sait, c'est que dans l'ensemble les Canadiens n'ont pas vu leurs coûts d'habitation diminuer à mesure qu'augmentait leur revenu réel.

Si la plupart des Canadiens habitent un logement abordable, il existe un problème d'abordabilité pour certains ménages, car leur coût mensuel de logement dépasse une proportion « raisonnable » de leur revenu. La question de savoir ce qui constitue une proportion raisonnable est un jugement de valeur. Les opinions varient d'un pays à l'autre et elles ont évolué; mais selon un rapport de 1981 de la SCHL, en Amérique du Nord, on a toujours considéré qu'une proportion variant de 20 % à 30 % constitue une juste dépense pour le logement (SCHL 1981, 7). Les comparaisons chronologiques sont difficiles à établir à partir des sources publiées. Cependant, les données disponibles portent à croire que certains pourcentages des locataires et des propriétaires qui doivent rembourser un prêt hypothécaire ont connu des problèmes d'abordabilité.

Le groupe de travail sur le logement pour les ménages à faible revenu a fait la constatation suivante, à partir de l'échantillon de micro-données de l'Enquête sur les dépenses des familles (EDF) de 1969 :

> On compte 1 831 000 ménages canadiens qui consacrent plus de 20 % de leur revenu au logement. Les deux tiers d'entre eux sont à faible revenu. Sur les 1 076 000 ménages qui y consacrent plus de 25 % de leur revenu, les quatre cinquièmes sont à faible revenu. Un ménage canadien sur trois consacre plus de 20 % de son revenu au logement, un sur cinq plus de 25 % ... 400 000 ménages consacrent plus de 40 % de leur revenu au logement (Dennis et Fish 1972, 59).

Tableau 15.1
Problèmes d'abordabilité chez les ménages locataires dans les régions métropolitaines, par catégorie de revenu : Ontario, 1972–1983
(en pourcentage de l'ensemble des ménages locataires par quintile de revenu)

Quintile de revenu du ménage	Locataires consacrant plus de 25 % de leur revenu au logement			Locataires éprouvant des besoins impérieux		
	1972	1976	1983	1972	1976	1983
1 (revenu le plus bas)	87	93	93	86	93	90
2	53	53	46	15	40	19
3	17	16	15	1	1	1
4	1	3	5	0	0	0
5 (revenu le plus élevé)	0	1	2	0	0	0
Moyenne	32	32	32	20	25	22

SOURCE : Arnold (1986, 100).
Étude fondée sur les ensembles de microdonnées de l'Enquête sur le revenu des ménages et l'équipement ménager (ERMEM) de Statistique Canada pour 1971, 1976 et 1983. Les données de ce tableau portent sur les locataires non agricoles et non subventionnés des régions métropolitaines de l'Ontario d'une population supérieure à 100 000 habitants, c'est-à-dire Ottawa, Toronto, Hamilton-Burlington, St. Catharines-Niagara, London, Windsor, Oshawa, Kitchener-Waterloo, Sudbury et Thunder Bay.

L'analyse faite par Miron (1984) des données de l'EDF de 1978 révèle que 28 % des locataires et 17 % de l'ensemble des propriétaires consacraient plus de 25 % de leur revenu au logement. À partir de l'ERMEM et de l'EDF de 1982, la SCHL signale que 18 % de l'ensemble des ménages, soit 1 512 000, y consacraient plus de 30 % de leur revenu. Les données révèlent que 23 % des locataires et 19 % des propriétaires avec prêt hypothécaire consacraient plus de 30 % de leur revenu au logement.

Bien que différents repères aient été utilisés, les tendances sont évidentes. Non seulement la proportion des ménages canadiens dont le rapport du coût d'habitation au revenu dépasse les repères a-t-elle augmenté, mais aussi le nombre des ménages qui ont des problèmes d'abordabilité a augmenté avec la croissance démographique. Alors qu'en 1969 seulement un peu plus d'un million de ménages canadiens consacraient plus de 25 % de leur revenu à l'habitation, en 1982 un million et demi de ménages y consacraient plus de 30 % de leur revenu (Dennis et Fish 1972, 60; SCHL 1984b).

Les données disponibles révèlent également que la majorité des ménages qui ont des problèmes d'abordabilité sont à faible revenu. La ventilation du problème d'abordabilité selon le niveau de revenu est possible d'après les ERMEM qui sont disponibles depuis 1972. Le tableau 15.1 résume l'incidence des problèmes d'abordabilité chez les ménages locataires des régions métropolitaines de l'Ontario, par catégorie de revenu, à partir de deux définitions de « l'abordabilité ». Arnold (1986) utilise ce tableau pour démontrer que l'incidence des problèmes d'abordabilité dans le quintile inférieur de revenu des locataires a augmenté entre 1972 et 1983, et ce, selon les deux définitions. Les données ne permettent pas de tirer de conclusions précises quant à l'avant-dernier quintile de revenu.

L'analyse faite par Miron de l'EDF de 1978 révèle que l'incidence des problèmes d'abordabilité est supérieure à la moyenne chez les personnes âgées et les familles monoparentales (Miron 1984). La plus forte incidence de problèmes d'abordabilité se trouve chez les familles monoparentales avec de jeunes enfants (de moins de cinq ans) qui sont locataires; 78 % des familles monoparentales avec de jeunes enfants consacrent plus du quart de leur revenu au loyer, en comparaison de 28 % pour l'ensemble des locataires. La tendance est la même pour les propriétaires; 46 % des familles monoparentales avec des enfants, qui sont propriétaires, consacrent plus du quart de leur revenu à l'habitation, en comparaison de 17 % pour l'ensemble des propriétaires. L'incidence des problèmes d'abordabilité est également supérieure à la moyenne pour les ménages âgés; 54 % des locataires de 65 ans et plus de 30 % des propriétaires de 65 ans et plus consacraient plus du quart de leur revenu à l'habitation en 1978. Ces données portent à croire que la proportion des ménages canadiens qui consacrent plus que le pourcentage normal de leur revenu à l'habitation n'a pas diminué et que le problème se concentre chez les pauvres, les aînés et les familles monoparentales.

Un autre indicateur largement utilisé de l'accessibilité à la propriété concerne la proportion des ménages en général (et des familles habitant des logements loués en particulier) qui sont capables d'acquitter les frais de possession d'une maison à prix moyen sans dépasser un pourcentage donné de leur revenu. L'accessibilité à la propriété a diminué depuis les années 50. En 1951, plus de la moitié des familles canadiennes auraient évalué que les frais de possession de la maison individuelle neuve moyenne financée aux termes de la LNH ne dépassaient pas 30 % de leur revenu. En 1983, d'après la *Statistique canadienne du logement (SCL)*, moins de 15 % des ménages auraient trouvé que les frais de possession de la maison moyenne ne dépassaient pas 30 % de leur revenu. Les données de la SCHL (1984b, 16) qui ne portent que sur les locataires dans les principaux groupes d'âge d'accession à la propriété (de 25 à 44 ans) révèlent que 50 % de ce groupe auraient pu se permettre la maison moyenne en 1971 en comparaison de 28 % en 1983 (en supposant encore une fois un coût de possession maximum de 30 % du revenu).

Comment définir l'abordabilité

Jusqu'au milieu des années 70, on a utilisé le rapport du coût d'habitation au revenu pour mesurer l'abordabilité des dépenses d'habitation en fonction du revenu des ménages. Cette méthode utilisait un quelconque repère d'abordabilité, 25 ou 30 % du revenu, comme étant un niveau acceptable et abordable. On dit que les familles et les particuliers qui paient un pourcentage plus élevé de leur revenu pour l'habitation ont un problème d'abordabilité. On peut facilement constater que cette démarche présente plusieurs problèmes conceptuels.

Le premier problème est l'estimation des dépenses d'habitation des propriétaires. On estime généralement qu'une certaine partie des coûts d'habitation des propriétaires sont en fait une forme d'économie obligatoire que le propriétaire récupérera à la vente de sa maison. En outre, les propriétaires peuvent bénéficier de gains de capital sur la revente d'une habitation et, s'il s'agit de leur résidence principale, ces gains ne sont pas imposables au Canada. Il y a eu de nombreuses tentatives de calculer un critère commun du rapport du coût d'habitation au revenu pour les locataires et pour les propriétaires. Une première méthode consiste à calculer le loyer théorique des maisons des propriétaires et de le comparer aux sommes versées par les locataires qui ont un revenu semblable. Cependant, personne ne verse un loyer théorique; une mesure aussi abstraite n'est pas significative lorsqu'il s'agit de déterminer le fardeau que représente le coût d'habitation pour les acheteurs.

La seconde lacune est qu'on ne rend pas compte de l'évolution des préférences par rapport au cycle de vie de la consommation de logement. Il se peut que certains ménages dépensent volontairement pour leur logement une somme supérieure à ce que leur budget devrait leur permettre. Souvent, on procède ainsi à court terme dans l'attente d'une amélioration à long terme; même si le ménage éprouve actuellement un problème d'abordabilité, la consommation pourrait être abordable par rapport à l'ensemble du cycle de vie du ménage. Certains spécialistes préconisent d'utiliser le revenu permanent plutôt que le revenu courant pour surmonter ce problème, particulièrement chez les jeunes accédants à la propriété. Depuis 1945, les familles semblaient prêtes à consacrer une portion importante de leur revenu actuel pour l'achat d'une maison, en supposant vraisemblablement que les versements hypothécaires resteraient fixes alors que leur revenu augmenterait, ces deux facteurs contribuant à diminuer le fardeau du coût d'habitation après quelques années. La méthode du rapport du coût d'habitation au revenu est au contraire statique.

L'application du rapport du coût d'habitation au revenu dans l'établissement des prix des logements bénéficiant d'une aide publique pose un autre paradoxe. Alors que les spécialistes du logement ont tendance à utiliser un taux fixe pour mesurer les problèmes d'abordabilité, le Canada utilise depuis longtemps les échelles graduées du loyer proportionné au revenu pour la clientèle des logements subventionnés. Depuis 1944, les échelles des loyers proportionnés au revenu du logement public sont fondées sur l'hypothèse que les ménages à faible revenu n'ont pas les moyens de consacrer un aussi fort pourcentage du budget familial au loyer que les ménages à revenu moyen. Ainsi, l'échelle des loyers du logement public (l'échelle des loyers proportionnés au revenu) fixe le loyer à aussi peu que 16,7 % pour les clients à faible revenu, jusqu'à un maximum de 25 %. En outre, pendant les années 60 et 70, des échelles de loyer différentes sont apparues, car les commissions provinciales de logement produisaient des variantes de l'échelle fédérale (voir Archer 1979). Une nouvelle variation des critères d'abordabilité appliqués aux programmes publics a été introduite avec les régimes provinciaux d'allocation de logement pour les aînés[2]. Quelle que soit l'explication, les normes appliquées à l'abordabilité pour l'ensemble de la population étaient différentes des normes utilisées pour l'établissement des prix des programmes de logement subventionné.

La méthode du rapport du coût d'habitation au revenu ne tient pas compte de la surconsommation ni de la sous-consommation du logement. Le problème d'abordabilité est sous-estimé dans la mesure où les ménages rendent le logement abordable en acceptant une densité supérieure (plus d'une famille partageant un logement surpeuplé) ou en habitant des logements de mauvaise qualité. Ces consommateurs ne semblent pas avoir de problème d'abordabilité, car ils ont réduit leurs dépenses à l'échelle de leur budget. En même temps, certains ménages qui ont un problème d'abordabilité peuvent avoir volontairement choisi de consommer « plus » de logement. Dans la mesure où les préférences de logement sont supérieures à la norme, la méthode du rapport du coût d'habitation au revenu surestime les problèmes d'abordabilité.

Les problèmes soulevés par cette méthode ont mené, au milieu des années 70, à l'élaboration de la méthode du besoin impérieux. Cette méthode chercher à reconnaître les ménages qui éprouvent actuellement des problèmes d'habitation et qui seraient incapables d'obtenir un logement conforme aux normes minimales sans consacrer une proportion excessive de leur revenu à l'habitation (SCHL 1981, 4). Le besoin impérieux regroupe les notions de qualité des lieux, de surpeuplement et d'abordabilité dans une seule mesure, une définition plus complète que le simple rapport du coût d'habitation au revenu. En outre, en faisant le lien entre la mesure du coût d'habitation et les loyers payés dans une région donnée, cette méthode permet l'adaptation à la situation du marché local. La méthode du besoin impérieux définit un besoin normatif de logement et relie l'abordabilité aux loyers courants du marché local. Selon la définition du besoin impérieux, le problème d'abordabilité touche uniquement les ménages qui, dans les limites de leur revenu, n'auraient pas les moyens de se payer un logement acceptable dans leur région sans consacrer à l'habitation une somme supérieure à une proportion maximale de leur revenu.

La méthode du besoin impérieux et celle du rapport du coût d'habitation au revenu donnent des mesures différentes du problème d'abordabilité. Une analyse de l'Enquête sur les logements (EL) de 1974 révèle que 589 000 ménages des régions métropolitaines éprouvaient des besoins impérieux tandis que 702 000 ménages étaient dans le besoin selon la méthode du rapport du coût d'habitation au revenu; l'incidence du « besoin » était réduite, passant de 24 % à 17 % de l'ensemble des ménages (SCHL 1981, tableau 2). La même étude constate que la définition du besoin impérieux a éliminé ce que l'on appelle la surconsommation volontaire de logement (SCHL 1981, 22).

Mesure globale combinant la qualité, le surpeuplement et l'abordabilité dans un même indicateur des problèmes de logement, le principe du besoin impérieux constitue un progrès conceptuel par rapport aux définitions antérieures.

Cependant, l'application de ce concept à l'analyse des programmes de logement présente certaines difficultés. Tout d'abord, toute définition d'un niveau normatif de consommation de logement est arbitraire et subjective; le choix de la norme influence inévitablement l'ampleur du problème. Deuxièmement, en supposant qu'il existe un consensus sur une norme de consommation, la mesure de l'abordabilité de cette norme exige des données détaillées sur les loyers payés en moyenne dans chaque localité. Troisièmement, cette méthode suppose que chaque ménage pourrait occuper un logement correspondant exactement à ses revenus et à ses besoins. L'appariement parfait des logements et des ménages ne peut se rencontrer que rarement, sinon jamais. Même s'il y a un nombre suffisant de logements correspondant à la norme dans le marché, rien ne garantit qu'ils seront attribués aux bons ménages[3].

Depuis que le concept du besoin impérieux a été mis au point, son application aux programmes de logement a évolué, surtout dans l'application en 1986–88 des ententes fédérales-provinciales pour le programme de logement sans but lucratif (LNH, art. 56.1). Le niveau normatif de consommation de logement est fixé dans la Norme nationale d'occupation (NNO) édictée en 1987. La NNO tient compte de la taille et de la composition du ménage et est utilisée pour déterminer le nombre de chambres à coucher que le ménage devrait avoir. Par exemple, les parents ont droit à une chambre à coucher distincte de celle de leurs enfants; les enfants âgés de cinq ans ou plus et de sexe opposé ne doivent pas partager une même chambre; les membres du ménage de 18 ans ou plus ont droit à une chambre à part, à moins d'être mariés ou de cohabiter maritalement.

Aux termes des ententes fédérales-provinciales, la SCHL exige que la NNO soit utilisée pour déterminer l'admissibilité par rapport aux problèmes de surpeuplement ou d'abordabilité. On calcule des seuils définissant le besoin impérieux pour les logements par nombre de chambres à coucher, et les ménages dont le revenu n'est pas suffisant pour leur permettre un logement de la taille requise sont définis comme éprouvant des besoins impérieux et admissibles au logement subventionné. Les ententes fédérales-provinciales n'obligent pas les organismes provinciaux de logement à appliquer la NNO pour le placement des ménages. Ainsi, l'admissibilité d'une personne âgée célibataire ou d'un couple âgé serait fondée sur le revenu nécessaire pour un logement d'une chambre à coucher, et pour une famille monoparentale avec un enfant sur le revenu nécessaire pour un logement de deux chambres à coucher. Selon l'urgence du besoin de logement et le genre de logements disponibles, il se peut qu'un aîné célibataire soit placé dans un studio et qu'une famille monoparentale avec un enfant dans un logement d'une chambre à coucher. Les politiques de placement relèvent de l'organisme provincial de logement qui applique le programme.

En plus de servir à calculer l'admissibilité au programme, le concept du besoin impérieux a été utilisé à un niveau global ou provincial pour estimer le nombre de ménages nécessiteux à des fins de planification et de répartition budgétaire. À compter de 1986, les affectations du budget de logement aux provinces se fondaient sur une formule convenue — connue sous le nom d'accord de Regina de 1984 — fondée sur le nombre de ménages éprouvant des besoins impérieux. La formule d'affectation a été révisée de nouveau après 1989. En outre, des estimations du besoin impérieux sont calculées pour les zones de planification à l'intérieur des provinces dans le cadre d'un cycle de planification de trois ans afin d'orienter les décisions sur l'emplacement des ensembles de logement entre les marchés locaux (voir SCHL 1986b).

Ainsi, le concept du besoin impérieux en est venu à orienter la planification du logement, les affectations budgétaires et l'admissibilité au programme de logement subventionné partout au Canada. Cette méthode ne tient pas compte de tous les facteurs de logement, comme par exemple l'emplacement, dont beaucoup sont pris en compte dans les méthodes détaillées de planification et de placement des commissions provinciales et locales de logement.

Une démarche fondée sur les possibilités des consommateurs tout le long de leur vie

L'abordabilité actuelle n'est qu'un des problèmes qui influencent le choix de logement que fait un ménage. Sont également importants les facteurs influençant la décision de chercher un autre logement et la décision de déménager[4]. Comme le signalent Steele et Miron (1984), les coûts de transaction (psychiques et monétaires) du déménagement sont des obstacles au redressement de la consommation de logement par rapport aux coûts d'habitation. L'expérience des programmes canadiens d'allocations de logement a été semblable à celle des États-Unis; dans les deux pays, les ménages admissibles à des subventions supplémentaires leur permettant de se mieux loger ont tendance à ne pas augmenter autant qu'il serait possible leur consommation de logement[5].

Une démarche plus dynamique et longitudinale porte sur les possibilités qui s'offrent aux ménages d'adapter leur consommation à l'évolution de leurs besoins. Pourvu qu'il y ait des possibilités, que les consommateurs aient les moyens de se renseigner sur celles-ci et d'y avoir accès sans rencontrer de barrières ou d'obstacles systématiques, l'abordabilité peut s'améliorer par le choix individuel. Le progrès en matière d'abordabilité se définit en fonction de la possibilité pour les particuliers d'en arriver à un logement plus abordable au cours de leur vie, en fonction des objectifs individuels et des compromis sur une gamme étendue de dépenses (Myers 1980).

Les possibilités et les choix individuels sont plus difficiles à mesurer que les simples rapports du coût d'habitation au revenu, particulièrement lorsqu'ils recoupent tout le cycle de vie du ménage. La mesure exige des données longitudinales qui sont très coûteuses à réunir et à analyser. Néanmoins, un concept plus dynamique de l'abordabilité pourrait devenir encore plus précieux dans les décennies à venir à mesure que des changements démographiques, comme le vieillissement de la population canadienne, soulèveront de graves problèmes concernant l'appariement de la demande et de l'offre de logement et l'utilisation du parc de logements dans l'ensemble du pays.

La ventilation du problème d'abordabilité du logement

Dans les années 60, on a pris l'habitude de définir des groupes « à problème » et d'élaborer des programmes d'aide ciblés en conséquence. Le Canada n'est jamais allé aussi loin que les lois américaines sur l'habitation qui définissaient les familles à faible revenu par leur incapacité de se payer un logement convenable[6]. Cependant, le logement public au Canada était perçu comme desservant les deux quintiles inférieurs de la répartition des revenus. Le fait de répartir la population en groupes pour traiter du problème de logement a eu pour effet de relier le problème aux personnes qui l'éprouvent plutôt qu'aux forces qui le créent et de détourner l'attention de questions plus vastes comme les besoins de logement et la justice; plus précisément, on a renforcé la dichotomie de base de la politique du logement entre le logement pour les pauvres et l'abordabilité de l'accession à la propriété pour les plus riches.

LE LOGEMENT ET LA PAUVRETÉ

En 1941, les familles de Toronto dont le revenu était inférieur à 1 000 $ consacraient 40 % de leur revenu au logement, en comparaison de 21 % pour les familles dont le revenu s'établissait entre 1 500 $ et 2 000 $ (Carver 1948, 75). Les données de l'ERMEM sur les locataires ontariens des régions métropolitaines portent à croire que l'abordabilité n'avait pas évolué en 1983. Les locataires dont le revenu était inférieur à 5 329 $ en 1972 et à 12 454 $ en 1983 consacraient 46 % de leur revenu au loyer, en comparaison de rapports moyens du loyer au revenu de 24 % pour les deux années (Arnold 1986, 87)[7]. Les pauvres qui sont propriétaires, surtout les personnes âgées des villes et des campagnes, ne sont pas mieux placés que les locataires; une proportion aussi forte que les deux tiers consacraient plus de 30 % de leur pension au chauffage, aux taxes et à l'entretien.

Les problèmes de coût d'habitation des pauvres habitant les villes se sont aggravés pendant les années 60 et 70. Le parc de logements à loyer modique du secteur privé à subi l'érosion des conversions et des démolitions. Dans certains quartiers des centres-villes, la gentrification a contribué aux pertes. Malgré des efforts concertés, le secteur public a été incapable de compenser ces pertes dans la plupart des villes canadiennes.

Les solutions offertes par le marché privé à la demande de logements à loyer modique par les personnes et les familles à faible revenu ont été jugées par les municipalités et les résidants comme peu souhaitables ou inférieures aux normes acceptables dans la collectivité. Par exemple, à Vancouver, les appartements illégaux en sous-sol constituaient une réponse à la demande de logements à loyer modique; à Toronto, on a vu un problème dans le secteur Parkdale en raison de la création de mini-studios. Pour les consommateurs qui ne pouvaient se payer que le logement minimal, les pensions, les garnis et les foyers collectifs ont tous fait l'objet d'un accroissement du contrôle et des restrictions municipales. C'est en partie à la suite de la réduction de l'offre de possibilités de logement que les villes canadiennes ont fait face dans les années 80 à un problème croissant de personnes sans logis. La présence d'hommes et de femmes habitant dans les rues, les parcs et les métros est devenue un signe visible du manque d'options appropriées de logement pour les personnes à faible revenu.

En plus de la pénurie absolue de locaux d'habitation accessibles, les villes canadiennes ont subi certains déplacements démographiques. Auparavant, le noyau central des villes logeait plutôt les jeunes et les vieux, tandis que les familles avec des enfants allaient se loger en banlieue. À la fin des années 70, on a commencé à se préoccuper du vieillissement de la banlieue de l'après-guerre. À mesure que les familles habitant la banlieue vieillissent, d'abord les adolescents puis leurs parents maintenant âgés, elles se retrouvent dans un milieu résidentiel créé pour élever de jeunes enfants. La banlieue avec ses maisons individuelles est-elle suffisamment souple pour s'adapter à l'évolution des besoins, comme l'a fait l'ancien parc de logements du noyau central de certaines villes?

Des services de soutien sont généralement plus disponibles et plus accessibles aux utilisateurs dans le centre des villes que dans les banlieues. En outre, il peut être plus efficace de répondre aux besoins parmi une population concentrée d'utilisateurs. Cependant, les municipalités des centres-villes doivent faire face à une demande accrue de services provenant d'une assiette fiscale en diminution, et leur population se polarise de plus en plus entre les revenus les plus faibles et les plus élevés. Les ménages à revenu moyen sont manquants : ils résident dans les banlieues extérieures.

Dans cette perspective plus vaste du problème de la pauvreté et du logement dans les villes, la période écoulée depuis 1945 a vu une évolution de la pensée quant à la nature du problème de la pauvreté en matière d'habitation. Alors que dans les années 50, et une bonne partie des années 60, le problème semblait être la présence des « taudis », les années 80 ont connu le problème de ségrégation des municipalités centrales en quartiers de pauvres et quartiers de riches. La simple stratégie d'élimination des taudis ne produira vraisemblablement pas un cadre valable pour faire face aux problèmes contemporains de logement des ménages à faible revenu. La pauvreté en matière d'habitation est devenue fonction du développement urbain et de la société urbaine.

L'ABORDABILITÉ DE L'ACCESSION À LA PROPRIÉTÉ

Dans un pays qui demeure un pays de propriétaires, une mesure évidente du bien-être en matière d'habitation est la capacité des ménages de se payer leur propre maison. L'accessibilité à la propriété est le grand facteur qui a façonné la carte de la pauvreté d'habitation dans nos villes depuis 1945, car l'abordabilité du logement régit l'endroit où une famille peut habiter. Les prêteurs évaluent l'abordabilité des prêts hypothécaires pour propriétaires-occupants, et donc l'accès à ces prêts, à partir du rapport d'amortissement brut de la dette (ABD). Avec les années, le rapport ABD autorisé pour les prêts LNH a été augmenté et la définition du revenu familial admissible a été assouplie. Cependant, même avec des pratiques de prêts plus libérales, l'accession à la propriété pour les familles à faible revenu est restreinte par la mise de fonds disponible.

Les propriétaires à faible revenu font également face à de graves problèmes d'abordabilité, selon une publication spéciale de Statistique Canada d'après le recensement de 1981. Parmi les ménages dont le revenu était inférieur à

10 000 $ en 1980 et qui avaient un prêt hypothécaire, 90 % consacraient plus de 30 % de leur revenu aux principaux versements de propriétaires (principal, intérêt, taxes et services d'utilité publique) ; les trois quarts des ménages ayant un prêt hypothécaire et dont le revenu était inférieur à 15 000 $ consacraient plus de 30 % de leur revenu au logement (Che-Alford 1985, 60). Les propriétaires à faible revenu risquent plus d'habiter un logement ayant besoin de réparations que les propriétaires à revenu plus élevé. Environ un ménage sur trois ayant un prêt hypothécaire et dont le revenu était inférieurt à 15 000 $ en 1980 ont signalé que leur logement avait besoin de réparations, en comparaison de 22 % pour l'ensemble des propriétaires ayant un prêt hypothécaire (Che-Alford 1985, 56).

Par ailleurs, les propriétaires ne sont pas à l'abri d'une augmentation des coûts d'habitation. Au moment du renouvellement hypothécaire, les acheteurs de maisons sont vulnérables aux fluctuations des taux d'intérêt. À long terme, beaucoup de propriétaires finissent par rembourser la totalité de leur prêt hypothécaire, mais l'augmentation des taxes, du coût de chauffage et des autres services d'utilité publique de même que l'augmentation des coûts liés aux réparations et à l'entretien imposent un fardeau financier au revenu fixe de la vieillesse.

La maison des propriétaires à faible revenu, comme celle des autres, représente un avoir propre qui, s'il était réalisé, leur permettrait d'accroître leur consommation courante. On peut avoir accès à l'avoir que représente sa maison sans la vendre ni déménager par transformation de l'avoir propre foncier ou prêt hypothécaire de conversion. À l'heure actuelle, ces prêts ne sont offerts qu'en Colombie-Britannique. En général, peu d'options s'ouvrent devant les propriétaires en difficulté financière. Vendre sa maison et chercher un logement locatif abordable comporte des coûts psychiques et financiers qui sont particulièrement durs pour les ménages âgés. Retarder les réparations nécessaires (c.-à-d. désinvestir dans le logement) est une stratégie de consommation à court terme pour faire face à des dépenses d'habitation trop grandes.

Alors qu'augmentait le coût de l'accession à la propriété pendant les années 60, le gouvernement a mis en place des programmes d'aide facilitant l'accession à la propriété. En 1970, un programme expérimental d'encouragement à l'innovation en habitation visait à aider les familles pauvres à accéder à la propriété. Certaines familles à faible revenu ont pu acheter des maisons, mais le programme était un projet expérimental et il n'a pas été maintenu. Le PAAP était conçu au départ comme une solution de rechange au logement public pour les familles à faible revenu. La réduction de l'aide fédérale et le fait que la plupart des provinces n'aient pas accordé de subventions correspondantes ont transformé le PAAP, qui a fini par devenir un autre régime d'accession à la propriété pour les ménages à revenu moyen[8]. Sauf dans le cas des ruraux, des autochtones et des régions du Nord, les programmes de logement n'ont guère aidé les pauvres à accéder à la propriété.

Dans les années 70, la SCHL a distingué explicitement entre deux grandes catégories de programmes de logement, soit le « logement social » et le « logement du marché ». Ces deux catégories traduisaient la dichotomie dans la façon d'aborder les problèmes de logement : des logements subventionnés pour les pauvres et une aide pour permettre au marché de fournir des logements aux Canadiens à revenu modeste ou moyen. Le ciblage sur les groupes-problèmes tend à renforcer cette dichotomie et n'a guère réussi à ralentir la diminution des choix et des possibilités de logement.

Les répercussions des politiques et programmes gouvernementaux

Même si la proportion des ménages canadiens qui consacrent plus que le pourcentage normalisé de leur revenu à l'habitation n'a pas diminué substantiellement depuis 1945, on pourrait envisager la situation avec un certain optimisme si les politiques et les programmes actuellement en usage étaient plus efficaces que les moyens adoptés antérieurement pour régler les problèmes de logement. Une question importante à se poser à propos de l'effet des politiques est la suivante : dans quelle mesure les programmes et les politiques de logement sont-ils devenus plus efficaces pour régler les problèmes d'abordabilité depuis 1945?

Dans l'ensemble, le Canada n'a guère réalisé de progrès dans la conception et la mise au point d'outils efficaces pour régler les problèmes d'abordabilité depuis 1945. En fait, à certains égards, les outils introduits pendant les années 70 semblent moins adaptés à la solution du problème d'abordabilité dans son essence. En 1971, une époque où le logement public atteignait un sommet de production, la très grande majorité (plus de 90 %) des logements sociaux subventionnés ont été attribués aux ménages à faible revenu. En 1980, les programmes fédéral et provinciaux d'aide au logement social produisaient en gros un logement pour ménage à faible revenu pour chaque logement pour ménage à revenu modeste. Cette évolution s'explique surtout par l'application de la politique de diversification des revenus dans le cadre du programme fédéral de logement sans but lucratif qui a remplacé le logement public pendant les années 70[9].

Les programmes de logement sans but lucratif et de coopératives d'habitation mis sur pied en 1973 concrétisaient le principe de la diversité par lequel une partie des logements de chaque ensemble devait être attribuée aux familles à faible revenu et aux aînés, le reste des logements étant fourni à des « loyers du marché » aux ménages à revenu modeste et moyen. On estimait que les ensembles d'habitation regroupant des ménages à faible revenu et des ménages à revenu plus élevé étaient socialement plus viables et suscitaient moins de résistance locale (de la collectivité et de la municipalité) que les ensembles de logements pour ménages à faible revenu. Si le gouvernement fédéral avait fourni des fonds suffisants, la production de logements pour ménages à faible revenu aurait pu être maintenue au niveau du début des années 70 dans le cadre du programme de logement public; pour atteindre le niveau de production de logements pour ménages à faible revenu de 1971, il aurait fallu produire plus de 65 000 logements sans but lucratif chaque année (en comparaison des seuls 20 000 logements effectivement autorisés en 1979)[10]. Le logement sans but lucratif a été moins efficace que l'ont été les programmes de logement antérieurs en ce qui a trait à l'abordabilité du logement pour les Canadiens à faible revenu.

Il convient de signaler une tentative notable de mettre en place un outil plus efficace pour régler les problèmes d'abordabilité, soit l'allocation-logement. Des mesures provinciales d'allocation-logement en Colombie-Britannique, au Nouveau-Brunswick, au Manitoba et au Québec ont canalisé l'aide vers la population nécessiteuse à faible revenu (surtout des locataires âgés). La raison d'être de ces programmes est en partie attribuable au fait qu'on a compris que les programmes traditionnels axés sur l'offre sont incapables de diminuer le volume des ménages nécessiteux qui ont des problèmes d'accessibilité financière. Cependant, les programmes d'allocation-logement ont eux aussi leurs limites. Comme nous l'avons indiqué plus haut, les ménages admissibles ne modifient pas nécessairement leur consommation de logement autant que leur permet l'allocation. En outre, des stratégies axées sur la demande peuvent se révéler inefficaces, seules et sans mesures touchant l'offre de logements de qualité et de taille convenables.

La difficulté du règlement des problèmes d'abordabilité au Canada tient peut-être non seulement au choix des politiques, mais aussi au contexte institutionnel où se situe la question du logement. Pour une bonne partie de l'après-guerre, le moteur principal de la politique du logement au Canada était le palier fédéral de gouvernement, même si la constitution confie le problème du logement d'abord aux provinces. Le rôle des organismes fédéral et provinciaux de logement et les rapports entre eux ont évolué entre les années 60, où Ottawa a joué un rôle de premier plan, et les années 80 où le fédéral et les provinces ont adopté des initiatives parallèles qui ont eu un effet sur les problèmes de logement. Même si certains gouvernements provinciaux (particulièrement le Québec, l'Alberta et la Colombie-Britannique) ont affirmé à de nombreuses reprises la souveraineté provinciale en matière de logement, la majorité des provinces se réjouissent qu'Ottawa continue à financer les programmes de logement.

L'expérience révèle que les priorités des deux paliers de gouvernements sont parfois divergentes et que la capacité des deux paliers de s'occuper convenablement des problèmes définis a varié considérablement. Pendant les années 60, il y a eu une controverse sur les déséquilibres entraînés par les programmes à frais partagés; pourtant, avec l'adoption de mécanismes unilatéraux de financement dans les années 70, les gouvernements provinciaux ont tenté de maximiser l'effet des subventions fédérales en ajoutant volontairement au programme fédéral des mesures provinciales. Ainsi, même s'il y a eu une plus grande séparation des mesures fédérales et provinciales dans le domaine du logement dans les années 70, elles ont continué d'être interdépendantes.

Bien que les politiques adoptées aient visé les problèmes d'abordabilité, les solutions semblent difficiles à atteindre. Les ententes constitutionnelles en matière de logement peuvent avoir nui à la recherche de solutions. Les compressions budgétaires des gouvernements après le milieu des années 70 ont rendu encore plus difficile la solution des problèmes d'abordabilité du logement. Le Canada a peut-être moins de raisons d'être optimiste quant au problème du logement dans les années 80 qu'il n'en avait dans les années 40, alors qu'il a entrepris son premier projet de logement public subventionné.

L'expérience du passé et les perspectives d'avenir

S'il ne fait aucun doute que certaines personnes n'ont pas les moyens de se payer certains logements, et qu'on peut donc dire qu'elles font face à un problème d'abordabilité, les dimensions du problème sont plus difficiles à cerner. Il y a d'une part des difficultés théoriques à déterminer les repères normatifs et comportementaux permettant de préciser le critère de la « capacité de payer »; en outre, la mesure précise des depenses d'habitation et des revenus pose de nombreux problèmes (voir par exemple Miron 1984). La définition de l'abordabilité a évolué; d'une simple mesure ponctuelle de ce que l'on dépense effectivement pour l'habitation par rapport au revenu, on est passé à une mesure plus composite de la capacité du ménage de se payer un logement de taille et de qualité convenables sans dépasser une proportion donnée de son revenu. Si l'on pose des questions touchant par exemple la capacité des gens de réaliser la consommation souhaitée de logement sur l'ensemble de leur vie, on a besoin de données longitudinales sur le logement.

Les gouvernements canadiens ont investi dans le cadre de programmes de logement et du régime fiscal afin d'accroître l'offre de logements convenables et de subventionner les coûts d'habitation des consommateurs. Pourtant, il demeure un problème d'abordabilité; de nombreux locataires doivent faire face à un loyer élevé en proportion de leur revenu et tous les ménages à faible revenu ont des problèmes, qu'ils soient locataires ou propriétaires. Pour diverses raisons, la politique canadienne du logement a toujours fortement recouru à des stratégies d'offre, fondées sur la construction neuve. Bien que les programmes de logement public, de logement sans but lucratif, de coopératives d'habitation et les autres programmes de logement aient créé un parc de logements abordable, l'offre ne suffit pas à répondre aux besoins. En 1971, le groupe d'étude Dennis a recommandé d'axer la stratégie sur la demande plutôt que sur l'offre et certaines mesures ont été prises en ce sens. Cependant, les politiques et programmes adoptés n'ont pas réalisé l'objectif d'un logement abordable pour tous les Canadiens.

Quelles sont donc les conséquences pour l'avenir? Pouvons-nous nous attendre à de plus grands progrès en vue de rendre le logement abordable dans les décennies qui s'en viennent? Nous avons proposé ici deux orientations prometteuses pour les politiques de logement. Si l'on définit l'abordabilité d'une façon ponctuelle ou statique, en fonction de groupes-problèmes, cela restreint la vision et les perspectives de solution. Ce que nous proposons ici, c'est une démarche longitudinale, fondée sur les diverses possibilités au cours des différentes étapes de la vie, qui tient compte de la capacité des ménages de réaliser leurs objectifs de logement. Ce point de vue est promotteur et conforme à la prestation des services de logement dans le cadre d'un marché privé. De plus, le critère d'évaluation des politiques de l'État devrait être le suivant : dans quelle mesure ces politiques sont-elles plus efficaces que celles du passé à l'égard du problème d'abordabilité? Les politiques et programmes améliorent-ils les possibilités qu'ont les ménages de réaliser leurs objectifs de logement, ou éliminent-ils les obstacles qui les empêchent d'atteindre leurs objectifs?

Notes

1 Le présent chapitre ne fait pas l'inventaire du nombre croissant d'ouvrages sur ce sujet, car il en existe déjà plusieurs. Voir par exemple Miron (1984).

2 Dans la plupart de ces programmes, les subventions ne s'appliquaient qu'à la partie du loyer des aînés qui dépassait un maximum préétabli; en réalité, les aînés bénéficiant des allocations de logement continuent de consacrer plus de 30 % de leur revenu au loyer après réception de l'allocation. En partie, les régimes d'allocation de logement prévoyaient des subventions moins généreuses parce que les aînés demeuraient dans le marché du logement privé et qu'on s'attendait à ce qu'ils versent une plus forte proportion de leur revenu en échange de la liberté de choix que leur valait cette situation.

3 Le programme américain d'allocations de logement, article 8 (logements existants) a révélé le problème auquel font face bon nombre de ménages bénéficiaires de l'allocation de logement; ceux-ci étaient admissibles aux prestations, mais incapables de trouver des logements correspondant aux normes minimales de logement et donc, incapables de bénéficier du programme.

4 Voir par exemple l'examen par Clark (1982).

5 Bradbury et Downs (1981) font état de l'expérience américaine du programme EHAP tandis que Steele (1983) traite de l'expérience canadienne.

6 Aux États-Unis, les critères d'abordabilité ont servi à définir les familles à faible revenu dans la loi sur l'habitation de 1937 :

> Constituent des familles à faible revenu, celles qui n'ont pas les moyens de payer suffisamment pour amener l'entreprise privée dans leur localité ou leur zone métropolitaine à construire un nombre suffisant de logements convenables, sécuritaires et salubres pour leur usage (cité dans Carver 1948, 71).

7 Il n'est pas idéal d'utiliser le revenu par habitant pour mesurer l'évolution du revenu. Pour les petits salariés et les familles à revenu modeste, l'évolution du salaire moyen serait peut-être une mesure plus significative. Avant 1976, l'indice du salaire moyen de Statistique Canada indiquait une croissance réelle des gains; les salaires augmentaient plus rapidement que les prix. Depuis 1978, cependant, les salaires stagnent; entre 1978 et 1981, les salaires ont augmenté de 12 %, l'IPC de 11,5 % et l'indice du coût d'habitation de 13,5 %. La stagnation des salaires s'ajoutant à l'incertitude quant à l'emploi, aux mises à pied et à de longues périodes de chômage pourrait refléter avec plus de précision la situation de revenu des familles ouvrières. Ces données soulèvent des doutes quant à la croissance apparente du revenu personnel et quant à la possibilité de payer l'augmentation du prix des

maisons, surtout si le logement consomme déjà une forte proportion des budgets des ménages.

8 Certaines provinces ont au départ accordé des subventions correspondantes pour accroître la pénétration des revenus des subventions du PAAP; l'Ontario avait son propre programme, Home Ownership Made Easy (HOME); la Nouvelle-Écosse a mis au point une utilisation novatrice du PAAP dans le cadre de son programme de coopératives de construction.

9 La politique de diversification des revenus pourrait être un exemple du déplacement des objectifs sociaux de la politique du logement. Alors que la politique antérieure visait à produire le maximum de logements subventionnés (souvent dans des ensembles à haute densité), la création d'ensembles plus intégrés sur le plan des revenus semblait offrir la possibilité de produire des collectivités résidentielles mieux équilibrées socialement et plus stables.

10 Streich (1985, 125) signale que, sur les 20 000 logements sans but lucratif produits en 1979, seulement 6 000 étaient abordables pour les ménages à faible revenu, ce qui réduit effectivement l'aide aux logements pour ménages à faible revenu au Canada.

CHAPITRE SEIZE

L'évolution de l'habitat

L.S. Bourne

TOUTE HABITATION est liée à un terrain et à un emplacement, et donc à un environnement externe. À l'exception des maisons ou des fermes isolées, tout logement fait partie d'une collectivité locale. L'endroit où nous vivons ajoute en outre à la qualité de l'habitation une signification sociale et une valeur économique qui sont essentielles à toute étude du progrès en matière de logement. L'emplacement influence la qualité et la forme des maisons que nous occupons, ce que nous pouvons en faire, les services physiques et sociaux assurés au logement ainsi que les commodités et les services offerts à proximité. Le lecteur trouvera donc ici une évaluation des progrès du logement dans l'après-guerre en fonction de l'évolution du mode d'organisation et de peuplement du territoire canadien.

L'évolution du mode de peuplement

Au tournant du siècle, un peu plus de 37 % de la population du pays, soit 5,37 millions d'habitants, vivaient dans des agglomérations urbaines[1]. Cette proportion est passée à 50 % en 1921, puis à 63 % en 1951, avant de se stabiliser aux environs de 77 % en 1986. En 1941, 46 Canadiens sur 100 vivaient dans des régions rurales, et 65 % d'entre eux dans des fermes (tableau 16.1). Une autre tranche de 11 % habitait des petites villes de moins de 10 000 habitants. À cette époque, 54 Canadiens sur 100 habitaient des agglomérations urbaines de toutes tailles, mais parmi ceux-ci, 40 habitaient en milieu métropolitain (c.-à-d. des agglomérations urbaines de plus de 100 000 habitants) et seulement 22 habitaient les trois grandes métropoles (tableau 16.2). Par ailleurs, en 1986, seulement trois Canadiens sur 100 habitaient des fermes et 20 sur 100 des collectivités rurales non agricoles. Sur les 77 qui habitaient des zones urbaines, 59 vivaient dans une région métropolitaine, et 31 d'entre eux habitaient les trois plus grandes métropoles (tableau 16.2). Entre 1941 et 1986, le Canada a gagné un nombre de résidants urbains égal à l'ensemble de sa population au début de la période. La population urbaine du pays est passée de 6,3 millions à plus de 19,4 millions dans ces 45 ans.

L'habitat a évolué en conséquence (tableau 16.2)[2]. En 1941, le Canada ne comptait que 63 centres urbains de plus de 10 000 habitants et 8 de plus de

Tableau 16.1
La transformation urbaine — population selon le lieu de résidence :
Canada 1941–1986

	1941 en milliers	(%)	1961 en milliers	(%)	1986 en milliers	(%)	Taux de variation 1941–61 (%)	Taux de variation 1961–86 (%)
Régions rurales	5 254	46	5 266	29	5 962	23	0	13
Agricoles	3 117	27	2 237	12	895	3	–28	–60
Non agricoles	2 137	19	3 028	17	5 067	20	42	67
Régions urbaines	6 252	54	12 972	71	19 392	77	108	42
Moins de 10 000	1 259	11	2 188	12	1 521	6	74	–30
10 000 à 100 000	1 506	13	2 860	15	3 042	12	90	6
100 000 et plus	3 487	30	7 924	44	14 829	59	127	89
Canada	11 507	100	18 238	100	25 354	100	58	39

SOURCE : *Recensement du Canada*, diverses années.

100 000. En 1986, il y avait 27 centres urbains de plus de 100 000 habitants et 139 en tout de plus de 10 000 habitants (tableau 16.2)[3]. Ces derniers chiffres ne correspondent pas à des municipalités définies par des frontières politiques, mais à des zones urbaines définies de façon fonctionnelle; dans la plupart des cas, il s'agit de la réunion de la ville et de la banlieue en fonction de la proximité et du degré d'intégration économique et sociale. Il s'agit de régions métropolitaines de recensement (RMR) et d'agglomérations de recensement (AR), plus petites, de mêmes que d'autres municipalités indépendantes qui ne sont pas englobées dans les frontières des RMR et des AR[4].

Les années écoulées depuis 1945 peuvent se diviser en trois périodes distinctes, correspondant en gros aux années 1945–64, 1965–80 et 1981–90. La première est une période d'expansion urbaine, caractérisée par : 1) une croissance rapide de la population (et, dans l'ensemble, de la production économique) dans la plupart des régions du pays, y compris la création d'agglomérations nouvelles, principalement des villes du secteur primaire à l'extérieur de l'écoumène habité et de nouvelles banlieues autour des centres urbains établis et 2) la concentration croissante de la population dans les grandes métropoles. C'est dans cette période que sont aussi apparus les premiers grands ensembles de banlieue.

Au cours de la deuxième période, caractérisée par la décentralisation à l'échelle nationale, la croissance démographique globale s'est ralentie avec la baisse conjuguée de la natalité et de l'immigration. Dans le cadre d'un processus d'adaptation structurale de l'économie au cours des années 70, la croissance s'est déplacée des vieux centres urbains du cœur industriel du Canada central vers les régions où abondaient les ressources et de nouveaux centres urbains, particulièrement dans l'Ouest. Ces dernières agglomérations étant en moyenne

Tableau 16.2
Évolution du peuplement du Canada, 1921–1986

	1921	1941	1961	1986
Taille de l'agglomération	*Nombre d'agglomérations*			
100 000 et plus	7	8	18	27
30 000 à 99 999	11	19	25	54
10 000 à 29 999	25	36	60	58
5 000 à 9 999	45	49	87	105
Toutes les agglomérations de 5 000 habitants ou plus	88	112	190	240
Taille de l'agglomération	*Pourcentage de l'ensemble des agglomérations de 5 000 habitants ou plus*			
100 000 et plus	8	7	10	11
30 000 à 99 999	12	17	13	22
10 000 à 29 999	28	32	32	24
5 000 à 9 999	51	44	46	43
Toutes les agglomérations de 5 000 habitants ou plus	100	100	100	100
Indicateurs d'urbanisation et de concentration	*Pourcentage de la population canadienne*			
Population urbanisée (%)	47	55	70	77
Population de 25 RMR (%)	35	40	48	59
Population des 3 plus grandes RMR (%)	19	22	25	31
Population totale des 3 plus grandes RMR (en milliers)	1 651	2 551	4 725	7 730

SOURCE : *Recensement du Canada*, diverses années; Stone 1967; Simmons et Bourne 1989. La définition des régions métropolitaines de recensement (RMR) varie à chaque recensement.
* Voir les notes 1 et 2 dans le texte.

plus petites, il a d'abord semblé que les grandes régions métropolitaines perdaient des habitants (et des emplois) au profit des petites villes et cités — processus qu'on a appelé ailleurs la désurbanisation ou la contre-urbanisation. Effectivement, au cours de la dernière partie de cette période (1976–1981) l'ensemble des régions métropolitaines de recensement (RMR) a perdu de sa population au profit du reste du pays. Dans la plupart des cas, cependant, ce phénomène n'était pas dû à la désurbanisation, ni à un renouveau de croissance des agglomérations rurales en général. Le phénomène traduisait plutôt la poursuite de l'étalement des populations urbaines en périphérie des villes à l'extérieur des frontières actuelles des régions métropolitaines définies aux fins du recensement, mais toujours à l'intérieur de zones métropolitaines entendues dans un sens plus large.

Au cours de la dernière partie de cette période, on a pu constater un déclin généralisé des petits centres urbains, surtout dans les régions périphériques.

Certes, le Canada a toujours vu diminuer certaines collectivités, mais dans les années 70, ce déclin se faisait à beaucoup plus grande échelle. Au moins 20 % des petites localités du Canada ont diminué de taille au cours de cette période. Pour la première fois depuis le début du siècle, deux petites régions métropolitaines de recensement, Windsor et Sudbury, ont également connu une décroissance, victimes d'un ralentissement marqué de leur économie spécialisée. Le ralentissement de la croissance nationale et la restructuration industrielle avaient créé une nouvelle ère d'évolution urbaine et de réorganisation de l'habitat.

À l'échelle locale ou urbaine, la direction prédominante du changement était la croissance et la concentration métropolitaines accompagnées de la poursuite de la décentralisation intra-urbaine et du développement des banlieues. Une croissance démographique rapide et une explosion de la demande de nouveaux logements après 15 années de dépression et de guerre, ont entraîné un développement sans précédent des banlieues après 1945. Un accès plus facile au transport, particulièrement à l'automobile, et un accès plus facile au crédit, surtout pour les prêts hypothécaires, ont facilité cette croissance. Les gouvernements locaux ont ouvert de vastes terrains à l'aménagement et mis en branle les politiques et pratiques nécessaires pour réglementer la croissance des banlieues et assurer les services. L'augmentation du revenu réel a accru la superficie consommée et la qualité des normes exigées pour la construction et les services.

Le Canada est donc devenu avant tout une société-banlieue. En 1941, seulement 24 % des résidants des métropoles habitaient les banlieues (c.-à-d. à l'extérieur des frontières politiques de la ville centrale). En 1961, près de 45 % habitaient les banlieues et en 1986, plus de 60 %. Cette dispersion spatiale de la population, s'ajoutant à l'évolution démographique, a réaménagé les schèmes résidentiels locaux et les milieux de vie tout au long de la fin des années 60 et des années 70. La baisse des taux de natalité et la diminution de la taille des ménages ont abouti à une population plus âgée et socialement plus polarisée, particulièrement dans les petites villes et les vieux quartiers des centres-villes. La population de bon nombre de ces collectivités a subi un « élagage » remarquable, même dans les quartiers où le parc des logements est stable ou en croissance. Si l'on maintient constants tous les autres types de transitions des quartiers, la population logée dans un ensemble donné de logements aurait normalement diminué d'environ 30 % en une vingtaine d'années, tout simplement en raison de l'effet de la diminution de la taille des ménages et de l'augmentation de la consommation de logement.

La période de 1981 à 1990 représente une nouvelle phase de l'évolution de l'habitat au Canada et présente donc des repères différents quant à la répartition future de la demande et des besoins en matière de logement. À partir de la plus grave récession économique de l'après-guerre, d'une diminution de la croissance démographique et de baisses accusées des prix des ressources et des marchandises, le pendule de la croissance nationale est revenu vers le Canada central et vers les collectivités situées à l'intérieur ou à proximité des grandes régions métropolitaines. De nouveau, les grandes régions métropolitaines ont connu la croissance la plus rapide, tandis que les petites villes et les agglomérations rurales diminuaient en moyenne[5]. Au palier local, la décentralisation s'est poursuivie au même rythme, la population (et l'emploi) et le logement étant dispersés sur des surfaces plus grandes à des densités décroissantes. Dans les vieux quartiers de bon nombre de régions urbaines, particulièrement le noyau central des grandes métropoles, cependant, la baisse de population a finalement été stoppée. La raison principale de ce dernier changement de cap est que les effets conjugués de la nouvelle construction résidentielle (souvent des logements en copropriété) et de logements intercalaires ont suffi à compenser les pertes de population attribuables à une diminution de la taille moyenne des ménages et à la conversion résidentielle. La zone de baisse démographique intra-urbaine s'est maintenant étendue aux vieilles banlieues, dont beaucoup ont été construites au début de l'après-guerre.

Il reste bien sûr à déterminer si ces tendances vont se poursuivre dans les années 90. Le ralentissement de la croissance urbaine et le fait qu'un pourcentage stable de la population soit classé comme urbain ne devraient toutefois pas porter à conclure que la croissance urbaine est terminée. Elle s'est plutôt transformée. Les populations urbaines se sont maintenant étalées sur un vaste territoire qu'on appelle parfois la zone péri-urbaine ou le champ urbain[6]. Ainsi se sont estompées les frontières traditionnelles entre les zones rurales et urbaines, entre la ville et la banlieue. En outre, la majorité des petites villes et des zones rurales du Canada qui connaissent une croissance démographique sont également situées à l'intérieur des vastes régions qui entourent les grandes zones métropolitaines et elles doivent leur croissance à leurs liens fonctionnels avec le centre métropolitain, et particulièrement au navettage.

Les nouvelles formes de banlieues : la banlieue intégrée

Même si les villes canadiennes ont toujours eu des banlieues, dont certaines étaient à la fois planifiées et étendues, le processus d'aménagement des collectivités depuis 1945 a entraîné non seulement le développement rapide des banlieues, mais aussi une nouvelle forme d'habitat : une collectivité de banlieue beaucoup plus grande, intégrée et autonome. On a aussi vu naître une nouvelle industrie, le secteur de l'aménagement, et un nouveau type de banlieue, la banlieue intégrée[7].

Cette forme de banlieue n'est pas née par accident. Elle a bénéficié des politiques du gouvernement fédéral, qui visaient à constituer une industrie du bâtiment plus efficace, et d'un régime de plus en plus complexe de réglementation de l'utilisation du sol et de l'aménagement au palier local. Elle a également été facilitée par les pratiques des établissements de crédit hypothécaire, qui préféraient prêter sur des maisons neuves plutôt que sur des maisons existantes, et a été encouragée par les économies d'échelle de la construction neuve et de la viabilisation. En conséquence, de grandes entreprises se sont bientôt chargées de produire non seulement de nouveaux logements et de nouveaux lotissements, mais des collectivités de banlieue entièrement neuves comportant une gamme complète d'utilisations des sols. Dans certains cas, et Don Mills à Toronto est peut-être l'exemple le mieux connu, il s'agissait en somme de planifier de nouvelles villes. Des banlieues semblables ont depuis lors fait leur apparition autour d'autres grandes villes, et leur taille dépasse souvent la population de bon nombre de villes canadiennes autonomes[8].

On peut dégager de cette tendance deux conséquences reliées à notre propos. La première est le développement parallèle d'un urbanisme global et du besoin de créer des collectivités intégrées et autonomes équilibrant l'habitation et les possibilités d'emploi. Ces plans étaient d'ailleurs tout aussi populaires dans le Canada d'après-guerre qu'ils l'étaient à l'étranger[9]. Les objectifs évidents étaient de minimiser le navettage, d'encourager un sentiment d'appartenance à une communauté et de faciliter globalement un aménagement rationnel. La seconde conséquence est la commercialisation ou la « marchandisation » du logement, qui en est venu à être considéré plus largement comme un élément d'actif quasi-liquide facile à échanger dans un marché. L'apparition de la banlieue intégrée laisse entrevoir aussi une marchandisation croissante de collectivités complètes et des milieux de vie qu'elles fournissent.

Les conséquences sociales de la nouvelle banlieue intégrée ont été mixtes. Dans quelle mesure ces nouvelles formes de banlieue représentent-elles un progrès? Sans aucun doute, un volume plus élevé de construction a-t-il entraîné des efficacités techniques et des économies d'échelle pour la viabilisation. On ne sait trop pourtant si cela s'est traduit par des coûts d'habitation plus bas pour les consommateurs ou par des bénéfices plus élevés pour les promoteurs. D'autre part, un ensemble plus équilibré d'utilisations résidentielles, commerciales et industrielles a réduit certains types de conflits d'utilisation du sol, mais non le navettage. En outre, il y a de nombreux exemples de services plus abondants et mieux intégrés, dans un environnement relativement sûr, agréable et planifié (mais peut-être ennuyeux). La circulation a été rationalisée, séparant les destinations locales des autres et les piétons des véhicules, et l'on a ajouté divers équipements locaux. La qualité et les normes de construction, de conception de l'emplacement et de l'infrastructure ont également été améliorées par la planification et la réglementation.

Pourtant, ces mêmes principes ont aussi souvent causé de nouveaux problèmes. Les banlieues d'après-guerre étaient destinées uniquement à une gamme étroite de types de ménages et de classes sociales ou de revenu. Cette spécialisation signifiait une gamme réduite de possibilités de logement de même que des expériences sociales plus restreintes. Ces banlieues, compte tenu du plan des maisons et des faibles densités, étaient aussi moins adaptables à une évolution ultérieure de la demande de logements. Elles peuvent avoir contribué aux sentiments d'aliénation sociale et d'isolement physique, particulièrement chez les femmes mariées et les enfants, et elles étaient souvent mal préparées à accueillir divers besoins sociaux[10]. Les banlieues ultérieures offraient une meilleure gamme de services, mais tendaient aussi à être homogènes et souvent plus coûteuses. Ce ne sont que les nouvelles banlieues (celles d'après 1985) qui ont commencé de réaliser une meilleure diversification des classes de revenus et des groupes sociaux.

Autre élément de changement, on a vu apparaître dans plusieurs régions urbaines, mais surtout à Toronto, une nouvelle variation sur le thème du logement subventionné : la dispersion des logements sociaux depuis les zones centrales vers les banlieues et leur reconcentration géographique au sein de ces banlieues, d'ordinaire sous la forme d'ensembles homogènes de maisons en rangée et de tours d'habitation. Ces concentrations localisées de défavorisés sociaux dans les nouvelles banlieues pourraient bien être la source de l'un des principaux problèmes de logement de la prochaine génération.

Le noyau central des villes : revitalisation et déclin

Si l'on quitte la périphérie pour le centre, on constate qu'une restructuration résidentielle marquée de bon nombre des vieux quartiers des centres-villes a donné naissance à une nouvelle forme de collectivité. Comme dans d'autres pays occidentaux, la reprise des investissements dans beaucoup de vieux quartiers des villes canadiennes y a revitalisé l'habitation et le milieu social. Le processus complexe de changement social et de restructuration résidentielle, que l'on appelle souvent la gentrification, a maintenant fait l'objet de nombreuses études, bien que ses conséquences à long terme soient difficiles à évaluer[11].

Les données révèlent que certains types de secteurs et de quartiers urbains ont plus de chances de connaître la revitalisation et la gentrification que d'autres (voir Ley 1985, 1988). Ces collectivités sont le plus souvent : 1) de grands centres métropolitains qui ont des économies axées sur les services, un centre commercial historiquement et culturellement riche ainsi que d'autres aménagements urbains et environnementaux qui attirent les professionnels de la classe moyenne; ou 2) des villes et petites villes présentant des avantages semblables et situées à proximité de régions métropolitaines ou dans des secteurs consacrés aux loisirs ou à la retraite. Les quartiers choisis pour la revitalisation ont le plus souvent des maisons anciennes mais d'une architecture intéressante, un milieu physique agréable et sont à proximité d'emplois dans des bureaux ou des institutions.

Les conséquences de cette nouvelle forme urbaine sont également mixtes. D'une part, la revitalisation des centres-villes a amélioré la qualité de l'habitation, des services communautaires et des milieux de vie en général, au moins pour les nouveaux résidants, et dans les quartiers directement en cause. Même si la portée géographique de la gentrification demeure quantitativement petite, les effets sur l'économie de la ville centrale, son assiette fiscale et son atmosphère ont en général été positifs. D'autre part, cette tendance a accru la polarisation des classes sociales et des conditions d'habitation au sein du centre-ville. En outre, beaucoup de ménages locataires à faible revenu ont été déplacés. Certains se voient aussi refuser l'accès à d'autres quartiers traditionnellement à prix modique du centre-ville en raison de l'augmentation du prix des maisons et des loyers et de la conversion de logements locatifs en logements de propriétaires-occupants. D'autres encore ont fini par déménager dans la nouvelle banlieue intégrée, mais souvent dans le secteur du logement social.

Le rôle des politiques de l'État

Dans quelle mesure la politique de l'État a-t-elle orienté ces divers changements en matière d'habitat? Pour répondre à cette question, il faut distinguer entre les échelons national, régional et local et entre les effets intentionnels et non intentionnels des politiques. Au palier national, les politiques explicites ou ciblées (c.-à-d. celles qui portent sur le logement et l'aménagement urbain) n'ont pas eu beaucoup d'effet sur la structure globale du mode de peuplement. Cela n'a rien d'étonnant, puisque le gouvernement fédéral n'a eu ni politique nationale de peuplement ni politique urbaine comme telle[12]. Certaines provinces ont eu des politiques de ce genre ou en ont encore, et les effets locaux peuvent être considérables. L'effet global a cependant été restreint, et il y a parfois eu conflit avec d'autres politiques nationales. De même, les politiques de l'habitation dans l'ensemble n'ont pas eu pour effet de redistribuer la croissance entre les régions ou des unités de peuplement à l'échelle nationale. Les répercussions des politiques et programmes de développement régional ont par ailleurs été plus sensibles, mais inégales[13].

Par ailleurs, les effets indirects et largement non-intentionnels de politiques aspatiales provenant de l'extérieur du secteur de l'habitation ont été considérables sur l'habitat[14]. Les politiques portant, par exemple, sur les tarifs et le commerce extérieur, les transports, le prix des ressources, le bien-être social, l'impôt et les paiements de péréquation ont profondément influencé la nature et le rythme de l'évolution du peuplement au Canada[15]. Par exemple, les paiements fédéraux de transfert et les programmes de péréquation ont servi de stratégie implicite de peuplement en encourageant les résidants de régions en déclin ou économiquement faibles à choisir de demeurer sur place. En fait, l'organisation du peuplement a été, dans ses grandes lignes, déterminée par des politiques nationales de ce genre, même si ces politiques ont été élaborées sans guère tenir compte des besoins de logement ni des objectifs communautaires.

À l'échelle intra-locale ou intra-urbaine, cependant, les répercussions directes des politiques publiques ont été plus considérables. L'emplacement, la conception et la densité des nouveaux ensembles de banlieue, de même que le rythme relatif du renouveau et de la revitalisation dont il a été question plus haut, ont été conditionnés, sinon accélérés, par diverses réglementations publiques. Mentionnons notamment les politiques et les pratiques réglementaires portant sur l'administration du gouvernement local, les prêts hypothécaires, l'impôt, les subventions à l'offre de logements, la réglementation de l'utilisation du sol, les frais de viabilisation, le financement des transports, le contrôle des lotissements, les codes du bâtiment, les évaluations environnementales, la préservation du patrimoine et la préservation des terres agricoles. Ensemble, ces facteurs ont modelé la configuration spatiale de l'utilisation du sol et des lieux de travail et de résidence, la prestation des services publics, et donc la nature et la qualité des milieux de vie des Canadiens.

L'absence de politiques urbaines nationales et la vigueur des contrôles provinciaux et locaux sur l'aménagement urbain pourraient bien, cependant, avoir contribué à une différenciation de l'habitat entre le Canada et les États-Unis. Dans l'ensemble, les centres urbains canadiens présentent de plus fortes densités résidentielles et moins d'étalement, des niveaux inférieurs de désinvestissement et d'abandon des logements dans les centres-villes, une moins forte fragmentation politique et des niveaux plus élevés de services publics que leurs pendants américains[16]. Sans contredit, la généralisation des gouvernements régionaux a contribué à cette égalisation des services et des taux d'imposition dans les centres urbains du Canada.

Bien sûr, de telles généralisations peuvent faire l'objet de controverses et elles ne tiennent pas compte des grandes variations régionales au titre des formes urbaines et des tendances de peuplement tant aux États-Unis qu'au Canada. Néanmoins, en moyenne, les villes américaines deviennent encore plus décentralisées et fragmentées politiquement. Les villes canadiennes, par ailleurs, malgré la forte croissance des banlieues, ont conservé proportionnellement plus d'habitants, de ménages familiaux et d'emplois dans les zones centrales. Il en résulte une plus forte demande locale de services publics et de logements, et donc une meilleure qualité du parc de logements du centre-ville.

Les répercussions des diverses formes d'habitat sur l'habitation

À l'échelle nationale, le mode et l'organisation du peuplement influence les conditions de logement principalement en modifiant la base économique et les caractéristiques sociales des localités en cause. Puisqu'au Canada l'habitat est nettement différencié par rapport à la base économique, et relativement ouvert à l'influence externe, toute évolution de l'économie nationale ou de l'ordre économique international se traduit par des taux hautement variables de croissance ou de déclin des villes et des régions[17]. Ces déplacements sectoriels ont des effets directs sur les marchés locaux du travail, sur les structures professionnelles et les niveaux de revenu, et donc sur la demande globale de logements. Ces facteurs influencent à leur tour le niveau d'investissement tant dans la construction de logements neufs que dans l'entretien du parc existant. Ainsi, au palier national, les mesures globales du progrès en matière de logement sont constamment redéfinies par l'évolution à la hausse ou à la baisse de la conjoncture économique de régions et de collectivités en tant que lieux où l'on puisse gagner sa vie.

En conséquence, la société canadienne doit constamment mettre une croix sur des ressources d'habitation, tout simplement parce qu'elles sont au mauvais endroit. Il y a abondance de logements excédentaires dans certaines collectivités et régions, notamment là où la base économique est en déclin, tandis qu'il y a de graves pénuries dans des régions en expansion. Ces pertes comprennent par exemple le déclin des habitations agricoles rurales, les abandons dans les villes du secteur primaire, les démolitions dans les villes et quartiers en décadence et l'élimination de logements pour faire place au développement des commerces ou des transports. Quant à savoir qui bénéficie de cette dépréciation du parc et qui en fait les frais, cela dépend de la situation, mais ce sont d'ordinaire les membres les plus vulnérables de la société.

Au palier local, dans chaque agglomération ou collectivité, le centre des préoccupations se déplace. La qualité du logement dépend alors non seulement de variables économiques et démographiques exogènes, mais aussi de l'emplacement heureux ou malheureux au sein de la collectivité. Le principal mécanisme à cette échelle est celui des externalités spatiales, les effets de débordement qui relient la viabilité de toutes les propriétés d'une même collectivité locale ou d'un même quartier. Ces rapports agissent dans le cadre des marchés concurrentiels des terrains et du logement et dépendent des gestes posés par le secteur public en matière de zonage et d'implantation des services dans le quartier. En fait, les critères que nous cherchons ici portent surtout sur les conditions locales et les qualités des collectivités vues comme des *endroits où vivre.*

Évaluation des diverses formes d'habitat

L'habitat de beaucoup de Canadiens n'a pas changé de façon spectaculaire depuis la Seconde Guerre mondiale. La plupart des collectivités et agglomérations remontant à la période 1900–1945 sont toujours là, toujours intactes et toujours viables. Pourtant, pour la majorité des Canadiens, l'environnement où ils travaillent et vivent est différent, soit parce qu'il est neuf, soit parce qu'il a été transformé au point de ne presque plus être reconnaissable. Comment pourrions-nous classifier ces milieux de vie, et comment mesurer leur progrès en matière de logement?

UNE TYPOLOGIE SIMPLE

Il n'existe à l'heure actuelle aucune typologie formelle et largement acceptée des types d'habitat. Une telle typologie devrait préférablement pouvoir englober tous les types fréquents d'habitats et être assez simple pour permettre une application généralisée. Pour les fins qui nous occupent, la classification concise proposée au tableau 16.3 devrait suffire à identifier les diverses agglomérations et collectivités où sont logés les Canadiens. Nous proposons au total 12 milieux de vie distincts, classés d'après leur taille, leur âge et leur diversité interne d'une part et d'autre part d'après le genre, la composition et la densité des quartiers au sein de ces agglomérations.

La classification repose sur cinq caractéristiques de base des agglomérations : l'emplacement, la taille, la densité, l'homogénéité (des constructions) et l'âge. Ces critères portent à croire que les conditions d'habitation sont influencées tout d'abord par l'endroit où l'on habite dans le spectre qui va de la campagne à la métropole. L'emplacement sur ce continu implique des différences de la taille des collectivités qui, à leur tour, sont un substitut d'autres caractéristiques :

Tableau 16.3
Typologie simple de l'habitat : densité, genres de construction et types de collectivité

Types d'agglomération : selon l'emplacement, la taille et la diversité	Faible densité Maisons individuelles	Densité moyenne Immeubles multifamiliaux de faible hauteur	Densité élevée Immeubles de grande hauteur et autres immeubles multifamiliaux
Régions rurales, hameaux, villages	1	—	—
Gros villages et petites villes	2	3	—
Grandes villes et régions métropolitaines			
Noyau urbanisé	4	5	6
Vieilles banlieues	7	8	9
Grande banlieue	10	11	12

par exemple, la densité de l'utilisation des sols et de la population, le degré de diversité (ou d'hétérogénéité) sociale, la gamme des choix de types d'habitations et d'emplois, de même que les niveaux de congestion, les coûts des terrains et la gamme des services publics offerts. Les grandes agglomérations comportent en elles-mêmes diverses possibilités et diverses limitations en ce qui concerne les choix de logement.

Avec le temps, la répartition des ménages et des ressources d'habitation entre ces divers environnements s'est déplacée. Avant la Seconde Guerre mondiale, la plus grande partie de la population du pays habitait des agglomérations de type 1, 2, 3 et 4, tandis que dans l'après-guerre, presque toute les nouvelles populations ont été logées dans les types 8 à 12. En termes absolus, les types 7 et 10, le prototype typique de banlieue, à faible densité, et le type 8, les vieilles banlieues à densité moyenne, représentent la forme dominante[18]. En même temps, les types 6 et 9, les grandes concentrations d'immeubles d'appartements en grande hauteur tant au centre-ville qu'en banlieue sont un produit tout à fait unique de la période d'après-guerre, particulièrement les années 60 et le début des années 70. Ensemble, ces tours d'habitation logent maintenant plus de deux millions de Canadiens. Les dernières formes d'aménagement sont manifestement les types 10 à 12, et on peut s'attendre qu'ils reçoivent la plus grande partie de la croissance démographique à l'avenir.

LES TOURS D'HABITATION

À la différence de la maison individuelle, la tour d'habitation constitue un élément distinctif de l'après-guerre. En 1945, presque personne n'habitait des immeubles à plusieurs logements de plus de cinq étages, même si la cohabitation et l'occupation par plusieurs familles étaient fréquentes. En 1990, plus d'un million de ménages, soit plus de 12 % du total canadien, habitaient de tels immeubles. En tant que bâtiment d'habitation, et en tant qu'élément de la collectivité, la tour d'habitation a modifié les paysages urbains et l'inventaire de logements de la plupart des villes, de même que les milieux de vie de nombreux Canadiens. Généralement, l'immeuble locatif de grande hauteur était perçu comme un hébergement à court terme pour les jeunes, les sans enfants et les personnes mobiles — qui attendaient le moment d'emménager dans une maison individuelle — et plus récemment pour les aînés. Pour ceux qui antérieurement n'avaient peut-être pas les moyens de tenir leur propre ménage, c'était là un progrès; pour d'autres, coincés dans des logements qui ne convenaient pas à leurs besoins, la situation était bien différente.

Un exemple, peut-être extrême, d'un grand ensemble de tours d'habitation locatives du milieu des années 60 est l'ensemble St. James Town. Le Canada d'après-guerre a produit plusieurs complexes d'habitation de ce genre, mais généralement à beaucoup plus petite échelle. Cet ensemble, situé immédiatement à l'est du centre-ville de Toronto, loge 11 000 personnes (plus que beaucoup de petits centres urbains) et comporte quelque 6 000 appartements répartis sur 15 immeubles, le tout sur 14,2 hectares de terrain. C'est le milieu de vie le plus concentré du Canada. Certains Canadiens seraient sans doute consternés par la densité, l'homogénéité et l'uniformité de St. James Town. D'autres par ailleurs, y compris bon nombre des résidants, apprécient l'emplacement central, la facilité d'accès et l'abordabilité relative de l'hébergement qu'il offre. Les compromis entre la qualité et le loyer, la commodité et l'espace vital, la densité et la facilité d'accès compliquent encore davantage toute évaluation globale de la qualité des logements.

Il est également difficile sinon impossible de brosser le scénario de la vie dans une collectivité résidentielle aussi importante. Néanmoins, on arrive à exposer certaines des caractéristiques et des problèmes des résidants de cet ensemble et de collectivités semblables ailleurs. Bon nombre des résidants sont de jeunes célibataires ou des ménages peu nombreux, d'ordinaire sans enfant. Avec le temps, toutefois, comme dans beaucoup d'autres ensembles semblables, la composition des résidants s'est modifiée. Un nombre croissant sont maintenant des familles monoparentales, à faible revenu ou des ménages socialement dépendants, de même que des immigrants récents; et beaucoup sont âgés. Les services locaux sur place se sont avérés insuffisants pour une population aussi diversifiée. En conséquence, la qualité du logement et du milieu externe tendent à diminuer avec le temps.

La qualité du milieu de vie

La notion de qualité du logement englobe manifestement des composantes de l'environnement qui sont extérieures au parc, comprenant à la fois la collectivité locale et le contexte plus vaste de l'habitat. Si les améliorations de la qualité et de la diversité des milieux de vie aident à définir le progrès en matière de logement, la mesure de ces composantes ne va pas de soi. Les difficultés que comporte l'élaboration d'indicateurs uniformes et non ambigus de la qualité environnementale, et de façon plus générale de la qualité de la vie urbaine et du

Tableau 16.4
Critères permettant de mesurer la qualité des conditions d'habitation

Critères généraux	Exemples d'indices de qualité
Dimension, forme et niveau de développement	Degré de diversité, de richesse; occasions d'emploi et d'avancement social; potentiel d'interaction sociale.
Équipements collectifs	Qualité des égouts, de l'aqueduc; les routes, l'enlèvement des ordures; autres services d'utilité publique.
Services sociaux publics	Qualité des écoles, des bibliothèques, des centres communautaires, des cliniques et des hôpitaux; services de soutien social; équipements récréatifs et culturels, parcs.
Environnement naturel	Pollution de l'air et de l'eau; végétation, préservation du paysage; site.
Environnement construit	Matériau et qualité de la construction; style architectural et ambiance; plan et aménagement.
Transports, accessibilité	Facilité de déplacement, choix d'emploi; densité des réseaux routiers et de transport en commun; congestion, sécurité, bruit.
Services privés	Commerce et services de vente au détail; câblodistribution et téléphone; spectacles.
Participation publique et réglementation	Organismes bénévoles; ouverture et capacité de réaction des institutions et organismes publics; efficacité et justice des mécanismes de réglementation.
Environnement social	Richesse, diversité et densité; soutien social; sentiment d'appartenance; absence de tensions sociales et de conflits.
Autonomie personnelle	Degré de contrôle sur son logement et son milieu local.

progrès social, sont bien documentées. La rareté des ouvrages publiés atteste à la fois de la complexité des problèmes conceptuels et des problèmes de mesures en cause et de l'immense nombre et de la grande variété des indices nécessaires pour saisir le volet qualité du tissu en évolution de nos habitats. Les premières tentatives faites par l'ancien ministère d'État pour les affaires urbaines, par exemple, en vue d'élaborer un ensemble d'indicateurs urbains[19] et par d'autres pour définir des mesures de la qualité de vie[20] n'ont guère été convaincantes et sont difficiles à reproduire ailleurs, précisément à cause de leur niveau de généralité et de subjectivité. La recherche a également révélé une divergence entre les mesures subjectives et objectives de la qualité environnementale et contextuelle[21]. Les avantages résidentiels des centres urbains canadiens dépendent non seulement de qui l'on est, mais d'où l'on habite.

Compte tenu de ces considérations, nous pouvons maintenant aborder l'énumération des caractéristiques des habitats urbains qui influencent la qualité de l'habitation. Le tableau 16.4 présente un inventaire sélectif des facteurs pertinents à l'évaluation des conditions de logement et de la satisfaction résidentielle dans divers types d'habitat. Cet inventaire n'est même pas appliqué à un échantillon représentatif des conditions d'habitation définies ici et ne pourrait pas l'être. Il sert plutôt à souligner la diversité des services qui découlent de l'occupation de logements à un moment et en un lieu donnés de même que la complexité de la mesure du progrès en matière de logement.

Les indices eux-mêmes se passent en gros d'explication. Ils définissent, en dix grandes catégories, la qualité des milieux de vie en général et les composants externes de la qualité du logement en particulier. Ce sont : les dimensions de la forme urbaine et les niveaux de développement social; la quantité et la qualité des équipements collectifs, des services sociaux et de l'environnement naturel et artificiel ou construit; les niveaux d'accessibilité et de mobilité; les services du secteur privé; l'efficacité et la justice de la réglementation publique de l'aménagement urbain; la diversité et la richesse de l'environnement social (y compris un sentiment d'appartenance) ; l'influence ou le contrôle que les particuliers et les ménages estiment avoir sur leur situation résidentielle.

L'application de ces indices aux divers milieux de vie des Canadiens pendant l'après-guerre mène à plusieurs observations d'ordre général. Les données portent à croire que la qualité de nos habitats — ruraux et urbains, grands et petits, vieux et neufs — a augmenté en moyenne depuis 1945[22]. Pour presque chacun des indices du tableau 16.4, les normes de construction et de viabilisation ainsi que de qualité environnementale se sont élevées et la gamme des choix sociaux a été élargie[23]. Les Canadiens, toujours en moyenne, ont maintenant un meilleur accès à des milieux sociaux et à des types de collectivités distinctement différents (bien que peut-être plus homogènes sur le plan interne) de même qu'à une gamme plus étendue de services sociaux et d'emplacements de travail, particulièrement à l'intérieur ou à proximité des grands centres urbains.

Cette amélioration démontrable de la qualité environnementale et du choix d'habitation représente effectivement un avantage positif net pour la société — ce qui signifie tout simplement qu'il y a plus de gagnants que de perdants. Mais il y a des perdants, tant des ménages que des collectivités entières, qui ont été laissés pour compte en cours de route. Bon nombre de ces ménages se trouvaient tout simplement au mauvais endroit au mauvais moment ou avaient des besoins de logement auxquels le marché ne pouvait répondre. Ces personnes devraient être les premières visées par les politiques de logement.

Même pour les gagnants, définir le progrès en matière d'habitation exige certains compromis. On le voit peut-être le mieux d'après le contraste entre les conditions actuelles de vie dans les grands centres métropolitains et dans les petites villes. Les résidants des premiers ont en général accès à des revenus plus élevés, un choix plus grand d'emplois, de services et d'installations culturelles et, évidemment, accès à un plus grand nombre de personnes. Ils subissent aussi une augmentation des coûts de la vie et du logement, des niveaux plus élevés de congestion et certains désagréments environnementaux. Les petites villes, par ailleurs, offrent les avantages que constituent des coûts moins élevés des maisons et des terrains, un accès plus facile aux loisirs, des taux de criminalité et de pollution relativement bas, une plus grande stabilité sociale et une meilleure cohésion collective, mais au prix d'un nombre restreint de services, d'occasions d'emploi et de choix[24].

Dans les centres urbains, ces compromis prennent une expression plus immédiate. Les ménages peuvent choisir, par exemple, entre les banlieues extérieures qui offrent des coûts moins élevés, une construction plus neuve, plus d'espace et moins de pollution, et les vieux quartiers de la ville centrale[25] qui offrent une meilleure facilité d'accès au centre-ville, une gamme plus étendue de services et souvent des environnements sociaux plus variés et intéressants.

Ainsi, le progrès considéré sous l'angle des conditions externes de logement n'est pas seulement défini de façon subjective, mais aussi conditionné par les antécédents résidentiels du ménage, son lieu actuel de résidence et ses attentes à long terme. Avec le temps, les critères utilisés pour mesurer le progrès évolueront en fonction de la réorganisation des agglomérations en tant qu'endroits où vivre, d'une part, et de l'évolution des aspirations, des revenus et des modes de vie des consommateurs d'autre part. Souvent, ces conditions et ces préférences sont contradictoires. Il y a aussi tendance à confondre la quantité des choix offerts dans les milieux urbains avec la qualité des choix. Ce n'est pas la même chose.

Les nouvelles tendances de l'habitat et les problèmes en matière de politique d'habitation

Il est difficile de prédire combien il y aura de Canadiens dans les décennies à venir, mais c'est plus facile que de prédire où et comment ils vivront. La géographie de peuplement du Canada et la configuration du parc de logements ont subi dans le passé une réorganisation constante qui se poursuivra à l'avenir. Chaque période surimpose une nouvelle couche de développement urbain sur l'ancienne, ajoutant de nouvelles formes de peuplement et modifiant sélectivement ce qui l'a précédé et y ajoutant. Chaque période offre à son tour un nouvel ensemble de défis tant pour la recherche que pour la politique de l'État[26].

Qu'est-ce que nous savons de notre avenir en matière d'habitat? Nous pouvons prévoir pour la prochaine décennie des additions et des rectifications des schèmes établis qui influenceront le progrès du logement à l'avenir. Nous savons, par exemple, que les taux globaux de croissance démographique seront plus bas, mais qu'ils seront vraisemblablement plus volatiles et imprévisibles d'un moment et d'un endroit à l'autre (voir Brown 1983; Simmons et Bourne 1980). La restructuration de l'économie — conséquence de la concurrence internationale et de l'évolution technique — aura des conséquences inégales. Aux paliers national et régional, nous pourrions nous attendre à deux tendances distinctes : une nouvelle concentration du développement urbain dans les grandes régions métropolitaines, s'ajoutant à la poursuite de la décentralisation de la population et de l'emploi au sein de ces régions. Un minimum de 80 % de la nouvelle croissance démographique et des nouvelles habitations construites se trouveront dans les grandes zones urbaines qui entourent les grands centres.

En conséquence, la redistribution de la croissance sur l'ensemble du territoire s'accélérera vraisemblablement. Par ailleurs, les contrastes entre les gagnants et les perdants deviendront aussi plus évidents dans un contexte de ralentissement de la croissance démographique et d'incertitude constante de l'économie. Un plus grand nombre de collectivités enregistreront une croissance zéro ou une diminution absolue de leur population (et par la suite du nombre des ménages) et peut-être aussi de l'emploi. D'autres agglomérations, grandes ou petites, connaîtront une croissance renouvelée sinon accélérée, en fonction de leur base économique, de leur structure démographique, des avantages de l'environnement local, de leur emplacement et de leurs liens avec les centres métropolitains.

À l'échelle régionale, on s'attend à ce que la nouvelle croissance demeure concentrée. La plus grande partie de cette croissance se produira non pas au sein des régions métropolitaines elles-mêmes, mais dans les banlieues avoisinantes, les petites villes et les agglomérations non agricoles. Dans la plupart des régions du pays, ces régions métropolitaines, et particulièrement leur banlieue, continueront de s'accroître aux dépens des régions périphériques.

Malgré la réduction du besoin total de nouveaux logements au cours de la prochaine décennie, les problèmes de logement pourraient bien s'intensifier par suite de ces tendances de peuplement. Les décideurs et les investisseurs du marché privé devront se tourner vers l'avenir et tenir davantage compte des fluctuations de la demande et des besoins sociaux d'un moment et d'une collectivité à l'autre. Le vieillissement de la génération du baby-boom, par exemple, compte tenu du grand nombre de ces personnes et de l'évolution de leur mode de vie, modifiera la demande de divers types de logements et les endroits où cette demande s'exprime. La réduction des taux de croissance démographique globale pourrait également accroître les inégalités en matière de production de logements et de qualité des habitations. Des pénuries localisées de logements et la hausse des prix dans les régions en croissance se juxtaposeront à des excédents de logements dans d'autres régions. Cela pourrait entraîner une diminution de l'entretien et une détérioration de la qualité tant des logements que de l'infrastructure. Dans les cas les plus extrêmes, il pourrait bien se poser le problème de la décroissance, c'est-à-dire de concevoir des stratégies pour l'élimination des logements excédentaires ou la fermeture de certaines agglomérations.

Il y aura des problèmes semblables au niveau local à l'intérieur d'une même agglomération, particulièrement dans les secteurs en dépression et les vieilles zones métropolitaines. À cette échelle, la polarisation entre les quartiers prospères et les quartiers en déclin sera plus accusée et plus visible, augmentant les tendances établies de ségrégation sociale. Un certain nombre de vieux quartiers de banlieue sont également vulnérables, coincés entre les attractions des banlieues extérieures, neuves et en expansion, et les quartiers plus à la mode de la ville centrale. L'adaptation et le recyclage de ces vieux quartiers de banlieue en fonction de l'évolution de la demande sera un défi constant. Même si les taux d'inoccupation sont faibles à l'heure actuelle, la diminution de la demande globale à l'avenir pourrait faire chuter les prix élevés de bon nombre de quartiers anciens et moins intéressants du noyau central aussi bien que des banlieues les moins bien conçues ou desservies. Le rythme et l'ampleur du déclin qui s'ensuivra dépendront en partie de la réussite de mesures récentes de rénovation et de réforme du système local d'urbanisme et de réglementation et en partie du taux de construction neuve en banlieue[27].

Les problèmes potentiels de diminution de l'investissement et de réductions futures de la demande de logements risquent d'être graves surtout dans le secteur de grande hauteur. Les préoccupations relatives au niveau de qualité de ces concentrations de tours d'habitation locatives et d'immeubles en copropriété bas de gamme sont maintenant bien connues. S'ils avaient le choix de s'installer ailleurs, au rez-de-chaussée ou plus près du sol, et à un coût comparable, une proportion importante des ménages locataires qui habitent actuellement des tours d'habitation déménageraient presque certainement. D'ici une ou deux décennies, on pourrait assister au retour en force des grues géantes pour la rénovation ou la démolition de ces tours d'habitation.

Les centres urbains du Canada n'ont pas encore atteint le niveau de déclin et de sous-investissement qui afflige souvent le noyau central des vieilles villes américaines, particulièrement dans les zones industrielles (voir Berry 1982). Ce phénomène s'explique en partie par un niveau plus faible de spécialisation industrielle dans les centres urbains du Canada. Il n'est pas non plus probable que les villes et banlieues du Canada se retrouvent dans cet état dans un proche avenir, en partie parce que les gouvernements continuent de travailler à égaliser les chances économiques régionales et à maintenir l'investissement en capital social et en bien-être social dans toutes les régions et dans les municipalités urbaines. Les gouvernements, particulièrement aux paliers fédéral et provincial, doivent continuer à jouer ce rôle à l'avenir pour assurer que les différences régionales au titre des conditions de vie et de la qualité des logements n'atteignent pas des niveaux inacceptables.

Conclusion

L'emplacement et l'évolution du cadre de peuplement exercent manifestement une influence constante sur le flux des services du parc de logements. Ce cadre s'est modifié à de nombreux égards et pour de nombreuses raisons depuis 1945, mais deux mécanismes sont particulièrement notables : l'urbanisation rapide de la population et des emplois et les immenses paysages suburbains et exurbains qui se sont développés autour des vieilles villes centrales. Ces deux mécanismes ont contribué directement au progrès en matière de logement, tout d'abord, en accroissant la qualité des nouveaux logements tout en améliorant les services matériels et sociaux assurés aux ménages de ces logements; deuxièmement, en facilitant l'accès à des milieux de vie plus variés. Ces progrès n'ont toutefois pas été réalisés sans coûts, et ces coûts n'ont pas été répartis également entre les régions, les quartiers ou les groupes sociaux.

En même temps, l'évolution des formes d'habitat en général et de la conception des banlieues en particulier ne peut par elle-même résoudre les problèmes sociaux ni entraîner un progrès en matière de logement. Il n'existe aucune forme urbaine qui soit bonne par définition[28]. Nous avons plutôt appris à dresser des plans en fonction de l'incertitude et à prévoir une marge de manœuvre pour pouvoir répondre à des besoins sociaux et à des besoins de logement de plus en plus variés. Il demeurera des zones de tension alors que le tissu de peuplement du pays sera modifié en fonction de l'évolution des demandes, et à la lumière des contraintes croissantes auxquelles sont assujettis les interventions et les investissements de l'État. Les conditions futures de logement dans le Canada urbain et le maintien du progrès en matière de logement dépendront dans une large mesure de ces changements et de notre capacité de les influencer et de nous y adapter.

Notes

1 La définition traditionnelle d'une agglomération urbaine selon le recensement du Canada est une concentration de 1 000 habitants ou plus dont la densité est d'au moins 386 personnes au kilomètre carré. Les Prairies ne se sont urbanisées à 50 % qu'au milieu des années 50 et la région de l'Atlantique seulement en 1960.

2 Le nombre de centres urbains distincts, de toutes catégories de taille, peut augmenter ou diminuer de deux façons : 1) par la croissance, c'est-à-dire que des petits centres dépassent la taille minimum de la catégorie suivante, ou par une diminution de population qui fait passer un centre en-dessous de ce seuil; 2) par incorporation, c'est-à-dire la fusion de petits centres par annexion ou (à des fins de mesure) par fusionnement statistique dans le cadre de l'une des définitions de régions urbaines étendues utilisées par le recensement (p. ex. les régions métropolitaines de recensement). Dans une société de plus en plus urbanisée, ce dernier facteur a acquis autant d'importance que le premier.

3 Cet inventaire de 139 centres urbains, d'après le recensement de 1986, comprend 25 RMR et 114 AR (dont 2 de plus de 100 000 habitants). Dans le recensement de 1986, toutes les régions urbaines de plus de 10 000 habitants sont définies comme des AR. Les AR, comme les RMR, sont définies surtout d'après des critères du marché du travail et comprennent à la fois une ville centrale et les municipalités de banlieue qui l'entourent et y sont étroitement reliées par le navettage et des critères connexes d'interaction et d'interdépendance.

4 C'est le Bureau fédéral de la statistique qui a entrepris pour la première fois, en 1956, de définir des régions urbaines élargies, combinant des centres urbains constitués en municipalités et les municipalités avoisinantes. Stone (1967) a appliqué et élargi ce concept, sous le nom de complexes urbains, dans son étude approfondie du développement urbain. Cependant, sur une période relativement longue, comme celle sur laquelle porte la présente étude, l'utilisation d'un ensemble uniforme de définitions pour les régions urbaines est problématique.

5 Les données de la période de recensement 1981–1986 révèlent pour tous les centres urbains de moins de 50 000 habitants un taux moyen de croissance de –1,1 %.

6 Le concept du champ urbain définit une grande région s'étendant sur 100 kilomètres ou plus en-delà de la zone urbaine construite. Il représente l'espace vital étendu des résidants urbains, servant de lieu de loisirs, de résidence et, par la suite, d'emploi.

7 Pour l'étude de l'apparition d'une industrie de la promotion foncière et de banlieues intégrées à Toronto, voir Lorimer et Ross (1976). Ce terme désigne ici la production de banlieues complètes, comprenant les habitations, les commerces et l'infrastructure, par de grandes entreprises intégrées de promotion.

8 Mentionnons comme autres exemples d'aménagements à grande échelle Bramalea et Erin Mills près de Toronto ainsi que Mill Woods à Edmonton.

9 On trouvera une étude de l'évolution et de la pratique de l'urbanisme au Canada dans Hodge (1986) et Cullingworth (1987).

10 On trouvera une excellente étude de cas de la transformation sociale des banlieues dans les années 70 dans un rapport du Social Planning Council of Metro Toronto (1979).

11 Smith et Williams (1986) donnent une vue d'ensemble de l'expérience internationale de la gentrification des centres-villes.

12 En guise d'exemples des politiques explicites et directes de peuplement, on peut mentionner le programme de réunion et de déplacement des villages de Terre-Neuve, les programmes fédéraux visant à concentrer la population dans certaines agglomérations du Nord et divers programmes de relocalisation liés à de grands aménagements dans le domaine des transports, des ressources et de l'électricité.

13 La longue chronologie des politiques fédérales de développement régional, comprenant le MEIR (ministère de l'Expansion industrielle régionale), les EDER (Ententes de développement économique et régional) et le PDIR (Programme de développement industriel et régional), ont sans contredit eu des effets importants sur le régime de peuplement de certaines régions, mais l'effet global demeure incertain. Voir Savoie (1992). Ces politiques pourraient, par exemple, avoir réduit le taux de concentration démographique métropolitaine au palier national, mais l'avoir accru au palier provincial.

14 Certaines des répercussions des activités gouvernementales sur l'habitat sont exposées dans Simmons (1986).

15 En guise d'exemple, mentionnons les effets différenciés sur la croissance régionale et urbaine des politiques portant sur le prix du pétrole, le pacte de l'automobile, les transports, les emplois gouvernementaux et les tarifs.

16 Bon nombre de ces affirmations sont notées dans une analyse comparative des villes américaines et canadiennes par Goldberg et Mercer (1986). Il faut mentionner la grande importance des effets destructeurs de la construction d'autoroutes intra-urbaines sur les centres-villes aux États-Unis, effets qui sont en grande mesure absents dans les villes canadiennes.

17 On trouvera des données empiriques sur la variabilité des taux de croissance urbaine et régionale au Canada dans Preston et Russwurm (1980), Robinson (1981) et Simmons et Bourne (1989).

18 Bien qu'on ne dispose pas d'estimations précises de la population totale habitant chacun de ces types d'habitats, les types 1, 2 et 3 ne devraient pas comprendre plus de 20 % de la population; les types 4, 5 et 6, environ 25 %; les types 7, 8 et 9, environ 45 % et les types 10, 11 et 12 peut-être 10 %.

19 Les résultats de ces études sont résumés dans MEAU (1975) et dans Gertler et Crowley (1977).

20 Les résultats du travail d'un groupe interdisciplinaire de l'Université York sont particuliè-

rement intéressants ici; ils sont consignés dans Atkinson (1982), Greer-Wootten et Velidis (1983) et Lotscher (1985).

21 Roberts (1974) donne par exemple la première évaluation comparative des images qu'ont les Canadiens de leurs villes en tant qu'endroits où vivre.

22 Par exemple, en 1941 seulement 8 % des logements agricoles avaient une toilette avec chasse d'eau et 20 % avaient l'électricité, en comparaison de plus de 80 % et 90 % respectivement pour les logements des centres urbains. Ces dernières proportions ont également augmenté directement avec la taille du centre urbain.

23 Un indice simple serait la proportion des logements de banlieue réliés aux réseaux municipaux d'eau et d'égout en 1946, en comparaison d'aujourd'hui.

24 Hodge et Qadeer (1983) traitent longuement des attraits relatifs des petites et grandes villes.

25 Il est utile ici de préciser le sens des termes « ville centrale » et « noyau central ». La ville centrale désigne la principale municipalité (et d'ordinaire la plus importante) d'une région métropolitaine de recensement, et ses frontières sont les limites de son territoire politique. La taille relative de la ville centrale dépend de son âge et du moment où elle a cessé d'annexer les territoires environnants. Au Canada, la ville centrale peut comprendre aussi peu que 17 % de la population totale de la zone métropolitaine (Toronto) ou autant que 95 % (Calgary). Le noyau central désigne les vieux quartiers résidentiels près du centre-ville et, selon la définition habituelle, comprend les secteurs où le parc de logements date surtout d'avant la Seconde Guerre mondiale. Les frontières du noyau central sont donc quelque peu arbitraires.

26 Ces défis pour la recherche sont traités dans Lithwick (1983), Coffey et Polèse (1987) et Savoie (1992).

27 Le maintien d'un taux élevé de nouvelles constructions en banlieue dans les zones métropolitaines à croissance faible, comme aux États-Unis, pourrait entraîner une nouvelle érosion du parc de logements de la ville centrale.

28 Lynch (1981) présente un ensemble défini de critères pour l'évaluation de la forme urbaine en général.

CHAPITRE DIX-SEPT

Différenciation des quartiers et changement social

Francine Dansereau

LE DÉVELOPPEMENT DIFFÉRENCIÉ des quartiers reflète la complexité de leur nature[1]. Un quartier est un cadre physique caractérisé par la densité, par l'utilisation du sol ou les types de bâtiments, de même que par l'accès aux services et aux équipements urbains. Sur le plan de la composition socio-démographique, des schèmes de comportement et des espaces d'activité, c'est une réalité sociale qui s'exprime symboliquement dans les images et les représentations des résidants et des gens de l'extérieur. Enfin, un quartier est une économie locale où le marché immobilier trie les groupes sociaux d'après leurs préférences pour un mode de vie et leur capacité de payer, compte tenu des opinions généralement admises sur l'attrait du secteur et sa viabilité économique. Ces dimensions sont en interaction et créent des ensembles distincts de possibilités et de contraintes selon le lieu où l'on habite.

Une zone ou un quartier urbain reflète les transformations de la société globale et y réagit conformément à son caractère et à sa dynamique interne. Trois types de transformations retiendront notre attention ici. Le premier a trait à la façon dont se constituent les ménages, c'est-à-dire aux tendances socio-démographiques et aux modes de vie. Le deuxième comprend les changements dans la répartition des activités économiques, des professions et des revenus qui ont accompagné l'évolution vers une économie post-industrielle. Le dernier est lié a l'immigration vers les grands centres qui, après la guerre, a transformé le tissu ethnique de beaucoup de quartiers. La façon dont ces changements globaux se répercutent sur la différenciation intra-urbaine de l'espace est infléchie par l'histoire sociale et économique et par les tendances culturelles propres à chaque agglomération. Un des principaux éléments médiateurs est la diversité des régions urbaines en ce qui a trait à la production du logement et à l'urbanisme. On relève au Canada des différences notables au chapitre des types de construction et des modes d'occupation des logements caractéristiques des milieux locaux; on observe aussi des différences importantes quant à la forme et à l'emplacement des logements neufs, particulièrement des logements sociaux, et quant au degré d'implication du secteur public dans les processus de planification et d'aménagement. On sait, par exemple, à quel point les différences dans la localisation et la taille des ensembles de logements destinés aux ménages à faible revenu ont influencé l'évolution des différences entre le centre-ville et la banlieue à Montréal et à Toronto. À Toronto, où il existe un fort gouvernement métropolitain, le logement public — y compris certains ensembles à forte densité — a été dans une large mesure décentralisé vers les banlieues, tandis que Montréal a favorisé le saupoudrage de petits ensembles à l'intérieur des limites de la ville centrale[2].

La différenciation des quartiers : continuité et changement

Dès les premières analyses de la différenciation interne des villes canadiennes, les configurations créées par la répartition spatiale des ménages en fonction du cycle de vie, du statut socio-économique et de l'ethnicité ont été utilisées pour l'étude du changement social. À notre tour, nous allons nous arrêter sur chacune de ces dimensions, dont il faut bien dire, d'entrée de jeu, qu'elles s'interpénètrent. Ainsi, l'appartenance à un groupe — qu'il s'agisse des aînés, des ménages nouvellement formés, des familles monoparentales ou d'une catégorie donnée d'immigrants — implique sans nul doute une position socio-économique distincte.

LE CYCLE DE VIE

Après la guerre, dans les villes canadiennes aussi bien que dans les autres grandes villes de l'Amérique du Nord, la répartition spatiale des caractéristiques liées au « cycle de vie » — par exemple la taille de la famille, la composition de la famille et l'âge — présente généralement un caractère concentrique. Tandis que les familles et enfants se concentraient dans les nouvelles banlieues à faible densité, une proportion croissante de ménages non familiaux, âgés ou nouvellement formés, s'est installée dans les zones centrales à haute densité.

Les figures 17.1 et 17.2, qui montrent la différence entre la ville centrale et la région métropolitaine de recensement pour certains groupes d'âge et certains types de ménages, illustrent ces tendances[3]. Dans la plupart des agglomérations, les surplus relatifs de ménages non familiaux ont augmenté rapidement dans les villes centrales au cours des années 1950; ils ont encore progressé, à un rythme plus modéré, durant les années 1960, pour enfin se stabiliser (voire régresser légèrement dans le cas de Toronto et de Vancouver) pendant les années 1970.

La surreprésentation des personnes âgées et la sous-représentation des groupes plus jeunes dans les villes centrales a suivi une courbe similaire. Ici encore, Vancouver et Toronto sont les seules où cesse le vieillissement relatif des populations de la ville centrale durant les années 1970. Néanmoins, quelques chiffres démontrent que les personnes âgées constituent maintenant une partie intégrante de la population des banlieues. En 1976, 51 % des 65 ans et plus de la RMR de Montréal habitaient des secteurs construits après 1961. La même année, si l'on en croit le Social Planning Council of Metropolitan Toronto (1979), 44 % des 75 ans ou plus de la région torontoise vivaient dans les municipalités périphériques.

FIGURE 17.1 Composition de la population selon l'âge, ville centrale et RMR : certaines villes, 1951–1981.

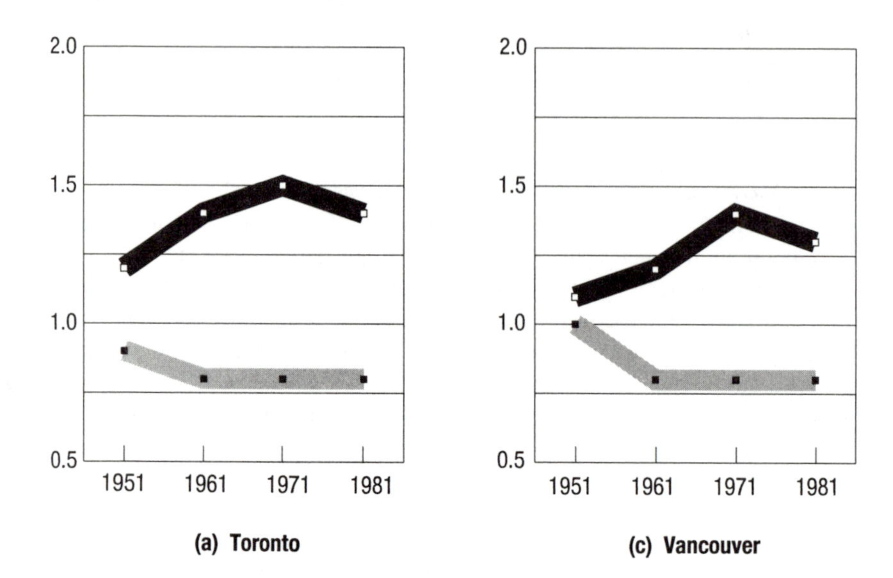

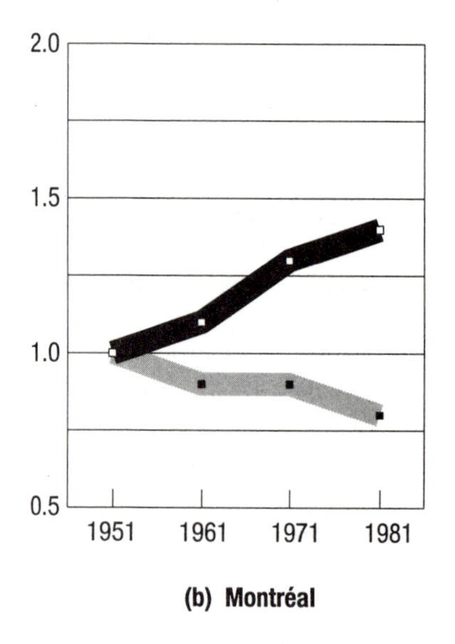

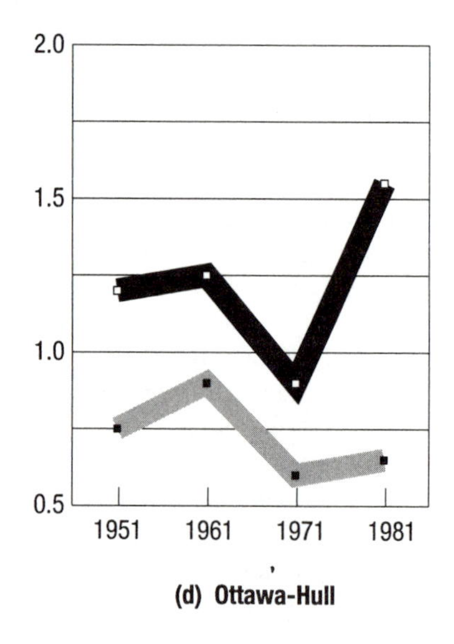

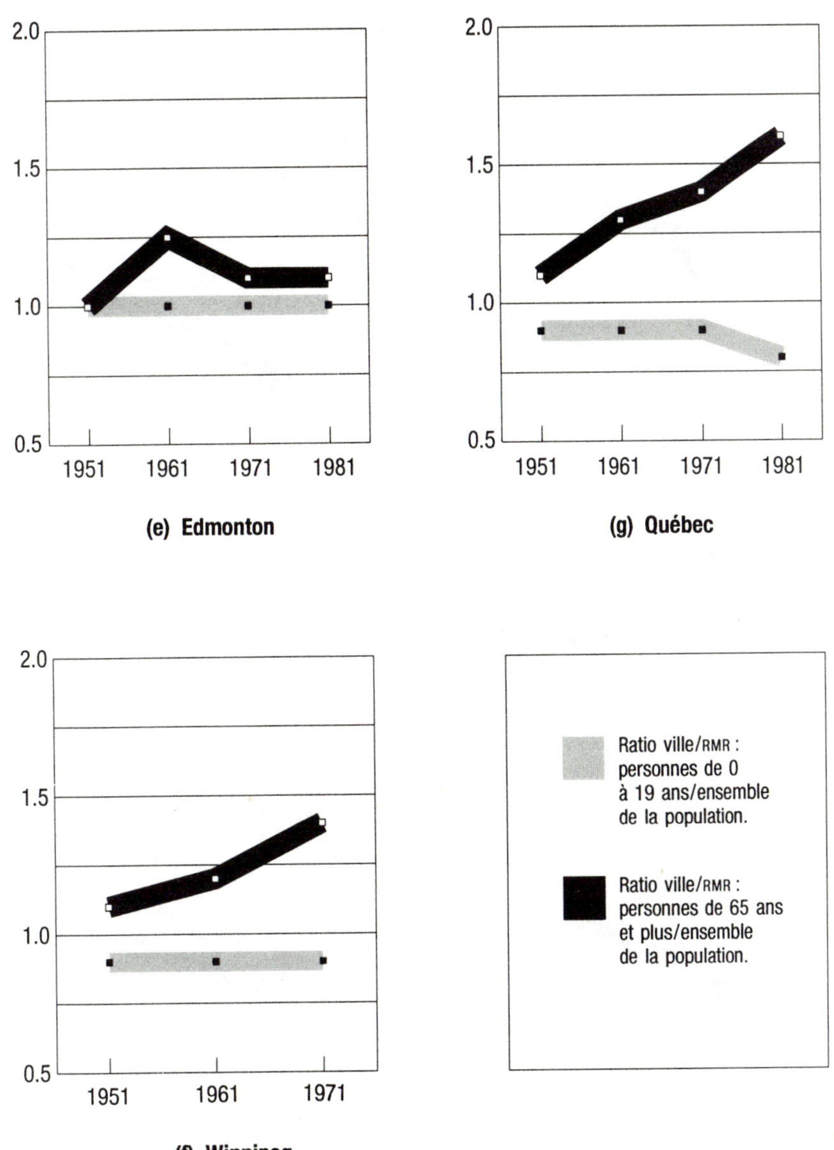

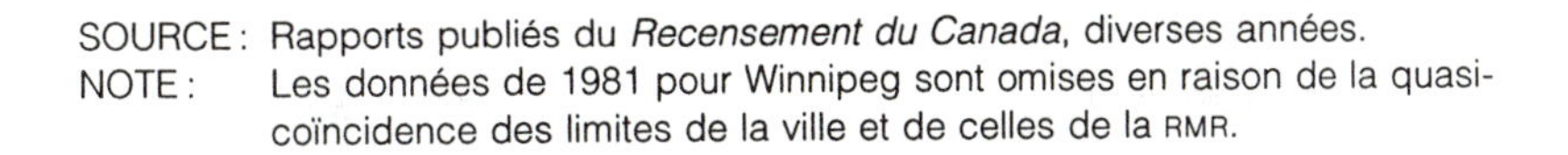

SOURCE : Rapports publiés du *Recensement du Canada*, diverses années.
NOTE : Les données de 1981 pour Winnipeg sont omises en raison de la quasi-coïncidence des limites de la ville et de celles de la RMR.

FIGURE 17.2 Composition des ménages, ville centrale et RMR : certaines villes, 1951–1981.

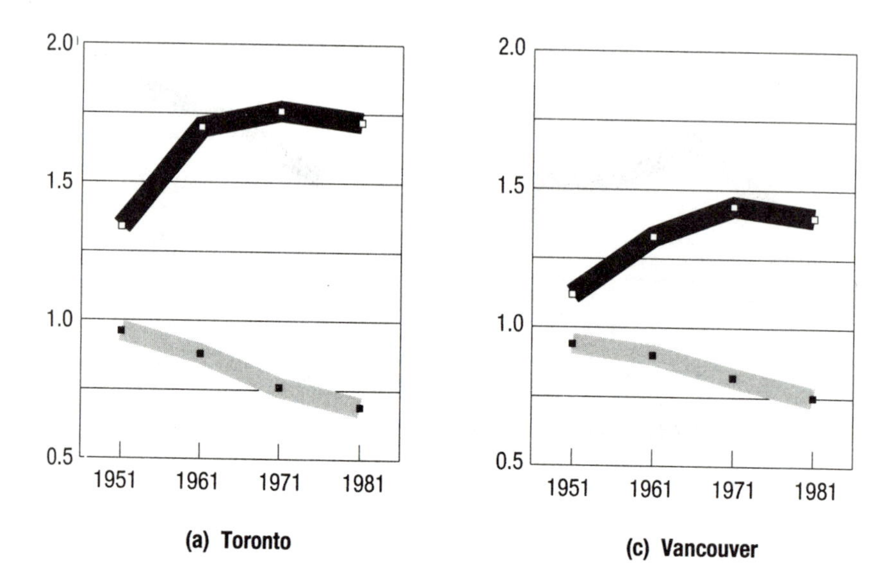

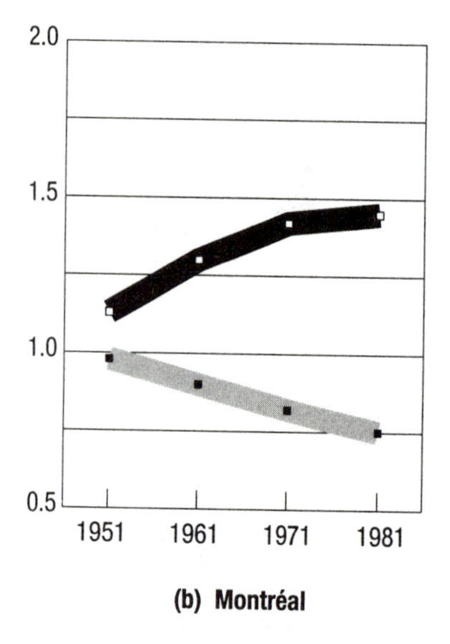

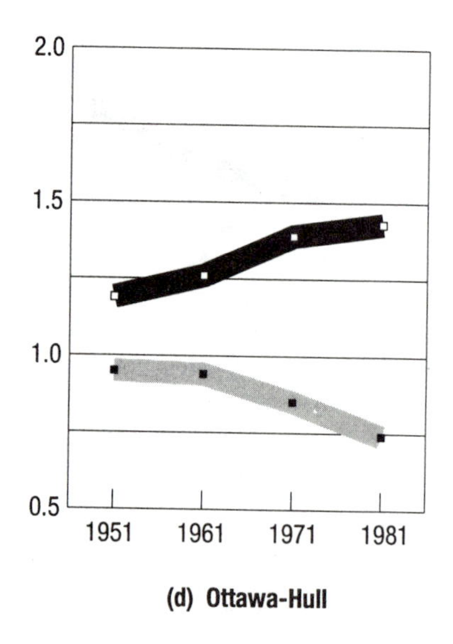

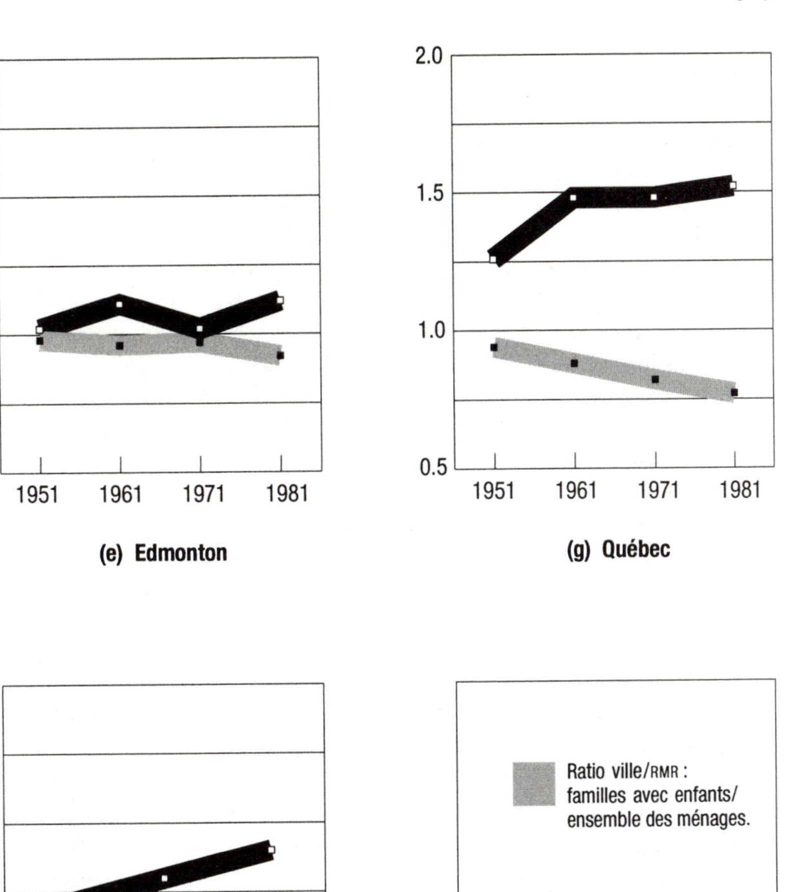

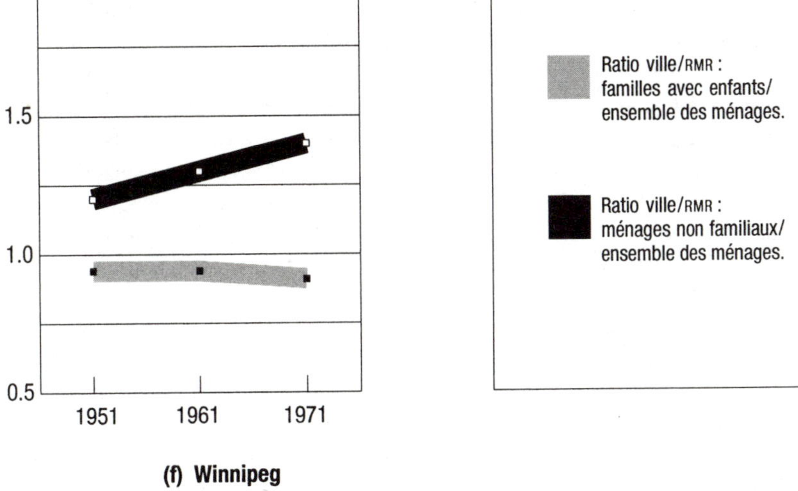

SOURCE : Rapports publiés du *Recensement du Canada*, diverses années.
NOTE : Les données de 1981 pour Winnipeg sont omises en raison de la quasi-coïncidence des limites de la ville et de celles de la RMR.

LE STATUT SOCIO-ÉCONOMIQUE

Si, dans le noyau central, des concentrations de ménages économiquement défavorisés perpétuent le modèle concentrique, celui-ci n'est pas reproduit systématiquement par les ménages aisés des zones périphériques. On constate, au contraire, que la répartition de ces ménages selon le revenu, la profession et le niveau d'instruction tend à produire, non pas une configuration en forme d'anneau, mais un ensemble de secteurs[4] habituellement délimités par des caractéristiques topographiques, par des barrières socio-physiques (comme le « bon » et le « mauvais » côté de la voie ferrée) ou par une artère principale (telles la rue Bloor à Toronto, les rues Sherbrooke et Saint-Laurent à Montréal). Parfois aussi ces secteurs portent la marque de leurs premiers occupants — élites ou ménages ouvriers — même si de nouveaux développements se sont greffés aux anciens. Ces découpages ont d'ailleurs souvent été enchâssés dans les frontières des municipalités.

Un coup d'œil sur l'évolution des différences entre la ville centrale et la région métropolitaine de recensement au titre de la structure professionnelle[5] (tableau 17.1) et des revenus (tableau 17.2) permet de voir comment l'équilibre entre le centre et la périphérie s'est redressé au cours des années 1970, particulièrement dans les villes où les fonctions de centres régionaux ou nationaux de services se sont développées le plus rapidement (Balakrishnan et Jarvis (1979) font un constat analogue pour la décennie précédente). L'évolution de Toronto est particulièrement frappante à tous égards. En 1981, les travailleurs de sexe masculin habitant la ville centrale y ont plus de chances d'être cadres, professionnels ou cols blancs que les hommes vivant ailleurs dans la RMR; les indices liés au revenu ont également augmenté, contrairement au mouvement observé dans d'autres agglomérations (tableau 17.2). Cette évolution de la structure professionnelle inverse une tendance qui remonte aux années 1950, selon laquelle les catégories professionnelles supérieures fuient la ville centrale; en fait, la nouvelle tendance a commencé à se manifester dès 1971. Par comparaison, le développement plus lent des activités tertiaires supérieures à Montréal au cours de la dernière décennie se solde par un modeste rétrécissement de l'écart entre la ville centrale et la périphérie — cette dernière conservant un statut professionnel plus élevé.

Il faut retenir de cet aperçu que la dichotomie traditionnelle centre-périphérie ne peut servir de cadre adéquat pour l'analyse de la différenciation des quartiers. Les notions de « banlieue de classe moyenne » et de « noyau central de classe ouvrière » (ou inférieure) ont été rendues désuètes par le mouvement des industries vers la périphérie — surtout dans les villes à croissance rapide — et par la profonde transformation de la structure de l'emploi et de la distribution des avantages associés aux diverses positions professionnelles. La diversification n'est certes pas nouvelle, mais elle s'intensifie, créant de nouvelles lignes de démarcation à l'intérieur des villes.

Tableau 17.1
Distribution de la population active masculine par catégorie professionnelle et taux de participation des femmes, ville centrale et RMR :
Canada, 1951–1981, certaines villes

*(a) Occupations en pourcentage de la population active masculine**

		Cadres et professionnels				Cols bleus				Cols blancs			
		1951	1961	1971	1981	1951	1961	1971	1981	1951	1961	1971	1981
Toronto	RMR	21	25	22	29	47	45	44	39	31	28	34	30
	Ville	21	18	21	32	58	52	43	35	20	30	35	32
Montréal	RMR	19	23	22	28	51	48	41	39	30	28	36	32
	Ville	17	19	17	24	51	51	44	40	31	30	38	35
Vancouver	RMR	18	24	18	27	47	46	44	41	30	26	33	29
	Ville	18	23	19	27	45	45	42	37	33	29	36	33
Ottawa-Hull	RMR	22	28	31	37	38	35	30	26	39	35	37	35
	Ville	26	31	34	40	32	30	26	22	42	38	40	36
Edmonton	RMR	19	24	20	27	47	45	43	44	31	28	33	26
	Ville	20	25	21	27	45	44	43	45	32	28	34	26
Winnipeg†	RMR	18	21	20	26	49	47	43	41	32	30	35	30
	Ville	17	19	18	48	49	46	32	30	34			
Québec	RMR	17	22	22	32	48	45	36	32	31	31	40	34
	Ville	20	20	19	29	45	43	36	31	34	36	44	39

(b) Taux de participation des femmes à la population active‡

		1951	1961	1971	1981
	RMR	35	39	49	61
Toronto	Ville	38	45	53	61
	RMR	31	32	38	51
Montréal	Ville	32	36	41	51
	RMR	28	32	43	56
Vancouver	Ville	31	37	48	57
	RMR	33	37	46	58
Ottawa-Hull	Ville	36	40	49	58
	RMR	30	37	48	62
Edmonton	Ville	31	38	49	63
	RMR	33	38	47	57
Winnipeg†	Ville	36	42	48	
	RMR	29	31	36	50
Québec	Ville	32	36	38	47

SOURCE : Rapports publiés du *Recensement du Canada,* diverses années.

* On trouve la définition des catégories à la note 5 à la suite du texte. On ne peut déduire des changements chronologiques à partir de ces chiffres en raison des changements apportés au groupement des catégories professionnelles entre les années de recensement.
Les pourcentages sont fonction de l'ensemble de la population active masculine employée.

† Le pourcentage de la ville est omis pour 1981, en raison de la quasi-coïncidence des frontières de la ville et de celles de la RMR.

‡ Femmes de 15 à 64 ans dans la population active/total des femmes de 15 à 64 ans.

Tableau 17.2
Revenu moyen des familles et revenu moyen d'emploi des hommes : ratios ville centrale/RMR*, certaines RMR, 1951–1981

	Revenu moyen des familles			Revenu d'emploi moyen des hommes			
	1961	1971	1981	1951†	1961	1971	1981
Toronto	0,85	0,89	0,96	0,95	0,83	0,86	0,94
Montréal	0,93	0,88	0,85	0,98	0,91	0,86	0,80
Vancouver	0,98	0,98	0,96	0,99	0,94	0,93	0,90
Ottawa-Hull	1,06	1,03	1,02	1,03	1,05	1,00	0,97
Edmonton	0,99	1,00	1,00	1,01	1,00	1,00	0,97
Winnipeg‡	0,96	0,90		0,98	0,94	0,89	
Québec	0,96	0,91	0,86	1,01	0,93	0,88	0,84

SOURCE : *Recensement du Canada*, diverses années.
* Les indices s'appliquent au revenu de la famille plutôt qu'à celui du ménage et au revenu d'emploi des hommes plutôt qu'au revenu total du ménage, parce que ce sont les facteurs les moins influencés par les changements survenus dans la composition des ménages et dans la répartition de la main-d'œuvre selon le sexe.
† Les calculs sont fondés sur le revenu médian plutôt que sur le revenu moyen pour 1951.
‡ Les données de 1981 sont omises pour Winnipeg en raison de la quasi-coïncidence des frontières de la ville et de celles de la RMR.

L'ETHNICITÉ

La composition ethnique des grands centres urbains du Canada a évolué depuis 1945. Dans les régions de Toronto et de Vancouver, la population d'origine autre que britannique ou française, qui constituait à peine le quart de la population en 1951 (tableau 17.3) était devenue majoritaire en 1981. Elle l'était également dans les villes des Prairies, mais c'est là le résultat d'une histoire beaucoup plus ancienne. À Montréal, l'augmentation a été plus graduelle (la proportion passant de 13 % à 24 % entre 1951 et 1981), tandis que les autres grands centres du Québec et des provinces de l'Atlantique (sauf Halifax[6]) sont demeurés homogènes.

Depuis 1945, et davantage encore au cours des deux dernières décennies, l'immigration s'est surtout dirigée vers les grandes villes, contribuant à leur vitalité. Les immigrants, en effet, sont jeunes et tendent à conserver des taux de fécondité supérieurs à ceux de la majorité. Travailleurs acharnés, ils investissent beaucoup dans la propriété résidentielle, qui constitue pour eux un levier et un symbole de réussite[7]. Souvent forcés de commencer au bas de l'échelle, ils se trouvent généralement plus concentrés dans les zones centrales que les autres groupes. On observe donc des recoupements entre zones socio-économiquement défavorisées et zones à forte concentration ethnique, surtout dans le cas des groupes récemment arrivés et fournisseurs de main-d'œuvre non spécialisée (voir les cartes de Hill 1976). Au fil des ans, on voit se relayer les groupes qui prédominent dans les « zones d'accueil » classiques que constituent, au premier chef, les enclaves multiethniques des quartiers anciens. Mais ces zones con-

Tableau 17.3
Différences entre la ville centrale et la RMR : indicateurs d'éthnicité et d'immigration : certaines RMR, 1951–1981

		% de la population d'une origine ethnique autre que britannique ou française				% de la population née à l'extérieur du Canada		
		1951	1961	1971	1981	1961	1971	1981
	RMR	24	36	40	51	33	34	38
Toronto	Ville	28	40	50	51	42	44	43
	RMR	13	18	20	24	15	15	16
Montréal	Ville	15	21	25	30	17	19	23
	RMR	26	34	37	49	29	26	30
Vancouver	Ville	26	37	44	68	35	34	40
	RMR	9	15	16	26	12	12	14
Ottawa-Hull	Ville	11	19	20	32	16	16	20
	RMR	38	48	48	55	23	18	21
Edmonton	Ville	38	48	49	57	24	19	22
	RMR	41	47	48	56	24	20	19
Winnipeg	Ville†	45	52	54		29	25	
	RMR	1	2	2	4	2	2	2
Québec	Ville	1	2	2	5	2	2	2

SOURCE : *Recensement du Canada*, diverses années.
† Voir la note du Tableau 17.1.

servent leur rôle fondamental de lieu de transition des nouveaux arrivants et de développement de filières d'emploi et d'entrepreneurship propres à chacun des groupes. Les conditions de logement sont souvent médiocres dans ces enclaves, où l'on voit encore souvent délabrement, surpeuplement et partage de l'espace par des gens de familles différentes.

Lorsque les groupes ethniques finissent par déménager, certains de ceux qui ont atteint une « masse critique » suffisante tendent à se regrouper et à créer de nouveaux quartiers ethniques. Tel est le cas, par exemple, des populations juives et italiennes de villes comme Montréal et Toronto[8]. La ségrégation ethnique est donc un trait durable de la plupart des grandes villes du Canada, et certaines études ont démontré qu'elle ne s'explique que partiellement par les différences de niveau socio-économique ou par le temps écoulé depuis l'arrivée d'un groupe[9]. Les municipalités juives ou italiennes en sont le meilleur exemple[10]. De plus, même si elles sont au pays depuis longtemps, certaines minorités visibles n'ont pas encore réussi à franchir les barrières qui font obstacle à la mobilité sociale et à l'intégration résidentielle; cela est particulièrement vrai des Autochtones des provinces de l'Ouest et des Noirs de Halifax, qui demeurent « captifs » des zones centrales en déclin (Krauter et Davis 1978).

Au cours des années 1970, la surreprésentation relative des personnes nées à l'extérieur du Canada s'est en général maintenue ou accrue dans les villes centrales, sauf à Toronto (tableau 17.4). La surreprésentation des minorités eth-

Tableau 17.4
Indices de diversité ethnique globale et de ségrégation résidentielle pour certains groupes ethniques : les 9 plus grandes RMR, 1961–1981

	Toronto			Montréal		Vancouver		Ottawa-Hull	
	1961	1971	1981	1971	1981	1971	1981	1971	1981
Britanniques	30	32	27	50	46	15	17	45	37
Français	17	19	20	50	48	18	21	56	57
Allemands	11	16	19	37	41	16	16	25	27
Italiens	51	56	50	57	56	46	45	48	48
Juifs†	72	73	74	83	83	52	56	49	50
Ukrainiens	37	34	34	44	48	18	16	31	33
Néerlandais	23	30	32	+	57	22	25	33	35
Scandinaves	16	24	34	+	67	12	16	31	37
Polonais	38	38	39	42	44	18	21	25	34
Autochtones		+	45	+	45	42	39	+	41
Indice de diversité ethnique	60	65	78	55	56	63	76	64	73

SOURCES : Pour 1981 : Bourne et autres (1986) ; pour 1971 : Hill (1976) ; pour 1961 : Richmond (1972) pour Toronto et Driedger et Church (1974) pour Winnipeg. Voir Bourne et autres (1986, 58–59) pour la description des indices. Plus la valeur de l'indice est grande, plus la ségrégation ou la diversité ethnique sont grandes.

† L'indice est calculé d'après l'appartenance religieuse.

+ L'indice n'est pas calculé parce que les membres de ce groupe ethnique sont en nombre insuffisant.

niques, en outre, a diminué à Toronto. Cela peut résulter du fait que le noyau central de Toronto a subi une gentrification poussée, qui a forcé les travailleurs immigrants et particulièrement les nouveaux arrivants à chercher un logement moins cher dans les banlieues[11]. Les immigrants de la région torontoise sont aussi attirés vers les banlieues par la forte décentralisation des industries manufacturières et par le développement des transports en commun.

Ainsi, pour diverses raisons — choix délibéré, contraintes économiques, manque de compétence linguistique ou discrimination de la part des groupes dominants —, les quartiers ethniques se sont développés et multipliés au cours des dernières décennies. Pour de nombreux groupes, la ségrégation, loin de diminuer dans les grandes villes, est demeurée au même niveau ou a même augmenté entre 1971 et 1981 (tableau 17.4). Ces indices ne sont pas nécessairement le signe d'une mobilité sociale ou résidentielle bloquée; mais ils révèlent que l'ethnicité demeure un facteur important dans la différenciation de l'espace urbain.

La revitalisation et le déclin du noyau central des villes

Jusqu'au milieu des années 1970, les thèmes principaux des discussions touchant l'évolution du noyau central des villes étaient le déclin démographique, l'exode des familles, la vétusté et le désinvestissement dans l'habitat et les

Tableau 17.4 suite

	Edmonton		Calgary		Winnipeg‡			Québec		Hamilton	
	1971	1981	1971	1981	1961	1971	1981	1971	1981	1971	1981
Britanniques	14	12	10	8		24	21	29	21	16	15
Français	17	15	11	15	57	39	39	28	23	18	18
Allemands	15	15	11	10	48	19	20	31	39	14	17
Italiens	45	41	35	33		39	34	+	39	38	37
Juifs†	59	65	48	49	62	69	72	+	+	59	68
Ukrainiens	22	20	10	11	56	31	28	+	+	21	22
Néerlandais	20	22	17	17		22	25	+	+	34	34
Scandinaves	10	14	10	14	47	15	18	+	+	23	32
Polonais	19	20	15	17	59	25	28	+	+	29	28
Autochtones	37	37	44	36		49	49	+	61	+	52
Indice de diversité ethnique	75	85	66	77	76	77	86	13	12	60	69

+ L'indice n'est pas calculé parce que les membres de ce groupe ethnique sont en nombre insuffisant.

† L'indice est calculé d'après l'appartenance religieuse.

‡ Les indices de Winnipeg pour 1961 sont calculés par rapport à la population d'origine britannique plutôt que sur l'ensemble de la population (qui a été utilisée pour tous les autres indices). Il est donc impossible de comparer les valeurs des indices de Winnipeg pour 1961 et 1971.

équipements collectifs. Depuis lors, la revitalisation des quartiers centraux a suscité l'intérêt des médias, des pouvoirs publics et des professionnels des affaires urbaines. Que s'est-il produit, et pourquoi ce changement de perspective? Précisons d'abord que la revitalisation ne signifie ni le repeuplement des quartiers centraux ni le retour de nombreux banlieusards. Ce terme désigne plutôt le réinvestissement privé dans l'habitation et le commerce et la transformation subséquente de la composition sociale des quartiers. On fait souvent une équation entre revitalisation et remise en état de l'habitat ancien. Cependant, les opérations de redéveloppement et la construction d'ensembles neufs insérés dans le tissu ancien ont également contribué à la revitalisation urbaine dans certaines villes, telles Vancouver et Edmonton.

On oppose parfois les formes actuelles de revitalisation à la rénovation-démolition des années 1960, en soulignant leurs différences de méthodes, d'échelle et de visibilité de l'investissement public. Cependant, il y a des liens entre les deux types de phénomènes; les programmes de rénovation-démolition ont en quelque sorte préparé le terrain de la revitalisation en éliminant les taudis et en renforçant l'attrait commercial et culturel du noyau central. Halifax est un cas patent à cet égard. De même, les aides publiques à la remise en état des logements et à l'amélioration des quartiers ont contribué au réinvestissement des quartiers centraux par les promoteurs privés et les ménages de classe moyenne.

Qui sont ces « réinvestisseurs » (ces « whitepainters », comme on les appelait à Toronto)? L'image courante est celle des « yuppies », célibataires ou couples sans enfant, attirés par la diversité et l'animation de la ville. Ce stéréotype ne tient pas compte, cependant, de la diversité des formes de réinvestissement, dont certaines peuvent être marginales. Des ménages familiaux[12] (y compris des familles monoparentales à chef féminin) et des professionnels aux moyens modestes ou à la situation économique incertaine ont été signalés dans les secteurs gentrifiés de certaines villes canadiennes (Rose 1984). Selon la théorie des stades de la gentrification (Pattison 1977), ces anomalies se présentent seulement dans la première phase d'un processus qui est mis en branle par des clientèles innovatrices mieux nanties de témérité que d'argent, mais mène inévitablement à une nouvelle homogénéisation des quartiers en faveur des couches professionnelles convenablement dotées de prudence et de respectabilité. Cette conceptualisation paraît trop étroite; le réinvestissement est, en réalité, le fait de catégories sociales diverses, tant du côté des nouveaux arrivants que chez les résidants de longue date[13].

Dans ce phénomène de la revitalisation urbaine, les facteurs économiques liés au marché de l'habitation — tels l'augmentation du prix des maisons neuves et le coût de l'énergie — semblent avoir joué un rôle moins important que les changements socio-démographiques et l'évolution des modes de vie; qu'il suffise d'évoquer la multiplication des personnes seules, des ménages à deux revenus ou des couples sans enfant. Les répercussions de ces changements ont été particulièrement sensibles dans les centres urbains où les services associés au « tertiaire supérieur » se sont fortement développés. Ces villes attirent beaucoup de jeunes professionnels et de ménages non traditionnels. Inversement, les villes à croissance lente ou dont l'économie se fonde essentiellement sur la fabrication (comme Windsor) n'ont guère connu la revitalisation, et le déclin y demeure le problème numéro un des quartiers centraux.

Par ailleurs, la post-industrialisation s'est accompagnée d'une dualisation du marché du travail. Dans les secteurs à croissance rapide comme la finance, l'assurance et l'immobilier, les emplois de bas niveau augmentent plus vite que les fonctions de planification et de direction[14]. Cette dualisation accentue le fractionnement du marché du travail constaté à Montréal et à Toronto, où les industries légères traditionnelles, qui ont fortement recours à une main-d'œuvre immigrante mal rémunérée, continuent d'occuper une place importante. Il y va de l'intérêt tant des travailleurs que des employeurs de ces industries de conserver les emplois et les logements dans la ville centrale à l'heure où l'industrie lourde, sous l'empire des forces économiques, a pris le chemin de la banlieue.

À l'heure actuelle, dans certains quartiers en voie de revitalisation, cette dualité et ce fractionnement se traduisent par la coexistence, dans l'espace résidentiel, de groupes appartenant à divers segments du marché du travail[15]. Le garçon de restaurant, l'artiste, le journaliste à la pige et le professeur d'université côtoient l'employé d'entretien de l'hôpital, le petit commerçant immigrant et l'ouvrière du vêtement. En d'autres termes, la ségrégation pourrait bien avoir été réduite dans de nombreux cas. Mais un équilibre aussi délicat demeure précaire, et tous ne sont pas à l'abri d'une menace d'expulsion pour fins de démolition ou de reprise de possession. Vancouver, par exemple, a connu des taux élevés de démolition (Ley 1986). La conversion de logements locatifs en copropriété a été interdite ou rigoureusement contrôlée par la plupart des provinces depuis le milieu des années 1970, mais elle reste une menace dans certaines villes. À Montréal, par exemple, avant la fin de 1988, rien n'empêchait de recourir à la copropriété indivise pour reprendre possession d'un logement dans les immeubles de moins de cinq logements (qui constituent environ 50 % du parc de logements de Montréal)[16]. Enfin, la conversion s'est opérée par des voies détournées dans des immeubles vidés de leurs habitants pour des travaux de rénovation[17].

L'accession à la propriété, qui accompagne la revitalisation des zones centrales, constitue une menace directe pour les locataires, particulièrement là où les maisons individuelles à prix modéré sont rares. Les locataires font face à des expulsions répétées ou courent le risque de se retrouver dans des appartements de banlieue où, en échange d'une amélioration possible de la qualité de leur logement, ils sont désavantagés sur le plan de l'accessibilité financière, de l'accès aux services et aux lieux de travail (voir Hodge 1981; Saint-Pierre, Chau et Choko 1985). Les plus défavorisés finissent par gonfler les listes d'attente des logements subventionnés. Les locataires sont également menacés par l'augmentation graduelle des loyers et du prix des maisons, qui aboutit à terme au déplacement des ménages dont les moyens sont limités. La transformation de l'infrastructure commerciale et du tissu social des quartiers en voie de revitalisation encourage aussi les départs, en raison de l'érosion du sentiment d'appartenance et d'une « dissonance culturelle » croissante.

Au lieu d'accentuer les tendances du marché privé par des subventions axées sur le parc de logements, les pouvoirs publics devraient viser à modérer et à canaliser le processus de réinvestissement de la ville centrale. Ils pourraient retirer leur aide des quartiers déjà recherchés et la rediriger vers des zones où le marché est moins actif[18]. Une telle mesure risquerait certes de produire de nouveaux secteurs de gentrification, mais leur prolifération réduirait par le fait même les pressions. Des politiques visant à conserver les emplois industriels dans les zones centrales peuvent aussi servir de contrepoids; Toronto a obtenu un certain succès, en utilisant ce moyen, conjointement avec des mesures d'amélioration des quartiers. Il faudrait songer également à renforcer la sécurité d'occupation des locataires. Enfin, au lieu de continuer à accorder de l'aide à tous sans discrimination, on devrait cibler certains groupes qui ont un intérêt évident à demeurer dans les quartiers centraux : étudiants ou jeunes faisant leur entrée sur le marché du travail, personnes âgées, etc. Dans le même esprit, les projets d'habitation promus par des coopératives ou des organismes sans but lucratif, qui ont des effets stabilisateurs sur les quartiers centraux, devraient être favorisés.

D'autre part, tandis que la revitalisation se poursuit, certains secteurs, ou même l'ensemble du noyau central de certaines villes, continuent de péricliter.

Le noyau central de Winnipeg, par exemple, se détériore toujours, à l'exception des rares quartiers qui ont été redéveloppés ou reconnus comme patrimoine historique (McKee, Clatsworthy et Frenette 1979; Lyon et Fenton 1984). Dans beaucoup de villes de taille moyenne, les programmes d'amélioration de quartier (PAQ) et les programmes d'aide à la remise en état des logements (PAREL) ont constitué la seule forme de soutien du réinvestissement privé, et l'on déplore la disparition de ces programmes là où les gouvernements provinciaux et municipaux n'ont pas pris la relève avec suffisamment de vigueur. On trouve encore, même dans les villes où le processus de revitalisation a suivi son cours, la gamme complète des quartiers centraux : en déclin, stables, en voie de réanimation, en redéveloppement. Ainsi, les quartiers Strathcona de Vancouver et Kensington de Toronto sont toujours en déclin ou, au mieux, stationnaires. Dans ces dernières villes le nombre et la taille des secteurs en voie de revitalisation ont augmenté considérablement; plusieurs quartiers ont changé de position et sont passés, entre 1971 et 1981, de la catégorie « stable » à la catégorie « en voie de réanimation ». À Montréal, les améliorations ont touché surtout les quartiers de cols blancs ou de classe moyenne supérieure, tandis que plusieurs quartiers ouvriers qui étaient stables ou en déclin en 1971 ont perdu du terrain.

Les disparités entre les vieux quartiers, voire au sein d'un même quartier, sont donc considérables et reflètent la polarisation accrue de l'occupation des espaces résidentiels centraux. Les solutions doivent être adaptées à chaque cas. Dans chaque secteur, les caractéristiques du parc de logement (mode d'occupation, taille et possibilités de conversion en logements plus grands ou plus petits) imposent des stratégies et des outils particuliers, qu'il faut concevoir et adapter de façon décentralisée pour minimiser les effets néfastes de la revitalisation sur les ménages à faible revenu.

La diversification des banlieues

Alors que la revalorisation des centres urbains a suscité énormément d'intérêt, si l'on excepte une étude réalisée par le Social Planning Council of Metropolitan Toronto (1979), presque rien n'a été écrit sur sa contrepartie hypothétique : la désaffection à l'égard de la banlieue ou la détérioration des conditions de vie qui y prévalent. En général, nos banlieues d'après-guerre ont assez bien vieilli, contrairement à celles de la France, par exemple, dont les grands ensembles de logements sociaux, construits entre 1945 et 1960, sont maintenant devenus la cible principale des politiques nationales de réhabilitation de l'habitat.

Sauf dans les villes mono-industrielles souffrant de difficultés économiques, on voit rarement au Canada des quartiers de banlieue où le marché immobilier est déprimé et subit les effets du désinvestissement. Il existe certes des problèmes de renouvellement des infrastructures ou de rénovation des artères commerciales, mais l'état physique des quartiers de banlieue n'inspire guère d'inquiétude. Bien au contraire, les arbres ont poussé, cachant la médiocrité souvent reprochée aux maisons standardisées, et les ménages ont investi beaucoup d'argent et d'énergie pour améliorer leur logement et l'adapter à l'évolution de leurs besoins (voir Teasdale et Wexler 1986). Les services aussi se sont développés, de sorte que le résidant actuel d'une banlieue typique de Montréal, construite il y a 25 ou 30 ans, trouvera vraisemblablement tous les services courants à moins de 10 minutes de marche de chez lui (Mathews 1986).

LES BANLIEUES DE MAISONS INDIVIDUELLES

Ce diagnostic rassurant s'applique surtout aux banlieues composées de maisons individuelles occupées par leur propriétaire. Les principaux problèmes se posent dans certaines banlieues créées entre 1945 et 1960 dont le parc de logements est demeuré inchangé. Ces zones présentent un net syndrome de vieillissement quand on les compare à l'ensemble de la RMR dont elles font partie : surreprésentation des ménages approchant de l'âge de la retraite et des enfants de plus de 18 ans n'ayant pas encore décohabité, et sous-représentation des enfants d'âge préscolaire. En découle une série d'écarts entre les nouveaux besoins de cette population et les services offerts : moyens de transport insuffisants, absence de lieux de rencontre pour les retraités ou pour les grands adolescents, écoles sous-utilisées et manque de garderies et de haltes-garderies eu égard au nombre de mères actives.

Le parc de logements nécessite aussi certaines adaptations : transformation des maisons existantes (subdivision, création d'appartements accessoires ou de pavillons-jardins) ; construction de logements plus petits (maisons en rangée ou groupements d'immeubles à appartements de faible hauteur) pour les ménages désireux de vieillir sur place tout en se libérant du fardeau de l'entretien; copropriétés horizontales (ou coopératives de logement) pourvues d'équipements collectifs pour les familles monoparentales. Ce sont là des exemples de solutions destinées à assouplir le modèle de banlieue traditionnel.

HABITAT PÉRIPHÉRIQUE DE HAUTE DENSITÉ

Le tableau s'assombrit lorsqu'on examine la situation des ensembles d'immeubles à appartements construits à la hâte pendant la Seconde Guerre mondiale et jusqu'aux années 1970, dans le cadre de programmes visant à accroître le parc de logements locatifs. Les immeubles les plus anciens présentent des signes manifestes de détérioration physique. Il faut attirer l'attention aussi sur certains quartiers de logements à bon marché construits durant les années 1960 et 1970 en périphérie de Montréal et de Toronto, qui commençent à apparaître comme les nouvelles zones de pauvreté de nos grandes agglomérations (Social Planning Council of Metropolitan Toronto 1979; Dansereau et Beaudry 1986).

Ces types d'habitat accueillent des ménages dont la situation économique est précaire et les besoins en services sociaux considérables. La concentration des familles qui dépendent de l'aide sociale et les taux de chômage élevés, caractéristiques d'une main-d'œuvre peu qualifiée, sont les principaux indices de cette précarité. En outre, certaines de ces zones accueillent une forte proportion des immigrants récents, confrontés à des difficultés d'intégration au marché du travail, du logement et au plan scolaire. Ces situations sont inquiétantes car elles peuvent se traduire par la ségrégation spatiale de groupes dépendants qui, isolés dans des endroits à accessibilité minimale, n'ont guère la possibilité d'entrer ou de se réinsérer dans le tissu économique et dans la vie urbaine en général. Ces conditions ne sont certes pas la règle générale et l'urbanisation des banlieues présente aussi des réussites. À bien des égards, les banlieues sont devenues autonomes au point de vue des services et de l'emploi. Leur diversification sur le plan de la composition sociale, des modes d'occupation et des types d'habitat ne constitue un problème que dans la mesure où les poids sont inégalement répartis entre les quartiers ou les municipalités. Si les zones les moins riches continuent de recevoir une part excessive de marginaux économiques alors que les plus riches consolident leurs privilèges, les inégalités et les tensions sociales s'accroîtront inévitablement. À l'heure actuelle, on connaît mal les modalités et les conséquences de la diversification des banlieues. Il est urgent de scruter la réalité du « rêve suburbain » et d'évaluer l'impact de l'entrée des banlieues dans la mouvance des problèmes d'intégration et d'inégalités sociales qui, jusqu'ici, étaient restés l'apanage des grandes villes plus anciennes.

Conclusion

La diversité des quartiers et de leurs mécanismes d'évolution est manifeste. Les cadres physiques et les milieux sociaux ne suivent pas nécessairement le même cheminement et n'évoluent pas forcément au même rythme. Les villes et par conséquent leurs quartiers sont soumis à des pressions différentes, en fonction de facteurs comme la croissance économique, l'orientation et la composition des migrations ou les attitudes à l'égard de l'hétérogénéité sociale. En outre, l'influence de ces facteurs est modulée par la structure économique de la ville et les caractéristiques physiques et sociales des zones; par exemple, elle ne s'exercera pas de la même manière dans une ville ancienne et dans un nouveau centre urbain, touchera différemment un secteur de maisons individuelles et un ensemble d'immeubles à appartements, ou variera suivant la proportion de propriétaires et de locataires.

Cette diversité rend difficile la formulation d'un verdict global sur les progrès réalisés au cours des 40 dernières années. Le surpeuplement et l'insalubrité ont diminué. Les tandis ont pratiquement disparu des grandes villes, de même que le développement incontrôlé, en périphérie, d'habitats dépourvus d'infrastructures de base. La conception des nouveaux développements résidentiels et l'intégration de la planification sociale et physique marquent des progrès indéniables. On ne déplace plus des collectivités entières pour faire place à des gratte-ciel. Néanmoins, à divers égards, certaines quartiers sont devenus moins fonctionnels ou moins sûrs. Par exemple, si la revitalisation des quartiers centraux améliore le cadre physique et apporte à certains ménages des gains sur le plan de l'accessibilité ou de la qualité du milieu, pour d'autres, elle crée des problèmes d'accessibilité financière et de sécurité d'occupation et limite brutalement les choix de logement et la mobilité résidentielle.

Il est difficile de dire si tous les groupes sociaux ont également profité de l'amélioration générale de l'habitat depuis 1945. Pour le savoir, on pourrait tenter de mesurer, par exemple, les gains réalisés par la veuve de 75 ans, par le jeune chômeur et par la mère célibataire et ses enfants en bas âge, et les comparer aux gains réalisés par un immigrant asiatique, un travailleur de la construction ou un médecin. Mais les résultats de cet exercice seraient plus ou moins valables, car certains types de ménages ou de catégories professionnelles existaient il y a 40 ans, et d'autres, comme les familles nombreuses, ont presque disparu. La situation matérielle de certains groupes, comme les retraités, s'est nettement améliorée, mais leur poids croissant dans la population crée des difficultés nouvelles. En bref, les changements profonds de la structure des ménages et de l'emploi ont eu pour effet de produire de nouveaux groupes dont la situation socio-économique est précaire, et qui ne ressemblent guère aux défavorisés d'autrefois.

Il convient aussi de s'interroger sur le caractère souhaitable ou réalisable des politiques nationales touchant les quartiers. Est-ce que le gouvernement fédéral devrait revoir la décision prise en 1982 de se retirer de l'intervention au palier local sur la base des principes de péréquation? Tout programme visant à aider les quartiers devrait permettre un maximum de souplesse, étant donné la diversité des situations et la nécessité d'assurer le suivi des changements de façon très décentralisée. En outre, la plupart des problèmes abordés ici soulèvent la question de l'interaction entre le cadre bâti et la politique sociale. Du même coup, ils font surgir la question complexe des relations intergouvernementales de même que celle de l'action concertée avec les organismes non gouvernementaux et les mouvements de citoyens.

Une orientation utile consisterait à élaborer des lignes directrices ou des instruments qui serviraient à une évaluation permanente des milieux résidentiels et qui seraient administrés par les municipalités. Outre des données sur les ménages et l'état des logements (semblables à celles que fournit aux États-Unis l'enquête annuelle sur les logements), cet instrument pourrait fournir des indicateurs sur 1) les agréments ou les désagréments des quartiers (espaces libres, services communautaires, moyens de transport, circulation et sources de pollution); 2) l'état du marché de l'habitation (taux d'inoccupation, loyers et prix de vente, investissements dans la construction neuve et les réparations) et 3) les évaluations subjectives faites par les résidants. On pourrait également ajouter au formulaire du recensement quelques questions qui feraient apparaître plus clairement l'adéquation entre les caractéristiques des ménages et leur milieu de vie.

Notes

1 On trouvera un examen récent et concis des définitions du quartier dans Hallman (1984, 6); Grigsby, Baratz et MacLennen (1984, 15–18).

2 L'absence prolongée de gouvernement métropolitain à Montréal et le fait que le Québec et Montréal soient entrées tardivement dans le domaine du logement social (profitant ainsi des leçons apprises ailleurs) pourraient expliquer cette dernière orientation.

3 Dans les recensements de 1971 et de 1981, la RMR est la principale zone du marché du travail d'un centre urbanisé (ou zone construite en continuité) d'une population de 100 000 habitants ou plus. Les RMR sont créées par Statistique Canada et sont généralement connues sous le nom de la municipalité qui en constitue le noyau central. Cette municipalité est désignée ici sous le nom de ville centrale. Dans le recensement de 1961, les RMR délimitaient les municipalités de 50 000 habitants ou plus qui se conformaient à certains critères de densité de population et de composition de la population active; au total, les RMR devaient toujours contenir au moins 100 000 personnes. Dans le recensement de 1951, une RMR est un groupe de collectivités qui présentent des liens économiques, géographiques et sociaux étroits.

4 Ce modèle « sectoriel » n'est pas spécifiquement canadien; il remonte à l'analyse faite par Hoyt (1939) de la structure spatiale de 142 villes américaines entre 1900 et 1936. Voir Hamm (1982) pour une revue récente des recherches sur les hypothèses sectorielles et concentriques dans diverses villes du monde.

5 Les catégories sont les suivantes :

- *cadres et professionnels* : gestion et administration, enseignement, médecine et santé, professions technologiques, sociales, religieuses, artistiques et connexes;
- *cols blancs* : emplois de bureau, vente et services;
- *cols bleus* : transformation, usinage, fabrication de produits, assemblage et réparation, métiers de la construction, personnel d'exploitation des transports et « autres » professions (y compris « non classé ailleurs »);
- *primaires* : agriculture, pêche, foresterie, extraction minière, y compris le pétrole et le gaz (sur le terrain). (Le tableau 17.1 n'indique pas les professions primaires, mais elles sont incluses dans les totaux.)

6 Halifax a une longue histoire de diversité ethnique (y compris raciale), liée à son rôle de principal port d'entrée du Canada sur l'Atlantique; cependant, le flux des migrants a diminué par rapport à Toronto et aux provinces de l'Ouest au cours des deux dernières décennies.

7 Par rapport au reste de la population, les taux de chômage sont systématiquement inférieurs et les taux de participation des femmes à la main-d'œuvre sont supérieurs chez les immigrants. Il n'est pas rare que ceux-ci détiennent deux emplois. Ceci explique le revenu moyen relativement élevé des familles ou des ménages dans de nombreux groupes, en dépit d'un niveau de qualification faible. En outre, dans les quartiers centraux, plusieurs groupes d'immigrants ont manifesté une plus forte tendance à accéder à la propriété et à apporter des améliorations à leur maison que les Canadiens nés au pays qui ont un revenu similaire (Richmond 1972; Dansereau, recherche en cours sur la communauté portugaise de Montréal).

8 Au contraire, d'autres catégories d'immigrants (originaires d'Europe du Nord notamment) ont plus de chances de se disperser.

9 Darroch et Marston (1971), en particulier, ont démontré que la stratification sociale interne de plusieurs grands groupes correspond à des secteurs différenciés de concentration,

y compris des zones de banlieue avec des niveaux élevés de ségrégation et d'« autonomie institutionnelle ». Cette notion, énoncée par Breton (1964), désigne la mesure dans laquelle les diverses communautés ethniques tendent à créer et à maintenir des organisations ou des institutions distinctes pour répondre à toute une gamme de besoins (comme l'éducation, l'emploi, les soins médicaux, l'alimentation et le vêtement), pour mobiliser les ressources de la communauté et pour exprimer son caractère et ses intérêts particuliers par les médias ou les groupes de pression. L'autonomie institutionnelle tend à contrer l'assimilation et donc à favoriser la ségrégation résidentielle.

10 La barrière linguistique francophone/anglophone demeure aussi un fondement puissant d'isolement et d'autonomie institutionnelle là où les deux groupes sont en nombre suffisant. Les « deux solitudes » de Montréal constituent une réalité bien établie sur laquelle il n'est pas nécessaire de nous étendre ici. Il y a cependant des exemples moins patents, comme Winnipeg, où le rôle de l'« autonomie institutionnelle » semble avoir été crucial pour expliquer la ségrégation résidentielle de la minorité française, en comparaison des Scandinaves ou des Allemands. Voir Driedger et Church (1974) et Matwijiw (1979).

11 En 1976, la moitié des immigrants (de 5 ans ou plus) arrivés au Canada entre 1971 et 1976 s'étaient établis dans les municipalités de banlieue de la région métropolitaine de Toronto; certains des « districts à croissance rapide » figuraient parmi les principales zones d'accueil (Social Planning Council of Metropolitan Toronto 1979, 175–93).

12 On trouvera dans Ley (1986) une synthèse des diverses études canadiennes. Ceci ne devrait pas être étonnant dans le contexte canadien à la lumière des données présentées par Goldberg et Mercer (1986) qui démontrent que les villes centrales canadiennes tendent à conserver des proportions plus élevées de familles avec des enfants que leurs contreparties américaines.

13 De nombreuses études ont insisté sur cette variété, notamment Phipps (1982), Bunting (1984), GIUM (1984).

14 On trouvera un exposé plus détaillé de cette thèse de la polarisation dans Sassen-Koob (1984); Berry (1985) propose également le même thème.

15 Villeneuve et Rose (1985) ainsi que Dansereau et Beaudry (1986) donnent des exemples de ces contrastes dans les vieux quartiers de Montréal.

16 La conversion graduelle de logements locatifs en logements de propriétaire-occupant, à mesure que les locataires s'en vont (soit spontanément, soit par suite d'une combinaison de menaces et « d'offres qui ne peuvent être refusées ») s'est également étendue à des immeubles de plus grande taille. Voir Dansereau, Collin et Godbout (1981).

17 Les rénovations accompagnées de l'expulsion des locataires, les conversions en copropriété et les conversions de location ordinaire en location à court terme (les pseudo-hôtels) se sont multipliées, touchant au total près de 9 000 logements entre 1978 et 1985 dans la ville de Toronto (SCHL 1985c).

18 Ce type de stratégie a été mis de l'avant par McGrath (1982) qui mentionne les succès remportés à cet égard à Boston, où l'administration locale a lancé des campagnes de promotion pour changer l'image de certains quartiers « négligés ».

CHAPITRE DIX-HUIT

Diversité sociale, mode d'occupation et développement communautaire

Richard Harris

AU CANADA, ce n'est que récemment que les urbanistes et les responsables politiques en sont venus à considérer la diversification sociale comme un objectif souhaitable. L'idée que des quartiers mixtes pourraient être à l'avantage de la classe ouvrière, voire de l'ensemble de la collectivité, a été appliquée pour la première fois par George Cadbury, à Bournville en Angleterre, à la fin du XIXe siècle. Son projet a inspiré le mouvement Cité-jardin et attiré l'attention au Canada. Cependant, ce n'est qu'à la fin des années 60 que la diversité sociale est devenue un élément des politiques canadiennes et un critère permettant de mesurer le progrès en matière de logement.

La diversité est devenue une question d'actualité en raison de l'échec relatif des logements réservés exclusivement aux ménages à faible revenu. Les problèmes ont commencé à se poser presque aussitôt après le début du programme de logements publics de l'après-guerre au Canada. Les projets de logements pour les ménages à faible revenu suscitaient le plus souvent l'opposition des résidants locaux, particulièrement des propriétaires inquiets de leur effet sur les valeurs immobilières. Les occupants de ces ensembles résidentiels étaient souvent stigmatisés. La ségrégation géographique semblait empirer l'isolement social des pauvres. Pour surmonter ce problème de l'isolement, une nouvelle approche mettait l'accent sur la diversité sociale dans la conception des programmes de logements subventionnés.

Au palier fédéral, les principaux instruments de cette approche étaient les programmes de coopératives d'habitation et de logement sans but lucratif, complétés par le supplément au loyer dans certaines provinces. Une bonne partie des études sur la diversité sociale au Canada s'insèrent dans le cadre de ces programmes (SCHL 1983a, 162–79; Vischer Skaburskis, Planners 1979a). Le principal objectif des programmes subséquents des coopératives d'habitation et de logement sans but lucratif (créés en 1974 puis modifiés substantiellement en 1978) était de fournir des logements subventionnés aux ménages à faible revenu et à revenu modeste ou moyen, la diversité sociale étant perçue comme un moyen d'atteindre cet objectif[1]. Sur le plan politique, la diversité devait rendre le logement subventionné plus acceptable aux quartiers qui le recevaient; financièrement, elle devait générer des subventions internes pour réduire les coûts des ensembles (et des programmes)[2].

Dans ce contexte, la diversité sociale dépend de la diversification du logement, y compris des modes d'occupation. Au Canada de nos jours, une minorité importante de ménages sont incapables d'acheter leur propre maison. Là où le parc résidentiel local est exclusivement occupé par des propriétaires, les ménages à revenu faible ou modeste tendent à être sous-représentés. C'est pourquoi les planificateurs doivent encourager à la fois les logements locatifs et les logements pour propriétaires-occupants dans les collectivités mixtes (Heraud 1968; Nations Unies 1978). De même, pour préserver la diversité sociale, il faut souvent réglementer certains changements dans la composition des modes d'occupation. Cette réglementation existe actuellement dans la plupart des villes canadiennes, par exemple en ce qui concerne la conversion en copropriété.

La définition de la diversité sociale

Pour définir la diversité sociale, il faut d'abord préciser les groupes sociaux pour lesquels la ségrégation ou la diversité constitue une préoccupation. Aux États-Unis, la plupart des politiques de diversification sociale sont axées sur l'ethnicité ou la race, et notamment sur les secteurs où habitent les Noirs par rapport à ceux où habitent les Blancs. Au Canada, les décideurs — ainsi que les directeurs des coopératives et des ensembles sans but lucratif — se sont surtout préoccupés de la diversité de revenu des ménages. On fixe d'ordinaire des pourcentages cibles de ménages à faible revenu et de ménages à revenu modeste, ces groupes étant définis respectivement comme le dernier et le troisième quartiles de revenu.

Est-ce qu'on a commencé, au Canada, à se préoccuper davantage de la diversité ethnique et raciale lorsqu'il est question de planification? Afin de vérifier cette hypothèse et d'autres liées à la diversité sociale et au mode d'occupation, on a procédé au printemps de 1986 à une enquête par la poste auprès des directeurs de 69 services d'urbanisme à travers le pays[3]. Sur les 44 répondants, 12 estimaient que la diversité ethnique constituait un problème dans leur collectivité. Sept d'entre eux travaillaient pour des municipalités situées dans les zones métropolitaines de Toronto et de Vancouver. En général, la diversité ethnique ou raciale était perçue comme un problème dans les villes qui comptaient un nombre important de membres des minorités visibles. Ailleurs, et dans la majorité des cas, la diversité ethnique ou raciale ne semblait pas un dossier d'actualité. Au Canada, quand on parle de diversité sociale, sauf pour quelques exceptions notables, on pense toujours surtout à la situation socio-économique.

LA DIVERSITÉ SOCIALE ET LES CLASSES SOCIALES

Même si c'est le revenu qui détermine la capacité du ménage d'occuper ou d'acheter un logement convenable, bon nombre de spécialistes des sciences sociales ne considèrent pas que le revenu constitue comme tel le fondement de la stratification sociale. Ils mettent plutôt l'accent sur l'importance de la profession, du statut ou de la classe. Tous ne s'entendent pas sur l'importance relative de ces critères, et sur la façon de les définir. Pour certains, la classe sociale est un phénomène économique, tandis que d'autres estiment que le statut socio-économique a ses racines dans le prestige (voir Hunter 1982). Néanmoins, ils partagent l'opinion que le revenu est significatif principalement comme reflet des différences sociales ou comme moyen de les souligner.

Si la politique de diversification a pour but d'améliorer la situation des groupes sociaux ou des relations entre eux, elle devrait être définie en fonction de la classe ou du statut plutôt que du revenu. Cela est plus facile à dire qu'à faire. Les classes sont difficiles à discerner avec précision, et les ambiguïtés rendent difficile la mise en application d'une politique de diversification. Dans les ménages à deux gagne-pain, il se pose une nouvelle difficulté, car beaucoup de ménages sont socialement mixtes. Pour l'année 1974, par exemple, si l'on distingue les cols blancs des cols bleus, les trois cinquièmes des femmes qui travaillaient appartenaient à une classe différente de celle de leur conjoint[4]. Tenir compte de la situation des deux conjoints, cependant, rend l'application complexe et difficile; c'est pourquoi le revenu du ménage peut être l'indicateur retenu pour une définition opérationnelle de la diversité. Dans ce cas, cependant, il faut être bien conscient des faiblesses de la méthode. Le rapport entre le revenu et la classe n'est pas simple. Les membres d'une même classe n'ont pas tous le même revenu; dans le Canada urbain en 1982, par exemple, 14 % des ménages dont le chef était un col bleu recevaient un revenu qui les plaçait dans le dernier quartile de revenu, tandis que 25 % appartenaient au quartile supérieur[5]. Dans ce contexte, la diversité des revenus ne produit pas nécessairement la diversité sociale. Un ensemble organisé en fonction d'une diversité de revenus, par exemple, pourrait être constitué exclusivement de membres de la classe moyenne, et effectivement quelques ensembles résidentiels favorisent la classe moyenne.

LES POINTS DE REPÈRE, LES ÉLÉMENTS DE BASE ET LE PROBLÈME D'ÉCHELLE

Pour mesurer la diversité sociale, il faut préciser les groupes sociaux en cause, les points de repère ou de référence et les échelles. Un point de repère empirique comme la « composition sociale de la région métropolitaine » a été utilisé pour certains ensembles résidentiels canadiens. Les plus remarquables de ceux-ci étaient False Creek, à Vancouver, comportant quelque 1 800 logements construits entre 1975 et 1984, et l'ensemble d'habitation St. Lawrence de Toronto, comprenant 3 500 logements construits entre 1977 et 1981 (Hulchanski 1984). Dans les deux cas, on en est arrivé à un compromis entre le désir de construire un quartier qui serait un microcosme de la ville et l'objectif de loger un nombre minimum de ménages à revenu faible ou modeste.

On a parfois présumé que l'idéal comme point de référence, c'est la métropole. Cette position est implicite, par exemple, dans l'idée que St. Lawrence doit être un quartier « typique » de Toronto. À Toronto, cependant, et dans toutes les villes, rares sont les quartiers qui se rapprochent d'un microcosme social qui soit à l'image de l'ensemble de la région métropolitaine (Ng 1984). Le quartier typique est souvent homogène. Bien sûr, l'homogénéité peut être considérée comme un problème à surmonter. Même alors, la région métropolitaine est-elle un point de référence utile? On pourrait soutenir que la diversité idéale dans un quartier du centre-ville est différente de ce qu'elle pourrait être en banlieue. Sur le plan démographique, par exemple, la banlieue pourrait comporter un plus grand nombre de familles avec des enfants.

L'échelle d'analyse a aussi son importance. Plusieurs échelles géographiques peuvent être utilisées pour définir les secteurs résidentiels, depuis l'entourage immédiat jusqu'à l'ensemble de la municipalité, en passant par le pâté de maisons, le secteur de recensement et le quartier. Des villes diversifiées dans l'ensemble peuvent être composées de quartiers et d'îlots homogènes. En fait, cette situation est probablement typique des agglomérations canadiennes depuis au moins la fin du XIXe siècle (Sanford 1985)[6].

Le plus souvent, les spécialistes des sciences sociales se sont penchés sur l'ampleur de la ségrégation plutôt que sur celle de la diversité. Heureusement, on a généralement défini la ségrégation comme le contraire de la diversité. La statistique la plus fréquemment utilisée a été l'indice de ségrégation des Duncan (Duncan et Duncan 1956). Cet indice, qui varie entre 0 et 100, s'interprète habituellement comme la proportion des ménages d'un groupe social qui devraient déménager pour que la répartition résidentielle de ce groupe soit la même que celle du reste de la population métropolitaine. Un indice de zéro représente un mélange total à l'intérieur d'un groupe; ainsi, des valeurs de zéro pour tous les groupes sous-entendraient que tous les secteurs de la ville sont diversifiés. L'indice de ségrégation permet de comprendre l'évolution de la diversité sociale.

La recherche existante sur la ségrégation comporte cependant une grave lacune, son champ d'observation restreint. Les analyses de la ségrégation se concentrent sur la période écoulée depuis 1961. Les grands centres urbains ont reçu plus d'attention que les petites agglomérations. En outre, la plupart des études se font exclusivement à l'échelle du secteur de recensement, de sorte qu'il est difficile de comparer la diversité à différentes échelles.

Compte tenu de ces restrictions, la ségrégation sociale se retrouve dans toutes les agglomérations canadiennes à l'échelle du secteur de recensement. Les données les plus complètes sont disponibles par groupes de revenu. En 1971, l'indice moyen de six groupes de revenu variait entre 0,14 et 0,5 dans les 21 plus grands centres urbains (Ray et autres 1976, 44–5). Règle générale, dans chaque ville, les groupes où la ségrégation était la plus forte se retrouvaient aux deux extrémités de l'échelle des revenus. À Calgary, par exemple, l'indice des groupes supérieurs et inférieurs de revenu s'établissait à 0,33 et à 0,30 respectivement, les valeurs des groupes intermédiaires chutant aussi bas que 0,15. Ces chiffres révèlent un faible niveau de diversité des revenus à l'échelle des secteurs de recensement. Depuis lors, si l'on en juge d'après les indices calculés pour 1981, la ségrégation des riches a diminué tandis que celle des pauvres augmentait un peu

Tableau 18.1
Ségrégation selon le revenu (%) au moyen de l'indice de ségrégation de Duncan* : certaines villes canadiennes, 1971 et 1981

	Faible revenu†		Revenu élevé‡		Tous les groupes	
	1971	1981	1971	1981	1971	1981
St. John's	26	19	35	20	23	15
Halifax	20	28	33	21	20	18
Québec	24	21	31	19	21	16
Montréal	24	25	36	23	22	17
Toronto	27	28	33	19	23	19
Hamilton	25	29	28	20	21	18
London	25	24	32	23	21	17
Kingston	—	24	—	22	—	16
Winnipeg	31	30	35	22	23	18
Regina	23	29	38	19	22	19
Calgary	30	27	33	18	23	19
Vancouver	20	22	30	16	22	16
Moyenne	25	26	33	20	20	17

SOURCE : Calculé d'après le *Recensement du Canada* (données sur les secteurs de recensement).
* Voir la définition dans le texte. Six groupes de revenu en 1971; sept groupes en 1981.
† 1971 : 1 $–1 999 $; 1981 : 1 $–4 999 $.
‡ 1971 : 15 000 $ et plus; 1981 : 35 000 $ et plus.

(tableau 18.1)[7]. En général, cependant, il n'y a pas eu beaucoup de changements du niveau global de ségrégation entre 1971 et 1981.

En fait, l'importance de la ségrégation a peu varié depuis 1981. C'est du moins l'opinion des urbanistes locaux qui ont répondu à la question : « Est-ce que la diversité (des revenus) croît ou décroît dans votre localité? » Cinq urbanistes estimaient que la diversité diminuait à l'échelle du quartier, tandis que huit estimaient qu'elle augmentait. À l'échelle du pâté de maisons, quatre estimaient que la diversité diminuait, mais un seul qu'elle augmentait. La majorité étaient incapables de dégager une tendance. Ces dernières années, certains quartiers des noyaux centraux des villes sont devenus davantage mixtes. Comme le montre la répartition des revenus dans des quartiers comme Don Vale à Toronto, la gentrification a amené des gestionnaires et des professionnels à l'aise à habiter à proximité des petits salariés et des assistés sociaux (Ville de Toronto 1984). Des exemples aussi spectaculaires de diversité sont cependant inusités et instables. Dans l'ensemble, la diversité du revenu à l'échelle du secteur de recensement n'a guère changé depuis 1945.

Il en est vraisemblablement de même pour la diversité sociale, définie en fonction de la classe ou du statut. On peut calculer des indices de ségrégation socio-économique à partir des données sur les professions des chefs de ménages dans 12 régions métropolitaines en 1981 (tableau 18.2). Ces données portent sur la profession, plutôt que sur la classe, et sur les chefs de ménages plutôt que

Tableau 18.2
Pourcentage de propriétaires parmi l'ensemble des ménages de la classe : Canada rural et urbain, 1931 et 1979

	Urbain		Rural	
Classe du chef de ménage	1931	1979	1931	1979
Chefs d'entreprise et cadres	58	72	—	91
Classe moyenne	41	64	—	85
Classe ouvrière	38	50	—	84
Travailleurs indépendants	56	64	—	94
Autres	60	47	—	81
Toutes les classes	46	55	79	87

SOURCES : Calculé d'après le *Recensement du Canada* 1931 ; les totalisations sont tirées de *l'Enquête sur le changement social au Canada* de 1979. Voir Harris (1986a, Tableau 5).

sur l'ensemble des adultes ayant un emploi. Dans la plupart des villes, les valeurs de l'indice de ségrégation étaient inférieures aux valeurs de l'indice du revenu, s'échelonnant entre environ 0,06 et 0,20[8]. Dans l'ensemble, les tendances de la variation par classe sont semblables à celles de la variation par revenu; la plus forte ségrégation se retrouve à chaque extrémité de l'échelle des classes, les chefs d'entreprise et cadres d'un côté et les cols bleus de l'autre. Cette tendance caractérise en gros toutes les villes, quels que soient leur taille ou leur cadre régional. Ce schéma correspond non seulement aux indices canadiens de ségrégation des revenus pour 1971 et 1981, mais aussi aux données sur la ségrégation socio-économique dans les villes américaines, qui remonte à 1950 (voir Duncan et Duncan 1956; Marrett 1973).

Les arguments en faveur de la diversité sociale

On peut rationaliser une politique de diversité sociale pour des motifs démocratiques et paternalistes. Sur le plan démocratique, les gouvernements pourraient favoriser la diversité en réponse aux pressions populaires, provenant vraisemblablement d'un ou plusieurs groupes qu'on empêcherait d'habiter des quartiers mixtes. Aux États-Unis, on peut soutenir que c'est là la raison d'être des programmes qui ont favorisé la déségrégation des Noirs et des Blancs. Par ailleurs, une politique paternaliste pourrait se justifier si les décideurs pouvaient faire valoir que, même en l'absence d'une demande populaire, la diversité serait effectivement avantageuse pour certains groupes ou pour l'ensemble de la société.

L'ARGUMENT DÉMOCRATIQUE ET LE CHOIX DES MÉNAGES

L'argument démocratique repose sur l'existence d'une demande de diversité restée sans réponse. On ne constate guère de demande de ce genre dans le Canada d'aujourd'hui. Seulement deux directeurs d'urbanisme jugeaient que la diversité de revenu constituait une préoccupation « grave » de la politique locale au niveau soit de l'îlot ou du quartier, tandis que la majorité jugeaient que ce n'était même pas un problème mineur. Les enquêtes sociales confirment que l'appui populaire en faveur de la diversité est faible. La majorité des personnes à revenu moyen préfèrent habiter un secteur à revenu moyen (Michelson 1977). Il y a à cela de bonnes raisons. Des personnes semblables ont plus de chances d'avoir les mêmes intérêts, les mêmes opinions, les mêmes façons d'élever leurs enfants et les mêmes schèmes de comportement public. Des personnes dissemblables devraient faire face à des comportements différents, et peut-être choquants de part et d'autre. Ce qui pourrait indiquer que ceux qui sont aux extrémités de l'échelle des classes sont plus ségrégués les uns des autres que des groupes sociaux intermédiaires.

On semble attacher le plus d'importance à l'homogénéité sociale à l'échelle micro, c'est-à-dire ce qui correspond en gros à un bloc d'habitations typique, et s'en soucier le moins à l'échelle de l'ensemble de la municipalité. C'est ce qu'on reconnaît généralement. Dans les ensembles de False Creek et de St. Lawrence, par exemple, on a créé des enclaves distinctes sur le plan social (et sur celui du mode d'occupation). Dans la première phase de False Creek, les logements du marché en copropriété destinés aux propriétaires-occupants étaient regroupés à l'une des extrémités de l'ensemble résidentiel (Hulchanski 1984, 157). Dans une des enclaves les plus mixtes, les premiers occupants étaient les moins satisfaits, bien que cette insatisfaction n'ait peut-être pas duré (Vischer Skaburskis, Planners 1979b, 109). Il ne faudrait pas trop insister sur ce point. Dans les immeubles privés d'appartements comportant seulement quelques logements à loyer subventionné, les familles aidées n'ont pas été stigmatisées (Société de logement de l'Ontario 1983). Mais là où ces familles sont relativement nombreuses, la diversité est nettement impopulaire.

Il y a toutefois désaccord quant à l'importance de la diversité à l'échelle du quartier. Même à Toronto, qui s'enorgueillit d'être une ville de quartiers, ces derniers ne sont pas à l'heure actuelle tellement utilisés par la plupart des citoyens comme théâtres de la vie sociale (Wellman 1971). Le caractère social du quartier laisse relativement indifférents la plupart des ménages. Dans les ensembles mixtes à l'échelle du quartier, l'existence de la diversité est largement reconnue, mais n'est pas mentionnée comme un problème important par les résidants (Vischer Skaburskis, Planners 1979b, 98).

L'importance d'une certaine homogénéité à l'échelle du quartier ne doit cependant pas être minimisée. Les propriétaires, à la différence des locataires, demeurent sensibles aux changements au niveau du quartier qui pourraient faire baisser les valeurs immobilières (Michelson 1977; Vischer Skaburskis, Planners 1979a). Cette sensibilité s'est manifestée à de nombreuses reprises par l'opposition de la collectivité non seulement aux logements pour les ménages à faible revenu, mais aussi aux coopératives d'habitation et aux logements du marché qui menacent d'amener des étrangers dans le quartier (Vancouver 1986). En outre, les familles qui ont des enfants d'âge scolaire sont sensibles à la composition sociale de leur quartier, et particulièrement aux antécédents familiaux des autres enfants du quartier. Certaines données montrent en effet que la diversité sociale influence la formation de réseaux sociaux entre les enfants (Andrews 1986). Bien que les données ne soient pas concluantes, il semble que peu de familles canadiennes choisiraient de vivre dans un quartier (et particulièrement dans un îlot) présentant une très forte diversité sociale. La ségrégation reflète la division des classes dans l'ensemble de la société, et la plupart des gens ne voudraient pas qu'il en soit autrement.

Il faut signaler une exception possible. Les ménages à faible revenu n'ont pas beaucoup de choix quant à l'endroit où ils habitent. Ils sont également l'objet de ségrégation. On ne sait pas s'ils habiteraient un secteur résidentiel plus mixte s'ils en avaient le choix, bien qu'ils se disent insatisfaits du milieu à forte ségrégation du logement public (Société de logement de l'Ontario 1983, 55). Cela pourrait être particulièrement vrai des grands ensembles dans les grandes villes. L'absence de pressions politiques en provenance de ce groupe ne signifie pas nécessairement qu'ils sont satisfaits de leur situation actuelle; elle pourrait tout simplement traduire la croyance que ce serait une perte de temps que d'exercer de telles pressions. Les gouvernements réagissent évidemment plus facilement à des demandes politiques actives plutôt que latentes, mais ces dernières devraient être prises en considération dans toute démocratie. La question de savoir si les personnes à faible revenu préféreraient habiter un quartier à caractère plus mixte constitue un sujet important de recherche et une préoccupation potentielle sur le plan des politiques.

L'ARGUMENT PATERNALISTE

On pourrait soutenir qu'il faut favoriser la diversité même en l'absence de demande populaire. Les quartiers mixtes pourraient avoir des effets insoupçonnés pour leurs bénéficiaires potentiels. Agissant avec prévoyance, les dirigeants politiques pourraient ainsi servir le bien public.

L'argument paternaliste en faveur de la diversité sociale a été avancé en termes particuliers et généraux (Form 1951; Gans 1961; Keller 1966; Saldov 1981; Sarkissian 1975). On soutient de nos jours que la diversité est souhaitable afin de s'assurer que les pauvres reçoivent les mêmes services gouvernementaux que les riches et qu'il y ait égalité des chances sur le plan de l'instruction. Cet argument n'a pas été évalué au Canada, mais les données américaines portent à croire qu'il y a d'autres façons, moins coûteuses, d'assurer l'égalité de la prestation des services que d'imposer la diversité sociale. En fait, la diversité forcée peut créer et exacerber des tensions sociales, de sorte que tout le monde serait perdant, y compris les pauvres.

On a soutenu en général que la diversité, en favorisant la compréhension réciproque et l'utilisation partagée des installations, peut être à l'avantage de l'ensemble de la collectivité. Ici encore, la plupart des évaluations utilisent des données américaines (ou britanniques). Ce point de vue a une certaine valeur lorsqu'on l'applique à la diversité ethnique, mais il n'en va pas de même dans le cas de la diversité socio-économique. Sauf parmi les enfants (Andrews 1986), la proximité n'a pas beaucoup d'effets, bons ou mauvais, sur l'interaction sociale entre des groupes dissemblables. Vischer Skaburskis, Planners (1979b, 54), par exemple, concluent que la formation des liens de voisinage et d'amitié à False Creek ressemblait beaucoup à ce à quoi l'on pourrait s'attendre dans n'importe quel nouvel ensemble résidentiel. De toute évidence, les ensembles mixtes peuvent « fonctionner ». Avec une bonne planification, ils ne seront pas stigmatisés, tandis que leurs résidants seront vraisemblablement satisfaits de leur environnement social (SCHL 1983a, 246; SCHL 1984a; Diaz-Delfino 1984). Mais, même au mieux, ils ne comportent aucun avantage social manifeste.

La diversité sociale en tant qu'objectif des politiques

À l'échelle de l'îlot et du quartier, les arguments en faveur de la diversité sociale sont faibles. La plupart des gens ne veulent pas vivre dans un environnement plus mixte que le quartier où ils habitent actuellement. En outre, l'argument paternaliste en faveur d'une politique de diversité sociale pour favoriser l'égalité sociale est au mieux ambigu. On a constaté que le logement public et ses ghettos forcés sont impopulaires, mais qu'une diversité forcée l'est aussi. Une politique générale de diversité sociale pourrait faire plus de tort que de bien.

Il y a cependant deux contextes particuliers où une politique active de diversité sociale a du sens. Tout d'abord, on estime généralement que les ensembles mixtes sont préférables à la ségrégation des logements pour ménages à faible revenu. La ségrégation que l'on retrouve dans le logement public est inacceptable pour la plupart des collectivités et devient une source d'insatisfaction pour les résidants de l'ensemble eux-mêmes (Société de logement de l'Ontario 1983). Les ensembles mixtes fonctionnent mieux et il semblerait que ce sont les grands ensembles qui fonctionnent le mieux, bien que les données pour les petits ensembles soient peu abondantes. Dans les petits ensembles, on doit nécessairement tenter de réaliser la diversité à petite échelle, là où les tensions sociales risquent le plus de se produire. Par contre, dans les grands ensembles, on peut se permettre la ségrégation à petite échelle dans le cadre d'une diversité à plus grande échelle. Sur le plan social et politique, les ensembles mixtes à l'échelle du quartier constituent un moyen concret de procurer des logements subventionnés aux ménages démunis.

Une politique de diversité sociale pourrait aussi se justifier à l'échelle municipale. Étant donné que les gouvernements locaux vivent de la taxe foncière, l'absence de diversité peut entraîner des injustices dans la prestation des services municipaux. En outre, la ségrégation à cette échelle peut entraîner des coûts de navettage pour ceux qui en ont le moins les moyens tout en augmentant le coût global des routes et des transports en commun. Ces coûts sont déjà une préoccupation dans certaines villes canadiennes et, puisque les pressions en faveur de la gentrification du noyau central des villes ne semblent pas diminuer, ces problèmes risquent de s'accentuer au cours de la prochaine décennie (Ley 1985). Dans ce cas, une politique active de diversité se justifie.

Les variations sociales du mode d'occupation

En raison des variations sociales du mode d'occupation, une politique de diversité sociale exigera une politique analogue en ce qui concerne le mode d'occupation des logements. Depuis 1931, les niveaux de propriété fluctuent au Canada entre 56 % et 66 %, sans qu'on puisse discerner de tendances à la hausse à long terme (voir le tableau 1 du chapitre 3 et Harris 1986a). Cependant, le taux a généralement augmenté dans les centres urbains, bien qu'inégalement, passant de 46 % en 1931 à 56 % en 1981. Dans ce contexte, certaines classes ont mieux réussi que d'autres (tableau 18.2). Ces différences sociales quant au mode d'occupation sont dues principalement à l'abordabilité des maisons selon la classe sociale à laquelle on appartient. Le revenu est un facteur important qui permet aux ménages d'épargner en vue d'effectuer le versement initial sur la maison et d'être admissibles à un prêt hypothécaire. En général, le revenu du ménage est non seulement un indicateur commode du statut socio-économique, mais aussi un facteur déterminant du mode d'occupation. L'âge aussi a son importance, car, toutes autres choses étant égales par ailleurs, les jeunes adultes ont moins de chances d'avoir été en mesure d'économiser la mise de fonds nécessaire pour un prêt hypothécaire. Si l'on contrôle le revenu et l'âge, la plupart des différences de classes quant au taux de propriété disparaissent (Harris 1986b).

Pour comprendre cette question, il faut examiner de plus près l'aspect de la « préférence » pour un mode d'occupation. La grande majorité des ménages, de toutes les classes, préféreraient être propriétaires s'ils en avaient les moyens[9]. Seuls ceux qui déménagent souvent préfèrent être à loyer; même ceux qui préfèrent se dispenser des travaux d'entretien ont maintenant la possibilité d'opter pour la copropriété. En avril 1986, 14 des 44 urbanistes qui ont fait l'objet de l'enquête estimaient qu'il y avait « une certaine » préoccupation locale quant à la frustration des aspirations à la propriété, tandis que les autres reconnaissaient « peu ou pas » de préoccupations de ce genre.

Chez les pauvres, il y a beaucoup plus en jeu que la frustration des aspirations à la propriété. Le phénomène de la gentrification a fait monter les loyers dans le noyau central des villes à tel point que de nombreux ménages consacrent plus de 50 % de leur revenu au loyer (Social Planning Council of Metropolitan Toronto 1983). Pis encore, un nombre croissant de personne qui n'ont pas pu trouver un logement abordable sont maintenant sans logis. Certains des logements en copropriété les moins dispendieux construits au centre-ville ont peut-être aidé des ménages à revenu modeste ou moyen à demeurer dans la ville centrale. Mais pour y conserver les ménages à faible revenu et leur fournir un logement convenable, le plus urgent n'est pas une aide accrue pour l'accession à la propriété, mais la conservation et la production de logements à loyer modique. Il est significatif que, bien qu'aucun des urbanistes ayant répondu à l'enquête n'ait jugé que la frustration des aspirations à la propriété constituait une « grave » préoccupation dans leur municipalité, 12 estimaient que le manque de logements à loyer modique était un problème grave. Quatre des 12 représentaient des municipalités de la région métropolitaine de Toronto, et tous sauf deux provenaient de l'Ontario.

Au palier local, on a compris dans une certaine mesure l'importance du mode d'occupation dans le cadre d'une politique de diversité sociale, notamment la conception d'ensembles résidentiels parrainés par la municipalité.

À Ottawa, par exemple, l'ensemble des Plaines LeBreton construit dans les années 70 devait loger et intégrer dans ses 425 logements un mélange hétérogène de propriétaires et de locataires de tous les groupes de revenu (SCHL 1983a, 5). À False Creek et à St. Lawrence, une combinaison de logements pour propriétaire-occupant, pour loyer du marché et pour logement social — la moitié des logements sociaux étant des coopératives permanentes sans but lucratif — a permis d'assurer une certaine diversité (Hulchanski 1984). Des considérations semblables orientaient le projet Ataratiri de Toronto, un ensemble plutôt désastreux de 6 000 à 7 000 logements. La ville avait annoncé son intention de créer un quartier à revenu mixte en prévoyant une gamme de modes d'occupation (« Council Approves » 1988). Bien que certains de ces ensembles constituent des quartiers distincts, ils ne sont pas assez nombreux pour avoir un effet sur la composition sociale d'une municipalité tout entière. À cette échelle, les municipalités ont fait moins d'efforts — parce qu'elles ont moins de pouvoirs — en vue d'influencer la diversité sociale pour le mode d'occupation.

Conclusion

Même s'il n'existe aucun argument valable pour qu'on fasse de la réalisation de la diversité sociale dans les secteurs résidentiels un objectif général des politiques au Canada, la diversité est importante dans certains contextes particuliers. Elle a joué un rôle dans la politique de logement social et devrait continuer de le faire. Les ensembles mixtes sont préférables à la ségrégation des logements pour ménages à faible revenu. Les ensembles mixtes les plus efficaces seront vraisemblablement de grande taille, permettant de réaliser la diversité à l'échelle du quartier sans forcer les habitants à vivre à proximité de gens qui sont différents d'eux. S'il faut construire des ensembles exclusivement destinés aux ménages à faible revenu, ils devraient être assez petits pour n'avoir guère d'effet visible ou social sur le voisinage immédiat. La taille optimale dépendra probablement de la nature du secteur, elle sera plus petite parmi les maisons individuelles que parmi les tours d'habitation. Aucune preuve concluante ne permet de fixer une taille maximale, mais dans de nombreux secteurs, une vingtaine de logements semble une échelle raisonnable.

La diversité est également importante à l'échelle municipale. Ici, les avantages immédiats sont de nature économique, mais il y a des conséquences pour la justice sociale et le développement communautaire. Jusqu'ici, les municipalités canadiennes n'ont pas été caractérisées par une ségrégation marquée. Dans certains cas, cependant, surtout dans les grandes régions métropolitaines, il y a une évolution. Bien que la gentrification n'ait pas fait des centres-villes des ghettos pour les riches, les tendances actuelles indiquent que la diversité devra de plus en plus entrer en ligne de compte dans les politiques à cette échelle.

Pour réaliser la diversité sociale, il faut aménager ou maintenir toute une gamme de logements en location ou pour occupation par le propriétaire. La diversité du mode d'occupation est l'une des façons les plus simples de réaliser la diversité sociale dans un ensemble donné. C'est aussi une façon efficace de mettre un frein à toute tendance à l'homogénéisation. Au palier municipal, la préservation des niveaux actuels de diversité sociale dépendra du maintien du choix de modes d'occupation. Ce ne sera pas un dossier d'actualité dans la plupart des municipalités pendant la prochaine décennie, mais dans les grands centres cela prendra de plus en plus d'importance. Ici, la position des ménages à faible revenu en ce qui concerne le mode d'occupation et l'abordabilité des logements constitue un problème sérieux et croissant. Les avantages que présente le maintien d'une diversité sociale à l'échelle municipale militent en faveur de la promotion de la diversité des modes d'occupation dans le noyau central des villes.

Dans cette démarche, les gouvernements seront handicapés par les forces du marché et par les subventions fiscales enchâssées (non imposition des gains de capital et des loyers théoriques) pour les propriétaires. La demande de logements dans le noyau central des villes est forte et ne semble pas devoir diminuer. En accroissant le niveau de propriété, les subventions implicites au propriétaire ont freiné l'acceptation de la diversité sociale par la collectivité. La réduction des subventions fiscales aiderait à atteindre l'objectif de promotion de la diversité au palier municipal, mais une telle mesure aurait de nombreuses conséquences et semble très improbable. Il faut utiliser d'autres façons, plus directes, de favoriser la diversité à cette échelle.

Le choix des moyens politiques en vue de favoriser la diversité sociale et la diversité du mode d'occupation à l'échelle municipale dépend de critères économiques aussi bien que sociaux et politiques. Une évaluation approfondie serait ici hors de propos. D'après ce que nous savons déjà, cependant, il est au moins possible de commenter l'acceptabilité sociale des options au niveau du quartier. D'après l'expérience passée, la réglementation touchant les conversions en copropriété et les rénovations des immeubles d'appartements ne se heurtera qu'à peu de résistance, car de telles politiques tendent à préserver le statu quo. Malheureusement, des politiques passives de ce genre se sont déjà avérées insuffisantes. Par ailleurs, des politiques plus actives se heurteront à une plus forte résistance. Les tentatives visant à encourager une occupation plus dense des secteurs résidentiels existants devraient avoir un certain effet dans les secteurs où les prix élevés forcent déjà les accédants à la propriété à penser à subdiviser leurs maisons. Ces tentatives se heurteront toutefois à une certaine opposition, surtout là où elles entraîneront l'arrivée de ménages dont les revenus sont inférieurs à la moyenne actuelle du quartier. Les petits ensembles d'habitation, même ceux qui sont mixtes, n'auront vraisemblablement pas un meilleur sort, à moins de remplacer une utilisation indésirable du sol ou d'être placés dans un secteur où il y a déjà mélange des utilisations (Vancouver 1986, 14).

Sur le plan social, les suppléments au loyer ou les grands ensembles comme St. Lawrence et False Creek seraient vraisemblablement mieux acceptés. Les suppléments au loyer permettent d'intégrer des logements subventionnés au parc existant et ne semblent guère susciter d'opposition, même lorsque les logements subventionnés sont reconnus comme tels. Malheureusement, ils dépendent de la participation des propriétaires-bailleurs du secteur privé qui, pour la plupart, n'ont guère manifesté d'enthousiasme. Des ensembles mixtes à l'échelle du quartier susciteraient l'opposition des voisinages résidentiels existants, mais sur un site inoccupé ou vacant, cela ne serait pas un problème. Certains de ces sites ont été créés à la suite de fermetures d'usines dans plusieurs secteurs des centres-villes, par exemple les terrains Massey à Toronto. De tels terrains offrent une possibilité rare de construire des logements pour les ménages à faible revenu là où ils sont nécessaires et sans susciter une forte opposition de la collectivité. Le problème ici — comme en fait foi l'annulation du projet Ataratiri de la ville de Toronto — est le coût du nettoyage environnemental. Si le prix peut être rendu acceptable, peut-être en faisant en sorte que les ménages à revenu moyen et modeste paient la pleine valeur du marché, de tels ensembles permettent d'espérer qu'il soit possible de maintenir la diversité sociale à l'intérieur du noyau central des villes canadiennes, à l'avantage de tous les intéressés.

Notes

1 Dans son évaluation de ces programmes, la SCHL considère la diversité sociale comme un objectif supplémentaire implicite. Voir SCHL (1983a, 160–81) et Hulchanski et Patterson (1984).

2 En pratique, toutefois, parce que certaines subventions sont allées à ceux qui n'en avaient pas besoin, les ensembles mixtes étaient coûteux. Mais ce phénomène est causé moins par l'existence de la diversité que par la conception et l'application du programme.

3 On peut se procurer un exemplaire du questionnaire sur demande. Je l'ai envoyé par la poste aux directeurs de 69 services locaux d'urbanisme le 27 mars 1986. Les services ont été choisis par une procédure d'échantillonnage stratifié qui avait pour but d'obtenir la représentation de villes et de banlieues dans des agglomérations de toutes tailles et dans toutes les régions du pays. Aucune tendance particulière ne s'est dégagée chez les répondants. Dans la plupart des cas, les directeurs d'urbanisme avaient délégué la tâche de remplir le questionnaire aux employés chargés du logement ou de la planification communautaire.

4 En fait, si les ménagères constituent une classe à part, tous les ménages qui comportent un gagne-pain et une ménagère à plein temps sont socialement mixtes.

5 Des statistiques de revenu et de propriété pour les classes sociales ont été calculées d'après la « classe du travailleur » déclarée et les données professionnelles (Harris 1986b, note 5). Ces données sur le « chef de ménage » prêtent flanc à l'objection, mentionnée ci-dessus, qu'on ne tient pas compte de la situation sociale du conjoint. Les données personnelles sur le rapport entre la classe et le revenu (non déclaré) révèlent une situation semblable à celle qui prévaut pour les ménages.

6 Aucune affirmation plus catégorique n'est possible, puisque nos connaissances comportent des lacunes importantes.

7 Les indices de 1981 ne sont pas exactement comparables à ceux de 1971, puisqu'ils

portent sur le revenu de la famille plutôt que sur celui du ménage. En outre, parce que ces valeurs sont estimées pour sept catégories de revenu, plutôt que six, on s'attendrait à ce que les valeurs soient quelque peu plus élevées. Dans ce contexte, la baisse apparente de la ségrégation chez les plus riches pourrait en fait être beaucoup plus considérable que la comparaison directe des indices ne le laisserait croire.

8 Cinq groupes professionnels ont été définis. Pour les gestionnaires (gestion, administration et professions connexes), les indices des villes s'établissaient en moyenne à 0,19 et variaient entre 0,17 à St. John's et 0,24 à Hamilton. Dans la catégorie des professions et techniques (enseignement, médecine et technique), des emplois de bureau et des ventes (ventes et services) et des cols bleus (transformation primaire et usinage), les indices des villes avaient des moyennes, dans l'ordre, de 0,15, 0,07, 0,06, 0,015 et 0,13. Lorsque l'on a ventilé ces grandes catégories en 14 groupes professionnels, les valeurs des indices ont atteint des niveaux beaucoup plus élevés, dépassant parfois 0,50. Ces données ne sont pas publiées dans le détail, mais peuvent être communiquées sur demande par l'auteur. Les indices de ségrégation socio-économique portent uniquement sur des ménages dont le chef est un homme.

9 Dans une enquête réalisée à Toronto au début des années 70, Michelson (1977, 137) constate que 81 % des locataires à revenu moyen désiraient habiter un logement de propriétaire-occupant. La proportion chez les propriétaires était encore plus élevée.

CHAPITRE DIX-NEUF

Le logement et les politiques de développement communautaire

Jeffrey Patterson

LE DÉVELOPPEMENT COMMUNAUTAIRE est à la fois un moyen et une fin, un processus et un aboutissement (Compton 1971). En tant que processus, il vise à amener les gens à prendre la maîtrise de leur propre vie — ce qu'on appelle souvent « l'habilitation » (Maslow 1954; Single Displaced Persons Project 1983). Dans ce sens, il a aussi comme objectif de faciliter la « participation des citoyens » à la vie collective. Entendu comme un aboutissement, ce terme désigne la mise en œuvre de divers services et de programmes gouvernementaux visant à améliorer la qualité de vie et à soulager les défavorisés.

Pourquoi le développement communautaire est-il devenu partie intégrante des politiques et des programmes gouvernementaux en matière de logement? Pourquoi les planificateurs en habitation devraient-ils s'en préoccuper? En tant que fin, la prestation des services communautaires visant à améliorer la qualité de vie, ou à tout le moins la planification de ces services, est un prolongement naturel des programmes de logement. Le développement communautaire est au cœur des programmes gouvernementaux parce que le maintien d'habitations adéquates dépend des efforts de collectivités entières, et les efforts communautaires peuvent souvent compléter les programmes gouvernementaux de logement et en accroître l'effet, réduisant ainsi la somme des fonds publics nécessaires pour réaliser les objectifs de logement (Nations Unies 1987, 6).

Nous analysons ici les tendances de l'offre, de la qualité et de la suffisance des services et installations communautaires, en nous concentrant sur le rôle des gouvernements. Nous examinons également l'évolution du contrôle que les Canadiens exercent sur la qualité et les choix de logements et sur leur cadre de vie. Ensuite, nous évaluons les progrès réalisés en matière de développement communautaire de même que le rôle des politiques et programmes de logement à cet égard.

La réalisation des objectifs de développement communautaire et l'interaction entre le logement et le développement communautaire touchent tous les paliers de gouvernement avec leurs divers programmes et politiques. Tous les ordres de gouvernement assurent des services. Les provinces fournissent une bonne partie des services et des équipements (soit directement, par le financement, soit par la réglementation), réglementent l'utilisation du sol et établissent le cadre au sein duquel les gouvernements locaux planifient l'utilisation du sol et les équipements collectifs. Les municipalités sont souvent chargées de la planification et de la prestation des services et des équipements utilisés dans la vie quotidienne, tels que les rues, les égouts, les conduites d'eau, les transports en commun, les équipements et services d'enseignement et de loisir ainsi que les services sociaux. Au palier fédéral, plusieurs ministères, de même que la SCHL, s'occupent de développement communautaire. En outre, le gouvernement fédéral influence la prestation des services par ses programmes de dépenses. Étant donné que chaque ordre de gouvernement travaille de son côté à ses propres objectifs de développement communautaire, et aussi souvent à ses propres programmes et politiques de logement, la description du processus canadien de développement communautaire est nécessairement complexe. Dans le présent chapitre, seuls quelques aspects sont mis en lumière.

Les origines du mouvement moderne de réforme urbaine

Les politiques canadiennes de logement et de développement communautaire après la Seconde Guerre mondiale étaient conditionnées par la situation du logement, par les événements économiques et sociaux antérieurs à 1945 et par les traditions culturelles et institutionnelles du Canada. Les premières politiques de logement de l'après-guerre réagissaient avant tout à la pénurie de logements. Si on se reporte à l'année 1951, par exemple, une famille canadienne sur neuf serait aujourd'hui considérée sans logis, car elle n'avait pas son propre logement (SLC 1985, tableau 111). Plus d'un ménage sur cinq vivait dans un logement surpeuplé (selon la définition de la SLC, un logement qui compte plus d'une personne par pièce). Le besoin de loger les soldats qui revenaient au pays et la nécessité de leur créer des emplois immédiats et de créer d'autres emplois pour ceux qui avaient travaillé à la production de munitions ont également guidé les politiques de logement au début de l'après-guerre (Rose 1980, 5–7).

Les politiques du logement d'après-guerre constituaient dans une mesure moindre une réaction à l'existence des taudis et à la nécessité d'améliorer la qualité et la taille des habitations de la classe moyenne[1]. Au moment de la grande dépression des années 30, les conditions urbaines dans de vastes secteurs de Montréal n'étaient guère mieux que celles que décrivait Herbert Ames (1897, 18–29) à la fin du XIXe siècle. Les années 30 ont peut-être été plus dures pour la classe ouvrière de Montréal que dans toute autre ville du pays (Copp 1974, 140). Il semblait de plus en plus urgent d'éliminer les taudis, particulièrement à Montréal et à Toronto.

Même si les taudis n'étaient ni aussi nombreux ni en aussi mauvais état dans les quartiers ouvriers de Toronto que dans ceux de Montréal, ils ont néanmoins suscité la volonté d'améliorer la situation dans l'après-guerre (Lemon 1985, 81–112). Le rapport Bruce (Ontario 1934) a recommandé au bureau des commissaires de Toronto de remplacer les taudis par des logements à bon marché et a proposé également que les gouvernements fédéral et provincial subventionnent la première initiative de rénovation urbaine de Toronto et du Canada. Dans la décennie suivante, un débat eut lieu entre conservateurs et radicaux sur la meilleure façon d'éliminer les taudis de Toronto. Les conservateurs réclamaient des programmes de rénovation. En 1936, le conseil municipal de Toronto a adopté le premier règlement sur les normes de logement au Canada. En 1940, 16 400 prêts, d'une valeur totale de 5,6 millions de dollars, avaient été consentis à Toronto aux termes de la Loi fédérale garantissant des emprunts pour réfection de maisons — soit de 20 % à 30 % des engagements à l'échelle du pays (Lemon 1985, 68). Les conservateurs soutenaient également que la démolition des taudis et la construction de logements subventionnés pour les ménages à faible revenu entraîneraient une ségrégation par classe qui serait « encore pire que l'ancien système féodal » (Central Council of Ratepayers' Associations, cité par Lemon 1985, 67).

Bien que ne disposant d'aucun moyen de réaliser leurs ambitions, les réformateurs continuaient de soutenir que la solution de rénovation était insuffisante. Pour eux, cette solution visait plus à créer de l'emploi qu'à améliorer les conditions de logement[2]. Les réformateurs demandaient aussi une planification du milieu urbain capable de venir à bout des quartiers insalubres (League for Social Reconstruction 1935). Il n'est jamais venu à l'esprit des réformateurs que les résidants des taudis pourraient s'opposer à ces moyens d'action. On voulait que les personnes déplacées soient relogées dans des logements de meilleure qualité à des loyers abordables (Carver et Hopwood 1948). Le Toronto Reconstruction Council a été créé en 1943, et en 1946 il publiait un rapport sur la nécessité de logements subventionnés, calculant qu'il fallait 50 000 logements (Carver et Adamson 1946). En décembre 1945, les réformateurs ont finalement eu gain de cause et le conseil municipal de Toronto a approuvé l'aménagement de l'ensemble de logements locatifs de Regent Park.

LE DÉVELOPPEMENT COMMUNAUTAIRE ET LES BANLIEUES CANADIENNES

Plus encore que la production de logements subventionnés, de logements locatifs ou même le réaménagement des taudis, une des principales réalisations de la politique de logement d'après-guerre a été la création des collectivités et des ensembles d'habitations de banlieue (voir le chapitre 12). Tout aussi important pour l'augmentation du nombre de nouveaux ménages vivant dans les banlieues a été le début du « baby boom », qui devait durer 15 ans, et le fait qu'une bonne partie de la nouvelle population était constituée de ménages familiaux (SLC 1985, tableau 111)[3].

Aidée par les politiques des trois paliers de gouvernement et encouragée par les établissements de crédit, l'industrie de la promotion a bientôt été dominée par de grandes sociétés (Sewell 1976). Les nouveaux ensembles de banlieues ont surtout été peuplés par des personnes de moins de 45 ans et qui commençaient à élever leurs enfants (Clark 1966, 82–141). Ces nouveaux habitants n'avaient pas de forts attachements urbains. Leur principale loyauté était envers la vie familiale et les liens formés par le travail et l'éducation des enfants. Les banlieusards cherchaient à s'épanouir en devenant propriétaires de leur maison et en recherchant des espaces dégagés (Thorns 1972, 111–25). Mais cela entraînait des coûts; par exemple, la solitude des femmes et le fardeau du remboursement du prêt hypothécaire de même que le navettage quotidien pour les hommes (voir Clark 1966; Thorns 1972).

Qu'est-ce qui a poussé les familles à s'en aller en banlieue? Qu'est-ce que cela a signifié pour le développement communautaire au Canada, dans le passé et à l'heure actuelle? Quelles en sont les conséquences pour l'avenir? Pour la majorité de la population au XIXe siècle, la vie urbaine signifiait les privations, l'instabilité et la menace du chômage (Mumford 1938, 143–68). Ces difficultés et perturbations ont été à la base du développement du concept de quartier idéal.

Présenté en 1924 par Clarence Perry, le concept de quartier s'appuyait sur la réalisation d'objectifs sociaux (Colcord 1939, 83). Pour Perry, la conception des quartiers reposait sur les principes suivants :

- l'école élémentaire devait être placée au centre du quartier, avec une bibliothèque, un cinéma et une église;
- les fonctions commerciales devaient être concentrées dans des centres commerciaux situés en périphérie;
- chaque famille devait avoir son jardin;
- les artères routières devaient servir à délimiter les frontières du quartier;
- les immeubles d'appartements devaient être situés en périphérie;
- il devait y avoir des groupements homogènes sur le plan du revenu à l'intérieur du quartier.

Selon Perry, il était idéal que la promotion soit faite par une grande entreprise, car il était plus difficile de réaliser le quartier idéal dans le contexte de la fragmentation qui caractérisait l'aménagement urbain au moment où il a formulé ses principes. Il voyait dans les promoteurs qui détenaient de vastes terrains des sources potentielles de progrès pour la promotion des objectifs sociaux dans la planification des quartiers.

Selon Emery et Trist (1973, 57–67), le concept de quartier se voulait une réaction à l'expérience de l'agitation urbaine. La simplification, la réduction de la complexité et le retrait étaient des façons de se démarquer de l'agitation. Ces tendances sont manifestes dans les environnements résidentiels alternatifs d'après-guerre qui sont apparus tout d'abord aux États-Unis puis au Royaume-Uni. Ces environnements caractérisent à des degrés divers les aménagements de banlieue à Montréal, Toronto et Vancouver. Don Mills (Ontario) est devenu le modèle au Canada. En outre, ces mêmes principes ont été appliqués à des collectivités plus petites.

LA POLITIQUE PUBLIQUE ET LA BANLIEUE

L'expérience des 15 années précédant 1945 n'avait pas préparé les gouvernements à la croissance qui s'en venait. Cependant, les gouvernements ont réussi à s'y adapter. Les programmes et politiques mis en vigueur aux termes de la LNH pour stimuler la construction de logements — les prêts hypothécaires conjoints suivis de l'assurance-prêt hypothécaire, des programmes de construction locative et de l'aide aux entrepreneurs locatifs privés — constituaient une adaptation à cette nouvelle échelle de développement. Les provinces avaient déjà commencé à mettre en place un cadre de planification régissant les nouveaux aménagements. Les provinces et les municipalités ont également conjugué leurs efforts pour construire des égouts collecteurs, des conduites d'eau et des usines de traitement des eaux usées auxquels les nouveaux lotissements pouvaient être reliés.

Le rythme et l'ampleur de la croissance imposaient des charges financières à la fois aux provinces et aux municipalités, mais de nouvelles politiques leur ont permis d'y faire face. De plus en plus, les promoteurs étaient tenus d'installer des services et de construire des rues avant qu'on autorise la vente de terrains dans les lotissements. Les grandes entreprises de promotion étaient en mesure d'intégrer ces nouvelles fonctions. Dans les provinces où les grandes entreprises de promotion étaient rares, particulièrement au Québec et dans les provinces de l'Atlantique, la viabilisation atteignait rarement le niveau réalisé ailleurs.

N'ayant pas de recettes fiscales de commerces ou d'industries, les petites municipalités de banlieue trouvaient très difficile de financer les nouveaux services. C'est là une des raisons qui ont amené la formation de gouvernements régionaux (Colton 1980, 52–73; Lemon 1985, 108–11; Rose 1972). Le premier de ces gouvernements régionaux a été créé à Toronto en 1953. Au cours des deux décennies suivantes, d'autres villes, notamment Montréal, Winnipeg et Vancouver, ont emboîté le pas, bien qu'elles aient utilisé des modèles différents et attribué des fonctions différentes au palier régional. L'Ontario et le Québec ont créé des gouvernements régionaux dans les grandes villes à croissance rapide. L'Alberta a résolu le problème en encourageant les villes à annexer les nouveaux territoires de banlieue.

La planification fiscale et les droits de lotissement ont également été des solutions alternatives. La planification fiscale exige que les nouveaux logements et aménagements génèrent des recettes suffisantes au titre de l'impôt foncier — qui reste la principale source de revenu des municipalités partout au Canada. Les droits de lotissement, qui en 1988 s'établissaient à près de 10 000 $ par nouveau logement dans certaines municipalités de la Colombie-Britannique et de l'Ontario, ont permis aux municipalités d'aménager des installations communautaires qui, au départ, étaient souvent inexistantes dans les banlieues aménagées auparavant. Si ces phénomènes ont eu pour résultat d'accroître la qualité des aménagements de banlieue, ils ont aussi eu pour effet d'exclure un nombre croissant de Canadiens à revenu modeste des nouvelles banlieues.

En outre, le gouvernement fédéral, y compris la SCHL, a aidé les provinces et les municipalités en accordant des subventions et des prêts pour l'aménagement d'usines de pompage et de traitement des eaux usées et pour l'installation des conduites principales dont avaient besoin les nouveaux lotissements. Ces contributions avaient rarement un objectif à caractère social ou de développement communautaire. Une exception cependant, le programme des subventions d'encouragement aux municipalités, qui versait 1 000 $ aux municipalités pour chaque logement à densité moyenne, de taille modeste pour lequel un permis de construire était délivré entre 1975 et 1978[4]. L'objectif du programme était d'encourager les municipalités à permettre la construction de logements destinés aux ménages à revenu modeste; ces logements n'auraient peut-être pas été construits sans ce programme.

La SCHL, conjointement avec les gouvernements provinciaux et municipaux, a également mis sur pied un programme de regroupement des terrains à compter de 1945, bien que le gouvernement fédéral ait mis fin à sa participation en 1978 (Spurr 1976, 275)[5]. Ces regroupements de terrains ont été entrepris pour diverses raisons (Spurr 1976, 247–57); l'une d'elles, qui était de faciliter la construction de logements sociaux, faisait partie intégrante des objectifs du développement communautaire. Un grand nombre de logements sociaux ont été construits sur des terrains acquis et viabilisés par les pouvoirs publics pour être ensuite mis à la disposition des marchés locaux à Toronto et dans d'autres municipalités de l'Ontario, de même qu'à Winnipeg et à Edmonton; un nombre moins important ont été construits dans beaucoup d'autres municipalités.

Ce n'est qu'à Saskatoon, et dans une mesure moindre à Edmonton, qu'on a fait des efforts concertés en vue d'influencer l'aménagement des banlieues au moyen de regroupements de terrains publics. Le programme Home Ownership Made Easy (HOME) de l'Ontario diversifiait les types de logements à l'échelle de la collectivité et restreignait la construction à des logements abordables destinés à des acheteurs à revenu faible ou modeste. À la fin des années 70, la SCHL a promulgué de nouvelles directives pour l'aliénation des terrains qu'elle avait en sa possession; selon ces directives, les bénéfices découlant de la promotion immobilière devaient demeurer dans la collectivité sous forme de services. Les objectifs de développement communautaire jouaient un rôle plus grand dans le cas des terrains regroupés par les gouvernements que dans le cas des aménagements privés de banlieue; par exemple, dans le premier cas on s'est généralement préoccupé de la diversité démographique et sociale et on a généralement prévu un certain nombre de logements sociaux (programme global d'aménagement des terrains et de gestion foncière).

Les programmes publics de regroupement et d'aménagement de terrains peuvent influencer l'orientation de l'aménagement urbain. Cependant, rares sont les endroits où on les a utilisés (on l'a fait à Mount Pearl, Terre-Neuve, par exemple). Étant donné l'augmentation rapide du prix des maisons au début et au milieu des années 70, on a beaucoup parlé des avantages des regroupements de terrains. En 1972, le groupe de travail de la SCHL sur les logements pour les ménages à faible revenu recommandait un nouveau programme conjoint de regroupement de terrains[6]. En 1978, la SCHL et les provinces ont commandé conjointement une étude de l'offre et du prix des terrains résidentiels (Greenspan 1978). Après la présentation du rapport du groupe de travail, cependant, on a soudainement cessé de parler de grands projets de regroupement de terrains lorsque le gouvernement fédéral a décidé de ne pas y participer. Quelques provinces, notamment l'Ontario, le Manitoba et la Saskatchewan, ainsi que leurs municipalités ont continué de travailler à des projets de regroupements de terrains, mais à une échelle réduite.

LA RÉNOVATION URBAINE ET LE LOGEMENT PUBLIC DANS LE NOYAU CENTRAL DES VILLES

Les nouvelles banlieues n'étaient pas les seuls secteurs où l'aménagement réagissait au tumulte qui avait caractérisé les villes dans la première partie du XXe siècle. Les mêmes tendances d'adaptation, de simplification, de segmentation et de retrait ont été appliquées au noyau central des villes avec la construction d'ensembles de logements publics et la rénovation urbaine. Le logement public et la rénovation urbaine impliquaient la responsabilité du gouvernement face à la réalisation des objectifs de développement communautaire, et mettaient à l'épreuve sa capacité de le faire.

Un des principaux jalons de cette histoire est l'ensemble Regent Park North à Toronto. Lorsque la ville de Toronto lui a demandé de modifier la LNH afin de permettre au gouvernement fédéral d'accorder des subventions au logement locatif, la SCHL a offert uniquement de souscrire une partie du coût d'acquisition et de démolition de l'emplacement de Regent Park. Cette activité de « rénovation urbaine » a permis à la ville de construire des logements locatifs. Les travaux ont commencé en 1946. Parmi les principes qui avaient guidé l'élaboration du plan de l'ensemble, on note une pénétration restreinte de l'automobile dans le quartier, l'élimination de tous les commerces, la présence d'espaces verts autour des logements et l'uniformité des maisons; des principes semblables régissaient également les aménagements de banlieue. Les loyers étaient subventionnés selon une échelle progressive. Ainsi est né le premier ensemble de logements publics au Canada où les loyers étaient subventionnés et proportionnés au revenu.

En 1949, le gouvernement fédéral a modifié la LNH de façon à permettre l'aménagement d'ensembles mixtes d'habitations conjointement avec les provinces et de partager le coût des subventions permanentes aux logements locatifs, facilitant ainsi l'aménagement d'ensembles de logements modelés sur Regent Park dans les grandes villes du Canada. Le premier ensemble de logements publics de Montréal, les Habitations Jeanne Mance, a été aménagé en 1956; il comptait plus de 900 logements. À Vancouver, Winnipeg et Halifax, on a aménagé, dans l'ordre, Strathcona, Lord Selkirk et Mulgrave Park. Regent Park South, Moss Park et Alexandra Park, tous aménagés sur le site d'anciens taudis, ont été ajoutés au parc de logements publics de Toronto au milieu des années 60.

Les modifications apportées en 1949 à la LNH et l'aménagement d'ensembles de logements publics dans les villes de tout le Canada constituaient une victoire restreinte pour le mouvement de réforme urbaine. Le gouvernement fédéral a également annoncé en 1949 qu'il mettait fin à son programme direct d'aménagement de logements locatifs ainsi qu'aux contrôles fédéraux des loyers. Dans la mesure du possible, il a vendu les logements aux occupants, dont beaucoup avaient un revenu modeste et désiraient être propriétaires.

Il y a eu aussi des limites à l'aménagement même de logements publics. Au début, la SCHL soutenait que son mandat était uniquement de fournir des logements et on ne prévoyait guère d'espace dans les ensembles pour les services sociaux et communautaires. Plus important encore, l'aménagement de logements publics était le plus souvent lié à la démolition d'un nombre équivalent de logements existants. En réponse à la question de savoir si le gouvernement fédéral accepterait d'aménager un ensemble de logements publics sur des terrains vacants en banlieue, le ministre responsable du logement écrivait en 1956 au président de la SCHL :

> Nous n'aurions le droit d'utiliser des fonds publics pour le logement que là où l'entreprise privée ne réussit pas à répondre aux besoins... C'est pourquoi le gouvernement estime que le logement public se justifie surtout lorsqu'il est lié à la démolition des taudis[7].

Le logement et le développement communautaire dans les années 60 et 70

Au début des années 60, les gouvernements ont redoublé d'efforts en vue de modifier le schème de développement urbain du Canada. Les projets de réaménagement urbain se sont multipliés, aidés de subventions et de contributions du gouvernement fédéral pour la planification et la réalisation des projets. La forme des banlieues a été également modifiée. Les immeubles d'appartements, construits tant par le secteur public que par le secteur privé, sont apparus en grand nombre dans les banlieues d'après-guerre. Le caractère social et démographique des banlieues a été modifié de façon spectaculaire.

Pendant les années 50, bon nombre de villes canadiennes se sont dotées d'un ou plusieurs grands ensembles de logements publics, généralement sur l'emplacement de taudis démolis. Le programme fédéral-provincial de rénovation urbaine est arrivé à maturité dans les années 60. Au moment où on a imposé un moratoire à l'approbation de nouveaux projets, en 1969, 161 études de rénovation urbaine avaient été effectuées dans presque toutes les grandes villes, de même que dans beaucoup de localités plus petites (SCHL, City Urban Assistance Research Group 1972, 2a : 24). Quelque 84 projets de rénovation urbaine avaient été approuvés. Même si quelques gros projets dans les grandes villes ont surtout attiré l'attention du public, la majorité des projets ont été réalisés dans des collectivités moyennes ou petites. Le tableau 19.1 résume les dépenses de rénovation urbaine du gouvernement fédéral, qui constituent environ la moitié du total des dépenses par les trois paliers de gouvernement. Le total des dépenses pour les projets autorisés jusqu'à 1969 était de plus de 222 millions de dollars. Les projets dans les villes de plus de 100 000 habitants représentaient 77 % du total des dépenses; les dépenses des seules villes de Halifax, Saint John, Montréal, Ottawa, Toronto et Hamilton équivalaient à environ la moitié de l'activité de rénovation.

À la fin des années 60, la rénovation urbaine commençait à faire l'objet de controverses. Des superficies considérables près des centres de Halifax, Montréal et Toronto ont été démolies en vue du réaménagement. Bien qu'une partie des

Tableau 19.1
Dépenses dans le cadre du programme de rénovation urbaine et du PAQ, par centre urbain du Canada
(en milliers de dollars)

Ville	Rénovation urbaine 1948–1973	PAQ 1973–1978
Halifax-Darmouth (N.-É.)	12 345	3 711
Saint-John (N.-B.)	19 113	1 498
St. John's (Terre-Neuve)	4 304	4 099
Autres localités des provinces de l'Atlantique	2 002	17 292
Montréal (Québec)	30 312	5 559
Autres localités du Québec	40 601	38 335
Hamilton (Ontario)	22 976	733
London (Ontario)	3 587	2 469
Ottawa (Ontario)	20 452	2 413
Sudbury (Ontario)	9 930	1 229
Thunder Bay (Ontario)	4 322	2 291
Toronto (Ontario)	18 441	6 562
Windsor (Ontario)	2 610	2 186
Autres localités de l'Ontario	10 149	41 014
Winnipeg (Manitoba)	7 189	8 792
Regina (Saskatchewan)	178	1 464
Calgary (Alberta)	6 948	4 223
Autres localités des provinces des Prairies	175	22 527
Vancouver (C.-B.)	7 292	6 325
Victoria (C.-B.)	1 697	1 500
Autres localités de la Colombie-Britannique	2 531	12 097
Régions urbaines de plus de 100 000 habitants	174 797	59 945
Autres localités du Canada	51 292	126 447

SOURCE : Données inédites communiquées par la SCHL.

terrains ainsi dégagés, la presque totalité dans le cas de Toronto, aient été utilisés pour l'aménagement de nouveaux logements publics, beaucoup de familles avaient été forcées de déménager et les nombreux célibataires qui habitaient dans des meublés ont trouvé d'autres chambres là où ils ont pu, car ils n'étaient pas admissibles au logement public. Des milliers de locataires et de propriétaires étaient menacés d'expulsion ou d'expropriation, souvent au prix d'une perte financière. Les pauvres et leurs défenseurs en sont venus à considérer que l'objectif de la rénovation urbaine était le déplacement des pauvres. L'indemnisation des propriétaires était souvent inférieure à la valeur marchande de leur maison aux termes de lois provinciales désuètes sur l'expropriation. Même si le problème était dû en grande partie aux lois sur l'expropriation et aux politiques d'indemnisation, on a formulé de nombreux reproches à l'endroit du programme même de rénovation.

La rénovation urbaine a dispersé les collectivités existantes, ce qui était contraire aux objectifs du développement communautaire. Les avantages de la rénovation sont allés à la minorité des personnes déplacées qui ont eu la possibilité de revenir dans les logements publics et qui ont choisi de le faire. Pour ceux qui ont continué de louer un logement dans le secteur privé, la rénovation urbaine a souvent mené à une augmentation de loyer, en plus de déranger leur vie. On a graduellement compris qu'il fallait minimiser les déplacements et les augmentations de loyer, et travailler avec les locataires et les propriétaires sur place afin de réaliser les objectifs de développement communautaire. On a aussi compris graduellement la nécessité de fournir des installations communautaires et des services aux résidants.

Dans les années 60, les politiques et programmes du gouvernement fédéral ont également évolué en ce qui concerne les programmes de logement social. Les modifications apportées en 1964 à la LNH permettaient de consentir des prêts à des organismes de logement sans but lucratif et un nouvel article sur le logement public — permettant à la SCHL de consentir des prêts aux sociétés de logement municipales et provinciales — constituait une solution de rechange au partenariat fédéral-provincial qui manquait de souplesse. Le gouvernement de l'Ontario a réagi à ce changement en créant la Société de logement de l'Ontario. D'autres provinces ont aussitôt emboîté le pas, choisissant de construire des ensembles de logements publics avec des prêts du gouvernement fédéral au lieu de recourir au partenariat. Les gouvernements municipaux n'ont jamais pu tirer parti des nouvelles dispositions de financement du logement public à grande échelle, probablement en raison de l'obligation de fournir une contribution de 10 %. Près de 23 000 logements publics ont été construits au cours des cinq années suivantes, et 162 000 ont été construits avant que le gouvernement fédéral ne mette fin, en 1978, aux dispositions financières généreuses, dans le cadre d'une réduction globale de ses engagements en matière de logement[8].

Tout comme la rénovation urbaine, le logement public a lui aussi suscité une controverse. Les provinces ont produit rapidement un grand nombre de logements en construisant à grande échelle et dans les banlieues. La vie dans ces ensembles n'était pas très bien vue dans l'ensemble de la collectivité, aussi bien que chez les résidants eux-mêmes. Dans son rapport sur la relocalisation des locataires dans le secteur Alexandra Park de Toronto, le Social Planning Council a signalé que de nombreux locataires refusaient d'emménager dans les logements publics, malgré les avantages financiers qu'ils procuraient (Social Planning Council Metropolitan Toronto 1970, S17). Les ensembles de logements publics étaient également impopulaires chez les propriétaires des maisons avoisinantes dans les banlieues.

Les politiciens fédéraux ont perçu l'insatisfaction à l'égard des programmes de rénovation urbaine et de logement public. Dans le cas de la rénovation urbaine, on a exercé des pressions sur les députés et les ministres afin qu'ils mettent un terme au financement des plans approuvés. Le gouvernement fédéral avait lancé sa « guerre contre la pauvreté » en 1967, mais son programme de rénovation urbaine nuisait aux intérêts des pauvres (*Trefann Court News* 23 novembre 1967). Ottawa allait devoir revoir et reformuler ses programmes de logement et d'aménagement urbain. Dans les villes elles-mêmes, la rénovation urbaine a suscité une opposition à l'égard des conseils municipaux à Montréal, Toronto, Winnipeg, Edmonton et Vancouver, à une échelle qu'on n'avait pas vue depuis les années 30.

Cinq années de réexamen des politiques

La période 1968–1973 a été marquée par un examen plus ou moins permanent des politiques canadiennes de logement et d'aménagement urbain; c'est au cours de cette période qu'a été institué le ministère d'État pour les Affaires urbaines. En avril 1968, Paul Hellyer, ministre des Transports et vice-premier ministre, a également été chargé de la politique fédérale de logement et de la SCHL. En septembre, il constituait son groupe de travail sur le logement et l'aménagement urbain, donnant aux deux sujets plus de visibilité qu'ils n'en avaient jamais eu. Hellyer et son groupe de travail ont visité tous les emplacements de rénovation urbaine contestés. Des mémoires appuyant de nouvelles initiatives de programmes en matière d'aménagement urbain sont arrivés de toutes parts. Hellyer a présenté son rapport en janvier 1969, mais il a démissionné du Cabinet lorsqu'il est devenu manifeste que la plupart de ses propositions n'aboutiraient pas rapidement à des mesures concrètes, peut-être même jamais[9].

Le successeur de Hellyer, Robert Andras, a aussitôt commencé à tenter de répondre aux attentes créées par la visibilité qu'Hellyer et son rapport avaient donnée à la question. L'économiste N.H. Lithwick de l'Université Carleton a été engagé pour entreprendre un examen de la politique urbaine fédérale. Au début de 1971, la SCHL a obtenu des rapports de groupes de travail externes sur le logement des ménages à faible revenu et sur l'aide urbaine. Il allait falloir du temps pour produire des rapports et donner suite aux recommandations éventuelles portant sur de nouveaux programmes et de nouvelles lois. Pour maintenir l'élan en vue de la réforme, on a lancé un programme de 200 millions de dollars d'innovation en matière de logement, dans le cadre duquel on a entrepris toute l'expérimentation que permettaient les lois. On a mis sur pied des projets d'aide à l'accession à la propriété et au logement locatif, ainsi que des coopératives d'habitation, qui devaient par la suite être sanctionnés par des lois. On a également consenti des prêts pour le logement des Métis, des Indiens sans statut et des Indiens vivant dans les centres urbains de l'Ouest. Même si le gouvernement fédéral n'était toujours pas officiellement en mesure d'accorder des subventions à des particuliers pour la remise en état des logements, on a aussi trouvé des façons de venir en aide à ces travaux[10].

NOUVEAUX PROGRAMMES ET POLITIQUES

Les modifications de 1973 ont permis à la SCHL de consentir des prêts aux coopératives d'habitation. Les prêts consentis à ces coopératives et à des sociétés sans but lucratif pouvaient atteindre 100 % de la valeur estimée, éliminant ainsi la nécessité d'une mise de fonds et supprimant les obstacles à leur utilisation par les municipalités et les petits groupes. Les nouveaux programmes reconnaissaient que les résidants des ensembles de logements destinés aux ménages à faible revenu, particulièrement les grands ensembles, subissaient un opprobre qui n'était sain ni pour les résidants ni pour l'ensemble de la collectivité, et prescrivaient qu'à l'avenir les ensembles de logements pour ménages à faible revenu devraient comporter une diversité de revenus; on considérait que 25 % était la proportion idéale de locataires à faible revenu.

Enfin, les modifications ont permis l'octroi de subventions aux propriétaires-occupants et aux propriétaires-bailleurs pour la remise en état des logements (PAREL) de même que la mise en place d'un nouveau programme, le PAQ, en remplacement du programme de rénovation urbaine. Ce nouveau programme mettait l'accent sur la rénovation et la conservation des logements et sur l'aide à la prestation des services de base et des installations communautaires. Du point de vue du gouvernement fédéral, le PAQ, en restreignant l'aide pour la démolition des taudis, avait aussi l'avantage de réduire les coûts (Crenna 1971). En raison de l'incertitude qui persistait concernant la meilleure orientation pour la politique d'aménagement urbain, le PAQ et le PAREL devaient se terminer au bout de cinq ans[11].

Dans l'ensemble, il s'agissait de concrétiser les principes de développement communautaire qui commençaient à se dégager. La meilleure façon d'aider les résidants était de le faire sur place. Il fallait des mesures pour faciliter la remise en état des logements détériorés. Les collectivités, dont beaucoup manquaient de services ou d'équipements, avaient besoin de fonds pour l'amélioration des installations de quartier, de façon à compenser dans une certaine mesure les désavantages de la faiblesse du revenu (Joint Task Force on Neighbourhood Support Services 1983, ES1–12). Plusieurs de ces quartiers étaient situés à proximité de vieilles usines et de leurs cheminées, et il fallait aussi nettoyer l'environnement.

Les logements aménagé et gérés par les coopératives et les sociétés sans but lucratif incarnaient aussi ces principes. Les résidants pouvaient participer à la conception des projets et ils pouvaient soit en assurer la gestion, soit y participer davantage que dans le cas des ensembles résidentiels administrés par les organismes publics de logement.

AUTRES SOUTIENS ET SERVICES

Il fallait apporter d'autres modifications aux programmes et aux politiques des autres ministères et organismes du gouvernement fédéral, ainsi que des gouvernements provinciaux et municipaux, et on l'a effectivement fait. En 1971, le gouvernement fédéral a mis en place certains programmes de création d'emplois à court terme en réaction à la hausse du chômage, notamment le programme d'initiatives locales (PIL) et Perspectives jeunesse (PJ). Plusieurs des initiatives locales étaient des programmes de rénovation de quartiers. Bien qu'aucun inventaire complet n'ait été publié, on a approuvé de nombreux projets émanant d'associations de quartier dans des secteurs de rénovation, ou dans des secteurs qui devaient être approuvés aux termes du PAQ. D'autres services, y compris l'aide pour la participation des citoyens à la planification de leur quartier, des services communautaires de quartier, de même que des services plus traditionnels ont bénéficié de l'aide des programmes PIL et PJ. La Compagnie des jeunes Canadiens (CJC), société fédérale d'État fondée en 1968, a aussi affecté des travailleurs à des chantiers de rénovation urbaine et d'amélioration de quartier.

En plus de contribuer aux coûts de l'amélioration des quartiers, les provinces ont apporté une aide en modifiant les lois et politiques d'urbanisme de façon à promouvoir et à exiger la participation des citoyens aux décisions municipales en matière de planification, notamment dans les secteurs de rénovation urbaine et d'amélioration des quartiers. Ils ont aussi modifié les lois sur la location immobilière pour accorder une plus grande securité d'occupation aux locataires, passant d'un système fondé sur le droit foncier à un régime fondé sur le droit des contrats.

Les modifications apportées au droit de la location foncière étaient aussi importantes du point de vue du développement communautaire. L'Ontario a été la première des provinces de common law à agir lorsqu'elle a modifié la partie IV de la Loi sur la location immobilière en 1970, sur la recommandation de sa Commission de réforme du droit. Les huit autres provinces de common law ont fait de même au cours des cinq années suivantes et deux d'entre elles, la Colombie-Britannique et le Manitoba, ont soustrait en grande partie les questions touchant la location immobilière au lourd appareil judiciaire en créant une régie provinciale. Bien que sa tradition juridique diffère de celles des provinces de common law, le Québec a également modernisé sa législation sur la location immobilière.

Les locataires du Québec et de Terre-Neuve continuaient d'être protégés par des systèmes de révision des loyers qui étaient demeurés intacts depuis la Seconde Guerre mondiale. Les huit autres provinces ont adopté un système de contrôle des loyers en 1975, dans le cadre du programme de lutte contre l'inflation du gouvernement fédéral. Toutes les provinces sauf l'Alberta et la Colombie-Britannique conservaient le contrôle des loyers à la fin de 1987.

Des changements progressifs semblables ont été apportés aux lois provinciales sur l'urbanisme afin d'assurer aux citoyens toute la latitude nécessaire pour influencer le contenu des plans. Les lois ou règlements provinciaux exigent ordinairement la tenue d'au moins une réunion publique. La plupart des municipalités sont allées plus loin, toutefois, surtout dans le cas des secteurs faisant l'objet de rénovation urbaine ou d'amélioration des quartiers. On trouve fréquemment, dans les grandes villes, des bureaux d'urbanisme sur place, à l'extérieur de l'hôtel de ville. Les comités permanents de résidants sont également fréquents.

La nouvelle offensive d'amélioration des quartiers découlant des modifications profondes apportées à la LNH, s'ajoutant aux initiatives des autres ministères et organismes des gouvernements fédéral, provinciaux et municipaux, ont permis au Canada de mettre résolument le cap sur la réalisation des objectifs de développement communautaire poursuivis depuis la Crise. La principale caractéristique était la tentative de reproduire à l'avenir en matière de logement et d'aménagement urbain ce qui s'était produit dans le passé. Les quartiers devaient contenir une diversité de groupes de revenu; les ensembles destinés à une fourchette étroite de revenus devaient être petits.

Vers une politique urbaine nationale

L'objectif ultime de nombreux décideurs était d'élaborer une politique urbaine nationale qui devait permettre au gouvernement fédéral d'intervenir au besoin et en collaboration avec le secteur privé et les gouvernements provinciaux de tout le pays. Une politique urbaine nationale a été lancée en 1965 par le Bureau du Conseil privé et son Secrétariat des plans spéciaux, ce dernier étant chargé de la « guerre contre la pauvreté » au Canada. Une des activités du Secrétariat avait été la coordination d'un comité fédéral interministériel représentant huit ministères dont l'objectif était de coordonner et d'accroître les ressources fédérales pour le développement communautaire par l'entremise, espérait-on, d'un futur organisme de développement communautaire[12].

Le ministère d'État aux Affaires urbaines (MÉAU) a été créé en juillet 1971 et avait pour mandat la recherche sur la politique urbaine et la formulation d'une politique urbaine fédérale (Sunga et Due 1975). Bien que le MÉAU ait reçu de vastes pouvoirs en vue de formuler et d'évaluer les politiques et programmes fédéraux en matière d'affaires urbaines ainsi que d'entreprendre des recherches et de coordonner des politiques, son effet global jusqu'au moment de sa dissolution en 1978 doit être considéré comme mineur. Comme le fait remarquer un spécialiste :

> L'efficacité des fonctions d'évaluation de la recherche et d'élaboration des politiques du MÉAU ainsi que des propositions du Ministère pour la coordination d'initiatives interministérielles fédérales et intergouvernementales est manifestement limitée par son degré de participation aux processus décisionnels du gouvernement (Sunga et Due 1975, 9).

Le Ministère n'a jamais eu de pouvoir décisionnel, ce qui a nettement restreint son efficacité. Bien qu'il ait mis sur pied des comités tripartites de coordination dans plusieurs grandes villes, il n'a jamais pu reproduire les efforts de développement communautaire du Secrétariat des plans spéciaux du Bureau du Conseil privé ni de la CJC[13].

L'évaluation des nouveaux programmes du gouvernement fédéral en matière de logement

Les nouveaux programmes et nouvelles politiques de logement et d'aménagement urbain ont été officiellement mis en place en 1973. Il s'agissait du dernier grand engagement du gouvernement fédéral au cours des 40 ans sur lesquels porte notre étude. La SCHL a publié une évaluation des programmes de coopératives d'habitation et de logements sans but lucratif en novembre 1983 (SCHL 1983a). Une évaluation globale de tous les programmes de logements sociaux a été entreprise, mais n'a jamais été publiée (SCHL 1983b). Ces évaluations de programmes se restreignent aux programmes de logement sans but lucratif, de coopératives d'habitation, de logement public et de supplément au loyer.

L'évaluation faite par la SCHL de ses nouveaux programmes de logement sans but lucratif et de coopératives d'habitation conclut que la diversité des groupes de revenu a été réalisée. Des enquêtes menées auprès des locataires ont révélé que ceux-ci étaient satisfaits; par ailleurs, les locataires des ensembles sans but lucratif et des coopératives ont manifesté une plus grande satisfaction que les locataires du logement public et les locataires de logements bénéficiant d'un supplément au loyer (SCHL 1983a, 130). On a tenu des réunions dans plus des deux tiers des ensembles sans but lucratif et des coopératives, mais dans un tiers seulement des ensembles de logements publics (SCHL 1983a, 182). On a donné suite aux suggestions des locataires dans environ 70 % des ensembles sans but lucratif et des coopératives, mais dans moins de 50 % des ensembles de logements publics[14]. Des données préliminaires et fragmentaires provenant de diverses sources révèlent qu'il y a place pour des améliorations considérables de la gestion des ensembles locatifs publics et privés, particulièrement du point de vue des locataires bénéficiant du supplément au loyer dans ces derniers ensembles (Edmonton Social Planning Council 1973, 4–10; Assemblée législative de l'Ontario 1981, iii–xix).

Bien que l'expérience de la diversité des revenus dans les programmes de logement sans but lucratif et de coopératives d'habitation ait été généralement positive, l'appui à l'objectif de diversification des revenus a été mitigé en raison de son coût. Puisque les locataires à faible revenu constituent souvent seulement le quart du total, et que les intérêts hypothécaires sont subventionnés de sorte qu'ils équivalent à 2 % pour tous les logements, les subventions semblaient bénéficier à des Canadiens à revenu moyen (Canada 1985). Les constructeurs ont lancé une campagne pour que le gouvernement fédéral remplace ses programmes de fourniture de logements par une allocation-logement qui serait versée aux ménages les plus nécessiteux (voir, par exemple, Clayton Research Associates Limited 1984b). Après consultation de l'ensemble des provinces et territoires, la SCHL a négocié de nouvelles ententes par lesquelles les provinces et territoires contribuent dans une proportion d'au moins 25 % aux coûts des programmes qu'ils désirent appliquer. La SCHL a confirmé que les subventions fédérales devaient être canalisées vers les ménages qui éprouvent des besoins impérieux de logement[15].

L'AMÉLIORATION DES QUARTIERS ET LA REMISE EN ÉTAT DES LOGEMENTS

Au moment où le Programme d'amélioration des quartiers a pris fin en 1978, il avait réalisé certains de ses objectifs[16]. Tout comme le MÉAU, le PAQ a été victime d'un débat concernant la nature du mandat fédéral. Entre 1973 et 1978, quelque 493 quartiers ont été désignés et les trois paliers de gouvernement ont dépensé 500 millions de dollars.

Le programme a été utilisé dans les grandes villes de tout le Canada, mais à la différence du programme de rénovation urbaine, son usage s'est généralisé dans les petites collectivités. Comme le montre le tableau 19.1, les dépenses à l'extérieur des villes dont la population était d'au moins 100 000 habitants en 1981 représentaient plus des deux tiers du total des programmes, bien que seulement un tiers des Canadiens habitent ailleurs que dans les grandes villes. Le programme a été essentiel pour la revitalisation des vieux quartiers des petites cités et villes.

Aucune évaluation globale du PAQ n'a jamais été entreprise, ni par le gouvernement ni par des tiers, bien que des évaluations de certains projets aient été publiées au début de 1986 :

> L'évaluation a généralement permis de conclure que le PAQ avait amené des changements physiques positifs dans les quartiers désignés par l'ajout d'équipements, la remise en état ou la reconstruction des logements, les améliorations de l'infrastructure, le dézonage et d'autres mesures connexes. Les avis étaient cependant partagés sur l'ampleur des réalisations dans des domaines comme la participation des résidants, l'application des règlements municipaux, l'urbanisme, l'intégration et le ciblage d'autres ressources gouvernementales et non gouvernementales, l'engagement à long terme de la municipalité et des résidants envers les vieux quartiers et la capacité des municipalités et provinces d'assumer les coûts de l'amélioration des quartiers sans aide fédérale permanente (Lyon 1986, 3).

Le PAQ a échappé à la plupart des critiques formulées à l'endroit du programme de rénovation urbaine, mais il n'a pas réalisé ses objectifs ambitieux de développement communautaire. Une dépense moyenne globale d'un million de dollars par quartier désigné n'était peut-être tout simplement pas suffisante pour réaliser ces objectifs.

Le programme PAREL, quant à lui, demeure en vigueur à la SCHL. Près de 314 000 logements, dont 71 % occupés par le propriétaire, ont bénéficié d'aide entre 1973 et 1985 (SLC 1985, tableau 74)[17]. Environ 39 % des logements de propriétaires-occupants et 89 % des logements de locataires bénéficiant d'aide étaient situés dans des centres urbains[18].

Tout comme le PAQ, le PAREL a réussi à éviter bon nombre des échecs des politiques et programmes précédents, mais il est impossible de l'évaluer de façon concluante. Le nombre de logements bénéficiant d'aide semble impressionnant, mais moins si on le répartit sur les 479 quartiers approuvés. Une évaluation publiée en 1979 par la SCHL s'inquiète du caractère partiel de la remise en état, en raison des sommes restreintes des prêts et subventions du PAREL (Social Policy Research Associates 1979).

On reprochait surtout à la rénovation urbaine le déplacement des résidants, particulièrement des locataires à faible revenu. Bien que les données sur le déplacement des locataires des immeubles bénéficiant de l'aide du PAREL soient incomplètes, il semble que le programme ait comblé cette lacune dans la plupart des villes où il a été utilisé, mais non dans toutes. Une enquête réalisée en 1979 auprès des propriétaires-bailleurs a révélé que 80 % des locataires demeuraient dans leur logement après les travaux, mais qu'entre 6 % et 24 % des locataires étaient déplacés de façon permanente par suite de l'application du PAREL (Social Policy Research Associates 1979, 102)[19]. Environ la moitié des locataires devaient payer un loyer plus élevé après les travaux, mais le pourcentage de locataires qui ont dû faire face à des hausses de loyer « socialement inacceptables » se situe entre 5 % et 15 % seulement (Social Policy Research Associates 1979, 103).

Les augmentations moyennes de loyer au Québec s'établissaient à 40 %, soit le plus fort pourcentage signalé dans l'enquête de 1979. Une enquête réalisée en 1983 sur des logements du centre de Montréal rénovés au coût de 5 000 $ ou plus est troublante. Cette enquête a révélé que 90 % des locataires avaient déménagé après deux ans (LARSI-UQAM 1985). Plus du tiers des anciens locataires consacraient 30 % ou plus de leur revenu au loyer. Les logements rénovés, dont 62 % ont par la suite été convertis à une forme quelconque de copropriété, attiraient des locataires à revenu plus élevé. Plus des trois quarts des nouveaux locataires étaient célibataires. La proportion de diplômés universitaires est passée de 31 % à 45 % (LARSI-UQAM 1985, 130).

La plupart des grandes villes du Canada, cependant, semblent se caractériser par le déplacement massif des locataires et des propriétaires dans les quartiers du centre. À Toronto, quelque 9 000 logements locatifs ont été perdus par suite de conversions au début des années 80 (Silzer et Ward 1986). Entre 1971 et 1976, près de 5 000 ménages locataires ont été déplacés dans des immeubles occupés par le propriétaire (Ville de Toronto 1980). Les prix des maisons dans les quartiers du centre ont augmenté beaucoup plus rapidement que la moyenne des centres urbains (Social Planning Council Metropolitan Toronto 1987). C'est la rénovation privée du parc résidentiel du noyau central de la ville, et non les mesures publiques, qui constituait la principale menace au parc de logements à prix modique et aux locataires dans de nombreuses villes canadiennes dans les années 80.

LE LOGEMENT DES RURAUX ET DES AUTOCHTONES : CRÉATION ET REMISE EN ÉTAT

Près d'un Canadien sur quatre habite une région rurale. Dans certains cas, il s'agit d'une campagne idyllique. Cependant, bon nombre de ces collectivités rurales, de même que beaucoup de petites villes du Canada, sont situées dans des régions négligées par le développement économique contemporain et leurs conditions de logement demeurent les pires du Canada. Dans le passé, les politiques et programmes de logement des gouvernements fédéral et provinciaux ne s'occupaient guère de ces régions. On y a porté une attention accrue dans les années 60, ce qui coïncidait avec les préoccupations à l'égard de la pauvreté et des disparités régionales extrêmes au Canada.

Particulièrement préoccupantes sont les conditions de logement et de vie des Autochtones du Canada, qui étaient au nombre de près d'un demi-million en 1981 : 368 000 Indiens, 25 000 Inuit et 98 000 Métis. Les Indiens « inscrits », dont la plupart habitent des réserves, étaient au nombre de 293 000, tandis que les 65 000 autres étaient des Indiens « non inscrits » (Statistique Canada 1984a, 20). Le recensement de 1941 n'enregistrait que 118 000 Indiens. La population autochtone a connu une croissance rapide pendant les 40 ans que couvre notre étude, et le taux de natalité y demeure environ deux fois plus élevé que la moyenne canadienne. La pénurie de logements dans les réserves est source d'inquiétude, et cette pénurie pourrait devenir encore plus aiguë, affaiblissant davantage les réseaux autochtones de parenté et poussant les jeunes à émigrer en nombre toujours croissant vers les zones urbaines (Siggner 1979). L'intérêt porté par les deux paliers supérieurs de gouvernement au logement pour les « ruraux et les Autochtones » coïncidait généralement avec un intérêt accru pour le logement et la rénovation urbaine.

Ce nouvel intérêt s'accompagnait d'une conception élargie du développement communautaire rural (voir Baker 1971); les conditions d'habitation en faisaient partie intégrante. La qualité de l'habitation dans ces collectivités était défaillante en partie parce que les institutions financières commerciales n'étaient pas prêtes à consentir des prêts hypothécaires et des prêts pour l'amélioration de maisons dans des collectivités dont l'avenir économique était douteux (Herchak 1973, 11). Il est devenu urgent d'accroître et d'améliorer le parc de logements dans les réserves indiennes. La viabilité des collectivités indiennes, particulièrement en ce qui concerne les liens de parenté, était en jeu.

Le ministère fédéral des Affaires indiennes et du Nord canadien a augmenté les fonds destinés aux logements neufs et à la réparation des logements, même si, à la fin de 1987, l'application de ce programme demeurait problématique, aussi bien dans les réserves indiennes que du point de vue du développement communautaire. On se plaint beaucoup que les maisons construites dans les réserves indiennes, dont la plupart sont situées assez loin au nord, ne font que reproduire les technologies et les modèles qui conviennent dans le sud mais qui ne conviennent ni aux climats nordiques ni à la culture indienne. On signale également que trop peu d'Indiens ont eu l'occasion de se former aux métiers de la construction[20]. Un des résultats est que le logement est dispendieux en comparaison de ce qui pourrait être construit avec une plus grande participation des Indiens eux-mêmes.

Le logement hors-réserve dans les régions rurales et la remise en état des logements ont fait l'objet d'une initiative de la SCHL, portant le nom de « logements pour les ruraux et les Autochtones », mise au point après les modifications de 1973 de la LNH. Les principales composantes comprenaient l'accession à la propriété et le programme de remise en état des logements. Il existe aussi un programme d'aide au logement des Autochtones en milieu urbain.

S'il est possible de faire état de certains problèmes communs en ce qui a trait à la technologie, à la forme des bâtiments et à la nécessité de faire de la formation aux métiers de la construction une partie intégrante des programmes publics, en plusieurs endroits on a réussi à négocier des dispositions novatrices avec des groupes locaux. On peut mentionner en guise d'exemple Mocrebec, société sans but lucratif mise sur pied pour produire des logements hors-réserve à Moose Bay (Ontario)[21]. Notons aussi qu'en 1986, la SCHL a mis en place un programme expérimental d'autoconstruction de nouveaux logements.

Comme nous l'avons dit ci-dessus, une partie importante du PAREL a été réalisée dans les régions rurales — environ 40 % du nombre total de logements bénéficiant d'aide pour la remise en état avant la fin de 1985 (SLC 1985, tableaux 74 et 75). Environ 90 % des logements bénéficiant d'aide étaient occupés par le propriétaire. Diverses dispositions ont été prises avec les provinces de même qu'avec les collectivités et les sociétés sans but lucratif pour appliquer le programme. Le programme serait l'un des plus novateurs au chapitre de la participation des associations locales.

L'orientation des politiques et de la recherche

Les gouvernements provinciaux et municipaux ont été des partenaires à part entière dans la production de logements pour les Canadiens, les provinces assurant les services humains et un cadre de planification ainsi qu'un cadre juridique, tandis que les gouvernements municipaux se sont chargés de la planification et souvent de la prestation des services.

Le gouvernement fédéral ne s'est intéressé au logement « social » pour les Canadiens à faible revenu et aux rénovations des centres-villes que graduellement, et à la suite d'initiatives des municipalités, de particuliers et de défenseurs du logement public. Ces programmes ont atteint une échelle importante à la fin des années 60. Il y a eu réaction contre la rénovation urbaine parce que le programme ne tenait pas suffisamment compte des problèmes de développement humain ni du besoin de participation. Il entraînait des déplacements massifs, qui en général ne s'accompagnaient pas d'une aide suffisante à la relocalisation.

De nouveaux programmes, dont plusieurs ont été adoptés officiellement en 1973, ont contré les objections adressées aux politiques antérieures. La réalisation des buts et objectifs à long terme demeure toutefois incertaine. Étant donné que le Programme d'amélioration des quartiers a été aboli en 1978 et qu'il n'a jamais atteint une vaste échelle, il n'a pas été en mesure de réaliser tous les objectifs fixés. Les réductions des dépenses des provinces pour les programmes sociaux, du même ordre que celles qui ont amené le gouvernement fédéral à abolir le PAQ, ont ajouté à ces lacunes. Dans la plupart des cas, cependant, le programme n'a pas répété les erreurs qui avaient suscité la résistance au programme de rénovation urbaine. S'ajoutant au PAREL, ce programme semble avoir amélioré le parc de logements sans déplacement important ni des propriétaires ni des locataires. Les gouvernements provinciaux et municipaux ont poursuivi l'initiative du programme d'amélioration des quartiers à des degrés divers, particulièrement de concert avec le recours aux fonds du PAREL, mais à plus petite échelle qu'entre 1973 et 1978.

Cette conclusion généralement positive souffre cependant d'une exception liée à la tendance à la « gentrification » de certains secteurs des centres-villes du

Canada et à la perte d'unités de logement pour ménages à faible revenu liée à ce phénomène. Néanmoins, la gentrification, la perte de logements à coût modique et le fait que les trois paliers de gouvernement aient été incapables d'y mettre un frein sont une source d'inquiétude. Ce phénomène révèle l'incapacité de réagir aux problèmes actuels de logement. Il confirme également la nécessité d'assurer un suivi constant des besoins de logement et des tendances et aussi de modifier les programmes et les politiques en fonction de l'évolution de la situation.

Une des manifestations de la perte de logements pour ménages à faible revenu partout au pays est l'augmentation du nombre de sans-logis au Canada dans les années 80[22]. Si l'on s'arrête à de tels problèmes, on peut dire que la réalisation des objectifs canadiens en matière de logement et de développement communautaire s'est avérée difficile. Il reste, en ces domaines, nombre de questions à résoudre en ce qui concerne les politiques et programmes actuels.

Les responsables politiques n'arrivent pas non plus à améliorer convenablement la gestion du logement public. Dans certaines provinces, on vise actuellement à accroître la participation des locataires. Certaines études ont révélé le problème des locataires dont les loyers sont subventionnés dans des ensembles de logements aménagés par des constructeurs privés. L'intégration des locataires exige plus que la simple location d'un logement convenable. Même si plusieurs provinces consacraient davantage d'attention aux problèmes de la gestion du logement à la fin des années 80, il faudrait procéder à d'autres recherches sur les programmes nécessaires.

La forme et l'évolution du développement des villes canadiennes se sont considérablement modifiées depuis l'entrée en vigueur du PAQ. Les pressions du marché qui réduisent le nombre de logements disponibles pour les résidants à faible revenu des centres-villes sont aussi préoccupantes aujourd'hui que la nécessité de la remise en état des logements dans les villes et les quartiers qui ne connaissent pas ces pressions. Il faut examiner la valeur des programmes actuels de remise en état et étudier des façons de les améliorer. Il est urgent d'étudier des façons de maintenir le parc existant des quartiers des centres-villes, particulièrement à Montréal, Toronto et Vancouver.

Notes

1 La qualité s'applique à la nécessité de réparations ou l'absence de baignoire et d'installations sanitaires. La taille concerne la nécessité de réduire le surpeuplement.

2 E.J. Urwick, Ontario Housing and Planning Association, 1er et 5 juin 1939, cité dans Lemmon (1985, 68).

3 En 1951, 89 % des ménages du Canada étaient des familles. Entre 1951 et 1961, 81 % des nouveaux ménages étaient des ménages familiaux. Par ailleurs, la proportion des nouveaux ménages familiaux entre 1971 et 1981 a chuté à 58 %.

4 Environ 160 000 logements ont bénéficié de cette aide, pour la plupart des petits im-

meubles d'appartements et des maisons en rangée destinés surtout à la location (correspondance entre l'auteur et la SCHL).

5 Plus de 18 000 hectares dans environ 160 ensembles ont été regroupés pendant la durée du programme.

6 Il était recommandé que le gouvernement fédéral ainsi que les gouvernements provinciaux et municipaux intéressés s'engagent à des blocs de financement de cinq ans pour le regroupement public de terrains, jusqu'à concurrence de 100 % du coût des regroupements, le gouvernement fédéral devant être remboursé au moment de l'aménagement des terrains. Voir Dennis et Fish (1972, 346).

7 L'honorable R.H. Winters à Stewart Bates, 8 juin 1956. L'ensemble était Lawrence Heights à North York (Ontario), banlieue de Toronto.

8 Total des logements construits aux termes des articles 40 et 42 de la LNH entre 1964 et 1979.

9 Mémoire au Cabinet, 24 février 1970, annexe C.

10 SCHL, George Devine, « Data Profiles for Seven Rehabilitation Projects » (sans date).

11 C'était la première utilisation d'une clause de temporisation dans la LNH.

12 Les huit ministères comprenaient Citoyenneté et Immigration — bureau des Affaires indiennes, Santé nationale et Bien-être social, Foresterie — ARDA, Affaires du Nord et Ressources naturelles, Travail, Industrie — Agence de développement régional, Conseil de développement de l'Atlantique et la Compagnie des jeunes Canadiens; la SCHL ne faisait pas partie du comité au départ.

13 Cette dernière a été dissoute par le gouvernement fédéral en 1975.

14 Les questions portant sur la participation à la prise de décisions et sur l'interaction sociale ont été omises de l'enquête auprès des locataires bénéficiant d'un supplément au loyer.

15 Entrevue avec Sean Goetz-Gadon, adjoint exécutif du ministre ontarien du Logement. Le besoin impérieux de logement varie d'un centre urbain à l'autre et se rapproche des seuils de faible revenu de Statistique Canada.

16 Un programme de contribution pour les équipements communautaires a été lancé en 1978 en remplacement partiel des programmes qui prenaient fin : l'amélioration des quartiers, le regroupement de terrains et l'infrastructure municipale. Les contributions au titre de ce programme de transition ont pris fin en 1981.

17 Le programme PAREL locatif a pris fin en 1989.

18 En outre, 18 042 logements dans des ensembles existants acquis par les sociétés sans but lucratif et des coopératives d'habitation ont bénéficié de subventions du PAREL.

19 Selon les auteurs, un pourcentage de plus de 20 % est socialement indésirable.

20 Entrevues avec le chef de la bande Moose et le directeur général de Frontiers Foundation, août 1987.

21 Entrevue auprès du président de Mocrebec, Randy Kapashesit, août 1987.

22 Par exemple, le nombre de places dans les refuges d'urgence dans la région métropolitaine de Toronto est passé de 1 375 en 1982 à 2 328 en 1987. Voir Memorandum, Commissioner of Community Services to Community Services and Housing Commitee, Council of Metropolitan Toronto, 25 septembre 1987; voir aussi Canada, ministère des Affaires extérieures, document de position du Canada, AISL, SCHL 4135–2187, 5, présenté aux délégués canadiens à la 10e conférence commémorative, Centre des Nations Unies pour les établissements humains, Nairobi (Kenya), février 1987.

CHAPITRE VINGT

L'offre de logements dans les villes du secteur primaire au Canada

John H. Bradbury

LES VILLES DU SECTEUR PRIMAIRE occupent une place spéciale dans le profil des agglomérations canadiennes. Souvent isolées en raison de leur attachement à un lieu donné d'extraction des ressources, elles présentent des problèmes sociaux et économiques particuliers de même que des conditions de logement et des besoins spéciaux (Himelfarb 1976). Le parc local de logements doit s'adapter aux besoins des résidants sur une durée de vie industrielle souvent limitée de la collectivité. Il faut des mécanismes particuliers d'offre, d'entretien et de modes d'occupation pour que le parc s'adapte aux fluctuations marquées qui caractérisent la base économique de telles collectivités. Il se pose des problèmes particuliers lorsqu'une poussée de croissance entraîne l'aménagement de logements temporaires qui deviennent permanents; en période de baisse, l'avoir que représentent les maisons fait problème, car la population s'en va ailleurs à la recherche d'emplois et de logements.

Les deux grandes tendances de l'après-guerre ont été la privatisation du logement et la normalisation des relations avec le gouvernement local dans les villes monoindustrielles partout au pays. L'après-guerre a été marqué par une expansion générale des villes du secteur primaire dans les nouveaux secteurs frontières, tendance qui s'est arrêtée avec la récession du début des années 80 (Bradbury 1984a). Certaines des conditions particulières et uniques des villes du secteur primaire ont déjà été étudiées et le débat sur les priorités remonte à très longtemps; ce n'est cependant que dernièrement que la politique nationale du logement a commencé à s'intéresser aux problèmes systémiques de ces collectivités (Bradbury et Wolfe 1983; Canada, Groupe de travail sur les communautés minières 1982; Canada 1985; Shaw 1970; Wojciechowski 1984)[1].

Qu'est-ce qu'une ville du secteur primaire

Les villes du secteur primaire se retrouvent partout au Canada, chaque fois qu'il y a un besoin de logement lié à une activité d'extraction des ressources. Pour la plupart, il s'agit d'agglomérations isolées dont la raison d'être est l'entreprise du secteur primaire à laquelle elles sont associées. Dans de nombreux cas, il s'agit de succursales d'entreprises multinationales qui ont des exploitations dans plusieurs localités différentes (Canada 1979; Lucas 1971).

Cependant, les villes du secteur primaire ne sont pas toutes dans des régions éloignées; il existe des régions du secteur primaire qui sont arrivées à maturité, avec des réseaux de transport bien établis et des liaisons socio-économiques. La région minière et forestière du nord de l'Ontario, les centres d'extraction et de transformation de la région de Kootenay en Colombie-Britannique et les villes de l'amiante du sud du Québec sont des exemples de ces complexes régionaux d'agglomérations du secteur primaire. Il existe toutefois des différences entre ces régions sur le plan des réseaux de transport, de la possibilité de navettage et des additions structurales à la base économique locale.

Par secteur primaire on entend généralement l'agriculture, la foresterie, la pêche et les mines; cependant, le présent chapitre traite surtout des agglomérations vouées à l'extraction d'une seule ressource, dominées par une seule grande entreprise et où les logements sont construits par cette entreprise, une de ses filiales ou un entrepreneur retenu par elle et loués ou vendus aux employés. Dans certains cas, il se peut que des particuliers construisent un parc de logements privé ou que l'État ou le secteur des services construise un parc distinct pour loger les employés.

Les villes du secteur primaire qui se présentent sous cette forme sont uniques dans le milieu urbain canadien, en raison de leur isolement relatif et de leur situation à proximité d'un dépôt minier ou d'une réserve forestière. Leur aménagement, leur survie et leur croissance diffèrent des autres villes monoindustrielles situées au cœur du pays et plus près des grands centres urbains. Leur dépendance envers une seule industrie les rend particulièrement vulnérables à l'évolution technologique et à la restructuration du marché, en plus de l'effet possible de l'épuisement de la ressource. Cette caractéristique accroît la vulnérabilité de l'agglomération et, en fin de compte, sa durée de vie prévue.

Les effets de la dépendance, de l'éloignement et de la vulnérabilité sur les conditions de logement et le mode d'occupation varient selon la taille de la ville en cause. Une population de 10 000 habitants constitue un seuil au-dessus duquel certaines formes de diversification et des économies d'échelle influenceront la viabilité et la longévité de l'agglomération. Les petites villes sont habituellement plus dépendantes envers une seule entreprise dans les régions isolées; ce sont ce que l'on appelle communément des « villes de compagnie » ou des villes monoindustrielles (Stelter et Artibise 1977). Pour les fins qui nous occupent, la ville du secteur primaire se définit comme suit :

- l'emploi dépend surtout d'une seule industrie;
- la taille est petite, en moyenne environ 3 500 personnes;
- les revenus des ménages sont supérieurs à la moyenne;
- les coûts de logement sont supérieurs à la moyenne;
- il y a mélange de locataires et de propriétaires-occupants;
- les valeurs des logements sont inférieures à la moyenne;
- le roulement et la mobilité sont supérieurs à la moyenne;
- les structures d'âge et les rapports des sexes sont anormaux;

- il y a un lien direct avec les structures mondiales du marché;
- elles sont souvent isolées, avec de mauvaises liaisons;
- elles sont fortement influencées par les lignes de conduite de l'entreprise.

Les logements des collectivités fondées sur l'extraction des ressources sont généralement plus neufs qu'ailleurs au Canada[2] en raison de la nouveauté relative de ces agglomérations[3]. En 1981, cela était particulièrement vrai en Alberta, en Colombie-Britannique et dans les Territoires du Nord-Ouest. C'est seulement dans les territoires que le parc de logements de l'ensemble de la population était plus neuf que celui des villes du secteur primaire. Ce phénomène illustre l'effet de l'aménagement des villes minières et forestières dans ces régions dans l'après-guerre, la construction de nouvelles villes remplaçant les collectivités d'avant-guerre dans des endroits comme Tumbler Ridge en Colombie-Britannique ou Fort McMurray en Alberta. Les villes du secteur primaire d'avant-guerre du nord de l'Ontario, du Québec et des Maritimes, par contre, sont constituées d'habitations plus âgées.

Dans les régions minières du Québec et du Labrador ainsi qu'en Colombie-Britannique et en Alberta, il existe de grandes variations quant à la proportion de propriétaires. Peut-être plus que dans tout autre type d'agglomération, les comparaisons entre les villes du secteur primaire illustrent l'importance du contrôle de l'entreprise sur la propriété. Selon la ligne suivie par l'entreprise, certaines agglomérations sont presque à 100 % locatives, tandis que d'autres ont des taux d'accession à la propriété qui se rapprochent davantage de la moyenne nationale. Dans les villes comme Gagnon (dans le nord du Québec), par exemple, la location était fréquente (60 %); plus au nord dans la même région, Schefferville, Labrador City et Fermont comptaient une plus forte proportion de propriétaires[4].

Certaines industries basées sur les ressources se caractérisent par des variations saisonnières de travail et ont donc besoin de travailleurs temporaires; le parc de logements doit être suffisamment souple pour les loger. En outre, les fluctuations de la population à long terme sont parallèles au cycle de prospérité et de pauvreté de la base industrielle. À la fin des années 70 et au début des années 80, ce phénomène était particulièrement remarquable dans les villes minières « vulnérables », comme celles qui exploitent le minerai de fer un peu partout au Québec et en Ontario, les villes du nickel en Ontario et au Manitoba de même que celles du charbon et du cuivre dans l'Ouest canadien.

La migration a aussi son effet sur le marché du logement et la vie socio-économique des villes canadiennes du secteur primaire. Dans les régions éloignées, il n'y a guère de main-d'œuvre locale que les industries puissent utiliser en période d'expansion; elles doivent avoir recours à des travailleurs migrants. En période de ralentissement, ces travailleurs et leur famille ont tendance à retourner d'où ils viennent ou à aller chercher du travail ailleurs, ce qui exerce de nouvelles pressions sur le parc de logements et le marché du travail dans une autre partie du pays.

Dans l'ensemble, les collectivités du secteur primaire présentent des revenus supérieurs à la moyenne du reste du Canada. Cependant, en contrepartie, le logement, l'alimentation et les transports sont habituellement plus coûteux[5]. En outre, le revenu moyen des ménages dans les villes du secteur primaire est trompeur, puisque les familles de ceux qui perdent leur emploi ont tendance à déménager ailleurs.

L'évolution historique des villes du secteur primaire

La première génération de camps et d'établissements miniers au Canada était largement improvisée. Ces agglomérations de fortune étaient fréquentes au XIXe siècle et dans plusieurs nouveaux aménagements du XXe siècle (Dietze 1968; Schoenauer 1982, 1). Les entreprises assuraient un niveau minimum d'hébergement et de services. Certains de ces emplacements ont par la suite été abandonnés, tandis que d'autres survivaient. De nos jours, cependant, cette façon de faire est mal vue ou interdite par les gouvernements provinciaux ou les règlements locaux (McCann 1978).

Des urbanistes désireux de créer des logements et des environnements physiques de qualité dans les secteurs frontaliers isolés ont conçu une nouvelle génération de villes neuves au cours des premières décennies du siècle. Le meilleur exemple est le travail de Thomas Adams à Témiscaming. Le fait que l'expérience d'Adams ait été en grande partie britannique et métropolitaine n'a pas empêché les premiers efforts du mouvement « city beautiful » dans les régions sauvages du Canada (Armstrong 1968). L'expérience devait influencer plus tard l'urbanisme et le logement dans d'autres zones frontalières d'exploitation des ressources, à mesure que les entreprises pénétraient dans de nouvelles régions minières et forestières.

Après 1945, de nouveaux modèles développant les expériences d'Adams et d'autres ont été modifiés encore par l'apparition des plans de banlieue d'après-guerre (le prototype étant Radburn (New Jersey)) et ont été transposés à partir d'expériences faites au sud et en dehors du Canada dans les régions d'exploitation des ressources. De même, des modèles de logements ont été empruntés directement aux divers livres et aux modèles de la SCHL qui avaient cours à l'époque (Walker 1953; Robinson 1962). Inspirées de plans typiques de banlieue conçus pour des zones plus tempérées, ces agglomérations dispersées présentaient souvent des maisons réparties le long de boulevards et de rues curvilignes. Il y avait des maisons individuelles, quelques logements multifamiliaux et des locaux pour les hommes célibataires. Ces modèles étaient conformes aux exigences sociales et économiques de l'époque, mais coûtaient cher à construire et à entretenir (Schoenauer 1982).

À ces modèles ont succédé des collectivités planifiées où l'ensemble traditionnellement dispersé de bâtiments de services et d'administration municipale a été remplacé par un centre-ville composé d'un ensemble plus compact d'immeubles publics et commerciaux. Les réseaux de transport entre les maisons et ce « centre-ville » étaient des sentiers pédestres — assez inutiles avec la neige et le mauvais temps — et un réseau de rues axé sur le noyau central. Ce noyau devenait souvent le centre social et économique de la ville, situé dans un ou plusieurs grands édifices climatisés à l'allure de centres commerciaux et entouré d'un terrain de stationnement qui devenait souvent un désert (Schoenauer 1982, 2).

Les plans contemporains comprennent plusieurs modifications ingénieuses de la conception des logements et de la collectivité, qui tiennent compte du fait que les agglomérations sont situées dans des régions isolées et qui tentent d'atténuer certains effets du climat et de l'« impermanence ». Les urbanistes ont créé des logements modulaires et mobiles qui peuvent être déplacés d'un emplacement à l'autre[6]. Il n'y avait que peu d'indices, tant à l'intérieur qu'à l'extérieur, que ces bâtiments pouvaient être démontés et déplacés. Ils ne ressemblaient donc pas à l'idée qu'on se fait des logements transportables, c'est-à-dire des roulottes dans des parcs de maisons mobiles (Blanc-Schneegans 1982; Paquette 1984). En outre, les urbanistes de ces collectivités ont tenté de tirer le meilleur parti possible de l'emplacement. Dans le cas de Fermont (Québec) l'urbaniste a choisi un emplacement faisant face au sud et créé un brise-vent au moyen d'un long édifice polyvalent de cinq étages contenant à la fois des logements et des services commerciaux.

Les stades de développement

Lucas (1971) a constaté que les villes du secteur primaire passent par quatre stades de développement : la jeunesse (construction), l'adolescence (recrutement des citoyens), la transition et la maturité. Les événements subséquents, particulièrement l'expérience de plusieurs villes vouées à l'extraction du charbon et du fer lors de la récession du début des années 80, ont poussé certains spécialistes à ajouter au modèle de Lucas deux autres stades, possibles bien que non inévitables : la phase de ralentissement et la fermeture (Bradbury et St-Martin 1983). Chacune des six phases présente des conditions et des besoins particuliers en matière de logement, en fonction des circonstances de chaque collectivité, de l'entreprise et du statut de la matière première en cause sur le marché mondial.

Au cours des deux premiers stades, la construction et le recrutement, le roulement est élevé parmi la main-d'œuvre nouvelle et généralement jeune et masculine. Les travailleurs sont extrêmement mobiles et itinérants; certains peuvent rester, mais la plupart s'en vont une fois les travaux terminés. Leurs logements doivent être temporaires, mais le parc créé pour eux peut être utilisé par les premiers résidants de la nouvelle ville. Jusqu'à un quart de la population active de ces nouvelles villes pendant ces stades est composé de travailleurs saisonniers de sexe masculin dans la vingtaine et, dans certains chantiers, on a aménagé des baraques pour desservir cette clientèle.

Au stade de transition, on suppose que l'agglomération se transforme et acquiert son indépendance au lieu d'être entièrement dépendante de l'entreprise. Bien qu'il soit difficile de généraliser à cet égard, ce processus peut exiger de cinq à dix ans, selon la nature et la stabilité de la base industrielle. Il y a, par exemple, des cas où la troisième phase a été suscitée « artificiellement » par une loi du gouvernement, par exemple celle de la Colombie-Britannique sur les villes instantanées. Dans ce cas, l'agglomération reçoit un gouvernement local, des services commerciaux et une diversité de types de logements en vue de susciter immédiatement la maturité et la stabilité.

À ce stade, l'entreprise peut cesser de gérer la ville et de servir de propriétaire. On encourage la propriété, mécanisme de stabilisation dans ce qu'on a toujours considéré comme des collectivités instables avec un roulement élevé de main-d'œuvre. L'accession à la propriété est donc un élément important de la tentative d'atteindre la maturité (bien que le modèle de Lucas n'y voie pas une variable dépendante essentielle). Cette phase se caractérise aussi par une ouverture accrue du gouvernement, l'entreprise évitant toute ingérence ouverte ou participation dans les affaires municipales. Même dans ce cas, l'entreprise conserve un rôle, particulièrement dans le domaine du logement où elle assure souvent des mécanismes de répartition et d'affectation, y compris des prêts hypothécaires, des baux fonciers et des ententes de rachat, dispositions qui rappellent un peu les anciennes villes de compagnie.

Dans le quatrième stade, avec une population vieillissante et une immigration « forcée » des jeunes adultes, ces agglomérations connaissent un roulement réduit et un profil démographique plus normal. Dans cette phase, les caractéristiques des logements se modifient encore. Les jeunes familles mettent au monde leurs derniers enfants et la taille accrue des familles exerce des pressions sur le parc de logements existant tant que les jeunes adultes ne s'en vont pas aux études ou au travail. Le problème de l'adaptation de la consommation de logements aux besoins est assujetti à un choix limité de types de logements et au fait que dans les villes du secteur primaire, le nombre absolu de logements est réduit. De même, la présence de retraités peut créer des frictions dans de telles collectivités, surtout lorsqu'on ne peut avoir un logement que si un membre de la famille est effectivement à l'emploi de l'entreprise. C'est pourquoi un bon nombre de ces villes comptent peu de retraités. N'étant pas utilement occupés, ceux-ci consomment des logements que l'entreprise pourrait vouloir affecter ou vendre à quelqu'un d'autre. Les villes du secteur primaire qui connaissent les cinquième et sixième stades, soit le ralentissement et la fermeture, font face à des problèmes majeurs dans le domaine du logement. En cas de fermeture permanente, il y a une chute spectaculaire des valeurs immobilières, à moins que les maisons ne soient rachetées à un taux d'indemnisation fixé à l'avance, soit par l'entreprise, soit par l'État. Les effets sont les plus graves et causent le plus de perturbation lorsqu'ils se produisent dans une ville arrivée à maturité. Des fermetures temporaires récurrentes de mines ou des fluctuations récurrentes de production peuvent avoir un effet semblable à celui de l'annonce d'une fermeture permanente. L'effet des fluctuations peut être suffisant pour accroître l'instabilité personnelle pendant la phase de ralentissement et dissoudre l'attachement à la collectivité, causant une nouvelle émigration ainsi que la perte des logements et de la valeur qu'ils représentent (Bradbury et St-Martin 1983).

En période de ralentissement dans l'industrie primaire, les taux d'inoccupation varient selon la forme de logement. Les logements les moins chers et les moins « permanents » sont souvent libérés les premiers. Les stratégies de mise à pied commencent souvent par les catégories d'emplois occupés par les personnes non spécialisées et les résidants à court terme, surtout parce que les mises à pied et les congédiements se font par ancienneté (Hess 1984). Dans la mesure où les catégories d'emploi correspondent à des types de logement, les logements se videront par étape : d'abord les maisons mobiles et les appartements occupés par les travailleurs non spécialisés ou semi-spécialisés. Viennent ensuite les appartements en sous-sol, suivis par les logements multifamiliaux permanents et, enfin, les maisons individuelles. Les ventes de maisons dans de telles circonstances tendent aussi à suivre un cycle qui suit ou même précède la conjoncture et les événements qui ont dans le passé précipité les ralentissements; il s'agit des fluctuations des prix des ressources naturelles, des négociations salariales entre le syndicat et l'entreprise et des périodes de fermeture saisonnière ou cyclique d'usines.

La privatisation, l'avoir propre et le marché du logement dans les villes du secteur primaire

Les rapports entre l'entreprise, la collectivité locale, le gouvernement local et les organismes provinciaux et fédéraux chargés de l'administration font partie intégrante des problèmes en matière de logement au niveau politique. La question du niveau de responsabilité dans les villes du secteur primaire, particulièrement si c'est l'entreprise qui a aménagé l'infrastructure et la ville, devient une question de savoir qui paiera quoi. Depuis 1945, les villes de compagnie traditionnelles, où l'entreprise fournissait l'emploi et le logement, tendent à devenir des collectivités plus ouvertes, avec un gouvernement local et des habitations offertes en vente aux résidants.

C'est là un des principaux changements survenus dans les villes du secteur primaire au Canada : la création de marchés locaux du logement qui n'ont pas une structure « normale » d'acheteurs et de vendeurs. La tendance la plus marquée dans le domaine de l'habitation dans les villes du secteur primaire est la privatisation du parc et la tendance à la création de collectivités plus « permanentes ». Les valeurs des maisons sont exposées à des dévaluations soudaines en cas de fermeture de la ville ou de difficultés temporaires pour l'industrie.

Dans certaines villes, l'entreprise a créé un marché partiel du logement en réaction aux fluctuations et à la demande d'accession à la propriété. Dans certains cas, par exemple, les entreprises ont créé des marchés partiels où les ventes de maisons sont permises et d'autres où le mode d'occupation et les ventes sont strictement réglementés (Bradbury 1984b). En outre, dans certaines villes, les entreprises ont tenté de répartir les types d'habitation entre les diverses catégories d'employés : cadres, techniciens ou ouvriers spécialisés. Ainsi, même dans le cadre de l'objectif global d'accroître l'accession à la propriété aux termes d'un programme de privatisation et de susciter une nouvelle classe de propriétaires, la répartition du parc n'est pas entièrement exempte de l'influence de l'entreprise (Walker 1953, 103).

L'accession à la propriété et l'avoir propre sont devenus plus problématiques au cours du ralentissement économique qui s'est produit à la fin des années 70 et au début des années 80, la période d'optimisme et d'expansion de l'après-guerre arrivant à son terme. L'avoir propre représenté par sa maison est une composante importante du revenu de retraite ou des sommes nécessaires à l'achat d'une nouvelle maison ailleurs. La perte de l'avoir propre représente donc un problème grave (Pinfield et Etherington 1982; Bates 1983).

C'est en partie pour régler cette question et pour conserver la maîtrise du parc résidentiel qu'on a imposé des clauses de rachat et des contrats de vente entre l'entreprise et le premier propriétaire ou les propriétaires subséquents dans beaucoup de villes de ce genre. En un certain sens, le marché du logement et la tendance à la privatisation étaient contrôlés par l'existence des clauses de rachat, mais seulement dans la mesure où les entreprises ou leurs filiales fournisseuses de logement conservaient la maîtrise du parc de logements.

Il existe diverses sortes de clauses de rachat. La plupart des régimes fixent un prix de vente qui égale en gros la valeur de l'avoir propre, ajouté aux améliorations, moins une certaine forme d'amortissement. Certaines clauses s'appliquent exclusivement au premier propriétaire, avec des modifications quant à la responsabilité et au statut des acheteurs subséquents (Pinfield et Etherington 1982). Dans certains cas, on garantit au premier propriétaire la vente de sa maison à l'entreprise dans les cinq ou dix premières années d'occupation. Dans ce cas, un prix redressé — en fonction de la valeur de la maison et de l'avoir propre du propriétaire, déterminé par l'entreprise — est versé au moment de la revente à l'entreprise.

Cependant, une fois que les ventes de maisons ne sont plus garanties par une clause de rachat, un second régime d'établissement des prix entre en jeu; il est caractérisé par un marché local qui varie selon les phases du cycle commercial local ou régional. Dans de telles agglomérations, les prix varient en fonction de la demande pour le produit local et du fait que l'économie régionale se trouve dans un sommet ou dans un creux. Au sommet de la vague, le prix des maisons peut atteindre 20 % de plus que le prix dans les creux. Cependant, en période de ralentissement, de liquidation ou de fermeture, les fluctuations et les écarts de prix seront beaucoup plus considérables.

Dans le cas d'un ralentissement national touchant les villes du secteur primaire, la question se pose de savoir si les propriétaires seront indemnisés pour l'avoir propre perdu, et si oui, comment. Dans de tels cas, l'État, les entreprises et les collectivités ont été appelés à exercer leur jugement quant aux coûts et aux responsabilités pour la perte de l'avoir propre des travailleurs et des gens d'affaires dans ces agglomérations. L'évaluation de ces coûts, et la répartition équitable de l'indemnisation, le cas échéant, s'est avérée un problème politique difficile. Le fait qu'il doive être résolu surtout dans l'arène politique traduit une reconnaissance tacite de la place de l'entreprise privée dans les agglomérations du secteur primaire au Canada et la conviction, au moins de la part des entreprises, que les risques doivent être partagés par toutes les parties.

L'opinion contraire estime que les entreprises ont transmis bon nombre des risques du partage des coûts du logement, particulièrement aux citoyens de ces agglomérations, et se sont donc dégagées de toute responsabilité sur la question de l'avoir propre. C'est pourquoi on a demandé à l'État d'assurer des indemnisations de même que des mécanismes judiciaires afin de couvrir les coûts pour la collectivité en période de rapide ralentissement, et donc de perte de l'avoir propre. Selon un argument parallèle, les entreprises devraient assumer les risques des coûts et des pertes en matière de logement dans le cadre des coûts globaux de production. Pour cela, il faudrait que les villes n'offrent que des logements locatifs et que les organismes gouvernementaux, comme la SCHL, accordent un certain montant d'aide financière. À l'heure actuelle, les directives de la SCHL restreignent l'assurance-prêt hypothécaire dans les collectivités du secteur primaire aux seuls propriétaires.

Le risque d'investissement est donc un sujet qui a préoccupé les créateurs et les occupants des villes canadiennes du secteur primaire. En tant qu'administratrice du Fonds d'assurance hypothécaire, la SCHL continue de s'intéresser aux demandes de règlement émanant des collectivités axées sur l'extraction des ressources. En 1986, il y avait un urgent besoin d'une politique globale dans ces domaines; le problème était de déterminer la mesure de risque qui convient pour l'investissement public ou les garanties qui doivent être accordées dans des localités dont la viabilité est incertaine[7].

L'aménagement des villes du secteur primaire dans l'après-guerre et l'orientation des politiques

Dans les années 50 et 60, plusieurs provinces canadiennes ont adopté des lois sur les « villes nouvelles », particulièrement pour les villes isolées qui poussaient dans les régions d'extraction des ressources. Ces lois énonçaient les principes d'urbanisme, le plan des villes et les niveaux de responsabilité des entreprises, des gouvernements locaux et des autorités provinciales au moyen de statuts et des « lettres patentes ». En outre, ces lois précisaient des mécanismes pour la transmission du pouvoir politique à des conseils municipaux locaux, même si dans plusieurs cas les conseillers étaient choisis parmi les cadres de l'entreprise au cours des premières années (Bradbury 1978).

Au cours des premières années, les coûts de création de l'infrastructure étaient élevés, constituant un fardeau fiscal lourd pour les futurs résidants (Bradbury 1978). Les élections municipales soulevaient un mélange intéressant de problèmes locaux et de préoccupations de l'entreprise, y compris la question du contrôle politique de l'aménagement ainsi que les coûts des agglomérations et la distribution du logement. Il y avait de grandes variations au titre des politiques locales et de la répartition du pouvoir, mais dans la plupart des cas, la cession du contrôle politique a été un processus lent en raison de l'omniprésence des intérêts de l'entreprise et de la part de celle-ci au financement du développement communautaire. Dans les années 80, les élections municipales réunissaient une gamme élargie d'intérêts, y compris le monde local des affaires de même que des représentants des syndicats et de l'entreprise. Ce processus s'est avéré un creuset intéressant pour les divers groupes dans bon nombre de « villes de compagnie », mais n'a pas amené de changements significatifs. En général, les décisions du gouvernement municipal demeuraient étroitement liées au financement et aux lignes de conduite de l'entreprise. Faisaient l'exception les agglomérations qui avaient diversifié leur base économique, de sorte que l'assiette fiscale locale ne provenait pas essentiellement d'une seule entreprise.

Outre l'évolution des politiques d'administration des villes, il y a eu avec le temps de nombreuses modifications du mode de propriété, de location et de répartition des maisons. Dans les anciennes villes de compagnie, les habitations, de même que le magasin de la compagnie, le cinéma et la salle syndicale constituaient autant de symboles de la domination de l'entreprise sur la ville. Cependant, après 1950, l'ordonnance de l'environnement matériel de l'entreprise a été remplacée par des villes conçues par des ingénieurs et des architectes. Les habitations sont devenues une marchandise — au lieu d'un simple élément d'hébergement à répartir par la seule entreprise — bien que les entreprises aient apporté de légères modifications pour faciliter la répartition des logements. En outre, les structures matérielles et les symboles de la présence de l'entreprise ont été délibérément arrachés et brûlés en plusieurs endroits : par exemple, Port Alice dans l'île de Vancouver (Colombie-Britannique) et Natal et Michel dans le sud-est de la Colombie-Britannique. On les a remplacés par un régime de banlieue où l'ordre public était défini par des règlements, plutôt que par les règles des « villes de compagnie » (Walker 1953).

Le tableau 20.1 illustre l'importance de la participation directe du gouvernement au logement et à l'aménagement des terrains. On y trouve la liste des 43 collectivités du secteur primaire de toutes les provinces à l'exception du Québec, où les gouvernements fédéral et provincial ont travaillé de concert pour produire des terrains viabilisés afin de permettre la création ou l'expansion du secteur de l'habitation de la ville.

La période de l'après-guerre a aussi vu l'apparition de l'urbanisme comme façon de modeler l'environnement physique et social des villes du secteur primaire. Les urbanistes espéraient susciter la stabilité et un sentiment de permanence en utilisant des macro et des micro-plans importés des banlieues du sud (Robinson 1962; Roberts et Paget 1985). Il était manifeste au début des années 50 que les entreprises et les gouvernements provinciaux s'inquiétaient de l'image que projetaient des entreprises les villes de compagnie mal tenues, et la conception des nouvelles villes devait remodeler le tissu matériel et social des agglomérations. Avec la collaboration des entreprises, les urbanistes ont tenté de modifier la structure physique des villes afin d'améliorer les relations sociales et de créer un plus fort sentiment de permanence (Parker 1963).

Dans les années 70, plusieurs entreprises ont choisi une autre stratégie dans les localités du nord : des agglomérations de navettage. En utilisant des maisons

Tableau 20.1
Activité de regroupement de terrains en vertu de la LNH dans les villes du secteur primaire, selon l'emplacement et la date du début*

Province	Article 40 de la LNH†		Article 42 de la LNH†	
Terre-Neuve	Baie Verte	1972	Arnolds Cove	1974
	Burin	1967	Bonavista	1976
	Carbonear	1967	Daniels Harbour	1975
	Fortune	1967	Wabush	1974
	Grand Bank	1967		
	Harbour Breton	1967		
	Marystown	1966		
	Trepassey	1968		
N.-É.			Port Hawkesbury	1974
N.-B.	Nackawic	1966		
Ontario	Atikokan	1950	Elliot Lake	1976
	Espanola	1968	Hearst	1969
	Longlac	1967	Hornepayne	1976
	Timmins	1967	Nakina	1976
			Wawa	1975
Manitoba			The Pas	1975
			Thompson	1975
Saskatchewan	Uranium City	1961	Hudson Bay	1974
Alberta			High Level	1973
			Lac LaBiche	1975
			Slave Lake	1973
			Smoky Lake	1972
			Spirit River	1971
C.-B.	Cumberland	1974	Fraser Lake	1976
	Duncan	1957		
	Kimberley	1953		
	Ladysmith	1969		
	Mackenzie	1971		
	Masset	1969		
	Powell River	1974		
	Prince George	1957		
	Sparwood	1969		
	Trail	1951		

SOURCE : Division de la recherche de la SCHL.

* « Les villes du secteur primaire » sont tirées d'une liste de 426 localités définies par le MEER (1979), réduite à 279 centres par la SCHL. Comprend des collectivités monosectorielles, des villes monoindustrielles, des villes à une seule entreprise et exclut les centres de services des Prairies, les centres fondés sur l'emploi fédéral, les collectivités situées au nord du 60e parallèle et les réserves indiennes.

† L'Article 40 de la Loi nationale sur l'habitation autorisait les partenariats fédéraux/provinciaux (participation fédérale de 75 pour cent) à acquérir, planifier, viabiliser, aménager et commercialiser des terrains pour l'utilisation résidentielle ou ancillaire. L'Article 42 autorisait des prêts fédéraux pour les mêmes fins aux provinces, aux municipalités et à leurs organismes.

existantes dans des agglomérations voisines, certaines entreprises ont pu éviter de construire de nouvelles villes. Même dans ce cas, on n'a pas surmonté les problèmes globaux de valeur des maisons et de besoins de logement, car à long terme la plupart des agglomérations de navetteurs restaient soumises aux sommets et aux creux de la vague économique. Dans les endroits où le commerce de la ressource était stable, comme à Rabbit Lake en Saskatchewan, la stabilité de la collectivité s'accompagnait d'une situation satisfaisante en matière de logement. Les agglomérations de navetteurs pourraient être la solution pour l'avenir immédiat; elles doivent cependant avoir une base économique ferme pour que le marché du logement soit stable, et elles ne sont possibles que lorsque l'extraction de la ressource se fait à proximité raisonnable d'une agglomération existante.

La participation des gouvernements à la planification des villes du secteur primaire et au financement des logements a augmenté depuis 1945. Le tableau 20.2 présente des exemples des divers aspects du rôle de l'État dans le financement, depuis la réglementation provinciale et les programmes de logement jusqu'à la LNH et aux programmes de prêts hypothécaires assurés et de prêts hypothécaires de la SCHL. Entre 1954 et 1957, la SCHL a consenti des prêts directs de 80 % aux entreprises pour le logement des employés. Après 1957, les entreprises devaient trouver du capital privé pour le logement des employés. En janvier 1963 on mettait en place une politique sur les villes monoindustrielles. Elle portait uniquement sur les logements des employés de l'entreprise. Les garanties rendaient les entreprises responsables soit de la perte totale d'une maison pour une période de dix ans, soit pour une perte maximum de 10 000 $ par logement sur 20 ans ou la durée du prêt hypothécaire.

En avril 1978, la politique des villes monoindustrielles a été remplacée par la politique de garantie touchant les industries du secteur primaire. Dans le cadre de cette politique, les villes étaient désignées villes spéciales du secteur primaire lorsque leur croissance était de 20 % ou plus par année. En juillet 1979, cette politique a été modifiée de façon à inclure les villes dont l'accroissement démographique était nul ou dont la population était en baisse, la désignation durant deux ans. Cette politique obligeait l'entreprise à garantir le rachat de la propriété en cas de manquement aux obligations hypothécaires. La politique de prêt pour les villes du secteur primaire a été suspendue en 1983, en raison des taux élevés de manquement aux obligations hypothécaires dans certaines villes. En 1986, dans les villes du secteur primaire, la SCHL approuvait l'assurance-prêt hypothécaire au cas par cas.

En 1986, les gouvernements provinciaux s'occupaient de plus en plus de développement communautaire, car on s'éloignait du contrôle par l'entreprise. En Colombie-Britannique, par exemple, on exige des plans régionaux pour l'aménagement des ressources. Les mesures prises par la province visent à « s'emparer » des opérations d'extraction dans le cadre des frontières des municipalités locales, de sorte que les impôts fonciers de l'entreprise génèrent la plus grande partie des recettes du gouvernement local. Cela peut cependant s'avérer dange-

Tableau 20.2
Participation gouvernementale au logement, au financement et à la réglementation dans certaines villes du secteur primaire

Nom	Province	Date d'aménagement de la ville	Participation gouvernementale au financement du logement
Lynn Lake	Manitoba	1951–53	Participation fédérale, mais l'entreprise était tenue de garantir les prêts hypothécaires.
Leaf Rapids	Manitoba	1970–71	Le gouvernement manitobain a participé directement à l'aménagement de la ville. Le gouvernement fédéral a assuré le financement des logements dans le cadre du programme des prêts assurés de la SCHL.
Fermont	Québec	1971–73	Aucun programme fédéral n'a été utilisé pour le logement à Fermont.
Lanigan	Saskatchewan	1968–70	Un premier village avait été fondé vers 1930. L'aide du gouvernement fédéral a pris la forme de prêts hypothécaires LNH et de coopératives d'habitation. Les coûts sont inclus dans les versements hypothécaires des propriétaires résidants.
MacKenzie	C.-B.	1966	La B.C. Housing Authority a construit des maisons en rangée destinées à la location. Le financement de la SCHL s'accompagnait de garanties de prêts consenties par l'entreprise. Le programme de regroupement de terrains de la SCHL a été utilisé (Tableau 20.1). Le gouvernement provincial a utilisé sa loi sur les « villes instantanées ». Le programme de prêts hypothécaires LNH a été utilisé pour la construction de maisons privées — payées par les résidants.
Manitouwadge	Ontario	1954	Participation du gouvernement fédéral dans le cadre d'un projet d'habitation du gouvernement ontarien; l'entreprise était propriétaire des logements et radiait l'investissement à un « taux de 30 % sur solde diminuant ».
Tumbler Ridge	C.-B.	1981	Prêts hypothécaires LNH et aide provinciale.

SOURCE : Fletcher et Robinson (1977) et Rabnett Associates (1981).

reux, car les ressources fiscales de la collectivité dépendent directement de la rentabilité de l'entreprise. Il y a des cas où la dette municipale dans les collectivités du secteur primaire où l'économie est en baisse doit en fin de compte être assumée par les paliers supérieurs de gouvernement. À cet égard, les gouvernements provinciaux devront assumer la responsabilité et les conséquences de leur évaluation du risque à long terme lié à l'aménagement de l'infrastructure dans les villes du secteur primaire.

Conclusion

L'après-guerre a vu des changements remarquables de la forme et du contexte du logement dans les villes du secteur primaire au Canada. L'ancien régime des « villes de compagnie » est disparu, remplacé par de nouvelles villes planifiées dans les régions d'extraction des ressources. Chacune de ces agglomérations a été dotée de nouvelles maisons et de nouvelles politiques de logement. Chaque ville s'est développée sous un régime différent, relevant de l'entreprise ou du gouvernement, qui a influencé le type de logement et les mécanismes de répartition.

Les grandes tendances, au Canada comme ailleurs, ont été la privatisation des logements et la normalisation des relations avec le gouvernement local dans la plupart des agglomérations monoindustrielles du secteur primaire (Neil et Brealey 1982; Brealey et Jones 1982). La privatisation s'est toutefois faite inégalement, et plusieurs collectivités présentent encore certaines des caractéristiques des « villes de compagnie » et des niveaux élevés de location. Le passage à la propriété privée des logements s'est faite dans le contexte d'une entreprise dominante ou bénéficiant d'un monopole, qui avait tendance à conserver une certaine mainmise sur la production et la répartition des logements, puisque le logement constitue une partie importante des investissements de capital productif. L'industrie aussi bien que les travailleurs sont pris dans un dilemme. En période de prospérité, la propriété privée des logements semble satisfaisante. Cependant, en période de ralentissement, le prix des maisons chute et les propriétaires perdent leur avoir propre et leurs économies. Les options consistent à répartir le risque entre le gouvernement et les entreprises, à adopter une stratégie de navettage ou à revenir à la location de logements appartenant soit au gouvernement soit à l'entreprise.

Il est également important de faire la distinction entre le système de répartition du logement et les marchés du logement dans les villes du secteur primaire et dans les villes « ordinaires ». Dans les villes du secteur primaire, en raison de la dépendance envers une seule industrie et des fluctuations dans certaines industries des matières premières, la structure du marché du logement est inhabituelle. Dans certaines régions, il existe une structure artificielle de marché; ailleurs, les entreprises ont mis en place un régime de clauses de rachat afin de surmonter les problèmes de la répartition des logements et de rendre plus facile de conserver un avoir propre en période de ralentissement. Le système de logement dans les villes du secteur primaire est donc inhabituel dans le contexte canadien, en raison du mélange de diverses politiques de logement et de modes d'occupation différents. Les entreprises continuent de dominer dans le domaine de l'habitation, malgré des mesures politiques qui avaient promis de modifier ces rapports en « normalisant » les relations avec le gouvernement local.

Notes

1 On trouvera une opinion contraire sur l'évolution de la politique concernant les villes du secteur primaire au Canada dans Robson (1985) et Saarinen (1986).

2 La tendance générale des valeurs des maisons reflète également cette nouveauté globale, mais les données doivent être tempérées par le fait que dans plusieurs agglomérations les valeurs sont fortement influencées par des dévaluations structurales entraînées par la baisse ou la disparition de la base économique et de la collectivité elle-même.

3 En outre, les villes du secteur primaire, au moins dans l'après-guerre, sont le plus souvent construites en peu de temps, en blocs et en rangées de maisons de plan semblable, facteur qui influence la tendance générale de nouveauté.

4 Dans le cas de Schefferville, la ville a connu une baisse critique du marché et les prêts hypothécaires étaient moins populaires, car les ventes de maisons étaient rares. Les prix et la valeur ont par la suite été substantiellement abaissés par la fermeture de la ville.

5 Il y a de légères variations des coûts de transport aérien entre les localités éloignées et les centres urbains dans plusieurs provinces.

6 Dans cette dernière phase, les stratégies de planification appliquées à Fort McMurray, Tumbler Ridge et Hemlo visaient délibérément à permettre une mobilité considérable. Cependant, même avec cette modification novatrice, les agglomérations peuvent toujours succomber à une baisse économique et à la perte de la valeur des maisons.

7 Une nouvelle politique fédérale, avec des dispositions expresses pour les collectivités présentant un risque particulier, a été mise en place en 1987.

CHAPITRE VINGT-ET-UN

Les leçons à tirer de l'histoire du logement dans le Canada de l'après-guerre

John R. Miron

CE LIVRE EST EN GRANDE PARTIE un bilan historique. Chaque chapitre expose un aspect ou l'autre de l'évolution des produits du logement, à partir d'au moins 1945, qu'il s'agisse des variations de la demande, de l'offre et de la répartition qui ont donné lieu à ces produits, ou encore des causes de ces changements. Sont également étudiées les nombreuses politiques qui ont modelé ou orienté ces évolutions. À partir de son propre point de vue, chaque auteur tente de répondre à la question suivante : « Qu'est-ce qu'on peut apprendre au sujet du progrès en matière de logement à partir de l'histoire de l'après-guerre? »

En tirant les leçons du passé, les auteurs indiquent les mécanismes et les politiques qui ont réussi ou celles qui ont échoué. Ils dégagent aussi les conditions sous-jacentes qui ont déterminé ces résultats. Ces leçons sont utiles lorsqu'on se penche sur les problèmes actuels ou futurs en matière de logement. Elles indiquent où et dans quelles circonstances tel mécanisme ou telle politique pourrait réussir ou échouer de nouveau. Cependant, le simple fait qu'une politique ait échoué (ou réussi) dans le passé ne signifie pas nécessairement qu'il en sera encore ainsi à l'avenir; les moyens mis en œuvre peuvent se modifier, ou les conditions sous-jacentes ne pas rester les mêmes. En comprenant comment et pourquoi le progrès s'est réalisé en matière de logement, nous sommes mieux placés pour évaluer si l'expérience de l'après-guerre peut être appliquée aux problèmes actuels ou futurs.

Les leçons à tirer sur la production des logements

Dans ce livre, les auteurs ne traitent que brièvement des leçons à tirer en ce qui concerne l'industrie du logement, puisque ce sujet est examiné dans une autre étude de l'industrie entreprise par la SCHL (Clayton Research Associates Limited 1988). Les remarques qui suivent s'en tiennent aux idées exposées dans la section II (l'offre de logements). Je suppose que l'industrie du logement comprend l'ensemble des constructeurs qui produisent des logements nouveaux ou rénovés en vue de la vente et des propriétaires bailleurs qui font commerce de fournir des services de logement locatif à partir du parc. J'exclus au départ les propriétaires (c'est-à-dire ceux qui se fournissent à eux-mêmes les services et le logement), préférant en traiter à part dans le contexte du bricolage.

PERFORMANCE

Une leçon à tirer de cette monographie est que l'industrie de la construction résidentielle du Canada est importante, vigoureuse et saine. Pour de nombreux Canadiens, le secteur privé de cette industrie a été en mesure de produire de façon efficiente les logements qu'ils désirent. S'il est vrai que les besoins de logement d'autres Canadiens n'ont pas été aussi bien satisfaits et que le secteur public a aussi joué un rôle important, il ne faudrait pas sous-estimer l'importance d'un marché compétitif et efficient de la production de logements.

Cette même industrie a aménagé les paysages de banlieue de l'après-guerre qui entourent actuellement nos villes et où la majorité des Canadiens habitent actuellement. Certes, il nous arrive de nous plaindre de l'homogénéité esthétique, visuelle et sociale de ces quartiers de banlieue, de leur gaspillage d'énergie, de la difficulté d'y assurer des services sociaux et d'autres problèmes. Néanmoins, ils constituent des réussites remarquables[1]. La population canadienne ayant doublé, ces quartiers ont fourni un logement sûr, propre, confortable et sain, de même qu'un bon contrôle de la circulation, des espaces verts abondants et un regroupement commode des équipements communautaires et commerciaux[2].

En même temps, nous avons cherché à comprendre l'évolution des défis que cette industrie doit relever. Quels qu'aient été ses succès dans le passé, l'industrie se trouve peut-être à l'aube d'une période de transition qui exigera des compétences et des techniques différentes. L'abondance de nouveaux logements produits au cours des quatre dernières décennies, de même que la baisse de la demande nette que la démographie permet de prévoir, portent à croire que la construction neuve diminuera. La rénovation du parc existant, qui est maintenant vieillissant, et particulièrement des immeubles locatifs en grande hauteur, acquiert une plus grande importance. On ne sait pas encore à quel point cette transition pourrait être prononcée, ni avec quelle facilité ou difficulté l'industrie y fera face.

ORGANISATION

Nous avons également constaté que l'industrie du logement constitue un paradoxe de l'organisation industrielle canadienne. D'une part, elle est considérable : la construction résidentielle représente environ 20 % de la formation brute de capital fixe. D'autre part, à la différence de beaucoup d'autres grandes industries, le commerce n'est pas concentré entre les mains de quelques grandes entreprises (voir le chapitre 8)[3]. Bien qu'on ait assisté dans l'après-guerre à l'apparition de certaines des grandes entreprises (et dans certains cas à leur disparition), l'industrie en général était caractérisée par un grand nombre de petits fournisseurs.

Ce paradoxe est d'autant plus étonnant compte tenu de tout ce que nous avons appris des risques en cause, particulièrement pour les constructeurs. Presque toujours, la construction de maisons comporte des risques. Un des avantages d'une grande société, c'est qu'elle peut répartir les risques d'une entreprise donnée sur une plus large assiette. Pourquoi l'élément risque n'a-t-il pas suscité l'apparition d'un plus grand nombre de grandes sociétés dans l'industrie? Et parmi celles qui sont apparues, particulièrement dans les années 70, pourquoi plusieurs ont-elles fini par délaisser le secteur résidentiel en faveur d'autres formes de promotion immobilière?

Ici, il faut procéder avec prudence si l'on veut préciser les avantages et les désavantages de la grande industrie. Les avantages prennent surtout la forme d'une diminution des coûts unitaires de l'entretien et de la viabilisation; par exemple, les grands immeubles peuvent habituellement être entretenus à un coût plus faible par appartement que les petits immeubles, et le fait de posséder un plus grand nombre d'appartements ou d'immeubles donne au propriétaire un avantage dans ses négociations avec les services d'utilités publiques et les corps de métiers des services et de la réparation. En même temps, ces avantages sont surtout locaux; être propriétaire d'immeubles dans deux villes éloignées est moins avantageux que posséder deux immeubles dans la même région. Par ailleurs, il y a des risques associés à la possession d'un portefeuille : par exemple, une entreprise qui aurait eu la totalité de son parc locatif à Calgary pendant le ralentissement de l'activité pétrolière au début des années 80. Un autre inconvénient important de la taille en matière de gestion immobilière est le problème du contrôle des coûts et de la surveillance. À mesure qu'une société grandit, il devient plus difficile de veiller à ce que les employés demeurent efficients[4].

La construction à grande échelle dans un marché local donné présente certains avantages. Cependant, compte tenu des variations entre les marchés locaux en ce qui concerne le financement, le zonage et les codes du bâtiment, le lotissement, les pratiques syndicales et les technologies et pratiques de la construction, il n'est pas étonnant que les entreprises se concentrent surtout dans un même marché local. En outre, le contrôle des coûts et la surveillance sont également difficiles pour les sociétés qui œuvrent dans plusieurs marchés locaux en même temps. Il y a aussi le problème de la possession d'un portefeuille; les sociétés qui s'intéressent à un seul marché local doivent composer avec les fluctuations de ce marché.

La période écoulée depuis 1945 se caractérise par une diminution des inconvénients associés aux grandes entreprises — une leçon qu'ont eu tôt fait d'apprendre les promoteurs. La normalisation croissante des codes du bâtiment, une meilleure diffusion des technologies éprouvées, l'usage accru d'éléments préfabriqués et de systèmes de construction, l'apparition de sous-traitants et d'experts-conseils spécialisés et l'amélioration des techniques de gestion et des systèmes d'information ont aidé à rendre les grandes sociétés plus compétitives et plus faciles à gérer. En outre, il y avait une demande pour des quartiers intégrés et une planification à grande échelle des banlieues que les grands promoteurs étaient en mesure de fournir.

Nous avons aussi appris que l'évolution des aspects économiques des regroupements de terrains a joué un rôle important dans l'apparition et la survie des grandes sociétés. Jusqu'au milieu des années 70, les prix des terrains résidentiels ont augmenté légèrement plus vite que l'inflation en général et que les coûts de possession des terrains (c'est-à-dire les coûts hypothécaires) en particulier. Cette situation a donné un avantage comparatif aux sociétés qui ont regroupé des terrains en vue de grands aménagements, puis ont entrepris les travaux et mis les ensembles en marché. À la fin des années 70, la situation s'est modifiée, le boom du prix des terrains ayant ralenti et les coûts de possession ayant augmenté nettement. L'effet de levier financier qui avait précédemment alimenté la croissance des grandes entreprises en a dans certains cas sonné le glas. Le retour de certains marchés locaux, à la fin des années 80, à la hausse des prix des terrains et à la forte demande de logements qui avaient caractérisé les années 60 et le début des années 70 démontre le caractère cyclique de la promotion foncière, qui a été une leçon importante apprise par les grandes sociétés.

L'INNOVATION TECHNOLOGIQUE ET LE RISQUE

On a fait valoir au chapitre 8 que le Canada a été bien servi par sa technologie de construction de maisons. L'efficience de la construction à plate-forme, à ossature de bois, assemblée sur le chantier, qui caractérisait la construction de faible hauteur s'est améliorée progressivement depuis 1945, en partie à cause des recherches financées par la SCHL et d'autres organismes publics[5]. Nous avons vu que cette amélioration graduelle s'est avérée une plus grande réussite que les systèmes modulaires de construction ou encore les maisons usinées dont on a cru un certain temps qu'elles seraient la voie de l'avenir. Bien que la proportion des composantes usinées dans les maisons construites sur place ait augmenté, le changement technologique a été graduel. Il en est de même pour les promoteurs de tours d'habitation. Il y a eu des progrès technologiques, mais des évolutions radicales comme l'usinage de maisons entières n'ont pas réussi à s'implanter. En outre, une plus grande normalisation a donné lieu au développement de sous-traitants spécialisés, de sorte que les promoteurs avaient moins besoin de se tenir au courant de tous les progrès technologiques, ce qui en quelque sorte minait la raison d'être des grandes entreprises.

En même temps, il est intéressant de signaler le rôle de la SCHL et du CNRC pour l'élaboration et la promotion des innovations en matière de construction de maisons. Beaucoup ont souligné l'insuffisance des dépenses de recherche et de développement dans l'industrie de la construction résidentielle. Est-ce que la SCHL et le CNRC auraient involontairement freiné le développement de grandes sociétés en éliminant une des raisons importantes de leur existence? La leçon à tirer ici pourrait-elle être qu'une politique gouvernementale visant à aider les petites entreprises a perpétué l'inefficacité de cette industrie?

Il y a aussi une leçon à tirer quant à l'exposition au risque et à sa réduction. Le constructeur spéculateur risque d'attendre longtemps l'acheteur. Dans le cas du financement hypothécaire, les propriétaires-bailleurs prennent des risques en ce qu'ils empruntent à long terme (c'est-à-dire des prêts hypothécaires) pour prêter à court terme (c'est-à-dire des baux). Il y a un risque semblable dans le cas des regroupements de terrains; les promoteurs bénéficient d'un effet de levier lorsque le prix des terrains augmente plus rapidement que les coûts de possession, mais les pertes peuvent aussi être multipliées. Alors qu'on était relativement prudent à la fin des années 40, la montée en flèche de la demande de logements a poussé l'industrie à prendre plus de risques dans les années 60 et 70. Au début des années 80, le mot d'ordre est devenu la réduction du risque, sous l'influence de la récession. Avec la croissance, les grandes sociétés de promotion immobilière étalent le risque en se diversifiant dans d'autres formes de promotion immobilière ou dans d'autres régions du pays.

La limitation du risque a aussi été une préoccupation du marché privé de l'assurance-prêt hypothécaire au Canada. Plusieurs options s'offrent aux assureurs pour la gestion des risques : couvrir tout un éventail de propriétés, assurer dans divers marchés géographiques, varier les durées et les primes de l'assurance selon les catégories de risques, diversifier les placements, chercher une contre-assurance et utiliser des stratégies raffinées de couverture[6]. On recourt de plus en plus à ces diverses stratégies, les assureurs en ayant appris les avantages et la sophistication des marchés financiers le permettant.

LOGEMENT PUBLIC ET SOCIAL

Les régions métropolitaines ont entrepris l'après-guerre avec ce qu'il conviendrait d'appeler une façon directe d'aborder le problème des logements de mauvaise qualité. La solution consistait à démolir les taudis pour les remplacer par des logements subventionnés, à grande échelle, avec ségrégation sociale, appartenant à l'État ou gérés par lui, de grande hauteur, à l'intention des ménages à faible revenu. On n'avait guère prévu les problèmes créés par ce réaménagement : la colère, la frustration et la perte du sentiment de communauté et de contrôle découlant de l'expulsion, de l'indemnisation insuffisante des propriétaires-bailleurs et des locataires en place pour les coûts de l'expulsion, du déplacement permanent ou temporaire des résidants et des loyers plus élevés auxquels devaient faire face les locataires déplacés non admissibles aux logements publics nouvellement construits ou qui refusaient de s'y installer.

Nous avons bien appris qu'il faut faire preuve de plus de subtilité dans la conception et la production des logements à loyer modique. Nous avons procédé à des expériences réussies d'aménagements à petite échelle, d'immeubles de faible et moyenne hauteur, de propriété ou de gestion par le secteur privé et le troisième secteur, de logements socialement mixtes et d'autres méthodes d'application des subventions au logement, y compris les allocations-logement.

L'existence d'un créneau pour le logement sans but lucratif et les coopératives d'habitation est une leçon importante. Les logements du troisième secteur (les logements sans but lucratif et les coopératives sans mise de fonds) offrent certains avantages. Ils peuvent coûter moins cher à produire, en partie en raison de la mise de fonds en travail et en partie parce qu'on peut les concevoir expressément en fonction des besoins de la clientèle. En général, ces logements peuvent donner une meilleure sécurité d'occupation aux locataires que le secteur locatif privé. Enfin, ils peuvent susciter davantage l'intérêt de la collectivité locale et permettre une plus grande participation au financement, à la conception, à la construction et à l'exploitation.

LE SECTEUR LOCATIF

Le présent chapitre ne serait pas complet sans mention de l'état actuel du secteur locatif privé. C'est l'une des grandes énigmes de la politique du logement. D'une part, au milieu des années 80, il y avait des régions du Canada (particulièrement le Québec) où ce secteur était sain : des taux au moins modestes d'inoccupation, d'augmentation des loyers et de construction nouvelle. Dans d'autres régions du pays, cependant, la construction nouvelle était négligeable; le parc existant (pour une bonne part en grande hauteur) était jugé en voie de lente détérioration et nous avions soit des taux d'inoccupation près de zéro, avec des loyers en hausse, ou des taux élevés d'inoccupation avec un marasme des loyers. Comme en font foi plusieurs des chapitres de ce livre, la cause de cet état de choses n'est pas claire; on ne sait trop non plus quelle politique pourrait servir de remède. Nous avons appris que la santé et le fonctionnement du marché locatif privé sont le résultat d'interactions complexes (voir aussi Jones 1983, 52–9). Les facteurs critiques peuvent être liés à la demande (par exemple, une faible croissance du revenu moyen des locataires), liés à l'offre (par exemple, les risques qu'entraîne la nouvelle construction locative) ou liés aux politiques (par exemple, un zonage restrictif, les codes du bâtiment ou la réglementation des loyers). Il est facile d'attribuer la mauvaise santé du marché à un seul de ces facteurs, mais les données empiriques sont mixtes. C'est pourquoi on ne sait pas exactement ce qu'on pourrait ou ce qu'on devrait faire pour remédier à cette situation. C'est un domaine qui exige des recherches plus poussées.

À cet égard, nous avons aussi commencé à connaître le potentiel du secteur de la copropriété pour l'offre de logements locatifs. Même si au départ la copropriété dans les immeubles à plusieurs logements visait des propriétaires-occupants, ces immeubles offrent aussi aux petits propriétaires-bailleurs un placement relativement liquide, des coûts mensuels bien définis et la possibilité de réaliser des gains de capital en revendant plus tard le logement à un propriétaire-occupant. Ce phénomène s'est produit à la fois officieusement (c'est-à-dire dans le cas des immeubles qui comportent à la fois des locataires et des propriétaires) et officiellement (c'est-à-dire dans le cas où l'immeuble en copropriété sert à créer un syndicat d'investisseurs)[7].

LE BRICOLAGE

Enfin, même si nous ne disposons pas de données sûres, nous avons vu que les bricoleurs ont joué un rôle très important à l'égard du progrès en matière de logement partout au Canada, qu'il s'agisse des campagnes, des petites villes ou des grandes villes. Bien qu'il soit difficile de préciser exactement ce qui constitue une dépense de rénovation, il se peut que les Canadiens aient dépensé davantage chaque année pour la rénovation au milieu des années 80 que pour la construction neuve, malgré le caractère relativement neuf d'une bonne partie du parc de logements. Certains de ces travaux se conformaient à la réglementation locale en matière de construction et de zonage, mais vraisemblablement certains constituaient aussi une infraction. Le bricolage est une solution de rechange abordable, même si ce n'est pas toujours la meilleure ni la plus sûre, à la rénovation commerciale et parfois même à la construction neuve. En essayant de supprimer certaines activités indésirables, les centres urbains fortement réglementés, avec leurs plans officiels, leurs codes du bâtiment, leurs règlements de zonage et leurs applications strictes, suppriment aussi le marché parallèle de la rénovation. Cependant, ce que les gouvernements peuvent ou devraient faire pour encourager ce secteur n'est pas évident — si ce n'est d'améliorer l'information à la disposition des bricoleurs.

Les leçons à tirer sur la consommation du logement

Nous traiterons d'abord des leçons à tirer en ce qui concerne la propriété comme élément d'actif financier. Ensuite, nous verrons les leçons à tirer en ce qui concerne le logement considéré de façon plus large comme un bien de consommation.

LE LOGEMENT COMME BIEN DE CAPITAL

La principale conclusion à tirer de l'étude d'un grand nombre de propriétaires canadiens dans l'après-guerre pourrait bien porter sur la redistribution de la richesse que permet la propriété et sur l'effet de levier du crédit hypothécaire. Bien que le prix des maisons ait été en hausse partout, les augmentations étaient le plus marquées dans les grandes villes. Le prix des maisons existantes a augmenté en partie parce qu'il devenait plus coûteux d'acheter les matériaux, les accessoires et la main-d'œuvre nécessaires à la production de maisons neuves. Cependant, l'augmentation du prix des terrains dans les zones métropolitaines était tout aussi importante; elle était le résultat à la fois de la croissance démographique (immigration nette, augmentation naturelle et longévité accrue) et de la hausse des revenus réels, deux facteurs découlant de la vigueur de l'économie métropolitaine.

Pour beaucoup de citadins, l'accession à la propriété est devenue la meilleure façon d'accumuler de la richesse, et elle peut même en être venue à influencer leurs attitudes, et celles de leurs enfants, envers les stratégies d'épargne et d'investissement. On ne faisait pas l'acquisition d'une maison tout simplement pour la consommer pendant sa vie, en ne se préoccupant pas de la revente (ou, à tout le moins, de la revente à profit). Au contraire, il se peut qu'on en soit venu à considérer l'habitation comme un placement qui, surtout dans les centres métropolitains, était de plus en plus liquide et allait donner à l'avenir des bénéfices tout aussi importants, au sens économique, que les avantages de l'occupation.

L'expansion et la libéralisation du marché hypothécaire ont permis une large participation aux marchés métropolitains du logement. Ce phénomène a eu deux effets importants. Le premier a été d'accroître la demande de logements pour propriétaires-occupants, et donc les gains à réaliser par un investissement. Le second a été de répartir les gains sur un vaste secteur du marché recoupant diverses catégories de revenu, d'âge et de type de famille. Cependant, ces gains de capital étaient tout simplement une redistribution de la richesse, et non un ajout net. Les propriétaires existants ont réalisé un bénéfice aux dépens des nouveaux propriétaires, et les propriétaires de maisons coûteuses aux dépens d'autres propriétaires désireux de se mieux loger. Nous ne savons tout simplement pas qui, dans la société canadienne, ont été les bénéficiaires nets et les perdants nets de toute cette redistribution. En outre, étant donné que la croissance démographique de l'après-guerre n'était qu'un seul facteur, bien que très important, de la hausse des gains de capital, ce boom ne se terminera pas nécessairement par le ralentissement de croissance ou la baisse démographique prévue pour le Canada au cours du prochain demi-siècle.

Il y a également une leçon importante à tirer concernant l'évolution de l'importance du « filtering down » dans les marchés du logement de beaucoup de grandes villes. L'explosion du logement en banlieue au début de l'après-guerre a entraîné le déplacement vers l'extérieur des ménages les plus riches. Le vieux parc du noyau central — souvent déprécié, mais encore de bonne qualité — a été occupé par les ménages moins aisés qui y étaient demeurés (ou y avaient immigré). On peut soutenir que cet effet a réparti les avantages des additions nettes au parc de logements de banlieue sur un grand nombre de groupes de revenu. Le processus de revitalisation des centres-villes — la gentrification — qui a commencé au milieu des années 60 dans certaines villes a mis un terme à ce processus de « filtration » et pourrait bien avoir réduit dans l'ensemble les avantages pour les ménages les moins aisés.

LE LOGEMENT COMME BIEN DE CONSOMMATION

En filigrane dans cette monographie sur le logement, on trouve une dichotomie chronique des ménages canadiens entre riches et pauvres. D'une part, le logement est devenu pour beaucoup de Canadiens davantage un bien de consommation, et moins une nécessité. D'autre part, un groupe croissant de Canadiens sont mal logés ou à prix trop élevé. Chez les riches, la consommation typique de logement se situe actuellement à un niveau qui, à certains égards, dépasse toute norme minimale plausible d'hébergement convenable. Si le marché du logement et la politique du logement dans le Canada d'après-guerre sont une réussite, c'est pour ces riches. Jamais auparavant un aussi grand nombre de Canadiens n'ont été logés dans des locaux aussi confortables, chauds, salubres et sûrs, ni n'ont eu accès à autant d'équipements communautaires et de services sociaux. En même temps, un nombre persistant et croissant de ménages canadiens (et de personnes qui voudraient constituer des ménages) ne sont pas bien servis; ou bien ils ne peuvent tout simplement pas trouver à se loger, ou bien ils n'ont pas vraiment les moyens de payer ce qu'ils réussissent à trouver. Comme nous l'avons soutenu au chapitre 4, la dichotomisation pourrait être en partie une conséquence perverse et imprévue de l'accent mis par certaines politiques fédérales et provinciales sur l'accession à la propriété.

Les chapitres 8 et 11 reposent en partie sur l'idée que le logement est de plus en plus considéré, au moins chez les riches, comme un bien de consommation de plus en plus complexe, tout comme un magnétoscope ou une automobile, avec un nombre toujours croissant d'options. Si le logement est tout simplement un bien de consommation, comme les automobiles, pourquoi avons-nous besoin d'organismes, de ministères ou de services gouvernementaux de logement? Dans le passé, nous en avons eu besoin en partie parce que les ménages (et les gouvernements) percevaient le logement différemment, à certains égards, des autres marchandises. Est-ce que les attitudes des consommateurs ont changé? Le logement est-il maintenant en quelque sorte moins important ou moins précieux qu'autrefois et si oui, reste-t-il un rôle à jouer pour les gouvernements quant à la production, l'offre ou la répartition du logement? Il est impossible de répondre directement à de telles questions, car les données empiriques sur l'évolution des attitudes à l'égard du logement sont rares. Ce sont néanmoins des questions intéressantes, en partie parce que les conditions sous-jacentes susceptibles de déterminer de telles attitudes ont évolué. Il pourrait y avoir ici une leçon importante à tirer, c'est-à-dire que les gouvernements et les politiques de l'État doivent tenir compte de l'évolution des attitudes.

Le logement acquiert une signification toute spéciale pour ses habitants, principalement pour deux raisons. La première est que la résidence, ou le « foyer », symbolise l'histoire de la famille et le processus de vie qui s'y déroule. En d'autres termes, les consommateurs traitent le logement différemment des autres biens parce qu'il en est venu à représenter leurs espoirs et leurs rêves, leurs réussites et leurs échecs et les événements importants de la vie familiale. La seconde raison pour laquelle le logement peut avoir été traité différemment est son caractère unique et le fait qu'il soit un bien peu liquide. Les maisons de propriétaires-occupants étaient habituellement coûteuses et difficiles à aliéner. Dans la mesure où nous trouvons « précieux » ce qui coûte trop cher pour qu'on puisse s'en débarrasser ou le vendre pour moins que sa juste valeur, le logement peut avoir acquis une signification particulière pour nous. Une maison peut aussi nous être précieuse en raison de quelque chose d'unique : par exemple, un détail architectural, la disposition des pièces, les agréments situés à proximité ou son emplacement particulier dans la collectivité.

L'habitation, symbole de la vie familiale

La croissance démographique des grandes villes et des régions métropolitaines partout au Canada constitue un des changements importants de l'après-guerre. L'urbanisation a rendu possible de nouveaux modes de vie et de logement, de même que de nouvelles façons d'assurer les services communautaires et sociaux. Elle a suscité la formation de ménages non familiaux pour qui le sentiment de l'importance et de la valeur du « foyer » peut être différent de celui du ménage familial traditionnel. En outre, pour certains de ces ménages, et pour des ménages familiaux aussi, les activités qui faisaient autrefois partie intégrante de la vie au foyer (par exemple, la préparation des aliments, certains soins médicaux élémentaires ou les périodes de convalescence) peuvent maintenant avoir lieu à l'extérieur du logement ou y être amenées.

Le ménage familial a également évolué selon des modalités qui pourraient avoir influencé le sens et la perception du « foyer ». Un premier changement a été l'augmentation de la participation des mères à la population active rémunérée; un deuxième a été une plus grande participation à la population active à temps partiel chez les adolescents et les étudiants[8]. Ensemble, ces facteurs peuvent avoir réduit le temps que les familles passent ensemble dans leur domicile. Un autre facteur important a été la diminution de l'importance des soins donnés aux enfants dans le cycle de vie familiale en raison d'une augmentation générale de la longévité, d'une baisse de la natalité et d'une augmentation du nombre de personnes sans enfant après 1960, de même que du rétrécissement de la fourchette d'âge des mères au moment de la naissance de leurs enfants. Par ailleurs, avec l'amélioration du système de soins de santé, et donc une utilisation accrue des hôpitaux, moins de Canadiens naissaient ou mouraient à la maison. En ce sens aussi, le foyer peut être devenu un symbole moins important de la vie familiale. Dans la mesure où l'attachement au foyer est fonction des activités familiales et des souvenirs qui s'y rattachent, ces changements influencent l'attachement des familles à leur demeure.

La diminution de la cohabitation a aussi eu son importance. Les parents et les pensionnaires qui vivaient avec les familles dans les grandes maisons ajoutaient quelque chose à la qualité de vie au foyer. Certes, l'expérience n'a peut-être pas toujours été positive et certaines familles étaient peut-être bien heureuses de pouvoir vivre seules, mais la cohabitation peut avoir enrichi l'expérience de la vie au foyer en élargissant l'éventail des personnalités et des points de vue. La diminution de cette pratique peut donc avoir nui à la richesse et à la qualité de vie au foyer et aussi avoir diminué la signification toute particulière de la maison.

Bien que ce phénomène soit difficile à prouver, on croit aussi souvent que les Canadiens sont devenus plus mobiles sur le plan géographique dans l'après-guerre. Si tel est le cas, cela peut signifier que les particuliers en sont venus à vivre une partie moins longue de leur vie dans un même logement, renonçant à développer un attachement de longue date à leur maison. Cette mobilité accrue a aussi eu pour effet de faire correspondre plus étroitement la taille du logement et celle de la famille, d'où moins de place pour la cohabitation. Fait intéressant, l'attachement à la « maison » a peut-être commencé à se manifester à l'égard du chalet, de la ferme, de la maison de campagne où l'on passe ses vacances ou ses fins de semaine. Des ménages qui déménagent facilement d'une résidence principale à une autre (parfois assez loin), conservent souvent le même chalet pour « la famille »[9].

L'évolution de la liquidité et du caractère unique des maisons

Le fait que la maison soit moins perçue comme un foyer peut aussi tenir en partie à l'utilisation croissante de composantes préfabriquées. Comme on l'a souligné au chapitre 11, les logements peuvent être perçus comme des boîtes où, depuis 1945, on entasse une gamme de plus en plus variée d'appareils, de meubles et d'accessoires. Ce processus peut rendre la boîte elle-même relativement sans importance. Avec assez d'argent et d'espace, il est possible de prendre une boîte, de la remplir correctement et de la rendre essentiellement semblable de l'intérieur à toute autre boîte. Dans ce cas, on pourrait bien avoir perdu une partie du caractère unique du logement.

On peut faire valoir que nous trouvons précieuses des choses qui, ayant fait leur temps, sont difficiles à revendre. Si tel est le cas, les améliorations apportées dans l'après-guerre à l'efficacité du marché du logement pourraient bien avoir réduit l'importance particulière de la maison. On peut parler des marchés plus efficaces qui sont apparus avec une urbanisation croissante et des systèmes mieux organisés de publicité et de vente des maisons de propriétaires-occupants. Il ne faudrait pas non plus négliger l'importance de la disparition des restrictions en matière de crédit hypothécaire et de l'intégration graduelle du crédit à l'habitation avec celui d'autres formes de consommation. Enfin, les vagues successives d'inflation du prix des maisons qui ont déferlé sur diverses parties du Canada dans l'ensemble de la période de l'après-guerre et particulièrement dans les années 70 ont également aidé à accroître la liquidité du marché du logement.

Le raffinement croissant des options de financement pourrait traduire en partie le fait qu'on commence à considérer le logement comme un bien de consommation comme les autres. Depuis 1945, les prêteurs offrant un plus grand nombre de produits, les ménages se sont montrés plus disposés à accepter un risque plus grand en échange d'un meilleur logement ou d'un meilleur financement. Lorsque la maison a un caractère sacré, on s'attend à ce que les ménages refusent le risque. Dans le cas contraire, ils sont davantage prêts à prendre des chances. À mesure qu'augmentait la gamme et la variété des formes de crédit à la consommation, il en était de même du crédit hypothécaire. Par choix ou par nécessité, les ménages en sont venus à utiliser une plus vaste gamme d'options de risque.

Les leçons à tirer sur le rôle du gouvernement

Dans le Canada de l'après-guerre, tous les paliers de gouvernement ont tenté de jouer un rôle dans la production, la demande ou l'affectation des logements. En un certain sens, c'est à propos des interventions des organismes publics et de leurs répercussions que nous avons le plus à apprendre, parce que leur arrivée dans le marché du logement était relativement nouvelle.

QUALITÉ ET ACCESSIBILITÉ

On pourrait soutenir que la leçon la plus importante à tirer ici porte sur les complexités de la définition de la qualité des logements. Tous les ordres de gouvernement se sont heurtés à ce problème. Les questions fondamentales demeurent sans réponse. Comment définir un ensemble de normes minimales de logement? Comment et pourquoi ces normes devraient-elles varier en fonction des caractéristiques des ménages? Pour quels ménages éventuels ces normes doivent-elles s'appliquer? Qui devrait fixer la norme? Il ne faut pas s'étonner que les définitions de la qualité varient, compte tenu des nombreuses contributions du logement à notre bonheur, à notre santé, à notre bien-être, à notre sentiment d'appartenance et de communauté, à notre accès aux installations et services, à notre voisinage, à notre statut et à nos aspirations pour l'avenir. Également importante est la façon dont on perçoit les objectifs de la société et comment la société devrait travailler à les réaliser. S'il n'y a qu'une leçon à tirer des chapitres précédents, c'est la nécessité pour les gouvernements de préciser ce qu'ils tentent de réaliser au moyen de leurs politiques.

Ce besoin ne se manifeste peut-être nulle part mieux qu'à l'égard de la promotion de l'accession à la propriété. Depuis 1945, tous les ordres de gouvernement soutiennent que l'accession à la propriété est bonne pour le Canada[10]. Au chapitre 3, on fait valoir que l'accession à la propriété pourrait aider à la promotion d'objectifs sociaux comme l'efficience, la redistribution de la richesse ou du revenu, la qualité de vie et la sécurité personnelle ainsi que la sécurité d'occupation. Ce qui n'est pas certain, c'est l'importance de ces avantages ou les coûts liés à l'acquisition de la propriété par rapport à d'autres objectifs. Est-ce que les avantages l'emportent sur les inconvénients? C'est là une question à laquelle, même aujourd'hui, nous ne pouvons fournir que des réponses simplistes ou des calculs grossiers.

Dans le même ordre d'idées, il y a une leçon à tirer quant à la difficulté de définir ce qui est abordable. Certains ménages doivent faire face à des situations qui, selon une règle pratique arbitraire, exigent de consacrer une somme déraisonnable ou indésirable au logement. Même en laissant de côté la question subjective de savoir comment définir la limite de l'accessibilité financière, il est difficile de mesurer les sommes dont dispose tel ménage pour le logement, de dégager les solutions de rechange qui s'offrent aux personnes qui composent le ménage ou — et ceci s'applique particulièrement aux propriétaires-occupants dans un contexte inflationnaire — de mesurer le coût réel du logement qu'ils consomment.

Il ne conviendrait pas de terminer cette section sans s'arrêter à la question de savoir si l'on a trop investi dans le logement au Canada depuis 1945 et quel a été le rôle des gouvernements à cet égard. Une étude américaine conclut qu'entre 1929 et 1983, le taux de rendement du capital d'habitation aux États-Unis a été d'environ la moitié de celui du capital non consacré à l'habitation, et qu'un parc de logements efficient n'aurait qu'environ 75 % de sa taille de 1983 (Mills 1987, 601). L'étude conclut que le traitement fiscal favorable des maisons de propriétaires-occupants en particulier et un système fiscal qui favorise l'emprunt plutôt que la mise de fonds pour le financement de capital en général, pourraient rendre compte d'une bonne part du surinvestissement aux États-Unis. On ne sait si le surinvestissement est aussi poussé au Canada, mais si tel est le cas, cela indiquerait la nécessité d'un examen sérieux du régime d'impôt sur le revenu.

LA DIVERSITÉ SOCIALE ET LE DÉVELOPPEMENT COMMUNAUTAIRE

Une autre leçon à tirer porte sur la diversité sociale. On a reproché à certaines des premières expériences de logement de l'après-guerre (tant dans le domaine privé que dans le domaine public) d'être trop homogènes ou de faire preuve de ségrégation. Du côté public, par exemple, les ensembles à grande échelle de rénovations urbaines et de logements publics ont été jugés inférieurs à des solutions qui favorisaient la rénovation des quartiers (par exemple, le PAQ/PAREL), des constructions intercalaires soigneusement planifiées et des logements à densité moyenne. Partout au Canada, les urbanistes ont tenté d'encourager une diversité de groupes de revenu et d'âge au niveau du quartier ou de la collectivité. Dans certains cas, ces tentatives d'intégration ont été coûteuses ou sources de discorde. On croit que l'encouragement de la diversité sociale est source de nombreux avantages pour les Canadiens : par exemple, une amélioration de la justice sociale, de l'égalité des chances, de la compassion, de la diversité et du sentiment de communauté. Cependant, les données sont étonnamment rares sur la mesure dans laquelle les politiques actuelles de diversité sociale produisent effectivement de tels avantages. En même temps, ces politiques peuvent entrer en conflit avec les préoccupations des résidants locaux, et en fait s'opposent à ces préoccupations, par exemple en ce qui concerne les valeurs immobilières et la sécurité personnelle. Nous savons qu'il est important de trouver des réponses aux questions suivantes. Quels sont les coûts sociaux de ne pas favoriser des politiques de diversité sociale? Quelle en est l'importance? Quels autres moyens s'offrent à nous pour favoriser la diversité sociale, et quelle est leur efficacité? Les gouvernements doivent réfléchir explicitement à ce qu'ils espèrent réaliser et se demander comment et pourquoi il en résultera des avantages nets.

Depuis le début des années 80, on recommence à mettre l'accent sur le « ciblage », ou subventions devant être accordées uniquement aux nécessiteux. Cette tendance est louable en ce qui concerne l'efficacité du programme — après tout, personne ne veut subventionner des gens qui n'ont pas besoin de subventions — mais la diversité sociale pourrait en souffrir. Si l'on veut encourager la diversité et si les ménages non nécessiteux résistent à l'invasion de leur quartier, il n'y a que deux démarches possibles. La première est d'imposer l'intégration au moyen de règlements (peut-être à un coût politique élevé). L'autre est d'encourager les non nécessiteux à accepter l'intégration. Une façon efficace d'y parvenir — subventionner les logements des non nécessiteux — est interdite par le ciblage restrictif. La diversité sociale pourrait être importante. Elle est aussi difficile à réaliser. Nous avons appris qu'il est important de se demander s'il faut la favoriser, et comment.

Une autre leçon à tirer porte sur la nécessité de réduire la discrimination envers les femmes et les familles dont le chef est la mère. Depuis 1945, les prêteurs institutionnels ont commencé d'accepter d'inclure le revenu des femmes qui travaillent dans le calcul de l'admissibilité à un prêt hypothécaire des familles époux-épouse. Ceci a aidé les familles à deux salaires à accéder à la propriété à un plus jeune âge et a permis à un plus grand nombre de ménages d'accéder à la propriété à un moment ou à un autre de leur vie. Comme on le fait ressortir au chapitre 3, l'accession à la propriété est un outil important pour les gouvernements qui sont à la recherche des régimes les moins coûteux de maintien du revenu des personnes âgées. Également importants ont été les premiers pas faits par les gouvernements, au moyen d'une réglementation anti-discriminatoire touchant le logement public et le logement locatif privé, en vue d'assurer que les familles monoparentales (généralement pauvres et dirigées par une femme) aient accès à un logement convenable et abordable[11].

STRATÉGIES ET OUTILS

Pour qu'une politique soit efficace, elle doit tenir compte des particularités régionales ou locales. Parce que le Canada est un grand pays et que sa géographie est variée, les solutions globales doivent être assez souples pour pouvoir s'ajuster aux diverses situations locales. À l'échelle la plus vaste, les stratégies nationales globales — qu'elles soient indigènes ou importées de l'extérieur — doivent être conçues en fonction des besoins locaux. Cela signifie qu'à l'intérieur des provinces ou des régions, les politiques et programmes doivent être adaptés aux conditions particulières de logement. Certaines tentatives ont été faites en vue de s'attaquer à ce problème — par exemple en ciblant certaines régions ou des problèmes particuliers. Cependant, c'est là l'origine d'un dilemme permanent. Une première possibilité consiste à adapter la politique (soit à partir du centre, soit en offrant des options) à chaque localité, mais cela peut nuire à l'efficacité administrative ou susciter des injustices régionales[12].

Il faut évaluer la meilleure façon d'appliquer une politique, compte tenu des divers paliers de gouvernement au Canada. L'intervention fédérale s'est avérée particulièrement efficace pour 1) réduire les obstacles au bon fonctionnement du marché du logement, par exemple améliorer la liquidité, la disponibilité et l'offre du crédit hypothécaire et définir des normes nationales pour les matériaux et les techniques de construction; 2) poursuivre des politiques de logement liées à des objectifs macro-économiques, comme le plein-emploi; 3) aider, coordonner et former les organismes provinciaux et locaux à l'élaboration et à l'application de politiques locales de logement.

Les gouvernements ont aussi découvert qu'il est avantageux de faire participer ceux qui sont touchés par les politiques du logement à l'élaboration et à l'application des solutions. Dans certains cas, il a fallu faire participer les ménages qui habiteront les lieux, de même que leurs voisins, à la planification et à la conception. Dans d'autres cas, comme le logement en milieu rural ou éloigné, il a fallu résister à la tentation d'imposer le savoir-faire ou l'expérience de l'ensemble de la société en fonction de solutions qui ont donné un bon résultat dans les centres urbains.

Les divers paliers de gouvernement continuent d'apprendre les avantages et les désavantages des divers instruments, c'est-à-dire les dépenses fiscales, les dépenses directes, la réglementation, les sociétés d'État et les garanties de prêt. Dans le cas des dépenses et des politiques fiscales, la sensibilité de la construction de logements locatifs au traitement fiscal des pertes locatives et des gains de capital (comme le démontrent les IRLM) s'est avérée particulièrement remarquable. On peut faire valoir que les gouvernements se sont de plus en plus tournés vers la réglementation à mesure que les contraintes fiscales restreignaient d'autres lignes de conduite et que les gouvernements trouvaient difficile de contrôler les sommes exigées par les programmes de dépenses directes[13]. Néanmoins, une mauvaise réglementation peut entraîner de nouveaux coûts directs ou indirects. Il en est résulté des mesures contradictoires : d'un côté, la réduction des contraintes réglementaires (par exemple, la politique fédérale visant l'élimination des exigences réglementaires qui limitaient la liquidité du marché hypothécaire) ; d'un autre côté, une activité réglementaire accrue (par exemple, la réglementation des lotissements ou des loyers).

Au palier fédéral, les gouvernements d'après-guerre ont à l'occasion utilisé l'industrie de la construction résidentielle pour atteindre des objectifs macroéconomiques comme le plein-emploi, la croissance économique et la stabilité des prix. Parfois, les « outils » utilisés étaient directs (par exemple, les subventions pour la construction ou les prêts hypothécaires) et parfois indirects (par exemple, fixer les taux hypothécaires LNH maximums à un niveau supérieur ou inférieur à celui du marché). Quels que soient les mérites des objectifs macroéconomiques, nous avons vu que ces outils peuvent avoir des effets indésirables dans le genre « tout ou rien », pour l'industrie du logement; en d'autres termes, la stabilité est importante pour le développement d'une industrie efficace de la construction.

LA PLANIFICATION ET LA RÉGLEMENTATION DES UTILISATIONS DU SOL

Une autre leçon à tirer porte sur l'usage et les limites de la planification des utilisations du sol. Au Canada, les techniques modernes de planification étaient presque inexistantes avant 1945. On ne trouvait des codes du bâtiment et une réglementation du lotissement que dans quelques endroits. La planification des utilisations du sol et les contrôles de l'aménagement ne se sont répandus que dans les années 50 et 60. On les a appliqués en vue de plusieurs objectifs : par exemple, la protection des consommateurs, la diversité sociale, une meilleure efficacité, la réduction des effets nocifs sur l'environnement, la minimisation des externalités et la préservation des terres agricoles. Si la réglementation a sans contredit résolu certains problèmes, elle en a aussi créé d'autres. Les premières banlieues d'après-guerre tendaient à être socialement homogènes, n'étaient dotées que de peu d'équipements et de services et présentaient une densité faible. Les banlieues ultérieures ont été le plus souvent conçues en fonction de la diversité des revenus, avec un niveau élevé d'infrastructure et de fortes densités. On s'est plaint de l'uniformité (c'est-à-dire du manque de diversité) des aménagements de banlieue, de leur densité élevée et de la diversité forcée. Le malaise croissant quant à la planification de l'utilisation des sols dans l'après-guerre est une autre leçon à tirer : la complexité de la vie urbaine et des aspirations humaines rend difficile, sinon impossible, de créer par réglementation un environnement satisfaisant de banlieue.

Nous avons également constaté l'existence des objectifs contradictoires du zonage (voir Stach 1987). Dans les premières années de l'après-guerre, certains propriétaires-occupants avaient l'impression que les restrictions de zonage étaient coulées dans le bronze. Si l'on achetait un terrain dans un nouvel ensemble, on pouvait être assuré que tous les terrains seraient à jamais consacrés au même usage. Pourtant, cette fixité a disparu graduellement. Les urbanistes ont utilisé le zonage non économique comme outil de négociation pour amener les promoteurs à faire d'autres concessions. Les promoteurs considéraient les restrictions de zonage comme une première position de négociation, tandis que les résidants étonnés voyaient dans les changements des attaques contre leur quartier et la valeur de leur propre propriété. À mesure que croissait la complexité de la réglementation (touchant le lotissement, le zonage, l'aménagement et le contrôle des démolitions), la négociation et la résolution ont commencé à créer aussi la confusion chez les promoteurs.

Cette expérience permet de tirer une autre leçon. Avec la démolition des taudis et la construction d'autoroutes urbaines dans les années 50 et 60, certains consommateurs des régions métropolitaines ont commencé à s'unir pour protéger leurs quartiers. À mesure que se généralisait le logement à diversité sociale et que la circulation devenait plus dense, le phénomène a bientôt atteint les banlieues. Les associations de résidants sont devenues une nouvelle force politique importante qui a créé à la fois des avantages et des coûts pour la société. On a ainsi découvert l'importance des quartiers pour la détermination de la qualité de vie possible dans un logement donné et de la faisabilité d'une action politique en vue de la préserver. Les pouvoirs publics, pour leur part, font face au difficile problème d'équilibrer les intérêts des résidants existants et ceux de leurs nouveaux voisins éventuels.

Une leçon qui est en voie de se dégager porte sur le coût de la réglementation. Sur la durée de l'après-guerre, la réglementation du logement a connu une augmentation spectaculaire. Une partie, peut-être même la totalité de cette réglementation, a été bénéfique. Cependant, depuis une décennie environ, on commence à prendre conscience du fait que la réglementation n'est pas sans coût. Dans le cas de la réglementation du logement, les données restent très incomplètes. Cependant, on continue de soutenir que les coûts de la réglementation (les coûts nominaux plus les retards) pourraient être élevés et que bien qu'il puisse y avoir des avantages pour la société (par exemple, l'amélioration de l'hygiène, de la sécurité ou de l'efficacité), chaque règlement devrait être examiné afin de s'assurer que les avantages dépassent les coûts. Pour les consommateurs, une des conséquences est qu'une réglementation inefficace au sens mentionné ci-dessus fait augmenter le coût du logement ou en réduit l'accessibilité.

LES COÛTS DE LA SOLUTION DES PROBLÈMES DE LOGEMENT

Le coût de la « solution » des problèmes de logement peut être élevé. Presque chacun des programmes de logement élaborés dans le Canada d'après-guerre comporte, directement ou indirectement, un plafond du total des dépenses. Par exemple, la plupart des logements locatifs publics ne s'adressent qu'aux familles à faible revenu avec des enfants ou aux personnes âgées. Jusqu'à récemment, les célibataires non âgés et les couples ne pouvaient en bénéficier, quelle que soit leur situation financière. Autre exemple, les programmes comme les allocations de logement sont d'ordinaire soumis à des restrictions de disponibilité (par exemple, elles ne sont offertes qu'aux personnes âgées) plutôt que de besoin. L'universalité n'existe guère. Presque tous les programmes de logement ont été conçus pour des situations ou des groupes particuliers. En principe, le ciblage sert à séparer les ménages « à problèmes » des autres. Mais cette mesure est aussi destinée à restreindre les dépenses du gouvernement, et pour cette raison elle est arbitraire. Ce qui soulève des questions d'injustice horizontale, parce que deux ménages « à problèmes » semblables sont traités différemment si l'un d'entre eux est empêché arbitrairement de bénéficier d'un programme de logement.

Le coût élevé de la solution des problèmes de logement est lié entre autres à la répartition des subventions entre les ménages et au sein de ceux-ci. Supposons que l'hébergement d'une personne à faible revenu (par exemple un étudiant ou une personne âgée) est subventionné par une famille qui habite ailleurs. Supposons que cette personne emménage ensuite dans un logement subventionné. La subvention versée par un gouvernement remplace la somme autrefois versée par la famille. Il se produit une substitution semblable lorsqu'un parent âgé quitte la maison d'un de ses enfants (où un loyer nominal faible ou nul représente une subvention implicite) pour emménager dans un appartement subventionné du troisième âge. En partie, le coût élevé des programmes de logement pour les gouvernements découle de cette substitution de subvention.

La désinstitutionnalisation nous enseigne une autre leçon que nous apprenons lentement depuis quelques années. La réduction relative de la population vivant en établissement institutionnel au Canada ajoute de nouvelles responsabilités aux politiques de logement. Les personnes handicapées, par exemple, ont besoin de services de soutien parallèles pour pouvoir être des membres à part entière de la collectivité. En général, les services qu'elles auraient reçus dans un cadre institutionnel ne sont pas offerts dans la collectivité. Certains de ces services doivent préférablement être offerts à partir d'un point central, ce qui exige que les clients soient logés à proximité. D'autres services peuvent être assurés à domicile. Dans un cas comme dans l'autre, il est préférable que les clients soient hébergés dans des logements spéciaux ou des foyers collectifs. L'intégration de ces personnes à la collectivité est un aspect important de la diversité sociale.

Nous avons aussi appris quelque chose quant à l'adaptabilité du parc existant. Depuis 1945, dans les grands centres urbains, on tend à remplacer la démolition par la rénovation[14]. On trouve dans nos villes de nombreux exemples de bâtiments ou de quartiers anciens qui ont été préservés ou restaurés, de tentatives ambitieuses de densification en faible hauteur et de conversion ou de reconversion d'immeubles en fonction des besoins de nouveaux habitants. En même temps, la rénovation peut parfois être tout simplement trop coûteuse. Il faut aussi tenir compte de l'emplacement; il ne suffit peut-être pas d'avoir une belle vieille maison, si elle est mal située.

La plupart des gouvernements et des consommateurs veulent évidemment que les logements soient produits au meilleur prix possible. Les producteurs de logements aussi, car ils perdraient des consommateurs si le logement devenait moins abordable. Cependant, nous avons vu qu'il est facile de se laisser égarer par une vue à court terme de ce qui constitue un logement peu coûteux.

Le logement est un bien de capital de longue durée; nous avons appris à évaluer l'efficacité de la production en adoptant une vision à long terme des coûts de construction, d'entretien et de rénovation. Les logements locatifs publics, par exemple, sont maintenant construits en général selon des normes de durabilité égales ou supérieures à celles du secteur privé. Dans les codes du bâtiment, on a expérimenté des solutions de rechange moins coûteuses pour toutes les constructions résidentielles; certaines substitutions se sont avérées réalisables, mais d'autres (comme remplacer le filage de cuivre par de l'aluminium) se sont avérées irréalisables en raison des dangers d'incendie ou d'accident ou d'une durabilité restreinte. Les provinces et les municipalités ont également étudié les modifications des règlements d'utilisation des sols et de zonage en vue d'accroître les densités et de réduire le coût des terrains. Le problème consiste à faire la distinction entre ce qui est bon marché et ce qui est efficient. On soutient parfois que des logements bien construits, même s'ils sont plus coûteux au départ, coûtent moins cher d'entretien à long terme, s'adaptent plus facilement à d'autres usages en fonction des besoins futurs ou ont une vie utile plus longue. Cependant, cette généralisation est douteuse. Dans certains cas, il en coûte cher de rénover de vieux immeubles. En même temps, la rénovation ou la démolition suivie d'une construction neuve impose des coûts sociaux (et des avantages) différents dans le quartier avoisinant et dans l'ensemble de la collectivité. Il est difficile et mal avisé de généraliser; la décision de construire selon des normes de qualité et d'adaptabilité doit se prendre en fonction des coûts potentiels et des avantages, au cas par cas.

LE LOGEMENT ET LE MAINTIEN DU REVENU

Une autre leçon que nous n'avons pas fini d'apprendre concerne l'effet des régimes de maintien du revenu de l'après-guerre. Le problème de l'abordabilité des logements tient entre autres à ce que certains ménages n'ont pas un revenu suffisant pour se payer les nécessités fondamentales de la vie. Depuis 1945, les revenus par habitant ont augmenté fortement, particulièrement en comparaison avec les coûts de logement. À cet égard, les problèmes d'accessibilité du logement auraient dû diminuer. Cependant, les moyennes masquent des changements importants pour certains ménages. Tout aussi importants ont été les changements apportés aux régimes de maintien du revenu qui assurent à chaque ménage un revenu disponible régulier pendant toute sa durée de vie; par exemple, l'assurance-chômage, les allocations familiales, l'indemnisation des accidents de travail, la pension de sécurité de la vieillesse, le supplément de revenu garanti, le régime de pensions du Canada ou le régime des rentes du Québec, l'assurance-santé et divers régimes privés de pensions et d'assurance-invalidité à long terme. En outre, l'arrivée des femmes mariées dans la population active a aidé à stabiliser le revenu des familles. En conséquence, un nombre relativement plus grand de ménages pouvaient s'attendre à trouver un logement abordable tout au long de leur vie. Pour ce groupe, les politiques de logement visant à améliorer l'accessibilité ont perdu de leur urgence.

Curieusement, la prospérité d'après-guerre a créé une nouvelle classe de pauvres. En fournissant des logements subventionnés, l'assurance-santé et divers autres biens subventionnés, les gouvernements ont encouragé la formation de ménages distincts chez certains groupes (comme les personnes âgées et les familles monoparentales) qui n'avaient pas été portés antérieurement à vivre seuls. Si juste que soit la cause, ces nouveaux ménages se sont retrouvés avec un revenu faible en comparaison avec leurs coûts d'habitation et ont par conséquent augmenté leur problème d'accessibilité financière. Les gouvernements ne font que commencer à apprendre la curieuse leçon que l'accessibilité pourrait être inversement proportionnelle aux subventions.

Enfin, une leçon inachevée concerne les objectifs fondamentaux de la société canadienne et la valeur des subventions au logement plutôt que des subventions au comptant ou d'autres outils pour atteindre ces objectifs. Les spécialistes et les décideurs, par exemple, continuent de débattre la question de savoir si la politique du logement a un rôle unique à jouer ou si les problèmes d'accessibilité du logement sont tout simplement une manifestation de l'insuffisance du revenu (voir par exemple, Bourne 1986).

LE RÔLE DES SECTEURS PUBLIC ET PRIVÉ

Ce titre laisse entrevoir une leçon de plus grande envergure. Au début de la période de l'après-guerre, les gouvernements estimaient que leur rôle était de combler les lacunes du marché et d'aider ceux que le marché laissait pour compte. Effectivement, même si à partir de 1945 jusqu'aux années 60, entre un tiers et la moitié de toutes les constructions neuves ont bénéficié du financement LNH, la politique gouvernementale fonctionnait essentiellement en marge (c'est-à-dire les laissés pour compte) du marché et ne lui faisait pas directement concurrence. Au cours des décennies suivantes, un rôle plus actif est apparu par lequel les gouvernements ont entrepris de réagir au marché privé et même de le concurrencer. Les logements locatifs pour les aînés et les familles à faible revenu, par exemple, sont en un certain sens en concurrence avec le parc privé. Au début, la concurrence était faible. Ce que construisaient les gouvernements était de beaucoup supérieur à ce qu'offrait le marché privé. Plus tard, les pires éléments du parc privé ayant été éliminés et la valeur globale des subventions ayant diminué, les différences entre les deux parcs ont commencé à s'estomper. De plus en plus, les gouvernements se trouveront peut-être en concurrence avec le secteur privé pour la même clientèle. Une leçon à tirer est que les gouvernements devront de plus en plus décider s'ils vont choisir de concurrencer le secteur privé, pourquoi, où et comment.

Enfin, il faudra réfléchir aux conséquences de l'incertitude en matière de politique du logement. Les outils de la politique du logement prennent la forme de carottes et de bâtons. Il se peut que nous constations un problème — même une solution — tout en étant incapables d'y apporter une solution. Ce fait pourrait tenir d'une part à une mauvaise perception du problème. D'autre part, les carottes et les bâtons peuvent être insuffisants. Il peut s'agir d'une interaction entre le marché privé et la politique de l'État. Nous nous mettons en frais, par exemple, pour mieux loger les ménages âgés, mais nous nous apercevons que de ce fait le nombre des ménages âgés augmente encore plus rapidement. S'il y a une seule leçon globale à tirer, c'est que les décideurs devraient savoir clairement ce qu'ils espèrent réaliser, en connaître la faisabilité, les moyens d'y parvenir et les conditions du marché au sein duquel cette politique sera appliquée.

Notes

1 Vischer (1987) développe les façons dont les principes de conception des banlieues de l'après-guerre ont subi l'épreuve du temps.

2 Je n'entends nullement négliger les problèmes réels que les plans modernes des banlieues et des résidences ont posés à de nombreuses femmes. Voir Hayden (1984).

3 Gluskin (1976, 134) estime que les dix plus importants constructeurs inscrits en bourse du Canada n'ont produit que 7, 4 % des nouveaux logements vendus au Canada en 1976. Gluskin signale également que Cadillac-Fairview Corporation, qui était à l'époque le plus grand propriétaire-bailleur et qui s'intéressait principalement au marché de Toronto, détenait moins de 6 % du parc total d'appartements locatifs à Toronto (1976, 115).

4 Bien sûr, on pourrait en dire autant des grandes sociétés de toute industrie. L'industrie des propriétaires-bailleurs y est particulièrement sensible parce que la variété des différences entre les immeubles rend difficile aux cadres supérieurs d'élaborer de bonnes prédictions des dépenses convenant à un immeuble donné.

5 On trouvera une description de l'évolution historique de la technologie de construction de maisons et de la conception jusqu'aux environs de 1920 dans Doucet et Weaver (1985).

6 Ces stratégies sont décrites plus en détail dans Boyle (1986).

7 Au milieu des années 80, les locations officielles et officieuses semblent représenter près de la moitié des logements en copropriété. Au sujet du secteur officiel, Skaburskis and Associated (1985, tableau 2) constatent que sur 61 ensembles en copropriété dans un échantillon aléatoire provenant de tout le Canada, 14 ont dû être remplacés parce qu'il s'agissait de syndicats. Selon l'EDF de 1984, environ le quart des logements en copropriété sont occupés par des locataires dans le secteur officieux (c'est-à-dire, là où le locataire sait que l'immeuble est en copropriété).

8 Le taux de participation des personnes de 15 à 19 ans à la population active est passé de 42 % en 1970 à 57 % en 1988. Voir Statistique Canada (1989, 242).

9 On manque de données fiables sur la propriété de résidences secondaires au Canada. Si ces habitations constituent vraisemblablement une petite proportion du parc total de logements privés, il ne fait aucun doute qu'une proportion supplémentaire substantielle de familles louent ces résidences ou les partagent avec les propriétaires, parents ou amis.

10 Beaucoup de spécialistes mettent aussi l'accent sur l'accession à la propriété lorsqu'ils évaluent les progrès en matière de logement. Voir par exemple Myers (1982).

11 Il faudrait aussi mentionner à cet égard l'apparition de diverses formes d'hébergement à court et à moyen terme pour les femmes battues.

12 Il est intéressant de suivre, par exemple, la dévolution de la propriété des logements locatifs publics avec les années : depuis la WHL jusqu'aux organismes municipaux en passant par les sociétés provinciales de logement. Cependant, ce qui peut être préférable pour l'administration du logement locatif public n'est peut-être pas la meilleure solution par rapport aux autres volets de la politique du logement.

13 Ce phénomène ne se limite pas au Canada. Popper (1988) parle de la centralisation accrue de la réglementation dans diverses parties des États-Unis, particulièrement depuis la fin des années 60.

14 Ce remplacement s'explique peut-être par le fait qu'une bonne partie du parc urbain n'était pas susceptible de réparation et avait été démolie à la fin des années 60. Le parc restant était dans l'ensemble de meilleure qualité.

CHAPITRE VINGT-DEUX

Défis et problèmes pour aujourd'hui et demain

John Hitchcock

LA PRÉSENTE MONOGRAPHIE laisse voir deux aspects sous lesquels on peut examiner le contexte actuel de la politique du logement par rapport à l'expérience de l'après-guerre : le genre de problèmes et leur degré de complexité. Ces deux perspectives nous permettent de comparer la situation à laquelle devaient faire face les responsables politiques au milieu du siècle et celle à laquelle ils sont confrontés à l'approche de cette fin de siècle. Dans les premières années de l'après-guerre, les problèmes de logement semblaient matériellement considérables mais conceptuellement simples; l'arriéré des problèmes de logement de la Crise et de la guerre pourrait être comparé aux écuries d'Augias, et la tâche de la politique du logement serait l'un des travaux d'Hercule; la tâche était énorme mais nette, et on s'attendait qu'une fois le travail fait, il soit vraiment terminé. Le progrès en matière de qualité des logements pendant l'après-guerre est incontestable. Bien qu'une bonne partie de ce progrès soit attribuable à la prospérité générale, d'autres facteurs y ont contribué, qu'il s'agisse d'un meilleur accès au crédit hypothécaire ou des politiques liées à des problèmes particuliers de logement, comme le logement social et la remise en état. Les problèmes auxquels nous faisons face maintenant sont plus complexes; ils ressemblent plus aux travaux de Sisyphe qu'à ceux d'Hercule.

On peut dégager de cet ouvrage que le logement est un élément nécessaire, mais non suffisant, d'une collectivité vivable et prospère et qu'il nous faut examiner la conjugaison du logement et des conditions de vie et services offerts dans le quartier, en tenant compte des besoins des divers ménages en matière de soins médicaux, de soutien à domicile, de services sociaux et de commodités quotidiennes. Par exemple, les besoins des anciens malades psychiatriques en matière de logement ne peuvent être dissociés de leurs autres besoins. L'absence relative de reconnaissance officielle des besoins de ce groupe et de réponse à ces besoins au cours de la dernière décennie n'a rien dont nous puissions être fiers, bien que, soyons indulgent, elle reflète la difficulté d'établir un lien entre le logement et les autres besoins dans le cadre de notre environnement politique et organisationnel actuel. La politique de l'État doit tenir compte de toute une grille de besoins en matière de logement et de services, et il nous faudra apprendre à composer avec la complexité organisationnelle que cela suppose[1].

Certains pourraient être tentés de penser que le désir d'élargir notre vision signifie tout simplement qu'on a réussi à résoudre les difficiles problèmes antérieurs, et que peut-être nous faisons face maintenant à des problèmes de moindre importance — un peu comme si Hercule cherchait un projet de création d'emploi. Pourtant, si la politique du logement n'a jamais pleinement reconnu les liens entre le logement et le développement économique, le contrôle de l'utilisation du sol, les services sociaux et la sécurité du revenu, c'est précisément parce que ces liens sont complexes. Ce à quoi nous faisons face maintenant, ce n'est pas tant une complexité « nouvelle » que la révélation d'un difficile problème qui a toujours existé.

Toutefois, il y a aussi des complexités véritablement nouvelles. En comparaison des années 40, par exemple, la gamme des types de ménage qui existent actuellement en nombre significatif est beaucoup plus grande. On reconnaît aussi de plus en plus les diverses sortes de « besoins spéciaux » qu'on trouve dans l'ensemble de la population.

Le système urbain d'aujourd'hui est bien différent. Au début de l'après-guerre, la croissance était fonction de la croissance démographique globale et de la migration des campagnes vers les villes. À mesure que diminuait l'importance de ces facteurs, les perspectives de croissance des régions urbaines en sont venues à dépendre davantage des différences régionales sur le plan de l'économie et des revenus qui influencent la migration interurbaine, rendant plus volatile l'évolution des caractéristiques économiques et démographiques à travers le réseau urbain. Les variations des conditions économiques sont maintenant intimement liées à l'économie planétaire, ce qui accroît la probabilité que les régions urbaines du Canada soient soudainement influencées par des événements de l'étranger.

Cette volatilité a deux conséquences. Premièrement, la demande locale peut se modifier rapidement par rapport à l'offre locale de logements, mettant à rude épreuve la capacité de réaction des régions et des gouvernements locaux. Deuxièmement, il ne semble plus y avoir une seule situation nationale du logement. Chaque région, et peut-être chaque sous-système urbain au sein de chaque région a, ou pourrait bientôt avoir, un problème de logement différent. Cette sensibilité au changement est amplifiée par l'évolution de la structure des ménages, puisque la formation des ménages non familiaux est plus sensible à la conjoncture économique que la formation des ménages familiaux.

La prévision de l'évolution urbaine — qui n'a jamais été facile — devient plus difficile dans un environnement de ce genre. Il faut aussi tenir compte des pressions qu'impose à nos mécanismes d'élaboration des politiques cette diversité régionale. À ses débuts, la SCHL assurait l'orientation des politiques et le gros des ressources financières consacrées au logement. Elle s'occupait d'un ensemble restreint de problèmes, et dans le contexte d'une situation nationale de logement reconnue par tous. Comment en font foi les chapitres de ce livre[2], il faut aujourd'hui une gymnastique mentale pour aborder simultanément les problèmes du logement rural en Nouvelle-Écosse (Rowe 1986), les problèmes de la perte de l'avoir propre des propriétaires dans les villes du secteur primaire en déclin, les caractéristiques particulières du marché locatif de Montréal (signalées par Choko 1986) et la revitalisation de certaines régions métropolitaines. Les différences régionales ont toujours existé, mais l'élargissement de la gamme des différences et la rapidité de l'évolution des tendances ajoutent à la difficulté de comprendre et de réagir.

Enfin, le chapitre 7 souligne la réglementation croissante du logement, traduisant une conscience accrue des façons complexes dont le logement influence d'autres domaines, comme la sécurité et la protection de l'environnement. L'accroissement de la réglementation a, à son tour, rendu plus complexe la tâche d'élaborer et d'appliquer la politique du logement.

Tout l'ouvrage repose sur une vision du rôle de la politique du logement selon laquelle le logement ne doit pas être conçu tout simplement comme un problème à résoudre; c'est plutôt un ensemble de responsabilités qui ne nous quitteront jamais, et qui varieront en importance l'une par rapport à l'autre. Pour reprendre contact avec la réalité, il suffit de s'arrêter à deux domaines qui sont préoccupants à la fin des années 80: la gestion du parc existant de logements et l'abordabilité. Avec la diminution du taux global de croissance démographique et de migration des campagnes vers les villes, le parc existant a acquis une plus grande importance. Nous sommes moins en mesure de faire place au changement au moyen de constructions neuves en périphérie, comme on le faisait dans les premières décennies de l'après-guerre. Il ne suffit plus de décider qu'il nous faut *x* nouveaux logements de type *y*. Il nous faut maintenant réfléchir soigneusement à l'endroit où ces logements seront placés et à la façon de les créer.

Nous avons dû aussi laisser de côté la construction neuve à grande échelle dans des terres vierges et la verdure pour examiner toute une gamme d'autres façons de fournir des logements supplémentaires et nous avons dû reconnaître que les politiques du passé qui abordaient le parc résidentiel existant quartier par quartier n'ont pas toujours été des réussites. Les programmes de rénovation urbaine et leurs successeurs ont laissé beaucoup à faire (ou à défaire), et notre embarras actuel en matière de revitalisation ne nous promet pas une solution rapide à cet égard non plus. Parce que les immeubles semblent si solides, nous en venons à concevoir le parc existant comme quelque chose de fixe. Si nous nous plaçons sur le plan de l'occupation, toutefois, il est plus facile de se faire une image juste de notre parc résidentiel : une mer toujours en mouvement (où peut-être le baby boom ferait figure de mascaret). Même si personne ne déménage, les ménages vieillissent et leurs besoins évoluent.

L'abordabilité n'a jamais cessé d'être importante, mais son importance a augmenté alors que diminuaient les logements insalubres ou en mauvais état. Malgré des efforts louables de production de logement social dans les décennies de l'après-guerre, les problèmes d'abordabilité semblent aussi importants et difficiles que jamais (en partie en raison de changements imprévus du parc existant). Ces problèmes seront à l'ordre du jour pendant longtemps — une tâche digne de Sisyphe. Le premier défi que nous posent les auteurs de ce volume est donc de rectifier nos postulats et nos attentes en fonction de ce que signifie le « logement » à la fin du 20e siècle.

Les principaux liens et complémentarités entre les chapitres du présent volume se répartissent en cinq domaines : le mode d'occupation, la gestion du parc existant, la qualité, l'abordabilité et les services de soutien. Dans chaque domaine, on peut identifier au moins cinq défis génériques.

- le défi intellectuel, c'est-à-dire comprendre les phénomènes à l'étude;
- le besoin de faire le lien entre cette compréhension et la qualité de vie des gens, c'est-à-dire de voir les rapports entre des processus complexes et « des êtres de chair et de sang »[3];
- le défi de constamment réévaluer les conditions, à partir d'une compréhension intellectuelle qui n'est jamais complète;
- le défi permanent d'améliorer les structures et les mécanismes d'application des politiques;
- le défi d'engager des ressources pour la solution des problèmes du logement, tout en sachant que d'autres besoins sont en concurrence pour les mêmes ressources.

Le mode d'occupation

Nous avons raison d'être satisfaits d'avoir réussi à offrir des possibilités d'accession à la propriété, mode d'occupation dont les avantages comprennent la sécurité d'occupation, le contrôle et l'épargne. D'autre part, il semble y avoir des doutes quant au progrès en ce qui concerne la location privée. Le pourcentage des ménages propriétaires diminue maintenant régulièrement du plus haut quintile de revenu jusqu'au plus bas, alors qu'il y a deux décennies, il y avait moins de déséquilibre entre les groupes de revenu. Pour beaucoup de Canadiens à faible revenu, le choix se fait maintenant entre la location privée ou (pour un petit pourcentage) le logement social. Étant donné que de nombreux problèmes semblent localisés dans le secteur locatif privé, il est commode d'en faire le centre d'attention. Cependant, la source des problèmes ne se trouve pas nécessairement dans ce secteur.

LE SECTEUR LOCATIF PRIVÉ

L'évolution de la demande qu'implique la faiblesse du revenu chez les locataires peut être vue comme un présage du déclin du secteur locatif privé. D'autres spécialistes en Amérique du Nord partagent cette préoccupation : « Malgré un nombre croissant de politiques gouvernementales visant la promotion du secteur locatif, son avenir paraît plutôt sombre dans la plupart des pays industrialisés » (Howenstein 1981, 108). Dans le cadre de notre tentative de voir le logement comme une entreprise continue plutôt que comme un problème unique, toutefois, nous devrions être très prudents avant d'accepter l'opinion que le secteur locatif est une sorte de « Hympty Dumpty » tombé en bas de son mur et qu'on ne pourra plus jamais recoller :

> En ... 1982, on acceptait généralement que la location privée était dans une décadence qui semblait inévitable et qu'elle ne pourrait plus fournir l'occupation « normale » la vie durant à une grande proportion de la population ... Mais toute explication ... qui établit le lien entre le déclin de la location privée et la croissance des autres modes d'occupation d'une part et, d'autre part, une analyse de l'évolution des aspects sociaux du logement doit aussi reconnaître que certaines des conditions qui ont suscité la croissance des logements sociaux en location ou occupés par le propriétaire subissent actuellement des changements d'ordre majeur. Le développement de ces modes d'occupation et le fait qu'ils continuent d'être importants n'ont rien d'inévitable — malgré la popularité des explications naturalistes de leur croissance (Harloe 1985, 310, 314).

Que le secteur locatif soit actuellement en déclin semble plausible, mais la conscience que nous commençons à prendre de la complexité devrait nous inciter à la prudence. Le tableau 4.3 montre des changements marqués du profil de revenu des locataires entre 1967 et 1981. La proportion de l'ensemble des ménages locataires qui se situaient dans les deux derniers quintiles de revenu a augmenté, passant de 44 % à 57 %. D'autre part, les loyers n'ont pas augmenté aussi rapidement que les prix dans le secteur des propriétaires-occupants. Puisqu'il y a une baisse relative du prix, est-il étonnant de constater une augmentation du nombre des ménages locataires à faible revenu? Est-ce que cela revient à dire que le secteur locatif est devenu un secteur « résiduel »?

Le tableau 22.1 montre une différence quant au changement entre 1967 et 1981 pour les familles et les ménages d'une seule personne. La proportion des ménages locataires composés d'une seule famille dans les deux derniers quintiles a augmenté de près de 15 points de pourcentage, tandis que le chiffre comparable pour les ménages d'une seule personne est de moins de 8 points. En 1981, la proportion des ménages locataires d'une seule personne dans les deux derniers quintiles était inférieure à celle des ménages familiaux. Les locataires comprennent les habitants des logements sociaux et, jusqu'à dernièrement, les ménages d'une seule personne autres que les personnes âgées étaient généralement inadmissibles au logement social. Le tableau 22.2 indique la croissance du parc de logement social depuis 1951, particulièrement dans les années 60 et 70. Une partie de cette évolution du profil de revenu et de la composition de ce profil entre les familles et les ménages d'une seule personne résultait d'une demande accrue de logements chez les ménages à faible revenu, rendue possible par un inventaire agrandi de logements sociaux.

Une autre rangée du tableau 22.2 révèle que le nombre total de logements subventionnés, comprenant à la fois le logement social et diverses autres formes d'aide dans le marché locatif privé, a augmenté au cours des deux dernières dé-

Tableau 22.1
Ménages locataires selon le quintile de revenu : Canada, 1967–1981 (%)

	1967	1973	1977	1981	Écart 1967–1981
(a) Ménages familiaux locataires					
Quintiles 1 et 2	43	50	54	57	+15
Quintiles 3 et 4	43	40	36	34	-9
Quintile 5	15	10	10	9	-6
Total	100	100	100	100	0
(b) Ménages locataires d'une seule personne					
Quintiles 1 et 2	31	36	36	39	+8
Quintiles 3 et 4	44	42	43	43	-1
Quintile 5	25	22	21	18	-7
Total	100	100	100	100	0

SOURCE : Statistique Canada, *Logements selon le revenu et autres caractéristiques, 1982*, Tableaux 6–8; cité dans Patterson, 1985.

Tableau 22.2
Logements subventionnés et mises en chantier de logements locatifs : Canada, 1951–1981

	1951–1960	1961–1970	1971–1980
Mises en chantier de logements locatifs	271 159	721 267	826 433
Mises en chantier de logement subventionnés (logements sociaux et autres logements locatifs)	47 086	116 289	313 106
pourcentage de logements subventionnés	17,3	16,1	37,9
Mises en chantier de logements sociaux	8 838	73 621	152 902
en pourcentage des mises en chantier de logements locatifs	3,3	10,2	18,5

SOURCE : Patterson, 1985 (Annexe A).

cennies. La conclusion à tirer de ces données n'est pas que le secteur locatif est en baisse, mais qu'il n'a pas décliné parce qu'il a été « soutenu » par des subventions tant dans le secteur public que dans le secteur privé. L'aide accrue au logement locatif est-elle une indication de l'échec du fonctionnement autonome du marché, ou plutôt d'une réussite en ce qui concerne la réaction publique à un besoin?

Le tableau 3.1 offre un autre point de vue sur le secteur locatif. Les ménages locataires ont augmenté en proportion de l'ensemble des ménages entre 1961 et 1971, et diminué légèrement entre 1971 et 1986. Puisque le nombre total de ménages a augmenté au cours de cette période, le nombre de ménages locataires a aussi augmenté; ceci ne porte pas à croire que l'importance du secteur locatif a diminué.

Il se dégage une vision différente du déclin si l'on considère la proportion de la population qui est desservie par le logement locatif. Dans une certaine mesure, la baisse du revenu des locataires traduit une baisse marquée de la taille des ménages locataires — ce qui signifie, en moyenne, que moins de personnes contribuent au revenu global du ménage.

LES AUTRES MODES D'OCCUPATION POSSIBLES

Il faut certes reconnaître les ambiguïtés de ces tendances, mais il y a assez de données pour nous pousser à réexaminer l'hypothèse que le logement locatif privé devrait assumer le gros du fardeau de l'hébergement des personnes dont le revenu est inférieur à la médiane, le logement social comblant les lacunes. Cela soulève des questions de valeurs politiques aussi bien que de programmes et de mécanismes. En ce qui concerne ces derniers, nous devrions relever le défi lancé par David Donnison à la première Conférence canadienne sur l'habitation :

> Il faut se méfier d'une trop forte unification de la propriété et d'une trop grande normalisation des politiques dans le secteur public. Le gouvernement, tout comme les promoteurs et les prêteurs du marché libre, tend à accorder priorité à certains besoins et à en négliger d'autres. Il peut s'agir des nouveaux arrivants dans la ville, des ménages mobiles, des célibataires ou des personnes sans enfant, mais nous pouvons être certains que certaines sortes de minorités seront négligées par les organismes démocratiques responsables auprès des majorités. J'espère donc que vous veillerez à ce que les logements qui peuvent être affectés par des motifs sociaux soient construits et administrés par divers organismes dont les politiques et les priorités, bien qu'elles soient soigneusement coordonnées, ne sont pas toutes identiques (Wheeler 1969, 238).

Pour bien comprendre ce défi, l'expression de Donnison « affectés pour des motifs sociaux » devrait être entendue au sens de logements destinés à servir au moins en partie un objectif social, mais où il n'y a a priori aucune hypothèse quant au mécanisme de propriété ou d'affectation. Beaucoup des politiques touchant le secteur locatif privé qui ont été utilisées dans le passé pourraient s'insérer dans cette catégorie générale.

Pour étudier des façons d'alléger le fardeau que doit actuellement supporter le secteur locatif privé, il nous faut voir dans le mode d'occupation non pas un ensemble d'options séparées (occupation par le propriétaire, copropriété, coopérative et logement locatif) mais un ensemble de possibilités créé par diverses combinaisons de 1) propriété/location des terrains, 2) propriété/location de l'immeuble et 3) type d'agent/d'organisme chargé de la gestion. Pour employer une expression courante il y a plusieurs années, en plus du logement social il nous faut considérer une proportion importante de notre parc de logements comme une « utilité ». À titre d'indication grossière d'un ordre de grandeur, la

« proportion importante » pourrait s'échelonner entre 15 % du parc locatif et 30 % du parc global, selon les définitions, les hypothèses et les régions. Ce terme suggère l'idée d'un mécanisme visant à assurer la présence de logements abordables, tout en minimisant les subventions publiques et la gestion directe. À cette fin, le choix de méthode devrait être pragmatique et non idéologique; il faut trouver des façons de faire payer une bonne partie de la totalité des coûts d'immobilisation et d'exploitation du logement par les utilisateurs[4]. Le programme des coopératives, qui utilise un prêt hypothécaire indexé à l'inflation, n'est qu'une expérience intéressante parmi plusieurs[5].

L'expérience de la qualité de la gestion tant dans le logement public que dans le logement locatif privé révèle des possibilités d'amélioration. Le programme sans but lucratif, d'autre part, a une meilleure fiche à cet égard. S'il faut être prudent dans la recherche de l'ingrédient magique (par exemple, l'importance de la diversité des revenus n'est pas claire), il semble bien que le fait de changer d'organisme chargé de la gestion fait une différence. Il pourrait y avoir d'autres combinaisons des trois volets du mode d'occupation (le terrain, l'immeuble et la gestion) où la gestion privée pourrait obtenir des résultats semblables. Il faut comprendre que, bien que les nouvelles formes de mode d'occupation présentent des avantages potentiels, elles rendent plus difficile pour tous les ordres de gouvernement de suivre la situation et d'introduire des changements. Un élément essentiel du défi consiste à surmonter efficacement cette complexité.

MAXIMISER LES CHOIX À L'INTÉRIEUR DES DIVERS MODES D'OCCUPATION

Dans le cas des formes ordinaires de propriété et de location, il faut maximiser les choix de sorte que les consommateurs puissent réaliser les avantages de chaque mode d'occupation sans avoir à accepter un trop grand nombre de compromis indésirables. Le mode d'occupation est souvent lié à des avantages financiers, des formes de construction et des emplacements particuliers (par exemple, le noyau central de la ville ou la périphérie). Bien que ces deux modes d'occupation comportent des différences inhérentes, les décideurs doivent toujours faire preuve de vigilance pour restreindre l'ampleur de ces différences[6].

Une explication possible du déclin du secteur locatif privé est que la propriété peut fournir des possibilités de placement (y compris des avantages fiscaux) en plus des services de logement, ce qui accroît la demande de logements de propriétaires-occupants par rapport à celle de logements locatifs[7]. En minimisant les différences, on pourrait accroître la demande de logements locatifs privés, et donc la gamme des options de location. Le chapitre 3, par exemple, mentionne la corrélation entre la propriété et l'épargne; les propriétaires âgés ont une valeur nette supérieure à celle des non-propriétaires. S'il y a un lien de causalité entre ces deux variables, cela soulève la question de savoir si l'on devrait permettre de déduire une partie des versements de loyer du revenu aux fins de l'impôt. Cette déduction n'éliminerait pas les différences sur le plan des avantages financiers engendrées par la non-imposition des gains de capital sur les résidences principales, mais elle aurait au moins pour effet de compenser l'avantage que reçoivent les propriétaires-occupants de la non-imposition du loyer théorique.

Le chapitre 3 mentionne aussi comment l'inflation a influencé la demande des investisseurs pour les logements locatifs. La réduction des différences entre les modes d'occupation pourrait ralentir le rythme d'oscillation des décisions d'investissement entre les modes d'occupation, laissant une certaine latitude au système pour qu'il puisse s'adapter, et permettant peut-être de maintenir une plus grande variété d'options dans le cadre de chacune des formes d'occupation.

Enfin, Steele signale un aspect moins bien connu des mécanismes qui influencent le choix d'un mode d'occupation : les règles (officielles ou officieuses) qui excluent le revenu locatif futur d'une partie d'une habitation occupée par le propriétaire dans l'évaluation des prêts peuvent avoir une influence sur la possibilité de produire des logements locatifs à partir du parc existant. L'inclusion du revenu locatif encouragerait la production de logements locatifs, tout en facilitant l'acquisition de propriétés destinées à un propriétaire-occupant.

Nous pouvons imaginer d'autres variantes susceptibles de réduire les différences ou d'accroître les choix. On pourrait explorer la gestion par les locataires ou leur participation à la gestion afin de réduire l'avantage que présente la propriété quant au contrôle sur son environnement. L'envers de cette médaille est de trouver des façons d'aider les propriétaires à gérer leur propriété. Certains problèmes d'entretien des propriétaires âgés, ou autres, pourraient découler d'un désinvestissement délibéré, c'est-à-dire d'un choix de réduire les dépenses d'entretien (dont la possibilité constitue un des avantages de la propriété), mais d'autres découlent simplement d'un manque de savoir-faire ou d'infirmités physiques. L'utilisation imaginative de la copropriété aussi bien pour le parc existant que pour le nouveau pourrait régler cet aspect de la gestion. La réglementation des loyers et diverses formes de logement social ont modifié la sécurité d'occupation des locataires. Il est possible d'aller encore plus loin dans cette voie. Il faut étudier des options comparables pour les propriétaires-occupants. Des allocations au logement pourraient être souhaitables pour les propriétaires-occupants, car elles permettraient de protéger le propriétaire contre des difficultés financières temporaires, de préserver la propriété et d'éviter les coûts de transaction qu'entraîne un déménagement.

Il existe des arguments en faveur de la création d'organismes capables d'acquérir une part de la valeur propre de logements privés afin de permettre au propriétaire de rester en place. En Angleterre, les « logements protégés » pour les personnes âgées utilisent de nombreux mécanismes juridiques ou financiers pour partager les coûts d'immobilisation et d'exploitation, aussi bien que la gestion entre l'occupant et sa parenté ou un organisme quelconque (Sherebrin 1982). Dans le cas de la participation à l'avoir propre, l'organisme pourrait acheter la moitié d'un logement, alors que le propriétaire-occupant en conserverait l'autre moitié. L'organisme pourrait bénéficier des gains de capital, tout comme les autres propriétaires, de sorte qu'il serait motivé à conserver cet investissement. L'organisme n'aurait à jouer qu'un rôle passif si la propriété était convenablement entretenue, mais il pourrait intervenir dans divers cas. Ce principe pourrait être étendu à des familles non âgées, constituant une forme hybride de logement social. C'est une façon de faire face au fait que certains types de logement sont normalement associés à certains modes d'occupation (par exemple, il est plus facile de louer un appartement qu'une maison), et on pourrait ainsi instaurer une plus grande symétrie entre les types d'occupation. La méthode de la propriété mixte pourrait faciliter l'utilisation de la « mise de fonds en travail » comme façon de réduire les coûts nominaux d'exploitation, puisque les immeubles « en forme de maison » se prêtent mieux à cette technique que les immeubles d'appartements. Au moins pour les jeunes ménages familiaux, cette forme mixte pourrait bien être préférable à la location d'un appartement.

La gestion du parc existant

Si l'on compare la période actuelle aux premières années de l'après-guerre, les marchés du logement doivent maintenant trouver, récupérer ou reconstituer une plus forte proportion des logements à partir du parc existant ou en réutilisant des terrains viabilisés. L'aménagement des terrains « bruts » porte le plus souvent sur de grandes parcelles appartenant au même propriétaire, où les externalités peuvent être absorbées et où les décisions touchant les compromis peuvent être prises avant que les intéressés (les nouveaux occupants) arrivent sur les lieux. Dans le cas du parc existant, cependant, non seulement y a-t-il un plus grand nombre d'intérêts en jeu par unité d'espace, mais aussi il y a un plus grand nombre de types d'intérêts auxquels il faut faire droit. Toutes autres choses étant égales par ailleurs, plus il s'est écoulé de temps depuis la première viabilisation des terrains, plus ces intérêts sont complexes. Ceux qui travaillent auprès des groupes de résidants peuvent témoigner de la variété des raisons pour lesquelles ils préfèrent en général éviter le changement. On peut être cynique à cet égard, se plaindre de l'égoïsme et du syndrome « pas dans ma cour », mais il demeure qu'il peut y avoir des raisons valables pour que les résidants « sur les lieux » s'opposent au changement, de sorte que nous devrions voir dans l'opposition une réaction légitime à laquelle il faut s'attendre. Cela ne signifie pas que les résidants actuels devraient toujours l'emporter sur les résidants à venir; il n'est pas facile de trouver des organismes et des mécanismes pour régler les conflits qui existent et qui continueront d'exister. Si l'on se contente de dénoncer l'opposition des résidants, on n'est pas mieux en mesure de relever ce défi.

Avons-nous besoin de nouveaux organismes et de nouveaux programmes? Au moins dans les secteurs où l'évolution est particulièrement rapide, si nous voulons utiliser les terrains et le parc existants à une échelle suffisante pour répondre aux besoins futurs, les transactions purement volontaires du marché ne suffiront peut-être pas. L'expérience douloureuse de la rénovation urbaine reste présente à notre esprit, toutefois, et il est facile de comprendre qu'on hésite à réintroduire les tensions politiques d'un programme semblable.

On a souvent dit qu'il faut renverser la réglementation locale en matière de zonage ou à d'autres égards pour permettre l'arrivée de nouveaux venus, mais il n'est pas facile de mettre de côté le principe de la détermination locale. Y a-t-il ici une collision inévitable entre deux principes souhaitables? Le problème se complique encore du fait que le marché du logement soit l'objet d'une réglementation poussée à tous les stades de la production et de la réutilisation. En tout temps, le marché reflète l'équilibre de la réglementation en vigueur, de l'imposition et des autres formes d'intervention gouvernementale. Nous ne pouvons arbitrairement dire « laissons le marché résoudre le problème », car il serait difficile de définir ce que devrait être « le marché ». C'est là un dilemme et un défi permanents.

Un autre problème quant à l'utilisation des logements et des terrains existants est la préservation des logements à prix modéré. La conversion de vieux logements locatifs en logements locatifs de luxe ou en copropriété, et la reconversion de maisons comportant plusieurs appartements en une maison pour propriétaire-occupant éliminent des logements à prix modéré et aggravent le problème d'abordabilité. La reconversion, en particulier, peut être difficile à déceler à partir des indicateurs normaux que sont les permis de construire et les démolitions (Ville de Toronto 1986) et est difficile à contrôler. Nous en venons à nous fier aux logements convertis provenant de la génération antérieure et lorsqu'ils disparaissent, c'est un choc de découvrir que le parc existant n'a pas d'assises solides. À Toronto, par exemple, le rythme auquel les nouveaux logements locatifs sont compensés par des pertes du parc locatif par reconversion fait penser à quelqu'un qui voudrait descendre un escalier mécanique roulant vers le haut.

Il semble que ce soit là des exemples de cas où le fonctionnement normal du marché du logement crée des problèmes au lieu de les résoudre. En ce qui concerne le parc existant, la politique actuelle recherche des façons de prévenir de tels changements. Ces politiques ont pour but de contrecarrer — et non de faciliter — les actions du marché. C'est sûrement là un défi. Y a-t-il des façons d'utiliser les forces du marché pour préserver les logements? Dans le cas contraire, nous devrions faire preuve de réalisme et utiliser l'intervention publique pour réorganiser le marché. Il pourrait y avoir des façons d'y parvenir en utilisant de nouveaux modes d'occupation. Nous pourrions, par exemple, faire des logements une propriété publique, puis les revendre aux secteurs privé ou sans but lucratif — en utilisant la propriété publique comme façon de modifier ou de restreindre les droits sur diverses propriétés avant de les relancer dans le marché. En d'autres termes, il y a une différence entre la propriété publique perpétuelle, et l'utilisation de la propriété publique comme mécanisme de transition pour assurer un contexte public au marché privé.

On pourrait faire valoir que les interventions les plus réussies dans le marché du logement ont été celles qui portaient sur le marché des capitaux. Les mesures successives du gouvernement national ont permis de développer des mécanismes ou des institutions pour diriger l'argent sur l'aménagement résidentiel à un coût minimum, par exemple en réduisant le risque par l'assurance et en aidant à la mise sur pied d'établissements privés d'assurance-prêt hypothécaire. La création de prêts hypothécaires à prix ajusté et de titres hypothécaires est une preuve d'innovation constante. Le marché des capitaux n'est toutefois pas lié à l'emplacement; la ou les dimensions supplémentaires que créent le terrain et l'emplacement (soulignées par l'importance du parc existant) constituent un défi pour notre capacité de créer de nouveaux mécanismes institutionnels susceptibles non seulement d'encourager le type d'aménagement souhaité, mais aussi de le diriger au bon endroit.

Enfin, il ne faudrait pas oublier que l'importance croissante du parc existant de logements se reflète dans l'importance accrue du maintien ou du remplacement de l'infrastructure. Les rues, les ponts et les égouts ont leur propre durée de vie et tout comme dans le cas du parc existant, leur remplacement ou leur remise en état est une question plus complexe qu'une construction nouvelle sur un emplacement vierge. Divers paliers de gouvernement ont réagi à la nécessité de nouveaux égouts, par exemple, dans les années 70 pour desservir les nouveaux lotissements. Il se pourrait bien qu'on doive mettre au point de nouveaux programmes pour aider le remplacement de l'infrastructure dans les années 90[8], en plus de commencer à réfléchir à la façon de construire les villes pour les rendre plus « recyclables » à l'avenir.

La qualité

Les quatre décennies de l'après-guerre ont été témoins de grands pas en avant en ce qui concerne tant l'état matériel des immeubles que l'occupation de l'espace. Ce fait témoigne à la fois des politiques de logement des années d'après-guerre et de la prospérité générale de cette époque. Le problème actuel de qualité comporte trois composantes. La première est de maintenir les gains réalisés. Le vieillissement inéluctable de nos logements pose constamment le défi de l'entretien des lieux. La seconde composante est de maintenir un équilibre raisonnable entre les normes et les attentes, entre les coûts et les ressources. La troisième composante du défi est de reconnaître les aspects de la qualité qui dépassent le logement lui-même.

Notre parc de logements comporte ses propres transitions démographiques; c'est ainsi que le boom de la construction de l'après-guerre correspond à l'explosion de la natalité qui l'a provoqué. Un fort pourcentage de notre parc a été construit sur une courte période de temps. C'est cette brièveté qui sera cause de la simultanéité des besoins de réparation. Il est aussi important de constater que ce court laps de temps couvre un vaste espace. Une bonne partie de ce que nous appelons maintenant Toronto, par exemple, (à strictement parler, la région métropolitaine de recensement) est une création de l'après-guerre, même si le petit noyau central existait depuis beaucoup plus longtemps. À l'intérieur de ce tableau d'ensemble, il y a des éléments particulièrement préoccupants, comme le parc locatif de grande hauteur, où l'on craint que les réparations nécessaires ne fassent augmenter les loyers et n'aggravent une situation déjà difficile dans l'ensemble du secteur locatif. On peut prévoir des problèmes semblables pour les autres immeubles de grande hauteur, comme ceux du secteur de la copropriété, et dans un avenir indéterminé nous pouvons nous attendre à une facture substantielle pour le remplacement des équipements.

En ce qui concerne la seconde composante, il convient de remarquer que la question de savoir si nos normes sont excessives a été posée avec plus d'insistance au cours des dix dernières années qu'au cours des trente années précédentes. Cela pourrait traduire, en partie, la simple accumulation de « déchets » réglementaires avec les années. On exige constamment une réglementation, et il est plus facile de faire de nouveaux règlements que d'éliminer les anciens.

L'insistance à remettre en cause les normes excessives touchant le parc de logements, cependant, traduit aussi le fait que l'augmentation de la prospérité de la période d'après-guerre a atteint son sommet et qu'il y a une diminution (au moins en termes réels) de revenu chez certains groupes de population. La prolifération des mini-studios à Toronto illustre bien le dilemme qui entoure l'établissement et le maintien des normes. En bref, l'exigence de loyers modiques (par logement, et non par unité de superficie) à Toronto a stimulé la production de logements locatifs plus petits que ce que permettait le règlement de zonage, même si dans la plupart des cas ces logements se conformaient au règlement sur les normes d'habitation. La diversité des normes concernant la taille minimum des logements entre les règlements de construction et les règlements de zonage à Toronto dépend de l'origine de ces normes; dans un cas, on voulait préserver la santé publique du point de vue de l'utilisateur ou du locataire, tandis que dans l'autre cas, on se fondait sur le principe de la qualité de vie de la collectivité. Ce problème a démontré à la fois qu'il est difficile de se mettre d'accord sur une norme et qu'il est difficile de faire respecter les normes d'occupation au palier municipal. Ce débat est loin d'être réglé, bien que l'héritage des récentes récessions et des autres forces qui agissent sur le revenu des personnes célibataires (de même que l'existence de logements à prix modéré) pourrait bien en fin de compte résoudre le conflit en faveur de l'abaissement de la norme minimale. Si tel devait être le résultat, cependant, nous ne saurions toujours pas s'il faut en rire ou en pleurer. L'après-guerre ne nous a pas permis d'être mieux en mesure de dire où il faut tracer la frontière entre des normes réduites pour des motifs économiques légitimes et des normes accrues pour protéger le bien-être individuel. C'est là un défi que devront relever les théoriciens et les spécialistes pour aider les décideurs à tracer cette frontière[9].

Le chapitre 12 signale que l'amélioration des normes ou règlements officiels en matière de logement, par exemple du Code national du bâtiment, est devenue plus difficile à l'échelle du Canada, même s'il reste un rôle national de leadership à jouer pour encourager l'amélioration. La difficulté est de reconnaître à la fois les divers niveaux de prospérité, l'histoire locale et les autres facteurs qui rendent compte de la diversité régionale au titre des attentes et des besoins — ce qui donne à penser que des « micronormes » qui varient d'un lieu à l'autre sont préférables à une seule « macronorme ». Évidemment, fixer de telles normes de façon équitable présente d'énormes complexités politiques.

Enfin, une fois qu'on a amélioré les normes de logement jusqu'à un certain point, la qualité ne peut plus être considérée comme un indicateur unidimensionnel; il faut y voir un rapport entre le « quoi » et le « qui ». Au chapitre 12, par exemple, on se demande dans quelle mesure la définition d'une qualité matérielle suffisante des logements devrait être indépendante des besoins du ménage qui l'occupe. On peut illustrer ce problème par le vieillissement simultané du parc de logements et de ses occupants dans les municipalités de banlieue créées dans l'après-guerre. Il vient un moment où le logement devient de plus en plus insuffisant par sa disposition interne, ses exigences de gestion et son emplacement, même si le logement a été bien entretenu et a toujours été occupé par le même ménage. On pourrait avancer que l'insuffisance a été créée par le ménage plutôt que par la maison.

Le problème est encore plus complexe, puisqu'il y a en réalité au moins trois termes à cette équation : le ménage, le logement et le quartier. Ainsi, la qualité du logement, au sens complet, constitue un mandat imposant. Elle implique un effort permanent en vue de comprendre le rapport entre les occupants et 1) les lieux matériels, la qualité du logement, 2) l'existence et la qualité des équipements et des services (y compris les transports et les services humains), soit la qualité du quartier et 3) ce que le chapitre 12 appelle la qualité environnementale (qui porte surtout sur les niveaux de pollution et de criminalité).

Cette formulation plus complexe de la qualité introduit diverses options pour l'amélioration des logements, sans préciser tout de suite quelle option est la meilleure. Si la relation entre ces éléments est insuffisante, que devons-nous changer? La personne âgée qui quitte une maison individuelle dans un secteur pour un foyer dans un autre secteur peut gagner sur le plan de la qualité du logement et perdre sur celui de la qualité du quartier. Le défi pour la politique future du logement est de reconnaître officiellement ce que chaque résidant sait officieusement : au concret, le logement englobe un grand nombre d'éléments, tant à l'intérieur qu'à l'extérieur de l'habitation. Tous ces éléments doivent être de bonne qualité pour que l'on considère le logement comme satisfaisant. Il n'est pas facile de traduire cette conception de la qualité en indicateurs valables et en une quelconque gamme restreinte d'options réalisables. Le fait que nous relevions ce nouveau défi équivaut à reconnaître implicitement les progrès accomplis dans l'après-guerre en ce qui concerne l'état matériel des logements.

L'abordabilité

Le chapitre 15 signale qu'il n'y a pas eu beaucoup de changement dans la proportion du revenu consacrée au logement dans l'après-guerre, et conclut sans enthousiasme que « le Canada a peut-être moins de raisons d'être optimiste quant au problème du logement dans les années 80 qu'il n'en avait dans les années 40, alors qu'il a entrepris son premier projet de logement public subventionné. » L'auteur expose la nécessité d'établir un ensemble pertinent d'indicteurs d'abordabilité et une mesure longitudinale de l'amélioration (ou du manque d'amélioration) des possibilités de logement offertes aux ménages. Moore et Clatworthy (1978) ont signalé l'avantage qu'il y a à pouvoir mesurer non seulement si un ménage était logé à l'étroit, mais aussi pour combien de temps, et si la direction du changement était vers le haut ou vers le bas. Une idée connexe est avancée dans une étude par Lilla (1984) donnant un point de vue longitudinal sur la répartition du revenu aux États-Unis. Lilla soutient que la durée pendant laquelle telle personne souffre d'un revenu insuffisant (selon une définition formulée par d'autres) constitue une mesure plus utile de la gravité du problème de la pauvreté que le nombre de personnes à faible revenu à un moment donné. Les statistiques longitudinales ont révélé qu'environ la moitié de la population des pauvres pouvait être dite pauvre temporairement, et que seule une petite proportion souffrait de pauvreté pour dix ans ou plus. Des mesures analogues seraient utiles pour l'évaluation des problèmes d'abordabilité, particulièrement si elles pouvaient indiquer la direction du changement.

On récuse parfois la recherche de meilleurs indicateurs pour le motif que c'est une entreprise dilatoire. Ceux qui sont « en première ligne » savent qu'il y a actuellement de graves problèmes d'abordabilité; beaucoup cependant n'ont pas une connaissance de première ligne, mais un besoin légitime de comprendre clairement ce que d'autres éprouvent. L'engagement des ressources exige en dernière analyse que ceux qui ne vivent pas le problème soient capables de comprendre la réalité que recouvrent les statistiques, afin de s'assurer de la légitimité des besoins exprimés. Au cours de la dernière décennie, il y a eu une tendance à l'augmentation graduelle de la norme du rapport du coût d'habitation au revenu depuis 25 % jusqu'à 30 % et plus, et on soupçonne que les dirigeants qui font face à des contraintes économiques sont devenus quelque peu cyniques quant aux indicateurs standard. La tâche est donc de définir des mesures qui, tout en s'appliquant à un ensemble, peuvent être en quelque façon réconciliées au niveau des ménages. Comme les spécialistes du logement qui connaissent bien les implications des données le savent, le défi est de taille.

LE RAPPORT AVEC LA QUALITÉ

Bien qu'elle soit conceptuellement distincte, l'abordabilité ne saurait être mesurée avec précision si l'on ne tient pas compte en même temps de la qualité. La comparaison de l'évolution d'une norme donnée d'abordabilité à différents moments n'a pas de sens si l'on ne tient pas compte de l'évolution de la taille et de la qualité des lieux. La fiche est généralement bonne en ce qui concerne la condition des logements, mais il y a une tentation irrésistible de traiter de l'abordabilité sans tenir compte de la qualité du quartier et de l'environnement. Cette question d'ordre général devient particulièrement importante lorsqu'il faut décider si les ménages à faible revenu devraient recevoir une subvention (ou une subvention supplémentaire) pour leur permettre d'habiter dans un quartier du centre à proximité de leur emploi et des divers services sociaux. Les logements situés dans les endroits moins favorables sont moins chers.

LE RAPPORT AVEC LA SÉCURITÉ D'EMPLOI

Il faudra éclairer les liens entre la politique du logement et la sécurité du revenu. Si les sources de revenu à la disposition de certaines classes de ménages sont inférieures à des normes généralement définies (comme c'est le cas pour de nombreux assistés sociaux, par exemple) les problèmes d'abordabilité qui en résultent sont prévisibles et ne sont pas liés uniquement au logement. En bonne place parmi ceux qui ont des problèmes d'accessibilité financière, on retrouve maintenant les familles monoparentales, groupe qui figurait de façon moins visible parmi les ménages qui avaient de tels problèmes il y a quarante ans. Les changements survenus dans la formation et la dissolution des ménages ont donc un effet indépendant sur la situation. Par rapport à il y a trente ou quarante ans, le pourcentage des ménages qui ont des problèmes d'accessibilité financière pourrait être tristement semblable, mais les familles monoparentales représentent un nouveau problème — et auquel on ne s'est pas encore pleinement attaqué. Le recours à la politique du logement pour le faire pourrait avoir des avantages à court terme, notamment la rapidité de la réaction, mais il devrait maintenant être manifeste qu'il faut faire preuve d'imagination pour élaborer une politique sociale à plusieurs volets, comme l'accès aux avantages économiques, la sécurité du revenu et le droit de la famille, aussi bien que le logement.

ABORDABLE OÙ?

Les politiques concernant les marchés du logement doivent reconnaître que les mécanismes du marché du logement peuvent causer des problèmes d'abordabilité aussi bien que les résoudre. Un élément évident, bien que trop souvent négligé, des problèmes d'abordabilité est qu'ils varient d'un endroit à l'autre, d'une région métropolitaine à une autre et au sein d'une même région. Certains marchés du logement, notamment ceux qui sont situés dans les grandes régions métropolitaines à croissance rapide, sont plus onéreux que d'autres. Cela n'est pas une constatation révolutionnaire, mais elle montre que l'abordabilité est liée aux différences régionales en matière d'activité économique. La croissance économique comporte ses coûts sociaux, et il arrive souvent qu'un de ces coûts soit l'aggravation des problèmes d'accessibilité financière pour les groupes à revenu faible ou modeste. En termes simples, les personnes migrent vers les possibilités d'emploi plus facilement que les logements ne « migrent », et les augmentations de prix qui s'ensuivent ne correspondent pas à des augmentations équivalentes du revenu pour tous les groupes de revenu. Ce genre de problème d'abordabilité est une conséquence du fait que le logement est lié au sol sur lequel il se trouve; il découle de la prime payée pour un bon emplacement. Des mécanismes quelque peut différents, liés à la revitalisation des centre-villes, ont réduit l'offre de logements pour les groupes à faible revenu; ici encore, on peut dire que les primes d'emplacement jouent un rôle dans la création du problème d'abordabilité.

Il ne faut pas seulement se demander si le logement est abordable, mais si le logement en tel endroit est abordable. Il nous faut demander, lorsque des problèmes d'abordabilité se rencontrent en ce lieu, quels autres emplacements peuvent fournir les services de logement nécessaires.

En l'absence d'options satisfaisantes pour les ménages qui n'ont plus les moyens d'habiter la ville centrale, nous disposons d'une gamme restreinte d'options.

- Réduire le niveau de la demande liée à un emplacement précis qui est la cause de la prime d'emplacement. On a notamment proposé que les gouvernements éliminent les incitatifs à l'aménagement dans les quartiers centraux qui s'embourgeoisent et stimulent la demande dans des secteurs moins actifs. Il serait cependant difficile de le faire d'une façon ciblée et réactive.
- Accroître l'offre de logements dans le lieu en cause, bien qu'il soit souvent impossible d'accroître suffisamment l'offre pour faire baisser les prix, en particulier parce que les logements neufs sont plus coûteux que les vieux.
- Rechercher des façons efficaces de compenser la prime pour les ménages en cause par l'utilisation des allocations-logement; cependant, si l'on accroît le revenu réel, on peut accroître la demande. Puisque le problème est déjà une demande excessive (pour ce qui est de la création des problèmes d'abordabilité, en tout cas), ceci pourrait être l'équivalent de tenter d'éteindre un incendie en y jetant de l'essence.
- Compenser la prime d'emplacement par l'utilisation de la propriété sociale des terrains. Comme il a été proposé dans la section sur le mode d'occupation, ceci pourrait comprendre une grande variété d'organismes de parrainage publics ou sans but lucratif et pourrait être assorti de diverses formes de gestion et de propriété des immeubles. La propréte sociale des terrains rend possible de renoncer à exiger les augmentations de la prime d'emplacement qui se produisent après l'achat[10]. Il semble toutefois impossible d'utiliser cette démarche sans une forme quelconque de sélection bureaucratique des bénéficiaires, ce qui semble toujours comporter des coûts.

Aucune de ces solutions n'est parfaite, mais nous ne pourrons pas nous attaquer à ce problème d'abordabilité à moins de reconnaître franchement l'existence du problème de la prime liée à l'emplacement — quelque chose que nos décideurs nationaux et provinciaux semblent hésiter à faire. Le problème aboutit souvent dans le camp des municipalités qui généralement y font face au moyen des contrôles de l'utilisation du sol — le seul véritable instrument dont elles disposent.

Les services officiels et officieux de soutien

La demande et le besoin de logement portent à la fois sur le logement même et sur les divers services de logement que la localité assure. Des compromis sont possibles entre améliorer le logement en réinstallant le ménage à un endroit où des services sont assurés et assurer des services qui n'étaient pas offerts précédemment au premier endroit. Bien qu'il en ait toujours été ainsi, l'évolution du logement et des collectivités dans l'après-guerre a rendu ce fait plus important pour trois raisons. Tout d'abord, une amélioration significative des conditions de logement au cours des quarante dernières années nous a permis de nous arrêter davantage aux questions de la qualité des quartiers et de l'environnement. Deuxièmement, la proportion de familles monoparentales, de personnes âgées et de ménages non familiaux dans les années 80 est plus élevée qu'elle ne l'était dans les années 40 et 50, et ces ménages tendent à dépendre davantage de leur environnement que ceux qui sont composés d'une famille nucléaire ou élargie[11]. Troisièmement, la vie en banlieue, avec des densités plus faibles et une plus forte dépendance envers la voiture, signifie que de nombreux services sont plus éloignés des ménages et moins accessibles par les transports en commun que ce n'était le cas dans la ville d'avant-guerre. Offrir les services dans le contexte de banlieue exige donc une action réfléchie.

Les services de soutien peuvent donc être offerts à l'échelle de l'immeuble dans les immeubles à plusieurs logements, du quartier ou de la municipalité et ils peuvent avoir un caractère officiel ou officieux. Le chapitre 13, par exemple, indique comment les immeubles de type « plex » à Montréal facilitent une interaction officieuse en permettant à des ménages de vivre à proximité les uns des autres, mais sans promiscuité. La gestion des immeubles à plusieurs logements, qu'il s'agisse d'immeubles locatifs, de coopératives ou d'immeubles en copropriété, relève aussi du même domaine. Le chapitre 18 porte à croire que la gestion des immeubles sans but lucratif a, dans l'ensemble, été meilleure que celle des logements locatifs privés. Cette hypothèse exige une vérification systématique, mais laisse entendre qu'on a réalisé des progrès en matière de gestion; en fait, les diverses formes de logement sans but lucratif au Canada constituent une réussite sur le plan international. Il est donc inquiétant que les changements apportés récemment aux politiques touchant la diversité du revenu dans les logements sans but lucratif puissent rendre impossible de développer cette réussite.

Le défi qui se pose aux services de soutien est de reconnaître que les réseaux officiels et officieux de services communautaires constituent tous deux des facteurs essentiels dans l'élaboration de la politique du logement. On pourrait imaginer des scénarios où le logement (entendu au sens des services de logement) pourrait être grandement amélioré sans qu'on s'occupe directement de l'hébergement matériel, par exemple en aménageant des garderies ou un service fréquent de transport en commun à distance de marche du logement. Ceci est facile à dire mais difficile à faire, étant donné les structures politiques et bureaucratiques typiques, et étant donné les divisions hiérarchiques habituelles entre la prestation des services (la « programmation ») et la production des logements (le « matériel »).

Il nous faut mieux comprendre le rôle que la collectivité et le quartier jouent dans l'expérience de l'habitation. Plusieurs des chapitres du présent volume expriment des intuitions non seulement quant à l'importance de la collectivité, mais aussi quant à l'évolution des préférences en matière de cadre communautaire. On laisse entendre, par exemple, que le cadre résidentiel de la ville centrale offre un meilleur soutien communautaire que les banlieues. Ceci est plausible, mais ce n'est pas la même chose que démontrer que les préférences ont beaucoup évolué (Hitchock 1984). On parle souvent du « grisonnement de la banlieue » par exemple, c'est-à-dire du phénomène du « vieillissement sur place » dans les banlieues d'après-guerre et de l'évolution qui s'ensuit au titre des services nécessaires; mais quelles sont les conséquences de ce phénomène pour les politiques futures de l'État en matière d'aménagement urbain? Dans les grandes villes où l'expansion des banlieues continue à un rythme accéléré, y a-t-il des indications d'un fléchissement de la demande pour le modèle de banlieue qu'a connu l'après-guerre? Les spécialistes du logement ont-ils tort, ou l'absence de choix véritable empêche-t-elle les gens d'exprimer dans le marché leurs véritables préférences qui vont aux quartiers à caractère urbain du centre? Cette question est à l'ordre du jour nord-américain depuis un certain temps, et il y aurait péril en la demeure.

Conclusion

Le gouvernement fédéral a joué un rôle de premier plan dans les questions de logement dans le passé, et il continue à jouer un rôle en matière de financement. Bien qu'il ait confié dans une large mesure l'application des programmes aux provinces, l'initiative vient du gouvernement fédéral qui a laissé une empreinte durable sur la sorte de programmes que les provinces offrent. En outre, bien que les provinces aient au moins vingt ans d'expérience dans le domaine du logement, cette expérience (ainsi que le savoir-faire et l'enthousiasme) n'est pas répartie également entre toutes les provinces[12]. Quelles que soient les dispositions constitutionnelles officielles, le gouvernement fédéral sera toujours tenu responsable du traitement équitable de tous les Canadiens et sera donc toujours perçu comme ayant une responsabilité morale à l'égard de la politique nationale du logement. Les principes de justice et de responsabilité politique portent à croire que le gouvernement fédéral devra, à long terme, rester en mesure d'appliquer les programmes en plus de les financer. Les activités qui doivent être entreprises pour assurer le progrès à l'avenir concernent les moyens d'utilisation des parcs de logements (le « software »), les problèmes reliés à l'utilisation du sol et la réutilisation des terrains précédemment aménagés, toutes questions que les politiques fédérales peuvent difficilement aborder de façon globale. Les nouvelles formes d'occupation, par exemple, peuvent être facilitées par des politiques fédérales, mais elles ne peuvent être pleinement appliquées par des organismes qu'à l'échelle du marché régional du logement. À cet égard, un centre de gravité à l'échelle provinciale pour la politique du logement a du sens. En même temps, ce sont les municipalités qui connaissent le mieux la nature des problèmes; une bonne partie de l'innovation en matière de logement dans l'après-guerre est venue des villes centrales des grandes régions métropolitaines, bien qu'elles n'aient que peu de ressources pour appliquer seules leurs idées[13]. Compte tenu à la fois des conflits inhérents entre les trois paliers de gouvernement et de la nécessité de mesures conjointes, est-il possible d'en arriver à des rapports productifs au lieu de répéter tout simplement les vieilles routines?

Au niveau du marché régional, les défis sont nombreux et complexes. Il est difficile de concevoir les diverses relations possibles entre, par exemple, les avantages de l'amélioration des services pour les aînés dans le secteur A par rapport aux avantages de la construction de logements neufs ou reconstitués dans le secteur B; il est plus difficile d'établir les paramètres du coût de ces options; la plus grande difficulté est peut-être d'élaborer des mécanismes gouvernementaux capables de traiter ces options — qui relèvent d'ordinaire de divers ministères — comme des éléments d'un même problème cohérent. Comme nous l'avons déjà dit, les hasards du temps et de la géographie concentrent selon les époques sur tel ou tel gouvernement des problèmes qui relèvent essentiellement du marché régional du logement. Posent un problème particulier les liens inhérents entre les politiques relatives au périmètre construit existant — l'amélioration des quartiers, la construction intercalaire, les appartements accessoires, le réaménagement et autres sujets semblables — et celles qui touchent la construction neuve sur des terrains vierges. Dans beaucoup de régions métropolitaines, il n'existe aucun cadre commun permettant d'envisager les diverses options que présentent ces liens, car souvent une première municipalité est entièrement construite tandis que tous les terrains « vierges » susceptibles d'aménagement se trouvent dans une seconde. L'importance que revêtent les politiques touchant le parc existant rend cependant d'autant plus urgente la difficile tâche d'élaborer une optique globale.

Les deux derniers thèmes peuvent être exposés brièvement. Tout d'abord, dans la plupart des domaines traités ci-dessus, il y a une tension entre les problèmes résolus par une quelconque réglementation gouvernementale et ceux qu'elle crée. Il ne semble pas y avoir de solution miracle. Quoi qu'on en dise, une bonne partie de la réglementation touchant le logement a un objectif utile et important. Il est tout aussi évident, toutefois, que la réglementation entraîne des coûts. Deuxièmement, nous avons souligné à l'occasion de bon nombre des remarques faites plus haut qu'il devient de plus en plus nécessaire de disposer de données sûres et à jour, tant globales que ventilées. C'est à la fois techniquement difficile et coûteux, mais essentiel.

Les défis que nous devons relever seraient sans doute familiers aux spécialistes du logement du passé, de 1950 par exemple. Il y a pourtant des différences au titre de leur forme et de leurs liens. Ces nouveaux défis portent sur les services qu'offrent les logements plutôt que sur leur simple état et sur les rapports entre les prix de ces services et le revenu; ils portent davantage sur les problèmes que pose la gestion d'un vaste parc immobilier. En raison de ces liens complexes, ils touchent davantage les rapports entre les gouvernements, entre les services d'un même gouvernement, et entre les gouvernements et les organismes du secteur privé ou du troisième secteur. C'est un ordre du jour bien imposant.

Notes

1 Dans cet ordre d'idées, le chapitre 3 souligne l'importance du lien entre la politique du logement et la sécurité du revenu, en particulier le rôle de l'accession à la propriété comme mécanisme d'épargne et de protection de l'épargne. Le chapitre 4 va plus loin et pose l'hypothèse que l'épargne par le logement pourrait être plus efficace que les régimes enregistrés d'épargne retraite.

2 Ceci a peut-être été démontré avec encore plus de force au cours des ateliers qui ont précédé la rédaction du présent volume.

3 Malgré la difficulté que cela comporte, il est essentiel dans notre société que les politiciens et le public aient une compréhension instinctive de la valeur des politiques.

4 Comme il est dit au sujet de l'abordabilité, il faudrait pour cela accorder une attention particulière à la première dimension du mode d'occupation, la propriété foncière.

5 Lors d'un congrès de l'Association canadienne des responsables de l'habitation et de l'urbanisme auquel assistait l'auteur, on s'est beaucoup demandé si le programme des coopératives d'habitation, alors nouveau, qui utilisait le prêt hypothécaire indexé, relevait du logement du marché ou du logement social. Nous voyons un signe d'espoir dans le fait qu'on était prêt à accepter cette ambiguïté.

6 Le chapitre 6 nous donne un exemple de la façon dont cela s'est produit dans le passé, en ce qui concerne la différence d'admissibilité des propriétaires-occupants et des logements locatifs à l'assurance-prêt hypothécaire.

7 La diminution de l'intérêt des investisseurs pour les propriétés locatives découle en partie du fait que les producteurs tentent de répondre à la demande de logements de propriétaires-occupants.

8 Voir le Conseil national de recherche, Comité sur l'innovation en matière d'infrastructure, pour les sujets de recherche.

9 Le chapitre 14 suggère une démarche en deux étapes pour la solution de ce problème.

10 Cette méthode peut s'appliquer à des logements individuels ou à des quartiers complets, selon la proposition formulée par Wolfe (1985) de fiducie foncière communautaire.

11 Les ménages composés d'une personne célibataire, par exemple, n'ont personne qui puisse les aider au sein du ménage; les familles monoparentales n'ont aucun soutien adulte.

12 Le secteur des coopératives d'habitation, par exemple, a lutté avec acharnement pour empêcher que les programmes des coopératives ne soient dévolus aux provinces, parce qu'il craignait un manque de soutien de la part de celles-ci (Canadian Housing, 1987, 18).

13 Feldman et Graham (1979) examinent la situation difficile des municipalités.

ANNEXE A

Lexique

Préparé par John R. Miron
avec l'aide de Nancy Thompson et Leigh Howell

AC **Assurance-chômage** (1941–)
Programme fédéral destiné à suppléer au manque de revenu des travailleurs en chômage. Au départ, le programme couvrait uniquement les travailleurs de l'industrie et excluait d'autres catégories, comme les enseignants et les fonctionnaires; le programme a été révisé en 1972 et s'applique maintenant à presque tous les employés. L'assurance couvre également la maladie, l'invalidité temporaire et les congés de maternité; les pêcheurs et les employés qui viennent de prendre leur retraite y sont également admissibles. Le programme est financé par les cotisations des employeurs et des employés et par les recettes fiscales générales.

ACU **Association canadienne d'urbanisme** (1946–)
L'ACU est une association bénévole nationale qui favorise la participation du public aux dossiers de planification urbaine et régionale.

Allocations de logement
Diverses provinces ont mis en place des programmes visant à assurer l'accès universel à ceux qui ont besoin d'aide pour payer leur loyer; la subvention se calcule d'après le revenu du ménage et le loyer versé. Les allocations de logement sont entièrement financées par les provinces. Les subventions s'adressent surtout aux aînés habitant des logements locatifs privés (par exemple, en Colombie-Britannique (SAFER), au Manitoba (SAFER), au Nouveau-Brunswick (RATE) et au Québec (Logirente)). En outre, le Manitoba offre une aide aux familles (SAFFR). La Colombie-Britannique et le Nouveau-Brunswick offrent des allocations de logement aux handicapés.

AR **Agglomération de recensement**
Les AR sont désignées aux fins du recensement et consistent en petits centres urbains entourant un noyau urbanisé dont la population s'établissait entre 10 000 et 99 999 habitants au moment du recensement précédent. La superficie est en grande partie définie à partir des critères du marché du travail et

comprend une ville centrale et des secteurs avoisinants qui y sont étroitement reliés.

Besoins impérieux de logement
Le modèle des besoins impérieux de logement sert à l'heure actuelle à identifier les ménages qui ne peuvent se procurer un logement de taille et de qualité convenables dans leur localité sans consacrer plus de 30 % du revenu du ménage au logement.

CAHC **Compagnie d'assurance d'hypothèques du Canada** (1963–)
La CAHC est le seul assureur privé qui reste au Canada pour les prêts hypothécaires à quotité de financement élevée. À la différence du FAH, qui est public, la CAHC ne dessert que les grands centres urbains et n'assure pas les ensembles de logement social.

CCH **Conseil canadien de l'habitation** (1956–87)
Le CCH a été créé par la SCHL en vue de favoriser des améliorations en matière de logement et de développement communautaire par le moyen de recherches, d'ateliers et d'un programme de prix d'excellence en habitation.

CCRUR **Conseil canadien de recherches urbaines et régionales** (1962–76)
Pendant ses huit premières années d'existence, le CCRUR a entrepris un programme de recherche financé par une subvention de la Fondation Ford. D'autres activités du CCRUR étaient financées par une subvention annuelle de la SCHL. Après 1970, c'est le MÉAU qui s'est chargé du financement du CCRUR.

CIRUR **Comité intergouvernemental de recherches urbaines et régionales** (1968–)
Centre fédéral-provincial d'information et de recherche sur les questions urbaines et régionales. Financé à 50 % par le gouvernement fédéral et à 50 % par neuf provinces.

CJC **Compagnie des jeunes Canadiens** (1966–75)
Société d'État fédérale, la CJC avait pour but de favoriser les efforts de développement communautaire au moyen d'un service bénévole dans le cadre de la « guerre contre la pauvreté » du gouvernement fédéral.

CNRC **Conseil national de recherches du Canada**
Organisme fédéral chargé de l'élaboration du Code national du bâtiment. La Division des recherches en bâtiment, créée en 1947, et rebaptisée depuis Institut de recherches en construction (IRC), procède à des recherches sur la technologie de construction et assure des services consultatifs auprès de l'industrie de la construction de même qu'auprès d'organismes publics (comme la SCHL).

Code national du bâtiment (1941–)
Code élaboré par le CNRC afin de promouvoir l'uniformité des normes, des matériaux et des méthodes de construction partout au Canada. Au milieu des

années 70, toutes les provinces avaient adopté des variantes du Code national modèle.

Coefficient ABD Coefficient d'amortissement brut de la dette
Calcul fait par les prêteurs hypothécaires et consistant à diviser le revenu mensuel brut du candidat par la mensualité de principal, d'intérêt et de taxes foncières.

Comité national de recherche sur le logement (1987–)
Comité national composé de représentants des gouvernements, de l'industrie, des consommateurs et des organismes sociaux intéressés au logement qui se réunit semi-annuellement pour discuter et coordonner les activités de recherche.

Commission d'étude Hellyer (1968)
La Commission fédérale d'étude sur le logement et l'aménagement urbain (présidée par Paul Hellyer) a repensé les politiques en matière de logement et d'urbanisme. La Commission a notamment eu comme résultat immédiat l'imposition d'un moratoire sur les grands ensembles de logements publics. Ses conclusions (publiées en 1969) et les rapports subséquents (voir le Groupe d'étude Dennis et le Rapport Lithwick) ont contribué à la création du MÉAU et aux modifications apportées aux programmes fédéraux de logement dans le cadre des modifications faites en 1973 à la LNH (par exemple, le PAREL et les articles 15.1 et 34.18 de la LNH).

Conférence canadienne sur l'habitation (1968)
Conférence organisée à Toronto par le Conseil canadien du bien-être (devenu le Conseil canadien de développement social) et financée par la SCHL. Les actes ont été publiés sous le titre *The Right to Housing.*

Contrôle des loyers
Sous sa forme la plus simple, il s'agit d'un gel des loyers résidentiels imposé par une loi, sans exception ni formule complexe de calcul des augmentations permises. Au Canada, la Commission des prix et du commerce en temps de guerre a imposé le gel des loyers dans quinze villes en septembre 1940. Un an plus tard, les loyers du reste du pays ont été gelés. Il s'agissait du contrôle « simple » des loyers — un gel absolu, sans exception ni formule complexe autorisant des augmentations de loyer. À compter de 1947, une période de libération des loyers a commencé au Canada et le gouvernement fédéral a mis un terme au contrôle des loyers en 1951. Seule la province de Québec a conservé le contrôle des loyers après 1951.

Coopératives d'habitation
Les coopératives d'habitation constituent une forme de propriété par laquelle des ensembles de plusieurs logements appartiennent collectivement à leurs occupants, qui en assurent la gestion (voir aussi les articles 34.18 et 56.1 de la LNH).

Copropriété

Forme de propriété par laquelle les logements, d'ordinaire dans des immeubles à plusieurs logements, appartiennent en propre à chaque propriétaire, tandis que la propriété et la gestion des éléments communs sont partagées. En 1966, la Colombie-Britannique et l'Alberta ont été les premières provinces à adopter des lois en ce sens. En 1970, toutes les provinces sauf une avaient une loi sur la copropriété; l'Île-du-Prince-Édouard a résisté jusqu'en 1977. Les Territoires ont adopté une ordonnance en ce sens en 1969.

Document d'étude sur le logement (1985)

Ce rapport publié par le gouvernement fédéral devait marquer le début d'un examen fondamental de la politique canadienne de logement et a mené à une déclaration sur les nouvelles orientations en matière de logement (*Orientation nationale de la politique du logement*).

Don Mills

Don Mills, située dans la région métropolitaine de Toronto, était la première banlieue aménagée à grande échelle par une seule entreprise au Canada. Les travaux ont commencé dans les années 50 et l'ensemble comprend des immeubles en grande hauteur, des maisons en rangée et des maisons individuelles.

Double amortissement (1947–49)

Amortissement accéléré sur dix ans accordé aux termes de la Loi de l'impôt de guerre sur le revenu pour encourager la construction d'ensembles de logements locatifs. Cette mesure a permis, à elle seule, la construction de près de 500 logements et celle de 7 600 autres de concert avec les prêts LNH et les garanties d'assurance-loyer.

DPA **Déduction pour amortissement** (1954–)

Déduction permise aux fins de l'impôt sur le revenu.

Échelle des loyers proportionnés au revenu (1944–)

L'échelle des loyers proportionnés au revenu a été établie par le gouvernement fédéral dans le cadre de son programme de logements publics. Au départ, les loyers des logements publics s'échelonnaient entre 16,7 % et 25 % du revenu des locataires. Les commissions provinciales de logement ont commencé à appliquer leurs propres échelles dans les années 60; les loyers s'échelonnaient d'ordinaire entre 25 % et 30 % du revenu brut de la famille.

EDF **Enquête sur les dépenses des familles**

Enquête réalisée par Statistique Canada dans certaines régions métropolitaines, à tous les deux ans, en partie afin de mettre à jour le panier de marchandises de l'IPC.

EL **Enquête sur les logements** (1974)

Échantillon aléatoire stratifié de 62 800 ménages répartis sur 23 RMR qui fournit des renseignements précieux sur les conditions de logement. Cette enquête unique, réalisée par Statistique Canada pour la SCHL, a été largement utilisée par les chercheurs.

Ensemble des Plaines Le Breton
Ensemble de logements expérimental commencé au milieu des années 70 et situé sur un emplacement de 66 hectares près du centre-ville d'Ottawa.

Ensemble False Creek
L'ensemble False Creek situé au centre-ville de Vancouver est un projet novateur de réaménagement qui date du début des années 80; on y trouve des logements subventionnés et des logements du secteur privé.

Ensemble Lawrence Heights
Construit au milieu des années 50 et situé en banlieue de la région métropolitaine de Toronto, cet ensemble est le premier grand ensemble de logements publics construit sur des terrains inoccupés en bordure de la zone urbaine.

Ensemble St. Lawrence
Ensemble de logements commencé à la fin des années 70 près du centre-ville de Toronto. Il s'agit d'un quartier novateur, à haute densité et de faible hauteur, construit sur d'anciens terrains industriels et avec une diversité de types de propriétés (par exemple, logements publics, coopératives et copropriétés) et de revenus. L'ensemble loge maintenant environ 4 600 personnes, dont à peu près la moitié habitent des logements sans but lucratif.

Entrepreneurs généraux en construction résidentielle
Selon la définition de Statistique Canada, il s'agit de l'ensemble des établissements commerciaux du Canada qui tirent plus de 50 % de leurs recettes de la construction résidentielle. En 1984, il y avait 13 885 établissements de ce genre, dont la plupart construisaient de nouvelles maisons individuelles. La plupart de ces entreprises étaient petites; 86 % avaient des recettes inférieures à 500 000 $ en 1984, et seulement 472 avaient des recettes de 2 millions de dollars ou plus.

ERMEM **Enquête sur le revenu des ménages et l'équipement ménager**
L'ERMEM est un échantillon de micro-données pour usage public préparé tous les deux ans par Statistique Canada. Il s'agit d'un échantillon stratifié de données recueillies auprès des mêmes ménages dans le cadre de quatre enquêtes distinctes (équipement ménager, population active, finances des consommateurs et loyers). Après 1987, l'échantillon a été établi chaque année.

FAH **Fonds d'assurance hypothécaire** (1954)
Ce fonds, géré par la SCHL dans le cadre du programme fédéral d'assurance-prêt hypothécaire, étale le risque de défaut entre les emprunteurs. Le FAH est financé par des primes versées par les bénéficiaires de prêts hypothécaires assurés. Bien que le FAH vise l'autofinancement, il a connu des problèmes de solvabilité et de liquidité découlant en grande partie de l'effet des modifications apportées en 1973 à la LNH (par exemple, les manquements aux obli-

gations dans le cadre du PAAP et du PALL) et de l'effondrement du marché immobilier de l'Alberta dans les années 80.

FHC **Fondation de l'habitation coopérative du Canada** (1968–)
La FHC a été constituée par le Congrès du travail du Canada, la Cooperative Union of Canada, des conseils coopératifs régionaux et l'Union canadienne des étudiants en vue de favoriser le développement des coopératives d'habitation sans but lucratif.

Groupe de travail Nielsen
Groupe de travail ministériel chargé de l'examen des programmes, créé en 1984 pour examiner les programmes fédéraux de logement et proposer des options visant à en modifier la nature ou à en améliorer la gestion. Le groupe de travail regroupait des spécialistes du secteur privé et du secteur public et le *Rapport du groupe d'étude sur les programmes de logement* a été publié en 1986.

Groupe d'étude Dennis (1971)
Programs in Search of a Policy (Rapport Dennis-Fish) est le produit du Groupe d'étude Dennis chargé par la SCHL d'évaluer les programmes fédéraux de logement pour les ménages à faible revenu. Les auteurs y soulignent notamment que le gouvernement met l'accent sur des solutions fondées sur l'offre. Ce rapport, qui a contribué à la création du MÉAU, a été publié de façon indépendante en 1972.

Habitations Jeanne-Mance
Ensemble de 796 logements publics approuvé en 1956; c'était le premier projet de rénovation urbaine à Montréal. Il est situé sur un emplacement de 20 acres à l'est du centre-ville.

HOME (voir les programmes provinciaux de logement)

ICCIP **Institut canadien des compagnies immobilières publiques** (1970–)
Créé en vue d'améliorer les normes et les principes de comptabilité des entreprises inscrites en bourse, l'ICCIP a accueilli depuis bon nombre d'entreprises à propriété privée et en est venu à représenter les principaux promoteurs immobiliers du Canada.

Institut canadien d'aménagement urbain (1957–)
Organisme national qui représente l'industrie de l'aménagement des terrains et des propriétés.

IPC **Indice des prix à la consommation**
Cet indice suit le prix au détail d'un panier standard de biens de consommation et de services dans les principaux marchés, à chaque mois (voir aussi EDF).

IRLM **Programme des immeubles résidentiels à logements multiples** (1974–82)
Programme fédéral visant à favoriser l'investissement par des particuliers dans des logements locatifs. Des modifications apportées à la Loi de l'impôt sur le revenu permettaient à ceux qui investissaient dans des IRLM de déduire

de leur revenu personnel les pertes découlant de la déduction pour amortissement et des coûts périphériques. Environ 195 000 logements ont été approuvés dans le cadre du programme des IRLM.

LNH Loi nationale sur l'habitation (1938–)

Marquait le début d'une intervention accrue du gouvernement fédéral en matière de logement. Cette loi avait d'abord pour but de stimuler la production de logements et l'emploi. Cette loi donnait aussi un rôle direct au gouvernement fédéral dans la production de logements pour les ménages à faible revenu. Des modifications ont été apportées régulièrement à la LNH depuis.

LNH, articles (La numérotation est revue régulièrement. Les numéros indiqués sont ceux des Lois révisées du Canada de 1970 ou le numéro en vigueur au moment de l'adoption ou de l'utilisation de l'article.)

15.1 et **34.18** (1973–78) : Les articles sur les programmes de logement sans but lucratif et de coopératives d'habitation visaient la production de logements modestes pour (en ordre de priorité) les familles à revenu faible ou modeste, particulièrement dans les régions où il fallait construire des logements neufs et les groupes à besoins particuliers. Les organismes admissibles pouvaient recevoir des prêts de 90 % avec une subvention de taux d'intérêt de 8 % et une contribution d'immobilisation de 10 %. Ces programmes sont parmi les premiers programmes fédéraux de logement pour les ménages à faible revenu qui n'exigent pas un engagement financier correspondant de la part d'autres gouvernements. Les subventions de loyer pour les locataires à faible revenu étaient accordées aux termes de l'alinéa 44.1b) de la LNH. Les articles 15.1 et 34.18 de la LNH ont été remplacés par l'article 56.1.

35 (1964, révisé), **43** (1969–78, prolongé jusqu'en 1983 dans les Territoires du Nord-Ouest) et **44** (1969–) : Programme de construction de logements publics largement utilisé et programme de logement sans but lucratif pour les personnes âgées. L'alinéa 35d) et l'article 43 permettaient aux provinces, municipalités et autres organismes publics de recevoir des prêts à 90 % (amortis sur 50 ans) pour la construction d'ensembles résidentiels pour ménages à faible revenu où les locataires paient des loyers proportionnés au revenu. Ces dispositions ont servi à produire plus de 200 000 logements publics. Le gouvernement fédéral couvre la moitié des pertes d'exploitation de ces ensembles aux termes de l'alinéa 35e) et de l'article 44.

40 (1949–78, sauf à Terre-Neuve et à l'Île-du-Prince-Édouard où le programme se poursuit) : Programme fédéral-provincial de logements publics stipulant que les coûts d'immobilisations et les pertes d'exploitation découlant de la création d'ensembles de logements publics soient partagés à 75 %-25 % entre le gouvernement fédéral et le gouvernement provincial en cause. La SCHL se charge de l'approbation, de la planification et de la conception de ces ensembles. Ce programme a été étendu en 1965 dans les provinces des Prairies aux logements pour les Autochtones. Cette disposition particulière a été rendue inutile par le programme LRA en 1974.

44.1a) (1969) et **44.1b)** (1975): Les programmes de supplément au loyer subventionnaient les locataires à faible revenu habitant des logements locatifs privés (44.1a)) et des ensembles financés aux termes des articles 15.1 et 34.18 de la LNH (44.1b)). Le coût de ces subventions, qui couvre la différence entre le loyer et l'échelle des loyers proportionnés au revenu, est partagé également entre le gouvernement fédéral et le gouvernement provincial en cause.

56.1 (1978–86): Les programmes de logement sans but lucratif et de coopératives d'habitation ont remplacé les programmes antérieurs financés aux termes des articles 15.1 et 34.18 de la LNH. Les coopératives et les organismes de logement sans but lucratif pouvaient recevoir une aide maximum équivalant à la différence entre les versements hypothécaires au taux d'intérêt du marché et à 2 %. Aux termes de l'article 56.1, on est passé aux prêts assurés du secteur privé et on a mis en place les PML. Entre 1974 et 1984, près de 124 000 logements ont été construits. Des fonds sont également offerts pour aider aux premiers stades d'élaboration de ces projets.

LNH, partie V

Aux termes de la partie V de la LNH, la SCHL commandite une recherche indépendante sur le logement dans le cadre de son Programme de bourses d'études universitaires (pour les études supérieures), de son Programme de subventions de recherche (pour la recherche avancée) et de son Programme d'encouragement à la technologie du bâtiment résidentiel (PETBR).

Logement public

Au sens le plus étroit, le logement public désigne des logements aménagés aux termes des articles 35, 40, 43 et 44 de la LNH. La subvention totale pour ces ensembles était estimée en 1985–86 à un peu moins de 400 millions de dollars. Le terme s'emploie souvent dans un sens élargi pour désigner tous les logements administrés par les organismes publics de logement.

Logement social

Terme générique désignant les logements produits dans le cadre de divers programmes, à tous les paliers de gouvernement, qui comprennent habituellement les programmes de logements publics, de coopératives d'habitation et de logements sans but lucratif, de même que les programmes de supplément au loyer. À l'heure actuelle, il s'agit de la plus importante catégorie de dépenses fédérales directes pour le logement.

Logements sans but lucratif

Logements appartenant à une société publique ou privée et exploités sans but lucratif (voir aussi les articles 15.1 et 56.1 de la LNH).

Loi fédérale sur le logement (1935–38)

En vertu de cette Loi, un fonds de 10 millions de dollars a été créé pour aider les futurs constructeurs et propriétaires à obtenir des prêts. Les prêts étaient consentis conjointement par le gouvernement fédéral et les prêteurs agréés.

Environ 4 900 logements ont été financés de cette façon avant que cette loi ne soit remplacée par la LNH en 1938.

Loi garantissant des emprunts pour réfection de maisons (1937–40)
Aux termes de cette loi fédérale qui prévoyait un régime d'assurance-prêt pour des améliorations ou des agrandissements apportés à des logements, environ 126 000 prêts (soit au total 50 millions de dollars) ont été approuvés; ils portaient notamment sur 4 000 conversions qui ont accru le parc de logements locatifs.

Loi sur le prêt agricole canadien (1927–59)
Loi fédérale permettant d'accorder des prêts subventionnés à long terme aux agriculteurs pour l'amélioration de leurs fermes. Entre 1935 et 1939, un peu plus de 2 000 maisons neuves ont été construites grâce à cette loi.

Loi sur les prêts destinés aux améliorations agricoles (1944–87)
Loi fédérale adoptée en 1944 fixant un taux maximum d'intérêt et accordant des garanties pour des prêts à court et à moyen terme consentis aux agriculteurs pour l'amélioration de leur exploitation, y compris la nouvelle construction résidentielle et les améliorations à la maison.

Loi sur les terres destinées aux anciens combattants (1942–75)
Programme fédéral permettant aux anciens combattants d'acheter des maisons grâce à des modalités de prêt favorables. Les prêts hypothécaires portaient intérêt à 3,5 % et étaient remboursables sur 25 ans, avec une mise de fonds de 10 %. Le programme offrait aussi des subventions au comptant. Il s'agissait au départ d'aider les anciens combattants à s'établir dans l'agriculture ou la pêche commerciale, mais le programme en a aidé d'autres à se loger près des grands centres urbains. Quelque 8 000 logements ont été construits dans le cadre de ce programme entre 1946 et 1949. L'activité antérieure à 1946 consistait surtout en l'achat de terrains et de matériaux de construction.

Lois sur les villes nouvelles
Diverses provinces ont adopté des lois de ce genre dans les années 50 et 60, principalement afin de stabiliser et d'accélérer la maturité des agglomérations du secteur primaire. Ces lois garantissaient que divers types de logements, de même que des services publics et commerciaux, étaient mis en place dès les premiers stades de la création d'une ville (par exemple la loi intitulée *Instant Towns Act* en Colombie-Britannique).

LRA **Programmes de logement pour les ruraux et les autochtones** (1974–)
Programmes fédéraux aidant les particuliers habitant des régions rurales et des petites villes (d'une population ne dépassant pas 2 500 habitants) à payer les coûts de logement et de rénovation. Les programmes offrent des prêts pour financer la construction de maisons et des subventions couvrant la différence entre les coûts de remboursement plus les taxes foncières (plus les coûts de chauffage en 1986) et 25 % du revenu. Les frais sont partagés à

75–25 entre le gouvernement fédéral et le gouvernement provincial. Des prêts pour la rénovation (susceptibles d'une remise partielle en fonction du revenu) sont offerts pour rendre les logements conformes à des normes minimales et en assurer l'habitabilité pendant au moins 15 ans. Une subvention ponctuelle est offerte pour des réparations d'urgence permettant de répondre aux normes d'hygiène et de sécurité. Les volets de rénovation et de réparation d'urgence de ce programme sont financés entièrement par le gouvernement fédéral là où les provinces ne participent pas à l'application du programme. Le Programme de logement pour les autochtones en milieu urbain aide les ménages autochtones à faible revenu à se procurer un logement convenable dans les collectivités de plus de 2 500 personnes.

Maisons du temps de guerre

Maisons construites pour la WHL et louées aux ouvriers des usines de munitions et à leurs familles à des loyers de 20 à 30 $ par mois. La maison de base, de 53,5 m², comptait deux chambres à coucher, une salle de bain, une salle de séjour et une cuisine, sur un seul étage. La grande version, 7,3 m × 8,2 m comportait deux autres chambres à coucher à l'étage. Ces maisons, connues sous le nom de maisons de « type C », utilisaient la construction à plate-forme à ossature de bois. Les entrepreneurs locaux construisaient les panneaux muraux sur place; ils étaient ensuite assemblés avec des boulons pour accélérer la construction et permettre une éventuelle récupération. La seule variété provenait des quatre revêtements extérieurs approuvés: bardeaux de cèdre de Colombie-Britannique, amiante, contreplaqué ou revêtement à clins. En raison du caractère temporaire de ces logements, il n'y avait pas de sous-sol. À la fin de la guerre, ces logements ont été vendus et la plupart des acheteurs y ont ajouté un sous-sol. Le type C a également été utilisé pour le programme des logements à loyer pour les soldats démobilisés après la guerre et par les premiers constructeurs LNH. Le Programme de logement à loyer pour les anciens combattants a produit 25 000 de ces logements entre 1947 et 1950.

Maisons prêtes à finir (voir Programmes d'achat de maisons)

MÉAU Ministère d'État aux Affaires urbaines (1971–79)

Le gouvernement fédéral a créé le MÉAU pour encourager un aménagement urbain positif et pour favoriser le resserrement des liens avec les municipalités et les provinces sur les questions urbaines.

Mise de fonds en travail (voir Programmes d'achat de maisons)

MLS (voir SIA)

Modifications de la LNH

Les modifications de 1944 visaient à favoriser la construction de maisons, améliorer les conditions de logement et de vie, améliorer les logements existants, encourager l'accession à la propriété (surtout chez les anciens combattants) et stimuler l'emploi. Les modifications de 1954 avaient pour but de favoriser l'investissement privé dans le logement et d'accorder une aide à la démolition des taudis et à la rénovation urbaine. La Loi a été modifiée en 1964 pour encourager la participation aux régimes de rénovation urbaine et de logement des ménages à faible revenu, particulièrement le logement public; la mise en place d'un nouveau mécanisme de financement du logement public marquait le début du passage de la prise en charge du logement social par les gouvernements provinciaux en remplacement du gouvernement fédéral. Les modifications faites en 1973 avaient pour but de fournir aux particuliers « un bon logement à un prix raisonnable », de trouver des solutions de rechange aux grands ensembles de logements publics destinés aux familles à faible revenu, d'élargir les fourchettes de revenu des Canadiens bénéficiant d'aide au logement et de mettre en place une aide pour le troisième secteur de logement (sans but lucratif). Les modifications de 1979 visaient à encourager la production de nouveaux logements locatifs dans le secteur privé et à stimuler l'économie. En 1985, il s'agissait de permettre aux provinces d'appliquer des programmes de logement social conformes aux objectifs fédéraux, de réorienter les programmes de logement social vers les plus nécessiteux, d'éliminer les limites géographiques du PAREL urbain, de modifier le financement des coopératives d'habitation dans le sens des prêts hypothécaires indexés et d'introduire les titres hypothécaires.

OCDE **Organisation pour la coopération et le développement économique**
Association de pays occidentaux industrialisés dont le siège est à Paris.

PAAP **Programme d'aide à l'accession à la propriété** (1973–1978, les prestations se poursuivant jusqu'en 1984)
Programme fédéral visant à favoriser l'accession à la propriété pour les familles à faible revenu avec des enfants par la réduction des coûts du financement hypothécaire. Les acheteurs de maisons neuves à prix modéré recevaient des prêts et des subventions. Environ 40 000 ménages ont bénéficié d'une aide entre 1973 et 1975, avant que le régime ne soit modifié et restreint aux PHPP. Un peu plus de 94 000 PHPP ont été approuvés entre 1975 et 1979.

PALL **Programme d'aide au logement locatif** (1975 à 1978, maintenu dans certains cas jusqu'en 1995)
Programme fédéral visant à aider à la production de nouveaux logements locatifs abordables dans le secteur privé. Des subventions annuelles d'exploitation et, par la suite, des prêts sans intérêt ont été accordés aux fins de maintenir les loyers à un niveau abordable. Plus de 122 000 logements locatifs ont été produits dans le cadre du PALL entre 1975 et 1980.

PAQ **Programme d'amélioration des quartiers** (1973–78)
Programme fédéral visant à améliorer l'infrastructure publique dans des secteurs résidentiels désignés à faible revenu et ainsi à encourager des améliorations correspondantes à la qualité du parc de logements existants. Ce programme avait pour but d'empêcher les effets de déplacement liés à la dé-

molition massive de taudis. Un total de 479 quartiers ont participé à ce programme et les coûts (500 millions de dollars) ont été partagés entre tous les niveaux de gouvernement.

Parc Milton

Le Parc Milton est un quartier rénové de Montréal qui a été sauvé du réaménagement grâce aux fortes pressions d'une association de citoyens de Montréal. Les locataires en place ont été organisés en coopératives d'habitation et on a trouvé des organismes sans but lucratif pour plusieurs ensembles. Des fonds de provenance fédérale et provinciale ont été utilisés à ces fins. Les travaux ont commencé en octobre 1980.

PAREL **Programme d'aide à la remise en état des logements** (1973–)

Programme fédéral encourageant la remise en état de logements inférieurs aux normes (particulièrement ceux qui sont occupés par des personnes à revenu faible ou modeste). Les propriétaires-occupants et propriétaires-bailleurs admissibles peuvent recevoir des prêts subventionnés pour les coûts admissibles de rénovation. Les modifications apportées par la suite au PAREL en ont accru l'admissibilité sur le plan de la géographie (par exemple, les zones rurales sont devenues admissibles en 1974) et des populations cibles (y compris les conseils de bandes indiennes et les personnes handicapées dont les logements doivent être modifiés pour en améliorer l'accessibilité). Sur les quelque 314 000 logements remis en état dans le cadre du PAREL entre 1973 et 1984, 71 % étaient occupés par le propriétaire. Dernièrement, le PAREL a été rendu universel; cependant, les populations cibles sont maintenant assujetties à des limites plus strictes.

PCEAP **Programme canadien d'encouragement à l'accession à la propriété** (1982–83)

Programme fédéral visant à stimuler l'économie et à créer de l'emploi au moyen de subventions de 3 000 $ aux accédants à la propriété d'une maison neuve. Quelque 260 000 acheteurs de maisons ont bénéficié du PCEAP.

PCEC **Programme de contribution pour les équipements communautaires** (mars 1979, versements prolongés jusqu'en mars 1984)

Programme fédéral visant à aider les projets municipaux d'investissement comme les égouts et l'amélioration des quartiers. Un total de 400,3 millions de dollars ont été répartis conformément aux priorités des provinces et des municipalités.

PCRM **Programme canadien de rénovation des maisons** (1982–1983)

Programme fédéral visant à stimuler l'emploi dans le secteur de la construction et à encourager la rénovation des maisons. On offrait des subventions couvrant 30 p. cent des coûts de rénovation (jusqu'à concurrence de 3 000 $). Environ 121 000 propriétaires ont bénéficié de l'aide du PCRM.

PCRP **Programme canadien de remplacement du pétrole** (1980–85)

Programme fédéral visant à encourager la conversion des appareils de chauffage et des chauffe-eau au mazout à des systèmes énergétiques n'utilisant pas les combustibles fossiles. Des subventions couvrant la moitié des coûts de matériaux et de main-d'œuvre (jusqu'à concurrence de 800 $ dans le cas d'un seul logement et de 5 500 $ dans le cas des immeubles résidentiels de deux logements ou plus) étaient offertes. Près d'un million de ménages ont reçu des subventions du PCRP.

PHPP **Prêt hypothécaire à paiements progressifs**
Les PHPP ont pour but de faciliter l'accession à la propriété en période d'inflation rapide. Les mensualités sont réduites au départ et augmentent à un taux préétabli. Dans le cadre du PAAP, les PHPP étaient émis par des prêteurs privés et assurés aux termes de la LNH.

PITRC **Programme d'isolation thermique des résidences canadiennes** (1977–86)
Programme fédéral assurant des subventions ponctuelles aux propriétaires en vue de l'amélioration de l'efficacité thermique du parc de logements existants. Environ 2,5 millions de ménages ont bénéficié des subventions du PITRC.

Plan Radburn
Les principes de conception proposés par Clarence Stein et Henry Wright ont été appliqués dans un plan de collectivité résidentielle moderne à Radburn (New Jersey) entre 1919 et 1930. Ce modèle a inspiré de nombreux aménagements résidentiels de banlieue dans le Canada d'après-guerre.

PML **Prix maximum des logements** (1978–)
Les PML ont été introduits par la SCHL aux termes de l'article 56.1 de la LNH comme mécanisme de contrôle des coûts et constituent la limite supérieure de la qualité du logement social.

PPTH **Programme de protection des taux hypothécaires**
Ce programme fédéral donne aux propriétaires l'occasion d'acheter une protection contre l'augmentation excessive des taux d'intérêt au moment du renouvellement hypothécaire.

Prêts conjoints (1936–54)
Les prêts étaient au départ partagés entre le gouvernement fédéral et les prêteurs agréés (25 %–75 %) aux termes de la Loi fédérale sur l'habitation (1936). Les modalités des prêts étaient fixées par le gouvernement fédéral. Les prêts hypothécaires étaient consentis par des établissements de prêts approuvés, mais détenus conjointement par le prêteur et le gouvernement fédéral. En prêtant un pourcentage du montant du prêt hypothécaire au prêteur à un taux d'intérêt inférieur à celui du marché, le gouvernement fédéral subventionnait effectivement le prêt hypothécaire; ces prêts étaient également garantis par le gouvernement fédéral. La Loi fédérale sur l'habitation a été remplacée par la LNH en 1938 et les prêts conjoints se sont poursuivis jusqu'en 1954, date où des modifications à la LNH ont remplacé ce programme par l'assurance-prêt hypothécaire.

Prêts directs (1954–)

Afin d'assurer un accès universel au crédit hypothécaire, le gouvernement fédéral a le pouvoir d'accorder des prêts directs pour l'achat d'une maison lorsque les fonds hypothécaires sont rares. La SCHL est donc autorisée à servir de prêteur de dernier recours. Elle ne l'a pas fait beaucoup. Une brève expérience en ce sens au milieu des années 50 s'est terminée par un programme restreint, le Programme de prêts pour petites maisons, introduit en 1957.

Programmes d'achat de maisons

Ces programmes ont été offerts dans la plupart des provinces et territoires pour aider les personnes à revenu faible ou moyen à accéder à la propriété. Ces programmes prennent diverses formes (par exemple, subventions et réductions du taux d'intérêt) et comprennent des méthodes plus novatrices comme le programme d'autoconstruction de la Nouvelle-Écosse, qui combine les compétences des futurs propriétaires (mise de fonds en travail) avec l'aide technique de professionnels, et le programme de maisons prêtes à finir de l'Alberta qui offre des prêts et des subventions d'après la valeur d'une maison prête à finir (c'est-à-dire finie à l'extérieur mais non à l'intérieur).

Programme d'agrandissement des maisons (1942–44, 1946–48)

Ce régime fédéral garantissait des prêts destinés à l'agrandissement de maisons et consentis par des établissements de prêts selon des modalités semblables à celles que prévoyait la Loi garantissant des emprunts pour réfection de maisons. Dans le cadre de ce programme, 125 prêts ont été approuvés en vue de 149 conversions.

Programme d'assurance-loyer (1948–50)

Régime fédéral offrant des prêts à long terme et à faible taux d'intérêt aux constructeurs de logements à loyer modique et garantissant aux propriétaires-bailleurs un rendement net de 2 % sur leur investissement. Environ 19 000 logements ont été construits en vertu de ce programme.

Programme d'assurance-prêt hypothécaire (voir FAH)

Programme de conversion de maisons (1943–46)

Programme fédéral visant à soulager les pénuries de logement de l'après-guerre dans les grands centres urbains. De grandes maisons louées par le gouvernement étaient divisées en plusieurs logements autonomes. Plus de 2 000 conversions ont été réalisées dans le cadre de ce programme.

Programmes de conversion en logements locatifs

Il s'agit de programmes appliqués en Alberta, en Colombie-Britannique, en Nouvelle-Écosse et en Ontario offrant des subventions à ceux qui convertissent des immeubles en vue d'offrir de nouveaux logements locatifs.

Programme d'encouragement à l'innovation en habitation (1970)

Programme fédéral expérimental visant à promouvoir les innovations en matière de logement sur le plan social, celui des coûts et des progrès techniques, particulièrement à l'intention des ménages à faible revenu. Diverses subventions ont été accordées à même un fonds spécial de 200 millions de dollars, et bon nombre des innovations ont par la suite été sanctionnées par les modifications apportées en 1973 à la LNH (par exemple, le PAAP, l'article 34.18 de la LNH, le programme LRA et le PAREL).

Programme d'encouragement de la construction de maisons en hiver (1963–65)
Programme fédéral visant à encourager la construction de maisons individuelles ou d'immeubles d'un maximum de quatre logements pendant les mois d'hiver de 1963–64 et 1964–65. Le gouvernement versait 500 $ par logement, pourvu que les immeubles soient terminés au cours des quatre mois allant du 1er décembre au 31 mars. Le programme avait surtout pour but de réduire le chômage saisonnier dans l'industrie de la construction.

Programmes de garantie de maisons
L'Ontario est le seul gouvernement du Canada à imposer un programme de garantie obligatoire. Son programme de garantie de maisons neuves, créé à la fin des années 70, accorde aux acheteurs de maisons neuves une protection limitée contre les défectuosités de matériaux et de construction, y compris le remboursement de dépôts d'un maximum de 20 000 $ si le constructeur fait faillite avant l'achèvement de la maison. En mars 1987, on a imposé des limites au report des dates de conclusion de la vente et les acheteurs ont obtenu la possibilité d'annuler le contrat après cette date.

Programme de location de terrains
Le Manitoba est la seule province qui ait loué des terrains à des coopératives d'habitation à titre subventionné. Un programme de location de terrains pour les propriétaires a été offert en Ontario dans le cadre du programme Home Ownership Made Easy (HOME) de même qu'en Colombie-Britannique, au Manitoba et à Terre-Neuve (voir les sociétés provinciales de logement).

Programme de logement pour les étudiants (1960–78)
Programme fédéral visant à loger les étudiants des collèges et universités en consentant des prêts aux provinces, municipalités, universités et collèges. Ce programme a été créé en réaction à l'augmentation rapide des inscriptions aux études postsecondaires par suite du baby boom.

Programme de logements intégrés (1944)
Programme fédéral visant à encourager la construction de logements neufs (particulièrement des maisons pour propriétaires-occupants) en offrant aux constructeurs un prix de vente minimum garanti qui facilitait l'obtention d'un financement de transition. La SCHL achetait tous les logements qui n'étaient pas vendus au bout d'un an après l'achèvement des travaux et donnait aux soldats démobilisés le premier choix de les acheter. En 1947 et 1948, jusqu'à 491 constructeurs ont participé à ce programme, produisant plus de 5 000 logements par année — soit plus de 5 % de l'ensemble des mises en chantier.

Programmes de maisons mobiles
Des programmes de maisons mobiles sont offerts en Alberta pour aider les familles à faible revenu qui ont un urgent besoin de logement et au Manitoba pour assurer que des modes de financement soient offerts aux acheteurs éventuels de maisons mobiles.

Programme de prêts de 25 millions de dollars (1918–23)
Programme fédéral visant à remédier à la pénurie de logements qu'on prévoyait pour l'après-guerre; c'est, à l'époque moderne, le premier cas d'intervention du gouvernement fédéral dans la politique du logement. Des prêts d'une valeur de 25 millions de dollars ont été répartis entre les provinces d'après la population, pour la construction de maisons de propriétaires-occupants à prix modique. Les provinces devaient contribuer 1 $ pour chaque tranche de 3 $ provenant du gouvernement fédéral. Un peu plus de 6 000 logements ont été construits dans le cadre de ce programme.

Programme de prêts pour l'amélioration de maisons (1954–86)
Programme fédéral garantissant l'accès à des prêts pour l'amélioration de maisons privées. Au départ, les candidats admissibles pouvaient obtenir un prêt d'un maximum de 6 250 $ (2 500 $ par logement et 1 250 $ pour chaque logement supplémentaire) à un taux d'intérêt fixe remboursable sur cinq ans (pour les prêts de plus de 1 250 $). À divers moments jusqu'en 1979, on a augmenté le montant maximum du prêt (qui a fini par atteindre 10 000 $) et la période d'amortissement (jusqu'à 25 ans) et on a adopté les taux d'intérêt du marché. Plus de 450 000 logements ont été améliorés dans le cadre de ce programme entre 1955 et 1981. L'utilisation du programme a diminué à compter de la fin des années 60 puis a chuté de façon plus spectaculaire à compter de 1976, date de l'entrée en vigueur du PAREL. Il n'y a pas eu de nouveaux engagements après octobre 1986.

Programme de rénovation urbaine (1944–73)
Programme fédéral pour la démolition des taudis. Les municipalités pouvaient recevoir une subvention fédérale équivalant à 50 % des coûts. En 1953, cette subvention a été offerte aux gouvernements provinciaux, aux sociétés à dividendes limités et aux compagnies d'assurance construisant des logements locatifs sur les terrains dégagés. Les subventions étaient aussi accordées si les terrains dégagés devaient être utilisés à des fins publiques et qu'il existait d'autres emplacements pour les logements locatifs. Pour compléter ce programme, des prêts sans intérêt d'un maximum des deux tiers des coûts non fédéraux étaient offerts aux termes de l'article 25 de la LNH. Le Programme de rénovation urbaine a été réduit suite à la recommandation de la Commission Hellyer pour être en fin de compte remplacé par d'autres programmes comme le PAQ et le PCEC.

Programme des compagnies de logement à dividendes limités (1944–81)
Programme fédéral visant à créer des logements à loyer modique en offrant des prêts conditionnels qui imposaient une limite au rendement sur l'inves-

tissement et le contrôle des loyers. On consentait des prêts à des entreprises ou à des particuliers pour la construction de logements neufs ou pour l'achat de logements existants. Entre 1946 et 1964, 330 prêts ont été approuvés, portant sur 28 037 logements. Puisque le programme devenait moins intéressant au milieu des années 60, les modalités des prêts ont été améliorées (c'est-à-dire que le niveau du prêt a été augmenté à 95 % de la valeur, que la limite de 5 % du rendement sur l'investissement a été accrue et que le contrôle obligatoire des loyers a été restreint à une période de 15 ans) et les conditions d'admission ont été élargies de façon à inclure les foyers et résidences aussi bien que les logements indépendants.

Programme des logements d'urgence (1944–48)
Programme fédéral assurant un hébergement locatif temporaire pour atténuer les effets des pénuries de logement de l'après-guerre. Des baraquements excédentaires du temps de guerre et d'autres immeubles disponibles ont servi à loger les anciens combattants qui s'inscrivaient à l'université et les familles bénéficiant de l'aide sociale. Un peu plus de 10 000 conversions ont été réalisées par les gouvernements fédéral et municipaux et par les universités.

Programme des titres hypothécaires (1986–)
Programme fédéral visant à mettre des fonds supplémentaires à la disposition des prêteurs pour le financement ordinaire et pour encourager des prêts hypothécaires à long terme. La SCHL garantit la ponctualité du paiement du capital et des intérêts des titres garantis par un bloc de prêts hypothécaires assurés aux termes de la LNH. L'investissement minimum est de 5 000 $. Au cours de la première année (commençant en décembre 1986), on a émis des titres d'une valeur de 456 millions de dollars, soit près du double de ce qu'on avait prévu.

Programme d'isolation thermique des habitations (1976–81)
Programme fédéral visant à améliorer l'efficacité thermique du parc de logements existants de l'Île-du-Prince-Édouard et de la Nouvelle-Écosse.

Programme expérimental de résidences super-économiques en énergie (R-2000) (1984–91)
Programme fédéral visant à développer les connaissances et les compétences de l'industrie de même que la demande du public à l'égard de maisons économiques et efficaces sur le plan énergétique. En septembre 1986, quelque 2 000 logements avaient été construits en conformité avec la norme R-2000.

PSV **Pension de sécurité de la vieillesse** (1952–)
Il s'agit d'un programme fédéral indexé, sans cotisation, de transfert de revenu pour toutes les personnes de 65 ans ou plus. Le programme a remplacé la Loi des pensions de vieillesse de 1927. La PSV s'ajoute au RPC. En outre, depuis 1966, les aînés peuvent être admissibles au RPC ou au SRG (sur vérification du revenu).

R-2000 (voir Programme expérimental de résidences super-économiques en énergie)

RAPC Régime d'assistance publique du Canada (1966–)
Le RAPC est un programme par lequel le gouvernement fédéral partage avec les provinces le coût des services sociaux, y compris l'aide sociale.

Rapport Curtis (1944)
Le rapport du sous-comité du logement et de l'urbanisme du Comité consultatif de restauration étudiait les besoins de logement dans l'après-guerre et réclamait une intervention plus active du gouvernement dans le secteur du logement. On y trouve notamment des recommandations portant sur l'élaboration d'un programme national de logement pour les ménages à faible revenu et réclamant un urbanisme global.

Rapport de la Commission Bruce (1934)
Les auteurs du rapport évaluent les conditions de logement dans les quartiers pauvres de Toronto et recommandent d'éliminer les taudis et d'offrir des logements à coût modique (respectant les normes minimales acceptables) aux personnes ainsi déplacées.

Rapport de la Commission Thom
Le second et dernier volume du rapport de la Commission ontarienne d'enquête sur la location résidentielle a été publié en 1987. La Commission soutient qu'il faut abolir le régime de réglementation des loyers de l'Ontario, en vigueur depuis 1975, permettre aux propriétaires-bailleurs de percevoir le juste loyer du marché et subventionner les locataires incapables de payer de tels loyers.

Rapport Greenspan (1978)
La *Commission fédérale-provinciale sur l'offre et le prix du terrain résidentiel viabilisé* a été constituée en 1977 par le gouvernement fédéral et huit provinces; elle devait étudier l'augmentation rapide des prix des terrains et des maisons qui s'était produite entre 1972 et 1975.

Rapport Lithwick (1970)
Le rapport intitulé *Urban Canada: Problems and Prospects* est le fruit des travaux d'un groupe de recherche dirigé par le professeur N.H. Lithwick sur demande du gouvernement fédéral, en 1969, et qui devait faire rapport sur les conditions urbaines au Canada. Les conclusions du rapport ont mené à la création du MÉAU.

Rapport Matthews (1979)
Le *Rapport sur la Société canadienne d'hypothèques et de logement* étudiait le rôle de la SCHL dans la production de logements et faisait la projection des besoins de logement pour les années 80. Il a été préparé par un groupe de travail constitué par le gouvernement fédéral.

Rapport Spurr
Commandé par la SCHL au début des années 70 et publié en 1976 sous le titre

Land and Urban Development: A Preliminary Study, ce rapport étudie l'industrie de la promotion immobilière urbaine au Canada pendant les années 60 et au début des années 70. Le rapport recommande notamment de créer une base systématique d'informations pour l'analyse des politiques concernant les sols urbains.

RCCLL **Régime canadien de construction de logements locatifs** (1981–84)
Programme fédéral visant à stimuler la production de nouveaux logements locatifs dans le secteur privé. Les promoteurs des ensembles admissibles pouvaient obtenir des prêts de 15 ans sans intérêt jusqu'à concurrence de 7 500 $ par logement locatif. Plus de 21 000 logements ont été construits dans le cadre de ce programme.

RCRH **Régime canadien de renouvellement hypothécaire** (1981–1983)
Régime fédéral visant à réduire pour les propriétaires l'effet de l'augmentation des taux d'intérêt au moment du renouvellement hypothécaire. Le RCRH a été remplacé par le PPTH.

REÉL **Régime enregistré d'épargne-logement** (1974–1985)
Il s'agissait d'un régime fédéral visant à favoriser l'accession à la propriété des contribuables non propriétaires d'une propriété résidentielle. Les particuliers admissibles pouvaient réclamer des déductions fiscales d'un maximum de 1 000 $ par année (jusqu'à concurrence de 10 000 $) à l'égard des fonds investis dans des régimes enregistrés, pourvu que ces sommes soient un jour utilisées pour l'achat d'une maison de propriétaire-occupant. Des modifications apportées au régime ont permis aux acheteurs de maisons neuves acquises entre le 19 avril 1983 et le 1er mars 1985 de réclamer une déduction fiscale de 10 000 $, moins les cotisations antérieures. Les cotisants ont également pu effectuer des retraits non imposables en 1983 en vue de l'achat de meubles neufs admissibles. Lorsque le régime s'est terminé en 1985, toutes les cotisations devaient être retirées et les intérêts accumulés étaient exempts d'impôt dans la plupart des cas.

REÉR **Régime enregistré d'épargne-retraite** (1957–)
Les REÉR ont été créés par le gouvernement fédéral en vue d'encourager les particuliers à épargner en vue de la retraite. À l'heure actuelle, les cotisations annuelles aux régimes enregistrés (jusqu'à concurrence de 7 500 $ ou 20 % du revenu, selon celle des deux sommes qui est la moindre) peuvent être déduites du revenu personnel et les régimes doivent être fermés au plus tard à 71 ans. L'imposition de ces cotisations est reportée jusqu'aux années de la retraite, où l'on prévoit que le revenu sera moins considérable.

Regent Park North
Ensemble de logements publics de faible hauteur, de 1 400 logements, situé sur 42 acres à l'est du centre-ville de Toronto; il s'agit de la première entreprise de démolition des taudis et de construction de logements publics au Canada. Les travaux ont eu lieu entre 1948 et 1958.

Réglementation des loyers
Examen par une tierce partie des augmentations de loyer, aux termes d'une loi, généralement avec des directives établissant les augmentations acceptables. Au milieu de 1975, plusieurs provinces avaient déjà adopté la réglementation des loyers ou allaient le faire. Le gouvernement fédéral a imposé le contrôle des prix et des salaires en 1975 et a demandé aux provinces d'imposer une réglementation correspondante pour les loyers. En avril 1976, toutes les provinces réglementaient les loyers. Depuis 1976, cette réglementation a été supprimée en Colombie-Britannique, en Alberta et au Nouveau-Brunswick.

RMR **Région métropolitaine de recensement**
Les RMR sont désignées aux fins du recensement et comprennent de grands centres urbains entourant un noyau urbanisé dont la population était d'au moins 100 000 habitants au moment du recensement précédent. Leur superficie est définie en grande partie à partir des critères du marché du travail (par exemple le navettage) et comprend une ville centrale et les municipalités qui l'entourent et y sont étroitement reliées.

RPC **Régime de pension du Canada** (1966–)
Régime fédéral de pensions (offrant aussi des prestations d'invalidité, de décès et des prestations aux survivants) d'après la moyenne des cotisations fondées sur le revenu gagné maximum, créé afin de compléter la PSV et le SRG partout sauf au Québec où existe le RRQ.

RRQ **Régime de rentes du Québec** (voir RPC)

SCHL **Société canadienne d'hypothèques et de logement** (1946–)
L'organisme national de logement du Canada a été créé sous le nom de Société centrale d'hypothèques et de logement et a porté ce nom jusqu'en 1979. La SCHL est la société d'État chargée d'appliquer les lois fédérales sur le logement (comme la LNH).

SEM **Programme des subventions d'encouragement aux municipalités** (1975–78)
Programme fédéral visant à encourager la viabilisation de terrains pour des maisons de taille, de prix et de densité modérés. Les municipalités avaient droit à 1 000 $ pour chaque logement admissible. Les versements se sont poursuivis jusqu'en 1982.

SIA **Service inter-agence**
Système de registre des ventes de maisons utilisé par diverses chambres immobilières du Canada. S'appelle MLS en dehors du Québec.

SIML **Système d'information sur les marchés du logement**
Le SIML se fonde sur le Relevé des mises en chantier et des achèvements, le Relevé des logements écoulés sur le marché et l'Enquête sur les logements locatifs. Ces enquêtes, réalisées par la SCHL, suivent la nouvelle construction résidentielle, l'écoulement des logements nouvellement construits et le taux d'inoccupation, de même que le niveau des loyers dans les marchés locatifs.

SLC ***Statistique du logement au Canada*** **(1955–)**

La SLC fournit des renseignements sur la construction résidentielle et les prêts hypothécaires au Canada, d'après des données provenant de la SCHL et de Statistique Canada. La SLC a remplacé son prédécesseur, *L'habitation au Canada*, en 1955. Entre 1955 et 1960, la SLC a été publiée trimestriellement; depuis 1961, elle est publiée annuellement, avec des suppléments mensuels.

Sociétés provinciales de logement

La Nouvelle-Écosse a été la première à créer une société de logement: la Nova Scotia Housing Commission (rebaptisée Nova Scotia Department of Housing en 1983). La plupart des sociétés provinciales de logement ont été créées afin de tirer parti du programme de logements publics mis en place par le gouvernement fédéral en 1964 (voir l'article 35 de la LNH). Comme autre exemple d'activité des sociétés provinciales d'habitation on peut mentionner le programme Home Ownership Made Easy (HOME) (1967–77) établi par le gouvernement provincial de l'Ontario. La Société de logement de l'Ontario faisait l'acquisition de parcelles de terrain dans certaines municipalités et offrait des terrains aux familles qui devaient y construire des maisons modestes. Aucune mise de fonds n'était nécessaire pour ces terrains qui pouvaient être loués pour jusqu'à 50 ans à la valeur aux livres ou achetés après cinq années de résidence au prix original de la limite inférieure du marché. Un système de loterie a été mis en place pour la distribution de ces terrains en 1973. Le régime a été révisé en 1973 et en 1975 afin d'empêcher la spéculation et d'incorporer la valeur du marché dans le calcul des subventions. Environ 25 000 ménages ont bénéficié de l'aide du régime HOME avant qu'il ne soit graduellement éliminé et remplacé par le PAAP.

Voici la liste des sociétés provinciales d'habitation avec l'année de leur création:

Nova Scotia Department of Housing (1932)
Société de logement de l'Ontario (1964)
Alberta Housing Corporation (1967)
British Columbia Housing Management Commission (1967)
Société d'habitation et de rénovation du Manitoba (1967)
Société d'habitation du Nouveau-Brunswick (1967)
Newfoundland and Labrador Housing Corporation (1967)
Société d'habitation du Québec (1967)
Prince Edward Island Housing Corporation (1969)
Société d'habitation du Yukon (1972)
Société d'habitation des Territoires du Nord-Ouest (1972)
Saskatchewan Housing Corporation (1973)

Spruce Court

Ensemble construit par la Toronto Housing Company en 1914; c'est le premier exemple canadien de logements construits par une société à dividendes limités avec un prêt hypothécaire garanti par le gouvernement. Les immeubles étaient disposés autour d'une cour intérieure pour assurer l'air et la lumière, dans un plan inspiré des travaux de Parker et Unwin, principaux architectes de la réforme du logement en Angleterre qui avaient conçu les immeubles de Letchworth, la première cité-jardin.

SRG **Supplément de revenu garanti** (1966–)
Le SRG est une subvention fédérale au revenu pour les personnes âgées nécessiteuses (voir aussi PSV et RPC).

Suppléments au loyer
Les suppléments au loyer sont des subventions qui aident les locataires à faible revenu à payer leur loyer. (Voir les articles 44.1a) et 44.1b) de la LNH). En outre, la Colombie-Britannique et l'Ontario offrent des programmes provinciaux de supplément au loyer.

TTEB **Programme de transfert de la technologie de l'énergie dans les bâtiments** (1980–1986)
Le programme TTEB était administré par le ministère fédéral de l'Énergie, des Mines et des Ressources et visait à accélérer la mise au point et l'adoption de matériel, de matériaux, de techniques et de systèmes favorisant l'économie d'énergie dans la construction de bâtiments.

TVF **Taxe de vente fédérale**
Aussi connue sous le nom de taxe générale de vente à la fabrication, cette taxe perçue aux termes de la Loi sur la taxe d'accise s'appliquait aux biens fabriqués, produits ou importés au Canada, avec certaines exonérations à divers moments. Parmi les exonérations importantes pour le logement on compte les matériaux d'isolation thermique, l'équipement de conservation énergétique et l'équipement de construction. Les matériaux de construction ont été assujettis à la taxe en juin 1963 au taux de 4 %. Le taux pour les matériaux de construction neufs est passé à 8 % en avril 1964 et à 11 % en janvier 1965. Il a par la suite chuté à 5 % en novembre 1974, pour être augmenté à de nombreuses reprises pendant les années 80 et atteindre 9 % en janvier 1990. Souvent, le taux de taxe pour les matériaux de construction était inférieur au taux des autres biens manufacturés. La TVF a été remplacée par la taxe sur les produits et services (TPS) en janvier 1991.

WHL **Wartime Housing Limited** (1941–48)
Cette société d'État fédérale avait pour mandat de construire, d'acheter, de louer et de gérer des logements locatifs destinés aux travailleurs de guerre dans les régions qui connaissaient une pénurie de logements. En 1947, la WHL logeait aussi les familles des militaires dans le cadre du Programme de logement à loyer modique pour les anciens combattants. Près de 46 000 logements, pour la plupart de petites maisons individuelles, ont été construits puis vendus à compter de la fin des années 40. La SCHL a absorbé et démantelé la WHL en 1948.

Wildwood
Collectivité modèle aménagée au début de l'après-guerre à Winnipeg, com-

prenant 284 maisons, dont beaucoup ont été construites à l'aide de techniques de préfabrication, sur un emplacement de 30,2 hectares.

Willow Park

Constitué en coopérative en 1961 et terminé en 1966, cet ensemble de 200 logements à Winnipeg était l'une des premières grandes coopératives d'habitation construites au Canada; elle était parrainée conjointement par les Federated Cooperatives, Manitoba Pool Elevators, la Cooperative Life Insurance Company et le Winnipeg District Labour Council.

ANNEXE B

Chronologie des principaux événements

Préparée par John R. Miron
avec l'aide de Nancy Thompson et Leigh Howell
Les termes en italiques figurent dans le lexique

1912 L'Alberta adopte la première loi moderne d'urbanisme au Canada. Cependant, des lois sur l'urbanisme avaient aussi été adoptées au Nouveau-Brunswick et en Nouvelle-Écosse en 1912. L'Ontario avait également adopté en 1912 une loi de deux pages sur les plans des villes et banlieues.

1914 Construction de *Spruce Court*, premier ensemble de logements construit au Canada par une société à dividendes limités.

1918 Mise en place du *Programme de prêts de 25 millions de dollars.*

1927 Adoption de la *Loi sur le prêt agricole canadien.*

1929 Modification de la loi d'urbanisme de l'Alberta exigeant des plans directeurs, des commissions régionales de planification et des règlements de zonage.

1932 Création de la Nova Scotia Housing Commission (Nova Scotia Department of Housing) (voir *Sociétés provinciales d'habitation*).

1934 Publication du *Rapport de la Commission Bruce.*

1935 Adoption de la *Loi fédérale sur le logement* (LFL).

1936 Adoption d'un règlement novateur sur les normes d'habitation par la ville de Toronto.

1937 Adoption de la *Loi garantissant des emprunts pour réfection de maisons.*

1938 Adoption de la *Loi nationale sur l'habitation* (LNH) en remplacement de la LFL.

1939 Même si les municipalités étaient autorisées à adopter des règlements de zonage depuis avant 1914 en Alberta, en Colombie-Britannique et en Ontario et depuis les années 20 dans la plupart des autres provinces, ce n'est qu'en 1939 que le *Conseil national de recherches du Canada* (CNRC) a préparé le premier règlement modèle (national) de zonage.

1940 La Commission des prix et du commerce en temps de guerre impose le contrôle des loyers dans quinze villes canadiennes.

Abrogation de la *Loi garantissant des emprunts pour réfection de maisons.*

1941 Création de la *Wartime Housing Limited* (WHL).

Le CNRC introduit un modèle de *code national du bâtiment.*

Les contrôles des loyers sont étendus à toutes les régions du Canada.

Mise en place de l'*assurance-chômage* (AC) fédérale.

1942 Mise en place du *Programme d'agrandissement des maisons.*

1943 Mise en place du *Programme de conversion des maisons.*

1944 Mise en place du *Programme des compagnies de logement à dividendes limités.*

Mise en place du Programme de logement à loyer modique pour les anciens combattants (WHL).

Mise en place du *Programme des logements d'urgence.*

Mise en place du *Programme de rénovation urbaine.*

Mise en œuvre de l'*échelle des loyers proportionnés au revenu.*

Publication du *Rapport Curtis.*

Mise en place du *Programme de logements intégrés.*

1946 Création de la *Société centrale d'hypothèques et de logements* (SCHL).

Fondation de l'*Association canadienne d'urbanisme* (ACU).

Fin du *Programme de conversion des maisons.*

1947 L'université McGill crée la première école d'urbanisme au Canada.

Création de la Division des recherches en bâtiment (CNRC).

1948 Mise en place du *Programme d'assurance-loyer.*

Regent Park North, ensemble résidentiel de la ville de Toronto sur un emplacement de rénovation urbaine financé par la SCHL marque le début du programme organisé de logements publics au Canada.

Fin du *Programme des logements d'urgence,* du *Programme d'agrandissement des maisons* et de la WHL.

1949 Mise en place du Programme fédéral-provincial de logements publics aux termes de *l'article 40 de la* LNH.

1950 Fin du *Programme d'assurance-loyer.*

1951 Fin du contrôle des loyers par le gouvernement fédéral. Québec est la seule province à maintenir un contrôle global des loyers après 1951.

Terre-Neuve devient la première province à terminer un ensemble de logements publics; un total de 140 logements sont construits à St. John's.

1952 Mise en place de la *Pension de sécurité de la vieillesse* (PSV) par le gouvernement fédéral, en remplacement de la Loi des pensions de vieillesse.

1953 La Colombie-Britannique adopte une loi habilitante permettant à Vancouver d'utiliser un système de permis d'aménagement. Des régimes discrétionnaires de zonage ont depuis lors été mis en place ailleurs également.

1954 Le *Programme d'assurance-prêt hypothécaire* remplace les prêts conjoints aux termes de la LFL.

Les banques à charte du Canada pouvaient maintenant consentir des prêts hypothécaires, mais seulement pour des maisons neuves assurées aux termes de la LNH.

Mise en place des *prêts directs* par le gouvernement fédéral.

Mise en place du *Programme de prêts pour l'amélioration de maisons.*

La *déduction pour amortissement* (DPA) remplace les frais de dépréciation.

1955 Première publication de *L'habitation au Canada* (SLC), première statistique systématique de la production des logements.

1956 Création du *Conseil canadien de l'habitation* (CCH).

Approbation du premier ensemble de logements publics de Montréal (*Jeanne-Mance*).

Construction du premier ensemble de logements publics de Vancouver (Strathcona).

1957 Mise en place du Programme de prêts pour petites maisons (voir *prêts directs*).

1960 Mise en place du *Programme de logements pour les étudiants.*

1961 La SCHL commence à vendre des prêts hypothécaires aux enchères pour encourager la création d'un marché hypothécaire secondaire.

1962 Fondation du *Conseil canadien de recherches urbaines et régionales* (CCRUR).

Fondation de la Cooperative Union of Canada (parrainée par la SCHL) pour étudier la faisabilité des coopératives d'habitation sans but lucratif.

1963 Mise en place du *Programme d'encouragement de la construction de maisons en hiver.*

Création de la *Compagnie d'assurance d'hypothèques du Canada* (CAHC), assureur privé.

Les matériaux de construction sont soumis à la TVF au taux de 4 %.

1964 Élargissement des programmes de rénovation urbaine et de logement public aux termes de *l'article 35 de la* LNH.

Création de la Société de logement de l'Ontario (SLO) (voir *Sociétés provinciales d'habitation*).

Première année où l'on a construit plus d'appartements (60 435) que de maisons individuelles (50 457).

La TVF est augmentée à 8 % sur les matériaux de construction.

1965 Le Programme fédéral-provincial de logements publics aux termes de *l'article 40 de la* LNH est étendu dans les provinces des Prairies aux logements pour les autochtones.

Fin du *Programme d'encouragement de la construction de maisons en hiver.*

Le taux de la TVF est porté à 11 % sur les matériaux de construction.

1966 Le programme d'élimination des taudis au Canada prend effectivement fin en raison du succès d'une protestation de quatre ans par les résidants de Trefann Court à Toronto, qui étaient menacés d'expulsion.

Les provinces d'Alberta et de Colombie-Britannique adoptent les premières lois sur la copropriété.

Mise en oeuvre de l'assurance-prêt hypothécaire LNH pour les logements existants occupés par le propriétaire.

Le rapport maximum entre le prêt hypothécaire et la valeur de la propriété pour les prêts ordinaires des établissements de crédit soumis à la réglementation fédérale est porté à 75 %.

Construction de *Willow Park*, à Winnipeg, première coopérative d'habitation permanente financée par les fonds publics au Canada.

Mise en place du *Régime de pensions du Canada* (RPC).

Mise en oeuvre du *Supplément de revenu garanti* (SRG).

Fondation de la *Compagnie des jeunes Canadiens* (CJC).

Mise en place du *Régime d'assistance publique du Canada* (RAPC).

1967 Les banques à charte du Canada peuvent maintenant consentir des prêts hypothécaires ordinaires sur les propriétés neuves ou existantes. Suppression du plafond des taux d'intérêt pour l'ensemble des prêts bancaires.

Création de l'Alberta Housing Corporation, de la British Columbia Housing Management Commission, de la Société d'habitation et de rénovation du Manitoba, de la Société d'habitation du Nouveau-Brunswick, de la Newfoundland and Labrador Housing Corporation et de la Société d'habitation du Québec (voir *Sociétés provinciales d'habitation*).

1968 Création de la *Commission Hellyer.*

Le gouvernement fédéral impose un moratoire sur l'approbation de tous les nouveaux projets de rénovation urbaine et sur l'aménagement de grands ensembles de logements publics.

Création de la *Fondation de l'habitation coopérative du Canada.*

Création du *Comité intergouvernemental de recherches urbaines et régionales* (CIRUR).

Conférence canadienne sur l'habitation.

1969 Mise en place du Programme de logements publics aux termes des *articles 43 et 44 de la* LNH.

Mise en place du Programme de supplément de loyer aux termes de l'*alinéa 44.1a) de la* LNH.

Les établissements de crédit sont autorisés à consentir des prêts hypothécaires ordinaires à quotité de financement majorée, pourvu que la somme dépassant 75 % de la valeur de la propriété soit assurée. Les plafonds des taux d'intérêt sont supprimés pour les prêts assurés aux termes de la LNH et le terme minimum des prêts assurés aux termes de la LNH est réduit à cinq ans.

Création de la Prince Edward Island Housing Corporation (voir *Sociétés provinciales d'habitation*).

L'Ontario et le Manitoba adoptent des lois sur la location immobilière.

1970 Publication du *Rapport Lithwick.*

Mise en place du *Programme d'encouragement à l'innovation en habitation* de 200 millions de dollars.

La SCHL autorise le coût des installations de loisirs dans les ensembles de logement social.

Fondation de l'*Institut canadien des compagnies immobilières publiques* (ICCIP).

1971 La SCHL constitue le *Groupe de travail Dennis.*

Révisions importantes de la Loi fédérale de l'impôt sur le revenu. Les pertes créées par la déduction pour amortissement des logements locatifs ne sont plus déductibles des revenus autres que les loyers. La résidence principale du contribuable devient le seul logement exonéré de l'impôt sur les gains de capital.

1972 Création des sociétés d'habitation du Yukon et des Territoires du Nord-Ouest (voir *Sociétés provinciales d'habitation*).

Les prêteurs agréés aux termes de la LNH sont autorisés à inclure la totalité ou une partie du revenu gagné du conjoint dans le calcul de l'admissibilité de l'emprunteur aux prêts d'accession à la propriété assurés aux termes de la LNH.

La Colombie-Britannique crée une commission des terres agricoles qui gèle la conversion des terres agricoles à un usage résidentiel dans la région Lower Fraser Valley. Vers la même époque, l'Ontario gèle le développement urbain le long de l'escarpement de Niagara et dans la ceinture de parcs traversant et entourant la région métropolitaine de Toronto. À la fin des années 70, Calgary gèle le développement de plus de 12 kilomètres carrés de terrains au sud de la ville en raison de l'insuffisance des transports. De même, l'Ontario gèle la plupart du développement au nord de Toronto pour 15 ans jusqu'à la mise en place d'un réseau d'eau et d'égout au début des années 80. La province de Québec adopte une loi semblable pour la préservation des terres agricoles en 1978.

1973 Mise en place du *Programme d'aide à l'accession à la propriété* (PAAP).

Mise en place du *Programme d'amélioration des quartiers* (PAQ).

Mise en place du *Programme d'aide à la remise en état des logements* (PAREL).

Mise en place des programmes de logement sans but lucratif et de coopératives d'habitation aux termes des *articles 15.1 et 34.18 de la* LNH.

D'autres mesures unilatérales fédérales et provinciales commencent à remplacer des activités à frais partagés par les gouvernements fédéral et provinciaux.

Création en Colombie-Britannique du premier ministère provincial du logement au Canada.

Création de la Saskatchewan Housing Corporation. Ses fonctions étaient précédemment exercées par la Direction du logement et de la rénovation urbaine du ministère des Affaires municipales, créée en 1966 (voir *Sociétés provinciales d'habitation*).

Fin du *Programme de rénovation urbaine.*

1974 Mise en place du régime des *immeubles résidentiels à logements multiples* (IRLM).

Mise en place des *régimes enregistrés d'épargne-logement* (REÉL).

Mise en place des *Programmes de logement pour les ruraux et les autochtones* (LRA).

Création à Toronto de Cityhome, première société municipale de logement sans but lucratif créée en vertu des modifications apportées en 1973 à la LNH.

Les frais de possession des terrains en attente de réaménagement ne sont plus déductibles d'impôt.

Mise en route de *l'Enquête sur les logements.*

La Colombie-Britannique est la première province à s'occuper de la perte des logements locatifs découlant de la conversion en copropriété; elle modifie sa législation pour permettre aux municipalités de freiner la conversion des logements locatifs.

Création en Colombie-Britannique d'un office de protection des locataires chargé de la médiation des conflits entre les propriétaires et les locataires et de la révision des fortes augmentations de loyer. Cet office a été aboli en 1985 dans le cadre de la décroissance de la réglementation des loyers dans la province.

Le taux de la TVF chute à 5 % sur les matériaux de construction.

1975 Mise en place du *Programme d'aide au logement locatif* (PALL).

Mise en place du Programme de supplément de loyer aux termes de *l'alinéa 44.1b) de la* LNH.

Dans le cadre de son programme de contrôle des prix et des salaires, le gouvernement fédéral demande aux provinces d'imposer le contrôle des loyers.

Suppression de la CJC.

1976 Mise en place du *Programme d'isolation thermique des habitations.*

Suppression du CCRUR.

Conférence des Nations Unies sur les peuplements humains (Habitat) à Vancouver.

La ville de Toronto adopte une forme spéciale de zonage (ce qu'on appelle les districts à usage mixte) pour les secteurs susceptibles de réaménagement dans le secteur central en 1976; ce zonage assouplit les utilisations possibles et permet la négociation sur la densité, tout en restreignant les pouvoirs discrétionnaires.

1977 Mise en place du *Programme d'isolation thermique des résidences canadiennes* (PITRC) en Nouvelle-Écosse et à l'Île-du-Prince-Édouard.

Mise en place en Colombie-Britannique d'un Programme d'allocations de logement pour les locataires âgés (SAFER) (voir *Allocations de logement*).

L'Île-du-Prince-Édouard est la dernière province à adopter une loi sur la copropriété.

1978 Mise en place des programmes de logement sans but lucratif et de coopératives d'habitation aux termes de *l'article 56.1 de la* LNH.

Le *Rapport de la Commission fédérale-provinciale sur l'offre et le prix du terrain résidentiel viabilisé (Rapport Greenspan)* attribue l'augmentation du prix des terrains viabilisés en partie à l'ampleur et à la portée plus grande de la réglementation concernant les lotissements.

Les frais de possession des terrains destinés au réaménagement sont de nouveau déductibles d'impôt.

Fin des programmes PAAP, PALL, des articles 15.1, 34.18, 40 et 42 de la LNH et du PAQ. Les PHPP remplacent le PAAP et le PALL.

1979 Mise en place du *Programme de contribution pour les équipements communautaires* (PCEC).

L'assurance-prêt hypothécaire aux termes de la LNH est étendue aux logements locatifs existants.

Fin du PCEC.

1980 Mise en place du *Programme canadien de remplacement du pétrole* (PCRP).

Mise en place du *Programme de transfert de la technologie de l'énergie dans les bâtiments* (TTEB).

L'assurance LNH est appliquée aux immeubles locatifs existants.

1981 Mise en place du *Régime canadien de renouvellement hypothécaire* (RCRH).

Mise en place du *Régime canadien de construction de logements locatifs* (RCCL).

Les coûts périphériques sont maintenant traités comme des coûts d'immobilisations dans les immeubles locatifs.

Fin du *Programme d'isolation thermique des habitations.*

1982 Mise en place du *Programme canadien d'encouragement à l'accession à la propriété* (PCEAP).

Mise en place du *Programme canadien de rénovation des maisons* (PCRM).

Les droits de souscription d'assurance pour les prêts LNH d'accession à la propriété sont augmentés pour la première fois et le barème des primes est modifié en fonction des différences de risque entre les emprunteurs.

Une directive de la *SCHL* stipule que 5 % des logements dans les ensembles de logement social doivent être adaptés pour les fauteuils roulants.

Abrogation des dispositions fiscales concernant les IRLM.

1983 Évaluation de *l'article 56.1 de la* LNH.

Fin des programmes PCEAP, PCRM et RCRH.

1984 Mise en place du *Programme de protection des taux hypothécaires* (PPTH).

Mise en place du *Programme expérimental des résidences super-économiques en énergie.*

Fin du RCCL.

La structure des primes d'assurance est modifiée en fonction des différences de risque entre les emprunteurs pour les prêts LNH pour les logements locatifs.

1985 Publication du document fédéral d'étude sur le logement.

Fin des programmes PCRP et REÉL. Une exonération à vie de 500 000 $ des gains de capital doit être mise en place sur plusieurs années. En 1987, un plafond de 100 000 $ est proposé dans le cadre de la réforme fiscale fédérale. La résidence principale demeure exonérée de l'impôt sur les gains de capital.

Le barème des primes pour les prêts d'accession à la propriété est modifié en fonction de nouvelles différences de risque entre les emprunteurs.

1986 Mise en place du programme des *titres hypothécaires* (TH).

Mise en place de nouvelles dispositions fédérales-provinciales pour le partage des coûts et l'application des programmes de logement social (voir l'article 56.1 de la LNH).

Mise en place du Programme des coopératives fédérales d'habitation utilisant les prêts hypothécaires indexés (PHI) (voir l'article 56.1 de la LNH).

L'objectif de la diversité des revenus dans les programmes de logement social est remplacé par le ciblage sur les ménages les plus nécessiteux.

Fin des programmes TTEB, PITRC et du *Programme d'isolation thermique des habitations.*

Application de l'assurance-prêt hypothécaire LNH aux prêts sur hypothèque de second rang.

1987 Réduction des primes et de la mise de fonds minimum pour les prêts hypothécaires LNH.

Annonce des propositions de réforme fiscale du gouvernement fédéral.

Suppression du *Conseil canadien de l'habitation.*

Bibliographie

Adams, J. 1968. « A Tenant Looks at Public Housing Projects. » Dans Snider, 26–31.

Akerlof, G. 1970. « The Market for Lemons : Qualitative Uncertainty and the Market Mechanism. » *Quarterly Journal of Economics* 84 : 488–500.

Alberta House Cost Comparison Study, 1986. Edmonton : Department of Housing.

Allen, C. 1982. « Refuge from the Storm : Transitional Housing for Battered Women ». *Habitat* 25 : n° 4.

Ames, H.B. [1987] 1972. *The City Below the Hill.* Toronto : University of Toronto Press.

Andrews, H. 1986. « 'The Effects of Neighbourhood Social Mix on Adolescents' Social Networks and Recreational Activities. » *Urban Studies* 23 : 501–7.

Archambeault, J. 1947. « Le logement populaire problème capital. » *L'École Sociale Populaire,* n° 397. Montréal.

Archer, P. 1979. *A Compendium of Rent-to Income Scales in Use in Public Housing and Rent Supplement Programs in Canada.* Ottawa : Canada Mortgage and Housing Corporation.

Armstrong, A.H. 1968. « Thomas Adams and the Commission of Conservation. » Dans *Planning the Canadian Environment,* sous la direction de L.O. Gertler, 17–35. Montréal : Harvest House.

Armstrong, P. 1984. *Labour Pains : Women's Work in Crisis.* Toronto : The Women's Press.

Arnold, E. 1986. « The Measurement of the Affordability of Housing. » Thèse de maîtrise, School of Urban and Regional Planning, Queen's University, Kingston, Ontario.

Artibise, A.F.J. 1982. « In Pursuit of Growth : Municipal Boosterism and Urban Development in the Canadian Prairie West, 1871–1913. » Dans *Shaping the Urban Landscape : Aspects of the Canadian City Building Process,* sous la direction de G. Stelter et A.F.J. Artibise, 116–47. Ottawa : Carleton University Press.

Artibise, A.F.J. et G. Stelter, eds. 1979 *The Usable Urban Past.* Ottawa : Carleton University Press.

Atkinson, T. 1982. « The Stability and Validity of Quality of Life Measures. » *Social Indicators Research* 10 : 113–32.

Bairstow and Associates Consulting Limited. 1985. *Opportunities for Manufactured Housing in Canada.* Rapport soumis à la SCHL. Ottawa.

Bairstow, D. 1973. *Demographic and Economic Aspects of Housing Canada's Elderly.* Ottawa : SCHL.

– 1976. « Housing Needs and Expenditure Patterns of the Low-Income Elderly in British Columbia. » CMHC Regional Office, Vancouver.

Baker, William B. 1971. « Community Development in Changing Rural Society. » Dans Draper, 84–92.

Balakrishnan, T.R. and G.K. Jarvis. 1979. « Changing Patterns of Spatial Differentiation in Urban Canada, 1961–1971. » *Canadian Review of Sociology and Anthropology* 16, n° 2 : 218–27.

Ball, M. 1983. *Housing Policy and Economic Power : The Political Economy of Owner Occupation.* London : Methuen.

Barnard, P. 1974. *Concrete Building Systems in the Toronto Area, 1968–1974.* Rapport soumis à la SCHL.

Barnard, Peter Associates. 1985. *Under Pressure : Prospects for Ontario's Low-rise Rental Stock.* Toronto : Ontario Ministry of Housing.

Bates, P.T. 1983. « An Analysis of Housing Policies in Resource Towns. » Thèse de maîtrise, University of Calgary.

Bates, S. 1955. « Five Ways to Better Housing. » *Canadian Homes and Gardens,* n° 9 (August) : 49–51.

Baum, D.J. 1974. *The Final Plateau.* Toronto : McClelland Burns and MacEachern.

Bernardin-Haldeman, V. 1982. *L'Habitat et les personnes âgées.* Faculté des sciences sociales, Université Laval, Québec.

Berry, B.J.L. 1982. « Inner City Futures : An American Dilemma Revisited. » Dans *Internal Structure of the City,* sous la direction de L.S. Bourne, 555–72. 2ᵉ éd. New York : Oxford University Press.

– 1985. « Islands of Renewal in Seas of Decay. » dans *The New Urban Reality,* sous la direction de P.E. Peterson, 69–96. Washington, DC : Brookings Institution.

Blanc-Schneegans, B. 1982. *Fermont : un nouveau concept de l'habitat. Bilan pour les résidents et les organismes locaux.* Ottawa : Société canadienne d'hypothèques et de logement.

Bossons, J. 1978. « Housing Demand and Household Wealth : Evidence for Home Owners. » Dans Bourne et Hitchcock, 86–106.

Bourne, L.S. 1986. « Recent Housing Policy Issues in Canada : A Retreat from Social Housing? » *Housing Studies* 1, n° 2 : 122–9.

Bourne L.S. et J.R. Hitchcock, éds. 1978. *Urban Housing Markets : Recent Directions in Research and Policy.* Toronto : University of Toronto Press.

Bowser, S. 1957. « Row housing : Don Mills, Ontario : James Murray and Henry Fliess, Associate Architects. » *Canadian Architect* 2, n° 2 : 23–6.

Boyle, P.P. 1986. « Aftermath of a Crisis? Mortgage Loan Default Insurance. » *Resource : The Canadian Journal of Real Estate,* oct. 1986 : 4–8.

Bradbury, J.H. 1978. « Class Structures and Class Conflicts in British Columbia Resource Towns : 1965 to 1972. » *BC Studies* 37 : 3–18.

– 1984a. « Declining Single-industry Communities in Quebec-Labrador. » *Journal of Canadian Studies* 19, n° 3 : 125–39.

– 1984b. « The Impact of Industrial Cycles in the Mining Sector : The Case of the Quebec-Labrador Region in Canada. » *International Journal of Urban and Regional Research* 8, n° 3 : 311–31.

Bradbury, J.H. et I. St-Martin. 1983. « Winding Down in a Quebec Mining Town : A Case Study of Schefferville. » *Canadian Geographer* 27, n° 2 : 128–44.

Bradbury, J.H. et J.M. Wolfe, éds. 1983. *Recession, Planning and Socio-Economic Change in The Quebec-Labrador Iron Mining Region.* McGill Subarctic Research Paper 38. Centre for Northern Studies and Research, McGill University, Montreal.

Bradbury, K.L. et Downs, A., éds. 1981. *Do Housing Allowances Work?* Washington, DC : The Brookings Institution.

Breton, R. 1964. « Institutional Completeness of Ethnic Communities and the Personal Relations of Immigrants. » *American Journal of Sociology* 70 : 193–205.

Brink, S. 1985. « Housing Elderly People in Canada : Working Towards a Continuum of Housing Choices Appropriate to Their Needs. » Dans *Innovations in Housing and Living Arrangements for Seniors,* sous la direction de G. Gutman et N. Blackie. The Gerontology Research Centre, Simon Fraser University, Burnaby, British Columbia.

Brown, J.C. 1977. *A Hit and Miss Affair : Policies for Disabled People in Canada.* Ottawa : Canadian Council on Social Development.

Brown, P.W. 1983. « The Demographic Future : Impacts on the Demand for Housing in Canada, 1981–2001. » Dans Gau et Goldberg, 5–32.

Bryden, K. 1974. *Old-Age Pensions and Policy-Making in Canada.* Montreal : McGill-Queen's University Press.

Bunting, T. 1984. *Residential Investment in Older Neighbourhoods.* Department of Geography, University of Waterloo.

Byler, J.W. et R.A. Gschwind. 1980. « Data Resources for Monitoring Change. » Dans *Residential Mobility and Public Policy,* sous la direction de W.A.V. Clark et E.G. Moore. Beverly Hills : Sage (Vol. 19, Urban Affairs Annual Reviews).

Byler, J.W. et S. Gale. 1978. « Social Accounts and Planning for Changes in Urban Housing Markets. » *Environment and Planning A* 10 : 247–66.

Canada. Advisory Committee on Reconstruction and Community Planning. 1944. *Final Report of the Subcommittee on Housing and Community Planning (Curtis Report).* N° 4. Ottawa : King's Printer.

– 1962. *Report of the Royal Commission on Banking and Finance.* Ottawa : Queen's Printer.

– Task Force on Housing and Urban Development. 1969. *Report (Hellyer Report).* Ottawa : Queen's Printer.

– Department of Regional Economic Expansion (DREE). 1979. *Single-Sector Communities.* Ottawa.

Canada. House of Commons. 1982. *Obstacles : Report of the Special Committee on the Disabled and the Handicapped.* Ottawa : Ministry of Supply and Services.

Canada. Task Force on Mining Communities. 1982. *Report.* Ottawa.

– 1985. *Consultation Paper on Housing.* Ottawa : Queen's Printer.

– Department of Finance. 1986. *Economic Review* avril 1985. Ottawa : Ministry of Supply and Services Canada.

Canada Mortgage and Housing Corporation, City Urban Assistance Research Group. 1972. *Urban Annual Review* 2A. Ottawa.

– 1981. *Housing Affordability Problems and Housing Need in Canada and the US : A Comparative Study.* Report prepared under the Memorandum of Understanding between CMHC and the US Department of Housing and Urban Development. Ottawa.

– 1983a. *Section 56.1 Nonprofit and Cooperative Housing Program Evaluation.* Ottawa.

– 1983b. « Social Housing Evaluation. » Ottawa.

– 1984a. *Evaluation of Le Breton Flats by Residents.* Ottawa.

– 1984b. *Housing in Canada : A Statistical Profile.* Ottawa.

– 1985a. « Housing Issues in the 1980s and 1990s : Structural Adjustment in the Residential Construction Industry. » Ottawa : CMHC Research Division.

– 1985b. *Research Plan.* Ottawa.

– 1985c. « Changes to the Existing Rental Apartment Stock in Metropolitan Toronto. » Supplement One to the CMHC Local Housing Market Report (December). Ottawa.

– 1986a. « Evaluation of NHA Mortgage Loan Insurance. » Ottawa.

– 1986b. *Guide for the Planning and Monitoring Committees.* Ottawa.

– 1986c. *Residential Rehabilitation Assistance Program Evaluation.* Ottawa : CMHC Program Evaluation Division.

– 1986d. *Wildwood Housing Study.* Ottawa.

Canadian Council on Social Development. 1973. *Beyond Shelter : A Study of NHA-Financed Housing for the Elderly.* Ottawa.

– 1977. *A Review of Canadian Social Housing Policy,* par J. Patterson et P. Streich. Ottawa.

– 1985. *Deinstitutionalization : Costs and Effects.* Ottawa.

Canadian Housing Statistics (CHS). 1955–86. Ottawa : CMHC.

Canadian Welfare Council. 1961. *Homeless Transient Men.* Ottawa.

Cape, E. 1985. « Out of Sight, Out of Mind : Aging Women in Rural Society. » *Women and Environments* 7, nº 3 : 4–6.

Capozza, D.R. et G.W. Gau. 1983. « Optimal Mortgage Instrument Designs. » Dans Goldberg et Gau, 233–58.

Carver, H. 1948. *Houses for Canadians : A Study of Housing Problems in the Toronto Area.* Toronto University of Toronto Press.

Carver, H. et A.L. Hopwood. 1948. *Rents for Regent Park.* Toronto : Civic Advisory Council of Toronto.

Carver, H. et R. Adamson. 1946. *How Much Housing Does Greater Toronto Need?* Toronto : Advisory Committee on Reconstruction.

Central Mortgage and Housing Corporation. 1970. *Housing in Canada 1946–1970.* A Supplement to the 25th Annual Report of CMHC. Ottawa.

Chappell, N. *et al.* 1986. *Aging and Health Care : A Social Perspective.* Toronto : Holt, Rinehart and Winston.

Che-Alford, J. 1985. *Mortgagor Households in Canada : Their Geographic and Household Characteristics, Affordability and Housing Problems.* Cat. 99-945 Occ. Ottawa : Statistics Canada.

Choko, M.H. 1986. « The Evolution of Rental Housing Market Problems : Montreal as a Case Study 1825–1986. » Resource paper for the « Housing Progress in Canada since 1945. » Centre for Urban and Community Studies, University of Toronto.

Choko, M.H. et F. Dansereau. 1987. *Restauration résidentielle et co-propriété au centre-ville de Montréal.* Études et documents 53. Montréal : INRS-Urbanisation.

City of Toronto Planning and Development Department. 1980. « Housing Deconversion : Why the City of Toronto is Losing Homes Almost as Fast as It Is Building Them. » *Research Bulletin* 16.

– 1984. « Toronto Region Incomes. » *Research Bulletin* 24.

– 1986. « Trends in Housing Occupancy. » *Research Bulletin 26.*

Clark, S.D. 1966. *The Suburban Society.* Toronto : University of Toronto Press.

Clark, W.A.V. 1982. « Recent Research on Migration and Mobility : A Review and Interpretation. » *Progress in Planning* 18, nº 1.

Clayton, F.A. 1974. « Income Taxes and Subsidies to Homeowners and Renters : A Comparison of US and Canadian Experience. » *Canadian Tax Journal* 22, nº 3 : 295–305.

Clayton Research Associates Limited. 1980. « Lender Attitudes to Graduated Payment Mortgages and Social Housing Loans. » Report prepared for CMHC.

– 1984a. *Rental Housing in Canada under Rent Control and Decontrol Scenarios, 1985–91.* Toronto.

– 1984b. *A Longer-term Rental Housing Strategy for Canada.* Toronto : Canadian Home Builders' Association.

– Various years. *Canadian Housing Monthly Analysis.* Toronto.

– 1987. « How Does Your Firm Stack up Financially. » *Canadian Monthly Housing Analysis.* 19 mars. Toronto.

– 1988. *Summary Report : The Changing Housing Industry in Canada, 1946–2001.* Avec l'assistance de Scanada Consultants Limited. NHA 6121 02/89. Ottawa : SCHL.

Coffey, W. et M. Polèse. 1987. *Still Living Together.* Montreal : Institute for Research on Public Policy.

Colcord, J.C. 1939. *Your Community.* New York : Russell Sage Foundation.

Colton, T.J. 1980. *Big Daddy : Frederick B. Gardiner and the Building of Metropolitan Toronto.* Toronto : University of Toronto Press.

Community Development Strategies Evaluation. 1982. *Final Report.* Department of Regional Science, University of Pennsylvania.

Community Resources Consultants. 1979. *Housing for Emotionally Disadvantaged Adults.* Canadian Mental Health Association, Toronto.

Compton, Freeman H. 1971. « Community Development Theory and Practice. » Dans Draper, 382–96.

Connidis, I. 1983. « Living Arrangement Choices of Older Residents : Assessing

Quantitiative Results with Qualitative Data. » *Canadian Journal of Sociology* 8, n° 4 : 359–75.

Copp, T. 1974. *The Anatomy of Poverty : The Condition of the Working Class in Montreal, 1897–1929.* Toronto : McClelland and Stewart.

Corke, S.E. 1983. *Land Use Controls in British Columbia.* Rapport 138. Toronto : University of Toronto, Center for Urban and Community Studies.

– 1986. « Provincial Housing and Shelter-Support Programs for the Elderly : Ontario. » Dans Gutman et Blackie, 121–32.

Corke, S. et M.E. Wexler. 1986. « Choices : A Revised Approach to Housing Policy and Program Development for Ontario's Aging Population. »

« Council Approves $1 Billion Plan for Downtown Housing. » *Globe and Mail* 13 juillet 1988 : 1–2.

Crenna, C.D. 1971. « Proposals for Urban Assistance Programs. » Ottawa : CMHC.

Cullingworth, J.B. 1987. *Urban and Regional Planning in Canada.* New Brunswick, New Jersey : Transaction.

Damas and Smith Limited. 1980. *Residential Conversions in Canada.* Ottawa : CMHC Technical Research Division, Policy Development and Research Sector.

Dansereau F., J. Godbout et J.-P. Collin. 1981. *La transformation d'immeubles locatifs en co-propriété d'occupation.* Rapport soumis au Gouvernement du Québec. Montréal : INRS-Urbanisation.

Dansereau, F. et M. Beaudry. 1985. « Les mutations de l'espace habité montréalais : 1971–1981. » symposium ACSALF, « La morphologie sociale en mutation au Québec. » Chicoutimi (mai). INRS-Urbanisation, Montréal.

– 1986. « Les mutations de l'espace habité montréalais : 1971–1981. » Dans *La morphologie sociale en mutation au Québec,* sous la direction de S. Langlois et F. Trudel. *Cahiers de l'ACFAS* 41 : 283–308.

Darroch, A.G. et W.G. Martson. 1971. « The Social Class Basis of Ethnic Residential Segregation : The Canadian Case. » *American Journal of Sociology* 77, n° 3 : 491–510.

Davies, G.W. 1978. « Theoretical Approaches to Filtering in the Urban Housing Market. » Dans Bourne et Hitchcock, 139–63.

Dear, M. et J. Wolch. 1987. *Landscapes of Despair : From Deinstitutionalization to Homelessness.* Princeton : Princeton University Press.

Delaney, J. 1991. « The Garden Suburb of Lindenlea, Ottawa : A Model for the First Federal Housing Policy, 1918–24. » *Urban History Review* 19 : 151–65.

Denman, D.R. 1978. *The Place of Property.* New York : State Mutual Book.

Dennis, M. et S. Fish. 1972. *Programs in Search of a Policy : Low Income Housing in Canada.* Toronto : Hakkert.

Diaz-Delfino, M. 1984. « The St. Lawrence Neighbourhood : An Evaluative Study of the Social Integration of Its Residents. » Thèse, Department of Geography, University of Toronto.

Dietze, S.H. 1968. *The Physical Development of Remote Resource Towns.* Ottawa : CMHC.

Dominion Bureau of Statistics. 1948. *Life Tables for Canada, 1945.* Ottawa.

Doherty, E.A. 1984. *Residential Construction Practises in Alberta, 1900–1971.* Rapport, Alberta Department of Housing.

Doucet, M.J. et J.C. Weaver. 1985. « Material Culture and the North American House : The Era of the Common Man, 1870–1920. » *Journal of American History* 72, n° 3 : 560–87.

Draper, J.A., éd. 1971. *Citizen Participation : Canada,* Toronto : New Press.

Driedger, L. et G. Church. 1974. « Residential Segregation and Institutional Completeness : A Comparison of Ethnic Minorities. » *Canadian Review of Sociology and Anthropology* 11, n° 1 : 30–52.

Duncan, O.D. et B. Duncan. 1956. « Residential Distribution and Occupational Stratification, » *American Journal of Sociology* 60 : 493–503.

Economic Council of Canada. 1974. *Toward More Stable Growth in Construction.* Ottawa.

Eichler, M. 1983. *Families in Canada Today : Recent Changes and their Policy Consequences.* Toronto : Gage.

Emery, F.E. et E.L. Trist. 1973. *Towards a Social Ecology.* New York : Plenum Press.

Emmi, P.C. 1984. « Primal/Dual Relationships in a Pair of Multi-sectoral Housing Market Models. » *Journal of Regional Science* 24 : 17–34.

Fallis, G. 1980. *Housing Programs and Income Distribution in Ontario.* Ontario Economic Council Research Study 17. Toronto : University of Toronto Press.

– 1985. *Housing Economics.* Toronto : Butterworths.

Falta, P. et G. Cayouette. 1977. « Le logement intégré : Facteur d'évolution sociale ». Projet normalisation. Montréal : Association canadienne de paraplégie.

Farge, B. 1986. « Women and the Canadian Co-op Experience : Women's Leadership in Co-ops : Some Questions. » *Women and Environments* 8, n° 1 : 13–5.

Feldman, L. et K. Graham. 1979. *Bargaining for Cities : Municipalities and Intergovernmental Relations, An Assessment.* Ottawa : Institute for Research on Public Policy.

Fillmore, S. 1955. « 250 Acres of Homes. » *Canadian Homes and Gardens*, mai : 26–27, 84–91.

Firestone, O.J. 1951. *Residential Real Estate in Canada.* Toronto : University of Toronto Press.

Fletcher, R.H. et I.M. Robinson. 1977. *Inventory Report 1976 of Canadian Resource Communities.* Étude, Urban Policy Analysis Branch, Ministry for Urban Affairs, Ottawa.

Form, W. 1951. « Stratification in Low and Middle-income Housing Areas. » *Journal of Social Issues* 7 : 109–31.

Fraser, G. 1972. *Fighting Back.* Toronto : Hakkert.

Front d'action populaire en réaménagement urbain (FRAPRU). 1984. *Pour une politique globale d'accès au logement.* Montréal.

Galloway, M. 1978. « User Adaptations of Wartime Housing. » Thèse, Faculty of Environmental Design, University of Calgary.

Gans, H. 1961. « The Balanced Community : Homogeneity or Heterogeneity in Residential Areas? » *American Institute of Planners Journal* 27, n° 3 : 176–84.

Genovese, R. 1981. « A Women's Self-help Network as a Response to Service Needs in the Suburbs. » Dans *Women and the American City*, sous la direction de C.R. Stimpson *et al.*, 243–53. Chicago : University of Chicago Press.

Gertler, L. et R. Crowley. 1977. *Changing Canadian Cities : The Next 25 Years.* Toronto : McClelland and Stewart.

Gietema, W.A. et Nimick, E.H. 1987. « Impediments to the Market Acceptance of Prefabricated Wood Panel Systems. » Thèse, Real Estate Development, Massachusetts Institute of Technology, Cambridge, Massachusetts.

Gingrich, P. 1984. « Decline of the Family Wage. » *Perception* 7, n° 5 : 15–7.

Glendon, M.A. 1981. *The New Family and the New Property.* Toronto : Butterworths.

Gluskin, I. 1976. *Cadillac-Fairview Corporation Limited : A Corporate Background Report.* Study 3. Royal Commission on Corporate Concentration.

Goldberg, M.A. 1980. « Municipal Arrogance or Economic Rationality? The Case of High Servicing Standards. » *Canadian Public Policy* 6 : 78–88.

Goldberg, M.A. et G.W. Gau, éds. 1983. *North American Housing Markets into the Twenty-first Century.* Cambridge, Massachusetts : Ballinger.

Goldberg, M.A. et J. Mercer. 1986. *The Myth of the North American City.* Vancouver : University of British Columbia Press.

Greenspan, D.B. 1978. *Down to Earth.* Rapport de la Commission fédérale-provinciale sur l'offre et le prix du terrain résidentiel viabilisé. Ottawa : SCHL.

Greenspan, D.B. *et al.* 1977. *Synthesis and Summary of Technical Research.* Report of the Federal/Provincial Task Force on the Supply and Price of Serviced Residential Land. Vol. 2.

Greer-Wootten, B. et S. Velidis. 1983. *The Relationship between Objective and Subjective Indicators of the Quality of Residential Environments.* Ottawa : CMHC.

Grigsby, W., M. Baratz et D. MacLennen. 1984. *The Dynamics of Neighborhood Change and Decline,* Research Report Series, 4, Department of City and Regional Planning University of Pennsylvania.

Groupe d'intervention urbaine de Montréal (GIUM). 1984. *Patrimoine résidentiel du Grand Plateau Mont-Royal : Sondage des résidents.* Montréal.

Guest, D. 1980. *The Emergence of Social Security in Canada.* Vancouver : University of British Columbia Press.

Gutman, G.M. 1975. Senior Citizen's Housing Study. Report 1 : *Similarities and Differences Between Applicants for Self-contained Suites, Board-Residence and Non-Applicants.* University of British Columbia, Centre for Continuing Education, Vancouver.

– 1976. *Senior Citizen's Housing Study.* Report 2 : *After the Move : A Study of Reactions to Multi and Uni-Level Accommodation for Seniors.* University of British Columbia, Centre for Continuing Education, Vancouver.

Gutman, G.M. et N.K. Blackie, éds. 1986. *Aging in Place : Housing Adaptations and Options for Remaining in the Community.* The Gerontology Research Centre, Simon Fraser University, Burnaby, British Columbia.

Hallman, H.W. 1984. « Defining Neighbourhood. » *Urban Resources* 1, n° 3 : 6.

Hamilton, S.W. 1981. *Regulation and Other Forms of Government Intervention Regarding Real Property.* Technical Report 13. Ottawa : Economic Council of Canada.

– ed. 1978. *Condominiums : A Decade of Experience in British Columbia.* Vancouver : British Columbia Real Estate Association.

Hamm, B. 1982. « Social Area Analysis and Factorial Ecology : A Review of Substantive Findings. » Dans *Urban Patterns,* sous la direction de G.A. Theodorson, 316–37. University Park, Pennsylvania : Pennsylvania State University Press.

Hanushek, E.A. et J.M. Quigley. 1979. « The Dynamics of the Housing Market : A Stock Adjustment Model of Housing Consumption. » *Journal of Urban Economics* 5 : 90–111.

Harloe, M. 1985. *Private Rented Housing in the United States and Europe.* Beckenham, England : Croom Helm.

Harris, R. 1986a. « Homeownership and Class in Modern Canada. » *International Journal of Urban and Regional Research* 10, n° 1 : 67–86.

– 1986b. « Class Differences in Urban Home Ownership : An Analysis of Recent Canadian Trends. » *Housing Studies* 1, n° 3 : 133–46.

– 1987. *The Growth of Home Ownership in Toronto, 1899–1913.* Research Paper 163, Centre for Urban and Community Studies, University of Toronto.

Harrison, B.R. 1981. *Living Alone in Canada : Demographic and Economic Perspectives.* Catalogue 98-811. Ottawa : Statistics Canada.

Harvey, R. 1986. « Housing Heartbreak. » *Toronto Star* 19 avril.

Hayden, D. 1981. *The Grand Domestic Revolution.* Cambridge : MIT Press.

– 1984. *Redesigning the American Dream : The Future of Housing Work, and Family Life.* New York : W.W. Norton.

Health and Welfare Canada. Diverses années. *Homes for Special Care.* Statistical Summary. Ottawa.

Helman, C. 1981. « Milton Park : Co-op Housing Goes Big Time. » Dans *After the Developers,* sous la direction de J. Lorimer et C. MacGregor. Toronto : Lorimer.

Henderson, J.V. 1979. « Theories of Group, Jurisdiction, and City Size. » Dans *Current Issues in Urban Economics,* sous la direction de P. Mieszkowski et M. Straszheim, 235–69 Baltimore : Johns Hopkins University Press.

Henderson, J.V. et Y.M. Ioannides. 1983. A Model of Housing Tenure Choice. *American Economic Review* 73 (mars) : 98–113.

Hepworth, H.P. 1975. *Personal Social Services in Canada : A Review.* Vol. 4 : *Residential Services for Children in Care.* Volume 6 : *Residential and Community Services for Old People.* Ottawa : Canadian Council on Social Development.

– 1985. « Trends in Provincial Social Service Department Expenditures, 1963–1982. » Dans *Canadian Social Welfare Policy,* sous la direction de J.S. Ismael, 152–63. Edmonton : University of Alberta Press.

Heraud, B.J. 1968. « Social Class and the New Towns. » *Urban Studies* 5 : 33–58.

Herchak, R. 1973. « Housing in Rural Canada : The Role of CMHC. » Ottawa : CMHC.

Hess, E. 1984. « Native Employment in Northern Canadian Resource Towns : The Case of the Naskapi in Schefferville. » Thèse, McGill University, Montréal.

Heumann, L. et D. Boldy. 1982. *Housing for the Elderly : Planning and Policy Formulation in Western Europe and North America.* New York : St. Martin's Press.

Higgins, D.J.H. 1986. *Local and Urban Politics in Canada.* Toronto : Gage.

Hill, F.I. 1976. *Canadian Urban Trends.* Vol. 2. Toronto : Copp Clark.

Himelfarb, A. 1976. *The Social Characteristics of One-Industry Towns in Canada; A Background Report.* Ottawa : Royal Commission on Corporate Concentration.

Hirschleifer, J. et G. Riley. 1979. « The Analysis of Uncertainty and Information : An Expository Survey. » *Journal of Economic Literature* 17 : 1375–1421.

Hitchcock, J. 1984. « Toronto's Post-war Urban Environment. » *Environmental Education and Information* 3, n° 3 : 196–213.

Hodge, D.C. 1981. « Residential Revitalization and Displacement in a Growth Region. » *Geographical Review* 71 : 188–200.

Hodge, G. 1986. *Planning Canadian Communities.* Toronto : Methuen.

Hodge, G. et M. Qadeer. 1983. *Towns and Villages in Canada.* Toronto : Butterworths.

Holdsworth, D. 1977. « House and Home in Vancouver : Images of West Coast Urbanism, 1886–1929. » Dans *The Canadian City : Essays in Urban History,* sous la direction de A.F.J. Artibise et G. Stelter, 186–211. Toronto : McClelland and Stewart.

– 1986. « Cottages and Castles for Vancouver Homeseekers. » *BC Studies* 69–70 : 11–32.

Hooper, J. 1984. « Franklin House : A Haven for Vancouver's Skid Road Women. » *Impact* 7 : 3.

Howell, S.C. 1980. *Designing for Aging : Patterns of Use.* Cambridge, Massachusetts : MIT Press.

Howenstein, E.J. 1981. « Rental Housing in Industrialized Countries : Issues and Policies. » Dans *Rental Housing : Is There a Crisis ?* sous la direction de J. Weicher, K. Villani et E. Roistacher, 99–108. Washington DC : Urban Institute Press.

Hoyt, H. 1939. *The Structure and Growth of Residential Neighborhoods in American Cities.* Washington, DC : Federal Housing Administration.

Hulchanski, J.D. 1984. *St. Lawrence and False Creek : A Review of the Planning and Development of Two New Inner City Neighbourhoods.* CPI 10. School of Community and Regional Planning, University of British Columbia.

Hulchanski, J.D. et J. Patterson. 1984. « Two Commentaries on CMHC's Evaluation of its Non-profit Housing Programs : Is It an Evaluation? *Plan Canada* 24, n° 1 : 28–36.

Hum, D.P.J. 1983. *Federalism and the Poor : A Review of the Canada Assistance Plan.* Toronto : Ontario Economic Council.

Hunter, A.A. 1982. *Class Tells : On Social Inequality in Canada.* Toronto : Butterworths.

Huttman, E.D. 1977. *Housing and Social Services for the Elderly : Social Policy Trends.* New York : Praeger Publishers.

Institute of Urban Studies. 1986. *The Neighbourhood Improvement Program, 1973–1983 : A National Review of an Intergovernmental Initiative.* Research and Working Paper 15, Institute of Urban Studies, University of Winnipeg.

Joint Task Force on Neighbourhood Support Services. 1983. *Neighbourhoods Under Stress.* Toronto : Social Planning Council of Metropolitan Toronto.

Jones, L.D. 1983. *The State of the Rental Housing Market.* Ottawa : CMHC.

– 1984a. *Public Mortgage Insurance in Canada : Its Relevance to the 1980s and Beyond.* Rapport soumis à la SCHL.

– 1984b. *Wealth Effects on Households' Tenure Choice, Housing Demand and Housing Finance Decisions.* Ottawa : SCHL.

Keller, S. 1966. « Social Class in Physical Planning. » *International Social Sciences Journal* 17, n° 4 : 494–512.

Kitchen, H. 1984. *Local Government Finance in Canada.* Toronto : Canadian Tax Foundation.

Klein and Sears; Environics Research Group; Clayton Research Associates; Lewinberg Consultants; Walker, Poole, Milligan. 1983. *Study of Residential Intensification and Rental Housing Conservation.* Toronto : Ontario Ministry of Housing.

Klodawsky, F., A. Spector, et C. Hendrix. 1983. *The Housing Needs of Single Parent Families in Canada.* Ottawa : CMHC.

Klodawsky, F., A. Spector et D. Rose. 1985. *Canadian Housing Policies and Single Parent Families : How Mothers Lose.* Ottawa : CMHC.

Klodawsky, F. et A. Spector. 1984. « Housing Policy as Implicit Family Policy : The Case of Mother-led Families. » Dans *Changing Values : Proceedings of the Second National Annual Conference, 162–75.* Ottawa : Family Service Canada.

Klodawsky, F. et A. Spector. 1985. « Mother-led Families and the Built Environment in Canada. » *Women and Environments* 7, n° 2 : 12–7.

Koopmans, T.C. 1957. « Allocation of Resources and the Price System. » Dans *Three Essays on the State of Economic Science,* 3–126. New York : McGraw-Hill.

Kosta, V.J. 1957. *Neighbourhood Planning.* Winnipeg : The Appraisal Institute.

Krauter, J.F. et M. Davis. 1978. *Minority Canadians : Ethnic Groups.* Toronto : Methuen.

Laboratoire de recherche en sciences immobilières, Université du Québec à Montréal (LARSI-UQAM). 1985. *Impact de la restauration dans les quartiers centraux de Montréal.* Ottawa : SCHL.

Langlois, S. 1984. « L'impact du double revenu sur la structure des besoins dans les ménages. » *Recherches sociographiques* 25, n° 2 : 211–66.

Laska, S. et D. Spain, éds. 1980. *Back to the City : Issues in Neighborhood Renovation.* New York : Pergamon.

Lawton, M.P. 1976. « Housing Problems of Community-Resident Elderly. » Dans *Occasional Papers in Housing and Community Affairs*, sous la direction de R.P. Boynton, 1 : 39–74. Washington, DC : Dept. of Housing and Urban Development.

Leacy, F.H., M.C. Urquhart et K.A.H. Buckley. 1983. *Historical Statistics of Canada.* Second Edition. Ottawa : Ministry of Supply and Services.

League for Social Reconstruction. 1935. *Social Planning for Canada.* Toronto : Nelson and Sons [University of Toronto Press, 1975].

Lemon, J. 1985. *Toronto Since 1918 : An Illustrated History.* Toronto : Lorimer.

Lessard, D. et F. Modigliani. 1975. « Inflation and the Housing Market : Problems and Solutions. » Dans *New Mortgage Designs for Stable Housing in an Inflationary Environment*, sous la direction de Modigliani et Lessard, 13–45. Boston : Federal Reserve Bank of Boston.

Lewinberg Consultants Ltd. 1984. *In Your Neighbourhood.* Toronto : Lewinberg Consultants Ltd.

Ley, D. 1985. *Gentrification in Canadian Inner Cities : Patterns, Analysis, Impacts and Policy.* Department of Geography, University of British Columbia. Préparé pour la SCHL.

Ley, D. 1986. « Alternative Explanations for Inner City Gentrification : A Canadian Assessment. » *Annals of the American Association of Geographers* 76, n° 4 : 521–35.

Lilla, M. 1984. « Why the Income distribution Is So Misleading. » *The Public Interest*, Fall 1984 : 62–76.

Lithwick, H. 1983. *Human Settlement Policies in Periods of Economic Stress.* Rapport pour l'ECE. Ottawa : SCHL.

Lorimer, J. 1972. *A Citizen's Guide to City Politics.* Toronto : James Lewis and Samuel.

Lorimer, J. et E. Ross, éds. 1976. *The City Book.* Toronto : Lorimer.

Lotscher, L. 1985. *Lebensqualität Kanadischer Stadte.* Basler Beitrage zur Geographie Heft 33. Basel : Bopp and Schwabe.

Loynes, R.M.A. 1972. *CPI and IPI as Measures of Recent Price Change.* A study for the Prices and Incomes Commission. Ottawa : Ministry of Supply and Services.

Lucas, R.A. 1971. *Minetown, Milltown, Railtown : Life in Canadian Communities of Single Industry.* Toronto : University of Toronto Press.

Luxton, M. 1980. *More Than a Labour of Love : Three Generations of Women's Work in the Home.* Toronto : Women's Press.

Lynch, K. 1981. *Good City Form.* Cambridge, Massachusetts : MIT Press.

Lyon, D. et R. Fenton. 1984. *The Development of Downtown Winnipeg: Historical Perspective on Decline and Revitalization.* Institute of Urban Studies, University of Winnipeg.

Lyon, Deborah. 1986. « Rethinking the Neighbourhood Improvement Program. » *Newsletter* (Institute of Urban Studies, University of Winnipeg), n° 17 (avril) : 3.

MacDonnell, S. 1981. *Vulnerable Mothers, Vulnerable Children.* Halifax : Department of Social Services, Nova Scotia.

Mackenzie, S. 1987. « Women's Responses to Economic Restructuring : Changing Gender, Changing Space. » Dans *The Politics of Diversity,* sous la direction de R. Hamilton et M. Barrett, 81–100. London : Verso.

Macpherson, C.B. 1978. *Property : Mainstream and Critical Postions.* Toronto : University of Toronto Press.

Maher, C.A. 1974. « Spatial Patterns in Urban Housing Markets : Filtering in Toronto 1953–71. » *The Canadian Geographer* 18, n° 2 : 108–24.

Makuch, S.M. 1986. « Urban Law and Policy Development in Canada : The Myth and the Reality. » Dans *Labour Law and Urban in Canada,* sous la direction de I. Bernier et A. Lajoie, 167–191. Toronto : University of Toronto Press.

Makuch, S.M. et A. Weinrib. 1985. *Security of Tenure.* Research Study 11. Toronto : Ontario Commission of Inquiry into Residential Tenancies.

Marrett, C.B. 1973. « Social Stratification in Urban Areas. » Dans *Segregation in Residential Areas,* sous la direction de A.H. Hawley et V.P. Rock. Washington, DC : National Academy of Sciences.

Marsan, J.C. 1981. *Montreal in Evolution : Historical Analysis of the Development of Montreal's Architecture and Urban Environment.* Montreal and Kingston : McGill-Queen's University Press.

Marshall, V.W., éd. 1980. *Aging in Canada : Social Perspectives.* 2e éd. Don Mills : Fitzhenry and Whiteside.

Martin Goldfarb Consultants Limited. 1968. « Public Housing. » Dans Snider, 37–41.

Martin, D.M. 1976. *Battered Wives.* San Francisco : Glide Publications.

Maslow, A.H. 1954. *Motivation and Personality.* New York : Harper & Row.

Mathews, G. 1986. *L'évolution de l'occupation du parc résidentiel plus ancien de Montréal de 1951 à 1979.* Études et documents 46, INRS-Urbanisation, Montréal.

Matwijiw, P. 1979. « Ethnicity and Urban Residence : Winnipeg, 1941–1971. » *Canadian Geographer* 23, n° 1 : 45–61.

McAfee, A. 1972. « Evolving Inner City Residential Neighbourhoods : The Case of Vancouver's West End. » Dans *Peoples of the Living Land : Geography of Cultural Diversity in British Columbia*, sous la direction de J.V. Minghi, 163–82. Vancouver : Tantalus.

McCann, L.D. 1972. « Changing Morphology of Residential Areas in Transition. » Thèse, Department of Geography, University of Alberta.

– 1978. « The Changing Internal Structure of Canadian Resource Towns. » *Plan Canada* 18, n° 1 : 46–59.

McClain, J. et C. Doyle. 1984. *Women and Housing : Changing Needs and the Failure of Policy.* Toronto : James Lorimer & Co.

McFadyen, S. et D. Johnson. 1981. *Land Use Regulation in Edmonton.* Economic Council of Canada, Regulation Reference Working Paper 16. Ottawa.

McGrath, D. 1982. « Who Must Leave? Alternative Images of Urban Revitalization. » *APA Journal* 48, n° 2 : 196–202.

McKee, C., S. Clatworthy et S. Frenette. 1979. *Housing : Inner City Type Older Areas.* Institute of Urban Studies, University of Winnipeg.

McKellar, J. 1985. *Industrialized Housing : The Japanese Experience.* Ottawa : CMHC.

McKellar, J. *et al.* 1986. *Technology and the Housing Industry : Developing a Framework for Research.* Cambridge, Massachusetts : Joint Center for Housing Studies at MIT and Harvard University, Working Paper.

Mclaughlin, J., P. Dickson and W. Morrison. 1985. « Building the New Brunswick Information Network : The Property Assessment Component. » *Computers in Public Agencies : Sharing Solutions Volume I : Lands Records Systems*, 96–103. 1985 Annual Conference of the Urban and Regional Information Systems Association, Ottawa.

McMaster, L. 1985. « Population and Land Analysis (Plans) Information Systems. » *Computers in Public Agencies : Sharing Solutions Volume II : Geoprocessing*, 62–73. 1985 Annual Conference of the Urban and Regional Information Systems Association, Ottawa.

McWhinnie, J.R. 1982. « Measuring Disability. » Dans *Social Indicator Development Programme.* Paris : OCDE.

Mellett, C.J. 1983. *At the End of the Rope : A Study of Women's Emergency Housing Needs in the Halifax-Darmouth Area.* Halifax : Women's Emergency Housing Coalition.

Merrett, S. et R. Smith 1986. « Stock and Flow in the Analysis of Vacant Residential Property. » *Town Planning Review* 57, n° 1 : 51–67.

Merrill Lynch. 1982. « Housing Industry : A Merrill Lynch Basic Report, » janvier.

Metropolitan Toronto. 1983. *No Place to Go : A Study of Homelessness in Metropolitan Toronto.* Préparé pour Metro Toronto Assisted Housing Study (janvier).

Michelson, W. 1977. *Environmental Choice, Human Behavior and Residential Satisfaction.* New York : Oxford University Press.

– 1983. *The Impact of Changing Women's Roles on Transportation Needs and Usage : Final Report.* Prepared for United States Department of Transportation, Urban Mass Transportation Administration. Springfield, Virginia : National Technical Information Service.

– 1985. *From Sun to Sun : Daily Obligations and Community Structure in the Lives of Employed Women and their Families.* Totowa, New Jersey : Rowman and Allanheld.

Mills, E.S. 1987. « Has the United States Overinvested in Housing? » *American Real Estate and Urban Economics Association Journal* 15, n° 1 : 601–16.

Ministry of State for Urban Affairs. 1975. *Urban Indicators : Quality of Life Comparisons for Canadian Cities.* Ottawa : MSUA.

Miron, J.R. 1983. « Demographic Change and Housing Demand in the 1980s and 1990s. » New Neighbourhood Conference, sponsored by the Ontario Ministry of Municipal Affairs and Housing, Toronto, January.

– 1984. *Housing Affordability and Willingness to Pay.* Research Paper 154, Centre for Urban and Community Studies, University of Toronto.

– 1988. *Housing in Postwar Canada : Demographic Change, Household Formation and Housing Demand.* Montreal and Kingston : McGill-Queen's University Press.

Miron, J.R. et J.B. Cullingworth. 1983. *Rent Control : Impacts of Income Distribution, Affordability and Security of Tenure.* Toronto : Centre for Urban and Community Studies, University of Toronto.

Modell J. et T.K. Hareven. 1973. « Urbanization and the Malleable Household : An Examination of Boarding and Lodging in American Families. » *Journal of Marriage and the Family* 35 : 467–79.

Moore, E.G., 1980. « Beyond the Census : Data Needs and Urban Policy Analysis. » Dans *Philosophy in Geography,* sous la direction de S. Gale et G. Olsson, 269–86. Dordrecht : Reidel.

Moore, E.G. et S.J. Clatworthy. 1978. « The Role of Urban Data Systems in the Analysis of Housing Issues. » Dans Bourne et Hitchcock, 228–60.

Morgenstern, J. 1982. *Environmental Competence Among Independent Elderly Households.* Toronto : Institute of Environmental Research, Inc.

Morrison, P.S. 1978. « Residential Property Conversion : Subdivision, Merger and Quality Change in the Inner City Housing Stock, Metropolitan Toronto, 1958–1973. » Thèse de doctorat, Department of Geography, University of Toronto.

Muller, A. 1978. *The Market For New Housing in Metropolitan Toronto.* Toronto : Ontario Economic Council.

Mumford, L. 1938. *The Culture of Cities.* New York : Harcourt Brace Yovanovich.

Myers, D. 1978. « Aging of Population and Housing : A New Perspective on Planning for More Balanced Metropolitan Growth. » *Growth and Change* 9 : 8–13.

– 1980. *Measuring Housing Progress in the Seventies : Definitions and New indicators,* Working Paper No. 64, Joint Centre for Urban Studies of MIT and Harvard University.

– 1982. « A Cohort-based Indicator of Housing Progress. » *Population Research and Policy Review* 1 : 109–36.

National Association of Home Builders. 1985. *Housing America : The Challenges Ahead.* Long Range Planning Report of the National Association of Home Builders. Washington, DC : NAHB.

National Council on Welfare. 1984 *Sixty-five and Older.* Ottawa : Minister of Supply and Services.

Neil, C.C. et T.B. Brealey. 1982. « Home Ownership in New Resource Towns. » *Human Resource Management Australia,* February : 38–44.

Neil, C.C., T.B. Brealey et J.A. Jones. 1982. *The Development of Single Enterprise Resource Towns.* Occasional Paper 25, Centre for Human Settlements, University of British Columbia.

Ng, W. 1984. « Social Mix in Urban Neighbourhoods. » Thèse, School of Community and Regional Planning, University of British Columbia.

Norquay, G. et R. Weiler. 1981. *Services to Victims and Witnesses of Crime in Canada.* Ottawa : Solicitor General of Canada (Research Division).

Northwest Territories, Legislative Assembly. 1984. *Interim Report of the Special Committee on Housing.* Yellowknife.

Nuttall, G. et G. Korzenstein. 1985. « Evolution of a Regional Information System for the Metropolitan Toronto Planning Department. » Dans *Computers in Public Agencies : Sharing Solutions Volume IV : Data Processing, Education, Public Administration, Public Works, Regional Agencies, Transportation,* 120–31. 1985 Annual Conference of the Urban and Regional Information Systems Association, Ottawa.

Ontario Housing Corporation. 1983. « Rent Supplement Program : Tenant Satisfaction. » Toronto : OHC Operational Planning Branch.

Ontario. Lieutenant-Governor's Committee on Housing Conditions in Toronto. 1934. *The [Bruce] Report.* Toronto : The Committee.

– Ministry of Community and Social Services. 1986. *A New Agenda : Health and Social Service Strategies for Ontario's Seniors.* Toronto : Queen's Printer.

– Ministry of Housing. 1986. *A Place to Call Home : Housing Solutions for Low-Income Singles in Ontario.* Report of the Ontario Task Force on Roomers, Boarders and Lodgers. Toronto.

– Planning Act Review Committee. 1977 *Report.* Toronto : Ontario Ministry of Housing.

Oosterhoff, A.H. et W.B. Rayner. 1979. *Losing Ground : The Erosion of Property Rights in Ontario.* Toronto : The Ontario Real Estate Association.

Page et Steele. 1945. « MacGregor House. » *Royal Architectural Institute of Canada Journal,* 141.

Paquette, L. 1984. « Fermont : évaluation de la planification. » Thèse de maîtrise, McGill University, Montréal.

Parker, A.L. et L. Rosborough. 1982. *A Matter of Urgency : The Psychiatically Disabled in the Ottawa-Carleton Community.* Ottawa : Canadian Mental Association.

Parker V.J. 1963. *The Planned Non-Permanent Community : An Approach to Development of New Towns Based on Mining Activity.* Ottawa : Department of Northern Affairs.

Patterson, J. 1985. *Rent Review in Ontario and Factors Affecting the Supply of Rental Housing.* Toronto : Social Planning Council of Metropolitan Toronto.

Patterson, J. et K. Watson. 1976. *Rent Stabilization : A Review of Current Policies in Canada.* Ottawa : Canadian Council on Social Development.

Pattison, T. 1977. « The Process of Neighbourhood Upgrading and Gentrification. » Thèse de maîtrise, Department of Urban Studies and Planning, MIT, Cambridge, Massachusetts.

Peddie, R. 1978. « Processes of Residential Change : A Case Study of Alexandra Park. ». Thèse, Department of Geography, University of Toronto.

Pesando, James E. et S.M. Turnbull. 1983. « Retractable Debt Instruments and the Provision of Mortgage Rate Insurance and/or the Introduction of 10-Year Mortgages Callable After 5 Years. » Rapport soumis à la SCHL.

Peterson, G. 1974. *The Influence of Zoning Regulations on Land and Housing Prices.* Washington : The Urban Institute.

Phipps, A.G. 1982. *Social Impacts of Housing Reinvestment in the Core Neighbourhoods of Saskatoon.* Department of Geography, University of Saskatchewan, Saskatoon.

Pinfield, L.T. et L.D. Etherington. 1982. *Housing Strategies of Resource Firms in Western Canada.* Ottawa : Canada Mortgage and Housing Corporations.

Poapst, J.V. 1982. *The Residential Mortgage Market.* Working paper for the Royal Commission on Banking and Finance. Ottawa : Queen's Printer.

Poapst, J.V. 1975. *Developing the Residential Mortgage Market. Volume 1 : A Residential Mortgage Market Corporation.* Report prepared for CMHC.

Poapst, J.V. 1984. « Pension Reform : An Unexplored Option. » Toronto : Ontario Ministry of Treasury and Economics.

Popper, F.J. 1988. « Understanding American Land Use Regulation since 1970 : A Revisionist Interpretation. » *Journal of the American Planning Association*, Summer : 291–301.

Preston, R.E. et L. Russwurm, éds. 1980. *Essays on Canadian Urban Process and Form*. Department of Geography, University of Waterloo.

Priest, G.E. 1985. « Living Arrangements of Canada's Elderly ». *Changing Demographic and Economic Factors* (85–1). Gerontology Research Centre, Simon Fraser University, Burnaby, British Columbia.

Proudfoot, S. 1980. *Private Wants and Public Needs : The Regulation of Land Use in the Metropolitan Toronto Area*. Economic Council of Canada, Regulation Reference Working Paper 12.

Pryor, E.T. 1984. « Canadian Husband-Wife Families : Labour Force Participation and Income Trends, 1971–1981. *The Labour Force*, mai. Catalogue 71-001. Statistique Canada. 93–109.

Québec, Gouvernement du, 1988. *Rapport de la Commission d'enquête sur les services de santé et les services sociaux*. Québec : Éditeur officiel du Québec.

Ramsey, F.P. 1928. « A Mathematical Theory of Savings. » *Economic Journal* 38 : 543–59.

Rabnett, R.A. and Associates *et al.* 1981. *Conceptual Plan, Tumbler Ridge, Update Northeast Sector, BC*. Victoria : Ministry of Municipal Affairs.

Ray, D.M. *et al.* 1976. *Canadian Urban Trends*. 3 vols. Toronto : Copp Clark.

Renaud, F. et M.E. Wexler. 1985. « Housing the Elderly in the Community : A Review of Existing Programs in Quebec. » Dans Gutman et Blackie, 133–47.

Richmond, A.H. 1972. *Ethnic Residential Segregation in Metropolitan Toronto*. Institute for Behavioural Research, York University.

Roberts, E. 1974. *The Residential Desirability of Canadian Cities*. Ottawa : MSUA.

Roberts, R. et G. Paget. 1985. « Socially Responsive Planning : The Tumbler Ridge Experience. » *Ekistics* 32.

Robinson, I. 1981. *Canadian Urban Growth Trends*. Vancouver : University of British Columbia Press.

Robinson, I.M. 1962. *New Industrial Towns on Canada's Resource Frontier*. Chicago : University of Chicago Press.

Robson, R. 1985. « The Central Mortgage and Housing Corporation and the Ontario Resource Town. » *Environments* 17, n° 2 : 66–74.

Rose, A. 1957. « Row Housing : Its Social Significance. » *The Canadian Architect*, February : 20–23.

– 1958. *Regent Park : A Study in Slum Clearance*. Toronto : University of Toronto Press.

– 1972. *Governing Metropolitan Toronto.* Berkeley, California : University of California Press.

– 1980. *Canadian Housing Policies, 1935–1980.* Toronto : Butterworths.

Rose, D. 1984. « Rethinking Gentrification : Beyond the Uneven Development of Marxist Urban Theory. » *Environment and Planning D : Society and Space* 2, n° 1 : 47–74.

– 1986. « Urban Restructuring, Labour Force Polarisation and Gentrification : A Canadian Perspective on Recent Theoretical Developments. » Annual Meeting of the Association of American Geographers, Minneapolis (mai) : INRS-Urbanisation, Montréal.

Rose, D. et C. LeBourdais. 1986. « The Changing Conditions of Female Single Parenthood in Montreal's Inner City and Suburban Neighbourhoods. » *Urban Resources* 3, n° 2 : 45–52.

Rowe, A. 1986. « Housing in Rural Areas and Small Towns. » Resource paper for the « Housing Progress in Canada since 1945 » study. Centre for Urban and Community Studies, University of Toronto.

Saarinen, O. 1979. « The Influence of Thomas Adams and the British New Town Movement in the Planning of Canadian Resource Communities. » Dans Artibise et Stelter, 219–64.

– 1986. « Single Sector Communities in Northern Ontario : The Creation and Planning of Dependant Towns. » Dans Stelter et Artibise.

Safarian, A.E. 1959. *The Canadian Economy in the Great Depression.* Toronto : McClelland and Stewart Limited.

Saint-Pierre, J., T.M. Chau et M. Choko. 1985. *Impact de la restauration dans les quartiers centraux de Montréal.* Montréal : LARSI-UQAM.

Salomon Brothers Inc. 1986. *Home Builders' Attitudes toward Structural Plywood Substitutes – Third Annual Survey.* New York : Stock Research.

Saldov, M. 1981. « A Review of the Social Integration Effects of Social Mix. » Faculty of Social Work, University of Toronto.

Sanford, B. 1985. « The Origins of Residential Differentiation : Capitalist Industrialisation, Toronto, Ontario, 1851–1881. » Thèse, Program in Planning, Department of Geography, University of Toronto.

Sarkissian, W. 1975. « The Idea of Social Mix in Town Planning : A Historical Review. » *Urban Studies* 13 : 231–46.

Sassen-Koob, S. 1984. « The New Labor Demand in Global Cities. » Dans *Cities in Transformation : Class, Capital and the State,* sous la direction de M.P. Smith, 139–71. Urban Affairs Annual Reviews 26. Beverly Hills : Sage.

Savoie, D.J. 1992. *Regional Economic Development.* Toronto : University of Toronto Press.

Scanada Consultants Limited. 1970. *Industrialized Housing Production : Potential Gains Through High-Volume Programming.* Ottawa.

Schoenauer, N. 1982. « Housing at Fermont. » Conference on Northern Housing, at LG2, Québec.

Schwenger, C.W. 1977. « Health Care for Aging Canadians. » *Canadian Welfare* 52, n° 6 : 9–12.

Schwenger, C.W. et M.J. Gross. 1980. « Institutional Care and Institutionalization of the Elderly in Canada. » Dans Marshall, 248–56.

Sewell, John. 1976. « Where the Suburbs Came From. » Dans Lorimer et Ross.

Sharpe, C.A. 1978. *Vacancy Chains and Housing Market Research : A Critical Evaluation.* Research Note 3, Department of Geography, Memorial University, St. John's, Newfoundland.

Shaw, Melanie. 1987. « Anticipating the Market for Technological Innovations in the Home Building Industry. » Thèse, Master of Science in Civil Engineering, Massachusetts Institute of Technology, Cambridge.

Shaw, W.G.A. 1970. « Homes : the Neglected Element in Canadian Resource Towns Planning. » *The Albertan Geographer* 7 : 43–9.

Sherebrin, D. 1982. *Leasehold Sheltered Housing for the Elderly in Britain,* Ottawa : CMHC.

Siegan, B.H. 1970. « Non-zoning in Houston. » *Journal of Law and Economics* 13 : 71–147.

Siggner, A.J. 1979. *An Overview of Demographic, Social and Economic Conditions Among Canada Registered Indian Population.* Ottawa : Indian and Northern Affairs Canada.

Silver, I.R. 1980. *The Economic Evaluation of Residential Building Codes : An Exploratory Study.* Economic Council of Canada, Regulation Reference Working Paper 5.

Silzer, V. 1985. « Toronto's Low-Income Tenants Hardest Hit by Housing Crisis. » *City Planning* 3, n° 2 : 7–11.

Silzer, V. et K. Ward. 1986. « Meeting Housing Needs through the Existing Rental Stock. » Toronto : Social Planning Council of Metropolitan Toronto.

Simmons, J.W. 1986. « The Impact of the Public Sector on the Canadian Urban System. » Dans Stelter et Artibise, 21–50.

Simmons, J.W. et L.S. Bourne, 1989. *Urban Growth Trends in Canada, 1981–86 : A New Geography of Change.* Major Report 25, Centre for Urban and Community Studies, University of Toronto.

Simon, J. 1986. « Women and the Canadian Co-op Experience : Integrating Housing and Economic Development. » *Women and Environments* 8, n° 1 : 10–12.

Simon, J.C. et G. Wekerle. 1985. *Creating a New Toronto Neighbourhood : The Planning Process and Residents' Experience.* Toronto : CMHC Ontario Region.

Single Displaced Persons Project. 1983. « The Case for Long Term Supportive Housing. » Toronto.

Sirard, G., F. Bélanger, C. Beauregard, S. Gagnon, D. Veillette. 1986. *Des mères seules, seules, seules : une étude sur la situation des femmes cheffes de familles monoparentales du Centre-Sud à Montréal.* Montréal : La Criée.

Skaburskis, A. 1979. *Demolitions, Conversions, Abandonments : The Extent and Determinants of Housing Stock Losses.* Ottawa : CMHC.

Skaburskis, A. and Associates. 1984. *National Condominium Market Study, Working Paper 1 : Literature Review.* Ottawa : CMHC.

– 1985. *National Condominium Market Study, Working Paper 5 : Survey Methods and Response Rates.* Vancouver.

Smith, L.B. 1974. *The Post-war Canadian Housing and Residential Mortgage Markets and the Role of Government.* Toronto : University of Toronto Press.

– 1983. « The Crisis in Rental Housing : A Canadian Perspective. » *Annals of the American Academy of Political and Social Science,* January.

– 1984. « Household Headship Rates, Household Formation, and Housing Demand in Canada. » *Land Economics* 60 : 180–8.

Smith, L.B. et G.R. Sparks. 1970. « The Interest Sensitivity of Canadian Mortgage Flows. » *Canadian Journal of Economics and Political Science,* août : 407–21.

Smith, L.B. et P. Tomlinson. 1981. « Rent Controls in Ontario : Roofs of Ceilings? *American Reat Estate and Urban Economics Association Journal* 9 : 93–113.

Smith, N. et P. Williams, éds. 1986. *Gentrification of the City.* London : Allen and Unwin.

Snider, E.L., éd. *User Study of Low-Income Family Housing* (Interim Report n° 1). Ottawa : CMHC.

Social Planning Council of Metropolitan Toronto. 1979. *Metro's Suburbs in Transition — Part I : Evolution and Overview.* Toronto.

– 1980. *Metro's Suburbs in Transition — Part II : Planning Agenda for the 80s.* Toronto.

– 1983. *People Without Homes : A Permanent Emergency.* Toronto.

– 1987. *Social Infopac* 6, n° 3 (juillet).

Social Planning Council of Metropolitan Toronto. 1970. *Alexandra Park Relocation.* Vol. 1 : *After Relocation.* Vol. 2 : *Supplementary Report.* Toronto.

Social Planning Council of Winnipeg. 1979. *Housing Conditions in Winnipeg : The Identification of Housing Problems and High Need Groups.* Research Paper Series on Social Indicators. Report 1. Winnipeg.

Social Policy Research Associates, SPR Evaluation Group Ltd. 1979. *An Evaluation of RRAP.* Ottawa : CMHC.

Solow, R.M. 1974. « The Economics of Resources or the Resources of Economics. » *American Economic Association : Papers and Proceedings* 54 : 1–14.

Spelt, J. 1973. *Toronto.* Toronto : Collier-Macmillan.

Spence-Sales, H. 1949. *Planning Legislation in Canada.* Ottawa : CMHC.

Spragge, S. 1979. « A Confluence of Interests : Housing Reform in Toronto, 1900–1920. » Dans Artibise et Stelter, 247–67.

Spurr, P. 1976. *Land and Urban Development Preliminary Study.* Toronto : Lorimer.

Stach, P.B. 1987. « Zoning : To Plan or To Protect? » *Journal of Planning Literature* 2, n° 4 : 472–81.

Stapleton, C. 1980. « Reformulation of the Family Life-cycle Concept : Implications for Residential Mobility. » *Environment and Planning A* 12, n° 10 : 1103–18.

Statistics Canada. 1977. *Survey of Incomes, Assets, and Indebtedness of Families in Canada 1977.* Catalogue 13-572. Ottawa.

– 1977–84. *Family Characteristics and Labour Force Activity : Annual averages.* Catalogue 71-533. Ottawa.

– 1983. *Household Facilities by Income and Other Characteristics.* Catalogue 13-567. Ottawa.

– 1984a. *The Distribution of Wealth in Canada.* Catalogue 13-580. Ottawa.

– 1984b. *Fertility in Canada. From Baby-boom to Baby-Bust.* Ottawa.

– 1984c. *Life Tables, Canada and Provinces, 1980–2.* Ottawa.

– 1984d. *Canada's Native People.* Ottawa.

– 1984e. *Fixed Capital Flows and Stocks, 1936–1983.* Ottawa.

– (Health Division). 1985. *Canadian Health and Disability Survey : Highlights 1983–1984* Catalogue 82-563 E, June. Ottawa : Ministry of Supply and Services.

– 1986a. *The National Balance Sheet Accounts, 1989.* Ottawa.

– 1986b. *National Income and Expenditure Accounts.* Cat. 13-001, July Revisions. Ottawa.

– 1987. *Construction Price Statistics.* First Quartier. Ottawa.

– 1988. *National Income and Expenditure Accounts : Annual Estimates, 1926–1986.* Cat. 13-531. Ottawa.

– 1989. *Historical Labour Force Statistics : Actual Data, Seasonal Factors, Seasonally Adjusted Data, 1988.* Cat. 71-201. Ottawa.

Steele, M. 1979. *The Demand for Housing in Canada.* Census Analytical Study. Cat. 99-763. Ottawa : Statistics Canada.

– 1983. « The Low Consumption Response of Canadian Housing Allowance Recipients. » Dans *Where Do We Go From Here? Proceedings of a Symposium on the Rental Housing Markets and Housing Allowances*, sous la direction du Canadian Council on Social Development, 57–64. Ottawa.

– 1985a. *Housing Allowances : An Assessment of the Proposal for a National Program for Canada.* A report prepared for the Canadian Home Builders' Association. University of Guelph.

– 1985b. *Canadian Housing Allowances : An Economic Analysis.* Toronto : Ontario Economic Council.

– 1987. *The User Cost and Cash Flow Cost of Homeownership.* Report prepared for CMHC.

– 1992. « Inflation, the Tax System, Rents and the Return to Home Ownership. » In *Readings in Canadian Real Estate*, sous la direction de Gavin Arbuckle et Henry Bartel, 119–33. Toronto : Captus University Publications.

Steele, M. et J. Miron. 1984. *Rent Regulation, Housing Affordability Problems and Market Imperfections.* Research Study No. 9. Toronto : Ontario Commission of Inquiry into Residential Tenancies.

Stelter, G. et A.F.J. Artibise. 1977. « Urban History Comes of Age : A Review of Current Research. » *City Magazine* 3 n° 1 : 22–36.

– eds. 1986. *Power and Place.* Vancouver : University of British Columbia Press.

Stone, L.O. 1967. *Urban Development in Canada.* Ottawa : DBS Census Monograph.

Stone, L.O. et S. Fletcher. 1980. *A Profile of Canada's Older Population.* Montréal : The Institute for Research on Public Policy.

– 1982. *The Living Arrangements of Canada's Older Women*, Cat. 86-503. Ottawa : Statistics Canada.

Streich, P.A. 1985. « Canadian Housing Affordability Policies in the 1970s : An Analysis of Federal and Provincial Government Roles and Relationships in Policy Change. » Thèse de doctorat, Queen's University, Kingston.

Struyk, R. et B. Soldo. 1980. *Improving the Elderly's Housing : A Key to Preserving the Nation's Housing Stock and Neighborhoods.* Cambridge, Massachusetts : Ballinger.

Struyk, R.J., avec S.A. Marshall. 1976. *Urban Homeownership.* Lexington, Massachusetts : Lexington Books.

Sunga, P.S. et G.A. Due. 1975. *MSUA and the Federal Government.* Ottawa : Ministry of State for Urban Affairs.

Teasdale, P.E. et M.E. Wexler. 1986. *Dynamique de la famille, ajustements résidentiels et souplesse du logement.* Université de Montréal, École d'architecture.

TEEGA Research Consultants. 1983. *An Analysis of Dwelling Repairs and Energy*

Improvements Based on the 1982 Household Facilities and Equipment Survey : Report to CMHC. Ottawa.

Thorns, D. 1972. *Suburbia.* St. Albans : Granada.

Tiebout, C.M. 1956. « A Pure Theory of Local Expenditures. » *Journal of Political Economy* 64 : 416–24.

Toronto, City of. 1973. *The City is for All Its Citizens.* The Mayor's Task Force Report re : the Disabled and Elderly. Toronto.

Townsend, P. 1981. « The Structured Dependency of the Elderly : A Creation of Social Policy in the Twentieth Century. » *Aging and Society* 1, n° 1 : 5–28.

Truelove, M. 1986. « Trends in Daycare in Canada. » Annual Meeting of the Association of American Geographers, Minneapolis (May). Department of Geography, Ryerson Polytechnical Institute.

United Nations, Department of Economics and Social Affairs. 1978. *The Role of Housing in Promoting Social Integration.* New York.

– Commission Human Settlements. 1987. *Shelter and Services for the Poor : A Call to Action.* Nairobi.

Vancouver, City of. 1986. *New Neighbours : How Vancouver's Single-family Residents Feel about Higher Density Housing.* City of Vancouver Planning Department.

Vergès-Escuin, R. 1985. *Inventaire permanent du parc résidentiel canadien par province.* Mai. Ottawa : SCHL.

Villeneuve, P. et D. Rose. 1985. « Technological Change and the Spatial Division of Labour by Gender in the Montreal Metropolitan Area. » International Geographical Union, Nijmegen, The Netherlands.

Vischer Skaburskis, Planners. 1979a. *Demolitions, Conversions, Abandonments : Working Paper 1 — Case Studies of Vancouver, Calgary, Toronto, Montreal, Saint John.* Rapport soumis à la SCHL.

– 1979b. « False Creek. Area 6. Phase 1. Post-Occupancy Evaluation. Part 1. Social Mix. » Vancouver.

Vischer, J.C. 1987. « The Changing Canadian Suburb. » *Plan Canada* 27 : 130–40.

Wade, J. 1986. « Wartime Housing Limited, 1941–47 : Canadian Housing Policy at the Crossroads. » *Urban History Review* 15 : 41–59.

Walker, H.W. 1953. *Single-Enterprise Communities in Canada.* Report to CMHC by The Institute of Local Government, Queen's University.

Ward, J. 1985. « Housing Low-Income Singles : A Community Development Approach. » Annual Symposium of the Canadian Association of Housing and Renewal Officials, Toronto.

Ward, K., V. Silzer et N. Singer. 1986. « Meeting Housing Needs Through the

Existing Rental Stock. » Policy Paper 4. *Affordable Housing : An Agenda for Action.* Toronto : Social Planning Council of Metropolitan Toronto.

Wekerle, G. 1984. « A Woman's Place Is in the City. » *Antipode* 6, n° 3 : 11–20.

– 1988a. « Canadian Women's Housing Cooperatives : Case Studies in Physical and Social Innovation. » Dans *Life Spaces : Gender, Household, Employment,* sous la direction de C. Andrew et B. Moore-Milroy, 102–40. Vancouver : University of British Columbia Press.

– 1988b. *Women's Housing Projects in Eight Canadian Cities.* Ottawa : CMHC.

Wekerle, G. et S. Mackenzie. 1985. « Reshaping the Neighbourhood of the Future as We Age in Place. » *Canadian Woman Studies/Les cahiers de la femme* 6, n° 2 : 69–73.

Wellman, B. 1971. « Who Needs Neighbourhoods? » Dans Draper.

Wexler, M.E. 1985. « Residential Adjustments of the Elderly : A Comparison of Nonmobile and Mobile Elderly in Montreal. »

Wheeler, M., éd. 1969. *The Right to Housing.* Montréal : Harvest House.

Wigdor, B.T., éd. 1981. *Housing for an Aging Population : Alternatives.* Toronto : University of Toronto Press.

Willson, K. n.d. « Residential Form and Social Infrastructure in a North American City : Toronto in the Twentieth Century. » Centre for Urban and Community Studies, University of Toronto.

Wojciechowski, M., éd. 1984. *Mining Communities : Hard Lessons for the Future.* Centre for Resource Studies, Queen's University.

Wolfe, J. 1985. « Some Present and Future Aspects of Housing and the Third Sector. » Dans *The Metropolis : Proceedings of a Conference in Honour of Hans Blumenfeld,* sous la direction de J. Hitchcock et A. McMaster, 131–56. Department of Geography and Centre for Urban and Community Studies, University of Toronto.

Wolfensberger, W. *et al.* 1972. *The Principle of Normalization in Human Services.* Toronto : National Institute on Mental Retardation.

Wood, P.H.N 1975. *Classification of Impairments and Handicaps* (Conference Series 75/13). Geneva : World Health Organization.

Yeates, M. 1978. « The Future Urban Requirements of Canada's Elderly. » *Plan Canada* 18, n° 2 (June) : 88–105.

Zay, N. 1966. « Living Arrangements for the Aged. » Canadian Conference on Aging, Toronto (Ottawa : Canadian Council on Social Development).

Index